表演飞行安全分析

——《零差错》释读

主 编 葛和平

西北工业大学出版社

西 安

【内容简介】 本书分为 8 章，主要内容包括：航展界的现实、航展飞行事故概览、航展飞行事故数据与统计分析、航展飞行事故案例研究、表演飞行员、表演飞行安全的动力学问题、表演飞行细节、表演飞行等。

本书主要作为从事飞行表演或有志于从事飞行表演事业的飞行员使用，也可供非从事飞行表演的飞行员、安全员、航空爱好者学习参考。

图书在版编目(CIP)数据

表演飞行安全分析 :《零差错》释读/葛和平主编
. —西安:西北工业大学出版社,2022.2
ISBN 978 - 7 - 5612 - 8102 - 4

Ⅰ.①表…　Ⅱ.①葛…　Ⅲ.①飞行安全-研究　Ⅳ.
①V328

中国版本图书馆 CIP 数据核字(2022)第 030528 号

BIAOYAN FEIXING ANQUAN FENXI : LINGCHACUO SHIDU

表 演 飞 行 安 全 分 析 :《 零 差 错 》释 读
葛和平　主编

责任编辑:蒋民昌		策划编辑:蒋民昌
责任校对:胡莉巾		装帧设计:董晓伟

出版发行:西北工业大学出版社

通信地址:西安市友谊西路 127 号　　邮编:710072

电　　话:(029)88493844　88491757

网　　址:www.nwpup.com

印　刷　者:陕西龙山海天艺术印务有限公司

开　　本:889 mm×1 194 mm　　　1/16

印　　张:27.125

字　　数:561 千字

版　　次:2022 年 2 月第 1 版　　2022 年 2 月第 1 次印刷

书　　号:ISBN 978 - 7 - 5612 - 8102 - 4

定　　价:198.00 元

表演飞行安全分析

——《零差错》释读

编纂委员会

主　　编　葛和平

副主编　赵　鹏

策　　划　张金全　晁祥林

顾　　问　周自全　王　启

编　　委　段　亚　王仲杰　颜义红　刘　鹏

　　　　　王　鹏　于　琦　段　鹏　杨于锋

　　　　　刘素华　杨　涛　药红红　闫晓婧

　　　　　白向丽　任亚超　李晓红

序言
Preface

自人类开展飞行活动以来,飞行安全一直是人们关注的重要方面。随着航空技术的发展,人们对航展的热情不断增加,世界各地特别是中国航展的举办越来越频繁,航展最吸引眼球的是表演飞行,由于表演飞行非常接近地面,且飞行动作难度大,飞行风险极高,所以航展发生的飞行事故也在持续增加,造成较大社会影响,表演飞行安全已被组织者和飞行员所重点关注。有些国家和机构已在建立机制规范表演飞行,以最大程度地保护观众及表演飞行员的安全。但是,可能由于表演飞行周期短、参与飞行人员少等因素,很少有专门介绍航展低空飞行表演和演示验证飞行风险及分析的专著。

2003年,南非空军德斯·巴克(Des Barker)上校编撰了讨论航展飞行表演安全问题的专著《零差错》(ZERO ERROR MARGIN)。他是南非空军的一名固定翼飞机试飞员和试飞中心(TFDC)前司令官,也是试飞员协会(SETP)会员和皇家航空协会(RAeS)会员。作为南非空军国家"银鹰"特技飞行队的前成员和演示验证试飞员,他曾驾驶多种高速喷气飞机进行表演飞行和验证试飞,其飞过的机型包括达索公司的"幻影"F1和"幻影"Ⅲ("猎豹"——南非空军定制)。在他33年飞行经历中,曾经驾驶飞行过45种不同型号的军用飞机,累计6500飞行小时。他不但拥有丰富的飞行经历和高超的驾驶技术,同时还有深厚的理论功底,曾在南非空军的航空安全杂志《NYALA》,巴西空军杂志《FORCA AEREA》,试飞员协会技术出版物季刊《COCKPIT》,南非国防军杂志《SALUT》《南非士兵》和《非洲武装力量》杂志发表过大量文章。

本书主编葛和平从事飞行试验及飞行安全管理数十年,对飞行安全有着深刻的认识和独到的见解。主持和参与了多起飞行事故的调查分析,撰写了多本关于飞行安全管理与研究方面的专著,对促进和提升飞行试验安全管理工作发挥了重要的作用。为了使广大读者全面了解表演飞行事故的危害性,他从专业飞行的角度对《零差错》进行了全面的释读,同时也参阅了大量专业资料和飞行视频,对其内容进行了丰富和补充完善,形成了《表演飞行安全分析——〈零差错〉释读》一书。本书以期可供我国的航展表演飞行组织者和实施人员学习借鉴,其核心目的是希望通过本书能加强人们对航展表演飞行事故的理解,为全面提升表演飞行安全管理工作、预防表演飞行事故的发生提供有益的帮助。即使只把飞行安全提升1‰，笔者为本书的付出也是值得的！毕竟飞行安全的知识和经验教训是免费的。

本书主要面向从事飞行表演或有志于从事飞行表演事业的飞行员群体，对于一般的飞行员、航展组织者、飞行安全管理人员以及航空爱好者，本书提供的现实案例与调查也是具有参考价值的。本书通过118个航展表演飞行事故描述与统计分析，阐述了表演飞行事故的基本因果关系，并重点强调了低空表演飞行的潜在危险以及必须保持"零差错"这样一个现实。

本书内容非常丰富，涉及表演飞行员、飞行员心理、人机工效、飞行员工作负荷、空气动力学、表演飞行航线规划、动作编排、飞行事故分析以及各类飞机的表演飞行。同时，本书整理了一些世界上最有经验的表演飞行员和演示验证试验飞行试飞员的经验，把这些专家们的技术和他们关注的关键因素提供给航展组织者，以期帮助他们规划和实施安全的航展表演飞行。分享这些专家们的经验一定会引发人们对航展表演飞行的进一步思考，从而提升航展表演飞行的专业性和安全性。

 ①

2021 年 12 月

前言

Foreword

　　《表演飞行安全分析——〈零差错〉释读》重点从专业角度分析影响表演飞行和演示验证试验飞行安全的飞行员生理极限和相关因素。全世界范围内，随着航展受欢迎程度的增加，航展举办的频率越来越高，航展上发生的飞行事故也在增加。有些国家已经建立了干预机构，旨在规范飞行表演，以最大程度地保护观众和表演飞行员的安全。每次飞行事故造成的令人不安的负面宣传，9·11恐怖袭击事件①之后航展安保方面的高昂成本，以及人们持续增长的航展观摩需求，已经把世界上最受欢迎的大众娱乐——航展飞行表演置于巨大的财务和规则限制之中。

　　本书主要面向从事表演飞行或有志于从事表演飞行事业的飞行员读者群体，对于并不从事表演飞行的飞行员、安全官员、航展组织者和航空爱好者，本书提供的现实案列和"案例调查"也是值得学习的。本书不是一本教科书，它没有对飞行安全因素和空气动力学进行数学解算，只是从各个方面对表演飞行世界进行了一个非技术"回看"。一方面本书所讨论的主题旨在激发关于表演飞行和演示验证试验飞行安全的思考和讨论，另一方面，也希望向从事表演飞行的飞行员或有志于从事表演飞行的飞行员提供一个"安全警示"，以防止事故的重复发生。

　　实际上，本书阐述的问题是航展领域的飞行安全问题，以及这些问题是如何影响航展安全的。影响飞行安全的关键是人，但不幸的是，没有什么魔法来解决这个问题并克服人类固有的生理极限。本书重点介绍几位航展飞行事故幸存飞行员的切身经验及他们的经验教训。所谓"前车之辙，后车之鉴"，意义就在于此。

　　鉴于英国和美国举办各类航展活动的性质、频率和规模都领先世界，本书重点研究英国和美国的案例，同时，也少量收录了其他几个国家的研究案例。

　　本书旨在向从事表演飞行或者有志于从事表演飞行的军用、民用飞机飞行员、专业特技飞行员和演示验证试验飞行试飞员提供必要的背景信息，激发他们思考如何改进飞行安

---

① "9·11"恐怖袭击事件是指2001年9月11日发生在美国纽约世界贸易中心的一起系列恐怖袭击事件。

全并保护个人的生命安全。本书的重点在于介绍如何提高表演飞行技巧,但更多的是希望揭示那些以前为了追求充分展示个人对飞行的热情而不幸失去生命的飞行员所犯的错误以警示后人,进一步改善航展飞行安全。本书结合航展实际发生的飞行事故案例,介绍了飞行表演理论和哲理,用航展飞行事故作为教学工具,以防止将来重复发生同类错误。

本书就有关航展的许多问题提出了相关见解,这些问题直接或间接地影响到航展。因为航展是一项商业活动,航展观众的安全和一般大众的安全一样,航展坠机一样也会对整个社会产生影响。在本书中以"人为差错"(human error)这样的术语对安全链中最薄弱的环节——人,进行了讨论,同时还讨论了航展坠机管理,媒体的角色、反航展团体、监管机构,以及保险费用增加的影响和老式飞机在航展上飞行的情感方面的问题。

本书揭示低空飞行表演对现实世界的危害,不仅仅是通过118个航展事故描述,而且有统计分析作为支撑。统计分析充分披露了人是安全链中最薄弱的环节,把这些事故数据与所涉及的动力学理论相综合有助于理论联系实际,减少航展事故的发生。鉴于航展风险,表演飞行事故的基本因果关系以及主办方视角下的航展安全重要性,有助于确定航展安全问题。

本书还涵盖了航展的其他方面,包括商业案例、媒体、人为差错、反航展团体、老式飞机的飞行案例,等等。事故案例研究同样也为研究表演飞行员的思想以及飞行员在高压力条件和高工作负荷下如何做出决策提供了一个平台。在表演飞行员方面,除了说明表演飞行员的工作负荷,还指出了对飞行员心理有诱导作用的一些因素。本书还讨论了表演飞行员所面临的挑战,并提出了问题:为什么经验丰富的表演飞行员会做出不合理的决定以及需要多长时间的持续训练和飞行经验?对职业特技飞行员的年龄和生理问题也进行了讨论。

如果不讨论具体的动力学和低空表演飞行的空气动力学问题,就无法完成对表演飞行安全性的准确评估。尤其是接近速度(closing speed),指两架飞机的相对速度,飞行员反应时间,表演区域的限制,能量管理,皮托管及静压,密度高度,弹射,手动逃生,分离和尾旋等。在一个更高层次上说明表演飞行的动力学和空气动力学问题,有助于确定表演飞行员在表演飞行程序中优化飞行性能和操纵品质这样的表演飞行目标。

在考虑表演飞行具体细节时,讨论的主要问题是飞行员的选择、具体表演飞行航线的规划、机动动作和航线选择。另外在表演飞行准备过程,对演练、模拟器准备和表演科目等最基本问题的确认原则也进行了讨论,例如飞行包线、乘员、燃油量和气象条件等。以实际表演飞行案例回顾了一些表演飞行过程,其中包含了演示验证试验飞行的原则和"经验法则"(rules of thumb),涉及的专业术语包括角色管理、客户团队的要求、飞行简报和讲评等。

最后,通过揭示飞行员在"飞行表演日"的情绪和他们所面临的特殊生理压力,力图把读者带入飞机驾驶舱。本书内容非常丰富、涉及表演飞行员、飞行员心理、人机工效学的影响、飞行员工作负荷、表演飞行的安全动力学与空气动力学、航展飞行事故案例调查(包括世界上最严重的航展事故）、与飞行安全有关的因果因素、老式喷气和活塞战斗机的表演飞行、表演航线规划、动作编排、安全因素、各种不同类型飞机（从 C - 17 运输机到欧洲"台风"战斗机）的表演飞行与演示验证试验飞行等。

　　本书的主要目的是强调人在航展飞行事故中的作用（即人为差错导致的事故比率，约占 79%）、人的弱点，说明表演飞行所面临的挑战，并交流、传递各种情况下特技飞行的技能与技巧方面的信息和经验教训，更多的是希望激发对低空特技飞行危险领域的飞行安全的重点关注。

葛和平

2021 年 12 月

目 录 Contents

第一章　航展界的现实

"红箭"飞行表演队队长伊恩·迪克说过:"任何飞行员,肩负为公众表演飞行的任务时,都应努力做到三点:①让孤陋寡闻的观众感到刺激;②让博学多识的观众感到振奋;③不让任何观众感到恐惧!""红箭"飞行表演队的编队飞行表演如图1-1所示。

图1-1　英国皇家空军"红箭"飞行表演队在法国普罗旺斯地区萨隆空军基地庆祝法国巡逻兵飞行表演队成立50周年举行的庆典大会上进行的编队表演飞行

航展活动

　　表演飞行不仅在世界范围成为一项大的商业活动,而且也已经像伦敦西区剧院或纽约百老汇的演出一样,成为一项大众普适的娱乐消遣活动。尤其是在英国,航展被认为是仅次于足球的第二大观众喜爱活动。而在美国,航展表演飞行活动甚至超过了"美国全国运动汽车竞赛协会"(NASCAR)的赛车比赛,成为仅次于美国职业棒球大联盟赛事的第二大观众喜爱活动。航展表演飞行也是最危险的飞行活动之一,几乎每年都有特技表演飞行员在航展飞行表演和商业演示飞行活动中丧生。

　　仅在美国,每年就有惊人的300～350次航展,表演队从"Barnstormers"到美国海军"蓝天使"(Blue Angels)飞行表演队,参展飞机从古董飞机到超声速喷气机,应有尽有,吸引观众高达2 400万人。航展不仅是广大飞行爱好者的节日,也成为成交额高达数十亿美元的博览会,观众不仅能够探索惊人的特技飞行世界以及不断发展的飞机技术,并能够了解航空技术如何推动了航展业的发展,航展又是如何促进了航空技术的进步。在英国,2001年举办了165次航展,低于250次这个年平均数,主要是因为2001年英国发生了口蹄疫疫情。

　　航展之所以如此受人们欢迎是可以理解的,因为参加航展的观众不必支付35.00英镑座位费,也不必为一瓶水支付3.00英镑,这通常是一项负担得起的活动,而且人们可以看到一些世界上最好的飞行员很优雅、有技巧地表演飞行,有时很幽默,当然有时也有痛苦。有些飞行员带着军功章——只颁发给英雄的那种,其他飞行员则只是民用飞机飞行员,他们付出了时间、才华,甚至金钱,仅仅是为了保持自己的飞行梦想。不幸的是,与某些职业运动员和流行歌星不同,大多数航展飞行员赚不到六位数收入,即使他们是这种世界最大型娱乐活动的不可或缺者! 但他们所拥有的却是其他人所不具备的,那就是他们对自身工作的极大满足。

　　观众的到来自然而然地为航展带来了收益,航展界在一定程度上实现了自我维持的良好局面。航展当然不是一个利润丰厚的"造钱"行业,但作为一个商业销售平台,航展确实能产生价值数十亿美元的销售合同。每年的各种航展,还为世界上一部分人提供了谋生机会,尤其是专业的特技飞行表演飞行员,当然还有各种慈善团体及其员工。大型航展,如"英国的范堡罗国际航展"和"英国皇家Tattoo国际航展",则永久性雇佣了一批人员,年复一年制定每年度的详细航展工作计划,精确到每个细节。广泛认可的世界首次航展是1909年8月在法国兰斯举办的,当时欧洲最著名的一些飞行员聚集在此,用他们各自的新型飞行器"吸引"人群的关注。在当时,只要飞机能够升空就已经是很大的成就。四年后的1913

年,一个名叫佩古德(Pegoud)的法国人驾驶一架特制的"布莱里奥"(Bleriot)飞机[1]进行了特技飞行。同一年的8月20日,俄罗斯彼得·内斯特罗夫[2](Piotr Nesterov)驾驶一架纽波特单翼飞机(Nieuport Monoplane)首次完成了"筋斗"(loop)特技飞行动作。美国最早的航展于1910年1月在加利福尼亚洛杉矶举行。格伦·柯蒂斯[3](Glenn Curtiss)参加了这次航展。1912年,美国海军首次在航展上展示模拟格斗动作,从那时起,机动飞行程序(manoeuvre routines)稳步发展。如今,军事飞行表演队和特技飞行队,例如英国皇家空军"红箭"飞行表演队、美国空军"雷鸟"飞行表演队和美国海军"蓝天使"飞行表演队等,已经成为许多国家空中军事力量的标准组成部分。法国马歇尔·达索航空公司试飞员让·科劳(Jean Coreau)说:"航展就是把大量各种不同类型的飞机汇集在同一个机场,整天让它们在观众面前飞行,使之成为一个世界最大的剧场。如果航展的名气足够大,则观众每年都会增长,最多可以达到上百万人。"

自航展开始举办以来,一般都按照一个固定模式,但表演和编排确实越来越好。一系列非常短暂的飞行,很难展示飞机的潜能,而只是为观众提供数小时的消遣娱乐。通过观展,很多观众会默默地希望自己有朝一日能成为一名出色的飞行员,能把飞机开上天空。同时,关于航展飞行的规定也越来越多,在飞行空速、高度和动作方面越来越严格,但是现代飞机通过更高的性能和敏捷性,能够很轻松地遵守越来越严格的表演限制。对于表演飞行员而言,飞行表演的舞台充满了挑战,恶劣的环境需要绝对的专业精神和最高水平的表演飞行技巧。表演飞行员不容出错,必须严格遵守规则,要时刻保持判断力的清晰和准确。

对表演飞行飞行员的主要要求是娱乐观众和展示飞机,那么良好表演飞行的基本准则是什么?为了留住观众,此外在很短时间和很小空间范围展示飞机的性能和飞行品质,一般每次表演持续4~8 min。实施安全规则不仅为了限制机动动作(因为表演飞行的空域非常有限),也是为了减小观众的安全风险。这些安全规则都是根据以前表演飞行员发生的飞行事故,逐步发展而来的。当今,这些安全规则更容易得到直升机、低速飞机和垂直与短距起飞和着陆(VSTOL)飞机的遵守,而对于高性能飞机,由于对飞机机动能力和敏捷性要求提高了,对飞行员的驾驶技能和水平的要求也越来越高。自第一次世界大战结束以后的暴风雨时代,为备战而富余的军事飞行员和飞机在经济衰退时期为了谋生苦苦挣扎,航展业开始稳步发展。有趣的是,航展业作为一项大的商业活动和观众喜爱活动在全球范围内得到高速发展。航展吸引了数百万美元的赞助,不仅用于飞机,也包括慈善团体、博物馆和

---

[1] "布莱里奥"飞机由法国发明家、飞机工程师、飞行家路易·布莱里奥的工厂制造,布莱里奥在1909年成功完成人类首次驾驶重于空气的飞行器飞越英吉利海峡。

[2] 彼得·尼古拉耶维奇·内斯特罗夫,俄罗斯飞行员、飞机设计师和特技飞行先驱。

[3] 格伦·哈蒙德·柯蒂斯,美国航空先驱,柯蒂斯飞机与发动机公司的创始人。

飞机场建设。英国皇家 Tattoo 国际航展盛况如图 1-2 所示。

航展分类

航展基本分为 4 类：①商业航展，也称为贸易航展；②军事航展；③通航航展；④特殊航展，如"Fly-Ins"活动、狂欢节、音乐节、高桅帆船节和海岸度假胜地等举办的航展活动。

1. 商业航展

商业航展一般两年举办一次，如英国的范堡罗国际航展，法国的巴黎国际航展，美国的代顿国际航展（也称美国航空与贸易展会）和俄罗斯的莫斯科国际航展等。商业航展是商业销售的主要展览，其主要目的是实现飞机和飞机系统的销售。这类大型航展一般由政府及其商贸部门与工业部门主办，国家飞机、航空航天与国防工业部门协助办理，提供一个国际航空航天沙龙。

商业航展展览最新的航空航天产品和技术，已经成为共同利益方商谈业务合

图 1-2　在"英国皇家 Tattoo 国际航展"上有 200 多架飞机参加静态展示，展览区长达 2 mi。在为期 2 d 的公众开放日，吸引了超过 20 万人的本地和国外观众前来参观

同的传统做法且受人尊敬的场所。巨大的市场和科学技术的独特潜力吸引了代表世界航空、航天和运输业的众多专家。例如，在俄罗斯的莫斯科航展，每年有来自全世界 24 个国家的 400 多家航空、航天公司和机构参加，150 多架飞机参与飞行表演。

在航展上，飞行员对所有型号的飞机及其用途都会进行展示。火箭系统、航天飞机和卫星技术、飞机发动机和火箭发动机技术、机载设备和地面保障设备、导航和飞控系统、航空武器系统、导弹、防空系统、飞行安全系统、材料及其技术、机场设备、电子通信系统和计算机技术等技术和产品领域的众多供应商云集航展，全面展示各自的领先技术。

在大型航展的表演飞行和演示飞行环节，一般有 380 多次飞行。同时举办的多场航空、航天专题业务讨论会和研讨会，促进了科技信息的交流和分享。在范堡罗航展、代顿航展和巴黎航展这样的重大国际航展上，5 天的展览会可接待 50 万～100 万人参观。

被誉为全球首屈一指的航空、航天盛会的范堡罗国际航展，2002年的展会共有来自15个不同国家的1 260家公司在17个展馆展示了众多航空产品。英国航空、航天公司协会（SBAC）赢得了90亿美元销售合同。总计17万人的贸易访问者参加了公众交易日商务活动。

2. 军事航展

军事航展，不论是海军的、陆军的还是空军的，其主要目的是招募年轻人参军。与商业表演恰恰相反，军事航展的重点是人员招募和公共关系工作，不一定总是要表演各种技巧。例如，美国海军"蓝天使"飞行表演队的任务说明是：加强海军和海军陆战队人员招募，代表海军为公众服务。"蓝天使"飞行表演队作为美国海军和海军陆战队的榜样和亲善大使，代表了美国海军航空力量。"蓝天使"飞行表演队的表演飞行展示了经过精心编排的美国海军日常训练技能，展示的主要特技动作包括四机菱形编队、双机高性能快节奏特技等。

军事航展由军方自己组织。军事航展是国家武装力量的一种公关活动，旨在为该特定国家或地区的公民接触本国或地区可用的军事航空器提供机会。在军事航展上，人们可以看到自己所纳税款都用在了哪里，人们也能像在其他航展上一样看到精彩的表演飞行，而这些表演真实地向人们展示了他们每年支付的数十亿美元税款的真实用途。军事航展也经常用于"武装力量"展示，尤其是在冷战时期。

美国霍舍姆航空站的航空保障部门官员说："自由之声"航展的目的是邀请当地人参观基地，了解他们所纳税款的用途。自海军1943年进驻该基地，"自由之声"航展定期举行。这之前，这个基地主要举办一些私人表演飞行。1997年，海军"蓝天使"飞行表演队在这里进行表演飞行时，吸引了观众50余万人。当地政府和军方把这些活动吹捧为重要的招募活动，因为当时报名参军的人员数量在逐年下降。特拉华山谷飞机历史协会总裁米尔顿·R.希尔斯说："自由之声"航展对于他的团队开展宣传和招募很重要，每年都有很多人参与到这项庆祝活动中。

然而，更为重要的是，一位参加第二次世界大战的老兵曾表示，军事航展不仅启发了年轻人要参军，而且要成为空军。这位老兵回忆了自己的切身经历，在他十几岁的时候，他在一次航展上，认识了著名飞行员阿米莉亚·埃哈特（Amelia Earhart）和查尔斯·林德伯格（Charles Lindbergh），二人都鼓励他参加空军，成为一名飞行员。"小时候能接近并接触这些飞行员是鼓舞人心的。"他说，"他们可以成为地面机械师，也可以是机长或飞行员——他们都是维护世界和平的力量。"

多年来，英国皇家空军"红箭"飞行表演队则一直是有力的招募代理，但已经今非昔比。不仅是飞行人员，很多空军军官和空勤人员告诉招募人员，他们加入空军是因为他们喜欢看"红箭"飞行表演队的表演飞行。"红箭"飞行表演队每年都要向大量观众展示英国空军的飞行技能和英国的先进航空技术。1993年在美国的巡回表演飞行中,美国观众超过250万人观看了他们的飞行表演;1995—1996年的中东、非洲、远东和澳大利亚巡回表演过程中,接待的观众达到数百万人;仅在1996年1月的澳大利亚国庆日,悉尼港就有观众65万人观看了表演。"红箭"飞行表演队自1965年5月6日成立到2002年底,共在53个国家进行了3 654场表演飞行。英国工业部门原打算在1997年和1999年在中东和远东举办类似巡回表演,以寻求对英国航空、航天业和皇家空军的积极投资。

英国皇家Tattoo国际航展(RIAT)的目标不仅是为皇家空军慈善基金筹集资金,也旨在促进全球各国空军之间的互动和接触,使其成为真正的国际军事航展。RIAT实际上是一家私有企业,它以自有途径承办这样的航展,2002年举办的航展是该航展的第31届。据称,该航展是全球规模最大的军事航展,每年有35个国家空军的150多架飞机进行8h不间断表演飞行。这也是世界上唯一的空军表演飞行竞赛,表演者在3 d的时间内互相竞争,争夺空中和地面的几类不同奖杯。

3. 通航航展

通航航展。世界上最大的通航航展无疑是美国实验飞机协会(EAA)每年在奥什科什举办的"空中冒险"(Air Venture)航展。在这个航展上,EAA利用航展展示其最新的实验型和自制飞机,交流有关飞机、系统、飞行技术、教育和社会等方面的信息。尽管美国实验飞机协会的领导层已经向市场营销大师们表示了臣服,但2002年的EAA"空中冒险"航展仍然是当年的"首要航空盛会"(见图1-3)。世界上再也没有哪个地方的航展能像这里一样,能够集飞机、飞行、产品、性能、项目和纯粹的娱乐于一体,满足每一位航空爱好者和发烧友的需求。

通航航展的现代趋势是大多数航展都有一个具体主题或一组主题来支持航展本身。2001年,"空中冒险"航展的主题是"航空第一人"(Aviation Firsts)。特别关注都给予了那些获得第一的人:第一位突破音障、第一位达到$2Ma$、第一位不加油环球飞行、第一位驾驶气球环绕世界、第一个非州裔美国人战斗机小组、第一位女性航天飞机指挥员等等。尽管参观人数比前些年有所下降,实际观众人数仍然达到了75万人之多。大约1万架飞机参加了航展,其中包括2 400架展览飞机,653架自制飞机,135架两栖飞机、水上飞机和海上飞机,103架古董飞机,23架特技飞机,434架经典飞机,389架超轻型飞机,316架当代飞机,419架战鸟飞机,8架特制飞机和1架复制品。

"空中冒险"航展为期6天,开设500多个教育论坛,共有包括美国国家航空、航天局(NASA)和美国空军(USAF)在内的750多家参展机构参展,再加上连续不间断表演飞行,使该航展成为世界上非常有声望的航空大事。如此高品质的航展自然不仅仅吸引了数十万观众,更吸引了一些世界顶级特技飞行员来此进行表演飞行(见图1-3)。

图1-3　拥有17万会员的美国实验飞机协会每年7月都在美国威斯康星州
奥什科什(Oshkosh)的威特曼地区机场(Wittman Regional Airport)和邻近的
先锋机场(Pioneer Airport)举行航空爱好者聚会。在2002年庆祝协会成立
50周年的"空中冒险"航展上,有大量现役军用飞机参展

在佛罗里达州莱克兰举办的"太阳乐趣"(Sun'n Fun)航展是世界第二大航展。2002年,该航展接待观众63万人,有7 500架飞机、500家参展商参展,工作人员多达3 000人。同样是在2002年,世界著名的英国比金山(Biggin Hill)航展庆祝了自己39岁的生日。而在达克斯福德——帝国战争博物馆"战鸟"收藏地,每年要举办4个重要航展,每年有50多万观众前来观看航展和参观博物馆。

2002年7月28日举办了第50届"空中冒险"(Air Venture)航展,EAA总裁汤姆·波贝雷兹尼(Tom Poberezny)告诉媒体记者:"我再开心不过了,尽管受到经济不确定性和'9·11'恐怖袭击事件的影响,但参加本届航展的人数仍然达到了创纪录的75万人,参展商都非常高兴。"在每个人都担心经济状况这样的时刻,这是令人鼓舞的。停在威特曼机场的参展飞机超过2 500架,展会主办方不得不开辟新场地。如此大规模的观众参与也充分证明了这类航展活动在美国的受欢迎程度。

当然,全世界每年还有数百场小型航展,这些航展也许并没有像重大国际航展一样得到充分宣传和参与,然而对于存在的飞行安全的危害和威胁,与国际航展是一样的。实际上,偏远机场的小型航展的危害和风险甚至可能更大,因为监管更困难,而且地形、山脉、高压电线、鸟类的影响更为复杂,消防和救援服务也更不利。

　　值得一提的是,许多民用机场负责维护、维修和设施的间接费用,所有费用都由现场飞行俱乐部的成员、当地社区或自治地市承担。许多机场甚至还设有博物馆和老式飞机收藏馆。维护此类设施非常昂贵,在许多情况下,此类机场每年至少举办一次航展,可以获得一些补贴其生存和活动所需的资金。毫无疑问,航展是全球公认的一种娱乐媒体活动,事实也证明它正在稳定成长。但是,未来的增长速度将取决于对安全的威胁情况和由安保引起的成本增加。

　　如今,越来越多的重型和高性能飞机正在参与到航展活动中。数年前,如果想要世界各地的民航飞行员驾驶大功率活塞式飞机和以前的军用喷气式飞机参加航展表演飞行,那是不可想象的,但今天,这已成为现实。民机飞行员和前军方飞行员一样,可以而且确实有能够获得驾驶高动力飞机表演的机会,这都是航展飞行事故的潜在前兆。表演和演示飞行的要求很高,而这些飞行员希望炫耀他们引以为豪的收购产品通常会导致事故,由于他们的经验不足,难以应对高扭矩值、传统的空气动力学影响和大动量飞行机动。当然,还有很多飞机运营商都在争夺有限的"预算馅饼",这给运营商带来了压力,不仅在财务上,而且在飞机种类和他们需要采取的行动方面。

　　在一些国家,特别是英国和美国,以前的一些军用飞机和实验性演示验证飞机是在获得许可或豁免的基础上参加航展的,这意味着它们不会获得商业奖励,航展收入通常是这类冒险表演飞行的唯一或主要的融资来源。资金不足还可能导致运营商没有对参加表演的飞机进行所需级别的维护,也没有开展充分的表演飞行训练,甚至为了争夺更好的广告位置,可能会许诺为航展组织者提供更为壮观的"表演"。

　　在美国航展上还有一种新娱乐形式,那就是为了获得人气在航展上进行的"飞行竞赛"(air racing)活动。"飞行竞赛"已经成为一项独立的赛事活动,并且已经融入一些航展中。"V级方程式"(Formula V)飞行竞赛协会是推动飞行竞赛运动适应已有的航展形式并满足美国联邦航空管理局(FAA)批准的 2 mi 竞赛场和大多数航展场地要求的先锋推手。参与竞赛的每架飞机都提供 100 万美元责任保险,而且都是单座飞机,这些飞机都获得了自制试验许可,专为飞行竞赛而制造,发动机动力为 60 ps。这些竞赛飞机在赛场可以达到的最高速度大约为 170 mi/h。这些竞赛飞机的机身五颜六色,受竞技协会监管,而且协会在每次活动前都要进行技术和安全检查,以确保其遵守安全规则。

　　V级方程式封闭式定向塔空中竞赛通常每天举行两次或多次,是在观众面前绕着 2 mi 的椭圆形赛道路线飞行。比赛从跑道上的一个固定起点开始,飞机并排起飞,然后转入赛场并持续飞行8圈。对于观众来说,特别令人兴奋的是,飞机离地高度只有50～100 ft,实际上,这种类似于赛车的空中运动被认为是真正的航展竞争运动,对于观众具有广泛的吸引力。所有竞赛飞行员均拥有由美国联邦航空V级方程式飞行竞赛协会颁发的FAA认可的"飞行竞赛能力证书"。这些活动越来越受欢迎,参观航展的观众有越来越多的人是为观看这项赛事而来的。这些航空表演给近些年发展缓慢的航展业带来了额外的刺激。但是,航展上的飞行竞赛本质上也是非常危险的,而且近些年已经发生了几起重大飞行事故。

4. 特殊航展

特殊航展。是指专门为某项重要活动或重大庆典等,特别邀请专业飞行表演队前来助兴,开展的表演飞行活动。如"Fly - Ins"活动、狂欢节、音乐节、高桅帆船节和海岸度假胜地等举办的航展活动。

定义和术语

针对各类航空展览似乎并没有什么正式的定义,我们以《朗文家庭词典》为基础定义航展。"展览"(exhibition)一词是指"公开表演",因此,航展是指航空产品以某种形式进行的公开展览,包括静态展示和表演飞行。

就航空展览而言,可以进一步细分,例如"演示"(demonstration)一词是一个名词,被定义为"对准产品的优缺点向买方进行演示并解释说明",带有商业风险的含义,因此形成了术语"商业演示"。而"表演"(display)作为动词的意思是"暴露于视觉",作为名词则是指"在公众视野中展览或展示某物"。

"展览飞行"(exhibition flying)分为两种:"表演飞行"(display flying)就是我们在世界各种航展上看到的面向公众的飞行表演;"演示飞行"(demonstration flying),例如商业演示飞行,则是面向潜在客户的飞行演示,如图1-4所示。

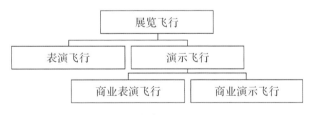

图1-4 展览飞行定义框图

"商业表演飞行"(commercial display flight)则是由飞行员向地面的潜在客户观摩团队

全面展示飞机性能和飞行特性的表演飞行。而"商业演示飞行"(commercial demonstration flight)则面向潜在客户的试飞员、评估团队的代表或技术人员。对飞机的技术评定集中于评定飞机的性能和操纵品质。"商业表演飞行"和"商业演示飞行"也称为"产品演示飞行"。

航展观众

那么,通常什么人会经常来参加航展?这些人为什么会花费数千美元和大量时间来参加航展?又是什么因素使一些观众年复一年地参加某个具体航展?关于这些问题,尽管并没有一个准确的回答,但位于美国的国际航展理事会(ICAS)2000年对航展组织者开展了一项调查,统计数据表明,在北美每年举办的300~350场航展中,估计有观众1 500万~1 800万人到场。国际航展理事会发布的数据表明,航展主要吸引所有年龄段均为受过良好教育的、富裕的观众群体。女性占36%,男性占64%;单身占41%,已婚占59%。在2000年,航展观众的70%以上受过大学教育,75%的家庭年收入达到或超过35 000美元。有趣的是,观众平均年龄不到39岁,超过53%的观众年龄在30~50岁,这表明航展可满足年轻观众和未来观众的广泛需求,也是成熟的"航空老手"所喜爱的。

2002年,对在北美20个不同地点举办的航展进行了观众调查,共访问了4 000多名观众,调查问题包括:你们驾车多远赶来参观航展?有多少观众认为他们对航展的付出物超所值?国际航展理事会的调查表明,观众的平均年龄为41岁,观众家庭的年平均收入55 000美元。大多数人受过大学教育(虽然不一定获得学位)。此外,开车超过20 mi带家人来看航展,在这项活动中可能花3.5~5 h的时间,超过他们以前去过的地方。国际航展理事会主席约翰·库达希(John Cudahy)说:"间接地,观众还会告诉他们明年将会再来观看表演。""因此,值得您抽出宝贵时间与他们联系,让观众感到自己像是航展的一部分。"特别有趣的统计数据是,只有10%~15%的航展观众是真正的"航空发烧友,忠实的粉丝群",另外85%~90%的观众选择参加航展只是为了"度过一天"!对于这些观众而言,航空和飞行在今天已被视为理所当然,而正是对这个观众群体需要重点对待,以确保将来的航展有大量观众来参观。

航展最大的吸引力是什么?在美国的航展,最大的吸引力来自"蓝天使""雷鸟"和加拿大古老的"雪鸟"军事特技飞行表演队。国际航展理事会主席约翰·库达希问到:和"9·11"恐怖袭击事件之前有什么不同么?不,所以向国际航展理事会建议,我们需要继续支持军事飞行表演,而且我们是可以的。在军事飞行表演队之后,观众说他们更喜欢看的分别是现代军用飞机、军用航空产品的静态展示、民用飞机表演飞行和展览,以及"战鸟"的静态展示,依次排列。尽管民意调查每两年进行一次,但约翰·库达希说他想开展更多调查。他说:"我们想更多地了解观众的真实心理,而不仅仅是统计数据。""观众靠什么谋生?""他们跳了多少次伞?""他们拥有什么样的汽车?""这些都是我们需要了解的。"他认为,应当从2003年开始对观众的生活方式和消费方式再次进行采样调查。在2000—2002年的调查期间,观众的房屋所有权和家庭收入呈上升趋势,而观众的受教育程度和男女比例大致不变。针对这样的数据我们应该怎么办?库达希说他有一个计划:"我们正在努力与国家级的赞助商和品牌经理联系,告诉他们航展上有相当多的有消费能力的观众。"

关于入场费,库达希说:"我个人认为价格太低。2000年的成人票平均价格为8.00美元,而大多数军事表演,尤其是北美最大的三个军事航展都是免费的。"调查显示,大多数人愿意承担更多费用。显然,各种因素会影响具体年份航展的出席人数。例如,航展是收费的还是免费的? 天气也是一方面因素。是否还有其他计划? 交通拥堵也是对观众热情产生不利影响的主要因素之一;机场的原始设计也无法处理12万~20万名观众几乎瞬间产生的大量垃圾。一位失望的航展爱好者这样客观地评论:期望观看最后"雪鸟""红箭"和"雷鸟"飞行表演队全队出动,观众有7万人,为了到达现场就要花费半天时间。这位观众凌晨4:00就起床,6:00—7:00到达飞机起飞线,就是为了获得与飞行员和飞机一样的"早晨经历",他们是为了什么?

2002年,英国皇家Tattoo国际航展(RIAT 2002)重返经过升级整修的皇家空军费尔福德基地(此前两年临时在皇家空军科特斯莫尔基地举行),这届航展让英国的航空发烧友目睹了"9·11"恐怖袭击事件之后未来的航展保障方式。对观众10万余人逐一进行了人体搜查,车辆无法及时进入停车场,导致了15 mi长的交通堵塞,整个进场过程需要4个多小时。许多愤怒的观众转身离去,发誓永远不来这里,而要用自己的积蓄去美国奥什科什(世界最大的通航航展举办地)旅行。然而,航展除了当天交通糟糕令人不满外,全球范围内的许多航展的出席人数却在持续增长,已经成为世界上参加人数最多的娱乐项目。

航展期间交通糟糕已经成为世界范围内参展观众面临的普遍问题。根据美国《格林维尔新闻》的报道,航展不会因此而消亡,不知情的媒体、联邦调查局(FBI)、贸易安全管理局(TSA)和困惑的地方官员都在尽最大努力解决这些问题。2003年4月举行的格林维尔(SC)航空节上,空军"雷鸟"飞行表演队和"绿色贝雷帽"跳伞表演队的到来,导致观众潮水般涌向唐纳森展览中心。随之而来的人群造成了巨大的交通堵塞——汽车和卡车塞满了道路,人们不得不把车停在任何可能停车的地方,并走很远的路才能到达航展位置。

购票观众6万余人中的一部分人要求退还他们20美元购票款,他们认为航展策划人员不作为,交通警察太少,志愿者也没有进行很好的培训。据当地报纸报道,格林维尔航空节活动执行董事查克·霍奇(Chuck Hodge)说:"星期六下午,大约有4万人在唐纳森中心观看了表演,另外还有1.5万人从外面观看。老实说,我们真的不知所措,人们到处停车,只有5 000辆汽车停在真正的停车场,其他则停在路边。"

问题出在哪里? 多数情况下,当事情搞砸了的时候,人们不得不寻求官方的介入。报纸指出,很显然,当时的情况,部分原因导致组织方不得不在下午13:00改变持票观众的入口(主入口原来在特拉华大街)。入口更改后,组织方引导司机到了一条比较狭窄的道路上,以便到达FAA规定的观众观看位置。从前面两个例子可以明显看出,在现代社会,人的耐心变得越来越少,在任何活动中都不愿意长时间排队,那样会使他们有挫折感。

现代付费观众并不想为了娱乐而"争斗",毕竟他们是为娱乐付款,而不是为了沮丧。因此,对航展组织者最重要的建议是,一定要确保付费观众的娱乐乐趣不会因后勤保障不力受到影响,基本保障一定要做到位。基本保障的第一点是进入场地必须相对容易,让观众无需为了进场花费太多时间。这就意味着入场人流不应受到阻碍,安检不应导致人员聚集;必须为观众方便地进入到食品和饮料商店提供便利,厕所设施也必须方便可及。航展组织者如果不能满足观众最低的基本需求,将无法吸引观众再次来参加航展。

尽管多数航展观众是需要付费购买门票的,但大多数国家的军事航展是对观众免费开放的。这是因为军事航展的飞机和航展资源都使用了纳税人的钱。显然,向纳税人收取费用以观看"自己的财产设备"是不合情理的。但是,最近这种光荣的传统受到严峻现实的冲击。全球军事预算都在缩减,军方也不得不收取入场费来补贴航展的间接费用。

航展观众并不刻板,航展观众与剧院和电影院观众一样,有着各种各样的性格。他们在观看航展上具有选择性,会选择观看那些具体机型的飞行表演或者选择观看特定飞行员的飞行表演。小道消息、媒体猜测或无法确认的报道通常会使更多的"选择性观众"犹豫不决。不仅仅固定翼飞机和旋翼机爱好者之间的偏好有所不同,即使固定翼飞机爱好者之间,观众的偏好也有很大差异。当在美国被问及,观众最喜欢航展的哪些内容时,观众的反应因人而异,他们的答案也表达了一些受到良好教育的航展观众的思想见解。"如果以特技飞行-表演飞行员-飞机为标准,我会投票给F-16的飞行表演,F-16的飞行表演胜过其他特技飞行的十倍。"一位观众如是说。"我觉得表演道具没什么,我更喜欢喷气飞机表演飞行时的奇观——发动机的轰鸣声、加力燃烧室的喷焰、地面汽车的报警声此起彼伏,令人震撼。"另一些观众则表达了这样的观点。

其他观点则认为:"喷气飞机特技飞行令人兴奋和看狗狗睡觉令人兴奋一样——我更喜欢看业余飞行爱好者驾驶活塞式飞机的特技飞行,那才是令人兴奋的特技飞行。"一位直率的观众则更为直接:"不想多说,航展很无聊。很多人喝酒,到处都是垃圾,坐在大人肩上的孩子挡住了视线。你无法像20世纪七八十年代初那样坐在草地上,打着遮阳伞,品着冰镇啤酒舒适地观看表演飞行。"

另外一位观众则感到失望:"安全和噪音规定限制了飞行表演的多样性,只能做规定的机动动作,变化太少。我更喜欢看模拟空战机动飞行,把表演飞行屏显(HUD)显示的画面通过音乐会或足球赛使用的那种大屏幕实时播放出来。让每位观众都签署一份免责声明,以免遭受任何形式的损害。表演飞行要在一些'地狱般的机场'举行。"有趣的是,这并非罕见的情绪，尽管可能只是少数人。

　　另一位美国观众这样说："1988 年'三色箭'飞行表演队（Frecce Tricolori），意大利著名飞行表演队。在德国拉姆斯泰因（Ramstein）发生悲惨坠机事故以前，'三色箭'飞行表演队表演 MB－339 喷气教练机就像表演'Lipizanner'飞机一样，完成精彩的'刺穿心脏'机动表演。我更希望看到美国的飞行表演队表演这样的动作，我希望看到更具挑战性和不同飞行线路的表演飞行，而不是现在经常表演的'箭头编队—滚转成菱形编队—恢复原来编队形状'（arrow-roll-to-diamond-and-back）这类动作。这类飞行表演或许更能体现精准性，但也只是像数天花板上的孔洞一样索然无味。"

　　另一些"狂热"（gung-ho）型观众则这样评论："我知道距离我 0.5 mi 的飞机以 400 mi/h 速度朝我飞来时我随时都在冒生命危险。但我愿意签署责任豁免书，这是值得的！让那些胆小鬼待在家里收听有关'危险表演飞行'的新闻广播去吧"。这类意见在专业航展环境中肯定是没有一席之地的，但是应当予以考虑，因为其从另一个方面揭示了表演飞行员所面临的风险之一。意识到观众的要求越来越多，越来越高，飞行员可能就会尝试进行更壮观的表演动作——也称表演技巧，而这却是表演飞行员和航展飞行线路设计的潜在陷阱。

　　很显然，"狂热"型观众确实不了解表演飞行所涉及的空气动力学和风险——这些风险是航展组织者和表演飞行员所不能接受或实践的。为了满足少数观众对"刺激"的渴望而设计航展表演飞行是不专业的，也是完全不可接受的。这其中或许有些观众来航展就是为了寻求刺激，也或许有些观众曾经参加过航展，他们知道高风险环境会导致事故，再或者是"猛男"型观众纯粹的虚张声势！如果这位观众经历了 2002 年利沃航展上乌克兰空军 Su-27 飞机冲入观众群，导致 86 人丧生、156 人受伤的惨剧，还会是这样的情绪吗？以这种轻率的方法对待航空安全和表演飞行安全必将会敲响世界航展业的丧钟！

　　观众对航展重点的改变已经在全世界范围得到了认可——观众需要航空表演带来更多的乐趣，而不仅仅是多年来他们已经习惯观看到的标准飞行机动。在南非飞行试验发展中心的双年度"Fly-In"航空盛会上，组织者们努力尝试满足观众日益增长的娱乐需求。其中一项改进措施就是摆脱陈旧传统，把飞机驾驶舱屏显（HUD）的视频遥测传送到大屏幕上，另外还在驾驶舱中安装微型摄像机，把驾驶舱环境的音频和视频通过大屏幕提供给观众，让观众对飞行员和飞机的状态有更为直观的现实感受，好像真的在飞机中一样。由于机场本身与试验靶场在同一地域，还可以演示武器投放，以及空对地火箭和机炮的开火情形。

　　在南非沃特克卢夫（Waterkloof）空军基地举行的第 75 届和第 80 届南非空军年度庆典上，进行了低空一对一空战机动表演，试图提高观众对战斗机飞行员核心能力的兴趣。

　　以色列空军阅兵则是火力演示的典范，为"炫耀"空军力量、空军装备和飞行员技能提供了最佳机会。过去，空军阅兵是真正令人印象深刻的航空力量展示，内容包括模拟空战机动、各军种联合力量模拟攻击和向静态目标发射火箭、机炮与导弹，所有这些都是在鼓舞人心的古典音乐背景下进行的。观众沉迷于各种战术机动飞行,闪光弹和各种特效的使用更是增加了真实性——而这一切都是在距离表演线 500 m 的地方进行的。这样的经历足以保证公众对空军的热情和对空军的支持,并使公众对国家的军事力量感到骄傲,同时又给观众增加了一次永生难忘的经历。

为了满足付费观众的需求,航展组织者正在进行各种改进。代顿航展以第二次世界大战"战鸟行动"为特色,爆炸性的烟火技术(对第二次世界大战空战场景的戏剧性重演)点燃了 2002 年 Vectren 代顿航展观众的热情。对日本偷袭珍珠港当天场景的重现,将历史活生生地展现在广大观众面前。第二次世界大战"战鸟"战斗任务模拟表演采用了逼真的高科技、引人入胜的烟火技术,将观众带进了激烈的战斗场景中。

当日本战斗机出人意料地进入人们视野时,航展粉丝们被拉回到 1941 年 12 月 7 日珍珠港事件当天。精心编排的飞行,壮观的爆炸、扫射、空中缠斗,逼真的音效和具有历史意义的解说,让观众全面了解了令人不寒而栗的偷袭珍珠港事件。这场表演专为纪念珍珠港事件和第二次世界大战中失去生命的人们而设计。纪念空军(Commemorative Air Force,德克萨斯州达拉斯的美国非营利组织,致力于在美国和加拿大的航展上保存和展示历史飞机)飞行的日本零式战斗机是精心制作的复制品,曾经出现在许多电影中,包括《托拉! 托拉! 托拉!》《最终倒计时》和《中途岛之战》等。B-17,B-25 和 P-51 等飞机模拟了第二次世界大战作战任务的轰炸和空袭。任务的高潮是 B-17 模拟攻击释放了 2 000 ft 的"火墙",随着"热场"和类似于小地震余震震动了飞机场,增强了震撼感。这种现实主义使观众尽可能接近现实,无论男女老少都很着迷——所有人都准备明年再来。

鉴于靠近地面进行表演飞行的固有风险,正如大多数动态运动,例如在赛车中总是存在事故的风险一样,现在的问题是:航展对于飞行员、观众和公众而言,其安全性到底如何?风险是什么? 统计的航展飞机事故概率是多少?

观众安全

尽管早期的航展也曾发生过事故,也曾有观众丧生,但对航展界和航展安全法规产生重大影响的安全分水岭是 1988 年意大利空军"三色箭"特技飞行队在德国拉姆斯泰因航展上表演时发生的惨烈事故,那次事故导致 60 人死亡,数百人受伤(见图 1-5)。那次事故对安全法规和向公众进行飞机飞行表演的规则提出了一个全新观点。这是航展飞行危害以如此戏剧性的方式真正产生影响的第一年,它不仅影响表演飞行员,也对航展监管机构和公众产生了重要影响。

图 1-5 意大利空军"三色箭"特技飞行队的三架飞机在德国拉姆斯泰因航展上表演时相撞,其中一架飞机坠入观众群导致 60 人死亡,数百人受伤

　　当然,在其他航展上也曾发生过导致观众丧生的飞行表演事故。例如,在 1952 年的英国范堡罗航展上,飞行事故导致观众 28 人丧生,63 人受伤。1967 年的巴黎航展上,法国空军"巡逻兵"飞行表演队(Patrouille de France)的一架"富加教师"(Fouga Magister)喷气教练机失控爆炸,爆炸碎片落入观众群,导致 8 名观众丧生。在 1997 年比利时奥斯坦德(Ostende)举行的"法兰德斯 Fly-In"航展上,约旦皇家"猎鹰"飞行表演队(Royal Jordanian Falcons)的一架飞机坠毁,致观众 8 人死亡,数十人受伤,所有这些都对人类的失误和表演飞行的现实危害做出了明显的提醒。虽然是灾难性的,但这肯定不是观众第一次在航展上丧生(也不是最后一次)。在大多数国家或地区,观众安全都已经成为航展规划的重中之重,但与所有系统一样,没有一个是完美的,过去还是发生了一些令人震惊的事故。就在全球航展似乎已经达到了一种标准(在这种标准下,观众的安全不再受到表演飞行线路入侵的危害)之后,乌克兰空军的一架 Su-27 战斗机在航展上坠入观众群,炸死 86 人,致伤 156 人,成为航展历史上最具破坏性的一次航展。1993—2002 年 10 年内全球航展事故数量随机抽样情况如图 1-6 所示。

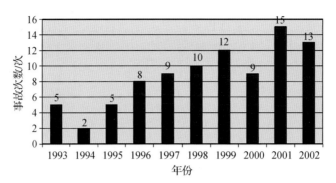

图1-6 1993—2002年10年内全球航展事故数量随机抽样情况(有关每个事故的详细信息,请参阅第三章)

当然,安全法规目前所能达到的,也只是将人类引入高度动态、高能量的环境中,使问题复杂化。即使航展上确实发生过事故,航展每年仍为数百万观众提供了一个始终如一的历史安全环境。自从现行安全法规实施近50年以来,在北美的航展上未曾发生过观众死亡的事故,对任何企业来说这都是令人羡慕的安全记录。欧洲和世界其他地方的航展则没有这么成功。但是,英国每年大约进行125场各种类型的航展,其观众的安全统计数据确实也是令人印象深刻的。

对1952年以来世界范围内航展事故分析(详见第三章)表明:共有观众703人受到伤害,占66%,其中202人死亡,501人受伤。同一时期,世界各地航展上有观众14人死亡,100人受伤。对1993—2002年的10年中,全球范围内的航展事故随机样本进行分析,总计发生了至少88起事故。重要的是,自1996年以来,航展事故数量似乎呈明显上升趋势。2001年是最糟糕的一年,至少发生了15起航展事故,而与此同时,具有讽刺意味的是,2001年美国航展季却是美国航展历史上最安全的一年。尽管统计平均值在分析中没有什么具体意义,但却具有指导意义。请注意,自1996年以来,全球航展事故的平均数量为每年10起,这是不可接受的。这种趋势不能继续下去,否则会对未来航展产生重大负面影响。

2001年,美国以外表演飞机相对较高的事故率(见图1-7),再加上与航展完全无关的美国"9·11"恐怖袭击悲剧,对航展的生存威胁空前增加。对于飞机所有者和航展组织者的保险费率大幅度提高,而且要求提升航展反恐保安的等级,所有这些都对民用航展组织者造成不利影响,最终导致被取消了全球多个小型航展。增加的费用转嫁给了观众,但结果导致观众数量大幅减少,伴随而来的是大量负面影响,如赞助减少、成本超支等等。决策不力和容易做出错误判断,尤其是在压力的情况下,导致了一些失误,然后是一些更严重的航展事故。在整个航空史上,航展观众目睹飞行员因表演高难度动作而导致机毁人亡的情况并不少见。

1989年巴黎航展上,一架俄罗斯MiG-29战斗机表演飞行时进入不可恢复大迎角状态,飞行员弹射逃生;1993年和1996年的巴黎航展,分别有一架俄罗斯的Tu-144飞机和一架 Su-30 战斗机坠毁,使俄罗斯在巴黎航展上发生的表演飞行事故达到 3 起。这样"高调"和"高频"的失误很难让航空界对俄罗斯飞行员的表演飞行科目、飞机设备和飞行技能充满信心,而且其在很大程度上成为俄罗斯航空工业的"噩梦"。在 1993 年英国费尔福德举办的英国皇家 Tattoo 国际航展(RIAT)上,两架编队同步飞行的 MiG-29 战斗机发生相互碰撞,1997 年 9 月在美国马里兰州巴尔的摩航展上发生的 F-117 战斗机飞行中结构故障事故,以及其他一些事故,都将表演飞行的危害现实直接呈现给了观众和一般公众。

航展飞行事故相对而言还是比较少的,但确实在发生,发生这类事故对于涉事人员和飞机而言都存在很大风险。人类在高度动态环境中操控飞机,必须做出及时准确的判断,但人类的浮躁性和弱点却妨碍了其作出明智判断。

毋庸置疑,在航展上进行表演飞行是一项高风险任务,这意味着其"主要任务"是降低风险。在航空领域,降低风险通常是对飞机及其相关系统进行工程设计以确保飞行员安全,使飞行始终处于飞机的预期任务范围内。然而,"主要任务"经验法则对于航展则是一个例外,因为乌克兰、拉姆斯泰因、奥斯坦德和其他地方航展上发生的事故,无辜的旁观者遭受了伤害和死亡,却没有什么特别的原因。

(a)   (b)

(c)   (d)

图 1-7 2001 年 6 月 4 日,进行表演飞行的一架"喷火"战斗机(英国著名的第二次世界大战战斗机)飞行员报告飞机起火并返场准备迫降,为了躲避一群侵占了紧急着陆区域的观众,做了紧急规避机动后失控,随后坠毁在机场

试想一下,你愿意每年有数百万观众参观航展,却要在航展坠机事故中有数人或数十人丧生吗?再来看其他情况,例如民航客机坠机或者撞车。这样对比可能不好,但却是很像的。

比较好的对比可能是其他有机器加入表演的公众娱乐活动,例如赛车、赛船等赛事。这些赛事活动的死亡风险相对也比较低。所以问题是:所有这些可能给观众带来不必要死亡或伤害的活动都要被禁止吗?答案可以是"是",如果那样,建议禁止所有此类活动。每年有数百万观众参观航展,他们知道并接受这些活动存在风险,就像滑雪、骑自行车和溜冰一样,都有风险,但风险有限。从法律上讲,他们也没有签署豁免声明。

《夏洛特(NC)观察报》在总结 2001 年度美国航展的报告中指出,自 1990 年以来,各种赛车活动已经导致观众 29 人和赛车手 231 人死亡。而同一时期,在美国和加拿大举办的各类航展,有飞行员 42 人死亡,却没有观众死亡。"尽管在过去十年中航展安全得到很大改善,我们整个行业依然认为仍然有很多重要工作要做。"国际航展理事会总裁约翰·库达希如是说。"我们都期待着我们的安全记录都始终像今天一样,而且成为常态而不是例外。"

把风险置于顾客的理念可能会被接受,但是,却要面对法律条款,包括职业安全方面的法律条款。参观航展的观众不会被告知发生事故的可能性。许多活动,例如登山、远足、跳伞及许多极限运动都有风险,但并没有建议禁止这些活动,远足者和登山者也不愿意被禁止。现实情况是,几乎所有的远足者和登山者都是主动选择、积极参与,而航展观众则认为自己是为了娱乐,但这也是有意识的主动选择。

不会有哪家电影院想把自己的观众置于很小或不必要的风险中。在这方面,航展观众就像电影院的观众一样,他们是"不可消耗品"。万一发生大火怎么办?并非每个人都会"有秩序地退出",有人可能被践踏甚至窒息。虽然在剧院看电影的人并不是一直在想这种可能性,但它总是有可能的——就像航展坠机一样。即使大型连锁剧院也不可能有政府那样的财务实力来应对充满诉讼的现代社会。

还记得那位起诉烟雾探测器制造商的女士吗?她从烟雾探测器中取出电池为她的"便携式收音机"供电,屋内起火后烟雾探测器没有报警,随后她的房屋被烧毁。她起诉的理由是探测器上没有警告标签,告知她烟雾探测器没有电池无法工作。似乎在现代社会,我们正在越来越努力地为很多不必要的常识立法,因为常识越来越少。参加航展的人并未被告知发生事故的可能性,但也没有必要告知,就像没有人被告知有暴风雨时,可能会被雷(或闪电)击中一样,这是常识。随着政治上越来越多地支持自由主义,在当今这个充满诉讼和追求个人自由的社会,如果发生某人被闪电击中,而去起诉电视台气象预报员这样的事情也就不足为奇了。

观众到剧院观剧或参观航展不必签署豁免声明,就像他们进入商场、搭乘公交车或在公园踢球无需签署豁免声明一样。参加航展的观众无需被告知发生事故的可能性,但所有航展项目都要有一个重要环节,就是及时向观众讲解安全规则。安全讲解员要求观众待在指定的安全区域,并且不能越过安全区域的警示标志。过去曾发生过剧院失火烧毁的事故,座椅一排排倒塌,有人死于心脏病发作。实际上,令人怀疑的是,参加美国或英国航展的统计风险数据是否与到电影院观影的风险数据存在差异?

另外,仍然有些航展表演飞行员不够成熟,他们不了解观众安全的重要性,也不了解无需向无辜观众证明喷气飞机的潜在能力。观众喜欢低空飞行,这令他们兴奋不已,但是低空飞行应当有一个极限。2001 年 6 月 21 日,在瑞典斯德哥尔摩以北 60 km 的乌普萨拉军用机场,一架 SAAB-37"雷"式喷气战斗机超低空掠过观看表演飞行的一群观众。飞机的飞行高度太低了,从观众头顶飞过,发动机高温喷气致使观众 6 人被烧伤,其中 3 人重伤。官方没有说飞机的飞行高度有多低,但是空军基地发布的新闻说有 7 名观看表演飞行的观众距跑道只有 75 m 的距离。驻扎乌普萨拉的空军 F-16 联队发言人克里斯特·乌尔里克森(Christer Ulriksson)说,受伤者是 3 男 3 女,都在 20 多岁。其中 3 人烧伤严重,但都没有生命危险。另一位发言人克拉斯·朱林(Claes Juhlin)说,受伤者被送往乌普萨拉的 Aka-demiska 医院,一名女性很快出院。她的烧伤并不严重,只是被喷气冲击摔在地面受到较严重摔伤。乌尔里克森并不准确地知道飞机的飞行高度有多低,但根据地面人员受伤情况判断飞行高度不超过 20 m。

SAAB-37 战斗机造成了人员灼伤,其飞行高度极有可能在 5 m 左右。受伤人员离跑道的距离没有违反机场规则,但是那些地方"不便封闭"。"不清楚飞机为什么飞那么低,"他说,"我们确实不知道为什么飞那么低。但是我们知道这群观众熟悉这支部队的飞行员,估计飞行员是想向他们额外地致敬吧!"该事件导致警方介入调查。

公众安全

有两个非常不同的方面与航展安全直接相关,即观众和公众。首先是对观众人群的保护。长期以来,在世界范围内都是通过规定表演飞行的最小安全距离和最低飞行高度来解决这个问题的。其次,目前这个问题在世界上任何地方都没有得到充分解决,它直接关系到航展表演场地周边的人员和财产安全,这包括与观众人群平行的飞行线路上飞机机动和表演飞行需要飞越的所有人员和财产。即使设置了 1 500 ft 隔离线(stand-off line),在飞机转弯区域仍然是有风险的。飞机在这些区域都是以最大性能飞行,往往处于飞行包线的边角区。

如果是特技飞行队,例如"雷鸟"或"蓝天使",在进入和离开表演飞行航路时则需尽最大努力避免直接飞越人员稠密的区域。表演队负责人必须认真查看表演区域地图并仔细规划每个表演线路,以及进入和离开线路,并选择表演中心点。多数情况下,飞行表演线路是一条满足观众安全距离要求的跑道。那么现在问题是(而且一直是),"边缘区"的安全。

那种认为机场一定距离内不应有人居住的说法并不充分，但很不幸的是，这种说法似乎很容易成为喜欢辩论此类问题的人的说辞。

坦白地说，那些区域确实存在危险，航展表演飞行员和航展组织者一次又一次地积极参与了联邦航空局和军事部门为解决这些问题开展的讨论——但是并没有一个简单的答案。大多数表演飞行员从未破坏观众规则，也没有犯这方面错误，但是，在转弯的时候，飞行员和飞机经常处于表演航线两侧的外围区域——飞机下面一直有大量房屋和人员存在。

航展事故通常会产生一些附带损害。航展观众面对的危险众所周知，航展安全法规旨在解决航展观众的安全问题，然而，对于不参与航展的普通公众的安全，却并没有合适的解决方案。机场周围居民区居民的问题当然很好解决，那就是增加附加住房保险。表演飞机在机场外坠毁，也会导致举办航展的机场及其周围地区遭受附带损害。有一次航展事故分析记载，有公众14人死亡，100多人受伤——这些公众刚好在错误的时间出现在错误的地方，航展坠机碎片导致了这些人员死亡或受伤。

因航展意外附带伤害而导致无辜人员和公众致死或受伤的案例：一个是1973年巴黎航展上的图波列夫Tu-144飞机飞行事故，这次事故导致公众9人死亡，60人受伤，当时飞机的碎片坠落在距离布尔歇机场仅几英里的古森维尔村庄。另一个案例是印度空军的"幻影"2000战斗机1989年在德里（Delhi）的坠机事故，不仅导致观众2人死

(a)

(b)

(c)

图1-8 1988年8月28日发生在西德拉姆斯泰因的航展事故，全面展示表演飞行的现实危害，并引起对航展安全的更多国际关注和公开审查

亡，还导致机场外的公众20多人受伤。另外，1997年9月，美国空军一架F-117隐身飞机在美国马里兰州航展上飞行中发生灾难性结构断裂事故，致使公众4人受伤，并损坏了数间房屋。

2002年10月，印度海军两架IL-38海上巡逻机为纪念印度海军315中队成立25周年进行编队表演演练，结果在果阿州西部发生空中相撞事故，导致15人丧生。其中一架飞

机坠撞在道路上,另一架飞机坠撞在一处建筑工地,机组人员 12 人全部死亡,坠机碎片砸死工人 3 人,砸伤 7 人。图 1-8 是 1988 年 8 月 28 日发生在西德拉姆斯泰因的航展事故。

这些附带损害问题永远无法获得令人满意的解决方案。航展仍将继续,因为人们需要它。实际上,确实没有办法解决有关周边地区的最终安全问题。人们仍会购买机场旁边的房地产,有些人会搬走,但建筑发展将继续,这几乎无法改变。表演飞行员在查看了表演区的航空照片并参加了安全会议后,会选择"最佳可用"的进场和出发飞行航线,以尽可能避免人口稠密区域,并且仍按要求的空速、高度和过载组合到达表演区。

航展表演者并不是没有意识到表演飞行的现实危险,特别是军用飞机的飞行表演更是如此。专业人士对待飞行表演事故的严谨态度是"零容忍"。由于美国海军"蓝天使"飞行表演队队长担心自己团队的飞行表现而中断飞行表演就是这种态度的最好诠释。事件当天,2001 年 9 月 23 日,在美国弗吉尼亚州弗吉尼亚海滩的奥森纳(Oceana)海军航空站,41岁的飞行队长唐尼·科克伦(Donnie Cochran)带队进行了一次低空高速机动,飞到了错误的跑道上空排列队形,他不想团队飞行员的安全受到危害,随即决定团队退出表演,改为强化训练。

在 15 万名观众面前令人心跳停止(heart-stopping)的一个机动动作是四架飞机从不同方向同时交叉越过同一个点,需要使用两条跑道作为"标记"。科克伦从错误的跑道上越过了这个点,其他飞行员发现了他的错误,进行了调整来适应它。审慎的问题是:"在那个特定的动作中,安全是否受到损害?"是的,安全受到了危害,但那是不必要的。专业精神的一部分是能够及时识别不正确、不安全状况,并与编队所有其他成员完全认识到当前的危险状态,进行充分补偿,以从危机局势中恢复过来。

这种自我评价致使在面临"不惜一切代价"的压力下做出一个公开决定是非常不容易的,需要非常大的勇气。请记住,"蓝天使"飞行表演队自 1946 年成立以来,在训练或表演过程中,共有 22 名飞行员丧生,表演飞行的危害或"陷阱"已经得到了飞行员的充分认知。由此看来,及时退出表演,以保证飞行安全是一个成熟领导者做出的理性决定。

如果不考虑环境对航展安全的影响,就无法完成航展安全性分析。低空飞行表演潜藏着鸟撞风险,鸟撞风险对于低空飞行的飞机来说是一种现实危害,尤其在面对航展观众时,这种危害更为严重。2000 年 4 月,"蛮牛"马塞勒斯在巴克斯代尔(Barksdale)空军基地举办的路易斯安那州航展上就经历了一次与地面的"近距离接触"。当天,马塞勒斯已经进入了高能量飞行线路的最后阶段,飞机撞在了地上,巨大的撞击力致使飞机的起落架弯曲。当时,他正以约 200 mi/h 的速度在离地约 30 ft 的高度飞行,明显有一只鸟飞入他驾驶的EDGE 360 飞机(一种小型特技飞机)的螺旋桨。飞机随即撞在草地上,又弹回空中。1999年 6 月 5 日,在斯洛伐克布拉迪斯拉发举行的"1999 SIAD"航展上,意大利"三色箭"飞行表演队的两架飞机表演飞行时发动机吸入了鸟,幸运的是,两架 MB-339 飞机最终都安全着

第一章 航展界的现实

陆。保护公众安全是航展和表演飞行安全的关键要素,并且也是参展人员和航展组织者都普遍认同的优先事项。尽管已经尽了一切努力来保证航展观众的安全,但关于周边区域的安全问题仍有待解决。那么,改善航展安全的主要威胁是什么?

人为差错

错误判断并非某个飞行员、某些飞行员或某类飞行员的"特权"或"专利"。所有从航展事故中幸存的飞行员都会讲他们是"死里逃生"(close shaves)——这些飞行员大多经历了飞行事故,他们凭借自身技能和判断从可能致他们于死地的危险状况中成功逃脱。在低空高威胁表演飞行领域,使用"飞行员错误"这个术语并不真正合适,使用"人为差错"(human error)可能更为贴切。"飞行员错误"一词意味着过失,而"人为差错"一词可以更准确地反映表演飞行出错的真实情况,这些飞行差错是由飞行员没有准确一致地判断、估计和预计飞机飞行状态引起的。

众所周知,国家元首也会犯错或做出错误决定,顶级外科医师也会出现切错患者身体部位的失误,国际公司的总经理也可能会使公司倒闭,而会计师也可能出现计算错误导致公司破产或损失数百万美元。最重要的是,个人通常都是软弱的决策者,特别是在压力之下。在飞行表演领域,这种压力可以用"生命威胁"因素来做最好的示例说明,例如在做低空垂直拉起机动时,在最低点发现高度或空速不足以完成这个机动动作,或者在低空做副翼滚转时,发现飞机"机头下沉"(nose-drop)过大。在某些职业中,一个人或许能够掩盖甚至隐藏其错误或失误,但是,在表演飞行行业,绝对是"开弓没有回头箭",已经错过的不可能有第二次机会。任何借口或仓促准备的政治声明都不能改变或否定在飞行表演或航展上飞机失事的灾难性后果。2001 年 6 月,在连续发生了 3 起航展飞行事故后,英国发生了大规模公众抗议。这三起事故在 2001 年 6 月连续三天内发生,其中两起发生在英国比金山通用航空机场,另一起发生在法国巴黎。这三起事故对于航展业而言简直就是噩梦。但是,即使是最专业的特技飞行队,例如美国海军"蓝天使"、美国空军"雷鸟"、美国皇家空军"红箭"和加拿大空军"雪鸟"等飞行表演队也会发生航展飞行事故,更不用说空军和世界各地的通用航空专业人员都因航展飞行事故蒙受的损失。

令人担忧的是,"判断失误"不是故意的,但却几乎总是一样地导致飞机失事,有时会导致人员丧生,有时不会,但绝对没有"第二次机会"——没有停止然后重新开始的机会——不像其他专业人士一样,有开始新职业的机会。统计数据表明,67% 的航空事故(包括军机和民航飞机),是人为差错导致的。表演飞行员团体也同样没能逃脱这令人讨厌的统计数据,所以,本书介绍的案例研究特别指出人类的易错性。所有航展事故中有 79% 是由人的各种形式错误导致的。通用航空事故人为差错导致的占 67%,航展事故人为差错导致的占

79%，12%的差别表明低空飞行表演领域人为差错的危害性更大。21%航空事故归因于"机械故障"和"环境"因素。

从历史上看，航展和空中演示飞行事故的安全统计数据相对令人失望，但考虑到要在非常低的高度上操纵飞机时面对的动力学问题就不足为奇了。尽管没有反映自航空时代开始以来表演飞行和演示飞行事故的准确数据，但对1952年以来的表演飞行事故统计表明，随机统计的118场航展事故中，至少死亡401人，受伤673多人，损失的飞机财产超过10亿美元。归根结底，表演飞行事故（当然不包括机械故障和环境影响导致的事故）大多可以归因于"人为差错"（无论归因于飞行员的响应或反应时间、预判、飞行技术，抑或是归因于态势感知能力——这些是人类的生理学弱点）。航展表演飞行员必须意识到他们在这方面的不足，并在训练中加强缺陷方面的训练，但是，人类生理上的这种缺陷不可能完全消除，最好的办法就是通过培训来减少出差错的范围。

具有讽刺意味的是，航展失事飞机的飞行员都是专业人员，而且多数都有相当多的飞行经验。其中有经验丰富的战斗机驾驶员、经验丰富的试飞员和演示飞行员，以及由世界特技飞行冠军转为航展专业表演飞行员的，他们都有多年和很多飞行小时经验。例如，查利·希拉德（Charlie Hillard），1996年在佛罗里达州莱克兰的"太阳乐趣"（Sun'n Fun）航展上驾驶"海怒"（Sea-Fury）战斗机做完特技动作着陆时飞机翻转失事丧生，时年58岁。他拥有42年飞行经历，总飞行时数超过15 000 h。韦恩·汉德利（Wayne Handley），一名前美国海军飞行员，特技飞行冠军，农业飞行员，特技飞行教练，在受伤之前的43年航空生涯中，积累了惊人的25 000 h飞行经历。1999年，在加利福尼亚国际航展上驾驶"Oracle Turbo Raven"飞机进行表演，发生事故而受伤。他的特技飞行能力曾使他三度赢得加州无限特技飞行冠军。1999年4月，韦恩·汉德利驾驶一架"G-202"（一种无限制特技飞机）把他自己保持的倒飞平尾旋（inverted flat spins）世界纪录增加到78圈。1996年，他获得了比尔·巴伯奖，以表彰他的飞行表演技巧；1997年他荣获阿尔特·朔尔纪念表演技巧奖（Art Scholl Memorial Showmanship Award）：这是航展业界最负盛名的两个奖项。另一位在航展上发生飞行事故的飞行员是54岁的葛拉维，他拥有14 500 h飞行经验，曾经是英国皇家空军的飞行员，后转为民航飞行员，1996年在达克斯福德航展上驾驶P-38飞机进行表演飞行时发生意外身亡。鉴于在航展上出事故的那些飞行员都具有丰富经验，唯一可以得出的合理结论是仅凭经验是不能保证在航展表演飞行中生存的。

大多数（如果不是全部）在公众场合驾驶飞机表演飞行的都是非常有经验的飞行员，但是无论出于何种原因事故还是发生了。表演军用飞机的飞行员必须要有相应型号一定的飞行小时数要求。但是，对于私人飞机，监管规定不太严格，表演飞行员不一定必须具有相关型号的飞行小时数经验积累。这些人拥有自己的飞机并拥有表演飞行这些飞机的必要许可证，但这并不意味着全面完成了购买飞机并进行飞行表演这样的完整过程，实际上，他们很有可能缺少低空特技飞行表演所需的经验。

一个有趣的发现是所有参与表演飞行的飞行员,无论是固定翼飞机的或旋翼机的飞行员都表现出了对航空飞行的独特热情,尤其是以一种飞行方式或另一种方式进行表演飞行。不管是改造老式飞机,还是将表演飞行作为爱好,或活跃于航展管理部门,他们一生都在追求他们的热情和爱好。表演飞行对表演飞行员的要求更高,这些飞行员们不得不在世界各国之间频繁穿梭旅行,从一个航展到另一个航展进行表演飞行。很多情况下,这些飞行员有时不得不牺牲家庭关系,尤其在航展季,甚至在某些情况下他们的妻子成为了"航展寡妇"。而且,就像生活中的大多数事情一样,这种激情只是在死后才得到认可。2001 年英国比金山国际航展上一架德哈维兰"吸血鬼"(De Havilland Vampire)喷气战斗机发生致命坠毁事故后,克尔先生的家人说:"乔纳森(Jonathan)是一个非常特别的人,为他的激情而活,并为之而死。他努力工作,实现了重新组装'吸血鬼'战斗机的野心并驾驶它进行飞行。",汤姆·波伯兹尼(Tom Poberzny)也表达了类似的悼词,称赞他的老朋友和同伴、航展表演飞行员查理·希拉德。其在 1996 年的 EAA 莱克兰"太阳乐趣"(Sun'n Fun)航展上驾驶他的"海怒"飞机着陆时翻转失事而丧生。他的飞行表演成就包括:1958 年获 U. S. Skydiving Team 奖,1967 年获全国特技飞行冠军,1972 年获特技飞行世界冠军,1971—1995 年任"老鹰"特技飞行队队长,1991—1995 年任 EAA 奥什科什航展总经理。可以说他全身心投入了飞行表演和航展事业。

波伯兹尼说:"查理·希拉德是世界级的飞行员。他是特技飞行世界冠军,担任'老鹰'特技飞行队队长长达 25 年。他完全沉浸在航空事业中。除了他的航空技能外,查理在社区中也是受人尊敬的成员,从他的家乡德克萨斯州沃思堡对他的家人和同事的大力支持中可以看出这一点。他还是 EAA 家族的重要成员。从个人和专业的角度来看,他的离去都是巨大的损失。"这样的赞誉无疑是对其他表演飞行员的最好安慰。

南非空军航展安全联络官洛基·海姆斯特拉(Rocky Heemstra)有一个有趣的发现,关于表演飞行员类型的选择与人为错误之间的关联方面,那就是,倾向于选择那些能够在飞行包线边界驾驶飞机的飞行员,似乎很少会选择一个保守的飞行员。这可能是表演飞行特点导致的必然结果,这也是航展组织者、飞行竞赛评委或表演飞行指挥官对这类飞行员的偏爱所致,表演飞行指挥很希望飞行员在飞行包线的边缘或附近表演飞行。本质上,选择人员更倾向于选择"激进"的飞行员成为表演飞行员。但是,需要提醒读者的是,这里的"激进"不是性格"激进"的飞行员,而是指在飞行方面有进取心的飞行员——准备将飞机置于必要的姿态,保证飞机能安全地执行低空飞行任务。

尽管经过认证的飞机飞行包线都有一定裕度,但如果一名表演飞行员从飞行包线边缘附近的机动中幸存下来,那么这些机动动作将会成为标准机动动作,并且每飞行一次并成功一次,都会增加一个调节系数。每次飞行员幸存下来,他前面所飞的机动边界就成为一个基准,下一次会再扩展一点点。在向公众进行表演飞行时,飞行员的自我压力加上航展压力,即使最有经验的飞行员也会发生一次次失误。

表演飞行员不仅会犯错误,还会有一些因素、一些诱因,诱导飞行员的自然本能,如他周围的一些暗示影响了他的信息处理能力或预判能力,最终导致判断错误。提高航展安全性的挑战在于,要对飞行员进行人类在决策、预判、响应纪律和培训等方面的易错性的教育。

"雷鸟"飞行表演队前队长对航展事故的评论是:"每次我听说飞机失事,无论是航展、民航客机、通用航空飞机还是军用飞机,我都祈祷事故原因是'人为差错'。为什么?因为作为一名飞行员,这是我唯一可以完全控制的事情。我不能控制发动机故障、零部件故障、维护不良或结构故障,但我能在设计限制内飞行飞机。"

解决航展飞行安全的方案是根据批准的课程大纲进行专业培训,建立合理的规章制度,明确安全表演航线,熟悉飞行表演程序,并遵守严格的航空飞行纪律。当然,对飞机的良好维护也是必须的。这些因素中的每个因素都同等重要。这是常识,我们都知道。现在,要尽我们所能确保飞行合乎规定。事故不应该是由任何人的重大过失造成的。我们可以安全地、专业地进行令人兴奋的娱乐表演飞行。

航展事故的影响

实际上,自从莱特兄弟开启人类航空时代开始,甚至在更早期,人类使用轻于空气的飞行器开展试验飞行的过程中,飞行事故都一直在发生着。这并没有多大改变,只有时间在前进。航展飞行事故也不是什么新现象,自第一场表演飞行以来,这些事故就震惊了观众和公众。实际上,在航展事故中丧生的第一位女飞行员是航空飞行先驱哈里特·坎比(Harriet Quimby,35 岁)女士。1912 年 7 月 1 日,她和朋友威廉·威拉德(William Willard)在马萨诸塞州波士顿南部的多切斯特湾上空进行的一次飞行表演中丧生,当时他们驾驶的"Blériot"飞机从天空中掉了下来。哈里特·坎比是第一位单独飞越英吉利海峡的女性,是第四位在航空飞行事故中丧生的女性飞行员。

特技飞行是通用航空的一个专门领域,通常被定义为"在三维空间中进行精确机动飞行",应从 3 个方面考虑,即:位置、速度和姿态。特技飞机的位置可以在俯仰、横滚和偏航三个轴上精准控制,并且可以通过机动动作快速重新定位。林肯·比奇(Lincoln Beachey)被广泛认为是"特技飞行之父",尽管他的壮举最初被奥维尔·莱特拒绝,莱特认为那是"错觉。",但经过 1914 年那一系列令人广为称颂的 126 个城市传奇巡回飞行表演后,所有怀疑者都被转化了。当时被称为"飞行傻瓜"的比奇用他的"Little Looper"飞机进行了令人眼花缭乱的特技飞行表演,使整个美国的观众都为之喝彩,甚至奥维尔·莱特也撤回了他最初的评论,将比奇的表演描述为飞行"史诗"。

　　航展事故不只是一种意义上的灾难,负面宣传会进一步引起公众的情绪反应。如果在航展中失事的飞机是军用飞机,由于损失了宝贵的军事资产,纳税人的腰包受到直接影响,此时不只是军事角色或职能受到影响,甚至被视为"战斗力"的消耗。

　　应当牢记,空港、机场和军事基地始终被居民区包围着,飞机坠毁在机场上或机场外而造成的附带损害,可以并且已经引起了当地居民非常痛苦的回应。自由主义团体联合要求终结航展,甚至更糟糕,要求关闭机场,这是现实。

　　航展事故总是令人悲伤,也是非常不幸的。所有人,包括所有顶级专业表演飞行员都知道,实现航展零事故率的唯一方法是暂停所有低空特技飞行。实际上,世界各国空军可以在他们的权限范围内适当开展这些活动,因为它们是保护国家和公民安全的作战部队,不仅仅是为了表演建立的。然而,有一句老话,那就是对航空安全的总结:"追求完美的安全是针对那些没有能力生活在现实世界中的人。"

　　历史上的首次表演飞行伤亡事故发生在 1908 年 9 月 17 日,如图 1-9 所示。

图 1-9　历史上的首次表演飞行伤亡事故发生在 1908 年 9 月 17 日。当时,托马斯·塞尔弗里奇中尉乘坐奥维尔·莱特驾驶的飞机失事身亡。事故原因是螺旋桨脱落。奥维尔·莱特在事故中肋骨、骨盆和腿部骨折

　　在 2001 年的比金山国际航展,6 月 2 日和 3 日连续两天发生了表演飞行致命错误。6 月 2 日,在大批观众眼前,一架德哈维兰"吸血鬼"战斗机跟随一架德哈维兰"海雌狐"战斗

机做低空绕紧转弯时,失控翻转倒撞在地面,飞行员丧生。6月3日,一架老式"贝尔P-63国王眼镜蛇"飞机在低空斗的顶部位置进入尾旋,无法改出而坠毁。24 h内发生的这两次事故导致2名飞行员和1名观众丧生。当人们还没有从这两起惊人的事故中恢复过来,正面对公众和媒体不断提出的问题和批评答复时,2001年6月4日电视画面又传来了一架"喷火"战斗机在巴黎航展坠毁的惊人画面。飞行员报告飞机起火,然后返航准备迫降,为了规避一群侵占了迫降区的观众,不得不采取规避动作,随后失控旋转成了一个火球坠落在机场。

灾难性事故经媒体广泛报道,引起公众震惊,这并不意外,但必须提出航展的安全问题。更具体地说,对公众安全的影响以及航展上在居民居住区表演飞行老式飞机都遭到了批评。提出的问题是:"为什么不能只使用这些有价值的老式飞机在地面作静态展示?"比金山事故之后,航展组织者们竭尽全力安抚公众和挽救遭到损害的公共关系。

乔克·梅特兰(Jock Maitland,比金山国际航展官方发言人,曾成功组织了1963年第一届比金山国际航展)的官方说辞是:"当我们筹划首届比金山国际航展时,我们哪里会料到在某个周末同一天损失两位飞行员和一位乘员?这是无法预料的。1980年,在'不列颠保卫战'纪念日,一架表演飞行的A-20'浩劫'战斗机失事,一名表演飞行员和一名乘员丧生,每个人都被这样的悲剧震惊,到现在,这件事还在被人们不断提及和讨论。"

我们必须了解这起周末灾难的创伤影响,我们还必须了解为什么我们必须根据航展的整体表现,以正确的态度接受这种在英国最受欢迎的家庭娱乐形式。我们要为逝去的3位表演飞行员以及他们的家人和朋友祈祷。可以聊以慰藉的是他们以自己选择的生活方式而死。

那么,作为一项多数当地居民支持的社区活动,我们必须了解并考虑他们如何看待自己所受的影响,尤其是居住在机场附近的人的观点。比金山机场是欧洲最繁忙的机场之一。一年一度的比金山国际航空展吸引了世界上最新和最快的民用和军用飞机前来参展。统计数据经常被用来支持一个论点,尽管这个论点并不总能说服他人,但这是不争的事实:经过机场附近的道路比经过机场本身更危险!

比金山机场是世界上建立时间最长的航展场所,自从20世纪20年代开始就在此举办航展。这么短时间发生两起事故确实太多了,但这比起其他观众运动要好多了,因为其他运动也并不是永远安全。希望可以把这两次事故与比金山,甚至整个英国国家的航展记录对比起来看待。实际上,自1952年范堡罗航展上一架德哈维兰DH-110"海雌狐"战斗机高速飞越机场上空空中解体导致28名观众丧生以来,还没有一名观众或公众在航展机场和机场附近因表演飞行而丧生。

CAA(民航局)有责任不断审查航展安全,在这次比金山周末航展事故之后,他们这样做更为恰当:毫无疑问,我们会非常期待严格遵守我们自己的航展安全法规,并完全打算解决我们关注的附近居民问题。全英国每年大约举办125场大大小小的航展,给数百万观众带来了欢乐。这明显高于欧洲其他国家的水平,而且,随着安全法规越来越国际化,我们出色的纪录被广泛用作例证。航展组织者的高度责任感和民航机构的警惕性将确保本已高度重视安全的飞行行业能继续提高安全水平。

1991—2001年的11年间,英国共发生16起表演飞行伤亡事故(见图1-10)。最糟糕的是1996年,发生了4起。期间有两年未发生伤亡事故,分别是1993年和1999年。然而,这些统计数据必须与英国每年约125场航展和航空表演数量,也就是11年举办的1 375场航展表演飞行对比考虑。无论事故如何发生,对于所有相关人员,包括观众、航展组织者、表演飞行员、飞行员的同事、朋友和家人来说,都是悲剧。如果再导致观众,或航展现场以外地方的公众伤亡,那就更糟糕了。实际上,航展表演飞行很危险,但技艺高超的飞行员经常没有意识到这些危险,他们认为这是稀松平常之事。

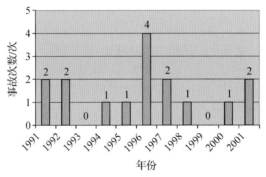

图1-10 英国航展11年事故统计数据,总计发生16起表演飞行伤亡事故

2000年6月,一架F-14战斗机在美国霍舍姆坠毁后,在美国有人对此类活动提出质疑,但活动捍卫者表示,表演飞行比其他类型活动更为安全。失事的两名飞行员都有F-14"雄猫"战斗机1 000 h以上飞行经验,两人被分配到弗吉尼亚奥森纳海军航空站的VF-101"死神收割者"战斗机中队。他们的飞机坠毁在霍舍姆公路旁的林木区,距住宅和商务区仅数码之遥,但幸运的是没有地面人员受伤。几位当地房主和商人认为,应该无限期暂停"自由之声"(Sounds of Freedom)航展。这场悲剧重新引发了关于航空表演飞行真正价值的争论。

一位航展评论员从两个视角发表了自己对航展安全的看法:一方面是作为20世纪60年代威洛·格罗夫(Willow Grove)海军航空站指挥官,他帮助组织了这次航展活动。另一方面,几年后他又是当地的乡镇经理(township manager)。与比金山国际航展组织者所面临的问题一样:"我觉得这对当地居民是个问题,"他说,这呼应了当地居民的安全问题。

"但同时,您必须权衡航展为当地带来的净收益。您无法将这类事情放到公式中计算。现在我不知道将会发生什么。"基地的公共事务官员说,他们正在审查这起悲惨事件,确定基地是否应举办未来的"自由之声"航展。

海军航空兵大西洋司令部驻弗吉尼亚州诺福克市发言人说,海军没有计划停止奥森纳F-14中队的表演,或暂停在全国范围内的航展表演。这起事故是 2000 年的第二起事故。2000 年 3 月,一架 F-16"战隼"战斗机在德克萨斯州金斯维尔(Kingsville)海军航空站举行的活动中坠毁,35 岁的美国空军少校布里森·菲利普斯(Brison Phillips)丧生。大约15 000名观众观看了飞行员表演低空 split-S 机动时失事的场景。

金斯维尔市市长菲尔·埃斯基维尔(Phil Esquivel)表示,这是该基地表演史上的第一起事故,对于当地整个社区来说都是悲剧。人群瞬间沉默,人们开始跪地哭泣,幸运的是,撞击发生在距离航空站 5 mi 远的空地上,靠近几座建筑物,事故中没有当地人受伤。金斯维尔〔位于科珀斯克里斯蒂(Corpus Christi)西南约 20 mi〕和霍舍姆都约有 25 000 多名居民,但是埃斯基维尔说,位于德克萨斯州的海军航空站所在小镇周围有广阔的空地,安全方面我们还是很幸运的。

在金斯维尔航展第一天 F-16 坠毁后,周末的其余航展活动都取消了,官方对这起悲剧进行了审查,并决定不会取消未来航展。下一届航展直到 2002 年才排定,这次事件不会影响航展活动。埃斯基维尔说:"我们的武装部队向纳税公民展示他们纳税钱的去向至关重要。这件事非常悲惨,但我们是基地办航展的坚定支持者,我们 100% 支持航展。"

根据国际航展理事会的统计,在美国,1990—1999 年发生了 52 起航展事故。理事会主席约翰·库达希说,按照标准要求,这个安全记录可能无法接受,但如果与赛车,以及其他大型户外活动相比,并不算差。"航展并不像人们所说的那样,它们不是连串的葬礼,"他说,"每次航展上,有数百台摄像机……,可以拍摄引人入胜的影像片。"但也就是各种媒体对航展事故的报道将事故带入普通民众的家中,并造成负面影响。

库达希还指出,自 1952 年采用当前的航展标准以来,没有观众、地勤人员或附近居民在与表演有关的事故中丧生。"观众感受到他们得到了保护,因为他们确实得到了保护。"按照 FAA 的标准规定,航展组织者必须申请许可才能组织航展活动,必须设置一个与飞行区保持一定距离的观看区。表演者不得将飞机朝向人群飞行,所有机动动作必须与人群平行或远离人群,民机驾驶员必须通过国际航展理事会的资格认证。

前海军上尉,现任航展表演者戴尔·斯诺德格拉斯(Dale Snodgrass)说:"各种安全规定使危险远离了观众,但却将其带给了飞行员。但是,我们了解我们的风险并努力将其最小化,首要的是确保永远不要使人群处于危险之中。"斯诺德格拉斯在"自由之声"航展发生事故时正在空中飞行,等待着陆许可,他说,尽管发生了悲剧,这不会动摇对表演的决心,也不应该吓跑公众。

"随着航展的进行，这是最安全的活动之一。"尽管如此，所有航展支持者都承认航展飞行表演活动确实存在危险，坠机令人痛苦。

最后，许多航展爱好者提出的问题是："为什么在航展上，世界上最好的表演飞行员驾驶的飞机会发生事故？"在这种情况下，航展飞行员对航展事故有何反应？观众呢？好吧，实际上航展事故的发生大部分是因为航展飞行涉及将飞机和表演飞行员置于低空飞行包线的最大性能区域，这本身就是具有潜在危险的组合。航展飞行，特别是低空特技飞行是一种可能出现死亡的危险职业，而且尽管受到监管限制，死亡危险将继续发生。

对于大多数采用这种生活方式的飞行员而言，对这些坠机事故的情感反应最终会趋于平淡，这使他们能够冷静地评估事故原因并从中学习经验，同时保持对自己和亲密朋友的感情。这听起来可能有点不可思议，但请记住，飞行员还必须再次去做表演……而观众们则无需去做！只是为了对此提供一些观点：想象一下，刚刚观看了同行在航展飞行事故中丧生就立刻被飞行控制委员会安排进行表演飞行会是什么情形！

同样地，对于观众来说，他们通常是好人，他们只是出来观看并欣赏表演。看到有人死亡是他们脑海中的最后一件事。发生这种情况时，有些孩子会受到创伤，生活几乎瞬间改变。有父母抱着哭泣的孩子，失去丈夫的妻子们在哭泣，试图召回他们失去的亲人。因为在大多数情况下，航展表演飞行员的妻子和家人总是会来参加当地的航展。最重要的是，如果您喜欢飞行表演或赛车，在目睹事故后你还得返回家中。这当然不是一件容易的事！

航展坠机管理

在当今世界，作为航展组织者已成为一种压力巨大的职业。那种友好的家庭表演时代已经过去，就像生活中的一切一样，已经发生了高度专业化和竞争性变化。观众现在已经成为"付费乘客"，必须付更多的钱。对于演出组织者来说，甚至在财务上达到收支平衡都变得越来越困难。航展组织者不仅负责提供娱乐，而且必须严格执行健康和安全法规的要求，并提供安全的环境，其中还包括事故和坠机救援服务。如果不遵守此类要求，会对违规行为进行严厉处罚，尤其是出现"最糟糕的情况"——航展发生事故，也会对事故后的人员伤亡管理产生影响。

航展界被一些严重事故所震撼，事实上，在展会规划期间，很难预测"最坏情况"。典型的注意事项是表演飞行地的坠机和救援能力可以处理多少架飞机事故和哪些类型的事故。仅仅物流和提供足够数量的救援人员和医务人员来处理预测的"最坏情况"所需的资源和成本，都无法保证。

显然，在航展策划期间，就要向航展组委会提供指导，假设表演飞行员遵守飞行表演规则，在此基础上考虑每次表演飞行，预测最糟糕情况。在平静的策划环境中，策划者往往会忘记现实世界发生事故后的恐慌和混乱，特别是事故不仅涉及表演飞机，还殃及远离表演地点的观众或普通大众。

指挥和控制需要出色的通信系统，接受良好培训的坠机救援人员应配备能够满足所有事故类型救援需要的必要救援工具和设备，救援药物也应准备充分，从蛇咬血清到各种静脉滴注液体都必须准备。在南非沃特克卢夫（Waterkloof）空军基地举行的南非空军成立80周年庆典航展上，组织者广泛使用手机进行通信，但当时有大约 220 000 名观众参加航展，本地的蜂窝移动电话中继基站负荷严重超载阻塞，通信网络瘫痪。2002 年，还是在沃特克卢夫空军基地举办的 2002 非洲航空航天与防务（Africa Aerospace and Defence，AAD）航展期间，不得不加装了两个中继基站，以满足蜂窝通信网络通信量的惊人增长需求，并减轻了卫星通信的饱和度。

实际上，航展组织者几乎不可能满足可能出现的紧急情况、突发事件和移动急救设施的全面需求。正是由于这个原因，通常都让航展地点周围的医院待命，以协助处理碰撞现场抢救护理人员能力范围之外的紧急情况。然后是疏散设施、直升机和救护车，通信、人员、指挥和控制以及紧急情况下的路线方面，也必须做同样的准备。随着现代航展的普及，可能受伤的观众人数数量级增大，反过来，多人受伤的可能性也有所增加，而处理重大紧急情况的后勤需求远远超出了大多数航展组织者和策划者能够或准备实施的范畴。策划人员一般都不愿面对最坏情况，因为很多实施方案不切实际，他们发现了更简单的办法——增加表演规则来给自己"遮羞（掩盖过失）"。

将"三色箭"飞行表演队 1988 年 8 月 28 日在西德拉姆斯泰因发生的事故作为坠机后现实世界管理的案例研究具有指导意义。在计划阶段，谁会想到这样的灾难？意大利空军"三色箭"特技飞行表演队的三架 MB-339 飞机在西德拉姆斯泰因空军基地的航展上飞行表演时相撞。一架飞机与另外两架飞机相撞后，直接坠入人群，最初的几分钟内就造成约 40 名观众死亡，数百人受伤，其中主要是烧伤。

撞击点就在陆军的"休伊"医疗护送救援直升机附近，当时这架医疗护送救援直升机正在跑道附近待命，坠机致一名陆军飞行员丧生。英国"彪马"医疗护送救援直升机的一名机组人员将所有散布在他们的直升机周围进行静态展示的装备迅速装上直升机，立即起飞并在坠机事故发生后的几分钟内开始了救援工作，周围观众都被惊呆了！具有讽刺意味的是，在拉姆斯泰因所有人员都在响应献血呼吁的同时，有些德国人却在航展正门外抗议航展。

在发生瞬间恐慌和逃离后，成千上万的人试图返回事故现场，使救援行动更加困难。消防车管理有序，在转动的蓝色信标和吹哨的帮助下，迅速到达火场。当时所有燃料都烧光了，很容易扑灭。几分钟后，救护车和救援直升机到达，但由于噪声太大，无线电和电信系统无法有效使用。

准备的四个"急救站"显然没有为这么大规模的事故配备充分的急救物资，他们只有几升医用液体。受伤的人在运送到医院之前，被自发带到另外三个指定区域，给予分类和医疗救助。美军人员只在事故现场对伤员进行了简单处置，随后尽快将患者撤离送往医院。到达医院前未进行任何输液治疗。多数工作都是随机的，没有人了解真实情况，受伤者被送到几家不同的医院。

靠近拉姆斯泰因的兰茨图尔（Landstuhl）地区的一家设备齐全的美军医院接收了120名事故伤员，其中60名是德国当地市民，他们在同一天被转移到其他医院。超过40名伤员接受治疗后第二天从这家美军医院出院。

由于大量伤者到达这家医院，因此必须先在急诊科手术（尤其是气管切开术和截肢手术）。在兰茨图尔，还有一家平民医院，有406张病床，接收了70名伤者，其中大多数是在救护车大厅里分类的。重伤员由麻醉师和护士照顾。送到该医院的70名病人中有50名被留院治疗，但有10名严重烧伤病人被转运送到路德维希港（Ludwigshafen）医院，这是一家创伤医疗专科医院，具备骨科、创伤科、强化护理整形外科和烧伤治疗能力。该医院收治了30名烧伤患者，其中有28名伤员是在事故发生后5 h内送达的，有4名患者在入院后1 h内死亡。

在凯泽斯劳滕（Kaiserslautern），有一所平民医院具有专业的创伤和胸外科手术能力，有98名事故伤员被送到这家医院，其中42名被收院治疗。还有一些事故伤员被送到了周边城镇其他医院。除此之外，西德的一些烧伤诊所也准备接受拉姆斯泰因航展事故的伤员，但并没有伤员送来，至少在最初几天没有，因为伤员都被就近送往了拉姆斯泰因附近的医院。事故后的第2天，8月29日，一支医疗队从德克萨斯州的圣安东尼奥市抵达拉姆斯泰因，把4名严重烧伤患者转接到圣安东尼奥的布鲁克陆军医疗中心。这次事故造成的死亡人数在接下来的两个月中上升到69人，伤员中有50%是烧伤。

在现代社会，航展组织者在考虑医疗保障时，还必须考虑医疗服务的费用问题。尽管该地区可能有医院，但一些私立医院会拒绝接受患者，除非他们是特定医院的成员或医疗援助基金的可支付医院。南非的2002 AAD航展就出现了这种情况。航展组织者必须具体说明在发生事故的情况下哪些医院可以救助受伤人员。

另一个鲜为人知的航展和坠机事故管理不佳的案例是1981年"非洲航空航天展会"在数千名观众面前发生的事故。南非的特技冠军尼克·特维（Nick Turvey）从一个13圈倒飞尾旋特技中改出，但高度不足，影响了安全改出，飞机撞在观众观看表演线80 m后，位于表演线和机库之间的开放沟中。撞击时飞机奇迹般地没有爆炸，事故中没有人丧生，但尼克·特维因受伤严重恢复了几个月。这次事故的救援由于人群控制不力导致延误，人群涌向坠毁的飞机，妨碍了救援车辆和急救人员。很显然，在航展的策划阶段，从来没有设想飞机会坠落在人群观看线后面。当时在场的一位见证人说："航展组织者显然没有制定适当的应急预案,或者他们根本没有进行预先演练！根据我自己的经验,我知道如果多长时间不练习就会忘记。人群没有适当控制,程序混乱(消防车被人墙围住),太多的观众'伸出援手',从而妨碍了医生的工作,紧急救援直升机也没有配备足够人手。"

尽管医院、医疗护送救援计划和保障不会阻止航展事故的发生,但这是整个航展策划过程的重要组成部分——航展组委会如果不为所有紧急突发事件做好充分的准备,那将是愚蠢和不负责任的。

航展事故和媒体

2002 年 7 月 27 日,乌克兰发生了全球最严重的航展灾难。一架 Su－27 飞机坠毁在观众人群中,造成 86 人丧生和 156 人受伤。欧洲和美国的航展组织者担心负面宣传会对航展的未来带来不利影响。当时范堡罗(英国)和奥什科什(美国)航展在同时进行。展会组织者的典型反应为:"媒体正在将此事炒得沸沸扬扬。那些记者不会正确地讲故事,他们没干好事,只会伤害了航展行业。",所有这些忧虑都超过了对乌克兰可怕悲剧的忧虑,这才是真正的悲剧。

国际航展理事会主席约翰·库达希与实验飞机协会官员先是乱作一团,喘着粗气看着刚传送回来的事故现场影像。影像资料真真切切地显示俄罗斯制造的 Su－27 战斗机飞行高度致命地低,机翼向下冲向观众群。连续的画面显示飞机机翼撞击地面,然后可怕的翻滚和火球不可避免地随之而来。他们摇了摇头,意识到媒体很快就会头条报道,并质询有关航展安全的棘手问题。很显然,这两个组织认为他们必须做些事情。问题是做什么?

"我想我们应该举行一个新闻发布会",库达希说。"我们该怎么说?"。国际航展理事会公共关系专家问。"保持常态,别给他们盯上你的机会。",一名特技飞行员建议。国际航展理事会和实验飞机协会的领导人处于低调模式,准备应付"嗜血"的记者,这些记者想把整个通用航空都钉在十字架上,对奥什科什航展的表演尤其如此。

乌克兰坠机事件虽然悲惨,但却为这两个组织提供了证明自己的机会:美国的航展方式是世界上最安全、最有趣的方式。这绝非偶然,这是艰辛努力、高标准要求和良好策划的结果。有些人想举行新闻发布会,而其他人则想等待媒体来到奥什科什。依然有人想通过发布一般通用新闻稿的方式解决这个问题,国际航展理事会主席约翰·库达希的观点是表达对无辜者丧生的悲痛。"这样的悲剧会发生在我们这里吗?""不!",库达希明确地说。

为什么不?与英国现行法规相似,以下几条规定是美国防止发生此类事故的原因。"首先,飞机进行特技飞行时不允许将其能量指向人群;其次,特技飞行必须在距离观众警戒线 1 500 ft 以外进行,这样,如果飞机出现机械问题或飞机上的人员出现问题,不会殃及观众人群;再次,每次飞行表演中特技飞行员都必须经过严格的培训,然后才能在航展上执行表演。他们必须证明自己有能力完成表演飞行。"

美国航展史上也曾发生过灾难事故,但50多年来没有一场灾难导致观众死亡,充分证明了美国航展的高标准要求,而且肯定会给数以百万计的、将来会一遍又一遍观看这次令人崩溃的事故视频的人们讲述一个积极、令人放心的故事。50年没有观众死亡是一段要走很长很长的路!

那么,航展发生事故后如何应对媒体呢?这些年来显然不断确定了几项准则。首先,不要害怕讲事实;其次,不要害怕回答棘手的问题。当记者们"闻"到恐惧的"血腥"时,他们确实像水中的鲨鱼一样,但是如果您站起来讲实话,就会被理解、被认同,当然这视情况而定。航展组织者越早意识到这一点,就能越早与媒体建立良好的关系。

最坏的情况显然是有关当事方相互推卸责任,试图尽力回避可能暗示他们疏忽的问题,以避免承担与之相关的法律后果和可能面临的监禁。2002年8月15日俄罗斯媒体上发表的一篇文章,标题是《利沃夫市长谴责渲染报道悲惨航展的记者》。利沃夫市的Express,Visoky Zamok和Postup等报纸则指责市政府有关他们参与利沃夫市悲惨航展的程度的说法是谎言。他们说利沃夫市市长向市民撒谎。利沃夫市市长鲁博米尔·邦雅克(Lubomyr Bunyak)在电视采访中说他不知道航展是在2002年7月27日举行的,他对这次航展毫不知情。

几家报纸随后发布了一些文件副本,这些文件内容引起了人们对市长的怀疑。他们要求市长公开道歉。作为回应,市长指责记者为吸引人们参加这场灾难性的航展,并强调他没有签署关于航展的任何文件。利沃夫市市议会新闻社发表声明说,报纸为即将到来的航展发布了大量采访和广告,邀请所有人参加。鲁博米尔·邦雅克说:"我想知道,为什么他们不承认,谁提供了有关航展节目安排的准确信息?谁做了广告?最后,谁为这些出版物付费?"市长还声称新闻记者必须"为他们的犯罪式鼓动道歉"。他还建议记者们应该"去教堂祈祷"。同时,Express报的记者博格丹·库弗里克(Bogdan Kufryk)起诉鲁博米尔·邦雅克,声称市长在2002年8月7日的简报会上非法让他离开新闻发布。而驱离他的原因为:"您的报纸未被邀请参加简报会"。这位记者认为这是对他最近的批评文章的蓄意报复。

当然,如果从另一个角度看,媒体、不知情的展会组织者和广告主们没有意识到,为了追求轰动效应,经常将航展表演飞行员称为"胆大鬼"或"疯狂的特技飞行员"会造成很大的不公。

更糟糕的是,会使人们形成一种印象:航展为了满足来航展寻求"兴奋"的"肾上腺瘾君子"的疯狂而不受管制,是对所有人免费的一次疯狂旅程(a wild ride)。基本上,媒体、报纸、电视和广播等似乎完全不了解航空,尤其是航展。煽情主义似乎是唯一的焦点,经常使用不准确的报道和戏剧性术语来试图引起人们的关注。关于报道的不准确性有许多例子,最典型的一个例子是关于2002年9月的AAD航展上"Harvard"飞机迫降的报道,媒体报道成了两名飞行员安全地从"Harvard"飞机弹射逃生。媒体根本就不知道,"Harvard"是一种老式教练机,从来就没有配备弹射座椅,以后也不会。而媒体似乎并没有意识到这样讲对其信誉的不利影响。媒体的信誉是通过新闻调查、客观报道事实来建立的,绝不是通过耸人听闻的胡编乱造赢得的。

任何事务中,不良媒体都可能造成灾难性后果。许多情况下,组织者和管理者为了极力逃避责任,可能会拒绝提供飞行安全基本信息。

反航展团体(ANTI-AIRSHOW LOBBY)。尽管全球有许多人很支持航展,然而,公众尤其是那些生活在飞机场附近的人,通常都非常了解航展所造成的危害和威胁。尽管有些人在繁忙的机场附近购买了房屋,由航空和非航空爱好者组成的反航展团体,对航展还是存在严重疑虑。历史上有很多辉煌成就是充满活力和挑剔的少数群体不顾大多数反对,按照自己的最爱一意孤行取得的。一定不能低估反航展团体对航展造成的威胁。

反航展团体一位成员的具体说辞是"军用飞机本身存在固有危险",我想他一定会对特技飞机说同样的话。像过去一样,我一直在他们周围,我真的也不得不质疑航展的合理性。哪一年不发生伤亡?这没有任何意义,因为这些意外伤亡事件根本就不必发生。

2000年在美国威洛·格罗夫(Willow Grove)坠毁的F-14"雄猫"战斗机的两名飞行员,当时在做逃逸复飞机动,如果他们是在水面之上,或在高空相对不受限制的条件下,像往常一样,他们肯定能弹射逃生并生存,但他们为了避免伤及无辜平民却牺牲了自己。"航展真烂"。

"令我惊讶的是,他们仍然允许举办航展。当然,航展事故确实不算多,和其他娱乐形式造成的伤亡相比,航展确实要少得多,但要考虑到严格的空中交通规定和安全方面问题,航展没有被废除是一个奇迹。我看过的最后一次航展是几年前在伊利堡举行的友谊节上。那次航展发生了一次坠机事故。航展飞行事故有时会造成人员伤亡,甚至是观众伤亡,还会造成不可思议的经济损失。很难理解空军为什么会冒着遭受百万美元飞机损失的风险来娱乐观众"。

美国国防情报中心一位高级分析人员在评论发生在威洛·格罗夫的F-14飞机事故时说,他的调查小组有信心、相信军方有能力使航展所涉及的风险最小化。但是,该小组质疑表演的费用以及纳税人是否应该负担这类娱乐费用。"从更高层面上看,飞行表演已经不再仅仅是招聘工具,军方的整体想法是与公众建立良好关系",他说。

他特别批评了那些经常借此事攻击军方和政府的媒体和飞行名流,这些人称这样做对他们不公平,浪费了纳税人的税款。他们认为,妥协的办法是更多地举办静态展示,减少表演飞行,可以邀请公众访问军事基地,但又不会花费太多来吸引人们。

一位"自由之声"航展的观众,曾在海军担任救生设备专家20年的沃灵顿(美国)居民认为:"自由之声"航展与军方正常的安全程序相抵触。"当飞机倾斜转弯时,这些家伙没有处在基地上空。"他说。"我们很庆幸这架F-14飞机没有坠入建筑区。"在正常操作条件下,基地确定了潜在的事故区域,并禁止在居民区上空作某些飞行动作。但是,对于航展,FAA 授予了某些豁免权,改变了其中一些规则,以保护基地的大量观众。这位居民甚至还建议,为了每个人的安全,应禁止飞行表演者在自己的家乡表演。"航展组织者通常会聘请当地表演飞行员,以给他们的家人和朋友留下深刻的印象"。最后我想说,批评飞行员是不公平的。在大多数情况下,表演飞行员不是一群"特技演员",他们是受过训练的技艺高超的飞行员。

1995 年 9 月的加拿大国家航空展览会上,皇家空军一架四引擎 Nimrod MR2 海上巡逻机坠入安大略湖后,无声的怀疑使沿岸拥挤的 100 000 多名观众瞬时沉默。当天的一位现场观众说:"虽然我喜欢在航展上观看军用飞机表演,但我不禁想知道为什么飞行表演命令不与机组人员仔细讨论一下? 毕竟,一架 B-52 不同于一架 F-16,你无需向观众证明什么! 出事的时候,Nimrod MR2 飞机正在低空多次作陡峭转弯,然后大角度急剧爬升。"

飞机坠入 20 m 深的水中。坠机后不久,直升机飞到离海岸约 2 km 的地方,潜水员找到了飞机残骸。天黑以后,搜救工作叫停,无人生还。目击者凝视着黑漆漆的水面,流下了悲伤的泪水。一位观众说:"我很悲伤,我简直不敢相信。"坠机事件后,为期 3 天的航展被暂停。这是加拿大国际航展 46 年历史上发生的第 8 起事故,有些人呼吁取消航展。"我不喜欢航展的娱乐价值值得以死亡来换取。"另一位心烦意乱的观众说。

2002 年 7 月 27 日乌克兰航展发生 Su-27"侧卫"坠机事故后,CNN 开展了一项调查,问题是:"现在是否需要停止公共航展?",56 335 名受访者中 70%(39 430 人)回答"不",另外 30%(16 905 人)回答"是"。有趣的是,在最近发生航展事故后,公众对取消航展却发生了很多冲突,尽管听起来可能非常残酷,但相对于多年来参加航展的数百万人而言,遇难人数比例确实很低。我们可以想一下多少次足球看台倒塌导致多少球迷丧生或致残? 南非的 Ellis Park Rugby 展位倒塌,英国的 Hillsborough 足球灾难就是这方面的两个显著例子。那么,为什么没有呼吁禁止足球呢? 当然最顺理成章的行动方向是通过教育、建立法规、健全安全标准和技术升级来改善。

2002 年 8 月,长期举办的比金山国际航展组织者甚至决定停办航展,不仅是因为事故率,尽管他们最近的坏运气确实令人悲伤,还因为警察出场和安保方面的高额费用。2002 年 12 月后期,决定又改变了。News Shopper(新闻购买者)报业挽救了比金山国际航展,经过 News Shopper 报业、航展组织者和业务负责人的数月谈判协商,决定继续举办。当透漏出由于费用高昂可能会停办 2003 年航展时,News Shopper 报业开始介入。由于需要 100 000.00 英磅才能保证 2003 航展的举办,这是一件很艰巨的任务,News Shopper 报业出手救援非常及时。

负责谈判的报纸出版商马丁·威利斯(Martyn Willis)说:"我非常高兴我们能够挽救比金山国际航展。这个航展与历史悠久的比金山在世界各地都享有盛名,如果停办,那将是可怕的。"每年负责组织该航展的国际航空表演有限公司(Air Displays International)的乔克·梅特兰(Jock Maitland)说:由于这项航展在英国的航空表演日历中占据了重要的日期,因此保留这项航展表演至关重要。他还说"这种历史性的航空表演能够继续下去,我感到非常高兴和欣慰"。

在对航展的持续冲击中,在"9·11"恐怖袭击事件和相对较差的国际航展安全记录的共同影响下,下一个受到影响的是俄罗斯最大的航展——这既是武器销售市场,也是航空爱好者看到东欧航空业的最好机会。在乌克兰航展上一架 Su-27 坠入观众人群事故发生仅仅两周后,2002 年 8 月 15 日在莫斯科民航航展上的军事特技飞行表演被突然取消。俄罗斯编队特技飞行队和意大利空军的"三色箭"特技飞行队原定于在该航展的"开放天空"部分进行飞行表演。取而代之的是"开放天空"部分的内容只进行静态展示和俄罗斯紧急救援部进行的消防和救援演示。《莫斯科时报》引述俄罗斯民航服务署负责人亚历山大·内拉德科(Alexander Neradko)的话说:"我们不能忽视利沃夫的灾难。"

即使在利沃夫惨案中当事飞机本身并没有官方认同的故障,在事故调查阶段,俄罗斯民航服务署的内拉德科告诉《莫斯科时报》:"不要让我们有理由在演示飞行中使用这些飞机。",即将举办为期一周的航展的多莫杰多沃机场总经理谢尔盖·鲁达科夫(Sergei Ruda-kov)预计因为取消表演飞行,故参加的人数会减少。他说:"仍然有多达 80 000 观众将在周六和周日前来参展"。

监管部门

从前述内容可以清楚地看出,低空机动飞行的动态性构成了危害。不仅对表演飞行员,而且对观众甚至刚好在航展附近的普通公众都构成了危害。一方面是航展组织者为了赚钱的商业利益驱动,另一方面是飞行员希望在航展上进行令人眼花瞭乱的表演飞行,这在安全方面成为一对矛盾。在这个具体矛盾中,航展安全有成为"牺牲的羔羊"的风险。因此就像生活中大多数事情一样,必须采取某种形式的法规来保护所涉及的各方,具体而言就是飞行员、组织者、观众和一般公众,当然还有公共财产和私人财产。在当今这样的法制监管社会,展会组织者越来越多被追究责任,健康与安全监管机构必须努力执行"最佳做法",以尽量避免航展伤亡事故导致的诉讼。

不幸的是,肯定会有一些不道德的航展组织者,也有一些飞行员,航展安全规则会暴露他们人性不守规则的一面。航展组织者最负担不起的一类飞行员是"自负的女王"(Prima Donna)类型。这些人常常是一些表演飞行"老手",在监管机构还没有到位之前,就已经在航展上表演飞行了——他们不仅知道所有答案,而且知道所有问题。他们以"自我的方式"去做,不听取任何有关飞机或如何表演飞行的规定,因为他们认为事故只会发生在其他人身上。这些人不了解安全规定主要是为了保障观众的安全,在这种情况下,他们唯一的驱动力是"自我",没有任何公认的理由。这种人的心态完全是"少年"心态,"这是我的飞机,我为此付费,我对其进行了重建,我就愿意以我喜欢的速度和高度飞行——如果您不喜欢,我带我的飞机回家,不在你的航展上飞行"! 是的,确实发生过这样的事!

关于航展组织者的最糟糕经历,来看一下发生在南非的一件事:"我们颁布严格的人群控制和安全措施,即使飞行员'失误'(cocks-up),也要确保没有观众受伤,但是我们遇到很大阻力。'航展必须继续进行',这是来自航展组织者和飞行员的态度"。令人惊讶的是,当最壮观的表演飞机机队发出威胁:"如果飞行员不能按照自己的意愿表演将退出航展时,组织者会迅速妥协。其实,99%的时候,你可以认为他们是在虚张声势,他们会退让,我们可以请飞机赞助商协助执行安全规定并解决可能存在的任何争议。"

对飞行员进行的初始飞行简报必须要求无条件遵守航展安全规定,实际上,这最好在飞行员到达飞机场之前进行。过去南非的许多航展曾有一些案例记录,飞行员参加了正式的飞行任务简报会,并知悉了参加航展表演的先决条件,但依然"行为不端"。这些飞行员通常是一些专业飞行员,应邀参加一些缺乏严格控制的较小型航展,他们会以 30~40 ft 的飞行高度倒飞姿态到达飞机场上方时,才通报他们已经到达(如果此时一台发动机发生故障,请问第二个进场表演的将飞往哪里?)。然后,他们才会告诉航展组织者他们将如何进行他们的表演飞行,而这些表演飞行的高度通常低于公认的最低安全标准。图 1-11 为津巴布韦航空公司一架波音 707 飞机飞越哈拉雷的查尔斯王子机场。

多低才算低? 在飞行员证明自己的自我能力之前多低才算低? 然后是迎角与俯仰姿态之间关系的问题。规划这阶段飞行程序时要做多少准备工作? 航展安全总监让飞行员走多远才会遏制他们? 幸运吗?

图 1-11　1993 年 5 月 9 日,星期日,在马绍纳兰飞行俱乐部(Mashonaland)的"93 航空节"上,津巴布韦航空公司一架波音 707 飞机飞越哈拉雷(Harare)的查尔斯王子机场[照片:约翰·米勒(John Miller)]

航展组织者只会对观众的到场感到高兴,因此他们接受任何能吸引更多付费观众的东西,因为航展预算一直都是"捉襟见肘"。这类飞行员每次到达航展都会试探航展组织者,预期会受到劝诫并准备遵守安全规定。但是,如果组织者没有予以劝诫,那么这些飞行员仍将会"我行我素"地飞行,观众当然很高兴,但这绝对不符合航展的最大利益——安全。

　　然而,有一些航展却对安全一无所知。甚至允许汽车停车在安全"限制区",实行"先到先得"规则,这里的观众线距离正在使用的跑道只有 20 m 远,表演飞机会在这里进行 6～100 ft 高度的飞越。每一名观众都想比其他人更靠前。尽管有 CAA 人员在场,但他们从未干预过。这种默认的态度只会纵容航展组织者和与会飞行员仍将按照自己的意愿继续进行表演。航展之后,有关航展安全规定没有得到强制执行的批评随之而来,但这种批评得到的是振振有词的反驳:"CAA 在这里,他们都没说什么,关你何事?"

　　南非另一位航展组织者评论:"在 Swartkops 空军基地的一次表演飞行中,我曾经送走了'海怒'(Sea Fury)战斗机,因为飞行员拒绝遵守南非空军的表演飞行规定和限制,他的赞助商很快将他晾到了一边,最终他遵守了表演规则"。考虑到"人为差错"对航展事故的贡献高达 79％,人们对安全规则的傲慢态度真是难以理解。在傲慢与健康的表演积极性之间存在显著差别,前者可以置你于死地,后者则可以带来美观的表演。

　　不专业的表演飞行员习惯是一种普遍现象。一位国际航展表演飞行公司高管描绘的则是另外一种情景,那就是与某些飞行员的无奈合作。"毫无疑问,尽管这是'疯狂'的概括,我在监督航空表演中遇到的最大困难是所谓的'专业飞行员'在周末飞行一架 puddle jumper 或'战鸟'(warbird)。在周末让一位波音 747 - 400 飞机的机长来驾驶一架'历史感厚重'的古董飞机,您无疑制造了最错误的组合。经验不足,状态错误,没有运行保障,记录混乱——因为那是别人的工作,没有人做咖啡——有时真是痛苦"。

　　在一些飞行员人数较少的较小国家中不仅会出现这种现象,而且在这些地方少数飞行员垄断了当地航展,以他们的整体经历而言,他们能够压倒监管机构并规定表演限制边界。然而这是不专业的。正是因为这样,如果要表演飞行和航展能继续下去,必须设立具有立法权的监管机构,为飞行员、观众和公众提供安全保障。

　　尽管世界各地偶尔会发生航展和表演飞行事故,但一直没有等同于国际民用航空组织(ICAO)的正式国际团体或任何其他权威机构,对航展行使国际管辖权,或者具体处理航展事故和安全问题。在大多数国家或地区,通用航空航展和表演飞行均由各自的联邦或民航局(CAA)、通用航空安全委员会(GASC)或其他监管机构控制,但欧洲和美国除外。在欧洲范围内,为了促进欧洲航展的卓越性和安全性,成立了欧洲航展理事会(EAC)。在美国,则有国际航展理事会(ICAS)负责监管,但仅负责美国和加拿大的航展事务处理。EAC 和 ICAS 每年都召开一次年度大会,宗旨是分享安全经验和知识。

　　在演示试验飞行和航展领域,鉴于事故频率以及普遍不存在监管机构的情况,美国实验试飞员（SETP）学会得出结论认为,在试飞员群体内部存在大量航展经验。由于没有一个论坛来整理大量的航展经验,所以成立了航展安全委员会。搜集和研究航展经验,目的是提供一个数据库,其他航展表演者可以从过去的大师们的经历中汲取经验教训。可悲的是,这个论坛被放弃了。但是,SETP过去以航展安全委员会(尽管航展安全委员会不是一个ICAS之类的监管机构)的方式所做的一切,本质上具有更高的安全性和程序性。

在美国,国际航展理事会管理的特技能力评估(ACE)程序,为整个航展行业提供了一种定期评估在美国和加拿大执行航展表演飞行飞行员特技飞行能力的工具。在国际航展理事会、加拿大运输部和FAA之间罕见的合作关系中,特技能力评估(ACE)程序规定了执行评估的最低标准、规则和规定,并规定了评估人员和航展飞行员的必要资质。

国际航展理事会开发了"特技飞行能力评估程序",它类似于英国的表演飞行授权,根据经验和评估确定不同级别的最低飞行高度。自1991年以来,ICAS开始代表美国联邦航空局和加拿大运输部管理这个评估程序。ICAS维持这项事务的书面工作,并维持了一个数据库,这些工作的间接结果是:在美国和加拿大范围内,自1952年以来,观众死亡0人;自1990年以来,航展事故减少了68%。

在美国早些年,FAA授权当地的飞行标准地区办公室(FSDO)观看表演飞行员的演练,如果他们没有公然违反任何安全规则,则颁发特技能力卡。但是,在1998年,FAA把监管权限移交给了国际航展理事会(ICAS)。国际航展理事会的特技能力评估程序是实实在在的,并且对初始资格和重复性能力的要求都很高。有趣的是,为了获得美国运输部和FAA的特技飞行能力证明卡,还必须通过ICAS的批准吗?

整个欧洲的航展规模大、种类繁多,从世界最大的军事航展、英国皇家Tattoo国际航展,到法国、比利时的乡村机场举办的小型航展,组织者、表演者和航空监管当局需要采取最佳做法,确保评估所有可能发生的情况,以提高航展的质量和安全性。在2001年,建立了一个工作组,以便建立欧洲的通用标准,并确定在欧洲使安全规则标准化的途径。

英国民航局(CAA)为了回应1996年英国航展季发生的4起事故(致死3人,1人幸存),建立了一个审查小组,分析航展相关的所有事故,并为防止再次发生此类事故提出建议。审查小组针对航展表演飞行活动的总体管理提出了建议,包括表演飞行授权评估员(DAE)的职责,表演飞行员的演练和资格延续性(currency)要求——其中包括要求飞行员演示证明其尾旋改出知识,并要求在更新表演权限(DA)时进行演练。最后,发布了飞行表演组织者指南和规定,特别明确了飞行控制委员会的作用,并提出了一项建议,规定表演飞行总监在大型航展活动期间不应参与表演飞行程序的制定。

在英国,有两个组织负责管理表演飞行方面的事务:国防部(MOD)负责管理在军事基地举办的,或全部由军事单位参加的表演飞行;民航局(CAA)负责管理其他所有表演飞行。在政策和安全规章方面没有什么差别,共同点都是"公共安全"。民航方面的法律依据是空中航行命令(ANO)第70条的规定,要求航展组织者或表演飞行主管必须获得CAA的许可才能举办航展。反过来,表演飞行员必须确保组织者有权使用,组织者则必须确保表演飞行员持有CAA签发的适当表演授权证书。

这些法律要求都已经转化为民用航空出版物(CAP)中的实践指南:CAP 403《飞行表演和特殊活动:安全和管理安排指南》。该指南于1973年发布,到2002年已经发布了第九版。民用航空出版物(CAP)为航展组织者和表演飞行员提供了一个标准化的框架,以符合ANO的要求,阐述了法律规定、航展初期规划、现场管理、CAA政策、飞行员表演能力等方面的问题。最后,每次航展都由经验丰富的表演飞行员组成的飞行控制委员会代表民航局进行监控。飞行控制委员会独立于航展组委会,该委员会有权警告飞行员,减少表演次数,作为最后的手段,可以停止某个飞行表演,甚至停止全部飞行表演。

表演飞行员必须通过初步评估才能获得飞行表演授权(DA),并且需要每12个月重新验证其飞行表演授权。民航局任命了一支由50多名经验丰富的表演飞行授权评估员组成的评估团队,其主要目的是监控航展安全,确保表演飞行员与CAA之间定期进行沟通,并每年举办一次航展季前和季后研讨会,讨论安全问题和航展季活动。显然,该机制还可以作为持续监控变更需求的平台。表演飞行员必须了解支撑安全规章的逻辑,必须支持安全规章,并对安全采取积极的态度。CAA的宣传是"安全是表演飞行所有方面的重中之重"。引自CAA关于表演飞行的一段通讯稿如是表示:"对待表演飞行资格延续性的积极方法是,进行一般的和具体型号的充分练习,最重要的是,大大提高对监督和监管要求的认识,理解监督和监管的好处。"作为一名表演飞行员,我们无论是在接受批评还是给予建设性的批评方面,都要认真对待。在事故发生后再说:"出事后,我一直以为他会这样做。"这毫无意义。面对成本上涨,安保威胁,以及吸引观众参加欧洲航展的要求,2003年2月在比利时哈瑟尔特(Hasselt)举行的欧洲航展理事会2003峰会,设定的大会主题是"欧洲团结——分享经验,面向未来"。大会的主要议题包括欧洲航展的未来,航展法规的共同点、安全标准,以及不断上涨的航展举办费用等。大会聚集了来自航展组织者、表演者和飞机运营商,以及军事航空和民用航空安全专家在内的80多名航展业界代表——这是欧洲航展理事会历史上规模最大的一次会议。

特别值得一提的是,俄罗斯代表首次出席,至少证明EAC成功与独联体国家和俄罗斯联邦国家的航展行业代表建立了联系。约旦的表演者前往大会表达了中东表演飞行员与欧洲同行之间增进了解的共同愿望,尤其是希望增加现在每年都出现在欧洲航展上的阿拉伯和北非一些国家表演飞行队的表演次数。国际航展理事会主席约翰·库达希,以及美国空军的表演飞行协调员拉里·施莱瑟(Larry Schleser)作为EAC的特邀北美嘉宾参加了大会。在为期两天的会议期间,两人带来了美国关于航展的观点。

该届峰会的开幕和闭幕都以质疑欧洲航展的未来为主题,这绝非巧合。欧洲航展理事会副主席保罗·鲍恩(Paul Bowen)引用航空杂志的参考资料指出,自1990年以来,英国的航展数量已下降了近1/3(这个数字不包括集会、特技比赛、花园宴会和当地航空俱乐部小型活动)。鲍恩声称,航展费用的急剧上升,在很大程度上是由于举办数量下降。"我们处于成本螺旋式上升阶段,如果我们不采取行动,成本将击败我们",他在第一天的主题演讲中就直接表达了自己的观点。"我们必须承认费用上涨了,所以参加航展的价格将不得不上涨。但我们必须问自己:我们可以收取的最高金额是多少?"

目前没有人质疑鲍恩的说法,即不断上涨的航展成本存在失去控制的危险。在加拿大,尤其是"9·11"恐怖袭击事件之后,保险费成为2003年航展组织者最大的财务支出。商人艾伦·史密斯(Alan Smith)[他还是英国皇家Tattoo国际航展(RIAT)的非执行董事]告诉与会代表:"保险公司已经利用了过去几年发生的一切,他们大大提高了保险费。",欧洲防务部门、警察机关以及在追求自由的年代中被中央政府挪用其人力和财力资源的其他组织机构,向航展组织者收取的费用现在都逐渐转嫁到进入航展大门观看航展的观众身上。最需要欧洲航展理事会探索的问题是如何应对成本上涨带来的挑战,才能保证航展不会因价格上涨而退出公共娱乐圈。

雷·蒂索普(Ray Thilthorpe)是英格兰艾塞克斯郡(Essex)绍森德(Southend)镇和兰开夏郡绍斯波特市举办滨海航展的表演总监,他认为航展组织者必须面对现实:"如果有必要支付市场价格来进行航展,那么组织者就必须向公众收取市场价格",他断言。此外,向老式飞机的所有者和运营者支付的费用也不足以支付他们的运营成本,英国民航局通用航空部部长罗德·迪恩(Rod Dean)指出。"飞行员们希望为他们的飞机收取实实在在的费用",他说。会议期间,EAC代表承认老式飞机的拥有者和表演者尽可能地向航展组织者多要表演费用。迪恩发问,EAC成员如何应对强加给航展组织者的保险费"不切实际"的上涨?他提醒与会代表,由于无法满足巨额保险费要求,2002年甚至取消了女王金禧年庆典的一些活动。因此,这不是航展行业的特有问题。

雅克·博特林(Jacques Bothelin),"哈里发"(Khalifa)喷气表演队董事兼队长,从表演者的角度认为航展行业受益于非常专业的飞行员,与其他形式的高技术娱乐相比,他们冒着生命危险表演,挣的钱却非常少。他在大会上如是说:"我们已经离马戏团不远了。""看飞行表演就像花十欧元观看空中飞人表演。我不认为一级方程式赛车手会为十欧元冒险!"当被问及如果要求观众付更多钱购买航展门票,他们能得到什么时,博特林的回答非常强调:"情感!航展是一项带有特殊情感的完整娱乐——就像去影剧院,或者观看一场出色的音乐表演,甚至外出在一家不错的餐厅就餐一样获得满足。"

"公众不会仅仅为了看着你在飞行而付钱。",他提醒EAC听众中他的飞行表演同伴。"人们有很多机会在法国和英国看到主要表演飞行队的表演飞行,这对他们而言并不见外。相反,你必须考虑你的表演飞行带来的情感,要使其与众不同——不仅仅考虑技术能力"。

迈克·布伦南（Mike Brennan），重大活动餐饮公司（Main Event Catering）首席执行官（CEO）——这家公司是专为户外活动组织者提供专业知识和保障的最有经验的公司之一，毫不含糊地向与会代表建议："自豪地提高票价！如果我们能为他们提供100％满意的体验，人们是愿意花更多钱的"。他强调，找到一个快乐的媒介很重要，可以平衡航展的总费用和门票的正确价格。对航展组织者而言，成本主要来自改善航展基础设施，包括优质的餐饮、厕所和安保设施等，所有这些对于户外活动的成功都至关重要，无论是一级方程式赛车，大型运动会还是摇滚音乐节。

此外，布伦南还提醒航空爱好者一个好消息："让发烧友为发烧友主持航展并不是一件坏事，因为提供的产品足够好"。对于布伦南而言，飞行表演至关重要，组织者需要特别注意表演的内容——这不仅意味着快速喷气飞机，还包括飞机类型和航展表演的有趣混合。

欧洲各国之间的飞行安全规则有所不同，尤其是最小表演飞行高度的规定，也是代表们主要关注的问题。迪恩认为英国的规章制度比较成熟，尽管其目前仍在修订中。但是，他认为，其并不需要彻底改变。但是，安全规则的应用是否一致？他问。在英国，没有强制要求飞行控制委员会（FCC）管理航展安全，但是CAA安全规则小组强烈建议这么做。"正是一些较小的航展，才会带来最大收获，因为通常没有人来监管他们的运营"，迪恩在演讲中说。他还关注了英国警察和健康与安全服务方面日益严重的问题，因为这侵犯了航空当局的职责范围，造成了航展组织者与地方政府的一些问题。

小组讨论的反馈突出表明，军事与民航安全法规之间必须一致，最好在JAA内达成一致。EAC在促进航展行业对缺乏安全标准的担忧方面应有所担当。前"红箭"飞行表演队经理莱斯·加赛德·比蒂（Les Garside-Beattie）主持了民航和军事航空部门小组讨论，他告诉大会："我们认为，需要回到英国国防部（MOD）的标准，并突出解决其不足之处"。他声称："EAC在促进安全培训课程方面发挥了作用"，特别是代表航展行业专家声音的文件，再加上各种研讨会，都有助于专家经验的传承。EAC主席吉尔伯特·布肯伯格（Gilbert Buekenberghs）在航展组织者小组讨论中报告说，航展组织者在互联网上分享经验也具有真正的价值。他的小组提出了每年都举办季度论坛的问题，以跟踪本次峰会提出的主题问题。

雅克·博特林（Jacques Bothelin），在向航展参与者的报告中说：欧洲的主要航展的日期安排缺乏协调，大型军事航展之间需要协调展会时间。他还说，他的小组还提出对于"不安全的飞行员"应该在何时何地由谁进行干预？这是飞行控制委员会的职责？还是由其他航展飞行员来做这件事？博特林的小组还强调了为航展飞行员提供舒适的过夜住宿对于飞行安全的重要性——表演飞行的前一晚，如果休息不好，也会对表演行为和飞行安全产生不利影响。但是，虽然成本和安全问题是大会的主要重点议题，与会代表也听取了为欧洲航展行业多元化发展做出贡献的个人和组织所做的各种各样的演讲。

格雷厄姆·赫利(Graham Hurley)和肖恩·马菲特(Sean Maffett),分别是电视制作人和航展评论员,他们提出了"空中剧院"的概念。这个概念最早是由 RIAT 在费尔福德率先提出的。使用大屏幕,脚本化场景,包括受过训练的演员和预先演练的表演飞行员,特别是通过舞台布景来实现航展的戏剧效果。吉尔伯特·布肯伯格(Gilbert Buekenberghs)介绍了比利时 Sanicole 国际航展(Sanicole International Airshow),是如何将航展表演与流行音乐会和大屏幕现场直播融合为一场大型娱乐活动的,他曾担任了这项活动的导演。"观众要求在航展上提供各种娱乐节目",布肯伯格提醒与会代表:"脱口秀、音乐、促销活动、飞行员、小丑和艺术家——所有人都可以使航展更加生动有趣,为全体观众提供从早到晚的全天娱乐活动。"布肯伯格热情洋溢地说:"吸引了很多从未去过航展的人,特别是吸引了未来可能从事航空事业的很多年轻人。"

　　与这类演讲相关的是,FAI 世界大奖赛活动的首席执行官让·路易·蒙内特(Jean-Louis Monnet)介绍了"空中音乐剧"概念在中国和日本的成功案例。一场"空中音乐剧"通常涉及 15 位表演者,他们会按照精心安排和设计的方案进行表演飞行,配合特别的作曲音乐,在空中讲故事。这样的节目需要观众就座在限定区域内,否则很难保持他们的注意力。在欧洲,找到这样的地点比在远东地区要困难得多,但是他相信这种新型的空中娱乐方式确实有潜力。

　　峰会上,有三个演讲介绍了 IT 在航展行业的应用。ADS 解决方案公司(ADS-Solution)的马丁·舒恩德贝克(Martin Schoonderbeek)演示了软件包如何帮助管理人员管理国际航展的过程——从邀请参演飞机开始,一直到表演后离开航展的全过程。该软件系统已经在荷兰皇家空军的年度开放日活动组织中得到成功应用。ILA 柏林国际航展地面行动总监于尔根·弗雷塔格(Jurgen Freytag),介绍了 IT 和良好的通信设备如何协助规划航展表演飞机在固定和分散位置上的布置和移动。ILA 的独特之处在于,它使用了完全便携式模块化航展运营套件,该套件可在观众线中心区现场组合搭建成系统,可以控制管理除 ATC(空管员)之外的航展所有方面的工作,而 ATC 是由位于表演区对面的 Schonefeld 机场塔台管理。表演飞行导演使用 ILA 的运营套件与表演飞行员直接通信联系,ILA 的运营套件还托管了航展评论员和 SAR / EMS(搜索救援或应急医疗服务)控制器。

　　GAN 传媒集团(GAN Media Group)总监卡尔·霍尔(Carl Hall)介绍了如何通过视频流和 DVD 在互联网上宣传航展组织者和表演者,通过网站将活动兜售给赞助商、嘉宾和公众。GAN 传媒集团建立了一个航展在线俱乐部,航空发烧友将其命名为世界航空俱乐部(WorldAviationClub),专门销售航展 DVD,本次峰会上就向与会 EAC 代表提供了 2002 马耳他国际航展 DVD。

　　美国的国际航展理事会(ICAS,专门负责北美航展业务活动)主席约翰·库达希作为欧洲航展理事会的特邀嘉宾前来哈瑟尔特参加峰会。国际航展理事会成立于 1968 年,现有来自美国和加拿大的950多名会员,全职员工有6名,理事会年度预算为120万美元。国际航展理事会成员包括军事人员和民间活动的组织者、表演者、服务保障提供者和生产商——包括食品、饮料供应商和所有最重要的公共便利供应商。库达希说:国际航展理事会以坚实的安全基础和对安全的共同态度极大推动了北美航展业的发展,这种对航展安全的共同态度最终使得于2002年9月形成了美国及加拿大协调一致的航展安全法规。这意味着航展飞行和运营的规则现在在加拿大和美国几乎完全相同。库达希认为国际航展理事会的模式可能会对欧洲航展理事会推动欧洲范围内的航展业务协调发展有所帮助。

库达希在峰会上透露,国际航展理事会已经帮助使北美当前的航展事故发生率降低到几乎为零。而10年前,每年的航展事故为10~12次。而2001年的事故数为0起,2002年只有1起。"要实现这一成就,必须遵守以下规则:带能量的特技飞行不得朝向观众区,在特技表演飞行期间,表演飞行区域下方不得有闲杂人员(必要的工作人员除外),必须撤离表演区下方房屋中的人员,还必须遵守国际航展理事会管理的针对民航特技飞行员ACE(特技飞行能力评估)程序。"

库达希告诉大会,北美的航展组织者也已经感到美国大陆的航展门票价格太低了,对于他们的EAC同事来说,"赞助"对美国航展表演者和组织者来说绝对是最大的问题。航展的"健康家庭性质",以及在过去的十年中大大改善的航展安全记录,都有助于航空娱乐吸引更多赞助商。国际航展理事会聘请了一名全职赞助业务代表,其任务是策划向潜在赞助商提供美国军事航展机会的一揽子计划,事实证明,这种工作机制保证了强大的组织者团队所取得的成就远胜于个人独自行动,库达希强调。

与欧洲航展理事会一样,国际航展理事会在北美每年航展季也召开年度峰会。美国每年举办的各类航展大约在300~350场,航展是一个"大生意"。自1968年以来,国际航展理事会每年都举办峰会,每年有1 600名代表和200多家参展商前来参会。此外,国际航展理事会每年还举办50次教育会议。航展理事会的每次峰会都成为美国的一项特殊活动,不仅发布年度航展安排计划,也是组织者向参展者分发重要贸易合同的活动。

国际航展理事会年度峰会的标准程序是发布"蓝天使""雷鸟"和"雪鸟"飞行表演队的航展表演飞行时间表,理事会会员们就可以根据这些表演队的日程安排,与表演队的参会代表协商合适的航展日期,以利于他们前来助阵。"我们在很多方面做得很好。",他说:"我相信我们可以为您提供帮助,当然有很多事情需要向你们学习"。合作的种子在比利时的这次峰会种下了,未来更大范围的跨美国、欧洲的航展合作将会展开。

几乎每项人类活动都具有不可预期的风险,但是目前的表演飞行状况表明,从公众的角度来看,风险总体得到了控制。当前所有工作的目的必须是显著降低表演飞行事故频率。引用民航局的表演飞行员指南:"表演飞行的艺术在于使容易的看起来困难,使困难的看起来不可能,把不可能的问题搁置。"

缺乏一个国际认可的航展理事会来协调处理世界范围内航展业务问题,是表演飞行界的一个缺陷,它将继续阻碍表演飞行信息和最佳实践经验的交流,对全球航展的安全统计也产生负面影响。

飞行控制委员会

推行安全法规的压力不仅在于军事航展,而且也包括民用航展。罗杰·比兹利(Roger Beazley),自 1990 年以来一直担任范堡罗国际航展表演飞行总监,他总结说:"这种情况在 2002 年的航展巡演中很盛行。我不得不说的是,作为 2002 年范堡罗国际航展的总监,在为期 13 天的航展表演结束时,我的第一感觉不是充满成就感或沾沾自喜,而是释放,因为我们的航展飞机完好无损,开始有多少架,结束依然有多少架。重要的是在过去的 10~15 年中,组织表演飞行的责任或职责已经从飞行员转移到航展组织者、主管方"。

比兹利接着说:"责任的这种转变似乎在许多国家并没有得到认可。一些航展参与者认为他们怎么干是自己的事,航展组织者就是销售门票并修理好厕所。但是,我不得不说,这种观点在范堡罗并不存在,多年来范堡罗航展的参与者在很大程度上接受了飞行控制委员会的观点,尽管有时也有一点点勉强。"

"在飞行控制(或飞行安全)委员会与航展参与者之间建立联系是使组织者、主管方和参与者之间正确互动的重要步骤。在范堡罗,这相对容易,从验证开始,贸易活动和公共日飞行持续近两个星期,因此,您会非常了解每个飞行员。您还非常了解每次飞行表演的飞行剖面,因此您的团队可以快速发现每天的任何细微变化。当然,必须接受的是,在这样长时间的情况下,表演飞行强度确实加强了,不仅仅因为参与者进行了充分的飞行演练,而且也因为他们已经完全适应了场地环境和本地区域。"

"再说一说飞行控制委员会与航展参与者之间的关系,尤其是大型航展的这方面问题。我一直觉得飞行控制委员会应该更多地站在参与者一方而不是组织者一方——因为在一个陌生的国家,参与者几乎没有什么支持,他们需要所有可能的帮助。当然,在大型国际航展活动中这相对容易,但在一些小型航展活动中则不那么容易,因为组织者可能会急于处理所有事务,而参与者可能当天在其他地方还有另外两个表演"。

"建立这种关系的一项基本原则是努力推广一种观念:我们是由一项'共同任务'捆绑在一起的命运共同体,要在飞行控制委员会的全力帮助下向观众提供安全和令人信服的飞行表演。在一个持续时间较长的大型航展活动中,例如有专业飞行员参加的国际表演飞行活动,广泛的基础关系可能很容易建立,当前英国民航局所倡导的观点是飞行安全委员会应该专注于处理表演飞行方面的问题,不必介入每个参与者的日常问题。我不太同意这种观点,因为我相信表演飞行参与者的真正问题从根本上来说是一个飞行监督问题"。

"我还相信,应当把原本不公开的表演飞行任务下达简报提供给营销人员、媒体和非工作人员,对于前一天飞行发生的困难和错误的总体辩论也应公开进行讨论,还有组织方面哪里出了问题,等等,这些都应该全面公开。专业的机组人员本质上是相当健壮的团队,只要该团队涉及的实际个人都受到约束,并且没有出现扣分点和个人申述,那么这个团队的运行一定良好。善良的'嘲笑者'同样也是非常有效的'破冰人'。英国民航局不赞成对这些情况进行公开讨论。这一点我完全理解,因为是在完全无法控制的情况下处理与您不认识的人之间的问题。"

"在这里我要说的是,私下就前一天涉及所有参加者的问题进行公开和自由的辩论,一定能创造一个良好氛围,并重新开始新的一天。"

"一个重要的问题是接受表演飞行安全规则,不仅为观众、当地居民和参与者提供了一个安全的环境,而且为飞行控制委员会提供了作为监管框架的一套指南和环境。但是真正重要的是使飞行更安全,而不仅仅是遵守安全规则。例如,我们已经看到了由于表演者在飞机已经处于最大性能状态,而依然试图获得飞机的额外性能而导致的飞机坠毁事故。例如,通过侧向限制来进行可控飞行可能是更安全的方法。我总是强调这样一个观点,面对任何意外情况时,首先选择安全飞行,在安全着陆后我们可以喝着咖啡再来讨论问题。"

"在所有这些情况下,一个人需要完全开放和一致,如果已经提醒一名表演者出了个小意外——着陆点距离规定点太远,那么一个顶级全职特技飞行队发生的类似小意外也应给大家提醒。还必须确保飞行控制委员会作为一个整体发言,在这方面,在范堡罗,我一直很幸运,领导了一支经验丰富且称职的团队。当委员会主席站起来,必须与参与者或组织者采取坚定一致路线,他应当得到团队100%的支持,形成坚定的信念,而这种信念又反过来传递给表演飞行者。"

为了佐证比兹利的评论,来看2002年7月发生的乌克兰空军Su-27航展事故(见图1-12),这次事故致86名观众死亡。乌克兰总统解雇了4名将军,并撤换了国防部副部长,同时承认他们确实不知道Su-27事故的原因。这次事故之后,许多西方国家的所谓安全专家很快就占领道德制高点,宣称在美国或英国发生此类事故的可能性几乎为零,并且进一步建议"前东方"国家应效仿西方执行航展安全法规。这真是致命诱惑,这类表述都有一个可怕的惯例,那就是反咬一口。

关键是,对航展飞行设置多少条安全限制无关紧要,重点在于对一架在限制空间中机动的高动量飞机,设置一个450 m的飞行高度"安全裕度"简直就是一种"嘲弄"。

"乌克兰航展发生的Su-27事故是巨大的悲剧,我们的想法与事故中遇难或受伤的人的家人一样",国际航展理事会主席约翰·库达希说。

"FAA和加拿大运输部将严格实施安全法规以防止此类事故在北美航展上发生。",根据库达希的说法,这些安全法规消除了涉及观众的安全事故,甚至大大减少了只涉及航展飞行员的事故。"北美航展的安全记录令整个赛车运动行业羡慕不已。"

图 1-12 一架 Su-27 先与一架静态展示的 An-24 飞机发生严重碰撞,随后一头栽入观众群中(路透社)

　　与英国的情况类似,北美航展的安全管理程序取决于由 FAA 和加拿大运输部进行了航展培训的检查员对现行管理规定的严格执行。在北美,尽管有时也存在一些问题,联邦监管者和检查员大多与美国和加拿大的航展专业人士建立了牢固且相互支持的关系,"严格执行业内公认的现有安全法规是我们整个安全程序的关键部分。"

保险方面的威胁

　　全世界航展、各种航空展览,以及表演飞行员都面临另外一种困境,那就是保险费用方面的问题。由于 2001 年度欧洲航展事故率相对较高,再加上 2001 年 9 月 11 日美国发生的"9·11"恐怖袭击事件,导致全球范围内的保险费用大幅增长。就保险费用而言,航展业几乎到了"兵临城下"的地步,对航展组织者和表演飞行员的困境如果不给予特别关注,那么这将都不复存在。2002 年 5 月,加拿大主要机场告诉航展组织者在其机场举办的活动,与使用其设施相关的保险费用将大大增加。英国也出现了相同的情况,而且成本增加的幅度可能令所有利益相关者望而却步。

2002 年 4 月 19 日,渥太华国际航展主席约翰·D. 伊森曼(John D. Issenman)简要地说明了问题所在:"我们必须立即采取行动,向政客们、商会会长、商业和军事部门领导人,以及从航展受益的慈善机构和非营利组织开展宣传。如果不立即采取直接干预措施,加拿大航展可能不复存在。"显然,重要角色们并不了解航展消亡的全部负面后果。那种传统的"让我们拭目以待","希望会有好结果的想法,不会等来什么好结果。"

加拿大的一些机场要求准备在其场地举办航展的组织者提供一般责任保险证明,保险金额要求是 5 000 万美元;这些机场还要求航展组织者购买战争(包括恐怖袭击)险,保险金额高达 5 000 万美元——而在以前,加拿大任何航展的投保金额大部分是 2 000 万加拿大元(CDN)。技术与项目保险公司(Insurance Technologies and Programs Inc,ITPI,堪萨斯威奇托的一家保险机构)估算的每场航展的上述保险金额的保费至少为 70 000 美元。

显然,这种涨价行为对于任何航展组织者来说都是难以承受的,ITPI 及其承销商都不明白为什么所有活动都要购买这种类型和这种承保范围的保险,因为他们和他们的承销商都没有提高加拿大机场的航展风险等级。航展组织者被迫购买额外保险使保险公司成为最大收益者,但是他们并不认为航展需要额外增加保险范围。在加拿大运输部,无论是航展活动监管机构(通用和商用航空)还是负责航空工业保险问题的人员,都没有要求购买前述事项的附加保险。进一步搜索关于加拿大机场举办航展的风险等级的任何"威胁评估"结论,也没有什么收获。将集团保单出售给机场的保险经纪人以及许多承销商表示,从未有人要求或收到威胁评估,以确定风险等级是否升高,以证明存在任何正当理由要求购买额外的保险。

但是实际上,加拿大国防部和美国国防部开展了风险评估,以具体确定加拿大机场举办航展的实际风险等级。不仅评估结果是风险等级非常低,而且来自这两个国家及其他北约盟国的高价值资产也都得到各自国家的授权,可以前往并参加在加拿大举办的航展。看来真的没有问题。认为需要购买额外保险的前提是不存在的,或者是假的。

这些问题由副总理办公室、代表机场利益的保险经纪人、国际航展理事会、加拿大运输部、国防部、加拿大航空运输协会(ATAC)、航空航天行业协会代表进行了讨论,并且他们讨论了可能受这些附加保险要求影响的前四项活动的管理问题。

如果不立即撤消附加保险要求,或者不把免赔额作为机场或政府提供的部分保障纳入免费承保范围,那么航展组织者将别无选择,只能终止并取消 2002 年的所有航展活动。加拿大的航展大部分是非营利性活动,航展的收益均分配给慈善机构和举办航展活动的当地社区的非营利性组织。航展能给当地社区带来成千上万美元的业务收入,包括酒店、加油站、车辆租赁、印刷、特许经营、商品销售、当地餐馆、场地、安保服务、出租车、公共汽车,以及从帐篷到厕所一类的设备租赁、广告和市场营销等。

加拿大全国各地航展的数百名全职和兼职人员将被解雇,通常捐赠给加拿大全国各地慈善机构和服务俱乐部的来自航展的数百万美元也没有了,而这些款项主要用于癌症研究、狮子会(为想要回馈社会的退休企业家而设的俱乐部)、国际同济会(总部在美国密歇根底特律的以"关怀儿童"为目标的非营利组织)和扶轮社(为想要回馈社会的活跃企业家而设的俱乐部)等。一直举办航展的当地各个社区都会损失成千上万美元,数十万志愿者服务小时将不会提供给航展,这些个人和团体志愿者都是经过培训并按计划安排的,包括需要一定志愿者培训小时数才能毕业的高中生。

　　加拿大各地以合作伙伴身份参加航展的大型公司,或品牌推广与零售、招聘,或其他机会都将丧失。原本在这些活动中展示其产品的航空航天公司,将失去向公众展示他们最新、最好产品的机会,并失去他们的市场。军方将没有机会向加拿大公众展示由加拿大纳税人支付的军事设备的型号、特性,以及军事人员的能力。军方将丧失最有效的招募机会,加拿大空军"雪鸟"飞行表演队也将解散,因为在加拿大没有任何活动可以执行表演任务,也必将结束他们作为加拿大偶像的角色。最后,也是最重要的,数以百万计的年轻人、加拿大儿童和成人将被剥夺接受教育的机会。有趣而令人兴奋的航展,曾让几代人受益匪浅!

　　青年男女军人的榜样是无法复制的。军事、航空航天工业和科学领域的多少职业兴趣都是在航展上被首次点燃的。航展活动是为孩子们提供梦想的机会,这些梦想成为孩子们勤奋工作、留在学校努力学习并为社会作贡献的动力源泉。这是他们无法从摇滚明星或高薪职业运动员那里获得的。

　　如果机场、保险经纪人、承销商和政府不及时介入,纠正以虚假前提为基础的不合理附加保险要求,航展的消亡很可能成为现实。似乎没人知道保险费能涨到多高,有些人预测保险费率可能比上一年增长十倍。例如,对于多伦多市而言,航展收益比民族自豪感更重要,为期三天的传统航展活动,吸引了成千上万的游客,为这座城市的经济做出了巨大贡献。举办航展的那个周末有很多钱涌进多伦多,多伦多如果失去了这部分经济收入,那将是无法挽回的损失。

　　保费增加的威胁也是保险业的一大难题,在某些人看来,没有任何实质性数据可以解释什么是"新风险"。根据普遍经验,可以预期的是,机场上会有更多的警察,当人们进入航展大门时,会有更多人审查他们,会有不允许背包之类的要求。而所有这些事情都是"9·11"恐怖袭击事件的连带后果,并没有证实有人做过适当的风险评估。而这种情形正是2002年,"9·11"恐怖袭击事件之后首次举办的RIAT航展上发生情况的真实写照。据说,对参加本次航展的28万观众逐一进行了搜身检查,排在队尾的观众要花费数小时才能进入皇家空军费尔福德机场。英国航空杂志和互联网"聊天室"被愤怒的言论淹没,观众誓言永不再来参加RIAT,甚至有人扬言要省下钱前往美国奥什科什。

　　在加拿大,大约在同一时间,相关组织经过一系列认真谈判发布了如下公告:"由于有关战争与恐怖主义保险的最新问题,这项世界级盛会的财务可行性,以及由此对赞助商、广告、娱乐和机组人员带来的影响,我们很遗憾地宣布 2002 年将不再举办伦敦航展和气球节。这项活动有 54 个委员会,超过 1 000 多名志愿者参与,并且具有很高的国际声誉。对于大家而言,这一天是令人沮丧的日子。悠久的航展历史上,特别是我们的航展,从来没有出现过这种情况。这是我们每个人的损失,包扩近 500 万美元经济收入、55 个工作岗位,以及对当地慈善事业的超过 40 000 美元贡献,都将不复存在!”

“也许更重要的是,我们再也不能对我们的孩子们产生影响。原本他们会在这里对那些喷气式飞机产生敬畏,或者有机会获得'雪鸟'特技飞行表演队的签名,并有机会探索航空世界,实现自己飞行那些喷气式飞机、直升机或气球的梦想。目前,这些努力都没有成功,但是这项工作受到了高度赞赏,我们致力于继续努力,为以后的航展解决这些问题。我们相信,理智必将占据上风,航展将会在 2003 年重新开始”(伦敦旅游局和加拿大旅游研究院)。

航展事故的负面影响和安全问题也造成了世界上最古老的航展之一———一年一度的比金山国际航展的重大损失。吉姆·梅特兰(Jim Maitland)向英国飞行线(Flightline)公司发布的有关英国最受欢迎的这项国际航展面临的麻烦方面的新闻时说:“2002 年的比金山国际航空博览会在表演飞行和广泛的地面活动方面取得了巨大成就。尽管取得了明显的成功,但是,航展在欧洲是唯一无补贴的活动,现在正面临金融危机。”

梅特兰说:“首先这场危机是由于成本上升而加剧的,尽管这些年来成本一直在增长,但在 2002 年却急剧上升。自 2002 年以来,伦敦的救护车服务、皇家空军和警察的服务费用增加了 50 000.00 英镑。其次,自'9·11'恐怖袭击事件以来,保险费增长了 3 倍,这不仅推高了航展的保险费,而且所有个体飞机运营商都不得不把保费转嫁给航展组织者。最后,由健康与安全部制定的日益严格的标准,以及对机场安全更严格的要求,都对成本产生重大影响。”

“直到 2002 年,航展还都能承担这些费用,但是这些费用在 2002 年的大幅增加使局势更加恶化。尽管拥有独特的历史、地理位置和声誉,表演飞行的现实财务状况已经赶上了国际航展,已经与其他私人组织的大型表演飞行一样昂贵。

几乎所有重要表演飞行都是由纳税人以某种方式补贴的,既可以作为军事活动,也可以由机构赞助”。

“比金山航空博览会是一家独特的小型家族私营企业。令我们感到非常遗憾的是,我们已经决定,如果无法解决财务风险,将不会继续举办比金山航展,除非我们获得足够的资金支持。没人会怀疑我们自己的失望,但普通民众的失望会更大。自 1963 年以来,有很多人从未错过一次比金山国际航展,这也是自 1922 年以来,比金山首次不举办航展(排除战争期间)。

RIAT 2002 的主要成本包括：保险费 124 000.00 英镑；警务费 180 000.00 英镑；安保费 125 000.00 英镑；MOD 许可费 27 000.00 英镑。这近 500 000 英镑也只是为该项航展奠定了一个基础，小型航展组织者绝对无法承受如此高昂的成本来打造航展舞台。到 2002 年 12 月下旬，取消比金山航展的决定被撤销，由当地的 News Shopper 报业提供赞助来拯救这项具有历史意义的活动。

在汉普顿，由于安全成本，兰利空军基地缩减了计划在 2002 年举行的为期 3 天的飞行表演，改为举行两天的表演。在其他地方，海军取消了在马里兰州圣玛丽县海军基地帕图克森特河海军航空站举行的为期两天的 Air Expo-02 航空博览会，其中包括空军"雷鸟"飞行表演队的表演。当时的官员提到安全成本预计会增加。安全成本如此之高，以至于国防部差点取消了 2002 年 5 月在马里兰州安德鲁斯空军基地举办的开放日活动。

但是，这项美国海军最大的航展活动在 2001 年取消后，在 2002 年改变地点重新举办。在为期 3 天的展览中，有成千上万观众来到奥森纳海军航空站。而且没有收取观众的入场费或停车费。

长期以来，粉丝们在谈论奥森纳航展时，都毫不吝啬地使用了最富赞誉的词语："最好的组织""最新的硬件"和"最动感的东西——这是唯一比赛车更令人兴奋的活动"，这是观众和航空爱好者给予的最典型的称赞。

来自威斯康星州阿普尔顿市的一名前军用飞机工程师和他 20 岁的儿子每天都来参加航展，他说："喷气式飞机燃油的气味和那种自由的声音——太棒了！如果我纳税的钱用于资助航展，那对我来说很好。看过奥森纳航展之后，您就对其他航展不感兴趣了。"该航空站的执行官说，基地的安保力量增加三倍，以应对航展观众人群。航展协调官员说："该地区的其他海军设施和人员将帮助安保工作。"官方没有进行任何缩减或取消奥森纳航展活动的讨论，这项活动的年度预算为 50 万美元，估计对该地区带来的经济收入为 1 500 万美元。协调官员说："自 1998 年以来，我们就一直在高度安全的环境中运行。观众需要携带有照片的身份证件，冷藏箱和背包只能留在家里——即使带入现场的小袋子也要进行搜查。"

直升机和垂直/短距起飞与着陆（VSTOL）飞机

尽管绝大多数观众似乎都喜欢航展上的高速喷气飞机的噪声和速度，但自 20 世纪 80 年代以来，直升机技术的进步已经创造了更为先进的直升机平台，直升机在航展上展示出的高敏捷性和机动性令人印象深刻。斤斗和滚转机动已成为其表演的整套动作的一部分，但毫无疑问，必须首先克服主要的空气动力学和机械方面的挑战。直升机，特别是大型直升机在航展的优势，简单来说就是这种大尺寸直升机进行的任何动态机动或特技飞行都能给人留下深刻印象。另外,较小的转弯半径和相对较慢的空速使表演更接近观众,从而增加了飞机的美学吸引力。

最早成功完成斤斗动作的直升机是速度比较慢的 HUP(H-25)直升机,其历史可追溯到 20 世纪 50 年代初期。当然,直升机的首次斤斗并非有意去做的。它发生在自动稳定器的试飞过程中,试飞过程中飞机出现了无指令上仰,到飞行员能够重新控制飞机时,机头已经很高,产生了过载,继续拉杆带过载顺势翻转比推杆强压机头改正更合理,所以就完成了直升机的首次斤斗。

在机动飞行时,直升机相比固定翼飞机确实有一些特有问题。常规直升机不能拉负过载,所以滚转一般只能做桶形滚转,问题不仅仅出在气流方面,也涉及机械和结构方面。无论使用哪种类型的旋翼桨毂,由于沿桨叶展向整个桨叶的升力大小不同,桨叶会发生弯曲——靠近桨叶根部空速较低,桨叶叶尖部的空速较高。如果加上来自向前运动的相对风,流场变得很复杂,即使所谓的刚性桨叶轮毂也必须依靠桨叶的柔性来应对。

著名直升机空气动力学家普罗迪(Prouty),在讨论直升机特技飞行时,面对问题:"直升机能进行稳定倒飞么?"他的回答是:理论上是可以的,但是实践中却是不行的! 如果将旋翼设计成具有足够的负总距范围,那么旋翼可以产生足够的负推力来支撑直升机的重量,但是这将需要一个至少具有正常行程两倍的集成控制系统。如果不能实现这种控制,那么直升机是无法稳定倒飞的。

很多直升机都发生过各种各样的问题。例如,UH-1/AH-1 直升机的尾桨在过载达到 0.5 g 时出现与主旋翼碰击现象,导致西科斯基的 S-55 和 H-19 直升机不得不将尾梁角度下调,使之离主旋翼更远一些。H-43(和 HOK)直升机曾别出心裁去掉了尾桨,它没有使用摇摇欲坠的主旋翼,而是采用半铰链设计,桨毂中没有挥舞的铰链,只有一个滞后铰链,它使用了柔性转子(由配平片控制),进行挥舞和桨距控制(flapping and pitch control)。当然,还有许多其他例子。

"碰撞"(mast bumping)可能只是发生的问题之一,全铰接式旋翼本身存在一系列问题,这也是更改 S-55 直升机机尾的原因之一。"碰撞"(Mast bumping)是与摇臂式旋翼系统(teetering head rotor systems)有关的一种现象,解决方案是通过有效降低尾梁动量,并且在低速时促进更好的控制权限,使飞机保持在正过载飞行条件,当需要更大飞行速度时,才采取更大的杆行程。

基本上,除了在 1 g 过载水平悬停飞行条件之外的任何其他条件下飞行时,旋翼飞机都会发生令人讨厌的事情。解决办法就是采用柔性和铰链进行补偿,但也有限度。我们把机身和旋翼看做两个独立的系统可能更有用,那样就可以认为机身是通过一根轴悬吊在旋翼上。从朝向观察者或离开观察者飞行的直升飞机可以看出这一点,由于升力不对称,旋翼圆锥向一侧倾斜。

鉴于直升机设计带来的物理限制，有文字记载的直升机斤斗和滚转机动只有为数不多的直升机能完成，包括1949年的S-52直升机、1968年的giant CH-53直升机，以及目前正在使用的各种无铰链和无轴承（刚性）旋翼系统直升机（MBB BO-105，韦斯特兰山猫等）。到目前为止，还没有直升机得到官方认证或批准进行特技飞行，大多数做过特技飞行的直升机，都是实验性的或原型机。

1980年，在波兰彼得库夫·特雷布纳尔斯基（Piotrkow Trybunalski）举行的国际直升机特技飞行锦标赛上，两个德国飞行团队驾驶MBB BO-105直升机完成了斤斗和滚转机动动作。这两个团队分别获得本次比赛的第一名和第三名。第二名由苏联的飞行表演团队获得，他们使用的是Mi-1活塞发动机直升机。在比赛的最后一天，俄罗斯人表演了与德国人一样的飞行动作（当然，不包括倒飞），但动作更为激进，这并不奇怪，因为活塞发动机驱动的直升机比涡轴发动机驱动的直升机的响应更快。

英国的韦斯特兰山猫直升机也能完成斤斗和滚转机动（见图1-13），滚转速率高达100°/s，而休斯（Hughes）500直升机甚至能完成尾冲（tailslides）机动动作。

图1-13　采用了钛合金半刚性旋翼的韦斯特兰山猫直升机机动性卓越，不仅能完成"后空翻"，而且与其他飞机编队时可以完成这些高难度机动动作

洛克希德公司20世纪60年代初开始使用XH-51直升机对复合刚性旋翼直升机开展研究。1966年，洛克希德设计的作战攻击直升机AH-56夏安（Cheyenne），赢得了美国陆军先进空中火力支援系统（AAFSS）制造合同。洛克希德的AH-56夏安直升机的革命性刚性旋翼系统已经在先前的研制试验中得到了验证，它完全能够完成斤斗和滚转机动。夏

安直升机采用通用电气公司的 3 435 SHP(轴马力)的 T64-GE-16 涡轮轴发动机,为一个刚性的 50 ft 四叶旋翼提供动力,飞机尾部安装有一个 10 ft 三叶推进螺旋桨和一个四叶抗扭矩尾桨。平飞时,发动机的功率输出几乎全部用于驱动螺旋桨。共制造了 10 架这种直升机的原型机,其中第三架在 1969 年 3 月 12 日坠毁,当时飞行中,旋翼碰击了前机身和后机身而坠毁,飞行员丧生。AH-56 直升机是一种非常敏捷且性能高的武器系统,但由于国防预算削减,而于 1972 年终止研制。

AH-56 夏安直升机可以像固定翼飞机一样飞行,而且由于旋翼系统绝对刚性安装,没有轴承或铰链,可以进行出色的特技飞行。

关于斤斗机动问题,普罗迪指出:在斤斗动作的顶部,旋翼的推力为零,至少推力也是非常小的,所有的直升机的俯仰和滚转控制力都降低。那些挥舞旋翼系统会完全失去控制力,导致发生"mast bumping",完全铰接的旋翼产生下垂冲击。

尽管直升机不被视为特技飞行器,但英国陆军拥有独特的优势,自 20 世纪 70 年代初以来,组建了世界上唯一的直升机编队特技飞行队。该特技飞行队有四架"小羚羊"(Gazelles)和"山猫"(Lynx)直升机,在欧洲,他们以紧密编队、单机特技、双机机动和逆向飞越等特技飞行而著称,他们的飞行表演独具特色。典型的机动飞行包括"展翅鹰""后空翻""交叉突破"和"雄鹰横滚",这些动作都是该飞行队自己开发的。

直升机并未排除在航展事故之外。本书分析的 118 起航展事故中,有 6 架涉及直升机。1974 年的范堡罗航展上,一架西科斯基 S-67"黑鹰"直升机在低空连续两圈滚转后被"抛出"(dishing out),坠毁在观众眼前。1997 年,在波兰华沙举办的戈拉斯卡(Goraszka)航展上,丹麦海军的一架韦斯特兰"山猫"S-170 直升机坠毁。当时,该直升机在做侧翼(wingover)特技机动,改出时最后拉起太晚。幸运的是飞行员只受了点轻伤,飞机损坏也不严重,经过维修又重新服役。所以说,旋翼机工业领域已经设法克服了直升机飞行的空气动力学问题,为直升机提供了能够进行特技飞行的敏捷性,但与固定翼飞机一样,对失误的惩罚也是非常残酷的。

飞还是不飞老式飞机

航展飞行事故本身就是一场悲剧,总是带来悲伤,但是老式"战鸟"的航展飞行事故则使这种"悲伤"增加了另一个层面的含义。曾在战争期间操作使用这些飞机作战或在其职业生涯中驾驶过这类飞机的退伍军人和军事人员,对这种老式飞机航展飞行事故的激烈批评随之而来。特别是在退伍军人中,他们有一种强烈的信念,认为他们的承诺和牺牲不应该被遗忘,这是老式飞机失事时他们情绪爆发的背景。

很自然地,航展世界内飞行事故更会吸引注意力,不幸的是,很大一部分航展飞行事故涉及老式"战鸟"。老式或历史飞机的定义与美国实验飞机协会的"古董"和"经典"定义很类似,指的是"超过 40 年以前设计制造的飞机"。

对 1952—2002 年发生的航展飞行事故进行了随机采样(见第三章)分析,航展失事飞机总数的 22% 是老式飞机:其中螺旋桨飞机占 19%,喷气飞机占 3%。与战斗机的 29% 和喷气教练机的 23% 相比,难怪老式飞机在航展上的特技飞行是一个令人感动的画面。先来看一下老式飞机航展飞行事故统计,根据《Flypast》杂志(2003 年 3 月)提供的数据,在英国,1998—2002 年,总共发生了 17 起"历史性"航空事故,共造成 22 人死亡,但并非全部在航展上发生(见图 1-14)。

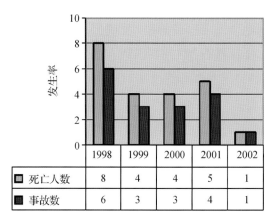

	1998	1999	2000	2001	2002
死亡人数	8	4	4	5	1
事故数	6	3	3	4	1

图 1-14 英国 1998—2002 年发生的飞机致命事故

富有的业余爱好者、博物馆和航空爱好者越来越多地恢复老式飞机,而且自 1985 年以来,老式"战鸟"在全球航展上飞行的数量急剧增加,而自制飞机和实验飞机也越来越多地进入美国的空中赛场。特别是在英国和美国,有大量老式飞机,在大多数情况下,特定型号飞机的损失通常可以由另一架迅速补充恢复。而在美国和英国之外,情况不一定如此,一些老旧型号飞机可能非常罕见。一架"一次性"老式飞机的损失可能永远意味着该博物馆藏品的永久损失。

2000 年南非空军博物馆唯一一架适航的"喷火"Mk Ⅸ 战斗机发生灾难性发动机故障(见图 1-15),和 2001 年唯一一架适航的"野马"P-51D 飞机在航展发生的"起落架未放出"着陆事故,就是这种情况。"喷火"Mk Ⅸ 战斗机发动机故障是由增压器离合器片打滑和化油器膜片硬化引起的;而"野马"P-51D 飞机的机腹着陆事故则是由起落架上锁钩的机械故障导致的。这两架飞机都遭受了广泛的结构损坏,实际上,"喷火"Mk Ⅸ 战斗机的损伤属于 5 类损伤,即彻底"注销"(write-off)。公众提出强烈抗议,尤其是前军方人员、退伍军人和航空爱好者表达了强烈抗议,人们大声疾呼,要求不要让稀有飞机的单一副本再参与飞行。在美国存在这样的观点和论点,在英国也一样。

图 1-15　南非空军博物馆的"喷火"Mk Ⅸ 战斗机坠毁残骸,一幅令第二次世界大战退伍军人和航空爱好者人人心碎的场景,尤其是那些为修复这架飞机投入了数十万工时的人们(南非空军飞行安全局)

　　在美国,公众对类似事故的典型回应放大了这些情绪,航空爱好者团体的反应是:"我讨厌这种疯狂,航展飞行员很容易更换,但'野马'P-51 却不能! 请告诉我,我们剩下多少架 P-63 了?""我们为什么要用这么稀有珍贵的飞机冒险?"。

　　这些老式飞机拥有者们的反击却无法反驳:"因为是人们自己付钱来恢复和飞行这些飞机的,否则,这些飞机根本无法达到公众希望看到的任何状态。人们花费了大量时间和金钱,去寻找无法飞行的这些飞机的残体,恢复它们,使它们可以飞行。如果您想看到不飞的 P-51 或其他稀有'战鸟',去军事博物馆看吧! 如果你想亲耳听到或亲眼看到它们飞行,来航展吧! 为了使这些飞机飞起来,人们投入了大量时间和金钱。"这种说法显然仅在私人个人或团体投资修复老旧飞机的情况下才有说服力,但如果这些飞机是用纳税人的钱修复的,那么这种论调严格来说就毫无意义。

显然,关于是否允许这些老"战鸟"继续飞行有很大争论。最常见的反对声音是认为这些从第二次世界大战中幸存下来的飞机有它们的价值,让它们飞行所冒风险太大。在英国,决策者们决定只允许适航的继续飞行,最全面的代表机型是 Me - 109G - 6,就是这种观点的最好体现。两个航空爱好者之间的讨论体现了他们对老式飞机的关注:"如果'Black 6'在落地前坠毁,我会发疯的!""为什么? 飞机不飞行有什么好的? 那只是一堆废金属! 在其他博物馆中,还有许多其他无法飞行的 Bf - 109 飞机。这架'Black 6'珍贵是因为它还能飞行,而不是因为那是一架德国战机——我是说让它待在空中"。

英国的观众很高兴能在多种场合看到"Black 6"飞翔,每次听到她的引擎声音时都会感到敬畏,令人印象深刻,尤其是低空通场时增压器发出的轰鸣声,有些发烧友称其为"绝对的魔法",在南非,观众们甚至要求当战鸟飞过时,评论和音乐伴奏应该静音,以便老人和发烧友可以听到飞机飞过时的引擎声音;"沙克尔顿"飞机(英国研制的一种四发轰炸机)的四个劳斯莱斯格里芬引擎特别受人喜爱。另一位英国航展爱好者的观点:"也许这是年龄增长的迹象,但我对达克斯福德(Duxford,皇家战争博物馆)的表演方式有些厌倦,这似乎只是为了使尽可能多的飞机同时进入空中赛道(并且还带有背景音乐,就像电视!)。这几乎是一种'主题公园'的方式,无疑吸引了众多观众,但我发现我对某架飞机及其声音的欣赏和喜爱越来越找不到了。"

另一个更客观的论点:"保持各种'战鸟'继续飞行的意愿和热情值得称赞,大多数人都很高兴观看它们的飞行,最重要的是,听听那些美丽的老'战鸟'的声音。问题是我们的子孙后代也希望看到这些飞机,如果不能在空中看到,那就在地面上也行。最常见的观点是,我们无论如何都有责任为下一代保留此类飞机,无论驾驶它的飞行员经验多么丰富,事故可能并将会发生。很难理解为什么'Black 6'要年复一年地冒着风险飞行,直到最后发生事故?"。

"这并不意味着战鸟绝对不能飞行;但显然,如果使它们更多地保持这种能飞行的状态,并仅在特殊情况下飞行,以最大程度地降低风险,才是最有价值的,当然也不要进行特技飞行,只做简单通场飞行就行了。而'Black 6'则是一架非常特别的飞机,其他飞机无法与其相比,它是唯一可飞行的德国 Bf - 109 飞机,是经过大量历史研究然后精确复原的,比第二次世界大战德国其他幸存飞机少得多。"讽刺的回应:"那么,如果它坠毁了,再也无法在空中看到了,我们该怎么办,放一些视频给我们的孩子们?"进一步的争论发生了:"如果您只是想'看'一架飞机,它的历史真的重要吗?""您只需要一个不能飞的详细模型——嘿,那就是第二次世界大战期间在非洲使用的梅塞施密特 Bf 109G - 6 战斗机。"有些"战鸟"的数量比其他型号更多,例如"喷火"和"野马"战斗机,所以很少需要特别关照。

"关于飞行这些'战鸟'的所谓逻辑导致没有一架 B - 26'掠夺者'飞机处于可飞行状态。

同盟国维持的唯一一架 B-26 于 1995 年 9 月在敖德萨机场南侧坠毁,完全损坏,机上 5 人全部丧生,当时这架飞机正在为将要举办的航展表演作飞行演练。更重要的是,飞行员、机组人员和乘客因无正当理由而愚蠢地、不必要地死亡,除了使航空爱好者在航展上感到兴奋之外,没有其他任何理由。而这是根本不值得牺牲生命和这些珍贵飞机的!""这架飞机由经验丰富的飞行员驾驶,而他已经四年都没有驾驶过危险且棘手的 B-26 了。为了熟练地驾驶飞机,飞行员需要定期进行飞行培训以保持熟练程度,而对于这些'老飞机'几乎是不可能的。仅仅为了享受美妙的视觉和声音而去冒生命危险就没有意义了。"这一次,退伍军人表达的意见是:"让那刺激的视觉和美妙的声音感受见鬼去吧,我才不会用一架这么珍贵的飞机干这些事! 别忘了当飞行员面对娱乐观众这样琐碎的事情时他们的生命正处于危险之中。"

不过,问题的症结和争论的另一面是:"不是老式飞机在航展上飞行的问题,而是这些飞机的飞行方式问题。飞越本身就很棒,但是为什么还要特技飞行呢? 视觉和声音感受都很棒,但问题是正是这'浮华的技巧'导致了安全风险。充分的维护和正确运用驾驶技能不会对'战鸟'造成任何问题,问题是熟练程度!"有这么一个例子,51 年机龄的 DH-98 Mosquito T.3 一直驻扎在英国航空航天公司位于切斯特附近布劳顿的北威尔士工厂,并在那里被维护,它的坠毁就是这种典型情况。1996 年 7 月 21 日,星期天,在英格兰曼彻斯特的巴顿附近举办的航展上,这架飞机表演飞行时坠毁,飞行员和导航员丧生。这架飞机是这种"蚊式"(Mosquitoes)型号在世界上仅存的两架适航飞机之一(另外一架是"Kermit Weeks"Mosquito B.35 轰炸机,在美国)。整个英国的航空爱好者,尤其是第二次世界大战的退伍军人对于失去这架绝版"蚊式"飞机反响强烈。

新闻广播视频显示,这架"蚊式"飞机在大约 1 000 ft 的高度达到侧翼(wingover)机动的顶部,飞机失去控制,机头向下,随后进入尾旋。飞行员努力改出,但很不幸,改出高度不够,飞机以机翼水平、机头向下的姿态坠毁在距离机场 1 mi 的树林中。

这架飞机是 1945 年制造的,刚好错过了第二次世界大战。该机于 1963 年由切斯特机场在适航状态下以 100 英镑的价格收购。此后,该机一直维持可飞行状态,并在英国和欧洲的航展上进行表演飞行。该飞机在 1992 年为该年度的表演飞行进行了彻底的翻新和改造,并重新喷涂了最常见的灰色、绿色迷彩,但添加了独特的"D-day"黑白条纹。整修时该机的飞行时间只有 1 746 h。这架飞机之前在 North Weald 表演时被评为最佳飞行,而不是最佳机动动作。也许这就是所有这些漂亮的旧飞机的飞行方式,但是,正如曼彻斯特坠机事件所证明的那样,即使坚持下来,任何问题,无论大小,都可能导致灾难。

资深人士评论:"不要争论,要问的问题是:'为什么有人会驾驶一架非常稀有、经过修复的 50 年以上机龄老飞机,尝试特技飞行,即使在新飞机上这样做也是受限制的?''是要取悦观众吗?'难道他们只是对看到这架出色飞机的飞行体验感到满意吗? 两人丧生和一架几乎无法替代的老式古董飞机丧失，难道不应该对稀有'战鸟'的飞行安全问题进行重新思考吗？但是，我们可以说，这架飞机是受到特别关注的；表演航线包括爬升，然后做侧翼（wingover）机动，随后沿表演航线高速返回。电视视频显示退出尾旋时有一些快速反应，因此飞行员无能力可能不是事故原因。"

吉米·罗恩斯利（Jimmy Rawnsley），曾经是这架'老式'飞机飞行员约翰·坎宁安（John Cunningham）的导航员，在回忆录中写道，虽然这架飞机的动作在经验丰富的飞行员手中是安全的，但通常不建议飞这些动作。即便如此，85中队的一位顶级飞行员，比尔·马奎尔（Bill Maguire），他在皇家空军（RFF）福特机场试飞新"蚊式"飞机时做滚转动作而丧生。作为悼念哈特菲尔德机场灾难的一部分，前BAE摄影部门汇总了该机场历史的70 min视频摘要，其中一个片段显示这架飞机失事过程中就像一根羽毛在空中翻转。

侧翼（wingover）机动的关键在于，它是一种平缓的机动，飞机在转弯的最高点达到很大的负过载。保持平衡至关重要，因为空速可能会变得很低，取决于进入速度，这里我们不讨论机组人员的飞行时间（low-time）多少问题。这次事故之后，英国民航局的巴里·坦珀斯特（Barry Tempest）向所有表演飞行员发了一封主旨信函，要求所有表演飞行员在事故调查结果出炉之前仔细研判自己的表演飞行航线，而且要考虑是否有必要以其表演授权所允许的最小高度进行飞行。

另一位资深人士就飞行员技能水平和继续培训提出自己的观点："在另外一个航展上，机组人员也在坠机事故中丧生，他们驾驶一架稀有且适航的DH'蚊式'飞机失事坠地。这确实不奇怪，毕竟，'战鸟'飞行的时间根本不足以让一名飞行员精通它们。这是因为它们的维护和油料成本太高了，而这些成本通常由组织者负担，这可能意味着不止一名飞行员只能在可用的几个小时内飞行熟练这些飞机，这使得情况更糟。"

更糟糕的是，在某些情况下，通常驾驶这些飞机的飞行员并不一定是最熟练的飞行员，但他们在组织内部拥有适当的政治吸引力。但是低空做了一个小小的特技动作，结果却是在地面上砸了个坑。现在，有些"战鸟"归私人拥有，但问题是每个人1天只有24 h时间——我们所有人都要吃饭和睡觉。在某些情况下，有能力买得起"战鸟"的人在许多情况下都将自己的大把时间花在了自己的生意上，而不是专业地驾驶飞机飞行。但是，在"蚊式"飞机失事这个案例中，它是由英国航空航天公司拥有并运营的，公司对它采取的是高标准飞行安全规定。飞行员非常有经验，并且驾驶这种特殊飞机飞行过很多次。

在成本方面，运营这些飞机的成本令人难以置信，如果要继续使用这些飞机，必须吸引大批观众前来观看大规模飞行表演。因此，这种表演必须足够令人兴奋，以吸引那些付钱前来航展娱乐的非航空爱好者。飞行员和表演总监面临的挑战是在保持航展安全运行的同时给人以活跃和兴奋的印象。多年来，"飞行传奇"和"战斗机相遇"等英国航展在这方面做得非常好，如果没有这些收入，就不会有很多"战鸟"继续飞翔！

关于此问题的其他评论:"在过去的几年中,我不得不承认,在每天航展结束时,一切都没有损坏,我们就可以安心回家了。这些天,我更喜欢去老守望者的沙特尔沃思收藏馆。我感到放心的是,我的入场费保护了表演者,而不是为他们的消费做出了贡献。这架特殊飞机的奇妙之处在于它不只是一架修复飞机,自制造以来,它设法按工作顺序生存,并且受到建造者的直接后代的精心照料。真正的航空爱好者可能会对它能以低巡航动力最轻柔的掠过感到满意。"

因此,很明显,全世界的航空爱好者都在这两个极端结果之间挣扎:一方面他们喜欢看到老式飞机按原定的飞行意图飞行,另一方面他们也不愿意看到这些老型号飞机失事坠毁。在不了解所有进行持续维护的组织所遵循的严格规则的情况下,辩论是否飞行老式飞机无关紧要。飞行员应该得到更好的保护。然而,重建老式飞机的市场的未来生存也是一个问题,然而,这个问题对于一些"战鸟"来说是可以实现的,这就是保险。您愿意冒风险不给机身买保险吗?那能增加多少费用?很多吗?有可能!

所以,飞还是不飞,这就是问题所在。用美国老式AT-21飞机的修复者的话来说:"我知道当我的AT-21最终重返空中时,它可能不会在我参加的几次表演飞行中飞过。我希望能够展示它,但我也希望它能够生存下去。我这么说有两个原因:从情感上讲,它是现存的唯一的AT-21,我花了大量的时间和金钱来恢复它;从技术上讲,它只能由一名飞行员驾驶飞行,但驾驶舱的视野在各个方向,除了正前方和飞行员左边都很'烂'。因为它是现存的唯一剩余的AT-21,所以它最终可能会成为两个博物馆藏品之一。此外,这家伙非常大,一旦开始重新组装,很难在我的机库中工作。"

"有时候把这样一架大的飞机进行静态展示很麻烦。你必须注意安全。我记得一个老朋友拥有一个美丽的Mk XVI'喷火'(Spitfire)战斗机,花了大约一个下午时间,才找到一个挂在方向舵配平板上的小孩。"另一位来自美国的航展资深飞行员解决了观众过度渴望的问题:"我经常携带四个标志挂在机炮舱处。当我将P-51飞机停在展出场地时,我会安装堆叠插头,皮托管盖(我们有一个皮托管盖,上面写着'高压')从飞机上拉下来。然后我将标志放在绳子上。"

一种普遍的看法是,老式飞机已经远远超过了其"出售日期",即使其零部件从未使用过,其货架寿命也已到期。但是,在许多情况下,它们现在和刚下生产线时一样适航。出售日期不应严格适用于保持如此高标准的飞机,它们不会随着时间的推移而作废。这些年来,随着材料认知和检测缺陷的方法的进步,材料无损检测得到了改进,与最初设计时相比,现在对这些飞机有了更好的了解。随之而来的是,人们对在第二次世界大战中飞机使用的材料有了更好的了解,并发现了探测内部缺陷的改进方法。

航空工程技术经过40多年的发展,安全性和可靠性方面已经得到极大的改进,主要进步包括机身结构制造的材料类型,用于导航和飞行系统管理的电子学方面的进展。但是,活塞动力飞机上使用的发动机几乎没有改变。在设计此类飞机的时代,必须从发动机中提取更多动力以帮助实现高空性能和作战能力。这些一般都是通过分段增压器并使用高辛烷值燃料来实现的。如今,这些飞机的飞行功率并未达到其设计的最高水平,而且使用的是低辛烷值燃料,其结果是发动机在其设计极限内运转非常良好。

加上现代的检查和维护方法,您将获得一个非常安全的组合。第二次世界大战飞机的机身设计用于承受一定程度的应力,这种应力是指一架飞机在战斗环境中工作到其极限状态所预期达到的应力。现在,这些机身的工作负荷要低得多。在有人说"但它们现在已经老了"之前,在大多数情况下,机翼都用新的翼梁进行了重建,其强度与最初制造时完全一样。例如,不列颠之战博物馆的"兰卡斯特"飞机的主机翼翼梁就更换了。老式飞机和"战鸟"飞机如图 1-16 所示。

图 1-16 老式飞机和"战鸟"飞机有着成为航展主要关注点的优势(巴西空军 A·比亚苏斯(A·Biasus)上校)

"派珀"(Piper)或"塞斯纳"(Cessna)飞机的发动机仍然采用水平对置活塞发动机,与多年前它们最初的设计没有什么改变。而且人们仍然驾驶它们飞越大西洋,并有充分的理由信任它们的可靠性。一个好的设计可以经受住时间的考验。一名在"塞斯纳"或"派珀"飞机上学习私人飞行员执照的学员正在驾驶一架可能飞行过 4~5 000 h 的飞机。这架飞机有可能是 20 世纪 50 年代设计、70 年代制造的。而且这架飞机经历了许多实习飞行员以几乎所有可以想象的方式的操纵着陆。给你一个机会让你选择:一个是这架飞机,一个是刚刚由专家重建的"喷火"战斗机,而且只由国家最好的一些飞行员飞行过几个小时,在鲨鱼出没的海洋上你愿意选择驾驶哪一架飞机飞行? 对 118 次随机航展事故(见第三章)的分析发现了一个有趣的现象:27 次老式飞机事故,没有一次是由于结构故障导致的。但是,老式飞机事故中有 6 次是由于发动机故障,其他飞机事故则只有 3 次是由于发动机故障造成的。

空气动力学的基础知识根本没有改变,飞行原理仍然相同,飞机飞行的介质(燃油)也仍然相同,现在的燃油的污染程度甚至可能更高。此外,我们对空气动力学的理解也更深入,这种更深入的理解应该转移到这些类型的整体工作中,如果有任何争议的话,那可能就在于此。因为这些老式飞机只剩下很少了,而且维护要求也很严格,每个飞行小时的成本非常高,所以它们的飞行量远不如它们应该在理想世界中的情况。这显然对飞行员的型号飞行资格延续性产生不利影响,而且,无论如何,没有什么设计工具或计算机辅助解决方案可以替代传统的"机上实际驾驶时间"(seat time)所能实现的成效。

老式飞机飞行培训并不是联邦航空管理局(FAA)的要求。任何拥有高性能飞机驾驶员执照,并且对后轮支撑(后三点起落架)有一定认知的飞行员都可以驾驶"野马"战斗机飞行。任何人,只要单独驾驶这种飞机成功起降三次,就可以带一名乘客飞行。老式飞机的设计师们使用一阶原理和"空气动力修复"原理,来处理操纵品质方面的不足和缺陷。作战飞行员在战时威胁环境下飞行中开发的许多"经验法则"早已被人们遗忘,而且并没有传授给购买并重建这些老式飞机的航空爱好者。最危险的情况之一,可能是一位富有的航空爱好者购买了一架翻修的老式飞机,但却没有得到经验丰富的教员为他们提供必要的飞行培训。

例如,"野马"飞机的严重危险之一就是在加速失速期间其飞行特性发生重大变化,在绕紧转弯这样的高过载机动中,由于机翼上的气流受干扰而引起升力损失。"野马"飞机会做出剧烈反应,突然进入滚转,甚至翻转过来,却几乎没有给飞行员任何告警。飞行员必须接受敏感性训练,他们需要学会注意驾驶杆的细微振动,这种现象在加速失速前一般都会出现。他们还必须学习改出程序,换句话说,就是要学习"感知"飞机。改出的最困难部分在于飞行员必须有足够耐心,并且显然要有足够的飞行高度,确保在试图退出之前使空气恢复到层流状态。国家航空航天博物馆副馆长唐·洛佩兹(Don Lopez),前飞虎队成员,也是一位试飞员,他回忆一位飞行员在印度驾驶"野马"飞机进入加速失速时的情况:飞机进入失速状态后,飞行员的改出非常及时,但拉起太快,再次进入失速。飞行员如此尝试了三次都没有成功,最终坠地。

我们应该更客观地看待老式飞机的飞行问题,在过去几年航展中坠毁的 27 架老式飞机中,只有 3 架是适航的"一次性"老式型号飞机:Me-109"Black-6",B-26"掠夺者"(Marauder)和 DH"蚊式"(Mosquito)飞机。之前讲述了两种不同论点,我们发现两种论点的要点都是冷血无情的。如果主要目的是保护这些飞机,那么显然,老式飞机不应该飞行。最佳实践智慧表明,更负责任的行动是保存"真实的原件"并复制副本,但是您不能同时保存"战鸟",又要让它飞行,这是相互冲突的目标,换句话说是一对矛盾。尽管这种论点看似微不足道,也真的并不是什么争论,只是在这种情况下,您不能两者兼得。然而,问题的情感复杂性在于人们喜欢拥有它们并飞行它们。更进一步讲,如果人们不购买它们并放飞它们,它们也就不会出现在人们的视野中。如果以保存为目标,尤其是"一次性型号",即如果您真的想永久保存"战鸟",而不是临时的,那么只有一种选择,也是不受欢迎的,那就是停止驾驶它们飞行。

复制与重新制造

关于老式飞机在航展是否飞行的争论再前进一步,那就是老式飞机的翻新与重新制造问题。在老式飞机领域,"翻新""重新制造""恢复"和"原版机"等问题,在某种意义上讲是感性的,这些老飞机的拥有者、制作者已经在这些项目上投入了数十万人力、工时和金钱。特别是,他们为自己生产的具有历史意义和美学吸引力的一架飞机感到自豪,而且极有可能会考虑后续转售获取经济利益。"翻新机"显然不会与"原版机"的价格一样。

考虑到有关老式飞机飞行的争论,人们必须了解一些基本定义:在老式飞机的收藏保存过程中,如何定义一架具体飞机到底是"重新制造"(rebuild)的、"复制"(replica)的,还是"原版机"(original)?通过复制 70%,80% 甚至 90% 的零碎和毁坏的飞机碎片和残骸来重新制造一架飞机并不能保留"原版机",而是在制造复制品,但是您如何在"重新制造"和"复制"之间划界?在牛津大学词典中,"复制"(replica)品的定义是指一件"精确的副本"或一件重复品,常使用"更多一件"(once more)"刷新"(afresh)"重新"(anew)等术语描述。

一架 P-40"战鹰"飞机在美国阿留申群岛坠毁时,它的机背从两个地方断开,从驾驶舱的前部和尾翼的前部断开。发动机从安装架上掉落,左侧起落架报销。为了修理这架飞机,更换了机身纵梁和螺旋桨,机头和发动机也必须重新制造。最糟的情况下,这架飞机 50% 需要复制。那么这架飞机算是一架重新制造的,复原的,还是复制的?根据定义,至少不应该是"原版机"。

如果重新制造是在战争期间发生的,那折断的机翼会从完好的机身上拆下并融化。把新机翼或从其他受损飞机上拆下的机翼安装在这个机身上,飞机重新投入使用,无论如何,使它们重新升空作战。这架飞机也不再是"原版机"。那么,对于 40 年后阿留申群岛的那架 P-40 战斗机，如果立即开始修理，会有什么不同？该论点的另一个角度是，在修复的情况下，当时的飞机技术与机身同样重要：应当在这架参加世界大战的飞机上使用参加世界大战时的驾驶舱！今天，这些重新制造或复制的飞机的内部大量使用了数字航电设备，驾驶舱也全是现代设备。

当然，所需的现代设备必须安装，但无需在修复过程中乱装一些无用垃圾产品。一位退伍军人对恢复的飞机发表了评论："几年前，我到长青（Evergreen）博物馆登上了一架 B-17 飞机——一架非常美丽的'战鸟'，但是无线电舱室让我非常悲伤，海军指挥组件被拧到了舱壁上。"当然，这与我们这里讨论的"复制""重新制造"和"原版机"主题是完全不同的问题。例如，如果一架 1945 年的原始的 B-17 飞机的指挥组件被拧到了舱壁上，那么这架飞机是不是就不算"原版机"了？它的价值也就少了很多。若这个指挥组件被去掉呢？

如果没有很好的机身（机体），那么复制品有时是展示历史飞机的唯一途径。例如，日本的"零"式战斗机和"奥斯卡"战斗机就是这样复制的。制造了复制品，而且可以飞行。再来看看"野马"P-51D 飞机的问题，没有安装上折座椅的空间，因为原来的无线电设备太大了。拆除二战的老式无线电设备，更换成小型的现代化设备，这样就留出了安装折叠座椅的空间，就可以多一位乘客上机体验"野马"的飞行。这难道是一件坏事么？

问题是：什么时候一架"原版机"变成了一架"复原机"，变成一架"重新制造"，变成一架"复制机"？要是按照定义，老式飞机就没有"原版机"。

P-40K 和" Black 6"在情感上被航空发烧友感叹为"另一种沾满灰尘的原版"，但按照定义都不是原版。那么怎样才能构造一架"复原机"？从理论上讲，您要恢复原始的"喷火"战斗机，除了要花费大量资金外，还必须有带有序列号的正宗制造商铭牌。把多数"战鸟"从残缺不全的碎片状态制造成完整飞机的夹具、经验和专业知识都是现成的，即使是一些罕见型号也是如此。

在某一期 Warbirds Worldwide 杂志上，一家英国修复公司声称能够"解决任何 Bf-109 战斗机项目问题，不论原版机身的现状是什么样子"。仅有原版飞机的身份铭牌就能够把一件复制品变成原版吗？无论公司和修复者声称什么，这都是不可能的，是否有一定比例的原版结构飞机可以划归"复制"或"重新制造"类？显然不行。另外，还有其他方法可以从"假货"中分辨出"真东西"吗？也许。归根结底，仅仅是语义不同，因为按照定义，它既不是原版，也不是复制品，因此只能是复原的或重新制造的。复制品就是字典所说的：一个确切的复制品或副本，不一定与原版比例完全一致。

但是，对于飞行复制飞机这类复杂的事情，还存在强烈的情感问题，对于"战鸟"，则必须考虑观众或退伍军人对它们的欣赏问题。引用热情的航展参与者的话："看到飞翔的复制品不是真的，那只是一件复制品，真东西不会那样飞翔了。"

"看到真正的'喷火'战斗机，Bf-109 战斗机或其他任何东西，转弯——听着'真正的'

梅林发动机而不是一些'升级的'捷豹 V12 发动机发出的嗡嗡声,展示第二次世界大战的技术。"好吧,由钛和碳纤维复合材料制造的"喷火"战斗机,如果主模板制作完美,"看起来"与金属板料制造的并没有什么"不同"。但不一定像众所周知的"喷火"那样飞行和操纵。复制品当然可以制造成可以飞行的飞机,这不是问题,但是却失去了真实感和原创性。维持老式"战鸟"的原创性或当时的装备原状所面临的主要挑战之一,是零备件问题。要想得到所有原厂零件非常困难,几乎不可能实现。有些部件可能全世界只有一两个,如果它们功能失效,无法再次订购。但是如果以后不打算使用它,我们为什么要用原厂零件恢复飞机呢? 如果重新制造一架飞机只是为了放在博物馆,就可以使用制作完美的仿制零件代替原厂零件。

还是来看老式飞机复制品的飞行问题:"Black 6"是一架很棒的飞机,只有在完美的条件下才允许它飞行,即无风险条件。我们的子孙后代肯定有机会在某些博物馆看到 Me - 109,这毫无疑问,但是,如果他们看到的只是一架复制品,他们是否很"受伤"? 归根结底,这真的有关系吗? 一些航空鉴赏家不喜欢看复制品。就像是米开朗基罗的大卫的复制品与原件之间存在差别一样。在结束这个颇为令人沮丧的争论时,往往我们又"转回"了原点,最终归结为语义的理解。这就是说,只是看到某些东西可能会有神秘感,真正了解它们就是另外一回事。一架飞机的设计确实非常重要,但是当人们了解它的历史成就后就会更加感到惊讶。位于弗雷德里克斯堡(Fredericksburg)的尼米兹博物馆(Nimitz Museum)最受欢迎的一件展品是他们已经生锈的,被炸弹炸坏的 Val。战后的教练机 Avenger 的状态要好得多,但 Val 却是实实在在的一件战争遗存物,它在机场跑道上被炸弹炸掉了头部。它让人们更多地想到了当天的实际情景,而不是一幅照片或一段文字所能描述的。从一件复制品上,你是无法获得那种真实的历史感的!

航展未来面临的挑战

从前面的介绍可以明显看出,尽管航展能继续提供一些非常好的娱乐活动,而且受到很多观众的欢迎,但是,对于未来的航展维持来说,仍然存在严峻的挑战。不幸的是,当前还没有哪个国际团体或机构能够富有远见地在更加注重表演安全的前提下,指导航展根据变化求发展。当然,国际航展理事会和欧洲航展理事会——尽管位于两个不同的大洲,但如果它们二者能达成共识,那么航展长期生存所面临的挑战就会发生很大改变。

为此,采取一种赢得航展爱好者和一般公众"心灵"的策略对于保证航展的未来发展至关重要。

为了实现既定的策略目标,国际航展理事会同意从 2003 年开始,重点关注某些战略性市场领域的开发,包括出版季度新闻杂志、出版精心策划的航展日历、出版年度行业指南、游说政府、开展两年一次的观众调查、网络指导和联合营销项目。经过 15 年努力,实现了美国和加拿大航展的法规协调,它也已成为欧洲可能的统一模式——实际上,它应该成为全球应用的国际模式。展望未来,国际航展理事会还承诺在加强行业内联络、行业调查项目、航展安全计划、由一个财团营销多个航展项目、出勤审核、开发国家赞助的航展项目和扩大航展"粉丝基础"等方面深入开展工作。在未来的合作方面,国际航展理事会打算更紧密地与欧洲航展理事会合作,并协助欧洲航展理事会吸取国际航展理事会花费 35 年获得的经验教训,避免重蹈覆辙。通过两个团体之间的信息交换,将监管协调工作扩展到欧洲,并利用国际航展理事会完善的文件和文献,实现这些目标。

按照欧洲航展理事会 2003 峰会主旨和国际航展理事会相同的脉络,欧洲航展的生存口号确定为:"安全的未来航展"(securing the future for airshows)。为此,将关键的成功因素划分为七个行动领域:客户、赞助商、飞机、场地、利润、组织者和品牌。主导思想是客户只能花一次钱,这就要求航展组织者必须确保观众选择航展活动而不是其他大型活动。来自娱乐界的竞争是真实存在的,航展并不具有垄断地位,因此,航展必须提供最好的物有所值体验。此外,客户必须始终感到安全便捷。如果所承诺的奇观场面达到高品质要求,那么观众是愿意付出市场价的。因此,要很好地了解正在组织参加航展的客户是发烧友还是家庭。将重点转移到家庭可能会为航展世界开辟新的前景。

在赞助商方面,欧洲航展理事会建议所有航展参与者要确保他们很好地了解以下问题的答案:"赞助商为什么要为航展活动投资?"需要向赞助商提供信息,使他们认为对特定航展的投资是值得的。为了向赞助商展现真实的数据,有必要对观众进行统计。那么谁或什么产品将准备赞助航展活动呢?航空相关公司显然会受到欢迎,但不断增长的市场似乎更属于消费产品制造商,广大航展观众可以轻松联想到的品牌,是那些直接吸引他们的产品。当然,一定不能忘记零售商!

必须回答的问题是:将来会有业余爱好者的位置吗?也就是说,航展市场将被营利组织完全掌控吗?还会有个人努力的空间吗?飞行俱乐部能否留在航展行业?现阶段还无法回答这些问题,但可以肯定的是,由于预算限制和运营承诺,军事参与者将进一步削减。因此,准军事(私人飞机)飞机将对世界航展更为重要。获得赞助的前军用喷气飞机将成为航展的常客,虽然赞助商可以随时支持民间活动,但这种机制在军事领域却不易实施。民间行为已经赢得了应有的地位,航展合同也将增加,它们变得同样重要。但归根到底,航展的组织者,无论是军方还是民间机构,都必须为飞行项目提供足够的多样性,主要目的是满足观众!

在航展场地方面,安保问题将成为选择飞机场的主要考虑。军用和民用机场仍将承办航展,但人群的移动和控制增加了安保方面的难度,必须从新的视角来对待,必须考虑其他选择,例如海边的表演飞行、乡间别墅和自然竞技场等地的表演。

投资与回报之间必须仔细权衡,并应考虑表演是商业优先还是慈善航展?工作人员是雇员,还是志愿者?保险费用、航展参加者的费用,以及所有其他费用与总收入的对比。

未来航展营销中最重要的考虑因素之一是像市场上任何其他吸引广大受众的产品一样,就是确保航展组织者知道他们代表什么。品牌知名度将是成功的关键因素之一。必须考虑的是:我们的观众是以"家庭"观众为主还是以"发烧友"为主;我们的航展是大型军事活动,还是一场"战鸟"表演。

所以要回答这个问题:"航展未来是否有前景?"是的,绝对有!但最可能的情况是航展活动会减少,而且内容更多的是展示民用航空产品,航展的组织变得更商业化,观众承担的费用比例更大。英国每年组织近 20 场大型航展活动,包括一些重要军事飞行表演,一些"战鸟"表演,还有一些海边飞行表演节目,并将采用新的方法开展一些非常不同的"家庭式"航展表演。

结论

自从 100 多年前莱特兄弟在美国小鹰(Kittyhawk)镇成功开启人类首次有动力可控飞行以来,人们普遍认为,所有飞行都会涉及风险,但在航展表演飞行领域,风险甚至更大。从那时起,随着表演飞行和演示验证试验飞行活动的发展以及飞行员和飞机已经飞到并且通常超出各自的极限,这些风险成倍增加。每年在表演飞行和航展上的飞行小时数占总飞行小时数的百分比微不足道。尽管没有关于国际航展事故发生率的准确合并统计数据,但很明显,与常规飞行每 10 000 飞行小时的事故数量相比较,航展的事故数量,以及表演飞行的事故率都过高。因此,可以得出结论:各种形式的表演飞行对于飞行员、观众和公众一样,都是一种有风险的活动。

但是,尽管存在固有危险,仍然有许多成功的表演飞行员从表演飞行活动中生存下来——他们的生存归因于专注遵守现行安全飞行法规,以及飞行员个人自己严格的专业信条。低空表演飞行的危险是永远存在的,并且没有什么办法消除表演飞行的这种危害——只有一种途径可以减轻这种威胁的影响,那就是通过知识、自律和实践技能的发展。即使那样,也不会确保事故不会发生。航展观众通常会感受到真正难忘的飞行所带来的愉悦,因为这种表演飞行是如此的优美,以至于我们可能会很容易忘记有效地表演飞行这些飞机所需要的高超技能。

飞行员必须仔细考虑如何最大限度地展示自己的飞机,同时始终意识到安全隐患。高度限制、观众线、当地的学校和医院——所有问题都必须考虑,所有这些都会受到大的正负过载和超大飞行加速度的影响。无论所做的表演是高度动态的大过载飞行,还是在一个狭小的空中展示区域内展示重型运输机,亦或是特技飞行表演竞赛,有一件事是肯定的,那就是所需的飞行技能必须是世界一流的。所以,下次观看航展时,请记住,您正在目睹一些世界上最出色的飞行员在表演飞行!这些航展活动相当于航空界的奥运会,类似于百老汇表演或音乐厅音乐会——全部合并在了一起(见图1-17)。

图1-17　为了避免表演飞行的危险陷阱,飞行员必须集中精力专注于遵守飞行安全法规要求和自己严格的个人专业信条要求,以便在保守的"浅尝辄止"般表演飞行与"飞行包线边缘"表演飞行之间找到艰难的折中表演方案,奉献一次超级表演飞行。说起来容易做起来难!

第二章 航展飞行事故概览

"作为一名飞行员,在您身上发生的坏事只有两件:有一天,您登上飞机,知道这是您最后一次驾机飞行;有一天,您登上飞机,不知道这是您最后一次驾机飞行。"[安农(Anon)]。富加教师(Fouga Magister)教练机低空通场如图 2-1 所示。

图 2-1 2003 年 5 月 10 日,在法国沙陀顿(Chateaudun)空军基地举办的国家航展上,富加教师教练机低空通场(安东尼•格朗多)

引言

在全球各地的许多场合,成千上万的观众亲眼目睹了恐怖的飞机飞行事故在他们眼前发生。不论涉事国家或地区是属于"第一世界"还是"第三世界",涉事飞机是军用飞机还是民用飞机,涉事飞行员是专业飞行员还是业余飞行员,事实是,没有哪种文化、哪种信仰或是哪类飞机能逃脱航展事故这个悲惨领域。无论是战斗机、大型军用运输机、老式"战鸟"、超轻型飞机、教练机，还是处于试飞阶段的原型机，随手从报道悲惨航展事故的报纸、电视新闻网和航空杂志上都能找到它们的身影。

下面这些事故案例佐证了表演飞行的危险性。本章所介绍的事故肯定不全面，只是随机选择了涵盖整个航展事故类别和形式的126个航展事故。信息来源包括空军、美国国家运输安全委员会(NTSB)、英国航空事故调查局(AAIB)、报纸、电视视频新闻广播、互联网记录、讨论和观众报告等。为了简明扼要，本节仅介绍与历史、时间和事故飞行安全最相关的信息。因此，其中有一些事故介绍只有几句话，有一些则可能好几个段落。为了尽可能捕捉并保留现实世界对航展事故的情绪，航展事故的评论并没有完全逐字记录正式的事故调查报告，而是来自公开的媒体报告。

什么样的事故属于航展事故，什么样的航展事故有资格收录在我们这个随机航展事故数据库中？我们的目的是进行航展事故分析，所以仅收录为了参加航展或参加航展时，在飞机场内开展表演飞行前的练习、正式表演，参与表演或使用飞机而发生的各类事故。该数据库没有包含未经授权的低空特技飞行，这类事故有数百例，被排除在外是因为它们并未获得参加航展的特别授权。

1. 2002年11月10日，F-4U"海盗"式战斗机事故(美国南卡罗来纳州)

这一天，美国的"战鸟"和航展界失去了一位著名飞行员乔·托布尔(Joe Tobul)。他在一次航展上驾驶一架老式F-4U"海盗"式战斗机发生事故，不幸身亡。事故当天，在南卡罗来纳州的哥伦比亚欧文斯机场举办的"庆祝自由节"航展上，68岁的托布尔驾机为70 000多名观众进行表演飞行，由于发动机故障，坠毁在距离31跑道端头1.5 mi处。

飞机坠地后发生大火，对飞行员造成致命伤害。悲惨的是，他的儿子当时也在空中编队飞行，正在对准位置准备通场，眼看着他坠落。尽管这家机场曾因噪声问题备受争议，当地体育馆上空也被定为禁飞区，这次庆祝活动还是得到了广泛参与，而且组织得也很好。当地媒体报道援引托布尔一位朋友的描述："航展上，我看到托布尔的飞机飞越机场时发动机在冒烟。许多人以为那是专门的拉烟表演，但这种"海盗"式飞机并没有为航展准备拉烟表演，那是发动机故障冒的烟。那架飞机明显在躲避房屋、道路和树木，随后在沼泽中坠毁。"，事故发生后不久，航展继续进行，航展期间没有透露关于托布尔命运的半个字。

这架飞机曾参加了朝鲜战争，1956年7月5日从美国海军退役。1960—1970年，该机在洪都拉斯空军服役，1970年被卖给了美国航空公司的一位飞行员，带回美国进行了长时间修复和改造。1981年，乔·托布尔和吉姆·托布尔购买了这架飞机。

2. 2002 年 10 月 1 日，伊尔-38 海上巡逻机事故（印度海军，印度孟买）

印度海军两架伊尔-38 海上巡逻机在为即将到来的年度庆典航展表演进行飞行训练时，在印度西部果阿州，发生空中相撞事故，导致 22 人死亡，造成印度海军航空历史上最严重的空难。当天，印度海军第 315 航空中队的俄罗斯制造的伊尔-38 海上巡逻机，正在为印度海军成立 25 周年庆典表演进行编队通场飞行排练。

两架飞机每架有 6 名机组人员，从度假胜地帕吉纳的主要机场起飞，在祖里纳加尔地区上空进行斜线编队（梯形编队）过程中，发生空中相撞。一架飞机摔在公路上，另外一架撞上一幢在建建筑物。机组人员全部遇难，但更悲惨的是，有 3 名建筑工人当场死亡，另外有建筑工地的 7 人受到坠机碎片的致命伤害。帕吉纳机场随即关闭，所有进出港航班全部延误。印度海军参谋长，海军上将麦德文德拉·辛格（Madhvendra Singh）说："我们当前执行的有效标准操作程序，对飞机高度和间距有明确要求，由于某种原因，两架飞机在空中靠得太近并相撞。事故原因可能是判断错误，也可能是控制系统发生灾难性故障。"

3. 2002 年 9 月 21 日，Harvard T-6G 飞机事故（南非空军博物馆，南非沃特克卢夫空军基地）

在 2002 年的非洲航空航天与国防展览会上，南非空军收藏的 4 架古董飞机——一架"Harvard T-6G"飞机、一架"Aermacchi AM-3 Bosbok"飞机、一架"Atlas Aviation Kudu"飞机和一架"Piaggio P-166S"飞机进行编队表演飞行，"Harvard T-6G"飞机是长机。期间，"Harvard T-6G"飞机发生灾难性发动机故障。飞机刚刚左转弯，离地高度 1 500 ft，长机驾驶员杰夫·厄尔（Geoff Earle）上校就通过无线电报告，发动机剧烈振动，并随即失去动力。其余飞机仍处于编队组建过程中。

飞行员在右转飞机的同时使用油门控制飞机寻找合适地点，并通过无线电报告他要寻找一个开阔地迫降。随即，"Aermacchi AM-3 Bosbok"飞机担任起空中搜索与救援协调角色，跟随故障的"Harvard T-6G"飞机，并担负救援通信任务，厄尔上校选择了一块开阔地，实施了机腹着地迫降。

在约 30 ft 高度，飞行员选择全襟翼（迫降场地很短），此时他报告发动机发出巨大摩擦声，螺旋桨停止转动，飞机随即加速下沉。飞机左翼挂上并切断了一根电源线，致使飞机平面旋转了大约 160°，然后猛烈地摔到地面并弹起，剧烈的冲击致使飞行员的头盔甩脱。飞机弹起后又摔落在距离最初挂到电源线位置 30 m 的地方。飞机坠地后起火，烧伤了飞行员面部，飞行员肋骨折断，下颌也被操纵杆割伤。飞机完全烧毁，造成第 5 类损坏。担负搜救工作的"Aermacchi AM-3 Bosbok"飞机飞行员看到了飞行员安全逃出，救援直升机在 8 min 内到达营救了失事飞行员，42 min 后将飞行员送到最近的军事医院。然后，剩余飞机继续编队重新加入表演飞行。

4. 2002 年 8 月 2 日，英国 BAE 系统公司的"鹞式"GR 7 战斗机事故(英国皇家空军，英国洛斯托夫特 (Lowestoft))

2002 年 8 月 2 日，在洛斯托夫特举办的年度航展上，英国皇家空军第 20 中队的一架"鹞式"GR7 战斗机坠入海中。在表演的后半段，这架"鹞式"GR7 飞机悬停在 40 000 多名观众眼前准备作进一步表演。观众听到发动机发出一声巨大爆炸声，飞机随即失去动力，从悬停点迅速坠落。飞机的爆炸声音很大，但无疑这声音不是表演的一部分。在海面之上 50 ft 高度，飞行员托尼·坎恩(Tony Cann)中校弹射逃生。

飞行员的降落伞及时打开，飞行员落在下沉入海的"鹞式"GR7 飞机上，飞行员在撞击飞机时摔断了脚踝。如果这次事故发生在陆地上，那么飞机肯定爆炸，飞行员必然掉在飞机燃烧的火堆中。飞行员立刻被一艘救生艇救起，随即转移到洛斯托夫特的一艘救援船上。几分钟之内，他就被送上一架救援直升机，在被送往医院进行例行检查之前向人群挥手致意。这次事故没有其他人受伤，随后航展表演又进行了 30 min。

5. 2002 年 7 月 27 日，SU－27"侧卫"战斗机事故[(乌克兰空军，乌克兰利沃夫市斯基尼利夫机场(SKNILIV，LVIV)]

就在全球航展看来已经达成一种安全标准，观众的安全不再会受到表演飞机侵入表演观看线而带来的危害时，乌克兰空军的一架 Su－27 战斗机在一次航展上坠入观众群，导致 85 人丧生(包括 27 名儿童)，156 人重伤，造成航展历史上最为严重的一次事故。这次事故发生在乌克兰利沃夫市以西的斯基尼利夫机场，乌克兰空军第 14 师成立 60 周年庆祝大会上。

这架飞机表演飞行了约 2 min，飞机在做陡峭左转弯动作，在即将改平时，飞机突然进入左滚转，翻转了大约 200°，随后进入机头向下状态，飞机改平后飞行员随即试图拉起飞机，但高度太低，飞机随后以左坡度姿态逐渐降低高度，冲入观众群，在飞机机头撞地前一瞬间，飞行员弹射。当时飞机进入了观众区内，由于高度不足，飞行员无法改出。故意做这种机动动作的可能性很小，因为在飞行员的正确思维中，没有人会尝试从如此低的高度进行这种"半滚倒转拉起"动作。这次事故中飞行员的弹射与 1999 年巴黎航展上 Su－27 战斗机事故中飞行员的低空弹射"似曾相识"。两名飞行员托普纳(Toponar)和尤里·叶戈罗夫(Yuri Yegrov)，在这种超低空弹射中幸存，但椎骨骨折。飞行员在竭力防止飞机坠入观众群的所有可能后才弹射，事后从事故视频中可以看出，飞行员在努力控制飞机，使其远离观众。观众惊恐地看着飞机撞上了围观者，然后在飞机场上猛烈燃烧。被惊呆的和流血的幸存者面对散落在四周的受害者尸体感到震惊和恐惧。

对展会筹备的各个方面和负责人员的各方面工作展开了调查，包括与地面的无线电通信。来自于调查的报告表明,机组人员没有飞行任务单,也没有得到关于机场功能与特征的简报。更令人惊讶的是,在正式表演飞行前,没有在表演区域进行飞行演练。如果有指控的话,当然是对监管不力的可悲指控。当飞行员违反表演区规定时,地面指挥没有提出警告,甚至在他们飞完第一圈以后,已经明显太过于靠近观众区,与飞机保持联系的表演指挥均未采取任何步骤来指示或通知飞行员入侵了表演线。此外,飞行数据表明,做机动动作的高度低于 200 m,已经违反了航展最低高度限制。

严重的疏忽和不良的监督导致愤怒的乌克兰总统列昂尼德·库奇马(Leonid Kuchma)立即解除了空军负责人和航展组织者的职务,并禁止所有进一步的军事表演飞行。震惊的库奇马在悲剧现场说,空军应该专注于自己的军事职责,而不是为群众表演。库奇马告诉当地电视台:"我认为我们必须停止这类表演。军人应该专注于军事职责,应该进行军事训练,而不是参加这些航展。"库奇马拒绝接受国防部长的辞职(第四章会对这次特殊事故涉及的政治因素进行全面分析)。

6. 2002 年 7 月 20 日,阿莱尼亚菲亚特 G - 222(Alenia/FIAT G - 222)运输机事故(意大利空军,英国皇家 TATTOO 国际航展)

在 2002 年的英国皇家 tattoo 国际航展上,意大利空军一架阿莱尼亚菲亚特 G - 222 中短程运输机在演示突击进场和短距着陆过程中,飞行员错误判断了陡峭进场的下沉速度,拉平太晚,导致前起落架先触地,弹起,然后强迫前轮向下使用机轮刹车和反推。前轮触及跑道形成的力致使前轮组件进入驾驶舱,机身与跑道摩擦形成的火花点燃了机轮的液压油(见图 2 - 2)。另外,撞击期间,飞机内部的一个液氧容器也被点燃并剧烈燃烧。紧急救援人员迅速扑灭了大火,幸运的是飞机并未冲出跑道,如果那样的话,可能形成不对称力,那后果将是灾难性的。飞机受到轻微损伤,结构没有受到影响。航展延误了大约 2 h,随后救援人员使用起重机将飞机清理出跑道。

图 2 - 2 意大利空军 G - 222 飞机机身摩擦火花点燃了机轮液压油

7. 2002 年 6 月 23 日,"RUTAN ACROEZ"飞机事故[Patrouille Reva 民间飞行表演队,法国南锡(NANCY)航展]

法国 Patrouille Reva 民间飞行表演队的三架"Rutan AcroEz"飞机中的一架,在法国南锡(Nancy)航展上坠毁,49 岁的前空军飞行员米歇尔·科斯特(Michel Coste)丧生。一位目击者报告说:当时,表演队的三架飞机刚刚做了"三机穿刺"(triple break)动作,右侧飞机的翼尖碰到了地面,使飞机机轮滑入树林中,远离观众群。Rutan AcroEz 飞机(见图 2 - 3)是原版 Rutan VariEz 飞机(见图 2 - 4)的增强型,加强了机身,采用了更大功率的发动机。

图 2 - 3 Rutan AcroEz 飞机在做三机穿刺机动表演

图 2 - 4 Rutan VariEz 飞机

坠机后,航展随即停止,0.5 h后表演队的帕特鲁·卡洛蒂·多雷(Patrouille Cartouche Doré)继续他们的表演飞行。这个表演队原计划1周后在法国科尔玛·梅恩海姆(Colmar-Meyenheim)航展参加表演,由于此次事故而未能按时到达,这是可以理解的。剩下的两架飞机晚些时候来到了科尔马,做了一个拉烟单机通场,向他们坠落的伙伴致敬!

8. 2002年4月20日,"鬼怪"战斗机事故(美国海军,美国加利福尼亚)

一架隶属于穆谷角海军航空武器试验中队的QF-4S"鬼怪"Ⅱ战斗机,在第38届穆谷角航展期间坠毁,两名飞行员丧生,分别是39岁的海军飞行员迈克尔·诺曼(Michael Norman)和31岁的雷达操作员、海军陆战队上尉安德鲁·穆斯(Andrew Muhs)。惊恐的观众眼看着这架QF-4S"鬼怪"Ⅱ战斗机在大约400 ft高度右转,突然喷出一股蒸气流,随后发动机喷管喷出两小段火焰。飞机随后坠落在基地以西0.25 mi远的一个偏僻区域,燃烧成了一个火球。地面没有人员伤亡,花了十多分钟才扑灭了大火。航展随即取消,观众们被要求离开基地,尽管通知大家航展明天还将继续,但到了周日,航展活动全部取消。

事故发生时,失事飞机正在一个4机菱形编队的左侧位置,编队正在进行直线平飞通场。随后4架飞机右转脱离编队,一次一架,准备着陆。在进入转弯前2 s,这架战斗机的一台发动机开始持续喷出白色烟雾——不是很大,但是天空中可见一条非常清晰的烟雾痕迹。此时,这架QF-4S"鬼怪"Ⅱ战斗机进入陡峭右坡度,看起来好像是要维持高度,机尾的烟迹依然清晰可见。突然从发动机喷管快速喷出两小团火焰,不是那种从飞机上"舔"出来的火焰舌头,而是飞机"吐"出来的两小团火球,因为它们继续运动直至转弯。

发生这些之后,这架QF-4S"鬼怪"Ⅱ战斗机经历了一个大的滚转,几乎倒扣过来,估计滚转期间向右坡度达到150°。看起来飞行员输入了改出滚转指令,飞机坡度有明显减小,但是仍没有恢复到机翼水平姿态。坡度角再次持续增大,达到大约90°,飞机随即迅速下沉,撞向地面。看起来飞行员无法将飞机恢复到机翼水平姿态,也无法减小下沉速度。撞地前瞬间,飞行员弹射。如图2-5所示。

一位F-4"鬼怪"战斗机驾驶员深思熟虑的意见:"失事飞机处于编队的最后位置,散开时,飞机位置看起来正常,一股白色蒸汽从两台发动机喷出,表明飞行员期望启动加力燃烧室为观众表演快速散开。加力燃烧室未能启动,但飞行员继续散开。在高过载条件下,飞机迅速减速,大迎角状态下进气道进气流严重畸变,加力燃烧室再也没有启动起来。"

"后来,燃烧室中形成了油气混合物,并且点燃弹出,导致两台发动机压气机严重失速,形成了右转弯时看到的喷焰。在大坡度角、空速降低和高下沉速度条件下,后座飞行员先弹射,但零零(零高度零速度)弹射座椅的性能不足以克服向下的矢量,飞行员在飞机撞地前才弹出舱。"另一位经验丰富的F-4"鬼怪"战斗机驾驶员认为:"两台发动机都喷出了火焰,飞机像砖块一样坠落,这在低空速条件下称为'spook'。F-4'鬼怪'战斗机的存在和生存是依靠其速度,只有在高速条件,它才能完成多重任务,在飞行包线的低速区域,F-4"鬼怪"战斗机的风险非常大。我们以这种悲伤的方式看到一个有越战经验的 40 岁的'米格杀手'掉下来,但至少看到他在战争中生存下来,只是在非作战任务中迷失了方向。"

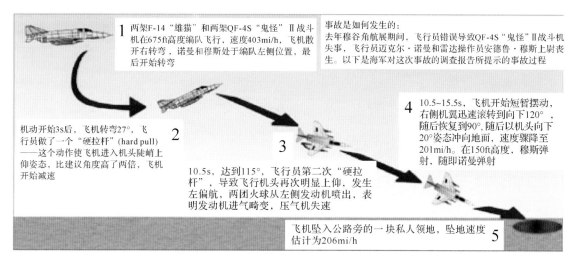

图 2-5   QF-4S"鬼怪"Ⅱ战斗机坠机最后几秒示意图

文图拉县海军基地海军武器试验中队的事故调查组发布的美国海军官方报告指出,"飞行员错误"是这次事故的根本原因,排除了机械故障、鸟撞或维护不当等原因。报告指出,飞行员诺曼处置不当,尽管诺曼是一位老飞行员,但对 F-4"鬼怪"战斗机的飞行经验不足。诺曼作为一名具有 16 年飞行经历、3 300 h 飞行经验的资深飞行员,对 QF-4S"鬼怪"Ⅱ战斗机的飞行经历只有79 h,低于平均经验值。

《文图拉县之星》日报通过信息自由法获得了事故调查报告,该报告详细说明了事故发生过程。报告指出,飞行员超出了失速迎角限制,导致飞机速度急剧降低。飞行手册中规定,此时改出飞机应减小迎角,但飞行员诺曼再次急剧拉杆。最初的硬减速进入转弯已经超出了飞行演练和航展表演飞行任务下达时规定的过载。第二次硬拉杆的原因无法确定,可能是为了在"转弯"拐角向观众形成急剧减速视觉,事故调查组这样推断。

第二次拉杆后,发动机压气机失速,导致左侧发动机喷出两个火球,初步推测以为这架34 年机龄的 F-4"鬼怪"战斗机发生了机械故障或是吞鸟。飞机随即进入加速分离,并开始摆动,滚转至 120°,几乎是倒扣状态。飞行员瞬间将飞机恢复到 90°,机头向下,但飞机直线下降,从开始分离到撞地仅用了 5 s。

实际上,飞行员根本没有安全弹射的机会,调查组指出,穆斯在 150 ft 高度弹射,诺曼几乎是在地面零高度弹射。调查发现,弹射系统功能正常。现场视频显示,后座的穆斯在飞机撞地前弹出,但其降落伞没有完全打开,穿过地面着火,飞机燃起火球。尸检表明,两位飞行员的死亡均是撞击地面的钝力创伤造成的。飞机残骸散布在一个 350 yd(1 yd＝0.9 144 m)长、100 yd 宽的地带。

事故调查报告进一步指出,飞行员诺曼没有计算飞机携带的 8 000 lb 燃油,这比三天前飞行演练时所携带燃油多了约 4 000 lb。急剧减速机动和机载燃油漂移导致 F-4"鬼怪"战斗机重心进一步后移,这还没有考虑飞机刹车进入转弯时飞行员自身重量造成的影响。报告指出,尽管一名有经验的飞行员都能适应飞机不同的燃油状态,并根据需要调整飞机飞行,但应当更多地意识到飞行员在重着陆条件方面缺乏经验,导致在刹车之前呼叫(例如,这架 QF-4S"鬼怪"战斗机):"我们很重,请留神。"

调查报告建议海军增加穆谷角 QF-4S"鬼怪"Ⅱ战斗机试验项目的飞行员最低经验要求标准。未来驾驶 QF-4S"鬼怪"Ⅱ战斗机的飞行员的最低经验要求必须达到 200 h F-4 飞行经验和 600～800 h 战术喷气战斗机飞行经验,包括编队经验。按照新标准,诺曼将不会被允许在航展上表演飞行这种飞机。作为这次事故的后果,F-14"雄猫"和 QF-4S"鬼怪"Ⅱ战斗机不再被允许参加穆谷角航展表演飞行。2003 年度的这项航展活动还能否举办还不确定,因为不能确定是否有高水平军事飞行表演队前来参展,例如"蓝天使"飞行表演队。

9. 2002 年 4 月 11 日,"阿尔法"喷气教练机事故(法国空军,法国帕特罗伊(PATROUILLE)航展)

4 号飞行员丹尼尔·马尔尚(Daniel Marchand)中尉,是 2003 年法国帕特罗伊飞行表演队的队长,彩排结束时,他驾驶的"阿尔法"喷气教练机在法国东南部萨隆德-普罗旺斯(Salonde-Provence)军事基地坠毁,自己身亡。这次坠机没有造成其他附带损害。飞行员从飞机弹射出来,但降落伞未完全打开,弹射条件处于弹射座椅的弹射包线之外。

10. 2002 年 3 月 28 日,Hawk Mk 53 喷气教练机事故(印度尼西亚空军,印度尼西亚"木星蓝(JUPITER BLUE)"特技飞行队)

印度尼西亚的精英"木星蓝"特技飞行队的两架 Hawk Mk 53 喷气教练机在一次航展彩排中坠毁,4 名飞行员丧生。事故发生在雅加达东南约 350 mi 的麦迪恩附近的伊斯瓦尤迪(Iswahyudi)空军基地。当天天气良好,失事飞机正在绕着长机作"胜利滚转(victory roll manoeuvre)"机动动作。

一位目击者报告:"两架飞机同向飞行,在 2 000 ft 离地高度做交叉穿越时相撞,两架飞机坠地后均燃起大火,飞行员和副驾驶全部丧生。没有人弹射逃生,飞机相撞后发生了大爆炸。"

继 2002 年乌克兰 Su－27 战斗机坠毁导致乌克兰空军停止军事表演飞行后,马来西亚空军司令夏菲·哈基姆(Chappy Hakim)元帅也下令停飞了"木星蓝"特技飞行队的表演飞行。飞行员也被禁止参与表演飞行,甚至表演飞行训练。他说:"正在对飞行员的心理状态和身体状况以及飞机的物理状态进行检查。"印尼空军最近因资金短缺而受到严重打击,飞行员的飞行时间下降到每月只飞行 15 h,大约是以前的 1/4。

印度尼西亚空军司令的挫败感是可以理解的:印度尼西亚的战斗机飞行员此前曾坠毁了 3 架 Hawk Mk 53 教练机(其中一架是木星蓝特技飞行队的,发生在 3 月末的一次空中撞机事故中)。哈基姆元帅说,根本就没有进行足够的飞行训练,因此停飞它们。

11. 2002 年 3 月 8 日,F－16A 战斗机事故(葡萄牙空军,葡萄牙蒙特雷亚尔)

葡萄牙空军的一架 F－16A 战斗机在为庆祝葡萄牙空军建军 50 周年的航展练习斤斗特技动作时,在蒙特雷亚尔机场跑道附近坠毁。由于改出高度不足,飞行员皮拉夫·霍格·莫拉(Pilav Horge Moura)上尉未能弹射,不幸丧生。不同寻常的是,为表演飞行演练,飞机配置了翼下副油箱。

12. 2002 年 2 月 5 日,Hawk Mk A65 喷气教练机事故[沙特皇家空军,沙特阿拉伯,沙特"绿隼"(SAUDI GREEN FALCONS)飞行表演队,也称"沙特之鹰"飞行表演队]

图 2－6　沙特"绿隼"飞行表演队

沙特阿拉伯皇家空军"绿隼"飞行表演队(见图2-6)的两架 Hawk Mk 65A 喷气教练机在为航展进行的编队着陆练习中相撞。事故发生在表演队驻扎的塔布克基地,两名飞行员成功弹射逃生,仅受轻伤。飞机坠落在军事基地旁边,造成4名公众受伤。

13. 2002 年 1 月 16 日,CM. 170"富加教师"喷气教练机事故(FOUGA MAGISTER)(萨尔瓦多空军,圣萨尔瓦多市)

在为航展进行的飞行训练中,萨尔瓦多空军司令米尔顿·安德拉德(Milton Andrade)上校驾驶的"富加教师"喷气教练机坠毁在跑道上并发生爆炸,飞行员丧生。

14. 2001 年 10 月 17 日,EDGE 540 特技飞机事故[柯比·尚布利斯(KIRBY CHAMBLISS),中国大奖赛,中国吉林]

柯比·尚布利斯,1998 年美国国家特技飞行冠军。2001 年 10 月,在中国吉林举办的中国特技飞行大奖赛上,他驾驶的 EDGE 540 特技飞机在进行"回转"(turn-around)机动时,以 200 mi/h 的速度坠入河中。大奖赛举办方吉林市的应急响应非常卓越,柯比·尚布利斯被迅速从河中救起,并送往医院救治。尽管尚布利斯没有骨折,但头面部受到刮伤。尚布利斯不仅从浅表的创伤中迅速恢复,而且在 2002 年美国国家特技飞行锦标赛上被命名为美国国家特技飞行冠军。

15. 2001 年 8 月 24 日,T-6 Harvard 飞机事故(美国新墨西哥州)

美国新墨西哥州里约兰町(Rio Rancho)市的斯科普史密斯(Scoop Smith)是一位航展表演飞行员,他在新墨西哥州拉顿(Raton)航展前的飞行练习中发生事故,与搭乘他 T-6 Harvard 飞机的乘客不幸丧生。据目击者描述:斯科普正在做"榔头机动"(hammerhead stall),但飞机失控,由于高度太低未能改出。斯科普是朱莉·菲尔·史密斯的丈夫,美国特技飞行队的前任成员。

16. 2001 年 7 月 9 日,"霍克海怒"(HAWKER SEA FURY)战斗机事故[加拿大萨尼亚(SARNIA)国际航展,加拿大]

在加拿大安大略省举办的萨尼亚国际航展的表演飞行中,表演飞行员凯里·摩尔(Carey Moore)驾驶的"霍克海怒"战斗机失事坠毁,不幸丧生。据目击者描述:飞机低速低空通场后,开始爬升转弯,但进入初期尾旋(incipient spin)未能改出。这次事故没有造成地面人员伤亡,但悲惨的是,摩尔 14 岁的儿子和成千名观众一起惊恐地目睹了这架老式飞机的坠毁。

航展表演飞行组织者布莱克·埃文斯(Blake Evans)说:"摩尔驾驶飞机正常起飞,已经完成了两次通场，正准备建立第三次通场。"埃文斯被问及最近在伊利湖上发生的加拿大"雪鸟"坠机事件（2001 年 6 月 21 日）和 2001 年 6 月 2 日至 3 日比金山航展悲剧后的安全预防措施时说："这次航展，我们制定了全面的飞行安全规定，并且传达到了每一位飞行员，就像昨天上午和今天上午在我们所做的所有表演中一样。"这名飞行员在 T-28 教练机和同类型飞机上训练了很长时间，并且有 21 h"霍克海怒"战斗机飞行经验。求证的问题是：不到 20 h 的飞行经验是否可以驾驶飞机在公众面前表演？

当天下午 14：00 前后，失事飞机坠落在克里斯·哈德菲尔德（Chris Hadfield）机场以东一幢农舍前的大豆田中。一位目击者说："飞机斜着冲入农田，飞机左机翼高，像折叠的手风琴一样撞在地面。飞机看起来就像翻了过去，我最后看到的是飞机的蓝色腹部。"

从飞机的损坏情况可以清楚看出撞击力之大。飞机的大部分都不可修复。飞机的方向舵完好无损，卡在地面的五叶螺旋桨桨叶有一叶完好。震惊的汤姆·沃尔什（Tom Walsh）——前比金山国际航展经理说："现在说明年是否还会举办航展表演飞行为时尚早。我们希望还能继续举办，但决定权在联邦机构。"，沃尔什说他组织的航展从未发生过死亡事故。"我做这个行业 28 年了，这是首次发生这类事故。"这次坠机事故未造成其他人员伤亡。

萨尼亚市议员吉姆·富比斯特（Jim Foubister）当时也在机场，他说："现在还不是决定明年是否继续举办航展的时候。"，但是他说这里的航展运营是一流的，他个人支持继续举办。沃尔什在接受萨尼亚当地报纸的采访时说，他并没有过分担心活动的安全性，因为安全协调员努力保证尽可能安全。"总有出错的可能性。"他说。

这架特殊的"霍克海怒"FB Mk.11 是一架战斗轰炸型飞机，20 世纪 40 年代早期交付皇家海军。这架活塞驱动飞机 1947 年开始服役，参加了朝鲜战争，保持着活塞式发动机驱动飞机的最快飞行速度纪录。位于基奇纳（Kitchener）东部的布雷斯劳的摩尔航空修复公司拥有这架"霍克海怒"飞机，这架飞机是世界上仍可飞行的 26 架"霍克海怒"飞机中的一架。这架飞机 1947 年在皇家海军志愿者预备队第 802 中队开始其军事生涯，1952 年参加朝鲜战争，执行了 165 次轰炸任务，4 次空对空任务，包括两次未确认的对朝鲜 MIG-15 战斗机作战的胜利。朝鲜战争之后，这架飞机经修复卖给了伊拉克空军。1972 年被美国的私人收藏者购买。之后一直存放在博物馆中，1995 年被加拿大永久拥有。

17. 2001 年 6 月 18 日，"富加教师"喷气教练机事故（美国威斯康星州）

作为新婚礼物，新娘萨拉·汉森（Sara Hanson）获得了乘坐"富加教师"喷气教练机飞行的礼遇，但却在飞行过程中不幸与来自密歇根州诺斯维尔（Northville，Mich）的飞行员罗杰·辛普森（Roger Simpson）一同丧生。事故发生在一次航展前的飞行练习中，在美国威斯康星州拉克罗斯的戴克·史莱顿（Stke Slayton）航空节上，观众们目睹了飞机失去一段机翼并坠向地面,燃起大火。据《拉克罗斯论坛报》报道,萨拉·汉森上周六刚刚结婚,她的丈夫前一天还驾驶这架飞机飞行过。

事故当天,这架"富加教师"教练机从 21 跑道起飞,不久从北边向 18 跑道建立进场航线,准备低空通场,高度约 500 ft。当飞机经过机场中场点(mid-field point)时,飞机机头稍微上仰,随即一段机翼从飞机上掉落,飞机迅速剧烈翻滚,然后撞地。一位目击者描述:"爆炸声非常大,火焰也很大,我估计很难有人幸存。整个事情过程很快,可能只有 3~4 s 的时间。"这架法国制造的双座教练机是美国 70 架全部这种机型中的一架,正在这里参加为期两天的航空节。这次事故没有造成其他人员伤亡。

FAA 的事故调查报告指出:"低空通场时,飞机左侧翼尖油箱折断脱落,飞机随即逐渐裂解,坠落在机场南部。"实验飞机协会发言人迪克·纳平斯基(Dick Knapinski)说:"这架飞机每年或者每 100 飞行小时都要接受 FAA 的检查,飞机拥有者对检查都很谨慎。"根据 FAA 的检查记录,这架飞机 1959 年制造出厂,1995 年 12 月 18 日被宣布为适航,自 1998 年 3 月 4 日起,登记注册在辛普森名下。这架教练机由法国生产,在法国空军一直服役到 20 世纪 80 年代。在此,引用一位老式"战鸟"拥有者的话:"高速飞行一架 40 年机龄的老飞机是有风险的。当飞机拥有者在航展飞行它们的时候,是存在风险的——低空特技飞行固有的风险,多数飞行员都知道这一点。"

18. 2001 年 6 月 10 日,L - 39"信天翁"(L - 39 ALBATROSS)喷气教练机事故[俄罗斯空军"信天翁"(RUSJ)飞行表演队,俄罗斯]

在俄罗斯圣彼得堡的列瓦索夫(Levashovo)军用机场举办的一次航展上,俄罗斯空军 L - 39"信天翁"飞行表演队的 6 架"信天翁"喷气教练机分两组起飞,开始了他们的表演飞行。6 架 L - 39"信天翁"喷气教练机从距离机场 5 km 的位置开始定位,准备飞行入场(run-in),这时突然从编队中发出瞬间明亮的闪光,随后是一团黑烟。眼看着两架飞机脱离编队,坠向地面,随即从树林中升起一团黑烟。航展随即停止,举办方从机场疏散了全体观众。编队其余飞机随即着陆,失事飞机是 5 号机和 7 号机。

两架失事飞机的飞行员都弹射逃生,其中一人被随即找到并救起,另外一名飞行员,42 岁的谢尔盖·马克西莫夫(Sergey Maksimov)的遗体于当晚 20:40 才被找到。尽管马克西莫夫也弹射了,但由于他的飞机当时处于倒扣姿态,超出了弹射座椅的安全弹射包线,弹射座椅被找到时是嵌入地面的。圣彼得堡航展剩余两天的活动被全部取消。

19. 2001 年 6 月 21 日,CT - 114"导师"(TUTOR)喷气教练机事故(加拿大皇家空军"雪鸟"飞行表演队,加拿大安大略省)

加拿大第 431(AD)中队"雪鸟"飞行表演队,在加拿大安大略省加拿大伦敦机场提前两天为伦敦航展进行媒体飞行(media flight)。9 架 CT-114"导师"喷气教练机每架各有 1 名飞行员和 1 名乘客。长机和 5 号机从编队中脱离出来,给长机留出摄影机会,然后两机重新加入编队。在重新编队过程中,5 号机飞行员脱离飞机,长机进入主编队的原来位置,长机要同时机动到编队领飞位置。但两机在主编队后 100 m 处发生碰撞。编队队长"牛仔"鲍勃·潘乔少校的飞机失控,随即弹射,降落在距离海岸线约 2.5 km 的伊利湖中。5 号机仍然可控,飞行员驾驶着受损飞机降落在加拿大伦敦机场,没有发生进一步事故。1 h 后,编队队长和随机乘客被驻扎在安大略省特伦顿(Trenton)的 424 中队的一架拉布拉多(Labrador)直升机人员救起。

长机飞机在这次碰撞事故中遭受 A 类损失,最终沉入水中。5 号机遭受 C 类损失,右侧机翼前缘部分丢失,右侧副翼从外侧连接点弯曲,机上导线、皮托管、静压管和机翼翼梁受损。

20. 2001 年 6 月 4 日,"喷火"战斗机事故(鲁昂·瓦莱德塞纳机场,法国)

11 架"喷火"战斗机和一架"飓风"(Hurricane)战斗机参加在法国北部鲁昂·瓦莱德塞纳机场举办的航展。这是第二次世界大战以来第一次有如此重要的老式收藏飞机在法国聚集在一起。英国方面对这次事故的报道:飞行中发动机发生故障,56 岁的飞行员马丁·萨金特(Martin Sargeant)最初试图降落在应急专用草跑道上,但由于这片区域散布了大量观众,无法着陆。在他重新对准正在使用的硬跑道着陆时,在非常低的高度飞机失速,自动旋转坠落地面并发生爆炸。这架"喷火"战斗机完全毁坏,萨金特不幸身亡。这是几天来英国、欧洲发生的第三次致命的航展坠机事故。两天前,在英国肯特郡比金山(Biggin Hill)航展上刚刚发生了导致 3 名机组人员死亡的两起坠机事故,这次事故距上两次事故不足 24 h。

所有这三次事故都涉及二战使用的战斗机,很明显地把老式飞机飞行的安全性和逻辑性问题摆上了桌面。一位目击者说,失事飞行员在努力避免飞机撞向参观航展的 10 000 多名观众。消防员扬尼克·波宾(Yannick Bobin)说:"开始我们看到飞机的发动机在冒烟,机场警报已经拉响。飞行员试图降落在应急跑道上,但最后他看到飞机可能冲入观众群中,随即转向避开人群。"

2002 年 6 月出版的《飞机月刊》(Aeroplane Monthly)杂志发布了法国方面的事故调查通报,其中包括鲁昂检察官给萨金特的遗孀的信中的内容。报告详细说明了坠机事故的原因,除了发动机故障,观众侵占应急着陆跑道妨碍了飞机应急着陆。飞行员随即决定尝试正在使用的跑道进行着陆,但由于发动机故障,飞机动力快速损失,导致飞机失速。最后飞行员试图使用副翼纠正非指令滚转,加剧了态势恶化。以上观点摘自该杂志的文章,该文章还声称报告了写给萨金特夫人的信的内容。

该杂志指出,官方报告并未涉及重要问题,尤其是应急跑道为什么会被观众侵入。在首次报告故障到最后坠机的 2.5 min 时间内,飞行指挥都做了什么?《飞机月刊》杂志的社论还批评了航展表演飞行总监的作用,并批评当局未提起任何指控或为未来航展活动的安全发出任何指导意见。

21. 2001 年 6 月 3 日,贝尔 P - 63"眼镜王蛇"(BELL P - 63 KINGCOBRA)战斗机事故(比金山航展,英国)

2001 年 6 月 3 日,在比金山航展"吸血鬼"喷气战斗机发生致命事故的第二天,为了纪念美国航空遗产,一架 60 年机龄的贝尔 P - 63"眼镜王蛇"战斗机坠毁。43 岁的飞行员,英国航空公司机长盖·班克罗夫特·威尔森(Guy Bancroft-Wilson)在这次事故中丧生。

在三架老式战斗机编队进入表演飞行 5 min 后,编队的第三架飞机,也就是这架贝尔 P - 63"眼镜王蛇"战斗机拉起作垂直机动,随后进入尾旋,但未能改出,坠毁在跑道西北部,距离惊恐的观众仅 100 yd。这架贝尔 P - 63"眼镜王蛇"战斗机在垂直机动表演飞行中"明显失速了",飞行表演指挥员指令飞行员立即着陆,但不幸的是,指挥员与 ATC 之间的通信恰巧在那一刻出现故障,几秒后,飞机在一个斤斗机动的顶部再次失速,并进入尾旋,飞行员未能改出。

这架第二次世界大战著名的贝尔 P - 63"眼镜王蛇"战斗机由美国贝尔公司制造,最近才被英国收藏。这两次事故发生后,航展活动被取消,机场被关闭。航展发言人尼克·史密斯(Nick Smith)说:两次坠毁事故是"极其不幸的",但本项航展活动的安全还是有保证的,因为航展最后一次死亡事故发生在 1980 年。

英国的公众和媒体对于两天内有两名飞行员和一名安全飞行员丧生感到震惊。一位肯特郡克雷福德(Crayford, Kent)的目击者恰好拍摄了飞机坠机过程。他说:"我一直在拍摄飞机的飞行过程,我看到飞机失控,倒扣了过来,随后坠地并发生爆炸,火焰和烟雾很大,飞行员根本没有逃生机会。"(AAIB 报告,在第四章中有详细介绍)。

22. 2001 年 6 月 2 日,德哈维兰"吸血鬼"(DE HAVILLAND VAMPIRE)战斗机事故(比金山航展,英国)

2001 年 6 月 2 日,星期六,一架德哈维兰"吸血鬼"战斗机紧跟在一架德哈维兰"海雌狐"(De Havilland Sea Vixen)战斗机后面飞行,已经进行到当天表演飞行的中途,突然失控旋转,坠毁在距离肯特郡布罗姆利附近的飞机场约 1.5 mi 的地方。地面有几名人员遭受惊吓但拒绝接受医疗救治,除飞行员外没有其他人员受伤。

这架飞机属于德哈维兰公司,是一架 20 世纪 50 年代生产的战斗机教练机,已经进行了修复,并成为德哈维兰公司"海雌狐"(Sea Vixen)、"海毒液"(Venom)和"吸血鬼"(Vampire)的三种经典机型之一。这架 20 世纪 50 年代制造的前瑞士空军喷气教练机已经 4 次从观众面前飞过,它紧紧跟在比较大的"海雌狐"飞机后面,碰上了"海雌狐"的滑流,出现的"颠簸"(flicked-in),然后旋转,直至坠地。这次事故的原因是较大型"海雌狐"飞机产生的涡流比较大,而失事"吸血鬼"战斗机的翼载又比较高,二者耦合导致飞机从可控飞行进入非指令分离。

飞行员是英国前国防部副参谋长,66 岁的肯尼斯·海尔(Kenneth Hayr)爵士,安全员是 32 岁的克尔(Kerr),二者当场丧生。肯尼斯·海尔爵士是英国皇家空军十字勋章获得者,1969 年担任皇家空军首个"鹞式"战斗机中队指挥官,1991 年参加了海湾战争。右座的安全飞行员是具备该型号飞行资质的克尔,但他的作用只是协助观察,因为这种飞机的左座位置视野受限。民航局授权在这种情况下使用安全飞行员。

在征询了死亡飞行员团队其他成员的意见后,决定第二天的国际航空博览会继续进行。这是该航展的第 39 届,每年能吸引约 35 000 名观众。

这不是不同型号飞机编队的第一次事故。1986 年 5 月 25 日,皇家空军"怀旧双机"(Vintage Pair)飞行表演队[①]在英国皇家空军米尔登霍尔(RAF Mildenhall)进行空中表演时,发生空中碰撞,导致"格罗斯特流星"战斗机坠毁,两名飞行员丧生。发生事故时,"吸血鬼"战斗机和"格罗斯特流星"战斗机正在进行编队表演飞行。"格罗斯特流星"战斗机在前,"吸血鬼"战斗机跟随它进行一个向左的桶形滚转。表演一直按计划进展,当编队达到桶形滚转顶部时,"吸血鬼"战斗机跟不上"格罗斯特流星"战斗机的滚转速度,开始落后并下落,处于编队中心线偏左偏后位置。"吸血鬼"战斗机随即向前运动,从"格罗斯特流星"战斗机的下方飞过,并开始爬升并向右转弯。"吸血鬼"的右侧方向舵、腹鳍和升降舵碰到了"格罗斯特流星"战斗机左侧发动机舱整流罩,整流罩随即脱落。"吸血鬼"随即拉升,两名飞行员成功弹射。而"格罗斯特流星"战斗机没有配备弹射救生座椅,飞机在碰撞后坠地,两名飞行员当场丧生。两架飞机全部报废。事故调查表明,"格罗斯特流星"战斗机飞行员在做桶形机动时,使编队维持更困难,但如果"吸血鬼"的飞行员向左转的话是可以避免事故的。

23. 2001 年 6 月 2 日,德哈维兰 112"海毒液"(VENOM)战斗机事故(德哈维兰收藏品,英国比金山国际航展)

德哈维兰 112"海毒液"战斗机是从多塞特郡伯恩茅斯(Bournemouth,Dorset)飞往肯

---

① 隶属于皇家空军中央飞行学校,使用一架"吸血鬼"战斗机和一架"格罗斯特流星"(Gloster Meteor)战斗机进行怀念历史表演飞行,1986 年发生事故后,未再飞行。2018 年决定复活"怀旧双机"(Vintage Pair)这个名称,使用 De Havilland Chipmunk 初级教练机进行表演飞行。

特郡比金山（Biggin Hill, Kent）的，是参加比金山年度航空航天博览会三机编队的第三号飞机。到达比金山机场时，三架飞机以纵列编队（line astern formation）飞越机场（run-in and break，也称 overhead approach maneuvers）方式进场亮相（见图 2-7 和图 2-8），然后散开准备向 21 跑道着陆。在着陆航线的顺风边（第三边），飞行员做着陆前检查，包括放出起落架、选择 1/3 襟翼、检查刹车压力等。放下襟翼后，飞行员检查襟翼位置指示灯，提示襟翼超过了 1/3 位置，随后进行了纠正，然后继续进场。

转弯进入最终进场边（第五边），飞行员选择放出全襟翼，专注于保持与前面两架飞机的间距，以避免前机的滑流。他发现领队飞机与二号飞机之间的间距小于他和二号飞机之间的间距，所以增加动力加速，以减小与二号飞机的间距。飞行员检查了起落架指示，尽管在光线强烈条件下观察指示灯有些困难，但他还是确认起落架已经放下，并向塔台报告"一切正常（Finals Three Greens）"。

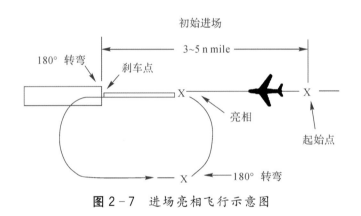

图 2-7　进场亮相飞行示意图

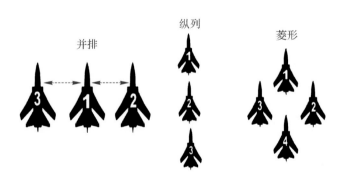

图 2-8　编队飞行队形示意图

飞行员实施了正常的拉平和接地，飞机以机腹着陆。尽管在着陆滑跑后期阶段，机头有些振动，飞行员报告直到空管员通知他，他才意识到自己是机腹着陆。飞机停止后，飞行员关闭了飞机系统、锁止了弹射座椅,然后离开飞机,没有受伤(见图2-9)。

在前一天的首次飞行中,飞行员已经注意到起落架位置指示灯很暗,难以辨认,因为这些指示灯在仪表板的左下方。69岁的飞行员经验非常丰富,总飞行时间5 574 h,这种型号的飞行经验242 h,但是最近90 d只飞行了10 h,最近28 d只飞行了6 h。尽管飞行员有这种型号200多小时飞行经验,但8年来他只是第二次飞行这种型号,而且也是第二次驾驶这架G-GONE飞机。

飞行员的报告对于未能放下起落架给出了三点原因:首先,起落架与襟翼控制杆太近,而且很像。尽管他在着陆前的检查中认为已经放出了起落架,其实是放出了襟翼。随后他检查襟翼位置指示灯,发现襟翼设置超出规定,并进行修正时,也没有放出起落架;其次,座舱中起落架指示灯的位置以及灯光强度,有时候很难辨识起落架位置;最后,排队顺序着陆要求集中注意力,所以也分散了他对其他方面的注意力。

关于飞行员的持续培训问题一直是飞行规章严格要求的,证书和经验毫无意义,飞行员必须具备驾驶该型号进行表演飞行的延续性资质。飞行员对于襟翼和起落架选择的观察,作为"吸血鬼"飞机的一项人机功效学设计缺陷予以记录,以后在飞行员进行型号改装时可以向他们讲授这些"陷阱"的危害。这是一次偶然发生的事故么?

图2-9　德哈维兰112"海毒液"战斗机右侧主起落架机械锁定,只能采用一个主起落架放出、一个主起落架收上的构型着陆(南非空军博物馆)

24. 2001 年 5 月 6 日,"野马"(MUSTANG)P - 51D 战斗机事故[南非空军博物馆,南非沃特克鲁夫(WATERKLOOF)空军基地]

在南非空军的年度阵亡将士纪念日飞行表演活动中,一架"野马"P - 51D 战斗机和两架 T - 6 "德州佬"(Harvards)教练机编队飞行。在准备降落的第三边(顺风边),"野马"P - 51D 战斗机只有左侧主起落架放出。在尝试收回起落架时,飞行员发现起落架操纵杆锁死(液压锁),无法移动。飞行员尽力收回起落架,折断了起落架操纵杆。经过多番努力,无法放出另外一侧的主起落架,无奈只能以左侧主起落架放出,右侧主起落架收上的构型在草地上迫降。没有发生伤亡或其他附带损失,但是飞机结构修复需要开展大量工作。

右侧主起落架上位锁闩锁杆没有连接,从物理学上讲,在空中飞行中不可能连上上位锁。这架飞机重新组装已经超过 6 年,上锁机构的远程安装在进行双重检查之前已经安装进了驾驶舱。连接杆和锁的螺栓没有正确拧入杆中,由于磨损(重复循环)断开了。在南非空军博物馆唯一适航的"喷火"(Spitfire)战斗机报销后,这架飞机又发生这类问题,南非的媒体和航空杂志再次提出了在航展飞行这种一次性"老战鸟"是否合适的问题。

25. 2001 年 4 月 15 日,H - 4 小型"共轴反转直升机"事故(CO - AX COP-TER)(SUN'N FUN 航展,美国)

飞行员依次起动四台小型双冲程发动机,使用的是电子启动器,不是那种老式拉绳起动。没有进行太多热身,飞行员就开始爬升、加速飞行,像兴奋的大黄蜂一样!地面有很多观众,它的飞行显然吸引了大量观众。H - 4 小型"共轴反转直升机"的飞行员看起来驾驶他的小直升机得心应手。他升空到大约 20 ft 左右的高空悬停,然后以相当稳定和可控的方式上下飞行。

过了一小会儿,他转回塔台南侧的"表演线",但是这次的悬停高度很低。他的摄制组一直在拍摄人群的反应,现在正忙着架上三脚架来拍摄他。但摄影机没有对准他的方向。飞行员向左看,可能是突然发现了他的摄影人员,没有明显原因,他用相当大的力气前推操纵杆,飞机处于极端的抬头姿态。一位观众评论说:"高度太低了,不能这样做!"当然正如预期的那样,直升机开始下沉。

飞行员的响应导致进入飞行员诱发俯仰振荡(PIO),这是一个经典案例。在振荡的第二或第三周期,直升机尾部支撑杆撞在地面。这时,每个人都认为这架直升机完蛋了,但飞行员施加了全油门,直升机有所恢复并弹起,重新回到空中,但没有维持很长时间。飞行员随后无法控制,直升机最终坠落。观众们极力躲避坠机形成的各种碎片,侥幸的是,坠机发生在观众对面。

观众随即前往帮助飞行员,但当他自己站起来的时候,人群中爆发出了耐人寻味的掌声。对此类设备,如这种简易小型直升机、火箭背包等的需求是非常奇葩的。无论我们多么想像超人一样飞翔,但是人们根本无法想象 CEO 穿着三件套 Armani 西装,在他们的 H - 4 小型"共轴反转直升机"上工作,但人们却坚持不懈地试图完善它们。

26. 2001 年 4 月 10 日,CL - 114"导师"(TUTOR CL - 114)教练机事故(加拿大皇家空军"雪鸟"飞行表演队,加拿大不列颠哥伦比亚省)

加拿大"雪鸟"飞行表演队暂停了所有飞行活动,调查人员对飞行表演队在编队着陆演练过程中一架 CL - 114"导师"教练机发生的右侧主起落架部分坍塌事故展开调查。飞行员在飞机落地后逃生时受伤。"雪鸟"飞行表演队即将结束在加拿大不列颠哥伦比亚省温哥华岛的科莫克斯(Comox)机场为期两周的 2001 年度航展季展前训练,在整个航展季,"雪鸟"飞行表演队原计划在北美 43 个不同地点进行 67 场表演飞行。

"雪鸟"飞行表演队上一次遭受起落架坍塌事故是在 1999 年,当时一架"导师"教练机硬着陆导致前起落架坍塌。那次事故并不是机械故障引起的,而是飞行表演队内部管理程序出现了问题,包括新队员与分配给他的"师傅"之间的关系方面的问题。

这次事故的飞机是九机编队的 5 号机,是在机场进行航展演练后着陆时发生事故的。在向 29 跑道着陆期间,5 号机处于九机编队的右后位置。5 号机在接地后弹起,再次升空,然后重重地落在跑道上。右侧主起落架被压迫向上穿过右侧机翼上表面,前起落架也部分坍塌。飞机依靠左侧主起落架、部分前起落架和右侧油箱支撑滑行,最后停止。飞行员关闭发动机、电子设备后,离开飞机。现场指挥紧急响应(OSCER)车辆和消防车大约 2 min 后抵达,为飞机喷上泡沫。大约 8 min 后,一辆救护车到达事故地点,将飞行员送往第 19 联队医院。

第 15 联队指挥官终止了九机编队着陆训练,直至完成 9 号机或 7 号机与 2 号机的编队着陆的风险评估。重点评估出现逃生复飞的逃生线路(皇家空军飞行安全局)。

27. 2001 年 2 月 16 日,道格拉斯"A4 -天鹰"(A4 - SKYHAWK)飞机事故(皇家新西兰空军,澳大利亚诺瓦)

道格拉斯"A4 -天鹰"飞机的空难归咎于飞行员长期疲劳和系统故障,这次坠机事故夺走了 37 岁的中队长穆雷・尼尔森(Murray Neilson)的生命,他是皇家新西兰空军第二中队指挥官。穆雷・尼尔森在为澳大利亚阿瓦隆国际航展(Avalon Airshow)的表演飞行做特技动作准备练习时不幸坠机。空军的调查并没有发现该飞机存在技术问题或机械故障。最终的结论是中队长尼尔森长期疲劳。在飞行中精力不集中,以至于作滚桶机动的高度太低。另外还发现,他试图在中队级资源太少的情况下做太多事情。

但是,由于及时发出警告,中队长尼尔森(Neilson)被认为挽救了他的僚机的生命。当时做机动飞行的时候,是他和僚机一起前后飞行,模拟空中加油。他在前面,作"plugged-bell roll"动作,但未能从桶形滚转(barrel roll)中改出。他的飞机在澳大利亚 HMAS 信天翁航空站附近坠毁爆炸。

28. 2000 年 12 月 17 日,T - 34"MENTOR"教练机事故(伊斯坦布尔,土耳其)

在与土耳其伊斯坦布尔接壤的科贾埃利省(Kocaeli)西北部的科尔菲斯(Korfez)镇举办的航展上,一架 T - 34"Mentor"教练机坠毁,两名飞行员丧生。该飞机是一架早期型号,它坠落在伊斯坦布尔以东 100 km 的土耳其伊兹米特(Izmit)市附近的一处铁轨上,致使两名在这里观看汽车拉力赛的观众受伤。当时这里有 6 000 名观众在观看汽车拉力赛。汽车拉力赛被迫停止。

飞行员 A. 阿斯林·卡亚斯柯(A. Aselim Kayacýk)和法鲁克·乌特库(Faruk Utku)来自伊斯坦布尔民航俱乐部。当地时间 14:30,二人驾驶 T - 34A(TC - IHL)从萨曼迪拉机场起飞。另一架 T - 34 (TC - IHK)也从同一机场起飞,随后与 T - 34A(TC - IHL)组成编队,飞往科尔菲斯(Korfez)地区。两机编队在科尔菲斯汽车拉力赛赛道上空 500 ft 进行了两次通场,在进行第三次通场飞行的时候,T - 34A(TC - IHL)飞机几乎垂直拉起,在拉升到最高点,向右侧转弯时失速。飞机进入尾旋,飞行员未能改出飞机,以很大的角度坠落地面,距离铁道旁的观众非常近。两名飞行员当场丧生,有两名当地观众受伤,其中一人第二天不幸死亡。

29. 2000 年 8 月 18 日,L - 29"海豚"喷气教练机事故(AERO L - 29 DE-PLHIN)(伊斯特本,英国)

数十名警察一直在寻找前"红箭"飞行表演队飞行员泰德·吉德勒(Ted Girdler)驾驶的 L - 29"海豚"喷气教练机的残骸,吉德勒今年 63 岁,来自肯特郡。泰德·吉德勒是一位经验丰富的表演飞行员,拥有 18 222 h 飞行经验,这种型号飞机的飞行经验 235 h,最近 90 d 的飞行小时数是 146,最近 28 d 的飞行有 46 h。失事当天,他正在参加一年一度的"空中伯爵 2000"航展表演飞行,驾驶失事飞机在伊斯特本海岸 800 m 处表演飞行中坠毁。吉德勒先生的一个儿子和成千上万震惊的观众目击了事故的发生。

负责搜救工作的警察负责人说:"没有发现飞机任何残骸。坠机看起来是灾难性的,飞机没有剩下什么东西。但我们仍然希望能够找到部分驾驶舱和机翼。",由于"空中伯爵 2000"航展是在海上举行的,飞机坠入海中,搜救潜水员每次只能工作 2 h。警察负责人说:"为了公众安全,我们无法就近开展搜索。",后来,对失事飞机残骸有了精确定位,但强烈的潮汐延误了残骸打捞。航展表演飞行协调员吉姆·梅特兰(Jim Maitland)说:"吉德勒先生非常令人尊敬,他非常有经验和责任心。表演飞行界所有认识他的人都会怀念他。"

事故调查员感到困惑的是,吉德勒先生为什么没有从一个"低风险俯冲滚转"动作中拉起飞机。他既没有弹射也没有呼救。失事飞机配备有改进型 MiG - 15 弹射救生座椅,只需拉一下右手侧的拉杆就可启动弹射,只是启动弹射座椅需要 30～40 kgf。飞过该型飞机的飞行员认为这种弹射系统在 1 000 ft 高度以下,90 kn 速度以下不适合。从水下救出飞行员遗体的救生员说没有其他人死亡是一个奇迹。"飞机坠海地点距离三艘救生艇只有200～300 yd 距离,我们很幸运我们还活着。""飞机以 45°俯冲姿态冲入海中,飞行员曾试图拉起飞机,只是高度不够。"

事故调查人员没有发现飞行员的健康状况有问题,飞机的结构完整性也很好,而且飞行过程也完全遵守当局的各项规定。事故视频分析发现,在做"半古巴八"(half Cuban - eight)特技动作的前半圈,45°俯冲时一副半副翼滚转,这是正常的。第二个半圈看起来也正常,但是在进入全副翼下降时,机头稍微上仰,导致飞机偏离了预期的滚转轴。之后,飞机滚转至倒扣状态,机头几乎垂直向下,下降速度进一步增加。飞行员从这样陡峭的机头向下姿态滚转至机翼水平姿态,然后试图从俯冲中拉起飞机。从翼尖的凝结尾迹可以看出,机翼已经产生了最大升力,但是高度不够,无法有效改出。飞机以 15°机头下俯,45°左坡度姿态坠入海中。附近的救援船在 30 s 内就到达了坠海点,找到了飞行员,但他遭受了致命的伤害。

众所周知,飞行员在开始任何机动动作之前对于是否达到"门限"高度都极为谨慎。视频记录表明,从水平飞行拉起进入后半圈"半古巴八"动作的时机与往常一样,所以,除非速度低得多,在动作顶部是能够达到同样高度的。这两个因素是能够保证飞行员有足够高度完成机动动作的。

AAIB 的讨论表明,通常的做法是从斤斗的顶部开始做半滚,短暂保持机翼水平姿态,将机头上仰 10°～15°角,检查是否达到"门限"高度 1 500 ft,然后进入全副翼滚转。但是在本次事故中,开始滚转前没有看到机头上仰,飞行员毫不犹豫地开始了全副翼滚转。这种偏差看来是出了问题。暂时失去参考、方向迷失、失能,或驾驶舱内物品松动,都是有可能的,随后陡峭的机头下俯姿态导致高度损失过快,这是致命的。无论发生了什么,飞行员还是能从俯冲姿态改出到机翼水平姿态,但是由于高度不够,最终未能成功拉起飞机而坠入海中。

30. 2000年6月18日，格鲁门F-14"雄猫"战斗机事故（美国海军，宾夕法尼亚州威洛格罗夫，美国）

在众多航展观众惊恐的目睹下，一架格鲁门F-14"雄猫"战斗机坠毁，飞行员和雷达操作员丧生。失事飞机是威洛格罗夫2000"自由之声"（Willow Grove 2000 "Sounds of Freedom"）年度航展倒数第二个进行表演飞行的飞机。这架飞机驻扎在弗吉尼亚州的奥森纳（Oceana）海军航空站。飞行员是来自新泽西州海茨敦镇（Hightstown）的30岁的威廉·约瑟夫·戴伊（William Joseph Dey）中尉，雷达操作员是来自弗吉尼亚州安嫩代尔镇（Annandale）的31岁的大卫·埃里克·伯格斯特伦（David Erick Bergstrom）中尉。二人的格鲁门F-14"雄猫"战斗机飞行时间均超过1 000 h，戴伊还是VF-101战斗机中队的飞行教员。

该机当时在演示着陆"复飞"机动，就是从进场着陆然后复飞。为了模拟着陆，进场速度非常低，然后再盘旋做一次复飞。飞机选择了复飞动力，随后右转弯，然后改平，平飞时左右摇摆了一下，随即抬头陡峭拉升，达到垂直状态后，滚转，机头向下，然后改平飞行。随后做了右坡度90°短暂飞行，然后以倒扣姿态飞行，随后右滚转，飞机掉转机头向下，然后短暂改平，随后以近90°左坡度姿态坠入树林中，爆炸起火。事故没有伤及地面人员和建筑，但有几名军方消防救援人员在救火过程中受轻伤。

航展的一位航空摄影师报告说，这很难令人相信，但是他距坠机地点仅200 ft。根据他的观察，该机从他头顶飞过时左发动机失去动力，飞行员选择右发动机全油门，并且开了加力，但为时已晚，飞机随后机头朝下坠入树林中。他说："这是我16年航空摄影经历中最令人沮丧的事情，我为失事飞行员的家属感到悲伤。"

另一位目击者说：我最先感觉的不是发动机熄火了，而是飞机失控了。"飞机收起起落架，然后右坡度转弯，随后滚转成倒飞姿态，那一刻我知道他们完了，很明显，倒飞是表演飞行的一部分，但是高度太低了！"

坠机事件迫使一些居民离开居所，当局调查坠机事故时，红十字会临时为这些居民提供了庇护场所。一位震惊的观众如此评论："由纳税人供养的如此高价值的军事飞行员生命和军用飞机，用来在航展上'娱乐'观众，是否值得！"几个月后又发生了第二起军用飞机在航展坠毁的事故：2001年3月19日，在德克萨斯金斯维尔海军航空站的航展上，空军的一架F-16战斗机在做机动动作时坠毁，飞行员丧生。

2001年7月17日，俄罗斯也发生了一起类似事故。在海军航空节纪念航展上，一架Su-33战斗机坠毁，一名海军飞行员丧生。俄罗斯海军航空兵副司令帖木儿·阿帕基泽（Timur Apakidze）少将，被从坠毁在普斯科夫市（Pskov）西北的Su-33战斗机残骸中救出，在送往医院途中不幸身亡。阿帕基泽荣获俄罗斯英雄勋章，这是俄罗斯航空领域的最高成就奖。据报道,失事飞机在完成了一系列特技动作后失去高度,随后建立模拟着舰,但是下沉速度太快,不幸坠地。

31. 2000 年 6 月 3 日,L-39"信天翁"喷气教练机事故(斯洛伐克空军,斯洛伐克"比勒·阿尔伯罗西"飞行表演队)

在斯洛伐克希里亚克(Sliac)军用机场的一次表演飞行中,斯洛伐克"比勒·阿尔伯罗西(白色信天翁)"飞行表演队的 3 号 L-39"信天翁"喷气教练机发生坠机事故,卢博斯·诺瓦克少校丧生。

32. 2000 年 5 月 27 日,穆德里(MUDRY)CAP 10 双座特技飞机事故["法国链"(FRENCH CONNECTION)"夫妻民间飞行表演队,美国佛罗里达州]

"法国链"夫妻民间飞行表演队的丹尼尔·海利戈因(Daniel Heligoin)69 岁,丈夫。蒙泰娜·马勒特(Montaine Mallet)52 岁,妻子,分别驾驶法国阿维昂斯·穆德里(Avions Mudry)公司制造的 CAP 10 双座特技飞机,在为他们的航展表演拍摄宣传片时,发生空中相撞事故,二人不幸丧生。两架穆德里 CAP-10 B 型飞机由法国链航展有限公司(French Connection Airshows,Inc.)注册和运营。二人在练习 CFR91 部第 14 节的编队表演飞行中,在佛罗里达州邦内尔市弗拉格勒县机场上空相撞坠毁。两架飞机全部毁坏,两名飞行员受到致命伤害。

两架编队飞机是在起飞 15 min 后发生事故的。据目击者描述和飞行过程录像带记录,两机编队在做"榔头"失速(hammerhead stall)[也称失速转弯(stall turn)]机动动作,结束时编队处于机头垂直向下改出姿态,僚机滚转 180°。然后作机腹贴机腹特技,随后编队 180°方向分开。事故发生在表演第二循环,僚机突然滚转进入编队。

二人都完成了各自的"榔头"失速机动,沿着下降线飞行,马勒特的右机翼碰到了海利戈因的左机翼尾缘,当时高度约 500 ft。从录像带看出,海利戈因的飞机漂移到马勒特的航线上,由于海利戈因的飞机低,马勒特看不见他的飞机。没有明显的规避动作,两架飞机都以机头向下姿态坠地。飞机没有起火,地面也没有人员伤亡。

海利戈因自 1974 年就开始驾驶 CAP 10 双座特技飞机在美国进行表演飞行,为法国阿维昂斯·穆德里(Avions Mudry)公司推广产品,之后不久开始与马勒特合作,二人也结为夫妻。夫妻二人表演的"照镜子"(mirror image)机动如图 2-10 所示,一架飞机水平向前直飞,另一架以倒飞姿态逐步贴上来,最终达到舱盖顶舱盖状态,赢得了广泛的赞誉,他们的表演经常登上头条新闻。1987 年,夫妻二人获得了"比尔·巴伯航展表演奖"(Bill Barber Award For Showmanship)。

图 2 - 10　夫妻二人最著名的双机舱盖顶舱盖特技表演(俗称照镜子)

33. 2000 年 4 月 26 日,EDGE 360 特技飞机事故["疯狂比尔之狂野骑士"(WILD BILL'S WILD RIDE),美国路易斯安那州]

2001 年 4 月 26 日,在美国路易斯安那州巴克斯代尔(Barksdale)空军基地举办的航展上,"疯狂比尔之狂野骑士"马塞勒斯遭受了与地面的不正常"近距离接触"。在大动力表演飞行的最后阶段,马塞勒斯的 EDGE 360 特技飞机以非常大的冲力撞在地面,飞机的起落架被撞弯。当时飞机在 30 ft 高度以 200 mi/h 的速度飞行,有一只鸟飞进了 EDGE 360 特技飞机的螺旋桨。飞机冲向草地又弹回空中,随后马塞勒斯把飞机降落。马塞勒斯两节椎骨骨折,住院治疗,但这架 EDGE 360 飞机则彻底报废。

34. 2000 年 4 月 15 日,"喷火"(SPITFIRE)MK IX 战斗机事故(南非空军博物馆,南非斯维尔特科布空军基地)

南非空军博物馆唯一一架适航的"喷火"Mk IX 战斗机,由于发动机增压器离合器片打滑,而且化油器膜片硬化,这两种故障同时发生,导致飞机坠毁在南非斯维尔特科布空军基地。当时,该飞机与另外一架民间"喷火"战斗机进行第一次松散编队高速通场飞行,编队一直保持队形,长机开始侧翼右转弯,远离观众;失事飞机(僚机)刚回到"表演线"中心位置,长机呼叫,让他向左转。地面一位目击者,也是一位"喷火"战斗机驾驶员,注意到右侧排气管冒出了一股黑烟,但他身边没有无线电报话机,所以赶紧向 120 m 远的指挥塔跑去,准备报告。

僚机转弯到一半的时候,再次努力跟上,但油门比往常大很多,才能维持 8 psi 升压。排气的黑烟越来越多(表明混合物过多),编队第二次经过观众线时,拉升向右转弯。僚机再次落后,当时高度 600～700 ft,发动机第一次表现出故障现象,突然失去动力,机头迅速下俯,被长机甩远。飞行员尼尔·托马斯(Neill Thomas)中校努力操控飞机准备在跑道着陆,但是花费了宝贵时间来手动放出起落架,这架飞机具备手动操控起落架能力。

飞机以机头向上 18°姿态触及跑道,机尾随即撞断,机头撞上 8 ft 高的防护墙并冲过防护墙,致使防护墙倒塌,又冲出 45 ft 才停下,飞行员仅受轻伤。不用说,南非空军博物馆遭受了退伍军人和一般公众的再次广泛批评,认为他们不应该让这种珍贵的稀有适航古董飞机参与飞行(事故细节在第四章详细介绍)。

35. 2000 年 3 月 19 日,美国空军 F-16 战斗机事故(美国德克萨斯州金斯维尔海军航空站)

在 2000 年金斯维尔海军航空站举办的航展上,一架 F-16 战斗机在做"Split-S"机动动作(见图 2-11)时,由于高度不足且空速过快,未能成功而坠毁。35 岁的布里森·菲利普斯(Brison Phillips)少校是第 78 战斗机中队的一名飞行员,同时也是南卡罗莱纳州肖(Shaw)空军基地空军 F-16 战斗机第 9 验证团队的指挥官,在这次事故中不幸丧生。根据事故调查报告的描述,菲利普斯少校是一位经验丰富的战斗机飞行员,拥有 F-16 战斗机 1 898 h 飞行经验,执行过 130 多次作战任务。他是一位高素质的飞行员,并且是一位出色的飞行教员,具有非常成熟的专业素养。他具有飞行表演所有领域的资质和资格延续性。

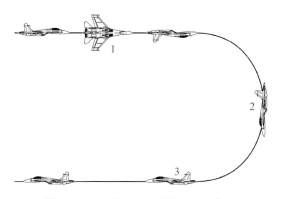

图 2-11 "Split-S"机动示意图

失事飞机坠毁在海军基地以北 6 mi 的田野中,并发生了爆炸,爆炸碎片波及范围达 0.5 mi范围,但没有损害地面基础设施。科珀斯克里斯蒂市(Corpus Christi)一位居民看到了飞机坠地。他说:"飞机坠地爆炸,升起一个大火球,能够听到巨大爆炸声,并感受到巨大冲击,就像有人猛烈锤击你的胸部。",事故发生后,航展其他飞行表演被取消,包括海军"蓝天使"飞行表演队的表演,都被取消。

事故调查报告指出,飞行员过多地关注了地面参考,导致他开始"Split-S"机动时的高度不足。强风和复杂陌生的地面环境也是事故的一方面因素。强风条件要求飞行员必须调整参数,修正从表演线的偏移,调查人员认为,金斯维尔机场有多条交叉跑道,飞行员要维持面向表演线很困难。这些因素导致飞行员集中关注地面参考,未能有效监控开始"Split-S"机动时的飞行高度。

36.　2000 年 1 月 9 日,"披茨"(PITTS)S-1 双翼特技飞机事故(美国加利福尼亚州,洛杉矶,阿普兰)

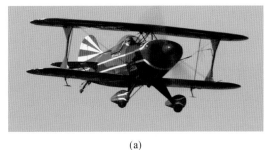 

(a)　　　　　　　　　　　　　　　　　(b)

图 2-12　"披茨"S-1 双翼特技飞机

2000 年 1 月 9 日,一架"披茨"S-1 双翼特技飞机见(图 2-12)失事,来自加利福尼亚州拉米萨的飞行员马克·马登(Mark Madden)丧生。在洛杉矶以东 50 mi 的阿普兰波莫纳谷举办的一场航展上,失事飞机坠地爆炸。有 3 000 多名观众来到现场,参加在这里举办的 25 届航展活动。活动期间有跳伞运动员、特技表演飞行员,以及直升机和二战老飞机的表演飞行。这次事故是这项航展活动举办 15 年来发生的首次事故。这项航展是由波莫纳谷当地飞行员协会和实验飞机协会(EAA)赞助的。"披茨"S-1 双翼特技飞机做特技飞行示意图如图 2-13 所示。

(a)

(b)

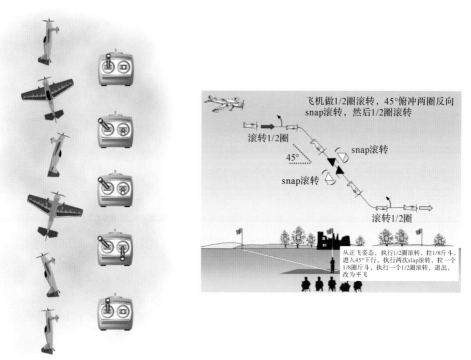

(c)   (d)

图 2 - 13 "披茨" S - 1 双翼特技飞机做特技飞行示意图
(a)水平正飞;(b)水平倒飞;(c)垂直飞行;(d)45°向下飞行

失事"披茨"s-1双翼特技飞机当时正在做一系列45°向下"snap滚转"机动动作,飞机已经改平机翼,但却撞地并放生爆炸,坠毁在机场北侧1.5 mi的地方。地面无人员伤亡。在NTSB的报告中,这种向下的多圈"snap滚转"发生过很多事故,这次是其中之一,而且这次事故与几年前的一次双圈"snap滚转"坠地事故很相似。很不幸的是,NTSB报告的这么多类似事故并没有让大家学到什么经验教训,最后只是说"飞行员改出失败"。没有对事故进行深入技术分析,并作为教学工具提供给广大飞行员,也没有对这类事故的见解。飞行"snap滚转"机动动作需要飞行员对飞机滚转空气动力学和尾旋及其改出理论与技术有基本认知和基本技能。

那么,为什么一些经验丰富的飞行员会在作向下的"snap滚转"时出现问题?因为飞机的能量损失在很大程度上取决于技术的微小变化,不幸的是,飞行员在航展期间飞行总是让他们的能量预算接近极限。

37. 1999年10月28日,波音公司F/A-18战斗机事故[美国海军"蓝天使"飞行表演队,美国穆迪(MOODY)空军基地]

1999年10月28日,"蓝天使"飞行表演队遭受了14年来的首例死亡事故,在一次训练中不幸发生坠机事故,丧失了两名飞行员。当天,美国海军"蓝天使"飞行表演队的一架F/A-18战斗机在为周末举办的航展表演进行训练飞行时坠毁。"蓝天使"飞行表演队原计划在周末的穆迪空军基地感恩日航展活动上进行两场表演飞行,由于这次事故,航展活动被迫取消。

这架价值3 200万美元的F/A-18战斗机坠落在穆迪空军基地以北的农场的松树林中。"蓝天使"飞行表演队队长帕特里克·德里斯科尔(Patrick Driscoll)确认,丧生的飞行员是来自马里兰州伯顿斯维尔的35岁的科隆·奥康纳(Kieron O'Connor)上尉,及来自科罗拉多州城堡石(Castle Rock)的32岁的凯文·科林(Kevin Colling)中尉。德里斯科尔说:"这两位飞行员都是非常优秀的海军飞行员,他们的逝去是他们的家庭、"蓝天使"飞行表演队和美国海军的重大损失。"

德里斯科尔说,这架飞机当时并没有进行紧密编队飞行,只是在盘旋,练习定位和进场通场程序,因为飞行员对这里的地形非常熟悉。表演队各架飞机没有正常表演时距离那么近。在机场端头松树林上空进行低空转弯时,奥康纳和科林在寻找地标确认飞行方向时坠毁。事故发生后,表演队取消了在穆迪空军基地和"杰克逊维尔空中和海洋奇观"航展活动的表演。

一位目击者说,她看到表演队的飞机在她购物的杂货店上空飞过。"队形非常优美。好像有六架飞机。"她说。大约0.5 h后我看到了黑烟,但没有听到爆炸或其他声音。有人以为黑烟是在燃烧垃圾。目击者后来看到了飞机坠地燃起的火球,但没有看到有人跳伞。

一位 55 岁的农夫正在家里吃午餐,他的家距离坠机地点大 0.5 mi。他听到了声音,还以为是音爆。"我以为有一架飞机在加速,突破了音障,发生了音爆。"他说。"五六分钟后我出来,看到树林起火了。"当局封闭了事故地点附近 2~3 mi 的范围。

穆迪空军基地第 347 联队司令官基恩·雷纳尔(Gene Renuart)将军说:"'蓝天使'是海军首屈一指的飞行表演队,是美国一支表现出众的令观众惊奇和愉悦的表演队,海军将竭尽所能确保这支队伍的飞行能力是顶尖的。"雷纳尔还说,大部分表演飞行都是存在一定风险的,飞机只要升空,那么风险就随之而来。1999 年是海军飞行安全记录比较好的年份之一,只发生了 9 起 A 类事故,6 人丧生。其中,A 类事故是指有人员死亡,飞机损失,或财产损失超过 100 万美元的事故。

1992 年,在瑞典、芬兰、俄罗斯、罗马尼亚、保加利亚、意大利、英国和西班牙 30 d 巡回表演中,超过 100 万观众有幸观看了"蓝天使"飞行表演队的表演。1999 年,"蓝天使"飞行表演队在美国和加拿大的 36 个地方参加了 68 场航展表演。据估计,每年有 1 000 万~1 500 万观众观看"蓝天使"的表演飞行。

"蓝天使"飞行表演队 1946 年 6 月开始首次表演,一年后,当时的海军作战部部长切斯特·W.尼米兹(Chester W. Nimitz)上将,命令"蓝天使"表演队要始终激发民众对海军航空兵的兴趣,持续开展表演飞行。现在"蓝天使"每年都要在世界各地参加多场表演飞行。该表演队自从成立以来,表演队已经为 3.22 亿观众奉献了多场表演飞行。但是在表演飞行或为表演开展的训练中,失去了 23 名飞行员。

奥康纳上尉于 1998 年 9 月加入"蓝天使"表演飞行队,1 年后开始参加飞行表演。他的飞行经验非常丰富,累计有 2 000 h 飞行经历,295 次航母舰上着陆经验。科林中尉是表演队的一名新人,原计划下一年开始参加表演飞行。海军官方证实,奥康纳驾驶这架飞机当时没有进行紧密编队飞行,也没有执行任何机动动作,海军发言人说:"坠机时,处于'宽松巡航'编队状态。据报道失事的是 7 号飞机,这是"蓝天使"飞行表演队唯一一架 F/A - 18 双座战斗机。

38. 1999 年 10 月 3 日,"奥瑞克涡轮乌鸦"(ORACLE TURBO - RAVEN)特技飞机事故(加利福尼亚国际航展,美国)

"奥瑞克涡轮乌鸦"(ORACLE TURBO - RAVEN)特技飞机如图 2 - 14 所示。

韦恩·汉德利(Wayne Handley)在加利福尼亚州萨利纳斯举办的加利福尼亚国际航展上驾驶他的"奥瑞克涡轮乌鸦"特技飞机表演时不幸坠毁。当时,他刚开始表演,也就是韦恩·汉德利正式表演前的 1 min 热身,起飞后做了一个后空翻,然后着陆,但这一次飞机摔在跑道上,起落架折断,机腹着地,飞机严重损坏。

图 2-14　韦恩·汉德利的"奥瑞克涡轮乌鸦"特技飞机

　　这个 1 min 热身是汉德利特技表演的例行前奏,就是起飞做一个简单的后空翻,然后落回到跑道的起飞点。这种飞机的螺旋桨工作范围非常大,甚至可以产生零推力和负推力。在这次热身的结束阶段,飞行员建立了约 50°～60°俯冲下降角度,在进入反推力范围后,大约 800 ft 离地高度,飞行员把螺旋桨调整为飞行慢车。据飞行员讲,他把推力杆前推,以把飞机速度降至 85～90kn。但发动机转速没有上去,他以为发动机熄火了。他在失速速度的边缘维持飞机机头向下姿态,尽可能降低飞机下沉速度,在坠地前,飞机下沉速度却突然增加。

　　对发动机的检查发现,飞机坠地过程的表现与发动机从中等动力到高动力的工作特征是一致的。没有发现妨碍发动机正常运转的任何异常或差错。对螺旋桨的检查表明,坠地时,螺旋桨的内部标记与正常工作时保持一致。国家运输安全局认为,这次事故可能是由于飞行员在做机动动作时没有能维持足够的空速,形成了失速条件。

　　一位观众说:"我在斯托克顿看过他的表演飞行,他的表演把牛顿物理定律运用发挥到了极致。能够看到全尺寸飞机作扭动滚转动作,然后机尾在下,陡峭下降,过程中还作了三个或四个副翼转弯,真的是太棒了!"韦恩·汉德利曾是一名海军航空兵,也是世界特技飞行冠军,还是"农业"(ag)飞行员、特技飞行教员和特技飞行能力评估员。在他 43 年的职业航空飞行生涯中,积累了惊人的 25 000 h 飞行时间。他的特技飞行能力使他获得了加利福尼亚无限制特技飞行冠军,不是一次,是三次! 1989 年他成为倒飞平尾旋世界纪录保持者,他一共完成了 67 圈倒飞平尾旋旋转,1999 年 4 月,他驾驶一架 G－202 飞机把这项世界纪录增加到 78 圈,令人叹为观止! 1996 年,他获得了"比尔·巴伯飞行表演奖"(Bill Barber Award for Showmanship),1997 年获得"Art Scholl 纪念表演奖"(Art Scholl Memorial Showmanship Award),这是航展行业最负盛名的两个奖项,分别由 EAA 和 ICAS 颁发,韦恩·汉德利的特技飞行表演确实令人叹为观止,观看他的表演,那是一种美妙的享受!

现场救援人员反应非常迅速,几分钟内就反馈报告说,汉德利意识清晰,能够在驾驶舱内活动。汉德利被迅速送往萨利纳斯纪念医院,在那里进行了全面检查,确定具体受伤情况。根据可靠的报告,汉德利的背部椎骨骨折了两节,下背部剧烈疼痛,幸运的是没有永久性脊椎脊髓损伤。

"奥瑞克涡轮乌鸦"特技飞机由一台 750 ps 普惠 PT6A－25C 发动机驱动,推力为 2 800 lb,飞机重量只有 1 900 lb,是第一种推重比大于 1 的特技飞机。这种飞机可以垂直爬升,并在垂直位置停止,然后再加速垂直爬升。"奥瑞克涡轮乌鸦"特技飞机由于其超大的轴马力、重量比(推重比),能够驱动自己改出平尾旋,而无需将机头降低到水平线以下。

39. 1999 年 10 月 1 日,"比奇"T－34 教练机事故["利马利马特技飞行表演队"(LIMA LIMA FLYING SQUADRON AEROBATIC TEAM),美国伊利诺伊州]

"利马利马特技飞行表演队"在美国伊利诺伊州奥斯威戈的航展编队练习期间发生两机撞机事故,飞行员基思·埃文斯(Keith Evans)丧生。"比奇"D－45(即比奇 T－34B)飞机(见图 2－15)在与"比奇"T－34 教练机(见图 2－16)碰撞后坠毁。"利马利马特技飞行表演队"是世界上唯一一支民间六机特技表演队。

图 2－15　"比奇"D－45(即 T－34B)教练机

图 2-16 "比奇"T-34 教练机

这两架飞机当时正在一个六机三角形编队中准备执行"pop-top break"机动。"pop-top break"机动就是编队中的每架飞机按顺序离开编队,然后爬升 180°转弯再进入编队尾随在领队飞机的后面。事故视频录像带记录了当时的情况,"比奇"D-45 飞机进入转弯比"比奇"T-34 飞机进入动作的时机晚了,"比奇"T-34 飞机的飞行员说在空中发生碰撞前他没有看到"比奇"D-45 飞机。

国家运输安全局的调查认为这次事故的原因可能是"比奇"T-34 飞机的飞行员视野不足,视场太窄(只有大约 10°~15°)造成的。另外,飞行表演队对于飞行中编队成员之间失去目视接触后的处理程序也没有明确规定,"比奇"D-45 飞机飞行员进入机动的时间延误也是事故的原因。

40. 1999 年 9 月 19 日,改造的 P-51 飞机事故[里诺空中竞速赛(RENO AIR RACES),美国]

在里诺空中竞速赛无限制 3A 级第 38 场比赛中,观众们经历了一场恐惧的噩梦,由前家具大亨加里·列维兹(Gary Levitz)驾驶的"阿什利小姐二世"(Ashley Ⅱ)P-51 竞速飞机在 P-51 飞机基础上改造的一种竞速飞机,如图 2-17 所示,在经过起跑线的第一个转弯处失去了机翼,消失在山上,坠入柠檬山谷(Lemon Valley)中。比赛继续进行,在全部六圈比赛中,老虎德斯塔法尼(Destefani)领先,在达戈·雷德(Dago Red)击败了布鲁斯·洛克伍德(Bruce Lockwood)。

图 2 - 17 "阿什利小姐二世"(Ashley Ⅱ)P - 51 竞速飞机

　　失事飞机飞行员未能幸免遇难,但事故未伤及地面其他人员,当时现场有 30 000 多名观众目睹了悲剧的发生。

　　据在柠檬山谷南侧经营院落买卖和跳蚤市场的两位目击证人描述,左机翼和部分尾翼从失事的自制 P - 51 飞机上掉落下来,随后飞机坠地,并燃起一个大火球。在坠机地点 1 mi 范围内,曾有两架竞赛飞机坠毁,分别是 1979 年的"红色男爵"(Red Baron)RB - 51 飞机(见图 2 - 18),20 世纪 90 年代惠廷顿兄弟之一驾驶的一架 P - 51 飞机。

图 2 - 18 "红色男爵"(Red Baron)RB - 51 飞机

列维兹的飞机撞地后,滑过公路,穿过一间谷仓,撞到了一辆露营卡车的后端,当时恰巧有一名当地居民在那里工作,但他奇迹般地没有受伤。飞机右侧机翼向上挥舞,落在了房子附近,机身和发动机断成了两截,停在一间简易房屋前几英尺的地方。那位当地居民用花园的水管向飞机残骸喷水灭火。里诺空中竞速赛官方取消了美国空军"雷鸟"特技飞行表演队的表演活动。

41. 1999 年 9 月 12 日,"塞斯纳"L-19"鸟狗"(CESSNA L-19 BIRD-DOG)和"塞斯纳"O-2"空中大师"(CESSNA O-2 SKYMASTER)飞机事故(马萨诸塞州,美国)

在美国马萨诸塞州北汉普顿举办的航展活动中,一架"塞斯纳"L-19"鸟狗"飞机(见图 2-19)和一架"塞斯纳"O-2"空中大师"飞机(见图 2-20)空中相撞,两名飞行员丧生。

图 2-19 "塞斯纳"L-19"鸟狗"飞机

图 2-20 "塞斯纳"O-2"空中大师"飞机

42. 1993年8月8日,萨博(SAAB)JAS-39鹰狮战斗机事故(瑞典空军,瑞典斯德哥尔摩)

1993年8月8日,星期日,在斯德哥尔摩举办的一场航展表演飞行上,一架萨博公司的JAS-39鹰狮战斗机坠毁,飞行员弹射逃生。失事飞机在低空做一些高难度机动动作,飞机机头突然急速上仰,伴随滚转,机头上仰超过了120°,很像是在做"普加乔夫眼镜蛇"机动,但在这一刻飞行员弹射,飞机随即滚转机头向下,然后改平,以水平姿态坠落在一间房屋前的小树林中,爆炸起火。

飞机在空中没有解体,坠落地点距离观众很近。地面无人员死亡,也没有造成其他损失。飞行员没有受伤,地面有3人轻微烧伤,其中1人脚踝扭伤,但他奋力逃出了坠机地点。

该战斗机是一种静不稳定电传战斗机,由三冗余计算机操控。据推测,这次事故是由于电传系统问题造成的,看起来电传系统明显出了故障。一位无线电爱好者一直监听着飞行员与地面指挥的通话,他听到飞行员报告说断路器跳闸了。失事飞机是交付瑞典空军的飞机第一次失事。飞行员也是JAS-39鹰狮战斗机第一次事故飞机的飞行员,第一次事故是在试飞阶段发生的(本次事故未计入事故分析样本)。

43. 1999年8月2日,F-4U"海盗"(CORSAIR)战斗机事故(EAA 99航展,美国)

机场的等待位置非常拥挤,挤满了等待起飞的二战老式飞机,一组"野马"战斗机刚刚起飞。两架F-4U"海盗"战斗机在跑道起飞线等待,此时,两架F-8F"熊猫"(Bearcats)战斗机正沿着跑道滑行准备起飞,突然中断起飞停了下来,在跑道中心线一侧各停一架。观众不知道为什么他们中止了起飞,除了那令人窒息的高温,也许他们的发动机出了问题,因为他们的发动机很长时间一直在慢车状态。

两架F-8F"熊猫"战斗机停在距离起飞线1 400 ft远的跑道中心线两侧,此时,不知什么原因,两架等待起飞的F-4U"海盗"战斗机突然加大动力至起飞功率,并开始起飞滑跑。一位观众对他身后的女友说,这很不好,他看不出来F-4U"海盗"战斗机能如何越过停在跑道上的F-8F"熊猫"战斗机。他当时确实是这么认为的,难道是他的位置令他产生了视觉误差吗?但事实证明他的判断是正确的!

两架F-4U"海盗"战斗机到达两架F-8F"熊猫"战斗机停机位置时刚刚能够离地,F-4U"海盗"战斗机的长机机尾抬起来的瞬间发生了撞击,其左侧主起落架碰到了两架F-8F"熊猫"战斗机右侧机翼3/4处,致使这架F-8F"熊猫"战斗机在跑道上打转,而这架F-4U"海盗"战斗机则继续起飞,升空至5 ft高度,左侧机翼开始下沉,与跑道发生刮擦,随后又升起来一点,飞机开始向左滚转,直接落向跑道。飞机机翼碎裂、断开,这次撞击导致发动机脱落,飞机起火。左侧机翼也断裂,驾驶舱部分也甩了出去。

第二架 F-4U"海盗"战斗机的飞行员采取了回避动作,终止起飞。飞机一侧机翼损坏,但仍能控制。很显然,是指挥通信系统出现了故障,或者出现了混乱,在跑道没有腾出来的情况下,F-4U"海盗"战斗机开始起飞导致了事故发生。F-4U"海盗"战斗机的前向视野很差,飞行员都知道,在机尾抬起来之前,飞行员几乎看不见前面。

NTSB 仔细调查了这次编队起飞的通信程序。NTSB 驻芝加哥办事处调查员戴夫·鲍林(Dave Bowling)认为莱德·道科特驾驶的第一架 F-4U"海盗"战斗机刚离地就撞上了飞行队长霍华德·帕杜(Howard Pardue)驾驶的 F-8F"熊猫"战斗机的右机翼,F-4U"海盗"战斗机左侧机翼 11 ft 也被切断并空中翻转然后坠落在跑道上起火,断成几节,道科特被甩出,这反而救了他一命。道科特随后被送往医院,幸免于难。

失事飞机是四机编队中的一架,本来,它们要跟随两架 F-8F"熊猫"战斗机之后起飞。鲍林解释说:失事的这架老式"战鸟"由"战鸟"协会的一位飞行老板(airboss)指挥控制。实际上,奥什科什指挥塔已经将指挥权从威特曼(Wittman)机场转交给了这位飞行老板,由他来协调通信,并为参与表演飞行的飞机排序。尽管飞行老板并不具备空管员资质,但这种控制战鸟飞行的指挥系统已经在奥什科什航展和其他航展成功运行了很多年。鲍林说:F-4U"海盗"战斗机前向视野太差,飞行员没有看见停在跑道上的 F-8F"熊猫"战斗机。另外,证据表明,这四架飞机在发生事故前都没有机械故障。

吉姆·里德(Jim Reed)驾驶的另外一架 F-4U"海盗"战斗机避开了两架 F-8F"熊猫"战斗机,但左侧翼尖还是受到一点损坏。事故发生时,FAA 一直在监控飞行老板的通信频道,录音带提供给 NTSB 进行调查。事故的关键部分是鲍林对飞行员和飞行老板的采访,了解滑行、起飞和编队飞行程序,这个飞行程序一般在航展表演前都经过了全面的讨论。

44. 1999 年 6 月 19 日,北美 F-86E"佩刀"(SABRE)Mk6 战斗机事故(美国新泽西州)

64 岁的史蒂夫·斯奈德(Steve Snyder)是一位企业家和发明家,同时也是美国新泽西州朗伯顿镇南泽西地区机场的拥有者,他驾驶的 F-86E"佩刀"Mk6 战斗机(见图 2-21)坠毁,自己也不幸丧生。失事的时候,他正在为美国本娜泽(Bonanza)协会①进行表演飞行,在低速通场时不幸坠地。史蒂夫·斯奈德不仅是失事飞机的拥有者,而且是该机场的拥有者,同时也是坐落在该机场的空中胜利博物馆(Air Victory Museum)的主席。当时,按照联邦法规第 91 部第 14 条进行目视气象条件的个人飞行比较盛行。

---

① 美国本娜泽(Bonanza)协会是世界上比奇飞机所有者和爱好者的最大协会。

图 2 - 21　F - 86E"佩刀"Mk6 战斗机

　　事故调查报告表明,这架朝鲜战争时代的后掠翼喷气战斗机在低空低速通场时失控。一位目击者当时距离坠机地点 2 000 ft,目睹了飞机起飞并完成了几个机动动作,随后看到飞机在离地 200 ft 高度进行大迎角低速通场。当飞机经过目击者前方时,减速并开始下沉。飞机的俯仰姿态增大,目击者听到飞机增大推力的声音,随后一声巨响,很像是"压气机失速"。

　　事故过程的连续照片表明,飞机的起落架是放出的,减速板也是放出的,襟翼处于下偏位置,这是大迎角通场时典型的着陆构型。第一张照片显示,飞机机头上仰 15°,机翼水平。第二张照片显示飞机离地约 30 ft,90°右坡度,机头下俯 10°。第三张照片显示,飞机以 120°右坡度姿态,右机翼和机头撞地。

45. 1999 年 6 月 12 日,苏霍伊 SU - 30MK 战斗机事故(巴黎航展,法国勒布尔歇机场)

　　这是最为壮观的一次航展坠机事故,在 1999 年的巴黎航展上,俄罗斯苏霍伊设计局的 Su - 30MK 原型机,蓝色 01 号坠毁(见图 2 - 22),两名飞行员弹射逃生。这也是自 1973 年以来在巴黎航展上坠毁的第三架俄罗斯飞机:1973 年,一架 Tu - 144 飞机坠毁,1989 年,一架 MiG - 29 战斗机坠毁。失事当天,这架 Su - 30MK 战斗机正常起飞后,随即陡峭爬升,然后利用发动机的推力转向能力进行了一系列过失速机动表演。最后阶段,飞机以机头向下左滚转三周,随后飞机改平,但一直在下沉,前飞速度很小。飞机以大约15°俯仰角姿态,尾椎和尾喷管触地并起火,飞行员迅速使用全推力和推力转向试图拉起飞机,飞机随即进入垂直爬升姿态,俯仰角超过120°,然后左滚,左坡度达到90°,飞行员维亚切斯拉夫·阿维里亚诺夫(Viacheslav Averyanov)和导航员弗拉基米尔·申德里克(Vladimir Shendrikh)在此刻启动弹射程序,飞机随后倒转机头向下坠地爆炸起火。这架 Su-30MK 战斗机配备的是著名的兹韦兹达(Zvezda)K-36D 弹射座椅,当时弹射高度大约为 200 ft。在第二天的新闻发布会上,苏霍伊总经理米哈伊尔·西蒙诺夫(Mikhail Simonov)说初步分析表明没有发生技术故障。他也没有提及"飞行员失误",尽管先

图 2-22 失事 Su-30MK 战斗机机尾触地瞬间

前他在描述事故原因时曾用过这个词。西蒙诺夫将事故归因于航展组织者,因为组织者决定将表演时间从 8 min 缩短到 6 min,迫使飞行员不得不取消几个机动动作,并重新编排机动顺序。苏霍伊官方声称所做的更改导致必须修改几个动作的初始飞行参数,导致改出时间延长,损失了飞行高度,并且出口方向的变化"难以预测"。

苏霍伊官方说,原来的表演动作编排已经在一台模拟器,一架 Su-31 特技飞机和这架 Su-30MK 战斗机上进行了广泛全面的模拟飞行和演练。表演飞行程序是在飞机到达巴黎前西蒙诺夫亲自签署批准的。失事飞机到达巴黎后,为了得到表演许可,机组人员按照缩短的表演程序进行了三次训练飞行。他们还说,飞行员维亚切斯拉夫·阿维里亚诺夫是苏霍伊公司顶级试飞员之一,参加了 Su-27K、Su-35 和 Su-30MK 战斗机的研制试飞。自首次试飞以来,他驾驶 Su-30MK 已经飞行了 140 架次。

在新闻发布会上,飞行员阿维里亚诺夫解释说,在做机动动作时,阳光刺眼产生了影

响,他突然意识到距离安全线和附近房屋太近了。他说,他对飞行高度的感知显然受到了阳光的影响。他突然使用全推力和推力转向来急剧拉升飞机,试图改出下降状态,但飞机的左侧发动机喷管触地并起火。

阿维里亚诺夫说,他一直坚持到最后一刻试图挽救飞机,飞机到最后都是可控的,飞机性能超群,我对它的反应一点都不失望。航展专员埃德蒙·马尔凯盖(Edmond Marchegay)将军称赞飞行员为恢复飞机所做的努力。但他也指出,表演飞行程序在最后一刻发生改变,而俄罗斯机组人员也同意了这种更改。"如果他们同意这种更改,那就意味着机组人员认为没有问题。",更改后的飞行程序已经进行了三次训练飞行,也得到了飞行控制委员会的同意。这次事故对苏霍伊飞机设计局来说是一个尴尬,因为他们一直在偷偷使用采用推力矢量控制的 Su - 30 战斗机展示其他战斗机无法比拟的超机动特技飞行动作。失事 Su - 30 战斗机的飞行员在 1999 年 6 月 13 日的路透社报告中道歉说,他接受了指责。"很抱歉,我做了太多滚转和旋转,我未能把飞机改出。我已经失去了改出飞机的高度。",飞机飞行记录仪的数据分析表明,一直到最后一刻,飞机系统都是正常的。即使飞机机尾触地并维持 100 yd 远以后,飞机对控制的响应和发动机的功能都很完美。所以在触地后,飞行员还能进行陡峭爬升并安全弹射。如果这是一架没有推力转向能力的普通飞机,当飞机机尾触地后,飞机就会坠地。很庆幸的是飞机无论是在第一次触地,还是飞行员弹射后坠地,竟然没有发生爆炸。

46. 1999 年 6 月 6 日,"鹰式"200 战斗机事故(BAE 系统公司,斯洛伐克布拉迪斯拉发)

在斯洛伐克布拉迪斯拉发市的米兰·拉斯蒂斯拉夫·斯特凡尼克机场举办的"SIAD'99"航展上,一架民用注册的英国宇航公司"鹰式"200 战斗机(见图 2 - 23)验证机坠毁。该机被派往那里与俄罗斯的雅克-130D 飞机和斯洛伐克沃多乔迪公司的 L - 159 飞机一同参加斯洛伐克的轻型多用途战斗机竞标。经验丰富的 BAE 系统公司验证试飞员戈登·沃德尔(Gordon Wardell)在这次坠机事故中不幸丧生,他是首位皇家空军交换飞行员,具有 F - 117A 战斗机飞行资质。

坠机事故发生在下午 13:00 左右,当时已接近表演飞行的尾声,飞行员没能或者说无法从陡峭桶形滚转机动中改出,坠毁在跑道上。飞机发生了爆炸,并滑到了机场端头,撞上了机场围栏,致使机场外围观的 1 名妇女死亡,4 人受伤。事故原因是过载昏迷(G - LOC)导致"可控飞行撞地"。

图 2-23　英国 BAE 系统公司的"鹰式"200 战斗机

47. 1999 年 5 月 30 日,"维拉威"(WIRRAWAY)教练机事故(新南威尔士,澳大利亚)

在澳大利亚新南威尔士州沿海城镇诺拉(Nowra)镇附近的 HMAS 信天翁海军基地,一架澳大利亚老式"Wirraway"教练机[澳大利亚制造的 Harvard T-6(德州佬 T-6)]在参加澳大利亚海军航空博物馆的航展时坠毁,飞行员和乘客丧生。当时这架 20 世纪 50 年代的老式单发飞机正在进行表演飞行,发生了分离,飞机自动旋转进入尾旋,未能改出,坠落在跑道上。海军发言人说,当天有 15 架老式飞机参加了表演飞行,现场有 2 000~3 000 名观众。

48. 1999 年 4 月 25 日,F-16C 战斗机事故(美国空军"雷鸟"飞行表演队,美国佛罗里达州)

美国空军"雷鸟"飞行表演队在一次空中相撞事故后不得不临时停飞。这次事故中,两架 F-16C 战斗机在空中发生了碰撞。事故发生在佛罗里达州帕特里克空军基地,当时在举办 99 航空航天博览会。事故发生时,"雷鸟"飞行表演队正在空中进行表演飞行,3 号飞机的左侧平尾碰到了 4 号飞机的右侧机翼。两架飞机机身发生一定损坏,主要是油漆脱落和金属件弯曲。

事故发生后,表演被随即取消,所有飞机都安全着陆,没有人员伤亡。实际上,直到飞机落地,救护车呼啸着进入跑道,观众都还没有意识到发生了什么。涉事的两名飞行员罗素·马克(Russell Mack)少校和斯科特·鲍恩(Scott Bowen)少校总计有 4 200 h 飞行经验。

随后,"雷鸟"飞行表演队返回了自己的母港——内华达州内利斯空军基地,开展事故调查。1999 年 4 月 29 日,发布如下声明:空军空战中心司令命令暂停"雷鸟"飞行表演队的所有表演飞行,直至另行通知。这个决定是 4 月 28 日做出的,这是格伦·穆德黑德少将在审查了 4 月 25 日在佛罗里达州帕特里克空军基地举行的航展上发生的事故情况后做出的决定,他说:"毕竟,安全是我们的第一要务。""发生此类事故后,我们必须向公众和飞行表演队负责,必须仔细审查我们的程序和做法。"

"没有人能像内利斯空军基地人员一样理解'雷鸟'飞行表演队任务的重要性。飞行表演队的表演是我们感谢支持我们的公众的一种方式。我们将全面审查这次事故,确保在内利斯基地的航展上他们能够回归。"

1999 年 5 月 18 日,发布了如下报告:空军"雷鸟"飞行表演队本周恢复飞行训练,为1999 年的内利斯基地航展做准备。但是,5 月 29 日,又取消了表演飞行。

"在对事件进行彻底审查之后,第 57 联队指挥官比尔·莱(Bill Lay)将军和'雷鸟'飞行表演队的上级组织决定召回经验丰富的前'雷鸟'飞行员重新加入飞行表演队,取代了涉事飞行员之一罗素·麦克。1997 年和 1998 年'雷鸟'飞行表演队的单机表演飞行员马克·阿林豪斯少校已开始进行培训,以填补 1999 年空中表演飞行的右侧空位。

49. 1998 年 12 月 10 日,CT114 "导师"(TUTOR)并座教练机事故(加拿大皇家空军"雪鸟"飞行表演队,加拿大)

"雪鸟"飞行表演队 2 号机(CT114"导师"并座教练机如图 2 - 24 所示。)驾驶员麦克·范登博斯(Mike Vandenbos)上尉在一次训练飞行中发生空中碰撞事故,不幸身亡。尽管范登博斯上尉在飞机坠毁前成功弹射,但由于高度不够,降落伞未能完全打开,他还是不幸坠地身亡。但是,事故后检查发现在座椅与人员开始分离时,飞行员的刚性座椅生存套件(RSSK)上的气锁紧固件未连接。飞行员的海上拉绳也没有连接。弹射后,飞行员、弹射座椅和未连接的 RSSK 之间没有分开。

失事当天,加拿大空军第 431 中队的六机编队正在穆斯乔(Moose Jaw)空军基地以南进行训练飞行。6 架飞机以箭形编队飞行,左外侧位置空缺。当时做的动作是侧翼向左转弯,然后下降再向右水平转弯。

当机队在 1 200 ft 高度,以 260 kn(KIAS)速度水平转弯滚转至 50°时,编队 6 号机的左机翼外侧碰到了 2 号机右侧水平安定面(平尾)的上表面。2 号机的整个水平安定面和部分垂直安定面(垂尾)脱落,飞机坠落到编队的下方。2 号机在负过载作用下滚转至倒飞姿态,失速并坠地,坠地时是倒扣姿态。飞行员虽然弹射出来,但坠地身亡。

初步调查表明,在碰撞前没有机械故障或系统故障。碰撞时,计算的 2 号机和 6 号机的位置误差大约是横向 14 ft,垂直方向 5 ft。

图 2-24　CT114"导师"并座教练机

50. 1998 年 9 月 19 日,AT-6"德州佬"(HARVARD)教练机事故(里诺空中竞速赛,美国,内华达州里诺镇)

事故发生在星期天早上 9∶20 左右。当时 6 架 AT-6"德州佬"教练机准备开始银奖赛,六架飞机排好队,依次滑行起飞。拉尔夫·托姆布莱(Ralph Twombly)驾驶的飞机"比哈文小姐"稍微高出其他飞机一点。像一只小鸽子一样准备开始比赛,却与杰里·麦克唐纳(Jerry McDonald)驾驶的"大红"(Big Red)飞机相撞。托姆布莱的"比哈文小姐"飞机在碰撞中失去了尾翼,急剧上仰。随后旋转坠落在表演线左侧的一所房子附近。"大红"(Big Red)飞机随后着陆,停靠在表演线右侧(毗邻军事展区)。飞机"大红"(Big Red)在着陆滑行过程中,明显可以看见飞机的左侧翼尖和左侧副翼都不见了,前缘也丢失了一部分。很悲惨的是,这两位飞行员都是经验丰富的航空竞速飞行员,拉尔夫·托姆布莱曾经赢得两次 AT-6"德州佬"教练机的竞速赛冠军。分别是 1977 年驾驶"Spooled Up"飞机,1982 年驾驶"比哈文小姐"飞机获胜。

这些事故和广泛激烈的比赛竞争极大提升了航空竞速业界的飞行安全意识。每天比赛前的飞行员任务简报会上都强调要在确保飞行安全的前提下努力赢得胜利。例如,要求飞行员超越其它飞机时,决不能看不见他要超越的飞机。违反此规则或具有其他明显危险的飞行动作,将会立即停止违规者剩余的比赛。

51. 1998 年 9 月 15 日,中国空军歼-7 战斗机事故(八一飞行表演队,中国天津)

中国人民解放军空军八一特技飞行表演队 1997 年 12 月 20 日在中国天津首次公开露面。随后八一飞行表演队计划在 1998 年在全国进行 20 多场飞行表演,包括 1998 年 11 月在珠海航展上的表演。八一飞行表演队配备了 6 架成都飞机公司制造的歼-7EB 喷气战斗机,这是俄罗斯 MiG-21F 战斗机的中国版本,喷涂的是红白色图案。这些表演飞机还配备了拉烟设备。八一飞行表演队原本选择的是沈阳飞机公司制造的歼-8II 战斗机,但由于歼-7EB 的机动性更好一些,最终选择了这款飞机。

1998 年 6 月在天津,八一飞行表演队发生了一次空中撞机事故,损失了 3 架飞机,3 名飞行员均没有弹射,全部丧生。这种悲惨的损失使人们对这支"年轻"的飞行表演队的未来产生了怀疑,毕竟他们在 1997 年 12 月才首次使用歼-7EB 喷气战斗机开展表演飞行。

52. 1998 年 7 月 23 日,MIG-29 战斗机事故(匈牙利空军,匈牙利凯奇凯梅特(KECSKEMET))

在匈牙利布达佩斯以南 75 km 的凯奇凯梅特航展前几天,一架俄罗斯制造的 MIG-29 战斗机在为媒体进行表演飞行预演时坠毁,一名匈牙利空军飞行员丧生。凯奇凯梅特空军旅指挥官伊斯特万·特格拉斯(Istvan Teglas)中校在事故发生地告诉路透社:这架飞机在低空特技表演的第 15 min 不幸坠地。飞机的飞行高度只比树梢稍高,在为周末的航展进行演练飞行。飞机坠毁的原因不清楚,飞机与塔台的通信记录表明一切正常。失事飞机坠落在机场 2 km 外的一块湿地中。

一位匈牙利 MIG-29 战斗机飞行教员在电视上说:由于飞行高度太低了,发动机推力不足。当时飞机离地高度只有 120～150 ft,飞行员试图拉起飞机,但是高度和速度损失太多了。飞机太慢了,就像一片叶子一样坠落。从电视的镜头中我们只能看到飞机消失在树顶下。1 s 后,冒起了黑烟,然后是爆炸声。

"很显然,直到最后一刻,飞行员都认为它能够控制飞机,所以弹射太晚,而且是以 45° 坡度角姿态弹射的,弹射高度也不足,降落伞未能打开。事故现场照片表明,飞机机腹先坠地。一位飞行员每年平均 30～35 h 的飞行时间肯定不足应对各种关键状况,也根本达不到北约要求的最少 160 h/年平均飞行时间"。

53. 1998 年 6 月 5 日,"霍克猎手"(HAWKER HUNTER)F4 战斗机事故(英国邓斯福尔德(DUNSFOLD))

在为即将到来的比金山国际航展进行的飞行表演预演练习飞行中,一位 42 岁的飞行员驾驶一架老式"霍克猎手"F4 战斗机失事,没能从起火的飞机中逃脱,不幸丧生。尽管这位飞行员的飞行经验高达 10 100 h,但这种型号的飞行时间只有 8 h。

这个"霍克猎手"F4 战斗机编队由一架双座"霍克猎手"T7 飞机担任长机,计划在第二天的比金山航展上进行表演飞行,失事时正在进行飞行演练。由于发动机起动问题,而且比金山的天气比较恶劣,"霍克猎手"双机遂决定去登斯福尔德进行飞行练习。午饭后,对下午的飞行进行了飞行前简报,双机随后准备离开登斯福尔德,"霍克猎手"F4 战斗机在发动机起动后又遇到一些小问题,延误了大约 5 min。

表演飞行许可高度为 2 500 ft,双机进行了一次完整表演飞行演练。然后他们决定重复演练一次。在表演飞行的最后阶段,是反向滚转,然后"霍克猎手"F4 飞机右转 45°,离开观众线,建立一个"放出起落架和襟翼"的低速通场。另一架"霍克猎手"F4 飞机此时应当在右侧位置,然后两架飞机再一起进行一次通场飞行,从观众面前飞过,"霍克猎手"F4 飞机慢一些,"霍克猎手"T7 飞机快一些。

这是表演飞机在着陆前的最后一个机动动作。当"霍克猎手"T7 飞机到达顺风边末端(end of downwind)时,飞行员向右观察,希望看到"霍克猎手"F4 飞机,但他未能看见。"点燃你的烟,我看不见你","霍克猎手"T7 飞行员随即发送通话。几乎同时,"霍克猎手"F4 飞机飞行员通话"MAYDAY MAYDAY MAYDAY,发动机故障,准备迫降。"但空管没有应答这个呼叫。"Mayday"再次发送。"霍克猎手"T7 飞机飞行员应答:"迫降地点是你的,可以迫降。"空管员此时也应答:"可以迫降。""霍克猎手"T7 飞机飞行员随即发送:"保持按下重新点火按钮,进行手动供油。"

在这个阶段,"霍克猎手"F4 飞机的离地高度大约是 500~700 ft,并且已经起火。据地面目击者描述火焰有 10 ft 高,是从发动机喷管喷出来的。第二股火焰是从机身侧面喷出来的,在腹鳍前缘的底部。飞机随后左转向 25 跑道,在 20 ft 高度以 45°坡度角几乎扫光了机场东南边界的所有树木。然后飞机撞击在距 25 号跑道不远的废弃跑道上,飞机的左侧副油箱以 40°向下姿态,飞机用主起落架进行了重着陆。飞机随后弹回空中,向左滚转至 65°坡度,随后又以左侧翼尖先着地的方式撞向地面,机头左偏,以机腹着地姿态横着沿跑道滑行,然后冲出跑道,冲入草地。

在整个撞击过程中,飞行员被甩出了安全带,遭受了致命伤害。尽管救援人员迅速到达,但仍未能挽救飞行员。

54. 1998 年 5 月 8 日,"塞斯纳"A - 37B 飞机事故(韩国空军,"黑鹰"飞行表演队)

韩国空军"黑鹰"飞行表演队的两架"塞斯纳"A - 37B 飞机发生空中碰撞事故,其中一架飞机坠毁,"黑鹰"飞行表演队队长赵元勋少校不幸身亡。另一架飞机安全着陆。

55. 1998 年 4 月 21 日,"星光经线"(STARLIGHT WARP)超轻型飞机事故(实验飞机协会"SUN 'N FUN"航展,美国)

在实验飞机协会的年度"Sun 'n Fun"航展上,一架"星光经线"(STARLIGHT WARP)超轻型飞机起飞后不久坠毁。来自俄亥俄州代顿市的 51 岁飞行员拉里·L.科林斯身亡。这架飞机在起飞后转弯时明显失去了升力。

56. 1998 年 4 月 19 日,波音"斯梯尔曼"双翼古董机事故["红男爵斯梯尔曼"(RED BARON STEARMAN)表演队,美国]

1998 年 4 月 19 日下午,星期天,在佛罗里达州基西米(Kissimmee)举办的基西米明星航展上,美国的一个 4 机民间特技飞行表演队——"红男爵斯梯尔曼"表演队的两架波音"斯梯尔曼"双翼古董飞机在表演飞行期间空中相撞,两名飞行员丧生。飞行表演队的赞助商发言人确认失事飞行员是内布拉斯加州苏厄德市的詹姆斯·爱德华·洛夫雷斯(James Edward Lovelace)和威斯康星州沃基肖市的兰德尔·德雷克(Randall L. Drake)。

当时,4 架飞机正在按照 CFR91 部 14 条的特技飞行规定,在 1 500 ft 离地高度进行菱形编队机动飞行表演,一架飞机突然滑向另一架飞机,两机相撞,随即坠落地面,现场有 5 000 多名观众。两名飞行员丧生,地面观众无人员受伤。两名警察受轻伤,当时他们试图把飞行员从燃烧的飞机残骸中拽出来。气象条件可能是这次事故的一方面原因。机场报告的气象条件是风速 25 mi/h,伴随阵风高达 30 mi/h,而且云层很低。

"红男爵斯梯尔曼"表演队飞行队长说,当时他们在 2 100 ft 高度完成了一个"半古巴八"机动,然后从倒飞位置向右上方滚转,下降至 1 600 ft,然后爬升转弯,定位各自的编队位置,然后以菱形编队进行一个斤斗,事故在此时发生。

据一位目击者描述,一架飞机突然向下,剧烈撞击了下面的一架飞机,不是由于距离太近而发生的机翼翼尖剐蹭那样的碰撞,而是突然的剧烈碰撞。飞机直接往下摔,撞地并起火。两架飞机碰撞时,它们纠缠在一起,人们听见很大的碰撞声。警察最先赶到事故地,用手持灭火器进行了灭火。一名飞行员当场死亡,另一人送往医院后,伤势过重,不治身亡。

57. 1998 年 3 月 19 日,活塞式"教务长"(PROVOST)教练机事故[南非空军博物馆,南非斯瓦特考普斯(SWARTKOPS)]

南非丹尼尔航空公司(Denel Aviation)一位经验丰富的试飞员,在南非斯瓦特考普斯空军基地为即将到来的南非空军博物馆航展节进行表演飞行训练时坠机身亡。失事的活塞式"教务长"教练机是一架经过修复的老式飞机,飞行中未能从低空失速转弯中改出,坠毁在机场。飞行员在坠机后幸存,但随后的大火烧毁了驾驶舱,飞行员严重烧伤,送往医院后无法治愈。事故没有造成地面人员伤亡。事故原因是人为差错,特技动作的改出高度不足。尽管这位飞行员是一位经验丰富的试飞员,但并不具备这种机型的延续性资质。他进行了双重检查,但天气条件不适合高空飞行,所以只是简单演练了一下飞行线路,天气条件好转后,飞行员扩大了飞行区域,但发现云底高度只有 6 500AMSL(飞机距地面高度是 5 300～5 500AMSL),太低了,不适合特技飞行。

重新进入后,飞行员请示空管员,他要练习一下"恶劣天气"飞行表演程序。他的飞行看起来进展顺利,但高度有点偏低。飞行员做了个半斤斗,然后是副翼滚转,然后几乎垂直拉起,倒转向左失速转弯。在从失速转弯机动改出时,由于高度不足,未能完全拉起,飞机以三点姿态坠地。有推测认为,飞行员可能意识到半斤斗后可能拉不起来,所以决定改为失速转弯。

58. 1998 年 3 月 1 日,"空中拖拉机"(AIR TRACTOR)802A 农业飞机事故(澳大利亚)

一架"空中拖拉机"802A 农业飞机(见图 2-25)在一次灭火演示飞行中,投放了所携带的水之后不幸坠地,飞行员受伤严重。这架飞机进入投水场地时,速度比规定高了 10 kn,水投放之后,飞机上仰,进入陡峭爬升。机头持续上仰,爬升角也一直增大,但却没有证据表明飞行员进行了减小爬升角度的升降舵输入。

图 2-25 "空中拖拉机"802A 是世界上最大的单引擎农业飞机

飞机爬升飞行了一段距离,发生分离,开始向左偏,坡度角增加到90°,机头开始下俯,达到机翼水平姿态,在大约450 ft离地高度,飞机速度很低,滚转至倒飞姿态,进入倒飞尾旋。飞机坠地时依然是倒扣姿态,机翼水平,机头向下45°。

AT-802A飞行手册规定,在投放了所携带的水载荷后,会突然产生一个机头上仰力矩。有经验的飞行员报告,这个上仰力矩的大小取决于投水时飞机的速度和水箱放水的速度。飞机的空速越大,俯仰力矩也就越大。

失事飞行员应该非常熟悉放水后的机头上仰力矩,可能是飞行员在投放了水之后,有意识进行陡峭爬升,以增加表演的观赏性。很明显,即使是这种情况,这个机动动作也能安全完成,因为襟翼是以最小偏转放出的,能量消失和尾翼偏转的速度都能有效减小从这种陡峭爬升中改出时升降舵的功率需求。

59. 1997年12月12日,梅赛斯密特BF-109"黑6"(BLACK 6)飞机事故(帝国战争博物馆:达克斯福德博物馆,英国)

失事的这架梅赛斯密特BF-109"黑6"飞机(见图2-26)是达克斯福德博物馆的唯一一架,也是全世界唯一一架能够飞行的Bf-109G-6飞机。这架飞机在达克斯福德航展的表演飞行中,失去发动机动力,迫降过程中冲出跑道。且不论反对和赞成延续这架飞机飞行生涯的争论如何,这次事故却完全葬送了这架荣耀飞机的命运。"黑6"团队发现了国防部前一天对飞机的一项决定:由于这架飞机是这种飞机唯一处于适航状态的,其价值是"一次性"的,在1997年英国航展季结束后,应当肯定会归还给皇家空军亨顿博物馆。

图2-26 梅赛斯密特BF-109"黑6"飞机失事后的状态

之前,为了让它继续飞行,所有团体向皇家空军和国防部的请愿和游说活动都没有成功,甚至公众和一些国会议员在议会一级的会议上提出这些问题,也没能成功。该飞机原定于本月底停飞,帝国战争博物馆与国防部于 1992 年达成的为期 4 年的表演飞行协议届时将到期。1993 年,因为技术原因,这架飞机未能参加表演飞行,所以帝国博物馆一直在向国防部申请延续这个协议,并已获准延长 1 年。

在这次表演飞行过程中,可以看到有白色气体从飞机后面喷出,发动机运转的声音也很不稳定,这些情况都报告给了飞行员。然后,在一次俯冲机动中看到发出白烟的痕迹,也许表示发动机或冷却系统的故障已经很严重。据一家报纸的报道,发动机发生故障时相对于机场的位置很关键,如果飞机高度太高,就无法直接朝着跑道着陆,如果高度太低,又无法完成 360° 转弯。紧急情况下无需声明,飞行员宣布他正在降落并盘旋,准备从达克斯福德机场的西端迎风降落。

这架飞机的飞行员是空军元帅约翰·艾里森(John Allison)爵士,他也是英国皇家空军攻击司令部总司令,他进行了滑翔着陆(dead stick landing)。很明显,由于没有发动机动力,他别无选择,希望尽快将飞机落地。由于降低高度太快,所以进场高度太低,着陆的速度非常快,无法进行复飞。

飞机着陆在 06 跑道,当时的风况是西北风。由于前几年修建 M11 高速公路,机场东头被高速公路切断了一部分。飞行员把飞机从地面拉起,但是必须有足够的发动机动力才能越过 06 跑道末端的 M11 高速公路,进入跑道另一部分的草地中。由于刚下过大雨,地面很软,飞机以相对较低的速度停下。现场的应急救援人员迅速到达,虽然飞行员没有受伤,但被困。很奇怪,飞行员要求救援人员不要切割飞机,而是要等到起重机来抬起他。很显然,飞行员不愿意进一步损伤飞机,但冒着个人人身安全风险的这个决定还是值得怀疑!

在这个问题上,飞行员明显犯了重大错误——在他的错误判断中,飞机比飞行员更重要,他的做法可能会挽救有价值的古董飞机,但在挽救飞行员的宝贵生命方面却显得很愚蠢。

再来看一个例子,1996 年美国实验飞机协会的"Sun 'n Fun Fly - In"航展上,查理·希拉德(Charlie Hillard)在一次类似的单机特技表演飞行事故中丧生。当时,飞机着陆滑跑时翻转倒扣。根据 NTSB 的报告描述,飞行员遭受致命伤害,飞机严重损坏。佛罗里达州波尔克县法医亚历山大·梅拉穆德(Alexander Melamud)宣布希拉德的死因是胸部和背部遭受驾驶舱挤压,窒息性死亡。

我们再看这次梅赛斯密特 BF - 109"黑 6"的事故,飞行员约翰·艾里森被送往医院检查。飞机损坏评定为:后机身扭曲弯曲,垂尾损伤,螺旋桨折断,但飞机仍然是一个整体。约翰·艾里森不仅是一位经验丰富的表演飞行员,已经在达克斯福德航展驾驶老式飞机进行了多年表演飞行,而且他还是该失事飞机的试飞员,驾驶这种飞机在很多航展上进行过表演飞行。艾里森还是一位经验丰富的滑翔机飞行员,他自己拥有几架老式滑翔机和老式有动力飞机。无论如何,这一天对于"战鸟"航空界而言都是一个悲惨的日子。

当然,也有成功的故事。这个故事很有讽刺意味,也是在达克斯福德机场,1995年举办的"飞行传奇"(Flying Legends)航展上,在完全失去动力后,飞行员马克·汉纳(Mark Hanna)驾驶Dittes' DB605驱动的一架"109"飞机安全返回机场,成功滑翔着陆。在M11高速公路围栏旁边,停机线前面,有一位观众在收听收音机,他听到两架"109"飞机刚起飞,汉纳就呼叫:他正在着陆。尽管没有宣布发生了紧急情况,但很明显出了问题,一架"109"飞机正在返航。飞机滑行停止后,发动机熄火。由于"109"飞机没有羽化系统,螺旋桨在疯转。旁观者还以为发动机在工作中。尽管着陆很正常,但问题看起来还是很严重,因为汉纳走下飞机后,跪地亲吻大地——这才是真正的表演飞行员!

60. 1997年9月20日,"披茨"(PITTS)S-24特技飞机事故(同盟空军航展,美国德克萨斯州圣马科斯)

这次坠机事故是这项航展活动开展6年来的首次事故。事故发生在德克萨斯州圣马科斯举办的同盟空军航展上,飞行员是凯马讷航空公司(Kaimana Aviation:世界最大的特技飞行俱乐部)拥有者吉姆·金凯德(Jim Kincaid),他驾驶的"披茨"S-24特技飞机在这次事故中坠毁,不幸丧生。当时,失事飞机坠落在数千名观众旁边,但没有起火,只是在冒烟。地面没有人员伤亡和财物损失。

在俄克拉荷马州和美国各地的航展中,吉姆·金凯德是一位经验丰富且颇受欢迎的飞行表演者,最近还驾驶他的"披茨"S-24特技飞机在庞卡城(Ponca City)的"俄克拉何马原油"(Oklahoma Crude)航展,麦康奈尔空军基地威奇托和斯特罗瑟菲尔德举行的机场日活动上进行过表演飞行,以前也曾在圣马科斯表演飞行过,同盟空军每年都在那里聚会。

61. 1997年9月14日,F-117A隐身战斗机事故(美国马里兰州巴尔的摩市)

1997年12月12日,美国空军空战司令部在新墨西哥州霍洛曼空军基地发布了在马里兰州巴尔的摩市航展上坠毁的F-117A隐身战斗机事故调查报告。当天,在巴尔的摩市马丁州立机场的航展表演飞行中,F-117A隐身战斗机完成了第三次通场,飞行员开始爬升离场,感到左机翼抖动,随后左侧机翼折断。飞机坠落在马里兰州鲍里斯·考特斯(Bowleys Quarters)住宅区,导致大范围火灾,烧毁了部分建筑物和车辆。这次事故奇迹般地没有造成地面人员死亡,只有4名地面人员受轻伤,数十个家庭流离失所。

这架 F-117A 隐身战斗机及其飞行员布莱恩·K.奈特(Bryan K. Knight)少校隶属于新墨西哥州霍洛曼空军基地第 7 战斗机中队。奈特是一位经验丰富的飞行教员,飞行时数达到 2 770 h,F-117A 隐身战斗机的飞行经历 500 h。失事当天,该架飞机从纽约州雪城(Syracuse)市起飞,途径兰利空军基地前往巴尔的摩航展进行表演飞行。当时有两架 F-117A 隐身飞机驻扎在兰利空军基地,进行支援美国东部社区和军事航展的通信工作,失事飞机是其中之一。

失事 F-117A 隐身战斗机在空中折断机翼后,就像死了一样垂直坠落,并围绕俯仰轴来回摇摆,最后以水平姿态坠地。从机翼折断到飞机坠地大约有 20 s。直到坠地前 5 s,飞行员才弹射,降落在距离坠机残骸 150 ft 处。很幸运的是,飞行员没有落在飞机坠地火焰中,只受了一点轻微伤。

事故调查确认,事故原因是飞机左机翼上俗称"布鲁克林桥"的一个结构组件发生故障。具体原因是这个结构组件中有 39 个紧固件,但其中 4 个缺失,显然在 1996 年 1 月的定期检修中未正确安装,属于维护错误。事故发生后,司令部迅速发布命令,整个 53 架 F-117"夜鹰"机队全部停飞,进行了全面预防性检查,但没有发现相同缺陷。

一位事故目击者描述"F-117A 隐身战斗机坠落就像一片树叶,而不是一架飞机"。录像显示,左侧机翼结构在整个从机身折断脱落前严重抖动了 1 s 多。在 F-117 隐身战斗机初始包线扩展飞行试验中曾发现抖振问题,对相应部件的连接点和铰链进行了机械加强,以解决此问题。直到这次事故之前,F-117 隐身战斗机在使用中再也没有发生过类似故障。

另一位目击者描述:"我看到一个很大的黑色物体从飞机上掉下来,不确定到底是出了什么问题。"从事故视频中可以看出,左翼折断后,F-117 隐身战斗机迅速向左滚转并急剧上仰。机翼脱落后,明显有白色气体从飞机泄露出来,应该是液压液体或燃油。在飞机坠地前,主起落架部分放出。

飞机的不良维护或构型管理不恰当,对于所有飞行员而言都是一种严重的安全威胁,尤其对于飞行表演飞行员,因为他们要在非常低的高度操作飞机在飞行包线的边缘飞行。质疑飞机的结构完整性是表演飞行员需要关注的最后一个问题。1993 年,南非空军"银隼"(Aermacchi)特技飞行表演队的"银隼"MB-326 教练机(见图 2-27)发生重大事故,一架单机表演飞机在从一个斤斗特技中拉起时,机翼折断。事故原因是维护不良和构型管理不当,在明知飞机机翼主梁产生裂纹情况下,未进行修复就让飞机重新投入使用。最终飞机在低空快速分离,导致发生故障,最终导致飞行员丧生,尽管飞行员弹射,但处于弹射包线外。

图 2 - 27　南非空军"银隼"MB - 326 教练机

62. 1997 年 7 月 26 日,XTRA 300 特技飞机事故(约旦皇家空军,比利时奥斯坦德)

1997 年 7 月 26 日,星期六,下午 17:00 左右,在比利时奥斯坦德举办的佛兰德斯"飞入和航展"(Fly-In and Airshow)上,约旦皇家空军"猎鹰"特技飞行表演队的一架 XTRA300 特技飞机坠毁在一个红十字帐篷附近,起火燃烧,飞机碎片飞散到观众区。当场造成飞行员和 8 名地面观众死亡,40 多人受伤。第二天,第九名观众在医院死亡。

失事飞行员是经验丰富的奥马尔·哈尼·比拉尔(Omar Hani Bilal)上尉,他加入飞行表演队已经多年。据一位目击者描述,XTRA 300 特技飞机从起飞开始,包括爬升阶段,看起来就好像失去了动力,或者是受到阵风的影响。飞机做了一个"隆切瓦克(lomcevak)"极限特技动作,也叫"tumbling"特技动作。这个动作是约旦皇家空军飞行表演队,也是 XTRA 300 特技飞机最著名的特技动作,但不知什么原因,这一次没有成功。有媒体报道指出,可能是飞行员失去了控制(尽管这是那些并不真正理解约旦皇家空军飞行表演队表演某些剧烈动作或尾翼侧滑机动作实际性质的人们自然的推论)。难以理解的是为什么飞机在官方划定的表演线之内,观众头顶进行机动表演,这是严重违反欧洲航展安全规定的行为。

事发当天,"土耳其之星"飞行表演队完成表演飞行后开始下雨,观众开始躲雨,很多人躲到跑道端头的红十字帐篷里。失事的 XTRA 300 特技飞机坠毁起火导致帐篷起火,由于携带燃油很多,火焰冲向观众,导致多人被烧伤。救护车和军用直升机将部分伤者运送到较远的布鲁塞尔的医院,还有部分伤员则在法兰德斯地区医院的特殊"烧伤科室"接受治疗。

媒体的歇斯底里和炒作的只有一个问题:意大利"三色箭"飞行表演队在德国发生空难后,欧洲所有国家不是已经修改了表演规则,不允许表演飞机在观众头顶进行表演飞行了么?是的,1988 年德国拉姆斯泰因事故发生后,确实禁止表演时从观众头顶飞越,但这次事故中强烈的风导致飞行员无法准确控制表演线。

图 2-28　约旦空军的 XTRA 300 特技飞机

飞行员遗体由约旦空军运输机运回了约旦。这次航展原本计划两天,由于事故,周日的活动被取消。立即展开事故调查。一位航展观众评论道:"我参观过很多比利时的航展,以及荷兰和瑞士的航展,我觉得比利时的航展管理有些过时。飞机接地复飞时,有时候孩子们就在跑道上横穿。警察们也无能为力……",这次事故中,飞行员的经验应该很老道,但天气确实太差了,有雨,还有强阵风。

为了吸取教训,一位荷兰表演飞行员在接受电视采访时说,在这么低的高度表演这种特技机动确实是一个错误。他还批评了约旦飞行员一再违反表演规则,多次飞越观众头顶的行为。事故发生后,比利时国防部长庞塞莱特先生命令,在安全规定制定完成并通过审查前,禁止在军用机场进行航展表演。

这次事故引起关注的是,飞行控制委员会为什么没有强制要求执行表演安全规定！在约旦表演队发生事故之前,"土耳其之星"表演队的6架F-5飞机表演时已经距离观众太近了。一位观众形容:"我就站在观众区边上,距离飞行线隔离线几米远。F-5飞机的飞行没有让我感到高兴。我在美国参加的任何航展上,都没有距离飞机的喷气流这么近,而且他们朝向观众做某些机动动作。观众几乎被烟雾发生器喷出的烟雾窒息,太近了！"

63．1997年6月26日,AT-3教练机事故(中国台湾空军"雷虎"特技飞行表演队,中国台湾)

中国台湾空军"雷虎"飞行表演队在台北康山空军基地进行的五机编队飞行训练中发生了悲剧。在一次滚转中,一架AT-3教练机坠毁在空军学院。飞行员许海华中队长不幸丧生。事故原因可能是机械故障。

64．1997年6月22日,V级方程式空中竞速飞机事故(美国,纽约,长岛)

在纽约长岛举办的航展上,两架V级方程式空中竞速飞机空中相撞,来自肯塔基州的飞行员不幸丧生,来自威斯康星州的飞行员受重伤。事故发生后,V级方程式空中竞速飞机协会有限公司董事长,51岁的飞行员理查德·古德莱特(Richard Goodlett)被空运到纽约州斯托尼·布鲁克(Stony Brook)医院抢救,但不幸身亡。37岁的飞行员克里斯托弗·卡里舍克(Christopher Kalishek)被送进大学医院,病情危重,出现左肺部刺穿和多发性复合骨折。

当时,2架飞机正在加布雷斯基机场参加"飞越长岛"航展的8圈2 mi长的V级方程式空中飞机竞速赛,4架飞机沿着地面6个柱子标记的赛道进行竞赛。然而这两架飞机发生了碰撞。

当天古德莱特和卡里舍克在作最后热身。古德莱特的飞机正准备加速尽快下线,但有点慢,这是他的战术,他飞得非常慢,尤其是在迎风边。起点及终点线在迎风边,两架飞机并驾齐驱,古德莱特在内圈,高度50 ft,卡里舍克飞行高度大约在150 ft。古德莱特显然在拉起飞机,他的右侧机翼从下方撞在了卡里舍克左侧机翼根部,古德莱特的飞机旋转失控并坠毁,燃起了大火。卡里舍克的飞机也坠毁,但没有起火。这是20年来长岛举办的首次航展,最近的一次航展也是以一位飞行员丧生而结束。

65. 1997年6月21日,SU－27"侧卫"战斗机事故(俄罗斯空军,俄罗斯"勇士"飞行表演队,斯洛伐克)

俄罗斯"勇士"飞行表演队一架 Su－27"侧卫"战斗机在前往斯洛伐克首都布拉迪斯拉发参加"SIAD'97"航展时,发生事故,机腹着陆。当天早上四机编队在奥地利泽尔韦格镇进行了表演飞行,然后飞往布拉迪斯拉发,大约下午 15:00 到达。在做了进场机动后,编队分开准备单独着陆。

据称,第三架飞机飞行员忘了放起落架。飞机以机头和腹鳍触地姿态在跑道上滑行,在跑道上摩擦出串串火花。飞行员放出减速伞,飞机停止在跑道中段。在检查和评估了跑道可用长度后,编队的最后一架飞机安全着陆。

之后花费了 3h 吊起飞机,放出其起落架,然后拖走进行维修。由于跑道受损,第二天只能进行直升机表演飞行。受损飞机损坏很小,两天后飞回俄罗斯。

66. 1997年6月14日,"韦斯特兰"(WESTLAND)LYNX MK80 S－170 直升机事故(丹麦海军,波兰华沙)

在波兰华沙"戈拉斯卡航空郊游"航展上,一架丹麦海军的"韦斯特兰"Lynx 80S－170 直升机坠毁。直升机起飞后,在观众面前做了两次快速通场,在做侧翼(wingover)机动后,改出时坠地。事故原因是人为差错,飞行员从俯冲改出的时机太晚。这次事故没有人员死亡,飞行员受伤,一条腿骨折。受伤飞行员被送往华沙救治。令人惊讶的是,损坏的"韦斯特兰"Lynx 80S－170 直升机可以修复,飞机进行了大修并重新投入使用。"韦斯特兰"Lynx 80S－170 做侧翼机动表演如图 2－29 所示。

图 2－29 "韦斯特兰"Lynx 80S－170 做侧翼机动表演

67. 1997年6月1日,北美F-86"佩刀"战斗机事故(美国科罗拉多)

在科罗拉多州丹佛市西北的杰佛逊县机场,63岁的美国联合航空公司退休飞行员杰克·莫里斯·罗萨蒙德(Jack Morris Rosamond),驾驶一架朝鲜战争退役的老式F-86"佩刀"战斗机在做改进的"半古巴八"特技动作时坠毁身亡。尽管"科罗拉多97航展(Airshow Colorado 1997)"发生的这次事故没有造成其他人员伤亡,但是,航展组织者还是取消了剩余的表演活动,包括"雷鸟"飞行表演队的表演。

当天现场大约有60 000多名观众。一位目击者描述:"在动作的后半段,斤斗很流畅,飞机是可控的。但是失去了高度。",很多人推测是密度高度方面的问题,失事机场海拔5 600 ft,失事时的气候温度是32℃。失事飞机在斤斗动作的底部坠地爆炸,机腹先着地。"这是一次高能量碰撞。我从来没有看到过这么大能量的碰撞。",负责此次事故调查的NTSB驻丹佛办事处主任诺姆·魏梅耶(Norm Weimeyer)在观看了事故现场后这样说。

另一位目击者从他的观点报告说:"从我的位置看,飞行员已经从斤斗中拉起了,但是高度不够。",《丹佛邮报》第二天发布的一张照片显示,飞机以15°机头下俯姿态撞地。机场的一位警卫从400 yd远的地方目睹了事故过程,他说,如果再有50 ft高度,飞行员就能拉起飞机。还有一些目击者认为,在坠毁前飞机看起来失速了。一位观众评论说:"现场一片混乱,我不知道发生了什么。",出乎意料的是,这次事故还引发了许多航空爱好者的质疑:"半古巴八"特技动作的"过载"是一位63岁老人能承受的吗? 是否还允许这个年龄段的飞行员做低空特技飞行?

68. 1996年8月4日,AEROTEK"披茨"(PITTS)S-1S特技飞机事故(宾夕法尼亚州匹兹堡,美国)

在匹兹堡的"三河赛船节"(Three Rivers Regatta)表演飞行中,经验丰富的资深特技飞行员克拉伦斯·斯皮尔(Clarence Speal)驾驶一架"披茨"S-1S特技飞机坠入俄亥俄(Ohio)河中不幸丧生。当时他正从一个斤斗动作中拉起,进入一个下降"snap-roll"特技动作时,飞机左侧两个机翼从连接点处折断,飞机进入失控尾旋俯冲。最终,飞机一直以倒扣姿态坠落到河中。

飞行员已获准进入特技飞行表演空域,并开始他的第一个特技动作,就是双圈快速'snap-roll'。录影资料显示,机动开始后几秒钟内,左下翼开始变形,随后左侧上机翼的左侧部分也发生故障。这两部分机翼在与尾翼碰撞后丢失。之前,飞行员就已经表达了他对飞机机翼的关注,因为在前几天的飞行中他经历了机翼颤振。国家运输安全局认为事故原因可能是飞行员的飞行空速比制造商建议的空速高,超出了飞机设计限制,导致机翼翼梁出现问题。

一位观众评论说:"我不是特技飞行专家,但看起来好像有一小段上拉,部分爬升和非常混乱的快速'snap‑roll'。飞机好像从斤斗动作中掉了出来,并失去控制。在第二圈'snap‑roll'之后,左机翼结构出现故障"。电视报道还提到,事故发生时,斯皮尔的妻子正在讲解他的"披茨"飞机的表演。

值得一提的是,双翼飞机的大部分飞行应力都在桁架结构上(包括飞控钢缆、机翼连接件、飞控钢缆连接件、"I"型撑杆、卡巴内三脚架等),只有很少应力施加在机翼结构内部。双翼飞机尽管机翼很薄,但却非常坚固。

69．1996 年 7 月 21 日,DH98"蚊式"(MOSQUITO)T‑3 轰炸机事故(巴顿,英国曼彻斯特)

一架 51 年机龄的 DH98"蚊式"(Mosquito)T‑3 轰炸机驻扎在切斯特附近的英国航宇公司北威尔士工厂中,并在那里进行维护。在英格兰西北部曼彻斯特巴顿举办的航展上表演飞行时,这架飞机坠毁,两名飞行员丧生。没有观众受伤,但据报道,由于冲击一些人必须接受治疗。失事飞机做了一次低空通场,随后拉升至 1 000 ft 高度进行侧翼机动(wingover),在顶点时,飞机明显失速,飞机至少旋转了两圈,随即进入右尾旋。飞行员尝试改出,但很不幸,高度不足,未能成功拉起飞机,飞机以机翼水平、机头下俯姿态坠地。

失事飞机(军队编号 RR299)建造于 1945 年,错过了第二次世界大战服役。1963 年被切斯特工厂以 100.00 英镑价格收购,当时还处于适航状态。这架飞机一直保持可飞行状态,并自此开始在英国和欧洲的航展上进行表演飞行。为了当年航展表演需要,这架飞机在 1992 年被完全拆解,进行了全面翻新。翻新后,飞机以通常的灰色、绿色涂装重新面世,但添加了独特的"D‑day(诺曼底登陆日)"黑白纪念条纹。翻新时,飞机的飞行时数仅仅1 746 h。这架飞机是世界上仅有的两架适航"蚊式"战斗机中的一架,另外一架是柯米特·维克(Kermit Week)的"蚊式"B‑35 轰炸机,目前在美国。

关于事故的最有力证据是对几位观众拍摄的影像资料分析后得出的。表演过程一切正常,飞机陡峭转弯,机翼左倾右倾都没有困难。在陡峭转弯时,坡度角大约 60°,机翼侧倾达到 90°。通过对影像资料逐帧分析,推算出飞机几次通场时的地速在 220～240 kn 之间。最后一次通场的速度也在这个范围内,接近 240 kn。此时有轻微阵风,导致空速与地速稍有差异。由于缺乏参照物,很难估计做侧翼机动动作时飞机的高度和速度。一位曾参与过"蚊式"轰炸机表演飞行的飞行员表示,在侧翼机动顶点,飞机空速应当在 140 kn 左右,而一位事故目击者估计最终侧翼机动顶点,飞机的高度大约在 1 500 ft 左右。

对最后一次通场飞行的录影资料的声音分析表明,两台发动机的平均转速为2 660 r/min。增压设置为正常值＋7 psi 左右。对视频资料的逐帧计算表明,左侧螺旋桨转速比右侧螺旋桨慢了 20～40 r/min。这没有什么特殊影响,因为这架飞机没有配备螺旋桨自动同步系统。

对表演飞行的最后阶段进行仔细分析发现。飞机沿着表演线从左向右飞行,速度大约为 240 kn,然后进入直线爬升。在初始爬升阶段,两具螺旋桨的转速缓慢降低,可能是空速减小的影响。飞机向右滚转,坡度角增加到大约 90°。在飞机到达"侧翼"(wingover)机动的顶部,左侧螺旋桨的速度比右侧螺旋桨慢,并一直持续,在机动动作顶点,看起来完全停转。随后飞机持续滚转,达到 100°～110° 坡度角。飞机随后向左偏航,并快速失去空速;机头下俯,然后开始坠落。飞机坡度角减小,继续向左偏航。机翼水平时,飞机几乎没有向前的速度,飞机机头猛烈下俯。飞机随后进入左尾旋,仔细改出后又进入右尾旋。飞机坠地前,飞机已经从尾旋中改出,处于陡峭机头下俯姿态,但此时,飞机突然急剧右偏,再也没有高度来有效改出。

左侧螺旋桨转速降低表明发动机转速发生变化。但是,飞机的后续行为,即左偏航和低空速自动旋转,强烈表明左侧发动机功率大幅降低引起了不对称状态。因此,观察到的发动机转速变化很可能确实减少了。事实上,右侧发动机转速一直没有变化,很明显,飞行员当时并没有调整发动机控制。同样,移动增压杆也会引起发动机转速变化。这些变化会被螺旋桨控制装置检测到,会引起桨距告警,发动机转速会返回到设定值。所以调查结论认为,除非是飞行员莫名其妙地降低了左侧发动机功率,我们看到的螺旋桨转速变化是由于功率损失导致的不对称引起的。

通过另外一份视频记录可以看到,飞机最初失去控制,机头指向地面后,出现一团烟雾,伴随着"砰"的一声巨响。推测这团烟雾来自左侧发动机。这可能因为是飞行员在执行改出程序时快速关闭了油门(增压杆),声响可能是发动机响应飞行员操作的表现。值得注意的是,飞机失控前,在观察到左侧螺旋桨速度减小时,并没有看见烟从左侧发动机冒出。这表明螺旋桨速度降低不是由富油混合物引起的。多数影像资料表明下降期间飞机向右偏航。这可能是左侧发动机恢复动力引起的,可以解释为在坠地时发动机功率已经恢复对称。

失事飞行员自 1968 年就开始飞行,并拥有私人飞行执照;1978 年,获得航空公司运输机飞行员执照。他的主要飞行经历是运输机(尽管只有轻型飞机 529 h 飞行经验)。他第一次驾驶"蚊式"轰炸机飞行是在 1991 年。1993 年,他飞行"蚊式"轰炸机 16 h,1994 年飞了 20 h,1995 年飞了 27 h。1996 年的第一次"蚊式"轰炸机飞行是 6 月 7 日进行的表演练习飞行。6 月 8 日,飞往克兰菲尔德(Cranfield),在那里进行了 2 次表演飞行;坠毁前的最后一次飞行是 7 月 17 日。1996 年,他的"蚊式"轰炸机全部飞行时间是 4 h25 min。

70. 1996年7月14日,P-38J"闪电"(LIGHTING)战斗机事故(达克斯福德战斗机收藏博物馆,英国剑桥)

在达克斯福德"飞行传奇航展"上,一架收藏的 P-38J"闪电"战斗机坠毁,飞行员普路德福特(Proudfoot)丧生。当天有大量"战鸟"参与展示和表演,伴随着湛蓝的天空和 13 000 多名观众,情景壮观,令人难以忘怀。失事 P-38J"闪电"战斗机是航展的明星。飞机先做了一个高速通场,然后是斛斗和滚转,但在进行副翼滚转时却坠毁。不知什么原因,最后的滚转中,滚转速度明显慢了。这次事故使世界上可飞行的 P-38J"闪电"战斗机减少到 6 架。但是,由于在格陵兰岛又找到了一架"冰川女孩",这种战斗机的收藏数量又增加到 7 架。

航展上的一位观众表达了他的关注,以及他对两个机动动作的困惑。其一是飞机从"wingover"动作恢复后,向人群和飞行线的高速飞行;其二是沿跑道超低空副翼滚转。他说:"虽然对失去一架独特的历史悠久的飞机及其飞行员表示悲痛,但幸运的是失事'闪电'飞机没有转向冲入停放了不可替代的第二次世界大战飞机的场地,然后再冲入人群;如果那样的话,坠机残骸将摧毁停在飞机场远端的轻型飞机。",其实,坠机残骸已经对停在机场远端的飞机造成了损伤,一架 PA-28 看上去已经报销了。停在那里的飞机大多数都是 PA-28、C-172 型号,大概 6 架左右受到损伤。

另一位关心的观众评论说:"我星期天在达克斯福德那里,在事故发生之前,我越来越担心飞行中的一些事情。'Bf-109'这家伙飞得太低了。如果那是我的飞机,我一定会严重警告这家伙。我想看到这些美丽的飞机在天空飞翔,而不是看着他们坠入地面。如果能从星期日的悲伤中得到一些好的东西,那么也许就是一些飞行员应当更加尊重这些飞机,并降低不必要的风险。"

在随后的讨论中,进一步评论说:"请记住,普路德福特不仅是一位经验丰富的收藏战机的首席飞行员,他也是这两天航展表演飞行的导演。他的飞行安全简报讲得非常明确。如果要做的机动动作没有问题,很好,但是他们应该经过很好的排练并严格遵守民航局的规定。罗德·迪恩(Rod Dean)是民航局当天派往现场的观察员,失事飞行员是知道的。",他的表演线在中心线的南侧,因为中间停放了一些"P-51"飞机。民航局关于表演线的规定旨在极大地减少任何形式入侵观众线的可能性,这是刚性规定。这次事故支持了最近的规定,即达克斯福德机场不允许任何人和他们的飞机停在机场南侧。"我还记得早期的'战斗机聚会',那时我们在机翼下野餐,庞大的金属飞机在我们头顶上方越过,令人振奋,但太不安全了!"

一位 P-38J 飞机专家目睹了事故发生,他认为,没有升降舵和方向舵输入导致滚转速度过慢,最大的可能是副翼液压增压主泵发生了故障,副翼被锁死进入滚转。如果是这样,飞行员应当关闭副翼增压器(开关就在驾驶舱内右侧方向舵旁边),那么事态就不会发展至不可控。这并不是关于本次事故的理论,只是对现实情况的提醒,以提醒我们发生的一切其实可能都是人为错误。

无法解释飞机为什么以不良飞行姿态进入最后动作的第二阶段,这种姿态最终导致飞机发展为明显的下俯飞行轨迹。飞行控制暂时受限是一种可能,也可能是飞行员分心,无法确定。据说飞行员一天前曾经说过,他在特技飞行中违反了最低飞行高度要求,在人群面前执行副翼滚转(尽管幅度不大)。54 岁的飞行员是一位经验丰富的飞行员,拥有 14 500 h 飞行经历,该型号飞行时间有 60 h,最近 90 d 飞行该型号 11 h,最近 28 d 飞行该型号 5 h。

航空爱好者的最后一则评论:"飞机连续滚转的高度似乎太低了,无论如何,我们失去了一名优秀的飞行员和一架漂亮的飞机。低空表演飞行是一项危险的工作,不管您有多少经验"(这次事故将在第四章详细介绍)。

71. 1996 年 7 月 7 日,德哈维兰 112"海毒液"(VENOM)战斗机事故(哈登机场,英国切斯特市布劳顿区)

事故发生在一家飞机制造工厂的"开放日"活动表演飞行项目上。飞行表演由机场运营方组织,得到了 CAA 的批准。51 岁的飞行员持有 CAA 的表演飞行授权资质。飞行员的飞行总时数达到 13 233 h,该型号的飞行时数为 9 h。四机编队由两架德哈维兰 112"吸血鬼"战斗机和两架"海毒液"战斗机组成,编队从 23 跑道起飞,两架"吸血鬼"战斗机在前,两架"海毒液"战斗机随后。失事"海毒液"战斗机是编队的四号机。两对飞机以 15 s 时间间隔起飞升空;这是一次标准练习,领队飞机定位在跑道的顺风边。310°的表面风是14 kn,右侧 8°方向阵风是 20 kn。

长机飞行员描述,80 kn 指示空速时飞机前轮离地,两架飞机维持抬头姿态,直至完全升空。长机飞行员说,他的飞机(G-VIDI)升空后,经历了右侧机翼快速下沉,施加了较大的副翼反向输入予以矫正。飞机迅速左滚,据飞行员估计,坡度角达到 60°。随后施加了右侧全副翼输入和右侧方向舵部分输入,以停止滚转,并改回方向。

飞行员评估认为滚转振荡正在趋于发散,随即选择返回跑道着陆。然而,飞机在跑道中心线左侧接地,首先触地的是右侧翼尖油箱,油箱随即破裂。飞机偏向右侧,偏离跑道沿着草地滑行,撞坏了机场标志灯。飞行员施加了刹车,试图纠正方向,回归跑道中心线。但飞机进入跑道并冲出跑道末端,损坏了 ILS 定位器天线。

飞机停靠在距离公共道路不远的金属丝网围栏旁,公共道路沿着飞机场边界走向,在跑道中心线右侧约 100 m 处。飞行员关闭发动机和电子设备,打开舱盖,松开安全带,锁死弹射座椅安全手柄。机场消防救援人员迅速到达,在救出飞行员前再次确保弹射座椅安全锁死。随后把飞行员抬上救护车。尽管右侧翼尖油箱破裂造成燃油泄漏,撞击也损坏了机场的燃油存储设备,但所幸没有起火。

录像资料显示,G-VIDI飞机(长机)前起落架首先抬起,3 s后飞机升空,飞机升空的空速在99~106 kn。这种起飞构型下,飞机的失速速度大约是90 kn。这种飞机的飞行手册的起飞章节提示,"要特别注意,起飞滑跑时,机头不能抬得太高,因为飞机有可能无法加速"和"正常负载下,飞机起飞速度应当达到110 kn,最大负载时,起飞速度应达到120 kn。由于可能出现机翼下沉,低于建议空速时,不得拉起飞机"。

飞行员说,在事件发生的时候,失速警告系统没有告警(声音报警和灯光告警)。事后,检查人员发现,告警系统处于关闭状态,无法确定起飞时告警系统是否处于打开状态。事故录像分析指出其他几架飞机遭受了湍流和阵风的影响。

机场受损燃油储存装置是第二次世界大战时期建造的,包括两个10 000加仑的储油罐,用于储存Jet A-1涡轮飞机燃油。机场边界围栏由水泥柱支撑的丝网构成,并不是为了拦阻飞机。机场围栏之外,紧邻的是B5125公路。这次事故中,很幸运的是飞机在机场边界内停了下来,没有冲出围栏冲上公路,当时公路上正好有一些人在观看表演飞行活动。

72. 1996年6月19日,F/A-18战斗机事故(麦道公司,美国密苏里州圣路易斯市)

在为即将到来的"圣路易斯博览会"(Fair St. Louis)航展进行的特技飞行训练过程中,麦道公司试飞员杰夫里·克鲁奇菲尔德(Jeffrey Crutchfield)驾驶的F/A-18战斗机坠入居民区并爆炸。失事飞机坠入一户居民住宅,造成房屋损坏,但幸运的是当时这处住宅家中无人。克鲁奇菲尔德不幸丧生,他拥有6 000 h飞行经验。目击者描述,飞机在坠地前已经起火,最后几秒,看起来飞行员在努力避免撞击房屋。据麦道公司介绍,失事飞机比较新,四个月前才刚刚走下组装线。

圣路易斯邮报提到,麦道公司飞机装配、维护生产线的变更可能与事故有关。邮报记者采访了七名机械师,他们说他们一直在对麦道公司的C414号飞机进行复杂的维修工作,他们怀疑坠毁的是这架飞机。麦道公司发言人达里尔·斯蒂芬森(Daryl Stephenson)后来确认坠毁的飞机确实是C414。

圣路易斯邮报的报价单表明,机械师们的条件是匿名,因为他们担心遭到麦道公司的报复。机械师们说,他们从5月中旬开始修复这架飞机,飞机的一个油箱已经漏油很长时间了。他们被要求修复四号油箱,这是F/A-18战斗机最大的油箱。修理工作很复杂,要拆除数百个管子、固定件、电气部件和其他零件,才能到达存储航油的橡胶油囊。"简直就像一个填字游戏。"

一个迷宫一样的部件负责调解燃油并向发动机供油。修复工作的重点是拆除并更换这个部件,圣路易斯邮报获得的一份 FAA 文件中这样记载这架四个月机龄飞机的修复工作。机械师们必须在油箱中工作,而油箱内部尺寸只有 4 ft 深,而且非常窄。只有瘦小的人才能进入工作。总而言之,有三个盒子,每个长、宽、高各 3 ft,必须把它们全部从油箱中拆下来,工人们才能拆除并更换油囊。工人们说,6 月 5 日,他们才开始重新组装修复部件。

他们说,修理过程中,很难保证不损伤飞机部件,因为工作区内部太狭窄了。例如,有些电气部件带有数十根导线,有时不得不拨开它们。"您可以松开燃油管,也可以松开夹子。",曾参与 C414 号飞机修复工作的工人们说。可能会切断供油管路,妨碍向发动机的供油。有些部件是负责倒飞时向发动机供油的,有可能在坠机前,碰巧出故障了。如果这些部件发生故障,那么发动机就得不到燃油供应。维修机械师说,很多工作,至少要两个机械师不间断轮班才能干完,在 6 月 5 日交工前仍然没有干完,机械师们把剩余工作交给了检验部门。麦道公司不得不组织主管和白领人员继续机械师们未做完的工作。麦道公司发言人说,雇佣的白领人员完成了机械师们没有做完的 C414 修复工作。而机械师说,这些白领人员并不具备完成这些工作的技能。

"主管不会维修飞机。"一位机械师说。"他们不知道我们怎么干。"一位参与 C414 飞机维修的机械师说,一位接手他工作的主管 15 年前曾在飞机上工作过。但无法联系到这位主管,也就无从获得有价值信息。即使是有经验的机械员也很难接手完成其他机械师干了一半的油箱修复工作,因为他们不知道前面到底做过什么。这位机械师还提醒,有目击者证实失事前,发动机发出噪声,而这种噪声正是喷气发动机缺少燃油的典型噪声表现形式。

飞行员杰夫里·克鲁奇菲尔德的 18 岁儿子,吉姆·克鲁奇菲尔德(Jim Crutchfield,后来也成为一名飞行员)目睹了事故发生。正是他父亲教会他飞行技能。当失事飞机坠向地面时,他说发动机声音不正常。"发动机失去动力。"他说。

麦道公司的一位同事评论说,克鲁奇菲尔德是麦道公司最好的工程试飞员之一,这真是一场悲剧。紧接着是关于航展安全的互联网聊天热线的负面意见:"这不违法,但航展历史一直在重复'最佳飞行员'的神话,他们高估了自己在'飞行包线'边缘飞行的能力,把自己推向死亡。"最简单的办法就是不要去做这些事!但是,以前他们尝试过几次,并侥幸生存,所以他们认为自己无所不能,最终都搭上了自己的性命。在艾格林(Eglin)空军基地举办的"火力演示"(Fire Power Demo)航展上,一架 B-58"盗贼"喷气轰炸机(见图 2-30)竟然在 150 ft 的高度作慢滚转动作。"我几乎崩溃了,简直太疯狂了!",1961 年的巴黎航展上,另一位飞行员竟然在观众面前重复这样的动作。"航展很伟大,但确实很危险!"

图 2-30 B-58"盗贼"喷气轰炸机

73. 1996 年 5 月 26 日,F-16/BAE 系统公司"鹰式"教练机事故［葡萄牙空军,葡萄牙贝亚(BEJA)空军基地］

在葡萄牙贝亚空军基地举办的"'96 老虎见面会"(96 tiger meet)活动上,两架参加飞行表演活动的喷气战斗机与教练机空中相撞。其中一架是英国皇家空军的"鹰式"教练机,另一架是葡萄牙空军的 F-16 战斗机。英国飞行员成功弹射逃生,葡萄牙飞行员驾驶飞机着陆。两名飞行员都没有受伤,也没有造成地面观众和其他人员伤亡。事故原因是飞行前任务简报不充分,飞行表演也未获授权。

74. 1996 年 5 月 5 号,"德州佬"(HARVARD)T-6 教练机事故［赛尔托马航展(SERTOMA AIRSHOW),美国路易斯安娜州］

"飞机滚转到一半的时候好像停了下来。"一位在地面观看表演飞行的表演飞行员评论。路易斯安娜州巴吞鲁日(Baton Rouge)市的飞行员乔·哈通(Joe Hartung),是经典喷气飞机协会(Classic Jet Aircraft Association)会员,他自己拥有一架波兰"伊斯克拉"(Iskra)喷气教练机、一架 B-25 轰炸机和一架 T-6"德州佬"教练机,在赛尔托马航展(Sertoma Airshow)上驾驶飞机做低空滚转表演时不幸丧生。失事飞机坠毁在距离观众区不到 150 yd 的地面,据估计现场有 13 000 多名观众在观看表演。应急救援人员 1 min 内到达事故现场,45 min 清空了观众区。

对业余录像资料的分析看出,失事飞机滚转的前半圈正常,滚转至一半,成倒飞姿态后,机头过度下沉。飞机继续缓慢向右滚转,不幸坠地。坠地时,左侧机翼稍微偏下,右侧机翼偏上,几乎处于机翼水平姿态。即将发生灾难的第一个迹象是,在倒飞状态机头过度下沉时没有对抗机头下沉的方向舵下偏输入。飞机坠毁后没有起火,但是机身摔成了几大块碎片。

飞行过 T-6 教练机的飞行员都知道这种飞机的滚转性能和操纵品质;这种飞机没有倒飞燃油、滑油处置系统,在 1 000 ft 高度都不好驾驶,更不要说在低空了。T-6 飞机不是一种敏捷的特技飞机,甚至不适合作低空慢滚转。这已经不是第一架做低空特技坠毁的 T-6 飞机了。一位有经验的表演飞行员评论说:"我曾在基西米航展上驾驶 T-6 飞机进行了特技飞行,人们总是对为什么选择它作为特技飞机而感到困惑。这种飞机机身很结实,但笨重而笨拙,而且即使配备了增压的径向发动机,也还是动力不足。"

失事飞行员具有这种型号飞机的很多飞行小时经验,并且自己拥有一架 T-6 飞机。他的总飞行时间达到 11 000 h。一位睿智的老飞行员说:"他驾驶 T-6 飞行离地面太近了,肯定会出事。",另一位老飞行员说:"T-6 飞机的副翼扭矩很低,滚转速度很慢,B-25 轰炸机的滚转速度都比它快。",另一位 T-6 飞机飞行"老手"说:"我有 3 000 h 这种飞机的飞行经验,作为一名飞行教员,我也参加了很多低空表演飞行。飞机是不知道要做什么的,它只知道飞行员施加的力。当然,你可以驾驶 T-6 飞机倒飞一段时间,直至失去滑油压力。我也经历过负过载危险。"

"我不认识失事飞行员,也无意冒犯。"另一位有经验的表演飞行员说。"他做这种滚转所犯的错误,我犯过很多次,但都不是在 50 ft 这么低的高度。不论什么时候做特技表演,你都必须清楚将会发生什么,必须知道怎样让你的飞机做你要求的动作。我不想说这次事故的具体原因,只是说一说这种滚转。任何飞机,它的滚转快慢都不重要,如果你控制不好姿态,那么你将很快失去高度。这才是重点所在。很明显,飞行速度能帮助你,能提高滚转速度。但是,如果你不能把飞机姿态控制在水平状态,你还是会掉高度。这就要求你必须了解你所驾驶的飞机和你要做的事情。如果高度太低,处于倒飞姿态,而且你也意识到了正在'抛出去'(dishing-out),那么应该立即停止滚转,迅速拉起机头至上仰 10°~20°,然后再完成滚转。发动机熄火与否都没关系,因为你已经有了足够能量。那样做真的很愚蠢,但他确实那样做了,所以坠机了。"

有些飞机比其他飞机更难驾驶,AT-6 恰好是其中之一,但您必须知道如何做。如果您不能在不"抛出"(dishing-out)或不"掉高度"(dishing-out)情况下完成 50 次好的滚转,那么您真的应该三思,是否应该在这么低的高度做滚转机动。

75. 1996年4月16日,"霍克海怒"(HAWKER SEA FURY)战斗机事故 ["鹰"特技飞行表演队(Eagles Aerobatic Team),SUN 'N FUN 航展,美国佛罗里达州莱克兰市]

58岁的查理·希拉德(Charlie Hillard)与他的好友汤姆·波贝雷兹尼(Tom Poberezny)和吉恩·索西(Gene Soucy)作为"鹰"特技飞行表演队的成员,一起参加航展表演已经25年。但1996年在美国佛罗里达州莱克兰市举办的实验飞机协会"Sun 'n Fun"航展上不幸坠机身亡。根据NTSB的事故调查报告,失事的"霍克海怒"(HAWKER SEA FURY)战斗机完成表演飞行,正在着陆。飞行员希拉德已经驾驶飞机前轮着地,并减速至三点着地状态,飞机尾翼突然抬升,偏离27跑道冲向右侧。

飞行员受到致命伤害,飞机严重受损。佛罗里达州波尔克县医院体检医师亚历山大·梅拉穆德(Alexander Melamud)得出结论,希拉德死于"位置性窒息",他的胸部和背部受到座舱部件挤压。当他驾驶大英帝国第二次世界大战战机翻倒后,飞机座舱盖被压碎,他被压迫窒息。之前,希拉德从驾驶舱中拆除了防滚支撑架,以便腾出空间放置折叠座椅(jump seat),恢复飞机的表演飞行。希拉德具有42年,15 000 h飞行经历。他的主要飞行成就包括:1958年美国跳伞队成员;1967年国家特技飞行冠军;1972年特技飞行世界冠军;1971—1995年"鹰"特技飞行表演队队长,1991—1995年实验飞机协会奥什科什航展总监。希拉德的"霍克海怒"战斗机飞行时数相对较少,他的各种老式"战鸟"总飞行时间只有250 h,他在著名的"鹰"特技飞行表演队长达25年的职业飞行生涯中,无事故飞行时数达到14 400 h。1995年"鹰"飞行表演队解散,希拉德购买了失事的这架"霍克海怒"战斗机,并在1996年开始参加航展进行单机飞行表演。

失事时,观众们看到,希拉德已经放下了"霍克海怒"飞机的机尾,但机尾却突然快速抬升起来,飞机急剧向右偏转。看起来像一个"死"刹车,因为机尾甩得太快,大约只有1/8 s。飞机在跑道旁翻了个身。飞机离开跑道时冒出很多灰白色烟雾。螺旋桨缓慢转动,挖出很多沙子和尘土。飞机最后被垂尾和整流罩支撑着。尾翼没有折断,以较低速度转动,人们都希望飞行员能安全!

NTSB的调查报告认为事故是"飞行员错误"导致的,具体说,就是飞行员在着陆滑跑时没有正确使用刹车和副翼,而且当时有右侧阵风。这些因素组合,导致失去方向控制,无法继续前进。事故调查局指出当时有6 kn阵风,希拉德缺乏"霍克海怒"飞机飞行经验(仅飞行41 h),这些都是事故因素。事故录像资料表明,着陆滑跑时和后来的事故过程中,左侧副翼和两个升降舵舵面都处于上偏状态。NTSB还指出,事发后对飞机刹车系统的实验表明,飞机液压系统压力正常。此外,事故调查人员表示,他们没有发现可见的制动卡钳泄漏,也没有发现刹车盘或衬片异常磨损。根据NTSB的事故调查报告,事故发生几天前,技工才为左右车轮安装了新的刹车盘。希拉德最近还更换了飞机的右轮和制动卡钳,因为在飞机被推入机库时,发现有一个刹车键从机轮上伸了出来,并卡在机轮和卡钳之间。

NTSB调查人员发现打滑的痕迹,表明从跑道5 000 ft标记处开始,左侧主起落架间歇性制动,并持续439 ft。在那一点,左侧主起落架持续刹车,直至飞机偏离跑道。而右侧主机轮一直处于连续刹车状态,持续了400 ft。左右机轮轮胎痕迹都表明向右偏。

希拉德的好友,前"鹰"特技飞行队队员,汤姆·波贝雷兹尼说,他很难接受NTSB的结论。"我知道,其他人也知道,事故发生后对刹车系统所做的试验,并不能表明刹车系统以前就能正常工作。"他说。"我没有看到事故过程,我知道NTSB做了很好的工作,我并不是批评NTSB。"但事故很多原因还是不清楚。我们在一起飞行了25年,我不能接受'飞行员错误'这样的结论。当然也不排除这种可能。""我不确定我们是否会知道造成这次事故的真正原因,但是有一点毫无疑问,我对希拉德作为一名飞行员的看法没有改变,他是一位卓越的飞行员!"

76. 1995年11月8日,"皮拉图斯"PC – 7 MK Ⅱ阿斯特拉(PILATUS PC – 7 MK Ⅱ ASTRA)教练机事故(南非空军,南非郎厄班镇)

南非郎厄班镇中央飞行学校(CFS)的两名南非空军飞行教员,韦斯顿(Weston)上尉和多梅尔(Dormehl)上尉,和新组建的"阿斯特拉特技飞行表演队"(Astra Aerobatics Team)成员获得授权,为即将进行的编队特技表演飞行开展飞行演练。成功完成第一轮表演飞行动作练习之后,在进行第二轮表演的第二个机动动作,编队飞机以星形编队完成向左的桶形滚转,多梅尔上尉驾驶的6号"皮拉图斯"PC – 7MK Ⅱ阿斯特拉教练机(见图2 – 31)移出编队向右上方飞行过程中撞到了2号飞机垂尾左侧,导致该机结构损伤。2号机飞行员韦斯顿上尉无法维持飞机控制,随后成功弹射逃生。多梅尔上尉完成了一个低速飞行检查后安全着陆。

图2 – 31 "皮拉图斯"PC – 7 MK Ⅱ阿斯特拉"教练机

77. 1995年9月27日,B-26"掠夺者"(MARAUDER)轰炸机事故[纪念空军(CAF),美国德克萨斯州]

世界唯一一架适航的B-26"掠夺者"轰炸机在德克萨斯州敖德萨市(Odessa)坠毁,飞机完全毁坏,机上5人全部遇难,包括两名飞行员、一名机组人员和两名乘客。这架二战老式轰炸机驻扎在得克萨斯州米德兰市的纪念空军基地,1968年由纪念空军购买,1984年开始飞行。遇难人员是沃尔特·伍图恩(Walter Wootoon),弗纳·索普(Vernor Thorp)(CAF的特许成员),约翰·克鲁伊德(John Cloyd)和两名英国乘客。据报道,来自英国的两名乘客是航空爱好者克里斯·加德纳(Chris Gardner)和科林·邓威尔(Colin Dunwell)。

失事飞机当天正在为航展作飞行练习,在机场以南5 mi处,两台发动机均发出异响,然后全部停车。尽管飞行员做了安全迫降,但飞机撞上高出地面的一组天然气管道,发生了大爆炸。尽管发生了事故,但纪念空军航展仍如期举行。

78. 1995年9月2日,BAE系统公司"猎迷"(NIMROD)反潜巡逻机事故(加拿大皇家空军,加拿大国家博览会航展,加拿大多伦多)

在加拿大国家展览会(CNE)期间,沿岸拥挤的100 000多名观众陷入沉默和怀疑之中,因为在航展上表演时,四引擎的皇家空军"猎迷"反潜巡逻机消失在多伦多安大略湖中。"猎迷"飞机在展示它规避热寻的导弹能力时,从一个低空"侧翼"(wingover)机动中拉起时坠毁,以约230 mi/h的速度冲入湖水中,7名机组人员全部遇难。表演飞行的最后一组动作是陡峭拉起,发射曳光弹,然后急剧左转,模拟规避敌方导弹的战术。救生筏和救援直升机迅速到达现场,救生筏上全都是救生衣。

录像资料显示,失事飞机以机头下俯25°,机翼水平姿态从700 ft高度俯冲坠落,速度非常快。俯仰姿态短暂增大,随后在500 ft或更低高度失速,持续下降冲入水中。可以看出来飞行员已经发现冲入水中的危险了,试图拉起飞机避免危险。

一位经验丰富的前皇家空军飞行员,通过双筒望远镜看到这架四引擎喷气飞机溅起大片水雾和碎屑,他评论说:"飞机坠入水中飞溅的水花非常大,然后,几秒钟后,发出一声巨响,几乎就像瓦解了一样。"他接着说:"失事飞机失速了,这是简单的人为差错,飞机坠毁时四台发动机工作正常。坡度角很大,加上过载,再者飞机速度当时又很低,所有飞行员都知道这是危险的。飞机坠毁前,现场一片静默,飞机坠毁后,现场再次一片静默,好像一切都是注定的。不管原因是什么,最后的结局都是悲伤的。这架飞机曾在新斯科舍省(Nova Scotia)希尔沃特区表演过同样的动作。"事故发生后人群惊恐,母亲掩盖住孩子的脸庞,所有人都在哭泣。

皇家空军副司令马歇尔·彼得.斯奎尔(Marshall Peter Squire)说:"机组人员隶属于苏

格兰金洛斯基地,是资深飞行表演团队。他们是一个有经验的机组,今年已经在数个航展进行了类似表演飞行。我们对失去这样一个优秀的机组团队感到非常悲伤。"斯奎尔解释说:这架飞机主要用于反潜侦查与反潜作战。失事时正在做"侧翼机动"。飞机当时正在展示其规避敌方热寻的导弹的能力:拉起爬升,随后陡峭转弯和俯冲。但飞机未能从俯冲中改出。

航展主席唐·查普曼(Don Chapman)说,事故调查完成前,航展将暂停。飞机失事时满足联邦安全法规要求,距离观众线至少1 500 ft。

那么,还有一个问题:"不管平时是怎么训练的,到底还是出了问题。那么在做最后一个机动时,飞行员是以什么作为高度参考的? 使用雷达高度表么? 还是气压高度表? 设置为QFE(场高)还是QNH(海拔高度)? 在加拿大使用QNH,如果飞行员设置为QNH,而平时又是使用QFE,他可能会忘了这种差别,而安大略湖的海拔高度是350 ft,比他爬升的顶部还要高。如果是在海上,或者他设置为QFE,他都能安全完成这些动作(假设以气压高度为参考)。在有坡度角和俯仰角的飞行中,雷达高度表是否可以作为准确的参考,这是令人怀疑的。同样,前窗的视野测量飞机离地距离的方法也一样令人怀疑,在水面上就更难实现。"

1978年8月11日,皇家空军617中队的"火神"(Vulcan)B2大型喷气轰炸机也经历了同样的飞行轨迹和命运。在美国伊利诺伊州芝加哥的格伦维尤海军航空站的航展彩排过程中,飞机作"侧翼机动"时失速,坠毁在毗邻机场的垃圾处理站,幸运的是没有造成附带损害。

对于水面航展坠毁飞机,提出另外一个问题:"在水面进行表演飞行是不是更危险?",尽管没有明确的统计数据支持这种说法,但加拿大国家展览会(CNE)航展53年的举办历史上,发生了8起坠机事故,导致16人丧生。具体情况是:

1949年,加拿大皇家海军(RCN)飞机,2人丧生;

1953年,加拿大皇家空军(RCAF)CF-86战斗机,1人丧生;

1957年,加拿大皇家空军(RCAF)CF-100双发喷气战斗机,2人丧生;

1966年,美国海军蓝天使飞行表演队,1人丧生;

1976年,老式DH虎娥(DH Tigermoth)双翼机,1人丧生;

1977年,老式"仙女萤火虫"(Fairey Firefly)战斗机,1人丧生;

1989年,加拿大皇家空军"雪鸟"飞行表演队2架飞机,1人丧生,1人安全弹射;

1995年,皇家空军"猎迷"(Nimrod)反潜巡逻机,7人丧生。

79. 1995年9月9日,梅赛斯密特BF-108"台风"(Taifun)飞机事故(德国柏林)

54岁的德国宇航员莱因哈德·弗雷尔(Reinhard Furrer)作为特邀嘉宾参加约翰尼斯塔尔(Johannistal)航展,他搭乘39岁的飞行员格德·卡德曼(Gerd Kahdemann)驾驶的梅赛斯密特108"台风"飞机不幸失事,2人丧生。莱因哈德·弗雷尔是一位物理科学家,十年前曾搭乘美国"挑战者"号航天飞机进入太空,在太空舱开展了多项科学实验。本届约翰尼斯塔尔航展是最后一次在柏林东南部的这个历史遗迹场地举办,德国航空业的先驱奥托·李林塔尔(Otto Lilienthal)曾在这里进行了首次飞行尝试。由于这个地方将进行商业开发,以后无法再举办航展。

失事当天下午,单发螺旋桨BF-108"台风"飞机与其它几架老式飞机在约翰尼斯塔尔机场参加表演飞行。航展已经结束,弗雷尔和飞行员决定再做几次机动飞行。一位目击者描述:"下午18:00点刚过,他们做了2次成功滚转,在第三次滚转时,一侧机翼触地,飞机随后起火。",还有人报告说:飞机滚转后,迅速掉高度,机头向下,以非常陡峭姿态坠地。幸运的是,飞机没有坠入人群,距离最近的一群观众500 m远。尽管救援直升机迅速到达,但弗雷尔和飞行员卡德曼已经没有机会生存。尽管发生了事故,但航展于周日继续进行,向飞行员和机组人员致敬。

梅赛斯密特BF-108"台风"飞机是一种四座飞机。1933年,梅赛斯密特工厂接到一份订单,要求制造一架飞机,从1934年开始在欧洲巡游展览。该飞机也称为Me-108,曾在1939年飞出了9 075 m的世界飞行高度纪录。失事的这架飞机,是世界上仅存的2架这种型号之一,另一架由汉莎(Lufthansa)航空公司拥有。该飞机并不具备特技飞行资质。

80. 1995年7月17日,L-39"信天翁"(ALBATROSS)飞机事故(斯洛伐克空军"白色信天翁"特技飞行表演队,斯洛伐克)

1995年,斯洛伐克空军"白色信天翁"特技飞行表演队非常忙碌,鉴于其良好的国际声誉,他们收到了世界各地很多表演飞行邀请。飞行表演队在当天驾驶的L-39"信天翁"飞机的飞行训练中发生了空中撞机事故,编队的2号机和6号机空中相撞。飞行员玛丽安·萨卡克(Marian Sakac)中校和罗伯特·罗森伯格(飞行学员)上尉安全弹射。飞行员彼得·菲安塔(Peter Fianta)少校驾驶受损飞机安全着陆。

81. 1994年6月24日,B-52轰炸机事故(美国空军,美国华盛顿州)

1994年6月24日下午14:00点左右,一架B-52轰炸机从华盛顿州费尔柴尔德空军基地起飞,进行航展前的飞行演练。15 min后,飞机以170 mi/h的速度坠毁,4名机组人员全部丧生(见图2-32)。飞机坠毁时,勉强躲过了一个核武器存放仓库和一所人员拥挤的飞行员学校。当时,飞机正在绕机场做向左急转弯。飞行员飞越这个区域是严重违反规定的,所有飞行条例都规定:"不准在05-23跑道南端绕飞。"因为左转弯会使飞机飞越医学湖(Medical Lake)小镇,那个区域在跑道南端2 mi处,有一些高度低且坡度缓的山丘。机场南端还有一个武器存放仓库,而且还会对4 mi外的斯波坎(Spokane)国际机场的进出港航班产生影响。

当时,飞机刚飞完第三边(down leg),准备转入第四边(base leg)。很不幸,此时表面风是20 kn阵风,明显加大了转弯的侧风分量。第四边转弯使飞机顺风进入禁飞区,飞行员不得不急转弯。通过对飞行事故视频的逐帧回放分析发现,副翼处于"左坡度"位置,当时B-52轰炸机的坡度角已经达到了60°。在飞机达到极限左侧机翼下沉姿态之前,没有任何改出动作,飞机坠落至坠地非常快,从头到尾,坡度角都没有什么变化。飞机翼尖先触地,随后发生爆炸并燃起大火。

看起来飞机坠地时发动机处于慢车状态,因为发动机喷管没有冒烟。机组人员没能逃出来,因为飞机高度太低再加上坡度角很大。实际上,机组人员根本没有意识到危险,等意识到时已经为时过晚。一切都发生的太快,多数事故都是如此。一位观众评论:"看起来像是一个失控事故,但我怎么也不会相信军事飞行员会使自己进入这种糟糕状态。"

事故录像显示,副驾驶在坠地前尝试弹射,但不幸的是飞机处于弹射包线范围之外,降落伞未能打开,副驾驶还是坠地丧生。B-52轰炸机上层驾驶舱的弹射包线是90 kn,零高度。当时飞机是有速度的,但是弹射时,飞机速度的向下矢量导致副驾驶丧生。如果再有一点高度,或者飞机处于平飞姿态,副驾驶

(a)

(b)

(c)

(d)

图2-32　B-52轰炸机维护不良导致机翼故障,发生灾难

还是有机会逃生的。

更为令人震惊的是，一直以来，其实没有人愿意与失事飞行员亚瑟·霍兰德(Arthur Holland)上校一起飞行，尽管他是一位具有 24 年飞行经验的资深飞行员，而且马上就要退休。与他一起丧生的 3 位飞行员中的 2 位之所以这次与他一起飞行，是因为害怕他，其实根本不愿意与他一起飞行。霍兰德有一个绰号"热杆"(hot stick)，有一次，他驾驶 B－52 轰炸机陡峭爬升，燃油竟然从飞机机翼油箱顶部的通风孔流出。据报道，他在一次航展的飞行中"硬操作"，做了一次严格禁止的爬升，期间弹出了 500 个铆钉。还有一次，为了飞越他女儿学校的垒球场地正在进行的比赛上空，他驾驶 B－52 轰炸机进入"tight spiral"状态。一位副驾驶抱怨说，在三个月前的一次飞行中，自己不得不把飞机控制抢回来，因为霍兰德把飞机开到了距离山脊线只有几十英尺的地方。

最不祥的是，与他一起飞行过的一些机组人员说，霍兰德经常谈论要在 B－52 轰炸机飞行中进行滚转，尝试这些从来没有做过的事情。

霍兰德的上级还让他负责对基地 B－52 轰炸机飞行员进行评估，而且他的 13 任指挥官都没有让他停飞，只有一位让他暂停过一年，而且没有一位指挥官对接任指挥官就霍兰德的行为进行过警告。霍兰德的危险驾驶行为曾被告上军事法庭，他都认罪。哥伦比亚广播公司(CBS)驻当地子公司的评论认为机组人员正在为即将到来的航展进行练习，飞机驾驶员可能在炫耀飞行技巧。他们接着说，在之前的航展上，这位飞行员回来时，他的 B－52 轰炸机上有铆钉掉落。如果这些说法都是真的，那么这位飞行员过去明显具有超出飞机限制的行为，并且判断有问题。这是一个悲剧，因为空军还有其他人员抱怨过这位飞行员的"吓人"行为。哥伦比亚广播公司说，过去那些年，至少有 10 位指挥官可以停飞霍兰德，但他们都没有做。

哥伦比亚广播公司还说，副驾驶马克·麦基汉(Mark McGeehan)中校(已经死亡)一直非常谨慎，他不让任何人与霍兰德搭档飞行。麦基汉是中队指挥官，但他的上级，联队指挥官拒绝他的要求。没有办法，从那以后，他自愿成为唯一与霍兰德搭档的飞行员，这样别人的生命就不会受到威胁。这次坠机事故还差一点造成更大灾难，坠机地点不远就是一所生存训练学校，当时有 500 多人在教室外野炊。其中很多人说他们都感觉到了爆炸燃烧的热浪。如果飞机坠落在校区内，那将是灾难，救援和清理更加困难。另一个更让人后怕的情况是，如果飞机坠毁了在武器储存区，可能导致核武器爆炸。

1986—1987 年之间，在费尔柴尔德基地还发生过一次"严重"坠机事故，一架 KC－135 加油机坠毁在基地一块开阔地上，距离基地办公大楼仅 50 yd 远。当时，这架加油机和另外一架 B－52 轰炸机正在进行航展前的飞行训练，加油机遭遇了 B－52 飞机的尾涡湍流而坠毁。说明大型飞机在近地高度进行机动时的风险性。也许现在人们明白只是为了娱乐而让大型飞机在靠近地面的高度进行飞行所要承担的风险了！

82. 1994年2月14日,F－16C 战斗机事故(美国空军"雷鸟"飞行表演队,美国内华达州)

美国空军"雷鸟"飞行表演队飞行员刘易斯上尉驾驶一架 F—16C 战斗机做"螺旋下降",但超过了一圈。改出高度太低,飞行员自认为可以拉起,但在最后拉起时,机腹在沙漠地上滑蹭。飞行员没有弹射,但幸免于难。飞机基本完好,飞行员背部和腿部受伤。后来飞行员康复并重返飞行队伍,但再也没有能够加入"雷鸟"表演队。

83. 1993年10月2日,"Aermacchi"MB－326 教练机事故(南非空军,"银隼"特技飞行表演队,南非)

1993年非洲航空航天博览会的亮点之一是南非空军"银隼"特技飞行队的表演飞行。"银隼"特技飞行队使用的是意大利设计生产的"Aermacchi"MB－326 喷气教练机,当天,表演队一架飞机失事,飞行员查尔斯·鲁德尼克(Charles Rudnick)上尉丧生。

四机菱形编队正在做同步桶形滚转,然后翻斤斗。在从斤斗动作拉出时,飞机机头下俯 45°,右侧机翼发生故障折断,致使飞机在 300 ft 高度失控。机身继续下降,完成了 2.5 圈滚转,最后坠地。飞行员在飞机滚转 2 圈时弹射,飞机坠地前,左侧机翼也从飞机身上脱落。由于飞机旋转的巨大离心力,再加上弹射高度太低,飞行员未能生存。

飞机坠落在飞机场边界的一个集结区,但奇迹般的是,尽管坠机残骸对周围基础设施造成了一些附带损害,没有观众或公众受伤。机翼折断的原因是机翼中段下翼梁疲劳裂纹,导致机翼中段故障。在定期大修时没有对出现裂纹的机翼主梁进行维修是这次事故的主要原因。在维修和大修厂的构型管理中未检测到此故障。

机队改进计划要求对机翼中部进行加强,以增强抗疲劳裂纹的能力,并为表演队飞机制定了疲劳寿命监控程序。但对这架飞机的机身没有进行加强,而且在监控图表中,这架飞机消失了两年半,之后又作为已经加强的飞机出现。对失事飞机进行的物理检验表明,这架飞机从未进行加强,机身飞行达到 1 593 h,已经超出了设计疲劳寿命。

84. 1993年8月8日,SAAB JAS－39"GRIPEN"战斗机事故(瑞典空军,瑞典斯德哥尔摩)

据瑞典空军飞机事故调查局对 1993 年 8 月 8 日 JAS－39"Gripen"战斗机坠毁事故的最终事故调查报告对事故过程的描述,事故从 280 m 离地高度,低速 360°左转弯开始。发动机加力打开,飞行速度 285 km/h,过载 2 g,坡度角 65°,迎角 21°。飞机从转弯中滚出,驾驶杆向右达到行程末端,并稍微向前。左侧副翼快速偏转至底部位置。飞机向右坡度角 20°,迎角减小到小于 10°。为了快速恢复机翼水平姿态,飞行员快速向左推杆,并稍微向前。这导致控制面的运动速度达到了最大偏转速度,而且由于飞行控制系统几乎没有或根本没有控制面位移可以使用,飞机的稳定性裕度降低了。飞机进入飞行员诱发振荡(PIO),这个现象在 YF-22(F-22原型机)早期研制试飞阶段也曾出现过。

用技术术语来说,在低速左转弯时,自动滚转配平断开,完全自动满足迎角超过20°的要求,但也正因为如此,为了保持恒定的坡度角,控制杆必须保持在向右偏2°位置。这次事故中,控制杆向右移动,以便从转弯中滚出,这和训练中是一样的,但是它是从右偏2°开始的,很容易达到几何停止位置,导致滚转速率超出飞行员预期。

飞行试验机构是知道可能发生这种情况的,但是他们估计在飞行中发生这种情况的可能性微乎其微,可以忽略不计。本次事故中,振荡发散,飞机机尾抬升,几乎同时失去了前飞速度,并失控。飞行员无能为力,甚至无法将飞机飞离成千上万观众更远一些,没有办法,只能弹射逃生。非常幸运的是,飞机坠毁的地方没有观众,避免了"拉姆斯泰因"事故悲剧的重演。

事故调查局认为,飞机状态良好,事故原因是飞行员急速移动操纵杆,飞控系统自动配平导致的。尽管飞控计算机损毁严重,但最终得到修复,所有数据信息都可以恢复。为事故分析人员提供了准确依据。

尽管飞行员超出了对飞行表演设置的飞行限制,但这不是事故的直接原因。控制律很复杂,由于还处于飞行试验阶段,这意味着可能还存在一些问题,无法充分分析其功能。令人惊讶的是,并没有在整个飞行包线内对控制面偏转速度的影响进行全面分析研究,飞机制造商的试飞验证并没有确定飞机的PIO特征。在模拟器上飞行时,操纵杆的操作比实际飞行少很多。模拟器模拟飞行研究表明,"Gripen"飞机的失速迎角小于20°。

公平地说,没有哪个飞行试验大纲可以保证对飞机特性进行全频谱表征,尤其是一些复杂且高度依赖计算机的飞行控制系统,尤其是PIO,非常复杂。必须回答的问题是:"一架研制中的飞机可以向观众展示到什么程度?",换句话说,如果观众死亡或重伤,观众向制造商提出何种索赔?飞机制造商在允许向公众展示飞机之前进行了哪些风险分析?

坠机的原因可以在飞行员指令、控制杆特性、控制律限制和控制面限制等范围内得到最好的总结分析。事故原因还有一方面,这架飞机与原型机还是有差异的,飞行员并没有完全被告知。失事飞机是一种轻型战斗机,推重比很大,所以在俯仰轴非常灵敏。操纵杆很小的力输入都会产生很大的滚转输出,导致滚转速度很大。飞机的质量分布也有差异,在自动配平系统断开时,要求操纵杆必须保持向右2°才能维持坡度角不变。

飞机坠地前,飞控系统、发动机和其他系统都工作正常,没有外部原因导致故障。飞行员训练良好,装备齐全。尽管超出了最低高度和最大迎角限制,但这不是事故直接原因。飞机制造商和用户都知道操纵杆的大幅快速移动会导致PIO,只是认为发生概率很低,所以并没有完全告知飞行员。最后一点,告警灯提示飞行员控制系统饱和的时机太晚,飞行员无能为力。几乎同时，飞行员才意识到飞机的行为和 270 m 的飞行高度，飞行员无法尝试重新获得飞机控制权。

85. 1993 年 7 月 24 日，米格 MIG – 29 战斗机事故［1993 皇家 Tattoo 国际航展（RIAT'93），英国皇家空军费尔福德基地］

在 1993 年英国皇家 Tattoo 国际航展（Royal International Air Tattoo'93）上，两架俄罗斯米高扬设计局的米格 MIG – 29 战斗机在进行特技表演飞行时空中相撞，两名飞行员均弹射，仅受轻伤。两架失事飞机属于俄罗斯茹科夫斯基飞行研究院，两名飞行员是平民试飞员，分别是谢尔盖·特雷斯维塔斯基（Sergey Tresvyatsky）和亚历山大·别舒斯塔诺夫（Alexander Beschastnov）。幸运的是二者在低空弹射中都只受轻伤。地面数千名观众无人员死亡，有部分人受到振动冲击。

当天两架飞机完成了系列协同同步特技飞行表演，随后分开，分别进行单机表演。特雷斯维塔斯基的飞机正从下降中逐步拉起，别舒斯塔诺夫的飞机从下方向上拉起，侵入特雷斯维塔斯基的航线，左侧机翼几乎是切割了特雷斯维塔斯基的飞机，特雷斯维塔斯基的飞机从驾驶舱后面一点折断为两截，并起火，在坠地前，特雷斯维塔斯基弹射逃生。别舒斯塔诺夫的飞机也随即失控，别舒斯塔诺夫迅速弹射逃生，飞机坠落在离观众不远处。

对于观众来说，他们的表演最大的特点是进行了几次高速迎头穿越，在速度和时机上给观众留下了深刻的印象，激发了观众的兴趣。当天云层较低。两架飞机在做了同步斗斗后，拉升至云层中。钻出云层时，2 号机处于长机前方。长机向后看寻找 2 号机的位置，2 号机向前看试图看到长机，此时状况已经很糟糕，两名飞行员都没有目视看见彼此。

长机左转弯，撞上了在长机前面的 2 号机。他们在无线电中已经通报"失去目视"接触，但是他们没有获得安全飞行员的答复，此时安全飞行员处于地面一架 Tu – 134 飞机中，显然没电了，所以没有回复。这次事故鲜为人知的事实之一是两架米格战斗机相互碰撞时实际上在执行"失去目视接触"程序。

事故发生后，救援直升机迅速起飞。一架失事飞机坠落在机场外，另一架坠落在比利时空军 C – 130 运输机边界围栏外，一个弹射座椅落在了"红箭"飞行表演队飞机与意大利空军 G – 222 飞机之间的滑行道上。令人惊讶的是，地面飞机只造成很小损坏，比利时空军 C – 130 飞机的机尾受到了损坏，意大利空军的 G – 222 主要是机身受损。

现场评论暂停了片刻，但是当现场评论重新开始时，从评论者的声音中可以明显感觉到他已经被震惊了。他告诉人群说，他们所看到的事情本不应该发生，救援服务正在路上。通常，人群都会担心飞行员的安全和附带伤害，但奇怪的是，也有一些观众意识到了刚刚发生的一切的全部影响，他们更加关注自己是否在胶片上捕捉到了事故过程！

令观众惊讶的是航展仍然继续进行，事故发生后立即进行了下一场表演飞行，几乎没有任何延误。这在某些航展上可能是标准做法，但对观众来说似乎有些奇怪，表演继续进行，好像什么也没发生。观众报告说，低空爆炸声出乎意料，这是在撞击时人们所期望听到的能量释放声音。周围的大多数人都不知道另一架米格MIG-29战斗机发生了什么，因为每个人的眼光都跟随起火的那架飞机，然后他们看到了另一个降落伞。

用一位观众的话说："突然之间，观众人群开始反向移动，一架米格MIG-29战斗机突然燃烧成了一个巨大的火球，整个人群都惊呼不已。我无法想象它们实际上已经坠毁了，只是以为出了点问题。我认为大多数人都不知道它们当时坠毁了。这一切发生得非常快，当米格飞机坠落在地时，我一直在跟踪它，当我抬头仰望天空时，我只看到一个降落伞漂浮在空中，却没有看到飞行员跳伞。"

两位飞行员幸免于难，而且没有对观众造成重大伤害，这真是一个奇迹。据传，唯一的伤害是两名飞行员在随后的责任分摊争论中，互相给了一拳。

86. 1993年6月26日，波音PT-17"斯梯曼"双翼教练机["斯梯曼双翼机漫步者飞行表演队"(STEARMAN BI-PLANE WINGWALKING TEAM)，"协和国际航空节"(CONCORD INTERNATIONAL AIR FESTIVAL)，美国]

"协和(NH)国际航空节"发生了致命坠机事故。按照计划，每天早上先进行F-117A、KC-135、A-10等飞机的通场，然后是"金骑士"(Golden Knights)跳伞队的跳伞表演；下午进行特技飞行和特技表演。第三天下午的表演飞行由来自弗吉尼亚州米德兰的罗恩·舍里(Ron Shelly)和他的女儿凯伦(Karen)驾驶波音PT-17"斯梯曼"双翼教练机进行。罗恩坐在后座，表演飞行按照CFR91部14条的规定进行。

表演飞行的前段包括"起飞""snap滚转""垂直槌头机动"(vertical hammerhead)和"100 ft高度的低空通场"。直到此时，罗恩和凯伦都在自己的座位上。随后，凯伦准备爬到上层机翼的上面表演"机翼漫步"。在完成向左滚转后，飞机持续滚转，未能改出，直至坠地。

联邦航空管理局航空安全检查员(运营)韦恩·T.史密斯(Wayne T. Smith)先生，是这次航展的主管检查员，他目睹了这次事故的发生。史密斯在他的报告中说："我从航展指挥台目睹了事故的发生。飞机在完成向左的慢滚转之后，进入向左的'snap-roll'。我看到飞机滚转3/4圈后大约掉了50～75 ft高度，从特技烟雾中我可以看到飞机在向右滑动。飞机持续向左滚转，在离地25 ft高度时，机翼水平。机头随即急剧上仰，飞机继续左滚。我仍能听到发动机声音，而且是正常的声音。随后飞机以机头60°向下姿态坠地，左侧机翼同时触地，随即飞机起火。"

消防车1 min内就到达了坠落的飞机跟前，但是扑灭大火花费了几分钟时间。最初，观众以为航展还会继续进行，但当天的表演全部取消了。周日的航展继续进行，专为纪念罗恩和凯伦。据报道，飞行员曾告诉航展经理，他感觉不好，准备削减部分表演内容。这是《华盛顿邮报》的报道，这是出于当地利益的考虑，因为表演者是华盛顿地区的居民。国家运输安全局确定此事故的可能原因是"由于失能导致飞机失控"。

87. 1993 年 5 月 2 日，北美 F - 86"佩刀"战斗机事故["埃尔托罗(EL - TORO AIRSHOW)航展"，加利福尼亚州，美国]

据美国全国广播公司(National Broadcasting Company)新闻报道，在加利福尼亚东南部埃尔托罗海军陆战队航空站"开放日"活动上，F - 86"佩刀"战斗机发生了1993年航展季的第一个重大航展坠机事故。当时失事飞机正在做斤斗机动，但高度不足，无法完成这个动作。飞机坠毁在跑道上，爆炸并燃起大火。着火的碎片散布在跑道上。飞机撞击在 34 号跑道左侧位置，碎片沿着跑道延伸了 5 000 ft，观众线与跑道相距几百码。表演暂停了大约 1.5 h，机场方面清理了跑道。航展表演继续进行。一架 AV - 8B"海鹞"战斗机、一个民间飞行队和"雷鸟"飞行队进行了表演飞行。直到表演结束，这些飞行员并不知道失事飞机飞行员已经死亡。五年前曾在这个航展上目睹 F/A - 18 战斗机坠机事故的一位观众说：看起来和那次的动作是一样的，真是一个讨厌的"似曾相识"。CNN 报道，在为期 3 d 的活动中，有超过 100 万名观众前来参观。

目击者说飞行员开始做斤斗机动的高度太低了，这可能就是事故原因，事故不是机械故障或其他中间诱导因素导致的。几位知识层次比较高的目击者说，根据视频资料分析，飞行员进入斤斗的速度也不够，很明显，飞机坠地前已经失速了。那时因为飞行员已经意识到了危险，开始猛烈向后拉杆。看来，飞机即将成功通过斤斗底部，但是机头碰到了地面。这可能是一个加速失速。

在第二天的《洛杉矶时报》上，有报道称这架 F - 86"佩刀"战斗机原本计划和一架恢复后的 MIG - 17 战斗机进行模拟格斗。但是那架 MIG - 17 战斗机当天发生了机械故障，无法飞行。F - 86"佩刀"战斗机飞行员决定进行单机表演，这些表演节目原本就是备用的，飞行员前一天还演练过。当地一家电视新闻在周日报道说，其他飞行员了解事故后，都拒绝继续飞行。

詹姆斯·格里高利(James Gregory)在过去的 16 天中曾驾驶这架 F - 86"佩刀"战斗机进行过 19 次飞行。T. J. 布朗(T. J. Brown)也是这架 F - 86"佩刀"战斗机的备选飞行员之一，在电视采访中说，他知道 F - 86"佩刀"战斗机在斤斗的顶部遇到了麻烦，因为看起来速度和高度"参数不正确"。

事故发生后，" anoraks"监听了空中交通管制塔台和坠机人员的频率，持续了大约 1 h。他们听到了坠机后的管理控制过程，救援人员找到飞行员并要求增派医护人员，航展组织者说，如果可能，后续表演要继续进行。"在途中的"联邦航空局(FAA)官员则要求，什么也不要移动,迅速派医生去治疗飞行员并安慰家属。人们的心情一直很阴沉,为献身的飞行员惋惜。

8年前,在埃尔托罗还曾发生过另外两次坠机事故。据肯尼迪国际广播电台(KFWB)当地新闻电台的报道,1985年,一架老式第二次世界大战战斗机坠入基地的教堂中,两名居民丧生。1988年,一架F-18战斗机也是在斤斗特技动作的底部坠毁,飞行员严重受伤(本次事故将在第四章详细介绍)。

88. 1990年1月23日,F/A-18"大黄蜂"战斗机事故(美国海军"蓝天使"飞行表演队,美国加利福尼亚州埃尔森特罗)

"蓝天使"飞行表演队飞行员,海军陆战队蔡斯·莫斯利(Chase Moseley)上尉在加入表演队的第二次训练飞行中,驾驶的F/A-18"大黄蜂"战斗机在空中与"蓝天使"飞行表演队队长、飞行指挥员、43岁的帕特·玛尼梅克(Pat Moneymaker)驾驶的飞机发生空中碰撞。飞机完全毁坏,莫斯利受轻伤。两架喷气战斗机在迷信山脉附近的海军航空武器靶场沙漠上一片荒凉的无人区上空相撞。这个武器靶场是帝国谷埃尔森特罗(El Centro)海军航空设施附近的两个地点之一,"蓝天使"飞行队从1~3月的第一次表演前都在这里训练。天气因素不是这次事故的原因,而且这次事故也不会影响"蓝天使"飞行表演队整个表演季的活动计划。

当时正在进行训练飞行,莫斯利驾驶的是2号机,在菱形编队的右侧,处于玛尼梅克的下后方。莫斯利定位好飞机后,发现他的飞机上下振荡,他尝试使飞机平稳飞行的动作进一步加剧了这种飞行员诱发振荡。他通过无线电报告:"我准备脱离。"但是当他准备脱离编队时,发现距离玛尼梅克的飞机太近,两架飞机碰撞,瞬间缠在一起。他的飞机急剧向左滚转,达到150°左坡度角,机头下俯20°~30°。处于倒飞姿态的莫斯利看着沙漠从他头顶掠过,而飞机对他的操纵输入却没有任何响应,只得选择弹射,随后被救援直升机救起。莫斯利弹射后,他的飞机一直以倒飞姿态飞行,直至左机翼脱落,飞机坠毁在基地附近。玛尼梅克的飞机右机翼遭受严重损伤,但他小心翼翼驾驶飞机安全返航,应急着陆在埃尔森特罗。据维护人员估计,整个机翼的更换维修费用高达18.8万美元。

美国海军认为,这次空中撞机事故的原因是飞行员错误,但由于飞行员并非疏忽大意,因此他不会受到纪律处分。发生这次事故时,玛尼梅克刚刚接手"蓝天使"飞行表演队指挥官才一年,莫斯利才加入表演队4个月,与队友们一起飞行也仅仅61 h。事故报告建议训练程序应当更灵活,飞行员在脱离编队时应保持更大间距。

89. 1989 年 10 月 24 日, A - 4"空中之鹰"(SKYHAWK)战斗机事故(皇家新西兰空军"红色奇异果"特技飞行队,劳马(RAUMANI),新西兰)

1989 年 10 月 24 日,当飞行队从劳马尼山脉(Raumani Ranges)进行的常规训练中返回时,灾难袭来。当时练习的是他们的航展表演压轴节目——"roll-under-break"特技动作,红色 4 号机撞上了红色 5 号机。红色 5 号机严重损坏,飞机的加油软管脱出,受损的机腹空中加油吊舱中冒出一团烟雾,红色 5 号机最终成功地紧急着陆。由于意识到下面的人员众多,飞行员拒绝倾放燃油,选择带油着陆。但是,红色 4 号机已无法恢复控制,导致飞行员格雷厄姆·卡特(Graham Carter)悲惨丧生。本着真正的军事专业精神,在事故发生后的两天内,皇家新西兰空军召开军事法庭调查会,随后其余 5 名成员又重返蓝天。但是空军立即禁止继续练习或表演"roll-under-break"动作,并且不考虑军事法庭的调查结果,宣布将继续执行 1990 年的"红色奇异果"表演飞行计划。

90. 1989 年 10 月 8 日,"幻影"2000(Mirage 2000)战斗机事故(印度空军,印度新德里)

像往年一样,1989 年 10 月 8 日,印度空军举办年度空军节庆祝空军成立。为了纪念这一时刻,在首都新德里举行游行,贵宾聚集在帕拉姆空军基地。这次特殊的"空军日阅兵"与早期的阅兵没有什么不同,只不过它以悲惨的结局告终。在当天的最后一项活动中,空军联队司令,曾担任第 7 中队中队长的拉梅什·巴克希(Ramesh Bakshi)驾驶一架"幻影"2000 战斗机进行单机特技表演飞行,不幸坠毁,拉梅什·巴克希丧生。当天,空军参谋长 S. K. 麦卡(S. K. Mehra)元帅视察了游行队伍。陆军参谋长 V. N. 夏尔马(V. N. Sharma)将军和海军参谋长 J. G. 纳德卡尼(J. G. Nadkarni)上将等重要贵宾出席了这次活动。另外还有 2 000 多名贵宾受邀参加这次活动。联队司令巴克希是印度空军飞行员,在初期型号改装时该飞行员在法国达索航空公司接受培训。在接任司令之前,他曾在第 7 中队担任高级飞行指挥官多年,并且驾驶"幻影"2000 战斗机飞行超过 500 h。失事的时候,巴克希驾驶飞机进行最后一个动作——"Upward Charlie",飞机拉起垂直爬升,绕垂直爬升轴滚转,然后高速平飞通场。

在短暂倒飞后,"幻影"2000 战斗机突然进入垂直下降,沿下螺旋线滚转。巴克希完成 3 圈滚转,在进入第 4 圈时,飞机的姿态看起来有些"犹豫"。当飞机进入第 4 圈滚转时,观众中的一些军官显然意识到下降速度太快了,多滚转这一圈肯定没办法改出,他们惊讶地从座位上站起来。一名空军高级元帅大喊:"他在做什么?",飞行员把飞机改出接近平飞姿态,但高度太低了,不超过 30 ft。机翼撞上了一根电线杆,坠落在会场 1.5 mi 外的机场西端,冒起一股黑烟。观众惊恐地看着"幻影"2000 飞机撞向飞机场一幢小楼,距敬礼的小朋友 500 m,距离惊恐的观众约 500 m,最近的观众席仅 300 m。飞机爆炸成一个巨大的火球,爆炸碎片落在附近停留的许多空军教练身上,不少人受伤。碎片还损坏了一些静态展示的飞机,一架 MI-8 直升机的油箱被击穿,燃油大量泄漏。很显然,飞行员没有机会弹射,当场身亡。地面一位观众死亡,还有一位严重烧伤,送医不治身亡。另外还有 20 人受伤。

91.1989 年 9 月 3 日,CT-114"导师"(TUTOR)喷气教练机事故(皇家加拿大空军"雪鸟"飞行表演队,加拿大安大略省)

在 24 min 的表演节目进行到 15 min 的时候,加拿大空军"雪鸟"特技飞行队的两架CT-114"导师"喷气教练机在加拿大国家展览会(CNE)航展上表演时坠入安大略湖,一名飞行员死亡,编队队长受伤。才加入"雪鸟"特技飞行队 1 年的飞行员沙恩·安塔亚(Shane Antaya)上尉丧生。安塔亚在军队中飞行超过 1 800 h,并且曾是一名飞行教员。他的母亲、妻子以及兄弟姐妹现场目睹了坠机事故。

"雪鸟"特技飞行队队长,现年 36 岁的丹·丹普西(Dan Dampsey)少校从他燃烧的教练机中弹射而出,跳伞降落在水中,由救援飞机救回医院救治,受轻伤。两架加拿大制造的CT-114"导师"喷气教练机坠入湖中,完全毁坏。"雪鸟"本航展季剩余的 15 场表演飞行全部取消。多年来,在 CNE 航展上曾发生过其他 7 起坠机事故,其中 6 起是致命事故。

当 7 架红、白、蓝飞机进行称为"向上-向下炸弹爆炸(Upward-Downward Bomb Burst)"的壮观动作时,事情开始出错。4 架飞机冒着白烟,开始向上爬升,另外 3 架飞机也以编队队形直接朝着他们冲下来。整个编队计划以非常接近的位置互相穿越。但是,根据录像带显示,两架向下飞行的飞机空中相撞。安塔亚所驾驶飞机的驾驶舱盖撞上了队长驾驶的飞机的尾缘,安塔亚的飞机继续向下冲,坠入湖中,没有看到飞行员弹射。丹普西的飞机在湖面上空疯狂旋转,大火几乎完全吞没了 CT-114"导师"喷气教练机,飞机完全失控,丹普西弹射逃生。两架飞机相距不远双双坠入湖水中。三机编队的另外一架飞机随即安全着陆。

事故发生后,航展组织者让所有表演"待命"。坠机事件发生后,下午开始继续进行航展表演,"因为这是航展的传统,但如果有观众受伤的话就不会继续进行。",航展公关总监说。

国防部长比尔·麦克奈特(Bill McKnight)说,是否停止"雪鸟"飞行队的表演"不是能立即做出的决定。这个决定将在适当时机作出"。麦克奈特说,"雪鸟"是"我们年轻时代的精华,作为一支飞行表演队很重要,因为它们展示了加拿大武装部队人员的高度训练素养和能力"。

92. 1989年6月17日,HARVARD AT - 6D 飞机事故(厄尔市,美国亚利桑那州)

49岁的S. 大卫·格里格斯(S. David Griggs)是一名宇航员,曾执行过　次航天飞机飞行任务,原计划于1989年11月进行另一次太空飞行。在阿肯色州的一次飞行表演中,他驾驶的第二次世界大战的老式 AT - 6D 飞机坠毁,不幸丧生。阿肯色州一位士兵说:格里格斯在厄尔市附近坠机,当场身亡。当时他驾驶 AT - 6D 飞机在进行单机滚转表演,但机翼不慎触地,飞机坠毁在一片湿地中,靠近公司机库。

联邦航空管理局的一名事故调查员告诉美联社,格里格斯正在为参加阿肯色州克拉克斯维尔的一次航展表演进行练习。"这发生在他下班的时候,而且是以私人身份在一架私人飞机上发生的。由于不是 NASA 的飞机,因此 NASA 可能不会参与事故调查。"

93. 1989年6月9日,MIG - 29 战斗机事故(巴黎航展,法国)

1989年的巴黎航展上,一架米格 MIG - 29 战斗机在表演飞行中由于一台发动机故障而坠毁。当时,这架 MIG - 29 米格战斗机正在做大迎角慢速通场,据说发动机吸入了一只鸟,导致一台发动机熄火。但是,苏联官员后来将这次事故归咎于以前没有遇到过的发动机失速。

在那种很慢的速度下,只有一台发动机工作,由于不对称推力效应引起的偏航、滚转力矩不受控制,使飞机向熄火发动机一侧滚转。飞行员安纳托利·科沃瑟(Anatoly Kvochur)很晚才弹射,尽管他的降落伞在他触地时才刚刚打开,但幸运的是天一直下着大雨,地面很松软,飞行员幸运地得以生存。

1990年,匈牙利双月刊杂志《Repules》对飞行员纳托利·科沃瑟进行了简短采访。科沃瑟说:"我长期以来一直在飞 MIG - 29 飞机,非常熟悉这种飞机的特性。以前曾多次遇到这种情况,都顺利解决了。这次也像往常一样,等待发动机重新获得转速。但这次发动机没有重新启动。这就是我为什么确信是发动机吸入了外来物,导致失速。当我意识到发动机无法启动时,机头已经完全向下。我想,我拉弹射杆的时机确实有点晚了。",是否有点轻描淡写了!

94. 1988年8月28日,MB - 339 飞机事故(意大利空军"三色箭"特技飞行队,德国拉姆斯泰因)

意大利空军"三色箭"特技飞行表演队的 3 架 MB - 339 飞机在美国空军驻联邦德国拉姆斯泰因基地的航展表演飞行上发生空中撞机事故,单机表演飞机坠入观众群中,当即致40多名观众死亡,数百人被严重烧伤。

参加航展的一位战斗机飞行员评论说："我和我妻子、儿子第一次来到'航展表演线'观看表演，这里处于航展表演的观展中心区域，就在塔台前面。这里太拥挤了，所以我们往西边移动了 2 000 ft；太幸运了，这是我所做的最正确的决策！我们距离坠机地点非常近。我清楚地记得，单机表演的 MB - 339 飞机（见图 2 - 33）穿过山谷向我们冲米，我感觉他的时机有点晚了，他正在加速前进，坏了，他快要撞机了——我转身抓住我的妻子和孩子。"

　　"为什么说单机表演飞机看起来时机晚了，因为他在向编队穿越飞机靠近的时候在拼命直线加速。在最后一刻他试图拉起，向右躲过飞机编队！这时我就感觉他要撞机了。为什么要拉起飞机呢？为什么不从编队飞机的下方飞过呢？好吧，从编队上部飞越是标准程序，而且这也是飞行员始终实践并根深蒂固的标准程序。要在飞行中临时做出决策，改为从编队飞机下方穿过，时间上来讲根本就不够。或许有人会说，在设计表演飞行线路的时候就应该考虑这些问题。是的，即使有这类预案，在当时那种紧急情况下，很可能也会被排除的。"

　　另一个可能的原因是，由于拉姆斯泰因机场在山谷的一侧，并且地形从高速公路向跑道是升高的，因此塔楼、机库和树木显得更高。飞行员低空向跑道这边飞来时，看不到蓝天，看到的是树木和建筑物。因此，视觉上的幻觉是，编队飞机和地面之间没有多余空隙，除非您是沿地形轮廓飞得很低。

　　"我深信，当他穿越山谷时加速俯冲（可能比以前更高），可能由于迟到，他切断了飞行'弧线'的底部。他在寻找横穿的编队飞机下方的空隙，而不是上方的蓝天，他只看到了树木，建筑物和拥挤的人群。在那一刻，他认为没有足够空间可以从编队飞机下方飞过，那样会撞地或撞上观众，所以决定拉起，转向编队飞机的右侧。"

　　"可悲的是，编队下面高度空间至少有 100 ft。他本可以放慢脚步，顺着原来的飞行轨迹飞行，所有在场的人都会高呼：哇！太棒了，我的希望他做到了。我记得看到了飞机撞机和坠地，我不愿意我的妻子和儿子看到这悲惨场面，为了保护他们，MB - 339 飞机坠地时我把他们按倒在地上。"

　　距飞机 500 m 以内的所有观众都感受到了第二架 MB - 339 撞击的热量。撞击点在跑道附近待命的英国陆军"医疗救援"（medevac）休伊直升机附近，导致一名陆军飞行员死亡。英国陆军"医疗救援""彪马"（Puma）团队的一名飞行员迅速将分散在直升机周围静态展示场的所有装备，装上直升机并立即起飞，在事故发生后的几分钟内开始救援工作，观众都被惊呆了。几分钟之内，再次看到拉姆斯泰因所有人都在响应献血呼吁。而与此同时，还有一群德国人正在机场大门外抗议航展——真是讽刺！"

　　"我紧紧抱住我的儿子和妻子，他们抽泣着指着散落在地面燃烧的飞机残骸，当我们重新抬头看向天空时又看到，另外一架 MB - 339 飞机拖着烟雾或燃料尾迹。这架飞机在空中绕了两圈，然后前往塞姆巴赫（Sembach）降落。我告诉我七岁的儿子，不管发生了什么事，他们还是必须重新加入，看看谁还可以，如果他们能够做到，我们也可以做到，这似乎使他平静了一些。"

一名受影响的观众评论说："这真是令人恐惧，地狱般的感觉，浓烟在我头顶飞过；人们都被吓到了，十多万人全都扑倒在地上。如果飞机没有首先撞上跑道侧面的小棚屋，而是直接坠毁在人群中，那情况可能会更糟。"美国空军事故调查报告指出，存在人为错误，是"判断失误"，但拒绝详细说明。

95. 1988 年 6 月 26 日，法国航空公司空客 A320 - 100 客机事故(米卢斯·哈布斯海姆(MULHOUSE-HABSHEIM)，法国)

当天，米卢斯·哈布斯海姆地区天气晴好，是演示飞行的理想天气条件，法国航空公司新交付的一架注册号为 F - GFKC 的空中客车 A320 - 100 客机在这里进行演示飞行。法国航空公司同意了米卢斯飞行俱乐部希望这架飞机在该俱乐部年度航展上进行两次通场飞行的请求，当时飞机搭载了 136 名乘客。按计划，这两次通场飞行任务第一次是以着陆构型，100 ft 高度低速通场；第二次以净构型高速通场。在做这两次机动飞行时，禁用自动复飞("Alpha Floor"功能)功能。

米歇尔·阿塞琳(Michel Asseline)是这次飞行任务的机长。当地时间 14:41，飞机从巴塞尔·米卢斯(Basle-Mulhouse)起飞并爬升到 1 000 ft 离地高度。3 min 后，飞机开始下降，降落到 450 ft 离地高度，哈布斯海姆就在眼前。14:45:14，副驾驶皮埃尔·马齐耶(Pierre Mazière)报告机长，飞机高度 100 ft 离地高度。8 s后，飞机下降至 50 ft 离地高度，随后进一步下

(a)

(b)

(c)

(d)

图 2-33　MB-339 飞机事故现场

降至 30 ft。下午 14:45:35，施加复飞推力，21 s 后，飞机到达预定的 100 ft 离地高度。但是，这架 A3201-100 飞机却继续沿下降的轨迹飞行，14:45:40，在机场末端以 14°下俯姿态坠入树林中，发动机转速 83% N1。飞机在不断下降的同时慢慢坠入森林。

机上起火，造成 3 人死亡，机上 136 名乘员中约有 50 人受伤，这是航展上"电传飞控"客机的首次事故，这也是这种型号飞机在未来几年的运营服务中损失的第一架。飞机被随后连续的撞击和猛烈的大火完全摧毁。官方的事故调查认为，飞行员以低空速和最大迎角下降到 100 ft，但使用复飞推力过晚。事故的另外一个促成因素是机组人员对着陆机场不熟悉，以及对通场飞行缺乏周密计划。

但是关于这次航展事故还有很多要说的：这架飞机采用最新的电传飞控技术，对高度计算机化的飞机缺乏信心，不仅给空中客车公司带来了商业灾难，而且对法国政府管理的飞机制造商（在欧洲空客公司中占有一席之地），产生了重大影响。

法航前飞行员阿塞琳（Aseline）先生因人为杀人罪被上诉法院判处入狱 10 个月，但他始终坚称调查人员使用的数据和在审判中展示证据是捏造的。所有机组人员和法航相关维护人员也因过失杀人罪被判缓刑。有包含照片在内的证据随后显示，现场一名空中客车公司官员在法庭开庭审理前切换了数字飞行数据记录器。也有报道说黑匣子是事故发生后更换的另一个。10 年后的 1998 年 5 月，洛桑警察司法证据和犯罪学研究所（IPSC）得出的结论是，事故发生后，提交给法院的飞行记录仪不是从事故飞机上拆下来的记录仪。

机长的事故版本是他在手动驾驶飞机。法航指示他以 100 ft 的高度飞越飞机场，但当他增加油门以使其在 100 ft 高度趋于平稳时，发动机没有响应。几秒钟后，他开始担心，并认为完全计算机化的油门控制可能短路，因此一直在减小油门。然后，他再次加大油门，但是到那时，飞机把树木刮了。事故发生后，阿塞琳机长在一段业余录像带上看到，当飞机经过跑道时，起落架离地只有 30 ft 高。

有趣的是，空客工业公司随后在 1988 年 4 月至 1989 年 4 月之间发布了不少于 52 条临时飞行通告。操作使用工程公告（OEB）是飞机制造商发送给飞机用户的临时通知，是用户手册中未出现的异常或简单功能特征列表。有两个 OEB 与哈布斯海姆坠机事件有关：

OEB 19/1（1988 年 5 月）：发动机低空加速缺陷。这是否意味着在事故发生之前就已经知道空中客车 A320 的发动机有时对飞行员的命令没有正常反应？如果是这样，法航是否已告知飞行员有关这种不正常的相关信息，哈布斯海姆事故发生后，随后对发动机进行了改进（OEB 19/2，1988 年 8 月）。

OEB6/2（1988 年 5 月）：气压设定（Baro-Setting）交叉检查。这份公告指出，空中客车 A320 上当前的气压高度指示设计不符合适航性要求。这是否可以说明飞机为什么在跑道上方低至 30 ft（约 9 m）而阿塞琳机长确认高度计显示为 100 ft（约 30 m）呢？

这些 OEB 显然已经送达了法航，但法航并没有下发给飞行员。实际上，在这次坠机事故后,发动机和大气数据系统都进行了改进,这意味着当时它们可能工作不正常,但是法国法院判定空中客车公司不对事故负责,责任由飞行员和航展组织者承担。

这次航展坠机事故之后,法航的运营程序的唯一变化是增加了一项严格管理规定,禁止在航展飞行展示中搭载乘客。法国民航局在后来的一份报告中,撤出了阴谋论,却首次独立确认事故是由飞行员错误引起的,飞行员工会当然对此表示质疑。该报告建议将飞行员执照的吊销期定为八年,将副驾驶执照的吊销期定为两个月。熟悉飞行记录仪证据的官员说,尽管飞行员断言飞机对控制的反应很慢,飞行控制计算机可能通过保持飞机不失速而避免了更严重的灾难,当飞行员意识到他们将要坠毁为时已晚。而飞控领域的几位"专家"则认为,飞行控制系统不是事故原因,"飞行控制系统并没有出错——飞行员和运营单位只是不完全了解它,这当然是不正确的!"

96.1988 年 4 月 24 日,F-18 战斗机事故(埃尔·托罗海军陆战队航空站航展,美国)

用一位专家目击证人的话说:"F-18 战斗机的表演脚本是以 350 kn 的速度通过人群,并转换为直接向上垂直爬升,以证明飞机的爬升能力。这架飞机以大约 250 kn 的速度飞过来,进行了陡峭的上拉,并执行了类似于'方形斤斗'(square loop)的机动,然后进入倒飞。问题在于飞机进入倒飞姿态时,飞行速度小于 200 kn,离地高度小于 1 500 ft。飞机一倒转过来,人群就知道他无法完成动作了。"当然,这只是观众的推测,但是这次持怀疑态度的高级军官曾是一位经验丰富的飞行员,他知道这位飞行员遇到了麻烦。在斤斗底部,观众看到飞行员使用了发动机"全加力",飞行员试图增加飞机的势能以转换为径向"过载"。当飞机坠地时,飞行员的面部和胸部受到重伤,但主要伤害是撞击造成他的椎骨压缩性骨折。令人惊讶的是,他幸免于难,但后来因医疗原因退休。飞机在坠地时是机头上仰姿态,当机尾触地时,驾驶舱至少还在离地面 15~20 ft 的高度。这也是飞行员得以幸存的一个原因。飞机撞击地面,姿态或多或少是平坦的,而且首先是机尾坠地,飞机保持一体,说明了当今复合材料机体的强度惊人,此外也没有太多火势。坠机事故发生几秒钟后,每个人都处于震惊状态,不确定他们是否可以相信刚刚发生的事情。随后对飞机进行了维修,令人惊讶的是,还能重新服役。有一集"营救 911"电视纪录片曾有一段记录,记载了飞行员在家中医院的康复情况,以及当"桑迪"(Sandy)桑德斯(Sanders)把他抱上 T-33 教练机载他重返回天空的情景。(关于此次事故因素的详细分析参考第五章"演示飞行员"章节)。

97.1988 年 4 月 16 日,"艾马奇"MB-326 IMPALA MK 1 教练机事故[南非空军"银隼"飞行表演队,南非斯特伦博斯(STELLENBOSCH)]

在南非斯特伦博斯年度航空俱乐部航展上,一位单机表演飞行员驾驶"艾马奇 MB-

326"教练机脱离编队,准备进行单机表演飞行。他刚把飞机滚转至倒飞状态,发现"发动机过热"指示灯燃亮,迅速把飞机恢复至机翼水平姿态,此时火警灯燃亮。为了避开附近的镇子,他试图把飞机转向右侧,但发现已经失去了副翼和升降舵控制。发动机舱的火烧毁了穿过发动机舱的副翼和升降舵控制杆,致使飞机无法控制。

飞行员安全弹射,在降落伞降落过程中,燃烧的飞机从他面前飞过。飞机撞到了周围群山的悬崖上,没有造成任何附带损害。从第一次报警到飞行员弹射,仅仅 25 s。

发动机舱起火是前不久刚进行的一次维修不当造成的。这次维修,拆下了飞机的尾部并重新安装,以纠正其他障碍物。当重新安装烟雾发生器的柴油管时,未正确拧紧连接器。柴油在压力作用下逸出,并聚集在与发动机喷管相邻的机身蒙皮上被引燃。因为连接安装程序没有规定固定或锁紧连接螺母的具体扭矩。对这两个维修程序缺陷随后进行了纠正。

98. 1988 年 3 月 10 日,"艾马奇"MB - 326H 教练机事故[皇家澳大利亚空军"茹莱茨"(ROULETTES)特技飞行表演队]

堪培拉 200 周年庆典航展定于 1988 年 3 月 13 日举办,皇家澳大利亚空军"茹莱茨"特技飞行表演队驾驶"艾马奇"MB - 326H 教练机在为航展表演做飞行练习,媒体在用 10 频道与表演队 4 号机进行连线通话。在做一个机动动作时,4 号机上仰,撞到了领队飞机的机腹。4 号机飞行员克里斯平(Crispin)弹射逃生,弹射高度 4 000 ft,速度 200 kn,仅受轻伤。编队队长,领队飞机飞行员杰夫·特拉佩特(Geoff Trappett)驾驶飞机在皇家澳大利亚空军伊斯特·赛尔(East Sale)机场成功实施了机腹着地迫降。

99. 1985 年 12 月 15 日,"艾马奇"MB - 326H 教练机事故[皇家澳大利亚空军"茹莱茨"(ROULETTES)特技飞行表演队,澳大利亚维多利亚省]

皇家澳大利亚空军"茹莱茨"特技飞行表演队在新伊斯特·赛尔的训练区发生了首次重大飞行事故。"茹莱茨"特技飞行表演队驾驶的"艾马奇"MB - 326H 教练机的 2 号机和 3 号机在 2 000 ft 高空相撞,2 号机飞行员史蒂夫·卡特(Steve Carter)当场丧生。另一位飞行员布鲁克斯(Brooks)中尉弹射降落在一片"湖景地",被救援直升机送往基地医院救治,但在救治过程中心脏骤停,不幸丧生。

100. 1985 年 7 月 13 日,A - 4"天鹰"(SKYHAWK)喷气战斗机事故(美国海军"蓝天使"飞行表演队,美国纽约)

在纽约州尼亚加拉瀑布国际机场举办的航展上,两架 A - 4"天鹰"喷气战斗机在表演迎头穿越机动时,空中相撞。来自佛罗里达州彭萨科拉的海军飞行员迈克·格松(Mike Gershon)中尉丧生。另一位飞行员,30 岁的安迪·卡普蒂(Andy Caputi)中尉弹射逃生,安全降落。

101. 1985年5月14日,F-20"虎鲨"(TIGERSHARK)战斗机事故(加拿大古斯贝)

韩国水原市发生F-20"虎鲨"战斗机事故仅仅7个月之后,又一架F-20"虎鲨"战斗机(2号原型机)在加拿大古斯贝拉布拉多坠毁,新任命的首席试飞员大卫·巴恩斯(David Barnes)丧生。当时,巴恩斯正在为巴黎航展表演做准备性训练,在最后一个特技动作时,进入"shallow wings-level"下降,直至飞机坠地。尽管这两次坠机都不是飞机自身的原因,但"虎鲨"给媒体的印象看起来很糟糕,诺斯罗普公司和美国空军之间有很多相互指责。

试飞员协会(SETP)负责航展安全和事故调查的弗兰克·桑德斯(Frank Sanders)提出了一种观点,F-20"虎鲨"战斗机非常高的滚转速度和非常大的过载,可能会使飞行员特别容易迷失方向或发生G-LOC(由过载引起的意识丧失,不要与过载引起的普通黑视相混淆)。

随后美国海军试飞员学校用T-38教练机开展了一项实验,试图重现这种情况。尽管T-38的滚转速度很高,在350 kn速度时滚转速度可达279°/s,但在这个速度下的过载却很小,由于马赫数效应随着速度增加,滚转速度下降很快。"我们只能滚转很快,达到很小的过载,或者滚转慢些,获得较大过载,但是实在无法获得F-20"虎鲨"战斗机结构的+9 g过载",所以这个实验注定是不会成功的。

在《Set Phasers on Stun》这本书的"虎鲨(Tigershark)!"章节,对这次事故有一个简短总结。事故原因是飞行员人为错误、疲劳和G-LOC等多种因素。加拿大航空安全局认为,在最后的高过载拉起机动阶段,试飞员未能成功改出飞机,导致飞机坠地。

F-20"虎鲨"战斗机实际共生产了3架。一架坠毁在韩国(低空倒飞失速),一架坠毁在加拿大,第三架放在洛杉矶县飞行博物馆。第四架只完成了大部分制造工作。第三架在1986年出售之后,再也没有飞行过。这四架飞机都算原型机,但F-20"虎鲨"战斗机项目终止时,各种生产标准,生产工具都已经完工。

102. 1984年10月10日,F-20"虎鲨"战斗机事故(韩国水原市)

诺斯罗普首席试飞员达雷尔·康奈尔(Darrel Cornell)在韩国水原市驾驶F-20"虎鲨"战斗机为韩国空军进行演示飞行时,坠机身亡。水原空军基地是美国空军在韩国租用的一个主要空军基地。达雷尔·康奈尔和他的副手戴夫·巴恩斯(Dave Barnes)为了销售和演示F-20"虎鲨"战斗机来这里进行飞行。

在韩国空军高级官员和美国空军人员到达之前,飞行进展顺利,飞行员刚刚完成了一圈演示飞行,准备再次按计划线路演示飞行。康奈尔驾驶飞机进入爬升滚转,襟翼和起落架处于放出状态。进入倒飞姿态时,发动机贫油熄火,飞机失速,坠落地面。飞行员弹射,但高度只有 12 ft,飞行员弹出后直接冲向地面,落在距离飞机坠地点仅几英尺远的稻田中,当即丧生。距离坠机地点不远,几位农民正在农田中劳动。

救援小组最先来到了现场,但由于在韩国安全警察无法打开检修门而造成一点延误。由于担心 EPU 中的氢燃料泄漏爆炸,救援小组和到达现场的 HH-53"超级欢乐人"(Super Jolly)救援直升机迅速封锁现场。坠机没有发生大火和爆炸,但是泄露的液压油和氧气助长了稻田的火势。

致命的坠机事件发生之前,与飞行员的唯一通话是"我很高兴,我累了。"或类似内容。F-20"虎鲨"战斗机演示飞行团队刚刚完成了环太平洋国家的巡回飞行,寻找合适买主。在这次事故发生前,韩国空军已经准备签署购买合同。坠机事故前,两架 F-20"虎鲨"原计划进行一整天的飞行演示。韩国空军急需一种飞机来替换 F-5E 机队。发生这次坠机事故后,购买这款战斗机的意向也就没有了下文。F-20"虎鲨"可能有其局限性,但仍有许多飞行员仍然认为达雷尔·康奈尔在 1984 年范堡罗航展上驾驶 F-20"虎鲨"完成的演示飞行是有史以来最好的演示飞行之一。

103. 1984 年 9 月 4 日,加拿大制造的德哈维兰 DHC-5"水牛"(BUFFA-LO)运输机事故(范堡罗航展,英国)

在范堡罗航展上,失事的 DHC-5"水牛"运输机起飞后,完成了一次陡峭爬升,达到 1 000 ft 离地高度。然后下降向右转弯,以 215 kn 速度,在 250 ft 高度沿表演线进行了一次低空通场飞行。然后 DHC-5"水牛"运输机向左爬升转弯 270°,准备向 25 跑道进行作战进场。在最后阶段,飞行员放出起落架,副驾驶放出后部跳板并打开后机舱门,在 450 ft 高度时,飞机机头突然明显下沉。下降速度太大,导致飞机"重"着陆,由于载荷太大,前起落架坍塌,两个机翼发生了灾难性故障。飞机碎片,包括螺旋桨叶片的一部分,对静态展区停放的车辆和其他飞机造成了损坏。事故没有造成人员死亡,机上 2 名飞行员和 1 名乘客受伤。

事故原因归因于人为错误和不利的天气条件,在试飞确认的包线区域外飞行时出现短暂的问题需要处埋,以及为了保证表演飞行流畅,航展组织者对表演飞行员施加的压力,也是事故的原因。具有讽刺意味的是,为此,飞行监督受到责备,因为他们过分强调在观众线表演飞行的重要性,导致飞行员产生压力。表演主管对飞行员的评论是:"下一个通过表演线的人将被停飞。",是这种压力引起的事故吗?

在航展上,中型运输机发生了多次着陆事故。1985 年的巴黎航展上,曾发生过一次类似事故。一架多尼尔(Dornier)飞机着陆时发生"硬"着陆,造成飞机结构严重损坏。幸运的是没有人员伤亡。2002 年英国皇家 Tattoo 国际航展上,意大利空军一架"Alenia G-222"

运输机也在着陆时发生类似事故。

104．1983 年 5 月 27 日，C－160"协同"(Transall)运输机事故[南非空军，南非沃特克鲁夫(Waterkloof)空军基地]

南非空军一架 C－160"协同"运输机在南非沃特克鲁夫空军基地进行航展前的飞行演练时失事坠毁。C－160"协同"运输机是一种双发涡桨中短程战术运输机，短距起飞能力是其主要特色，计划在航展上进行表演飞行。机组原计划进行两次通场：一次高速通场和一次打开后部装卸跳板和后舱门并放出起落架的低速通场，最后实施短距着陆。

这次练习飞行由 3 名机组人员承担，飞机已经以短距着陆构型建立了进场。完成了检查单检查，但是由于飞行员工作负荷，以及驾驶舱资源管理缺陷，飞机未放出起落架着陆，滑行很短距离停止。幸运的是，没有对飞机和机组人员造成明显损伤。这次事故再次证实了多米诺骨牌效应。机组人员被指派进行表演飞行，但是由于时间和飞机的可用性问题，他们一直无法进行练习飞行。当飞机最终可用时，指派的机组人员中却只有两人可以参与练习飞行，因此只能由其他人员顶替另一人进行练习，而就是这样的"临时凑合机组"开始了这次练习飞行。飞行前也没有进行正式的飞行任务说明，只是进行了非常简单的任务简介。

飞机升空后，他们迫切需要时间，因为快到基地关闭时间了，他们急于完成任务。他们选择通场时不放出飞机起落架，并且在进场阶段和着陆前驾驶舱中也没有人检查起落架是否放出，ATC 并未获得飞行员惯常的"5 绿"(5－greens)呼叫就给予了着陆许可，ATC 也没有确认起落架的状态。

这已经不是 C－160"协同"运输机第一次在航展上的未放起落架着陆了。在 1981 年的巴黎航展上，也曾经发生过。当时 2 架 C－160D 运输机投放了跳伞人员后，进行双机表演飞行。随后两架飞机依次着陆。后面一架喷涂的是德国 MBB(梅塞施密特-伯尔科-布洛)航空企业的涂装颜色，试图以更紧凑的方式执行更短距离的着陆。匆忙之中，虽然放出了起落架，但没有锁定，飞机接地时起落架收上。飞机机腹着地沿跑道滑行。飞机只受到了轻微的损坏，机组人员也安全，但在跑道端头机组人员还在继续争论责任问题。奇怪的是，这并非可幸免的事故之后的不寻常特征——推卸责任似乎是飞行员的最惯常表现，机组人员之间的口头攻击甚至拳脚相加也曾发生过。1993 年在 RIAT 的两架 MIG－29 米格飞机空中发生碰撞事故后，情况肯定也是这样。

105．1982 年 9 月 11 日，CH－47"支奴干"直升机事故[美国陆军，联邦德国曼海姆(MANNHEIM)]

在联邦德国曼海姆的一次航展上，美国陆军一架 CH－47"支奴干"直升机搭载跳伞运动员飞行时坠毁,46人丧生。毫无疑问,这次事故是当时航展历史上最严重、最悲惨的航展事故。对于CH-47"支奴干"直升机和所有直升飞机而言,这也是一个巨大的打击。

联邦德国曼海姆市为了庆祝城市建立375周年,请求美国驻军派遣两架CH-47"支奴干"直升机为他们投放跳伞运动员。尽管两架直升机均按时抵达,但原先决定两架CH-47"支奴干"执行的任务,决定只由一架来执行。跳伞运动员决定创造一项自由落体搭建最大圆环世界纪录。最终一共有44人登上了这架直升机,机舱中只有33个座位,有11名跳伞运动员只能站着。

飞机原计划爬升到13 000 ft高度投放运动员,飞机起飞后爬升了大约12 min,约8 000 ft高度,机场塔台收到飞行员报告说出现了问题,准备下降并返回机场着陆。这时,第二架飞机的飞行员从地面观察到,空中的CH-47"支奴干"开始快速下降。出于疑惑,他跳入了自己飞机的驾驶舱,并用中队的"突发事件"紧急频率与空中飞机进行联系。空中飞行员报告有一个报警灯闪烁,并伴随有机械噪声,他正在返回着陆。经过几分钟的自转后,飞行员已经建立了直升机在机场的降落位置。

在最后时刻,大约600 ft高度,飞行员认为着陆区域的人员太多,决定停止下降,准备飞越高速公路,降落在另一端。当施加动力阻止下降时,直升机开始空中解体。地面目击者报告,听到了一声巨大的响声,是一种"嘶哑"的声音。飞机尾桨旋翼叶片从机身脱落,不久之后,尾桨毂以及一半的后挂架也与机身分离。在一半的后定向塔分离后一瞬间,后部传输装置和后定向塔的其余部分开始从机身脱落。飞机整体向右侧滚转直至坠地。飞机坠地致使飞行员和所有乘客遭受致命伤害。输入小齿轮胶囊的故障是由核桃砂(Walnut Grit)引起的,这种核桃砂用于在大修过程中清洁变速箱,堵塞了变速箱内部的油轴颈。

在事故发生之前的许多年里,核桃砂被成功用作大修过程中变速器的有效清洁剂。这种物质比基础金属更软,但比变速器内部产生的污染物更坚硬。这次事故发生前不久,职业安全与健康管理局的检查员检查了科珀斯克里斯蒂陆军基地的工作条件,对工艺进行了程序性更改。值得注意的是,原来使用大约3 000 psi的高压空气将核桃砂从油轴颈中吹出。如此高的气压被认为对工人是危险的,并下令降低压力。这样,在清洁过程中,核桃砂就不能被完全去除,最终,当变速箱投入使用时,核桃砂会流过油道并积聚在堵塞轴颈的位置。轴承因缺乏润滑而失效。

106. 1982年1月18日,T-38"禽爪"教练机事故(美国空军"雷鸟"飞行表演队,美国内华达州)

在一次训练飞行中,"雷鸟"飞行表演队整个编队的四架T-38"禽爪"教练机发生事故,全部坠毁。当时,四机在做一个同步斤斗机动时,领队飞机的驾驶杆卡滞,未能拉起。四架飞机坠毁在内华达州印第安斯普林斯空军基地附近的沙漠中。这个斤斗特技动作的起始和结束高度都设定为 100 ft。

编队队长是 37 岁的诺曼·洛瑞(Norman Lowrey)少校,1981 年 10 月接任"雷鸟"飞行表演队队长;2 号机飞行员是 32 岁的威利·梅斯(Willie Mays)上尉,3 号机飞行员是 32 岁的约瑟夫·彼得森(Joseph Peterson)上尉,他们二人都已经加入"雷鸟"飞行队 2 年多;4 号机飞行员是 31 岁的马克·梅兰康(Mark Melancon)上尉,是一位"新人",刚刚加入"雷鸟"飞行队 3 个月。在上年度飞行表演季发生了两次致命的坠机事故后(1981 年 5 月 9 日,希尔空军基地,那次事故中其中一架飞机以倒扣姿态坠毁在机场边),"雷鸟"飞行表演队一直承受着巨大的压力。

当时,这四架飞机排成一排,在 0.4 s 内发生相互撞击。碰撞时,飞机机头稍微下俯,没有任何飞机发生故障。第一份事故调查报告的结论是"飞行员错误",但美国空军司令部要求事故调查小组再次调查,然后调查组又提出了"作动器"(actuator)说法,这种说法发布在 1982 年 1 月 30 日出版的《Flight International》杂志上。深入调查发现,在做斤斗机动时,当飞行员用力地将操纵杆后拉时,其中一架飞机控制装置上的作动器控制杆弯曲。飞行员觉得他正在给它更多的输入,但实际上只是控制杆发生了弯曲。

最初的调查报告从总部返回到事故调查委员会,从政治家到专家委员会都认为这对于航空和航展安全而言都不是一个好兆头。在任何组织中,管理层对专家调查结果的压倒性管控,总是倾向于警告好奇者对问题进行更深入的挖掘,而不是让他们了解这种强硬的政治决策的战略眼光。实际上,第二份报告提出的问题多于答案,而且肯定会引起大家的疑问——怀疑美国空军掩盖事实。(关于这次事故调查报告的相关问题在第五章中详细介绍)。

107. 1981 年 10 月 10 日,"披茨"特技飞机事故[非洲航空航展博览会,南非兰塞里亚(LANSERIA)]

1981 年的非洲航空航天博览会上,成千上万观众面前,特技飞机每完成一圈倒转尾旋,评论员都会在公共广播系统中进行计数播报。这次特技飞行表演的目标是完成 13 圈倒飞尾旋,然后改出。南非特技飞行冠军尼克·特维(Nick Turvey)驾驶一架"披茨"特技飞机进行这次表演。当他改出尾旋时,高度不足,未能成功拉起飞机。飞机坠落在观众线后 50 m,观众线与机库之间的一处开放沟渠中(见图 2 - 34)。

图 2-34 发生事故的"披茨"特技飞机奇迹般地没有爆炸,事故中也没有人死亡。但飞行员尼克·特维因重伤住院治疗,几个月后康复

这次事故由于人群控制不力影响了救援,当时人群涌向坠毁的飞机妨碍了救援车辆进入。显然,从未有人设想过飞机会坠毁在人群后方。有现场目击者说:"航展组织者显然没有适当的应急计划,或者他们没有为此进行过演练!根据我自己的经验,如果不进行演练,人们很快会忘记必要的程序。没有适当的人群控制预案,也没有应急救援程序(消防车被栅栏挡住),太多的人'伸出援手',反而妨碍了医务人员的工作,也没有配备紧急救援直升机。"

108. 1977年10月8日,英国布里顿·诺曼(BRITTEN-NORMAN)公司"特里兰德"(TRISLANDER)短途运输机事故[非洲航空航展博览会,南非兰塞里亚(LANSERIA)]

布里顿·诺曼航空公司是英国一家飞机设计制造公司,他们将其1976年最新设计的三发"特里兰德"(TRISLANDER)短途运输机(见图2-35)派往非洲,开展一系列演示飞行,主要目的是获取销售订单。此次访问飞行恰逢在南非兰塞里亚机场举行的1977年度非洲航空航天博览会。

布里顿·诺曼航空公司试飞员彼得·菲利普斯(Peter Phillips)驾驶这种飞机进行演示飞行。南非兰塞里亚机场(靠近约翰内斯堡)标高约5 000 ft,当天气温30℃,密度高度约8 500 ft。表演飞行动作中有一个斤斗特技动作,在练习期间,飞行员很明显感觉到密度高度对于飞机性能和安全完成机动动作至关重要。实际这个动作飞行期间,在向顶点运动期间,飞机逐渐失去能量,导致飞机改出高度不足,无法安全有效退出斤斗机动;据估计,如果再增加50 ft高度,就可以安全完成这个动作,避免飞机坠地。

失事飞机直接坠落在观众线前面,又弹回空中,发动机从机身"飞"脱,机身落在后面,飞行员和乘客仍在飞机中。幸运的是,坠机后没有发生起火,飞行员和乘客幸免于难,但撞击时的高垂直速度导致其背部受伤。

图2-35 "特里兰德"短途运输机

109. 1977年6月3日,费尔柴尔德A-10攻击机事故[巴黎航展,法国巴黎勒布尔热(LE BOURGET)机场]

关于飞机"空中翻斤斗会杀了你"的经典说法是指飞机在坏天气、飞得太低、距离太近等情况下,最终在地上撞个大洞。尽管云层很低,但巴黎航展的表演飞行节目仍在继续进行,以敏捷近距离空中支援"坦克杀手"著称的费尔柴尔德A-10攻击机,将进行机动飞行表演。下午15:30,该攻击机进入首个垂直机动动作,翻斤斗。

飞机驾驶员是经验丰富的试飞员霍华德·纳尔逊(Howard W. Nelson),是费尔柴尔德A-10攻击机项目研制阶段的试飞员之一。当天,纳尔逊驾驶该飞机进入斤斗,飞机进入低云层,又冲出云层,安全地完成了斤斗。飞行员拉起飞机准备作第二个斤斗,这一次他准备做的半径更小一些,以避免进入灰蒙蒙的云层中。飞机一直保持在云层下面,改出工作开始了,但是这一次飞机太低了,撞到了地面,机尾首先撞到地面。飞机在撞击后立即解体,机尾和座舱部分从机身分离,机身起火。

坠机现场一位目击观众评论:"我估计要成功完成这个斤斗至少需要再高50～100 ft。

我认为,飞行员在最初的撞击中几乎很难幸免,但遗憾的是他死于随后的解体所造成的伤害。我记得当时我就在想,老兄,如果他做动作时的高度能再高出 10～20 ft,那才'真是-真是'太棒了!可悲的是,事实并非如此。飞行员死亡,这很可悲。"

110. 1975 年 4 月 30 日,"美洲豹"(JAGUAR)T - 2 攻击机教练事故[皇家空军洛西茅斯(LOSSIEMOUTH)基地,苏格兰,英国]

在皇家空军洛西茅斯机场,一架"美洲豹"T - 2 攻击教练机在为即将到来的航展表演进行训练飞行,具体动作是从观众区头顶低空倒飞通场。但由于后座上个人救生包(PSP)没有正确固定,导致飞机控制受限。具体情况是没有使用正确的约束套来保护弹射座椅PSP 和座椅安全带,而是用麻线绑紧安全带,这使 PSP 倒置并掉下,同时卡住了控制杆。飞行员设法保持对飞机的有限控制,以获得正确的弹射姿态,并在飞机坠地之前弹射。飞行员仅受轻伤,也没有造成重大附带伤害。

111. 1974 年 9 月 1 日,西科斯基 S - 67"黑鹰"直升机事故(范堡罗航展)

随着直升机设计技术的飞速发展,直升机开始尝试模仿固定机翼的机动动作,而在1974 年的范堡罗航展上,西科斯基 S - 67"黑鹰"直升机原型机(见图 2 - 36)在表演这类机动动作中坠毁。当时,这架直升机开始连续滚转,但高度太低,在从第二圈滚转中退出时撞到地面。这是该直升机一次重要的商业演示飞行,正在向以色列空军推销这种直升机。

早期的直升机设计有很多限制,一般禁止作负"过载"机动,因为螺旋桨桨叶很容易碰到尾梁,导致灾难性后果。直升机滚转和斤斗机动一般也是禁止的,除非它们在整个机动过程中都可以保持在"正过载"状态下。直升机要做直线滚转机动,在开始滚转前必须保持较大的机头上仰姿态,而且一般只滚一圈,不能连续滚转。但是,如果飞行员选择连续滚转两次,那么机头朝上的俯仰姿态将必须高得多,因为不可能向前推使机头保持在水平线。这次飞行中,飞行员尝试连续滚转两圈,但是在第二圈滚转的最后阶段,直升机坠地。幸运的是飞行员只受了轻伤,而且没有造成附带伤害。事故调查委员会的调查结果摘要指出:"飞行员在开始滚转机动时出现判断错误,高度太低了!尽管如果以正常方式完成这个机动,高度是足够的,而且这个高度也达到了英国国防部、SBAC 和西科斯基的最低高度要求。"

图 2 - 36　西科斯基 S - 67 "黑鹰"直升机

112. 1973 年 3 月 6 日,图波列夫 TU - 144 超声速客机事故(俄罗斯航空公司,巴黎航展,法国)

1973 年 3 月 6 日,巴黎航展期间,俄罗斯航空公司一架图波列夫 Tu - 144 超声速客机在进行表演飞行时坠毁。官方的事故调查结论是,在非常陡峭的爬升之后,飞机非常平稳地改平,然后开始俯冲。在随后的俯冲改出中,飞机在飞行中解体并爆炸,飞机残骸散落在古森维尔村,除了该飞机上的 6 名机组人员死亡外,还有 8 名公众丧生,60 多人受伤,其中许多人是烧伤。

阴谋论者甚至推测,飞行员可能因与一架"幻影"喷气机近距离接触而被拍摄到图波列夫 TU - 144 超音速客机的镜头而感到震惊,反应过度将飞机推至负迎角状态而导致压气机失速。飞机随后进入俯冲,由于超出飞机设计限制而空中解体。

但是,一位资深目击证人,世界著名试飞员、表演飞行飞行员鲍勃·胡佛(Bob Hoover)在自己的自传《Forever Flying》(永远飞翔)中对这次事故提出了自己的见解:"1973 年巴黎航展的最后一天是公众开放日。超过 100 万观众在观看表演飞行。在开放日的前一天晚上,即周六晚上,法国人为参加航展表演飞行的所有飞行员举行了招待会。在最初的 10 天,法国的'协和'飞机和俄罗斯的图波列夫 Tu - 144 超声速客机之间进行了激烈的竞争表演。二者都是超声速客机。我相信俄国飞行员正在超能力进行表演。在一次着陆时,冲过了跑道,不得不复飞。还有一次着陆距离又太短。在酒会上,他吹嘘说他会在周日超越'协和'飞机。那天表演飞行中,'协和'飞机排在第一位,飞行员进行了高速通场飞越之后,陡峭地将'协和'飞机往上拉,并爬升到大约 10 000 ft,然后才改平飞行。"

图波列夫"Tu-144 超声速客机飞行员尝试做相同的动作,但机头抬得太高了,以至于我不相信他如果失速了怎么改出。我和新闻界成员在一起观看飞行情况。我大喊:"快拿相机,好像改不出来了。""飞机失速了,机头下俯进入陡峭俯冲姿态,飞行员试图从俯冲中拉起来,飞机开始解体。飞机碎片和燃烧的残骸洒落在法国一个村落附近。"

霍华德·穆恩(Howard Moon)的《苏联 SST(超声速客机):Tu-144 技术解读》一书中讨论了这场事故,并对阴谋论进行了有趣的"娱乐"。穆恩在书中指出:"Tu-144 飞机的飞行在'协和'飞机演示飞行 10 多分钟之后进行,他们在等待起飞时也只是观众。"据报道,飞行机组在莫斯科的压力下希望进行壮观的飞行表演。随后的表演中,Tu-144 飞机展示了在极低的高度上大坡度左右倾斜和转弯。飞行员米哈伊尔·科兹洛夫(Mikhail Kozlov)前两天告诉同事:"我们有一些技巧,我们的动力比'协和'飞机大。"

穆恩总结认为,事故的根本原因实际上是"协和"飞机与图波列夫 Tu-144 超声速客机之间的竞争。造成这种情况的原因是,法国人在最后一刻削减了经过精心训练的苏联飞机演示飞行时间,并延长了"协和"飞机的演示飞行时间。在演示飞行的一个阶段,图波列夫 Tu-144 超声速客机机组人员被迫临时着陆,而且明显差点在错误的跑道上着陆。当他们复飞进行第二次着陆时,又失去了与塔台的联络,差点与法国的一架"幻影"Ⅲ战斗机发生空中相撞。

使事情复杂化的是另一种阴谋理论提出,给副驾驶配备了一台电视摄像机来为法国电视台拍摄飞行过程影像资料。飞行中负的"过载"回避机动动作导致摄像机掉入了驾驶舱地板的操纵杆孔洞中。等到把它拿走后,唯一的选择就是猛烈改出,这导致右舷机翼失灵。根据穆恩的说法,在苏联的模拟器上模拟了这种情况,并在巴黎复现了事故过程。除了这种说法,还有一些技术方面的说法,例如鸭翼故障、加力燃烧室失速和机翼疲劳裂纹等,卡恩认为:"技术因素"是 77102 号飞机命运的外围因素。这次灾难中的主要因素是政治因素。

可能妨碍了飞机操控的电视摄像机只是象征着危险的宣传活动,但穆恩认为,导致飞机不可避免坠毁的一个原因是决定缩短 77102 号飞机的演示飞行时间,他们的演示飞行在苏联至少进行了 6 次练习。缩短表演时间,使处在驾驶舱视野极差的飞机上的飞行员和机组人员在陌生的机场上空迷失了方向,因此可以理解为什么科兹洛夫会试图在错误的跑道上降落。依旧按照阴谋论,根据穆恩的说法,似乎更不可原谅的是,该地区的第二架飞机也被迫进行了一系列的"粗暴"躲避机动,即使是坚固的图波列夫 Tu-144 超声速客机机体也无法承受。尽管他们在联合调查委员会中粗暴地施压,但很难确定苏联在这次坠机事件中的责任。穆恩得出结论说,在一个拥挤的航展上,苛刻的飞行条件下可能犯了一些错误,但是机场空管指挥控制草率,战斗机的不断袭扰,以及图波列夫 Tu - 144 超声速客机例行飞行程序被打断,都是突发性的关键事件。航展管理者似乎对这场灾难负有主要责任。

穆恩在书中没有讨论"幻影"战斗机以及它为什么在那个时间点出现在图波列夫 Tu - 144 超声速客机旁边这些问题。"幻影"战斗机也可能是在参加航展表演,也可能正如阴谋论者所说,是在拍摄图波列夫 Tu - 144 超声速客机的飞行过程。但是,停机坪上图波列夫 Tu - 144 超声速客机的照片已经清楚地向人们展示了它的鸭翼布局!考虑到这一点,再加上在人群面前进行表演飞行时已经向人们展示了鸭翼控制面,那么"幻影"摄影的飞行照片又能带来什么好处呢?那么,"幻影"战斗机真的是在那儿拍摄照片吗?或者只是出于某种其他原因,恰巧飞到了哪里?如果是那样的话就无话可说了!迄今为止,还没有任何确凿的证据证实所谓的"幻影"Ⅲ战斗机说法,尽管这个故事似乎已经被重复了很长时间,以至于它已成为了"真相"。

还有一个压气机失速问题,穆恩在他的分析中没有真正讨论。根据穆恩的观点,图波列夫 Tu - 144 超音速客机的主要问题是进气道设计问题。这也是"协和"飞机设计遇到的主要问题——有一半风洞试验时间都用于解决进气道问题。1977 年,苏联向"协和"式飞机联合会寻求进气道设计和控制系统方面的帮助,但由于该技术在军事上的潜在应用而被拒绝。

一位参加了这次航展的经验丰富的飞行员表达了另一种观点:"图波列夫 Tu - 144 超声速客机进行了几次'壮观'的通场之后,'沉迷'于低速飞行,展示其鸭翼提供的优越低速操控品质。在这次低速通场之后,起落架仍处于放出状态,以保持低速配平。飞行员科兹洛夫使用全加力拉起飞机,进入陡峭爬升。爬升到约 3 000 ft 高度时出现经典的完全失速(full classic stall),在所有三个轴上均发生不稳定摇摆,随后飞机向左偏,进入陡峭俯冲。一些目击者说看见两块东西从飞机上脱落,碰击了机翼,或者也可能进入了发动机。但大多数人认为鸭翼并没有脱落。随后的陡峭俯冲表明图波列夫 Tu - 144 超声速客机飞机正处于致命的危险中,而改出高度只有 3 000 ft,而图波列夫 Tu - 144 超声速客机太大太重了!"

"在近乎垂直坠落了几秒种后,飞行员科兹洛夫想尽快改平飞机,但改出动作又过于剧烈,导致右侧机翼从翼根处折断,随后的滚转导致另一侧的机翼也折断,两台发动机迅速被火焰吞没,爆炸震动了这架受灾的飞机,飞机在钛和钢的炽热燃烧中坠落。许多专家目击者一致认为,这架图波列夫 Tu - 144 超声速客机超出了其飞行包线限制。它又没有'过载平衡(g-levelling)'装置保护它,避免进入超出机身结构强度限制的机动。改出尝试失败后飞机爆炸解体令人绝望。"

詹姆斯·奥伯格(James E. Oberg)在他的《发现苏联灾难;探索格拉斯诺斯特的极限》(Uncovering Soviet disasters;exploring the limits of Glasnost,ISBN 0394560957)一书中表达了另一种观点。他在书中写到："3月6日,本届巴黎航展的最后一天,两架两倍声速的超声速客机在20多万名观众眼前,进行了面对面表演飞行。法国的'协和'飞机首先出场进行了华丽的通场和绕场飞行,它的飞行更像是战斗机,而非客机。观众们都被震撼了。随后,图波列夫 Tu－144 超声速客机登场亮相。飞行员米哈伊尔·科兹洛夫竭尽全力希望技压'协和'飞机。他首先沿 060 跑道进行了低速低空通场。当他沿着主观礼台前的跑道飞过时,许多航空专家和新闻记者对飞机的低空速感到了担忧。他们看到飞机的加力燃烧室打开,四台发动机喷管喷出强烈火焰。飞机到达跑道端头时拉起进入爬升,很危险的陡峭爬升。'快拍摄,快拍摄。',一位局长哭着向他的摄影师喊着:'他不会成功的!'。科兹洛夫几乎垂直的爬升达到了预期的效果:观众人群惊呼着。然而这种钦佩突然变成了恐怖。影像资料显示,此时飞机左侧鸭翼脱落,那样的动作超出了商业客机设计强度限制。脱落的鸭翼撞到了后面的机翼根部,随后破裂的油箱爆炸,橙色火焰爆发。几年后,一位受惊的新闻工作者回忆说,飞机发出巨大噪声,然后像箭头一样直冲入地面。"

关于事故调查,法国人不希望公开他们在事故中的角色是合理的。"幻影"战斗机的出现,无论是有意还是无意的,看起来都不是很好。如果是在那儿拍照或者只是由于空中交通管制错误而恰巧出现在那里,还都是正常的。航展组织者为坠机事件所应承担的责任也不会很好地反映给法国人。苏联的沉默本来可以掩盖图波列夫 Tu－144 超声速客机的技术问题,或者也是冷战中能看到的足够的下意识的安全反应。

有趣的是,注意到了两种截然不同的观点,一种是表演飞行专家鲍勃·胡佛(Bob Hoover)的,另一种是穆恩的。无论相信哪种观点,表演飞行员、航展组织者和飞行控制委员会应从这次事故中汲取基本的表演飞行经验教训。

113. 1972 年 6 月 4 日,F－4"鬼怪式"(PHANTOM)喷气战斗机事故(美国空军"雷鸟"飞行表演队,美国杜勒斯机场)

早在 1972 年,在杜勒斯国际机场运输博览会航展(Transpo'72)上,就未来航空运输的前景举办了一次大型展览。期间进行了包括"雷鸟"飞行表演队在内的几场航展表演飞行,但却发生了航展组织者的"噩梦场景",整个航展期间有 3 人死亡。到周末航展结束时,航展组织者才感觉长长松了一口气。

第一起事故是一位滑翔机飞行员在空中失速,坠落地面丧生。第二起事故发生在围绕标志塔的冲刺比赛中,失事的是一架小型飞机但飞行速度很快,转弯时,外侧一架飞机的螺旋桨撞到了内侧飞机机翼翼尖。被撞飞机机翼随即脱落,当时高度只有不到 300 ft,失事飞机快速滚转,然后迅速坠地。一切发生得太快了,飞机坠地后,飞行员还有呼吸,但随后死亡。第三起事故则发生在"雷鸟"飞行表演队。

那个时期,"雷鸟"飞行表演队列装的是 F-4"鬼怪式"喷气战斗机。在最后一天飞行表演中,右侧僚机飞行员霍华德(Howard)由于飞机平尾作动器故障而坠机身亡。失事时,表演队刚刚完成五机楔形滚转,正在进行 4 g 垂直转弯机动。霍华德的飞机失去控制,以非常大的过载(据麦道公司估计,当时的正过载高达 17~25 g)脱离编队,进入倒飞尾旋,完全失控。尽管在很低高度飞行员努力摆脱困境弹射,但降落伞被飞机起火形成的火球点燃,不幸丧生。

霍华德是一位杰出的飞行员,也是一位充满鼓舞和关怀的人。他的逝去对"雷鸟"飞行表演队和他的家人都是巨大损失。此类事件对观众的影响是痛苦和悲伤,尤其是观看事故的妻子和孩子们。有些观众的评论是:"我认为此类事故并不会导致航展被关闭。但是,我确实认为,航展会增加人们看到此类悲剧性事故发生的可能性。如今,在各种新闻中看到航展飞行表演事故的机会并不少见。"

114. 1971 年 1 月 20 日,"蚊式"(FOLLAND GNAT)教练战斗机事故[皇家空军,"红箭"特技飞行表演队,英国坎伯(Kemble)镇]

在英国坎伯附近,皇家空军"红箭"飞行表演队的两架"蚊式"教练战斗机(见图 2-37)发生空中相撞,4 名飞行员丧生。当时两架飞机正从跑道的相对两端彼此正面接近,并做水平轮盘转(转盘)[horizontal carousel (roulette)]机动,就是在一个平面内做相对的 360°转弯。事故发生时,两架飞机都在跑道同一侧交叉。在随后的事故调查中,下议院议员质疑该特技飞行表演队存在的必要性,但幸运的是,国防大臣卡林顿(Carrington)勋爵裁定,这个 7 人特技飞行团队可以继续保留,但在接下来的 25 年里,严禁表演轮盘转机动。

事故发生时,两架飞机各有 2 名飞行员在机上,4 人在这次事故中全部丧生。永远无法得出结论当时到底是谁在驾驶飞机。

图 2-37 "蚊式"教练战斗机

115. 1967年6月4日,"富加教师"教练机事故(法国空军,"巡逻兵"飞行表演队,巴黎航展,法国)

在航展当天的最后一场表演中,法国"巡逻兵"飞行表演队的"富加教师"教练机参加了当天的闭幕式表演活动。在完成传统的9机空中开花表演后,其中一架飞机未能拉起改出,坠毁在一处围墙附近。很多坠机碎片抛向人群,包括引擎的一部分,最后被分隔观众与跑道的障碍物阻挡。尽管随后发生了混乱和恐慌,奇迹般地人群中没有其他人受伤,这次事故中只有法国"巡逻兵"飞行表演队副队长迪迪埃·杜索斯(Didier Duthois)上尉丧生。

116. 1965年6月19日,"菲亚特"G-91战斗机事故(意大利空军,巴黎航展,法国)

1965年的巴黎航展因发生的两次致命事故而被人们铭记。1965年巴黎航展发生的第二起事故是当天的例行表演飞行临近结束时发生的。意大利空军的一架"菲亚特"G-91战斗机(见图2-38)已经完成表演飞行,正在向03跑道进近准备着陆。由于一架"Canadair Tudor"飞机正在滑行到跑道上,"菲亚特"G-91战斗机在紧急复飞中的发动机功率未达到要求,在距跑道入口约300 m处坠入停车场,炸死了飞行员阿泰勒·托纳迪(Italo Tonati)(未弹射)和9名观众,同时损毁了停车场约60辆汽车。

图2-38 "菲亚特"G-91战斗机

本届航展的第一起事故发生在1965年6月15日(星期二),与1961年的事故一样,也是一架B-58"盗贼"(Hustler)轰炸机。这架飞机从马德里抵达时负载很重,正准备在25

号跑道上着陆。飞机在最后阶段失去了一台发动机推力,坠毁在滑行道旁,几乎就在待命救援的"哈斯基"(Husky)消防直升机的前方。"哈斯基"(Husky)消防直升机迅速扑向着火的飞机,将灭火剂倾倒在驾驶舱上,扑灭了大火。失事飞机驾驶员当场死亡,另外两位机组人员受伤,被直升机送往巴黎的医院救治。

117. 1963 年 6 月 16 日,霍克·西德利(HAWKER SIDDELEY)P – 1127 实验飞机事故("鹞式"飞机原型机,巴黎航展,法国)

当天是星期天,也是霍克·西德利(Hawker Siddeley)公司的 P – 1127 实验飞机垂直起飞与着陆演示飞行的最后一个飞行日。演示了向后飞行后进行了悬停,然后准备过渡向前飞行。此时该机仍处于地效之中,吸入了外来物,引起气流扰动,进而影响了发动机运行。根据一位法国目击者的说法:外来物(FOD)部分堵塞了喷管,然后堵塞了排气出口,这些排气口在没有命令的情况下从垂直旋转到水平,导致飞机重重地掉落在地面上。消防部门立即进行了干预,并向飞机喷洒了泡沫。幸运的是,由于坠落高度只有几米,飞机没有着火。该机飞行员,霍克公司的世界著名试飞员 A. W. 比尔贝德福德从事故中逃脱而没有受伤。飞机经修理后重新投入飞机研制项目试飞,最终促成了举世闻名的"鹞式"飞机的诞生。

118. 1961 年 6 月 3 日,"盗贼"(HUSTLER)B – 58A 轰炸机事故(美国空军,巴黎航展,法国)

在本届航展最后一个星期六下午,云层很低,"盗贼"B – 58A 轰炸机表演了桶形滚转机动,钻入云层,随后以陡峭的机头下俯姿态出现,高度不足,无法改出,坠入卢浮宫附近的一个无人区。飞行员埃尔默·墨菲(Elmer E. Murphy),导航员尤金·摩西(Eugene Moses)和雷达操作员戴维·狄更森(David Dickenson)等 3 名机组人员全部丧生。空间意识丧失和方向迷失导致没有足够的时间或高度来进行弹射。

119. 1952 年 9 月 6 日,德哈维兰 DH – 110 飞机事故(范堡罗航展,英国)

约翰·德里(John Derry)在范堡罗航展发生的致命事故发生在他驾驶德哈维兰 DH – 110 飞机通场飞行时,第一次通场时观众人群听到了两次不同的轰鸣声。第二次通场时,约翰·德里驾机到达机场上空,飞机在进入爬升过程时解体,翼尖故障,导致剧烈的俯仰,机身承受过大的压力,机尾飞脱,突然坠入观众人群。

据一位现场目击者说,飞机发动机掉落在人群中,就在他身边。站在他右侧的朋友被这起悲剧性事故的受害者的鲜血喷溅了一身。这次事故导致飞行员约翰·德里,导航员、观察员托尼·理查兹(Tony Richards),以及 28 名观众死亡。令人不可思议的是,航展表演随后继续进行,内维尔·杜克(Neville Duke)驾驶红色的"霍克猎人"(Hawker Hunter)战斗机进行了跨声速最大速度通场飞越。

德哈维兰DH-110飞机是1950年设计制造的一种跨声速战斗轰炸机。在原型机的最终组装过程中,曾发现其翼尖无法正确安装,实际上通过弯曲才使其安装到位。这次坠机事故6个月后,在结构试验中发现机翼结构强度不够,它们被设计成能够承受足够的弯曲载荷,而承受扭曲载荷的强度不足。从最广泛的意义上讲,这是一次质量事故。

2003年的航展事故

2003年是人类实现航空有动力飞行梦想100周年纪念有意义的年份,也是航展表演飞行的一个特殊年份。全世界的航展主题都是"纪念人类实现航空飞行的伟大成就"。但是,2003年航展开始的头5个月就发生了至少7起事故。

1. 阿根廷"在鲁兹德尔苏尔"特技飞行队Su-29 AR飞机事故

最早一起事故发生在2003年2月3日,阿根廷"克鲁兹德尔苏尔"(Cruz del Sur)特技飞行队的Su-29 AR在飞行演练中坠毁,导致两名飞行员死亡。这次事故发生在距门多萨(Mendoza)约25 km处,两名遇难的飞行员是海军准将科特斯(Comodoro Cortez)和上尉达尼洛·索德拉(Danilo Soldera)。

2. 法国"伏尔蒂·维克多"飞行表演队"幻影"F1飞机事故

对欧洲航展巡回表演的重大打击,是法国的"幻影"F1二人组,"伏尔蒂·维克多"(Voltige Victor)飞行表演队,于2003年3月10日坠毁,当时该团队在兰斯的基地训练。据报道,当时他们正在为2003航展季的表演飞行进行训练飞行:低空(300 m)近距离直线编队,2号机稍微拉起,结果撞到了长机的机尾。其中一架飞机坠毁在跑道端头,另一架坠落在50 m远的地方。2名飞行员全部丧生。其中一位是该飞行表演队队长,32岁的纪尧姆·科芬(Guillaume Coeffin)中尉,他加入表演队2年;另一位是32岁的米歇尔·韦尔纳特(Michel Vernat)中尉,他加入表演队才1年。

3. 墨西哥廷德尔空军基地Technoavia SP-95特技飞机事故

2003年3月22日,周六晚些时候,在廷德尔空军基地发生的飞机失事坠毁事件,导致一位才华横溢的民航飞行员克里斯·史密森(Chris Smisson)丧生,他驾驶的是一架Technoavia SP-95特技飞机。克里斯·史密森是"航展无限制特技飞行队"(Airshow Unlimited Aerobatic Team)的一位成员,在廷德尔空军基地的2003年墨西哥湾沿岸敬礼航空展上飞行时,他在"近乎垂直"的撞击中丧生,据报道当时他的飞机正在与喷气动力卡车之间进行"虚拟竞赛"。地面没有人员伤亡。当事故发生时,作为上述比赛的一部分,当飞机准备从斤斗特技中拉起时(据称是为高速通场做准备),一头撞向地面。另一位目击者说:"他根本没有拉起,直接就坠毁了"。

4. 俄罗斯 Technoavia SP - 95 双座特技飞机事故

Technoavia SP - 95 是俄罗斯制造的一种以 M14 - P 径向发动机为动力的高性能双座特技飞行飞机。美国只有少数几架这种飞机,其中两架被列入了"航展无限制特技飞行队"的名单中。根据克里斯·史密森的简历记载,他拥有超过 14 000 h 的飞行时间,是佐治亚州亚特兰大一家大型航空公司的职业飞行员。克里斯(Chris)于 1989 年获得美国中级滑翔机特技飞行冠军,并于 1991 年成为美国滑翔机特技飞行队的成员。克里斯自 1986 年开始以来一直参加航展表演飞行,并获得了"北美"T - 6 飞机,"Beechcraft"T - 34 飞机,"Zlin 526F"飞机,"Technoavia SP - 95"飞机和"Pilatus"飞机以及滑翔机的 1 级表面豁免资质(Surface Level 1 waiver with qualifications)。他还持有单机特技飞行和格斗表演飞行的豁免权——他确实是一名高素质的表演飞行员。

5. 奥地利空军 SAAB 105E 战斗机事故

2003 年 4 月 17 日,一架奥地利空军 SAAB 105E 战斗机,在到法国进行表演之前进行训练,这架飞机在林茨、霍斯兴基地进行第三架次特技飞行训练时,坠毁在奥地利斯坦伯格附近在阿伦施泰格(Allentsteig)军事训练靶场。当时在这架飞机以起落架放出进场构型在 500 ft 高度低速飞行,飞行员托马斯·普洛德(Lt Thomas Ploder)中尉失去了对飞机的控制,弹射逃生。飞机以垂直 90°姿态坠地。飞行员没有受伤。

6. 西班牙空军 SRF - 5A 飞机事故

2003 年 4 月 30 日,还发生了一起事故。西班牙空军 SRF - 5A 飞机原定于 2003 年 5 月 11 日在巴达霍斯、塔拉韦拉雷亚尔(Badajoz / Talavera la Real)举行的空军航展上进行表演飞行,在先期进行的表演训练飞行中坠毁。飞行中飞机进入尾旋,高度太低,飞行员无法改出,这次事故造成飞行员丧生。

7. 瑞典"圣路易斯精神"号飞机事故

2003 年 6 月 1 日,为了庆祝人类实现有动力航空飞行 100 周年,时年 59 岁的瑞典飞行员皮埃尔·霍兰德(Pierre Hollander)不幸丧生。他驾驶一架"圣路易斯精神"(Spirit of St Louis)号飞机复制品——"圣路易斯精神"(Spirit of St Louis)号飞机是人类飞行先驱查尔斯·林德伯格(Charles Lindbergh)首次不经停从纽约飞往巴黎所驾驶飞机,不幸坠地。在大约8 000名震惊的旁观者的见证下,该复制品飞机在大西洋航空公司(Air Atlantique)举办的年度考文垂经典(英国)航展上起飞后不久,在离地面约100 ft高度遭受了灾难性的结构性破坏。根据AAIB的说法,飞机右机翼遭受金属疲劳损伤,坠落地面时机翼向后折回,飞机最终撞到了机场周界的一处仓库建筑的顶部。飞行员受重伤,被紧急送往医院救治,但随后死亡。这次事故没有对观众造成伤害。飞机坠毁后暂停片刻,老式和经典飞机的表演继续进行。此前,在1988年的考文垂航展上一名观众丧生,当时一架20世纪40年代的双发喷气式"Gloster Meteor T7"飞机因飞行员失误坠毁。

到2003年航展季的中期,所有迹象都表明2003年将是又一个典型的航展安全年,但表演飞行员又开始犯与前几年相同的错误。

2003年6月12日,在剑桥附近的达克斯福德帝国战争博物馆举行的"飞行传奇"(Flying Legends)航展上,皇家海军的一架老式"仙女萤火虫"(Fairey Firefly)战斗机在数千名观众面前坠毁,飞行员和乘客死亡。失事的这架飞机由皇家海军历史飞行公司拥有和运营,该公司在萨默塞特郡的皇家海军航空站约维尔顿运营着一批历史悠久的英国海军飞机。死者是时年45岁的飞行员比尔·默顿中尉和时年29岁的机械师尼尔·里克斯。

录像带显示,这架老式飞机进入俯冲,试图退出俯冲时坠地,尘埃和烟雾笼罩着观众区域不远的地面。安布里奇郡消防和救援局的发言人说,其中遇难飞行员在飞机坠毁的现场被发现,而另一名则仍留在飞机残骸中。博物馆馆长泰德·英曼(Ted Inman)表示,周六坠机事故正在由国防部进行调查。他说,达克斯福德自1973年开始举办表演飞行以来的安全记录"非常好",并且始终遵循民航局的飞行安全指导方针。英曼说,航展组织者决定继续表演,尽管那是一个"艰难的决定"。"起初停顿了一会儿,但救援过后航展表演飞行继续进行,"他在新闻发布会上说。

"仙女萤火虫"战斗机是英国二战时期设计生产的一种双座舰载战斗机。该机的原型机于1941年首飞,1943年开始服役,1956年停产,总计建造了1 700多架。失事的这架飞机编号为WB271,1949年进入皇家海军服役,并参加了朝鲜战争。1972年转交皇家海军历史飞行大队。

失事当天,这架飞机首先以净构型完成了基本的特技机动,然后滚转至倒飞姿态,在改出拉起时,由于高度不够,无法安全改出,坠毁在M11高速公路附近的田地中,幸好远离观众群。航空事故调查局(AAIB)的一份报告要求达克斯福德机场重新审查当前的起飞和着陆程序,以防止飞机着陆或中断起飞时冲上M11高速公路。这次事故紧接着2002年6月2日的事故发生。在那次事故中,苏联空军的一架两座L-39军用喷气教练机在向达克斯福德机场着陆时,穿过边界围栏后,在高速公路上停下来。考虑到世界航展季节每年集中在5～10月的6个月期间举办,看来2003年对于航展而言也根本就不是一个好年头。

没有记载的一些事故

在本书一个章节的有限篇幅内几乎不可能将所有航展事故都包含在内。有些航展事故本书并没有记载,例如,"蓝天使"飞行表演队的几次重大航展飞行事故,包括 1966 年在多伦多举行的一场表演中的致命事故和 1967 年在飞行练习中发生的两次致命事故,这些事故结束了格鲁曼"虎"(Tiger)战斗机在"蓝天使"飞行表演队的 12 年成功表演历史。1972 年和 1973 年发生的三起悲剧性事故导致"蓝天使"飞行表演队从 1974 年开始使用 A‑4"天鹰"(Skyhawk)飞机,而弃用了"鬼怪"(Phantoms)战斗机。而在 1978 年、1981 年和 1985 年又发生了致命的表演飞行事故,导致了"蓝天使"飞行表演队开始使用 F/A‑18 战斗机作为表演飞机。

2001 年 8 月 31 日,在列日‑贝尔塞特(Liege‑Bierset)空军基地举行的"家庭开放日"航展上,一架比利时陆军"Alouette II"飞机起飞后不久因发动机故障而坠毁。基地一名士兵的父亲丧生,机上其他 3 人受重伤。

2002 年发生的几起航展事故本书没有收录,但实际上 2002 年的航展事故数量有 20 多起。2002 年 2 月 25 日,巴西特技表演飞行员保罗·亨里克(Paulo Henrique)成功地从他的"Extra 230"飞机中逃生,当时他在飞行练习中注意到驾驶杆的振动,实际上左副翼已经完全丧失。由于无法控制正在俯冲的飞机,他快速做出了一个明智的决定,在 1 000 ft 离地高度紧急弹射并安全着陆,而且没有受伤。

2002 年 5 月 4 日,一架"斯梯曼"(Stearman)PT‑17 双翼飞机在乔治敦(德克萨斯州)航展上表演时失去动力坠毁。飞行员哈罗德·史密斯(Harold Smith)和一名乘客驾驶飞机起飞后不久失去动力,二人侥幸逃生。该飞机则撞上电话线和一棵树后,撞进了机场附近一间无人居住的房屋的车库中。尽管飞机完全毁坏,但飞机上或地面都没有人员受伤。

在英国,2002 年 7 月 21 日,一架"虎蛾"(Tiger Moth)飞机在一次慈善航展上坠毁,飞行员身受重伤。这位 55 岁的飞行员在飞机坠毁在伯克郡梅登黑德附近的怀特沃尔瑟姆机场地面时,从飞机的残骸中甩出。飞行员当时正在为泰晤士河谷空中救援人员筹集资金,而这些救援人员恰好就在附近待命,他们迅速用飞机将受伤飞行员送到斯劳的韦克瑟姆公园医院救治。

SNJ 飞行员鲍勃·贝克曼(Bob Beckman)是历史飞机中队的一名成员,于 2002 年 9 月 29 日在俄亥俄州的瑟克维尔(Circleville),与另两架"Texans"飞机进行编队飞行,在飞向机场"Fly‑In"时坠毁身亡。目击者说,当时飞机突然急剧上仰,随后坠地。

南非空军发生的一些航展事故本书也没有记载。例如,1973 年发生的一起事故,莱斯·马歇尔(Les Marshall)上尉驾驶一架"Aermacchi"MB‑326M 飞机从南非郎厄班镇中央飞行学校起飞,为航展表演进行前期飞行训练,在西开普省(Western Cape)萨默斯菲尔德(Summersfield)镇做低空"特里转弯"(Derry-Turn)时坠毁。还有一起事故,马克·麦克劳德(Mac McCloud)上尉驾驶一架"Aermacchi"MB-326K飞机和理查德·米勒(Richard Miller)上尉驾驶的另外一架Aermacchi"MB-326K"在低空从倒飞姿态做1.5圈滚转时坠毁。所有这些致命事故都是在为航展表演做准备训练时发生的,而且失事飞行员都经验丰富,具有失事型号飞机数百小时飞行经验。当然,1996年在彼得斯堡举行的一次航展上,一位来自南非"Harvard"飞机俱乐部的飞行员还发生过一起事故。该飞行员在即兴做一个副翼滚转时,机头抬起高度不够,发生分离,飞机坠地。需要注意的是,前面提到的3起事故,起因都是低空滚转机动动作,而不是垂直机动动作。

不仅巴黎航展历史上曾发生过一些令人讨厌的事故,范堡罗航展也是如此。20世纪70年代中期,范堡罗国际航展上,一架旋翼机向人们展示了高度动态的特技动作,但飞行员(是一位固定翼飞机飞行员)在表演中失去了飞机控制,并使用了错误的技术进行改出。另外一起事故,一架Saab-37"雷"(Viggen)战斗机与一架SAAB105战斗机在做协调同步表演飞行时发生事故,SAAB105战斗机实施了机腹迫降。20世纪90年中期,一架Su-27飞机在着陆时冲出了跑道。当时飞机在做表演前的练习,但由于违反了表演区的相关规定,飞行控制委员会命令其立即着陆,结果发生了意外。飞机着陆速度太快了,接地时,三分之二跑道已经甩在了身后。当问及飞行员为什么发生这么"深"的接地着陆时,飞行员回答:你让我立即着陆,我只能那么做!真是无语!

空军特技飞行队的飞机失事对于各国空军而言始终特别敏感,因为大多数国家空军部门都在宣传能代表该国空军最好飞行技能的特技飞行队,确实是这样,他们能够代表该国家空军最好的飞行技能。任何负面的东西都会对飞行员能力的公众形象产生不利影响。但也未必完全如此,毕竟,世界上很多航展事故都涉及一些世界上最有经验的飞行员。所以,要尽早认识到航展事故并不是无经验飞行员的唯一权利,任何飞行员都可能发生航展事故,那样就越能更好地理解低空表演飞行的危险性。

尽管国家特技飞行队选择的飞行员是因为他们的飞行能力高于平均水平,但他们和其他任何部门的飞行员一样也容易遭受人为错误的影响。尽管这些团队可能会进行许多小时的密集编队特技飞行技能训练,但他们也需要通过仪表飞行、紧急状态训练和模拟器训练来维持自己的飞行资质延续性。即使错误或事故发生在公众监督之外,对这些错误的容忍度也非常严格。一般事故发生后,事故当事人被遣散出飞行团队或从其服务部门辞职的情况并不少见,这正是来自最高专业水平的表演飞行所带来的压力所致。

1965—1971年,"红箭"飞行表演队由于各种原因损失了6架飞机,而且全部都是在冬季飞行训练期间。1969年发生了3起,第一起是3月份,一架"Gnat"飞机在一个斤斗特技的底部撞地。另外两起怪异事故发生在12月份。其中一次是飞行队报告在编队练习中,一架"Gnat"飞机尾喷管起火。不幸的是,两名飞行员都听到了火警,他们都以为飞机着火了,他们离开编队并弹射了出来,所幸没有受伤。1970年,在一次训练飞行中,另外一架"Gnat"飞机发动机故障,飞行员弹射,飞机坠毁。两个月后"红箭"飞行表演队发生了一起非常严重的事故,那是在1971年1月20日,两架飞机在做"轮盘转"(Carousel)表演时,迎头相撞,4名飞行员丧生。

在实际的表演飞行中,"红箭"飞行表演队仅发生过两起事故,而且均未对飞行员或观众造成伤害:第一次事故发生在1980年5月17日,在布莱顿海滨的一次航展表演飞行中,一架"霍克"(Hawk)飞机偶然失事,这也是"霍克"飞机第一次损失。失事当天,两架飞机从编队中分离出来后,"同步对"(synchro-pair)两架飞机开始沿着海上选定的表演线路进行一系列迎头对冲,这些表演线平行于海岸线,处于一座宫殿和西码头之间。在第四次迎头对冲时,2号飞机没留意撞到了一艘游艇的桅杆,当时那艘游艇没有帆。飞机然后缓慢地驶向了先前清晰的表演线。飞行员约翰逊(Johnson)中队长在飞机撞击游艇桅杆后仅3 min就弹射出来,飞机失控并几乎倒转,当时高于海平面不超过300 ft。

当时规定进行"同步对"(synchro-pair)表演的最低高度是35 ft,据说,这个高度可以提供安全距离并为公众提供奇观感受。表演飞行期间没有任何禁止船舶运营的规定,因此游艇船长没有理由怀疑他的通过会妨碍"同步对"(synchro-pair)的表演飞行。飞行员也没有看到缓慢移动的游艇,他的飞机撞在了桅杆顶端下方4 ft处。这次事故发生后,"红箭"飞行表演队的所有表演飞行的最小高度提升至100 ft。

如果把发动机故障描述为"稀松平常"的话,那么第二次表演飞行事故的情况就更为平淡无奇。1984年8月31日晚上,"红箭"飞行表演队在西德茅斯(英国)的海滨进行表演。当表演队主编队逼近"泼妇"(Vixen)斤斗的顶部时,皮特·李(Pete Lees)中尉驾驶的8号飞机的发动机由于低压压气机叶片故障而喘振,当时8号飞机位于主编队的右后方。喘振故障无法纠正,飞行员成功弹出。另一次是在1986年11月3日,在林肯郡皇家空军斯坎顿机场训练飞行时,"红箭"飞行表演队8号飞机发生了发动机故障。由于发动机熄火,重新点火不成功,飞机在迫降模式冲向跑道,飞行员迪恩·芬德利(Dean Findlay)中尉在很晚的阶段成功弹出。

同样是在1984年3月21日,"红箭"飞行表演队为在塞浦路斯的举行的表演飞行进行准备彩排时,在"同步对"的最后一次反向斤斗机动练习中,2号机在拉起时坠地。当时是在100 ft高度开始反向穿越,"同步对"飞机拉起进入斤斗,在顶部以倒飞姿态交叉,然后在拉起期间越过,形成一个"人群登机口"(crowd departure gate)。在这种情况下,对于两位飞行员而言,很明显在倒飞位置处,2号飞机高于1号飞机。为了平衡编队队形,2号飞机在下降时的拉起要比1号飞机紧得多,从而导致下降角度太大,且高度不足以完成从俯冲中改出。飞机以近乎水平的姿态撞到地面并弹起了好几次。舱盖抛掉,弹射座椅面朝上,飞行员赫斯特（Hirst）暴露在气流中。

飞机的第二次弹起损坏了弹射座椅的点火机构，使其失效。然而，在这一阶段，撞击力触发了弹射自动座位分离，因此，在飞机第二次弹跳的最高点处，主降落伞打开将飞行员拖离了解体的飞机，并迅速落地。飞机随后又经历了第三地弹跳，最后坠地，然后解体并燃起大火。飞行员赫斯特受重伤，但最终得以幸免于难。事故调查委员会得出结论，事故是飞行员过度专注于获得正确的交叉位置而导致的，而没有意识到过紧拉起飞机对整体飞行轨迹的影响。在倒飞交叉之后，他的关注点一直在于获得平稳一致的烟雾轨迹和精确的出发点。没有考虑他已经很靠近地面，以及下降的飞行轨迹一般几何形状。

1987年11月6日，也发生了一起飞行事故，中队长米勒（Miller）带领"红箭"飞行表演队在斯卡普顿（Scampton）地区进行例行编队飞行训练，当时他在1 500 ft的转弯处要求空中散开。2号机飞行员斯派克·纽伯里（Lt Spike Newbery）正常处于直线编队队形中。2号机飞行员收油门，飞机落在领队飞机下方，两机相撞。两名飞行员立即弹射，但都受了重伤。一架飞机坠毁在田野中，第二架飞机坠落在梅尔顿村的一排房屋上，尽管地面有人受到惊吓，但没有人受伤。

在20世纪80年代中期，"红箭"飞行表演队在拍摄名为"蓝彼得"（Blue Peter）的儿童电视节目时飞机起飞时，起飞前一名飞行员忽略了检查空气制动装置是否已收。结果刹车片未收回，导致刹车片的唇部刮擦地面。飞行员发现这种情况下的刹车效果非常"出色"，无奈选择在起飞过程中弹出，飞机在跑道滑行一段距离后才停止。

为了吸引观众参加航展并提供高水平的娱乐，航展已将其节目扩展到与"航空"相关的许多活动中，在某些情况下甚至包括一些非航空活动。一些航展还有无线电遥控和遥控驾驶的飞机的表演，当然必须接受与飞机相同的安全检查。人们会很"看不起"这种小比例模型类的"玩具"飞行物，但往往没有意识到这种模型的动力足以对观众形成致命伤害。

1998年4月13日，在澳大利亚的一次航展上，一架无线电遥控飞机模型失控后，至少造成一个小女孩受伤。当时，这架模型飞机正在墨尔本北部的芒格洛尔航展上进行表演飞行，模型飞机的拥有者，时年66岁的乔治·马基（George Markey）失去了对模型飞机的控制，模型飞机飞入了人群。当时约有600人在观看航展表演，事发后人们四散逃离。一位目击者说，观众对于即将发生的危险没有得到任何警告："我以为它会升空，但却坠入了人群，所有人开始向四面八方奔跑逃离。"一些航展参加者在失控模型撞伤女孩后试图使这架失控模型停下来。幸运的是，对于受伤女孩和其他观众来说，飞机的螺旋桨位于机身后方，而不是机头上。他说："如果螺旋桨位于飞机的机头上，那真的会有更多人受伤。"

结论

　　我们的底线是："无论您有多少经验,无论您是谁,无论您具有民航背景还是军事背景,无论您是驾驶老式飞机还是最现代战斗机,无论您是参加顶级国际航展还是参加当地的乡村小型表演飞行,这些都无关紧要。重要的是您每次机动的每个飞行点的能量管理与您的飞行高度之间的关系;如果您在表演飞行中不遵守飞行纪律,不执行经过认真彩排演练且计划良好的规定演出程序,那么您的结果可想而知,世界上的所有经验都无法保证您生存——就这么简单!"这些事故让我想到了航展资深人士传授的一句古老谚语:"警告所有飞行员,在天空的中间飞行,飞行边界是坚硬的地面或无底的大海!。"

第三章　航展飞行事故数据与统计分析

"理想的表演飞行员是纪律与进取心的完美结合"[安农(Anon)]。如图 3 - 1 所示为法国"同步对"表演队进行反向交叉通场表演。

图 3 - 1　2003 年 5 月 10 日,法国沙托顿空军基地举办的国家航展上,法国"同步对"表演队进行反向交叉通场表演

飞行员并非故意在表演飞行过程发生坠毁事故,在恶劣的环境中,飞行员注意力不集中、判断失误、预判不佳、机械故障或不遵守纪律等,都可能导致坠机。很多情况下,很容易将事故责任归咎于飞行员,但是必须了解飞行员犯错误的根本原因,因为一旦犯错误,大多数情况下都会导致生命损失。人类的生存本能是避免坠机最不可思议的强大动力,没有飞行员会故意使飞机坠毁——那么,是什么导致飞行员的生理机能受到因果因素的诱惑呢?又是什么使飞行员相信自己所选择的行动方案能提供最佳结果和最高生存指数呢?

　　有一句古老的格言是"如果无法用数字表达,您将无法理解。",对于更好地理解低空表演飞行带来的危害尤其重要。为此,随机抽取了 1952 年 9 月到 2002 年 11 月这五十多年间的全球 118 次航展事故样本数据,统计在表 3-1 中。所收录样本涉及的范围肯定不全面,仅考虑了 57 例军事航展事故和 61 例民用和军事博物馆航展事故。对每个事故都记载了飞机的型号、类别、事故因素、死亡人数、弹射情况以及最终位置,无论这些事故是在表演练习期间还是在航展期间发生的。我们所做的分析并非试图分摊责任,而只是为了分析样本数据,将相关事故明细制成表格,以试图确定航展事故的趋势。

　　表演飞行的因果因素示意图如图 3-2 所示。

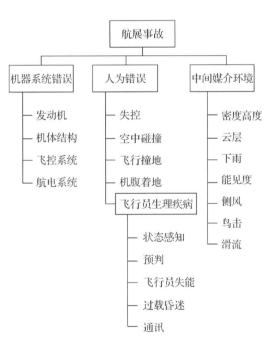

图 3-2　表演飞行的因果因素示意图

表 3 - 1 随机选择的航展事故数据库：1952—2002 年

序号	时间	飞机型号	飞机类别	因果因素	伤亡情况	弹射情况	发生时段	地点/国家
1	1952 年 9 月 6 日	德哈维兰 DH-110 （英国空军）	战斗机	机械故障（结构） 爬升中滚转	1 名飞行员、1 名机组人员,28 名观众死亡,63 人受伤	2 人、 未弹射	航展	范堡罗·英国
2	1961 年 6 月 3 日	B-58"盗贼"轰炸机 （美国空军）	轰炸机	FIT 飞行着地、 滚转、天气（云底）	1 名飞行员、 2 名机组人员死亡	3 人、 未弹射	航展	巴黎航展·法国
3	1963 年 6 月 16 日	霍克·西德利 P.1127	战斗机（VSTOL 原型机）	机械故障（发动机）	0	N/A	航展	巴黎航展·法国
4	1965 年 6 月 19 日	"菲亚特"G-91 （意大利空军）	战斗机	失控（着陆）	1 名飞行员、 9 名观众死亡	未弹射	航展	巴黎航展·法国
5	1967 年 6 月 4 日	"富加教师"教练机 （法国空军）	喷气教练机	FIT （炸弹爆炸）	1 名飞行员死亡	未弹射	航展	巴黎航展·法国
6	1971 年 1 月 20 日	2 架"霍克"T Mk 1 （"红箭"飞行表演队、 皇家空军）	喷气教练机	空中碰撞 （反向穿越）	4 名飞行员死亡	4 人、 未弹射	航展前 飞行练习	肯布尔·英国
7	1972 年 6 月 4 日	F-4"鬼怪"战斗机 （"雷鸟"飞行表演队、 美国空军）	战斗机	失控（进场散开）	1 名飞行员死亡	弹射	航展	杜勒斯·美国
8	1973 年 3 月 6 日	图波列夫 Tu-144 超声速客机 （俄罗斯航空公司）	运输机 （民航客机）	失控（爬升）	2 名飞行员、4 名机组人员,8 名公众死亡,60 多人受伤	无	航展	巴黎航展·法国

序号	时间	飞机型号	飞机类别	因果因素	伤亡情况	弹射情况	发生时段	地点／国家
9	1974年9月1日	西科斯基S-67"黑鹰"直升机	直升机	FIT（滚转）	2名飞行员、1名机组人员死亡	无	航展	范保罗，英国
10	1975年4月30日	BAE"美洲豹"T-2（皇家空军）	喷气教练机（坠地）	FIT 维护故障（倒飞）	0	弹射	航展表演展前练习	茅斯，苏格兰
11	1977年6月3日	A-10 Thunderbolt（美国空军）	战斗机（坠地）	FIT 天气（斤斗）	1名飞行员死亡	无	航展	巴黎，法国
12	1977年10月8日	Britten-Norman Trislander	运输机（超轻型）	FIT（斤斗）天气，密度高度	1名飞行员、1名乘客受伤	无	航展	兰塞里亚，南非
13	1981年10月10日	"披茨"特技飞机	运动飞机（特技飞机）	FIT（倒飞尾旋）	1名飞行员受伤	无	航展	兰塞里亚，南非
14	1982年1月18日	4架T-38"禽爪"（"雷鸟"飞行表演队，美国空军）	喷气教练机	FIT（斤斗）	4名飞行员死亡	4人未弹射	航展表演前的训练飞行	内华达州，美国
15	1982年9月11日	支双干（美国陆军）	直升机	机械故障（结构故障）	1名飞行员、2名机组人员、41名跳伞运动员死亡	无	航展	曼海姆，联邦德国

序号	时间	飞机型号	飞机类别	因果因素	伤亡情况	弹射情况	发生时段	地点/国家
16	1983年5月27日	Transall C-160（南非空军）	运输机（中程运输机）	机腹着陆（短距着陆演示）	0	无	航展前的训练	沃特克鲁夫空军基地·南非
17	1984年9月4日	德哈维兰"水牛"（中程运输机）	运输机（中程运输机）	失控（进场）	2名飞行员受伤、1名乘客受伤	无	航展	范堡罗·英国
18	1984年10月10日	诺斯罗普F-20"虎鲨"战斗机	战斗机	FIT（爬升滚转）	1名飞行员死亡（超出弹射包线）	弹射	航展	水原市·韩国
19	1985年5月14日	诺斯罗普F-20"虎鲨"战斗机（诺斯罗普公司）	战斗机	FIT（爬升滚转）	1名飞行员死亡	无	航展前的训练	古斯贝·拉布拉多·加拿大
20	1985年7月13日	2架A-4"天鹰"战斗机（"蓝天使"飞行表演队，美国海军）	战斗机	空中相撞（反向穿越）	1名飞行员死亡	1人弹射、1人未弹射	航展	尼亚加拉瀑布机场·美国
21	1985年12月15日	2架MB326H飞机（皇家澳大利亚空军）	喷气教练机	空中相撞	2名飞行员死亡	1人弹射、1人未弹射	航展前的训练	伊斯特塞尔·维多利亚州·澳大利亚
22	1988年3月10日	2架MB 326H Roulettes（皇家澳大利亚空军）	喷气教练机	空中相撞	0	N/A	表演训练	伊斯特塞尔·维多利亚州·澳大利亚
23	1988年4月16日	"艾马奇"MB-326M（"银隼"飞行表演队，南非空军）	喷气教练机	机械故障（发动机起火）	0	弹射	航展	斯泰伦博斯·南非

序号	时间	飞机型号	飞机类别	因果因素	伤亡情况	弹射情况	发生时段	地点／国家
24	1988年4月24日	麦道 F－18（美国海军陆战队）	战斗机	FIT（斤斗）	1名飞行员受伤	未弹射	航展	埃尔托罗，加利福尼亚，美国
25	1988年6月26日	空客 A320（法国航空公司）	运输机（民航客机）	FIT（飞控系统）	3名乘客死亡，50多名乘客受伤	无	航展	米卢斯·哈布斯海姆，法国
26	1988年8月28日	3架 MB－339（"三色箭"飞行表演队，意大利空军）	喷气教练机	空中碰撞	3名飞行员死亡及69多名观众死亡，300多名观众受伤	3人未弹射	航展	拉姆斯泰因空军基地，联邦德国
27	1989年6月9日	MiG－29 战斗机（米高扬设计局）	战斗机	机械故障（发动机，大迎角通场）	0	弹射	航展	巴黎，法国
28	1989年6月17日	AT－6D	老式螺旋桨飞机（教练机）	FIT（倒飞滚转）	1名飞行员死亡	无	练习阶段	伯爵镇，亚利桑那，美国
29	1989年9月3日	2架 CT－114（"雪鸟"飞行表演队，皇家加拿大空军）	喷气教练机	空中相撞（爆炸）	1名飞行员死亡，1名飞行员受伤	1人弹射，1人未弹射	航展	安大略湖，多伦多，加拿大
30	1989年10月8日	"幻影 2000"（印度空军）	战斗机	FIT（下降滚转）	1名飞行员及2名公众死亡，20人受伤	无	航展	新德里，印度
31	1989年10月24日	2架 A－4"空中之鹰"战斗机（"红色奇异果"飞行表演队，皇家新西兰空军）	战斗机	空中碰撞（编队散开时滚转）	1名飞行员死亡	无	练习阶段	劳马尼靶场，新西兰

序号	时间	飞机型号	飞机类别	因果因素	伤亡情况	弹射情况	发生时段	地点/国家
32	1990年1月23日	2架F/A-18"大黄蜂"战斗机("蓝天使"飞行表演队,美国海军)	战斗机	空中碰撞	0	弹射	练习阶段	埃尔森特罗、加利福尼亚州,美国
33	1993年5月2日	加拿大制造的F-86E"佩刀"战斗机	老式喷气战斗机(战斗机)	FIT(飞行撞地、斗牛)	1名飞行员死亡	N/A	航展	埃尔托罗海军陆战队航空站、加利福尼亚州,美国
34	1993年6月26日	波音PT-17"斯梯曼"	老式螺旋桨飞机(教练机)	失控(滚转)	1名飞行员及1名机组人员死亡	未弹射	航展	"协和航展"新罕布什尔,美国
35	1993年7月24日	2架MiG-29战斗机(米高扬设计局)	战斗机	空中碰撞(斗牛)天气原因	0	2人弹射	航展	皇家空军费尔福德机场,英国
36	1993年8月8日	SAAB公司JAS-39"Gripen"战斗机(瑞典空军)	战斗机	机械故障(飞控系统)	0	弹射	航展	斯德哥尔摩,瑞典
37	1993年10月2日	"艾马奇"(Aermacchi)MB-326M("银隼"特技飞行队,南非空军)	喷气教练机	机械故障(机翼结构内部)	1名飞行员死亡(超出弹射包线)	弹射	航展	兰塞利亚,南非
38	1994年2月14日	洛克希德·马丁F-16("雷鸟"飞行表演队,美国空军)	战斗机	FIT(螺旋下降)	1名飞行员受伤	未弹射	练习阶段	内华达州,美国

续表

序号	时间	飞机型号	飞机类别	因果因素	伤亡情况	弹射情况	发生时段	地点/国家
39	1994年6月24日	波音B-52（美国空军）	轰炸机	失控（陡峭转弯、天气）	2名飞行员及2名机组人员死亡	1人弹射，3人未弹射	练习阶段	华盛顿州，美国
40	1995年7月17日	2架Aero L-39"信天翁"（"白色信天翁"飞行表演队，斯洛伐克空军）	喷气教练机	空中碰撞	0	2人弹射，无人死亡	练习阶段	科希策，斯洛伐克
41	1995年9月9日	梅赛斯密特Bf-108	老式螺旋桨飞机（Liaison）	FIT（滚转）	1名飞行员及1名乘客死亡	未弹射	航展	柏林，约翰尼斯塔尔，德国
42	1995年9月2日	BAE公司"Nimrod"（皇家空军）	运输机（海上巡逻机）	FIT（侧翼机动）	2名飞行员及5名机组人员死亡	未弹射	航展	多伦多，加拿大
43	1995年9月27日	B-26"掠夺者"	老式螺旋桨飞机（轰炸机）	机械故障1（发动机）	2名飞行员，1名机组人员及2名乘客死亡	未弹射	练习阶段	敦德兰，得克萨斯州，美国
44	1995年11月8日	2架Pilatus PC7 MK II"阿斯特拉（Astra）"（南非空军）	涡桨教练机	空中碰撞	0	1人弹射	练习阶段	中央飞行学校郎厄班镇，南非
45	1996年4月16日	"霍克海怒"战斗机	老式螺旋桨飞机（战斗机）	失控（着陆）	1名飞行员死亡	未弹射	航展	实验飞机协会（EAA）莱克兰"Sun'n Fun"航展，美国

序号	时间	飞机型号	飞机类别	因果因素	伤亡情况	弹射情况	发生时段	地点／国家
46	1996年5月5日	北美"德州佬"AT-6	老式螺旋桨飞机（教练机）	FIT（滚转）	1名飞行员死亡	N/A	航展	塞尔托马航展，路易斯安那州，美国
47	1996年5月26日	洛克希德·马丁公司F-16战斗机（葡萄牙空军，＋BAE公司"鹰"(Hawk)，皇家空军）	Fighter 喷气教练机	空中碰撞 Collision	0	1人弹射	航展	贝亚空军基地，葡萄牙
48	1996年7月7日	德哈维兰112"海毒液"	喷气教练机	失控（起飞抬前轮）	0	无	航展	哈沃登，切斯特，英国
49	1996年6月19日	麦道公司F-18C	战斗机	FIT（斗斗）	1名飞行员受伤	无	练习	贝尔尔托，圣路易斯，美国
50	1996年7月14日	P-38"闪电"（达克斯福德收藏品）	老式螺旋桨飞机（战斗机）	FIT（滚转）	1名飞行员死亡	未弹射	航展	多克斯福德，英国
51	1996年7月21日	德哈维兰DH 98"蚊式"（BAE公司）	老式螺旋桨飞机（轰炸机）	失控（侧翼机动）	1名飞行员及1名机组人员死亡	N/A	航展	巴顿，曼彻斯特，英国
52	1996年8月4日	"披英"S-1S特技飞机	运动飞机（特技运动）	机械故障（结构）	1名飞行员死亡	N/A	航展	宾夕法尼亚州，美国
53	1997年6月1日	北美F-86"佩刀"	老式喷气战斗机（战斗机）	FIT（斗斗特技）	1名飞行员死亡	未弹射	航展	丹佛，科罗拉多州，美国

序号	时间	飞机型号	飞机类别	因果因素	伤亡情况	弹射情况	发生时段	地点／国家
54	1997年6月14日	"韦斯特兰"Lynx S-170（丹麦海军）	直升机	FIT（侧翼机动）	1名飞行员受伤	未弹射	航展	戈拉斯卡航空野餐会，华沙，波兰
55	1997年6月21日	苏霍伊 Su-27"侧卫"（俄罗斯"骑士"飞行表演队，俄罗斯空军）	战斗机	机腹着陆	0	无	航展	布拉迪斯拉发，SIAD'97航展，斯洛伐克
56	1997年6月22日	2架方程 V 自建飞机	运动试验飞机	空中碰撞	1名飞行员死亡，1名飞行员受伤	无	航展	长岛，纽约
57	1997年6月26日	AT-3教练机（中国台湾空军，"雷虎"飞行表演队）	喷气教练机	FIT	1名飞行员死亡	未弹射	练习阶段	台北,康山空军基地,中国台湾
58	1997年7月26日	EXtra 300（皇家约旦空军）	运动飞机（特技运动飞机）	失控天气	1名飞行员，及9名观众死亡，40人受伤	未弹射	航展	奥斯坦德佛兰德斯'Fly-In'航展，比利时时
59	1997年9月14日	F-117A"夜鹰"（美国空军）	战斗机	机械故障（结构故障）	4名公众受伤	弹射	航展	巴尔的摩，马里兰州，美国
60	1997年9月20日	"拔茨"S-24特技飞机	运动特技飞机	FIT（斤斗）	1名飞行员死亡	未弹射	航展	同盟空军，德克萨斯州，美国

序号	时间	飞机型号	飞机类别	因果因素	伤亡情况	弹射情况	发生时段	地点/国家
61	1997年12月12日	梅赛斯密特BF-109（帝国战争博物馆收藏品）	老式螺旋桨飞机（战斗机）	机械故障1（发动机）	0	未弹射	航展	多克斯福德，英国
62	1998年3月1日	"空中拖拉机"802A	农业喷洒飞机	失控	1名飞行员死亡	未弹射	航展	澳大利亚
63	1998年3月19日	活塞式"教务长"（南非空军博物馆）	老式螺旋桨飞机（教练机）	FIT（失速转弯）天气	1名飞行员死亡	无	练习阶段	斯瓦特考普斯空军基地，比勒陀利亚，南非
64	1998年4月19日	2架波音"斯梯曼"PT-17（红男爵表演队）	老式螺旋桨飞机（教练机）	空中碰撞	2名飞行员死亡、2名警察受伤	未弹射	航展	佛罗里达州，美国
65	1998年4月21日	"星光经线"超轻型飞机	运动飞机（超轻型）	失控（转弯）	1名飞行员死亡	未弹射	航展	"Sun'n Fun"航展，莱克兰，佛罗里达州，美国
66	1998年5月8日	2架"塞斯纳"A-37B（"黑鹰"表演队，韩国空军）	喷气教练机	空中碰撞	1名飞行员死亡	未弹射	练习阶段	韩国
67	1998年6月5日	"霍克猎手"F4	老式喷气战斗机（战斗机）	机械故障（发动机失火）	1名飞行员死亡	未弹射	练习阶段	邓弗德，英国
68	1998年7月23日	MIG-29（匈牙利空军）	战斗机	FIT（大迎角转弯）	1飞行员死亡	弹射	练习阶段（媒体演示）	匈牙利

续表

序号	时间	飞机型号	飞机类别	因果因素	伤亡情况	弹射情况	发生时段	地点/国家
69	1998年9月15日	3架歼-7战斗机（"八一"特技飞行表演队，中国人民解放军空军）	战斗机	空中碰撞	3名飞行员死亡	3人未弹射	练习阶段	天津，中国
70	1998年9月19日	2架AT-6"德州佬"	老式螺旋桨飞机	空中碰撞（航空竞速赛）	1名飞行员死亡，1名飞行员受伤	无	航展	里诺航空竞速赛，内华达州，美国
71	1998年12月10日	2架CT114"导师"（"雪鸟"飞行表演队，皇家加拿大空军）	喷气教练机	空中碰撞	1名飞行员死亡	弹射	练习阶段	穆斯乔空军基地，加拿大
72	1999年4月25日	2架F-16战斗机（"雷鸟"飞行表演队，美国空军）	战斗机	空中碰撞	0	N/A	航展	帕特里克空军基地，佛罗里达州，美国
73	1999年5月30日	"维拉威"	老式螺旋桨飞机（教练机）	失控（大迎角）	1名飞行员及1名乘客死亡	未弹射	航展	诺拉镇，新南威尔士，澳大利亚
74	1999年6月6日	BAE"鹰式"200战斗机	战斗机	FIT（斤斗）	1名飞行员及1名观众死亡，4名观众受伤	未弹射	航展	布拉迪斯拉发，"SIAD'99"航展，斯洛伐克
75	1999年6月12日	苏霍伊Su-30MK战斗机（苏霍伊飞机设计局）	战斗机	FIT（大迎角螺旋下降）	0	2人弹射	航展	巴黎，法国

序号	时间	飞机型号	飞机类别	因果因素	伤亡情况	弹射情况	发生时段	地点/国家
76	1999年6月19日	北美 F-86 "佩刀"战斗机	老式喷气战斗机（战斗机）	失控（发动机压气机失速）	1名飞行员死亡	未弹射	航展	新泽西，美国
77	1999年8月2日	F-4U "海盗"	老式螺旋桨飞机（战斗机）	坠毁（通信故障）	1名飞行员受伤	无	航展	EAA"空中冒险"航展，美国
78	1999年9月12日	一架"塞斯纳"L-19"乌狗"，一架"塞斯纳"O-2"空中大师"	运动飞机（轻型通用飞机）	空中碰撞	2名飞行员死亡	无	航展	北汉普顿，马萨诸塞州，美国
79	1999年9月19日	自制 P-51 飞机	运动飞机（特技飞机）	空中碰撞	1名飞行员死亡	无	航展	里诺航空竞速赛，美国
80	1999年10月1日	2架"比奇"D-45（利马利马特技飞行队）	螺旋桨教练机	空中碰撞	1名飞行员死亡	无	练习阶段	伊利诺伊州，美国
81	1999年10月3日	"奥瑞克涡轮乌鸦"	运动飞机（特技飞机）	FIT（斤斗）	1名飞行员受伤	N/A	航展	加利福尼亚 Int 航展，美国
82	1999年10月28日	麦道 F/A-18 战斗机（"蓝天使"飞行表演队，美国海军）	战斗机	FIT（进场机动）	2名飞行员死亡	无	练习阶段	穆迪空军基地，美国
83	2000年1月9日	"披茨"S-1 飞机	特技运动飞机	FIT（下降滚转）	1名飞行员死亡	N/A	航展	阿普兰，加利福尼亚州，美国

序号	时间	飞机型号	飞机类别	因果因素	伤亡情况	弹射情况	发生时段	地点/国家
84	2000年3月19日	F-16战斗机（美国空军）	战斗机	FIT（Split-S机动）	1名飞行员死亡	未弹射	航展	金斯维尔海军航空站，德克萨斯州，美国
85	2000年4月15日	"喷火"Mk IX（南非空军博物馆）	老式螺旋桨飞机（战斗机）	机械故障（发动机）	1名飞行员受伤	无	航展	斯瓦特考普斯空军基地，比勒陀利亚，南非
86	2000年4月26日	Edge 360特技飞机（"疯狂比尔"）	运动飞机（特技飞机）	乌击	1名飞行员受伤	未弹射	航展	路易斯安那，美国
87	2000年5月27日	2架穆德里CAP 10飞机（"法国链"夫妻表演队）	运动飞机（特技飞机）	空中碰撞	2名飞行员死亡	未弹射	练习阶段	代顿航展，佛罗里达州，美国
88	2000年6月3日	Aero L-39"信天翁"（斯洛伐克空军，"白色信天翁"飞行表演队）	喷气教练机		1名飞行员死亡	未弹射	航展	希里亚克军用机场，斯洛伐克
89	2000年6月18日	格鲁门F-14"雄猫"战斗机（美国海军）	战斗机	失控（复飞）	1名飞行员及1名机组人员死亡，3名救援人员受伤	未弹射	航展	威洛格罗夫航展，佛吉尼亚，美国
90	2000年8月18日	Aero L-29"海豚"	喷气教练机	FIT（俯冲滚转）	1名飞行员死亡	未弹射	航展	伊斯特本，英国

续表

序号	时间	飞机型号	飞机类别	因果因素	伤亡情况	弹射情况	发生时段	地点／国家
91	2000 年 12 月 17 日	"比奇"T－34 "导师"	老式螺旋桨（教练机）	失控（失速转弯）	2 名飞行员及 1 名公众死亡，1 名公众人受伤	无	航展	伊兹密特市伊斯坦布尔，土耳其
92	2001 年 2 月 16 日	A4 "天鹰"（皇家新西兰空军）	战斗机	FIT(Plugged Barrel Roll)	1 名飞行员死亡	未弹射	练习阶段	诺瓦，澳大利亚
93	2001 年 4 月 10 日	"导师"CL－114 教练机（"雪鸟"飞行表演队）	喷气教练机	失控（编队着陆）	0	N/A	练习阶段	温哥华岛，加拿大
94	2001 年 4 月 15 日	H－4 小型共轴反转直升机	直升机（运动飞机）	失控（操作）	0	无	航展	"Sun 'n Fun" 航展，美国
95	2001 年 5 月 6 日	P－51D"野马"（南非空军博物馆）	老式螺旋桨飞机（战斗机）	机械故障（机腹着陆）	0	无	航展	沃特克鲁夫空军基地，南非
96	2001 年 6 月 2 日	德哈维兰 112 "海毒液"	喷气教练机	机腹着陆	0	无	航展	比金山航展，英国
97	2001 年 6 月 2 日	德哈维兰 "吸血鬼" T. Mk II	喷气教练机	失控（尾涡）	2 名飞行员死亡	未弹射	航展	比金山航展，英国
98	2001 年 6 月 3 日	贝尔 P－63A "眼镜王蛇"	老式螺旋桨飞机（战斗机）	失控（斤斗）	1 名飞行员死亡	无	航展	比金山航展，英国

序号	时间	飞机型号	飞机类别	因果因素	伤亡情况	弹射情况	发生时段	地点/国家
99	2001年6月4日	超级马林"喷火"战斗机	老式螺旋桨战斗机（战斗机）	机械故障（发动机）	1名飞行员死亡	无	航展	鲁昂瓦莱德塞纳机场，法国
100	2001年6月10日	2架L-39"信天翁"教练机（俄罗斯空军）	喷气教练机	空中碰撞	1名飞行员死亡	2人弹射	航展	圣彼得堡，俄罗斯
101	2001年6月18日	"富加教师"	喷气教练机	机械故障（结构）	1名飞行员及1名乘客死亡	未弹射	航展	戴克·史莱顿航空节，威斯康星州，美国
102	2001年6月21日	2架CT114"导师"（"雪鸟"飞行表演队，皇家加拿大空军）	喷气教练机	空中碰撞	0	2人弹射	飞行练习阶段	安大略省，加拿大
103	2001年7月9日	"霍克海怒"	老式螺旋桨飞机（战斗机）	失控（爬升转弯）	1名飞行员死亡	无	航展	萨尼亚国际航展，加拿大
104	2001年8月24日	北美T-6"德州佬"	老式螺旋桨飞机（教练机）	失控（椰头失速机动）	1名飞行员及1名乘客死亡。	无	飞行练习阶段	新墨西哥州，美国
105	2001年10月17日	Edge 540	运动飞机（特技飞行）	FIT（转弯）	1名飞行员受伤	无	航展	吉林市，中国
106	2002年1月16日	"富加教师"（萨尔瓦多空军）	喷气教练机	FIT	1名飞行员死亡	未弹射	飞行练习阶段	萨尔瓦多，南美洲

序号	时间	飞机型号	飞机类别	因果因素	伤亡情况	弹射情况	发生时段	地点/国家
107	2002年2月5日	2架"霍克"Hawk Mk 65("绿隼"飞行表演队(皇家沙特阿拉伯空军)	喷气教练机	空中碰撞(编队着陆)	4名公众受伤	2人弹射	飞行练习阶段	塔布克空军基地,沙特阿拉伯
108	2002年3月8日	F-16A(葡萄牙空军)	战斗机	FIT(斤斗)	1名飞行员死亡	未弹射	飞行练习阶段	蒙特雷亚尔,葡萄牙
109	2002年3月28日	2架"霍克"Mk 53("木星蓝"飞行表演队,印度尼西亚空军)	喷气教练机	空中碰撞(滚转)	4名飞行员死亡	4人未弹射	飞行练习阶段	麦迪恩,印度尼西亚
110	2002年4月11日	"阿尔法"喷气教练机("法国帕特罗伊"飞行表演队,法国空军)	喷气教练机	FIT(编队散开)	1名飞行员死亡	弹射	飞行练习阶段	萨隆德-普罗旺斯空军基地,法国
111	2002年4月20日	QF-4S"鬼怪"II(美国海军)	战斗机	失控(进场散开)	1名飞行员及1名机组人员死亡	2人弹射	航展	加利福尼亚,美国
112	2002年6月23日	"AcroEz"飞机(Patrouille Reva民间飞行表演队)	特技运动飞机	FIT(Triple Break)	1名飞行员死亡	无	航展	南希,法国
113	2002年7月20日	阿莱尼亚·菲亚特 G-222飞机(Italian Air Force)	中短程运输机	失控(短距着陆)	0	无	航展	皇家空军费尔福德机场,英国

续表

序号	时间	飞机型号	飞机类别	因果因素	伤亡情况	弹射情况	发生时段	地点/国家
114	2002年7月27日	Su-27（乌克兰空军）	战斗机	失控（桶形滚转）	85名观众死亡、156名公众受伤	2人弹射	航展	利沃夫市，乌克兰
115	2002年8月2日	BAE公司"鹞式"GR7（皇家空军）	战斗机	机械故障（发动机）	1名飞行员受伤	1人弹射	航展	洛斯托夫特，英国
116	2002年9月21日	"德州佬"MkⅢ（南非空军博物馆）	老式螺旋桨飞机	机械故障（发动机）	1名飞行员受伤	无	航展	AAD 2002航展，沃特克卢夫夫空军基地，南非
117	2002年10月1日	2架"伊尔-38"（印度海军）	运输机（海上巡逻机）	空中碰撞	4名飞行员、8名机组人员及3名公众死亡、7名公众受伤	无	航展演练	果阿州，印度
118	2002年11月10日	F-4U"海盗"	老式螺旋桨飞机（战斗机）	机械故障（发动机）	1名飞行员死亡	无	航展	南卡罗莱纳州，美国

注：①飞机类别分为战斗机、轰炸机、喷气教练机、螺旋桨、涡轮螺旋桨、老式螺旋桨教练机、运输机、直升机、滑翔机和运动特技飞机（包括超轻型飞机）。
②考虑的因果因素包括：机械故障、撞地、空中碰撞、失控、机腹着陆和鸟击等。
③弹射考虑的是弹射的会数，即弹射、未弹射和弹射的情况。
④伤亡人数是按照伤亡或受伤的人数来衡量的，然后按类别分为飞行员、机组人员、乘客、观众和公众。
⑤考虑到上述情况，根据公认的3-M定律，即人、机器和中间媒介，从统计角度定义事故类别是谨慎的做法。
⑥一个因果因素的出现总是导致与另一个3-M相互作用。例如，如果不能维持能量级别，则发动机（MACHINE,机器）故障可能会导致去控制（MAN,人）、编队进入云层（MEDIUM,中间媒介）可能会导致空中碰撞（MAN,人）；3M之间的相互作用并不奇怪。

统计分析

1. 航展飞行事故与航展前的飞行练习事故

我们选择的 118 场航展事故"样本"中，有 69％发生在实际的航展中，而在"展前练习"环节中发生了 31％，差异很大（见图 3-3）。69∶31 这个比例的最可能归因于航展表演飞行的现实压力更大。在实际航展期间，表演和给人留下深刻印象的压力要比练习时更高——主要原因在于，由于展前训练的固有性质，使其飞行更加轻松。这一点更加印证了久经考验且值得信赖的军事精神，即"按照作战要求开展训练"，这一点很适合表演飞行——"您必须按照打算表演飞行的方式进行训练飞行"。否则，会在表演过程中带来未知变数，这些未知变数会影响观众和飞行员的安全。在展前表演飞行训练中，如果操作"做得过头"，还有机会再试一次。但是，在实际表演过程中，如果出现故障或飞行员在任何操作中略有错误，则没有第二次机会，飞行员会从不安全的能量基准线继续进行下一个机动，可能会引发导致事故的一系列事件。2001 年比金山航空博览会发生的坠毁事故中，老式"眼镜王蛇"飞机从斤斗顶部进入尾旋确实就是这种情况。

每次表演训练飞行的强度和复杂性应当与"真实"表演飞行的强度和复杂性保持一致，压力和应力负荷也应保持一致。现实感越强，练习效果就越好。如果仅在"虚假"或放松的，不现实的压力下进行练习飞行，然后又在实际表演飞行当天去承受现实世界的压力，那是没有意义的。飞行员的能力达到要求的水平后，表演飞行必须尽可能地切合实际，飞行高度、位置和紧凑性必须与表演当天一样准确。恶劣天气条件下的表演必须在恶劣天气条件下进行练习，直至达到最坏天气条件下的"平面表演"要求。如果表演飞行程序没有经过成功飞行练习，则在演出当天飞行这些表演程序将很危险。专业表演飞行员和团队需要具备这样的纪律水平。表演当天没有时间"即兴"创作或设计表演程序，每一次展前表演练习都必须当做实际表演来操作。

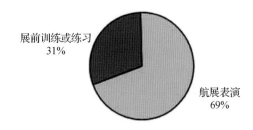

图 3-3　航展事故与展前训练事故比较

航展飞行事故的促成因素还包括在公众面前表演时,观众、同行和组织者带来的压力:尽管可能出现恶劣的风、能见度差、云、雨和密度高度等环境条件,但"表演飞行必须继续进行"这样的态度等,这些因素都可能是导致航展事故的原因。当然还有飞行员的自我表现欲望、令人印象深刻欲望、最佳表演飞行欲望等,也是促成事故的因素。所有表演飞行员都会有这些情绪,并且确切地知道这里所说的那种感觉。这些因素可能会导致表演飞行员"为获得最大效果而做出不合理举动"。由于没有意识到飞机的性能已经达到"最大程度",表演飞行员仍然坚持试图榨出飞机的最后一点能量,而不是遵循能量守恒定律,意识到在某些情况下需要将势能转换为动能,那么在低空这样做的唯一真实结果必然是灾难性的。

另一个观察结果是,大多数恶劣天气条件表演飞行练习都是在良好的天气条件下进行的,这不会得到应有的重视。恶劣天气条件下的表演飞行必须在恶劣天气条件下进行相应训练,这是必须的。在皇家空军有这样一个记录,驻地指挥官质疑"红箭"飞行表演队在真正恶劣的天气条件下飞行练习的理由,得到的答复是"我们必须在最真实的条件下训练"——航展组织者一般不愿意取消表演飞行,因为成千上万的观众已经花费数小时时间开车行驶了数英里来参加受欢迎的航展,他们不愿意让观众失望。

表演飞行员或特技飞行队的声誉与他们的行为息息相关,为了努力适应和取悦展会组织者和公众,他们的判断有时候变得模糊不清。一个好的表演飞行员或团队领导者必须认识到在恶劣天气下持续存在的危险,并在必要时做出不受欢迎的决定,而不必担心抱怨。这使我想到了皇家约旦空军(RJAF)"Xtra 300"飞机在伴随雨水和风的极端天气条件下坠毁的事故。在该飞机坠毁之前,大雨和强风已经迫使大量人群离开,剩下的人则不得不在当地的急救帐篷中躲避,而飞机恰好撞进了这些帐篷,导致了大量人员伤亡。

2. 航展事故的生存能力

在我们统计的航展事故样本中,大约61%的事故造成人员死亡,30%的事故人员生存,生存指数主要是由于机组人员弹出而形成的。其余9%的事故是人员"部分幸存"(见图3-4),本质上包括那些至少有一名机组人员幸存,或空中碰撞的另一架飞机人员幸存下来的事故。

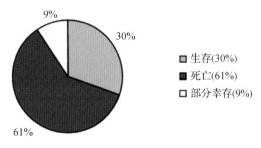

图3-4 航展事故生存情况

在 29 次两架表演飞机的空中相撞事故中,大约 50% 的情况下,至少有一架飞机遭受了灾难性损坏,而另一架飞机则维持在可控和可恢复的损坏状态。坠机碰撞冲击后要想生存,显然必须是碰撞后没有着火,并且碰撞实际下降速度可以被人体吸收。因此,即使可能是这种条件,在航展事故中幸存可能性也不高。1988 年米卢斯-哈布斯海姆空中客车 A-320 以进近构型坠毁事故导致机上总共 136 人中只有 3 人死亡,50 多名乘客受伤。当时的情况下,飞机能量水平相对较低,垂直下降速度接近进近着陆速度,因此大部分人员可以幸存。

属于极端"幸存者"类别的事故案例包括:1974 年范堡罗航展"西科斯基"S-67 直升机滚转事故;1977 年在兰塞里亚(Lanseria)机场的"Britten-Norman Trislander"飞机发生的"斤斗"事故;1981 年在兰塞里亚(Lanseria)机场尼克·图维(Nick Turvey)的"13 圈倒转尾旋"事故;1988 年在加利福尼亚州埃尔托罗(El Toro)发生的 F-18"方形斤斗"(square-loop)事故;1994 年在内华达州沙漠中"雷鸟"飞行表演队飞行员的"螺旋下降"机动事故;1997 年在波兰举行的航展上,丹麦"Lynx S-170"飞机发生的"wingover"事故;1999 年,在美国实验飞机协会(EAA)的"空中冒险"(AirVenture)航展上,一架"海盗"(Corsair)飞机起飞时与一架"熊猫"(Bearcat)飞机发生的地面碰撞事故。上面所提及的这些事故,飞机撞击地面或相互碰撞时都具有相对较高的垂直或滚动能量,从理论上讲应该会导致致命的事故,但事实并非如此。

在有某些幸存者和部分幸存者幸存的事故中,有部分事故幸存机组人员得以重返蓝天。柯比·尚布利斯(Kirby Chambliss)是 1998 年美国国家特技飞行冠军,也是世界顶级特技飞行员之一,在事故发生时世界排名第 5。在 2001 年 10 月的中国大奖赛上坠落在吉林市的河道中,但幸免于难。他的飞机在"转弯"机动中以约 200 mi/h 的速度冲入河中,尽管他没有骨折,但头部和面部多处割伤。尚布利斯不仅从表浅的伤病中恢复过来,而且还在 2002 年的美国国家锦标赛上被评为美国国家特技飞行冠军。

还有一些事故,例如,1988 年在美国埃尔托罗(El Toro)航展上发生的 F-18 坠毁事故,飞行员的身体遭受了严重伤害,不得不结束飞行生涯。在这次坠机事故中,不仅飞行员得以幸存,而且飞机经过修复还能继续达到作战飞行状态。飞机坠地撞击对飞行员身体的冲击,加速度形成的力,以及撞击引发的大火是导致飞行员死亡的主要原因。1998 年,登内尔航空公司(Denel Aviation)试飞员驾驶南非空军博物馆老式活塞式"教务长"飞机,在做"失速转弯"机动时坠毁,在碰撞过程中,飞行员是幸存的,撞击后发生大火造成飞行员严重肺部吸入损伤,几天后在医院过世。

宏观上看,弹射座椅对于增强生存性非常重要。弹出座椅显然为航展事故飞行员的幸存做出了重要贡献,但不幸的是,弹出座椅并非在所有情况下都是灵丹妙药,它也有其局限性。即便如此,仍然有大量飞行员在事故发生后未能弹射或者未选择弹射。妨碍飞行员使用弹出座椅的最大因素是人无法及时做出弹射决策。

在我们分析的118起事故中,有93次是有弹射机会的,但是只有36起(39%)实际弹射(见图3-5)。问题是"为什么还有57起事故的飞行员和机组人员没有弹射?"对这个问题永远无法肯定地回答,但是高坠落速度、严重不良的角度姿态和飞行员可用的决策时间的动态变化,再加上人类较差的决策行为能力和反应时间,都会对这种现象产生重大影响。在36次弹射中,24名飞行员(67%)幸存活下来。另外33%的弹射飞行员无法幸免而遇难,主要是弹射高度太低,再加上向下的速度矢量太大,或者是坡度角太大,超出了弹射座椅工作包线。

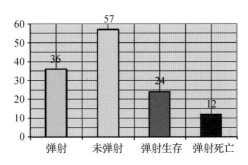

图3-5 航展事故弹射情况分析

实际上,在这36次弹射中,有7次是在弹射包线之外的,1次是弹射后坠落在坠毁飞机的大火球中,这是低空弹射的常见现象。有两次弹射死亡情况:一次是美国空军"雷鸟"飞行员在杜勒斯 Transpo 博览会(1972年)上弹射后落入飞机撞击后的火球中,另一次是2002年4月在穆谷角(美国)航展上,美国海军 F-4 机组人员弹射时离得太近。对于 VS-TOL 飞机,这种情况会被放大。2002年8月2日的英国洛斯托夫特年度航展上,"鹞式"GR7 短距起落战斗机飞行员托尼·坎恩中校的弹射,就是一个明显例子。该飞行员弹射后落在了坠海下沉的"鹞式"飞机上! 如果事故发生在陆地上,那么坠毁飞机肯定起火,托尼·坎恩就会掉入火球中,必死无疑! 低空弹射后,飞机在弹射后的向前行驶轨迹永远不会超过弹出飞行员近乎垂直的下落运动轨迹太远。弹射时的风条件是低空安全弹射极为关键的要素,而"坠机风(on-crash wind)"将降落伞吹入火球是所有弹射飞行员都面临的真正危险。24次成功弹射的主要特征是飞机姿态水平,而且具有向上的垂直速度向量,或者最糟糕情况下,向下的垂直速度向量最小。低空弹射最成功的几个例子分别是1993年英国费尔福德"RIAT93"航展上 MIG-29 战斗机飞行员的弹射(见图3-6),1996年巴黎航展上 Su-30MK I 飞行员的弹射和1997年美国巴尔的摩航展上 F-117 战斗机飞行员的弹射。

迄今为止,"最成功的航展弹射"肯定是在2002年7月27日世界最严重的航展灾难中,从 Su - 27 飞机弹射的两名乌克兰空军飞行员的双重弹出。当时,看起来飞机机翼已经碰到了地面,两名飞行员在飞机将要撞击地面时才弹出——两名飞行员决定为个人生存提供的唯一选择就是弹出,尽管两名飞行员椎骨都骨折了。弹射座椅,特别是俄罗斯的 Zvezda 弹射座椅,成功完成了多次超低空弹射壮举,彰显了现代弹射座椅在提高表演飞行事故生存率方面的潜力。

图 3 - 6 1989 年在巴黎航展上发生的这次 MIG - 29 战斗机坠毁事件中清楚地展示了低空弹射后被弹射飞行员靠近飞机撞击点的情况

3. 航展事故死亡情况分析

在分析的航展事故样本中,至少有 1 074 人因表演飞行而丧生或受伤,包括飞行员、机组人员、观众、乘客,还有与航展毫无关联的普通公众。尽管事故样本量仅为 118 起事故,但却有 107 名(占 10%)飞行员丧生,19 名飞行员受伤。在 118 起事故中,只有 22 起(占 19%)事故没有给机组人员、观众或公众造成重大伤害。在飞行表演死亡事故中,机组人员总是会与飞行员一起丧生。

主要关注的问题之一是有大量观众在参加航展时丧生或受伤。在分析范围内,参加航空展的受害者中有703人(占66%)是观众,其中有202人死亡,501名观众受伤。更为令人不安的是机组人员或航展表演飞行者与观众和公众死亡人数的比率。在我们分析中,这个比率等于156∶917,即15%对85%。面对这样的统计数字,可以提出一个问题:在航展上,机组人员或观众,谁的风险更高?你来决定!航展事故死亡与受伤情况统计以及航展事故百分比分别如图3-7、图3-8所示。

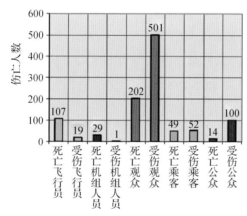

图3-7 航展事故死亡与受伤情况统计

造成此类破坏性统计数据的主要原因是2002年7月,乌克兰空军的Su-27飞机坠入观众群中,造成83人死亡,156人受伤;1988年在德国拉姆斯泰因空军基地发生的意大利"三色箭"飞行表演队事故(69人死亡,300多人受伤);皇家约旦空军Xtra 300飞机于1997年在"Flanders Fly-In"航展上坠入急救帐篷附近的飞行事故(9人丧生,40人受伤);约翰·德里的"海上泼妇"1952年在范堡罗航展发生的飞行事故(28人丧生和63人受伤)。仅这几起航展事故就造成了观众丧生人数的急剧上升。

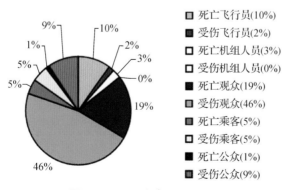

死亡飞行员(10%)
受伤飞行员(2%)
死亡机组人员(3%)
受伤机组人员(0%)
死亡观众(19%)
受伤观众(46%)
死亡乘客(5%)
受伤乘客(5%)
死亡公众(1%)
受伤公众(9%)

图3-8 航展事故百分比

航展组织者必须制定飞行安全规定,并且飞行员必须遵守这些规定,这对于减少航展事故死亡人数畸高的情况至关重要。否则,将极大地威胁到已经受到极高的保险和安保成本打击的航展的未来持续发展。众所周知观众参加航展时所面临的危险,为了保证观众的安全制定了相关法规,但是,对于不参与航展的公众而言,却没有什么可行的解决方案。飞机场周围居民的担忧当然是有充分根据的,而且还会增加对住房保险的影响。如果飞机坠毁在航展表演场所或飞机场之外,则会对飞机场内及其周围的区域造成附带损害。在我们分析的事故样本中,有 14 名公众丧生,100 多人受伤——这些人恰好在错误的时间,错误的地点被表演飞行坠毁飞机的碎片伤害。

　　1973 年巴黎航展的图波列夫 Tu-144 事故案例清楚地说明了无辜的旁观者受到伤害的情况,这些平民是由航展事故造成的附带伤害而丧生或受伤的。其中 8 名公众因坠机碎片的袭击而丧生,60 人受伤,他们都是距离布尔热(Le Bourget)机场仅数英里的古森威尔(Goussainville)村庄的村民。同样,1989 年在德里举行的航展上,印度空军"幻影 2000"飞机坠毁事故不仅夺去了两名观众的性命,还使飞机场外的 20 名公众受伤。1997 年 9 月在美国马里兰州的一次航展上,美国空军的 F-117 战斗机灾难性空中解体事故导致 4 名公众受伤以及数所房屋受损,所幸的是,事故发生时受损房屋的居民不在家。2002 年 10 月,两架印度海军 IL-38 海上巡逻机在空中编队飞行,为纪念印度海军 315 中队成立 25 周年做彩排,结果飞机在西部果阿州空中相撞。其中一架飞机撞在道路上,另一架飞机撞在建筑工地上,12 名机组人员全部死亡,而坠机碎片致使 3 名工人死亡,7 人受伤。

　　在乘客死亡方面,这些航展事故中有 49 名乘客死亡,52 人受伤。乘客死亡统计数据的主要贡献来源于 1988 年米卢斯-哈布斯海姆(Mulhouse-Habsheim)空中客车 A-320 飞机在进近构型时坠毁,当时机上总共 136 名乘客,其中 3 人死亡和 50 人受伤。在这个事故案例中,飞机的能量水平相对较低,垂直下降速度适合降落进近,所以至少可以在坠机中保证多数人员幸存。无论正确与否,由于缺乏足够的定义,1982 年美国陆军"支奴干"直升机事故中机上 41 名跳伞者被包括在航展事故死亡乘客统计数据中,"夸大了乘客死亡统计数据"。严格按照机组人员的定义,跳伞者不被认为是机组人员,但在此特定情况下,应该是"带职责的乘客"。1995 年,在德克萨斯州敖德萨的一次航展飞行演习中,两名来自英国的热心航空摄影师在唯一适航的 B-26"掠夺者"飞机坠毁中丧生。1999 年在澳大利亚诺拉镇发生的的"Wirraway"教练机坠机事故中,一名乘客丧生。而在 2001 年 6 月威斯康星州戴克·史莱顿航空节上发生的"富加教师"喷气教练机坠机事故中,也有一位乘客丧生。1995 年,一名宇航员在德国柏林约翰尼斯塔尔(Berlin,Johannistal)的航展 Bf-108 飞机事故中丧生。幸运的是,1977 年在南非兰西里亚(Lanseria)发生的英国诺曼·特里斯兰德飞机坠机事故以及 1994 年在范堡罗航展发生的的德哈维兰·布法罗飞机坠机事故中,乘客仅受伤。

关于诉讼,在军事飞行圈内通常不是问题,因为军事人员都拥有必要的权限和保险覆盖。但是,在现代法制社会,所犯过失的任何证据都绝对可以成为向航展组织者(公司)、服务对象甚至是表演飞行员提出索赔的依据。谨慎的经验法则仍然保持不变,除非对飞机的安全运行至关重要,否则不允许任何旅客参加飞行表演,并且只有在涵盖所有法律方面的情况下,才允许参加表演飞行。

4. 事故原因分析

对事故样本数据的分析清楚地表明,事故原因的最高百分比可归因于人为因素,即79%(见图3-9)。在人为错误所代表的事故类别中,人的弱点更加突出,更具体地讲,飞行撞地占了31%,空中碰撞占了25%,失控占了20%和机腹着陆占3%。剩余的21%中,其中,飞机的机械故障占17%,天气原因占3%,鸟击占1%。尽管人为错误惊人地占到航展事故的79%,但考虑到低空表演的恶劣环境和人类的生理缺陷,这不足为奇。

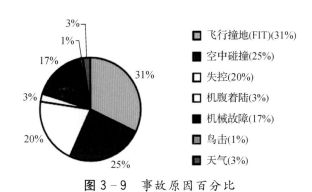

图例:
- ■ 飞行撞地(FIT)(31%)
- ■ 空中碰撞(25%)
- □ 失控(20%)
- □ 机腹着陆(3%)
- ■ 机械故障(17%)
- ■ 鸟击(1%)
- ■ 天气(3%)

图 3-9　事故原因百分比

在现实世界中,飞行撞地(FIT)和失控(LOC)的定义之间存在细微的界限。飞行撞地主要指飞机以高能级撞击地面的那些事故,这些事故通常是由于某种原因而无法从低空垂直或滚转动作中恢复出来。另外,失控与低空速、大迎角飞行状态相关,表现为分离和尾旋——飞行员出于任何原因失去了对飞机的控制。

在38起飞行撞地事故中,有27起(71%)发生在垂直方向,而只有6起(16%)与低空滚转机动动作有关。其余的13%通常是由于倒飞,飞行控制系统故障和转弯机动动作造成的。分析中最令人不安的因素是以悲剧而告终的下降(俯冲)多圈滚转事故率较高,NTSB报告中有几起。分析表明,27起致命事故中有6起(22%)归因于下降滚转机动。

所以,对于一名经验丰富的飞行员来说,怎样才能做好下降滚转动作?请记住,这种操作中的能量管理对技术的微小变化高度敏感,一定要清楚是态势感知能力差,还是仅仅是能量损失过多?航展表演飞行员是否真的让他们的能量预算在航展期间变得如此接近边缘？当进行滚转机动时飞机几乎垂直指向下方时，表演飞行员是否开始意识到下降速度太快？必须提出的问题是，在给定的高度范围内可以做多少连续的向下滚转？是否需要"迫切"完成向下滚转的确切数目，还是确保在表演线前的表演？

不幸的是，NTSB所报告的大多数这类事故没有什么价值，充其量只是一些泛泛的描述，如"飞行员无法改出"，等等。需要对具体原因进行更深入的分析，是什么诱使表演飞行员判断失误了？是什么让表演飞行员已经在以急剧下降的速度进入了极其危险的飞行轨迹，还决定再多做一圈滚转？只是为了使飞机对准？当然，安全的恢复高度比表演线前的炫耀展示更为重要吗？航展表演飞行事故的幸存者肯定会确认，恢复高度比维持表演线前的展示更为优先。

尽管分析表明，垂直方向的空中表演飞行动作发生事故的比率比滚转动作更高，但大多数表演飞行员质疑这种结果，他们认为低空滚转动作比其他动作更危险。是的，他们所说的不是航展上的表演飞行员，而是进行未经授权的低空特技飞行的"热狗"业余飞行员。这些令人惊讶的统计数据出现的可能原因是表演飞行员非常清楚低空滚转的危险性，在技术方面，他们会确保自己的行为是准确的或几乎无懈可击的。

低空滚转并不是飞行员决定要做就能做好的事情，飞行员必须在高空练习滚转，直到可以不"掉落高度"完全完成才算成功。然后需要进行更多工作来完善滚转动作，以确保100%的成功率。表演飞行员的生存方式必须保证滚转时零失误。在一个10圈滚转机动表演程序中，任何一圈中出现"掉落高度"失误，都应重新从头开始整个表演程序。10圈滚转不出现一次"掉落高度"失误才算成功。

问题在于"掉落高度"是由在滚转的最后一半开始时未使用足够的方向舵和前推杆造成的，这是业余选手做滚转动作以期给朋友留下深刻印象的"杀手"。飞机的机头离开地平线上方的某个点，飞行员在这个点上开始滚转，并且已经开始大弧度下降，通过反向偏航和缺少必要正向俯仰实现推低机头，以保持机头固定。这种控制的使用要求在拐角处前推操纵杆并结合方向舵蹬到顶——而此时飞机下方的空域很小（高度很低），这可能就是"杀手"。表演飞行员根本无法承受低空发生这种情况。

一个非常重要的考虑因素是态势感知问题。当一位表演飞行员在低空开始表演时，他的态势感知能力必须自然而然提升一个层次，否则就不可能长期从事表演飞行任务。也就是说，许多飞行员在进行低空特技飞行时为了配平飞机会稍微降低机头高度，尤其是在编队特技飞行中，采用这种技术有两个重要原因。首先，飞机进入倒飞后，机头向下的配平就变成了机头向上的配平，如果在倒飞中突然出了点问题，并且表演飞行员的注意力暂时分散了，这种机头配平可能会提供安全缓冲。第二个原因是要保持对驾驶杆的正压力，避免出现任何中性零俯仰力，这在飞行紧密编队时非常有用。这样做使每个飞行员的手保持紧绷状态，并调整编队中的每架飞机，使其更接近每个飞行员的手、眼反应链。

"在低空特技飞行任务中,没有替代方法。如果您的控制输入有误,则惩罚盒就是您自己的棺材。这个世界上有许多专业,在这些专业中,一项具体的行动等于全部承诺。在低空驾驶飞机进行特技飞行就是其中之一。这个游戏的承诺就是您不能犯错……绝对不能!

在我们的事故样本中,总共有 24 次失控事故,约占航展事故的 20%。这类事故的百分比相对较高,这突出表明飞行员需要具备高于平均水平的处理突发问题的飞行技能,这在表演飞行领域尤为重要。典型的航展失控事故包括:1973 年巴黎航展上,俄罗斯 Tu-144 客机陡峭上仰,导致失去控制并引发灾难性的结构故障;1996 年英国巴顿航展上,德哈维兰"蚊式"飞机"wingover"机动后进入尾旋;2001 年比金山航空展上 P-63"眼镜王蛇"飞机的分离事故。当然还包括"霍克海怒"战斗机的两次航展事故,第一次是 1996 年实验飞机协会"Sun'n Fun"航展上,在着陆滑跑期间地面翻倒事故,飞行员丧生;第二次是 2001 年,加拿大萨尼亚航展上,爬升转弯时失控发生的事故。出乎意料的是,美国海军 QF-4S"鬼怪"战斗机在 2002 年 4 月穆谷角航展上的坠毁原因是飞行员操纵不当造成的失控。

考虑到几架飞机以很高的速度和很高的角速度仅相距几英尺的距离在空中飞行,那么空中碰撞事故占航展飞行事故的 25% 也就不足为奇了。航展中的空中碰撞事故是编队特技飞行、"同步对"表演和定向塔竞速赛所特有的事故类型,主要发生在编队特技飞行队的成员或竞赛飞机之间。在我们的事故样本中,发生了 17 次编队特技飞行空中碰撞事故;"同步对"之间发生了 8 次空中碰撞事故;在定向塔竞速赛期间发生了 3 次空中碰撞事故。碰撞事故不仅会在飞行中发生,而且还有个别编队在地面上发生过碰撞事故。1999 年在美国实验飞机协会"空中冒险"航展上发生的不寻常的地面碰撞事故,其中两架"熊猫"飞机编队的长机与跑道上的"海盗"飞机编队的长机相撞。当"熊猫"飞机编队突然开始起飞滑跑时,"海盗"飞机编队已经中止了起飞,停在跑道上。这次地面碰撞事故的主要原因是通信不良。

编队特技飞行代表了低空表演飞行的危险顶峰,不仅因为太靠近地面会构成危险,而且编队中其他飞机的极近距离也大大增加了飞行员的工作负荷,而且要求飞行员对态势的感知要更为精准。编队特技飞行需要编队中所有飞行员的出色反应,预判和良好的操作技能。1982 年,美国空军"雷鸟"特技飞行队的 4 架 T-38"利爪"教练机在做直线并列斤斗时坠毁在内华达的沙漠中,所有四名成员全部丧生。第一份事故调查报告以"飞行员错误"为结论,结果被"扔回"给了调查人员。随后再次调查得出结论,做斤斗特技动作时编队队长的控制杆被掉落的物品卡住了。然而,第二份事故调查报告提出了更多问题,但这些问题从来没有得到充分回答。

任何机械系统,总会有一定的故障率,用平均故障间隔时间(MTBF)来描述。飞机本身机械故障造成的航展事故只有 20 次(占 17%):其中包括 11 次发动机故障(占 55%),7

次结构故障(占35%)和2次飞行控制系统故障(占10%)。考虑到严酷的飞行环境以及发动机和机身在低空飞行中所承受的压力和应力,这类事故占航空表演事故的17%应该是可信的——尽管全球航展上有大量的老式飞机和前军用飞机参与表演。

发动机故障引起的航展飞行事故方面,事故发生时期运营的主流发动机与缺货的或老式发动机之间的故障比例为5:7。事故发生时当时主流发动机故障导致飞行事故的有:1963年在巴黎航展上,P-1127原型机发动机喷管非指令运行,1988年在斯泰伦博斯航展上,"Impala"发动机起火,1989年在巴黎航展上,MIG-29战斗机发动机压气机失速,以及2002年在洛斯托夫特航展上"鹞式"战斗机发动机故障。缺货的或老式发动机故障导致的飞行事故包括:1997年在达克斯福德航展上发生的唯一适航的Me-109G-6事故,两架第二次世界大战老式"喷火"战斗机事故——2001年的一架私有"喷火"和2000年南非空军博物馆的一架"喷火"事故,1995唯一适航的一架B-26掠夺者事故,1998年一架私有"霍克猎人"飞机事故,2002年南非空军博物馆"德州佬"T6-G和私有F-4U"海盗"飞机事故。这一点特别有趣,因为在航空界许多人认为,老式飞机由于其寿命原因具有较高风险,但是统计数据表明两者之间基本上没有显著差异。根据我们的定义,机械故障不仅包括发动机故障,还包括结构故障。可以想象,由于在表演飞行中,飞机要经历广泛的正负过载。结构故障导致的航展事故有6起,分别占航展事故的5%和飞机故障的29%,但结构一旦发生故障,所引起的事故一般都比较惨烈!1952年范堡罗航展上DH-110飞机飞行中结构断裂导致的事故,1993年南非"银隼"飞行表演队飞行中机翼脱落事故,以及1997年美国巴尔的摩航展上F-117战斗机机翼结构故障导致的事故,都是这方面的案例。1982年在曼海姆"支奴干"直升机空中飞行解体事故,1996年在宾夕法尼亚州的"披茨"特技飞机机翼折断事故,1996年威斯康星州Deke Slayton的私人"富加教师"飞机空中解体事故,也都是这类故障引起的。并没有统计数据证实老式飞机由于机龄长更可能遭受结构故障。而恰恰相反,在所提到的事故案例中,有4架发生事故时是现役飞机,而3架是退役的或老式飞机。

飞行控制系统(FCS)故障是一个相对较新的现象,随着越来越多的飞机配备现代电传操纵系统,预计这种故障会有所增加。自20世纪70年代将电传操纵系统引入商业飞机和战斗机领域以来,至少发生了两次事故,这些事故可以间接归因于此类故障。1988年在法国哈布斯海姆米卢斯发生的法航空中客车320事故和1993年在斯德哥尔摩发生的SAAB公司"Gripen"战斗机飞控系统故障事故,是电传飞机最早的两次航展表演飞行事故。但是,是否将A-320的那起事故归因于飞控系统故障还是有争议的。尽管那起事故的机组人员提出了强烈的反对意见,但官方的事故调查仍裁定为"飞行员错误",因为机组人员没有最佳地使用飞行控制系统。关于事故证据的不合规性的持续争论,以及事故发生后对A-320机队的改进,使我们很难对这次特殊事故进行分类。但是,归根到底,至少将飞控系统和飞机系统确定为事故的部分间接原因是没有问题的。

仍然来说"人"的问题，不断出现的基本飞行失误仍然是表演飞行员安全的持续威胁。安全地"完成表演任务"这种理念通常能保证必要的安全性。长时间集中注意力，随后由于安全且成功地完成表演飞行而压力得到突然释放，可能会导致表演飞行员失去对安全的关注。最重要的是直到落地后所有书面飞行任务表格都被"签字"完成之前，飞行员都不能放松警惕，才不会出现机腹着陆之类的错误。机腹着陆事故占航展飞行事故的3%，这个比例仍然很高，尤其是考虑到表演飞行一般由经验丰富的飞行员执行，这个比例就有些不可接受。也就是说，无论经验如何，每位飞行员都应当意识到人类的多变特质(fickleness of the human)，并且要始终意识到可能发生机腹着陆这样的简单错误。

最后，谈一谈中间环节问题，尤其是环境因素。在航空领域，中间环节因素在事故原因中占有一定比例，通常以鸟击、尾流和与天气有关的因素(例如密度高度，云量和能见度)等为主。然而，在分析的样本中，中间环节对航展表演飞行事故的直接贡献出奇地低，仅为4%，其中3%与天气有关，而1%与鸟击有关(见图3-9)。但这并不代表真实情况。天气条件至少直接导致了3起航展飞行事故，间接导致了至少8起航展事故。在这些事故中，本来按照规定可以取消表演飞行，但飞行员被天气欺骗"压迫"，试图在云层下方完成特技动作。1961年巴黎航展上B-58轰炸机在低云层条件下的"桶形滚转"坠机事故，1977年巴黎航展上A-10"雷电"战斗机在低云层下做斤斗特技时的坠毁事故，以及1993年英国"RIAT 1993"航展上MIG-29战斗机"同步对"双机表演在从"薄"云层中冲出时发生的碰撞事故，都是在有云条件进行低空特技飞行的危害性现实例证。强烈的侧风有时会迫使表演飞行员越过观众线或飞越禁止飞越的区域，这种情况下要求飞行员采取积极的处理行动，以免引起飞行安全主管的愤怒。密度高度可能导致飞行员错过"能量门"，地形引起的湍流可能导致编队成员之间相互发生碰撞，尾流湍流可能导致尾随的编队成员发生非指令分离。

天气还至少间接地导致了5起航展飞行事故。1977年的约翰内斯堡的兰塞里亚航展事故，由于当地海拔密度高度很高，导致布里顿·诺曼·特里斯兰德飞机在做斤斗时能量管理不善而失事坠毁。1994年在华盛顿州，B-52飞机试图保持在表演区域内并避开禁区时，在非常陡峭的转弯中失去控制，部分原因是很强的地面风。1997年在比利时的"佛兰德斯飞入"(Flanders Fly-In)航展上，皇家约旦空军的单人特技飞行表演在非常大的雨和强风中进行，许多观众都躲在急救帐篷中，无法理解这么恶劣的天气条件下飞行员维持表演的意义何在。1998年，南非空军博物馆"教务长"飞机在失速转弯中坠毁，就是由于斯瓦特考普斯空军基地云层太低；2001年比金山航展上，"吸血鬼"战斗机尾随"海雌狐"战斗机飞行，受到前机尾流影响，发生非指令分离而坠毁，都充分说明天气的隐性影响是航展事故的间接因素。

考虑到演示飞行实质上是一种VFR(目视飞行规则)练习，那么表演飞行员坚持在航展恶劣天气条件下进行表演飞行的逻辑性就值得怀疑。任何飞行节目表都应对"恶劣天气"

表演程序进行演练,这对于消除此类事故至关重要。不按规定执行对飞行员和观众而言都是致命的。天气原因造成的航展飞行事故相对较低,仅占 3%,但这也有点多,因为理论上有可能将其减少到零,但这需要飞行员和航展组织者做出良好的判断,并有做出"不受欢迎的决定"的意志,敢于在意识到天气情况已经超出了恶劣天气表演飞行标准时,推迟或取消表演飞行。

5. 航展飞行事故飞机类型分析

按飞机类型分析航展事故的价值是没有意义的,但出于全面性考虑,我们还是按飞机类型对航展事故进行必要分析。比较明确的是,没有哪类飞机可以逃脱航展飞行事故——飞机总谱系中所有参加了航展表演飞行的飞机,或多或少都以这样或那样的方式发生过事故——不论是前线战斗机还是超轻型飞机。由于低空表演飞行的内在本质,航展事故飞机类别具有自然分布特征。毫无疑问,观众参加航展观看不同飞机类型的动态表演飞行,他们更喜欢观看机动性更高的飞机的表演,例如战斗机,他们观看这类飞机表演的兴趣远远超过了观看大型运输类机型的表演。

因此,航展上最多的坠毁事故属于战斗机(28%)和喷气教练机(23%)也就不足为奇了。因为在航展上表演飞行的战斗机和喷气教练机最多,这并不奇怪。当然,最重要的是,战斗机执行的机动动作比敏捷性较低的飞机更具动态性,在这种情况下,必须考虑飞机机动特性——直升机、轰炸机和运输机按照其预定任务和机动性限制,不会有人要求他们完成极端的敏捷性机动。实际上,机动性较差的飞机,一般不会做滚转和斤斗机动动作,从而大大降低了飞行员判断错误的可能性。118 起航展飞行事故中,机动性较差的飞机(例如直升机和运输机类型)仅发生了 14 起(12%)。还需要注意的是,收录的航展事故样本中,老式飞机事故总共占到了 27 起(23%)。其中 19% 是老式螺旋桨飞机事故,而 3% 是老式喷气飞机事故。老式飞机与当前运行飞机类型事故的比率为 27∶91,很可能真实地反映了老式飞机与当前飞机类型参与航展的频度(见图 3-10 和图 3-11)。

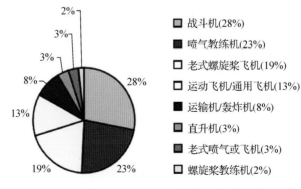

图 3-10　各类飞机发生的航展事故数量(单位:起)

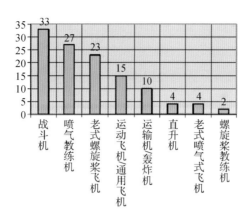

图 3-11　按飞机类型对航展飞行事故的分解

　　最重要的是,并非所有飞行员都是表里如一,善始善终的优秀飞行员,有些飞行员可能会在日常例行飞行中安全准确地完成任务,但是低空表演飞行时的飞行态度会发生改变。相反,某些特殊的表演飞行员则在常规的飞行生涯中可能无法生存太久。

　　当然,从分析中得出的最重要的观察结果之一是,这些表演飞行员都是经验丰富的专业飞行员,飞行经验从 3 000～24 000 h 不等,在某些情况下,有些人在航展上已经飞行了20 多年。而且在大多数情况下,事故调查报告得出结论都认为,飞行员以某种方式犯了错误。这里要说明的重要一点是,在确定"飞行员错误"的事故中,没有一次错误是有意犯的。必须问的问题是,是什么导致飞行员以引起特定事故的方式做出反应? 为什么会采取这样的行动? 是什么驱使飞行员认为他选择的错误动作会成功? 驾驶舱中的哪些干扰使飞行员选择了不正确的行动? 飞行员是否遇到了生理问题,还是飞行员的传感器上充满了提示和速率信息和飞行员只是决定冒险,以为会没事? 这是一个明智的决定还是只是一个偶然的机会?

　　我们永远不会知道这些问题的答案。事故调查委员会根据确定的事故证据得出结论——他们从不想了解飞行员在决策时所面对的各种重要线索、信息或恐惧,在大多数情况下,他们永远无法确切知道驾驶舱中到底发生了什么。最重要的是,在大多数情况下,"飞行员失误"可能缓解事故调查委员会在调查过程中没有发现或考虑的因素。这并不意味着事故委员会无法做出"飞行员失误"这样的标准结论。

　　当然,基于已经发生的航展事故,全世界的航展组织者和航空管理当局,无论是军事还是民用,别无选择,只能先引入并强力推行监管观众和公众安全的法规,其次才是飞行员。航展事故并不是一个新现象,本章提供的统计证据证明了过去发生的大量事故。从统计上看,每年全球航展上的事故数量在增加,但好消息是,在西方国家航展上死亡或受伤的观众和公众人数没有任何增加,这表明在大多数情况下,所实施的安全法规是成功的。在乌克兰利沃市航展上发生的 Su－27 悲剧，有 86 名观众死亡，156 名受伤，很明显，要使观众的安全最大化，全世界航展飞行表演安全法规的标准化至关重要。但是，表演飞行安全链中最薄弱的环节仍然是飞行员，只有通过努力消除每个表演飞行员的弱点，才能全面提高航展表演飞行的安全性。

这些统计数据毫无疑问地说明了低空表演飞行环境中人类的易错性和弱点。我们应当基于这些事实，专注于研究人类自身弱点，制定对策以提高航展表演飞行的生存能力。这再次强调了航展表演飞行这个舞台是一个充满挑战的环境。在极高的接近速度和很大的角速度下，在离地面很近的三个维度上飞行高动量飞机，再加上人类无法准确地测量接近速度，飞行员面临极高的错误判断风险。

从前面的统计和分析中可以发现，促成航展事故的原因很多。从天气因素、机械或结构故障隐患，到完全不专业和公然无视安全法规的各种飞行行为都是事故原因。显然，没有任何一种因素是导致表演飞行事故的主要因素。表演飞行舞台是一个充满变数的环境。在表演飞行中犯错误的裕度是"零"。不一定是表演飞行员的技能问题，而是飞行员的判断问题。

第四章　航展飞行事故案例研究

"真正优秀的飞行员是那些运用他们的卓越判断力,避免出现不得不使用其卓越技能的状况的飞行员。"(安农)。

尤吉斯·凯瑞斯(Jurgis Kairys)驾驶 Su－26 飞机穿越维尔纽斯大桥如图 4－1 所示。

图 4－1　前世界飞行冠军,立陶宛人尤吉斯·凯瑞斯驾驶 Su－26 飞机穿越维尔纽斯大桥

引　言

事故调查局是所有航空机构(包括军事航空部门或民用航空局)的重要组成部分,其存在的目的是调查所有航空事故,确定事故原因,并引入相应程序以防止再次发生相同的错误。在大多数国家或地区,航空事故调查局(AAIB)是国家或地区运输部的一个特定组成部分,负责调查特定国家或地区内的民用航空器事故和严重事件。航空事故总检察长通常直接向运输部长报告。而在军事航空领域,事故调查通常是由特定的空军航空安全局或类似部门负责。

事故调查的根本目的是确定事故的真实情况和原因,以期保护生命并避免将来发生类似事故——而不是要在事故调查范围之外分摊法律上的特权或责任。在本书的随机事故案例研究中,对英国航空事故调查局(AAIB)和美国国家运输安全局(NTSB)的事故调查报告几乎逐字复制,仅语法时态稍有变化,加入了笔者的评论,将事故案例与表演飞行的动态性和现实联系起来。事故调查应该是没有感情的客观报告,在结论中必须以事实为依据,而不是以假设或主观观点为依据。这些报告具有技术性特点,书面形式通常会是突然截断的,不会是新颖的或连贯的表达方式。不幸的是,由于没有事故的硬性因果证据和事实证据,常常使事故调查小组难以得出结论性的结论,因此,很难对每次事故进行全面的技术分析,并提出合理建议。

对某些致命航展飞行事故,本书介绍了 2002 年乌克兰灾难性 Su-27 飞机失控坠机事故,引用了 AAIB 关于 2001 年比金山航展上贝尔 P-63"眼镜王蛇"直升机的失控坠毁事故,NTSB 关于 1993 年 F-86E"佩刀"战斗机在加利福尼亚州的埃尔托罗海军陆战队航空站的坠毁事故,以及 AAIB 关于 1996 年达克斯福德的"飞行传奇"航展上表演飞行中,P-38"闪电"战斗机坠地事故的调查报告内容。对这几起典型航展表演飞行事故进行了全面的分析。而对南非空军博物馆唯一适航的"喷火"战斗机的非致命性坠毁事故的介绍,则描述了表演飞行员在求生存过程中的内在思维过程;而对 1982 年在内华达沙漠中发生的美国空军"雷鸟"飞行队四机编队致命事故的分析,则突出了一些现实世界中的问题,而这些问题无论出于何种原因,事故调查委员会都不会考虑。

事故具体示例用于说明飞行员是否容易受到低空表演飞行的危害。飞行员或飞机的类别没有区别,无论是军用的、民用的,还是退役军人同样容易受到航展环境危害的伤害。同样,无论是具有数千小时飞行时间的高级飞行员,还是现代战斗机与老式螺旋桨飞机之间,在发生事故方面,没有任何差异。

发生事故后人们总是很容易变得聪明,或者说"后见之明是一门精确的科学"。然而,仍未解决的问题是:"在当今世界上,空军如何才能使 Su-27 这样的前线战斗机在没有足够的实践练习和航展表演飞行知识的情况下,在航展上顺利完成表演飞行任务? 更糟糕的是,如何安全地指示飞行员在观众人群上方飞来飞去以获取最大表演效果? 为什么一个经验丰富的表演飞行员驾驶"眼镜王蛇"(Kingcobra)飞机在低空斗斗特技动作的顶部倒飞时,施加了上满舵和右满舵输入? 为什么比金山航展的通信如此差劲,而且没有足够的后备保障,未能保证飞行控制委员能在飞机进入第一次初始尾旋后指令停止表演飞行? 是什么让一位经验丰富的表演飞行员进入初始尾旋后还在继续表演,然后又立即以过低的空速重新进入下一个垂直机动动作? 是过度自信、自我表现欲望、展前练习不充分,还是状态感知出了问题?

有经验的表演飞行员如何才能决定在没有经过良好实践练习的情况下,驾驶"佩刀"战斗机执行低空表演飞行任务? 正常表演程序只要求进行一圈滚转的情况下,又是什么导致世界上经验最丰富的老式飞机表演飞行员在低空驾驶 P-38"闪电"飞机连续进行两次副翼滚转呢? 老式飞机滚转速度相对较差,将机头保持在水平视线上方进行滚转的要求,是有据可查的老式飞机空气动力学技术吗? 从这些致命航展飞行事故引申出了这么多有待回答的问题。

航展表演飞行员在某些具体型号飞机上的飞行时间不足,并且持续培训不充分,是否就意味着低空表演飞行期间处理风险的能力不够,出现预期错误的机会更大? 难道表演飞行员就不考虑最坏情况下表演失败时的应对预案? 在某些情况下,是否存在预案? 难道是某些表演飞行员没有充分考虑,并对表演线路的每个具体动作进行提前能量规划,而是在飞行中"临时"做出的能量管理决定? 在考虑致命事故时,必须不断提出监管问题。表演飞行员是否充分地专注于手头的任务,他们的头脑是完全专注于当前任务,还是忙于关注其他分散注意力的问题? 是否应该让表演协调员参加航展表演飞行? 年龄是否妨碍表演飞行安全? 如果想要实质性降低表演飞行的事故发生率,这些都是必须回答的现实世界问题。

航展这样一个动态飞行环境,不仅要求表演飞行员使用具体的表演飞机型号开展充分的飞行演练,保持必要的飞行资质延续性,而且还要保证身体状况也应处于最佳状态。高的角加速度和大过载会给人体带来较高的疲劳负荷,这是空军战斗机飞行员选拔年轻人的原因之一。年龄可能会使表演飞行员更容易受到航展事故的影响吗? 是否有任何科学依据可以禁止 65~80 岁的飞行员在航展上进行表演飞行?

随着年龄的增长,表演飞行员持续表演高动态动作的能力会降低,这和专业运动员是一样的。但是随着年龄的增长,他们也变得更加明智,并能充分理解年轻人最佳身体素质所具备的价值。也就是说,具有讽刺意味的一个方面是,经验只会随着年龄增长而增长,这些表演飞行员会聪明地知道"何时"和"用多大力"拉杆,"何时"和"滚转多少圈"进行滚转,他们仍能创造出最佳的视觉效果——没有经验的年轻表演飞行员通常无法做到这一点,这都是实实在在的"经验感受"。

世界上最严重的航展灾难事故

在讨论世界上最悲惨的航展事故悲剧时,如果不考虑乌克兰空军 Su 27 战斗机于 2002 年 7 月 27 日在乌克兰利沃市坠入观众群,造成巨大人员伤亡的悲惨事故,那么关于航展表演飞行事故的任何论述都是不完整的。

就在全球航展看来已经达成一种安全标准,观众的安全不再会受到表演飞机侵入表演观看线而带来的危害时,乌克兰空军的一架 Su-27 战斗机在一次航展上坠入观众群,导致 86 人丧生(其中包括 27 名儿童),156 人重伤,造成航展历史上最为严重的一次事故。这次事故发生在乌克兰利沃夫市以西的斯基尼利夫机场,乌克兰空军第 14 师成立 60 周年庆祝大会正在进行中。Su-27 战斗机在 20 世纪 90 年代的西方航展上首次亮相时就引起了观众的惊叹,这么大尺寸的双发喷气式战斗机表现出来的特技机动性是前所未知、闻所未闻的。

这次事故对全球航展的实际影响是深远的,不仅仅是对飞机的表演方式产生了深远的影响。全世界的军事和民用飞行员都对此次事故进行了广泛的评论,包括英国和美国的。那时的 2002 年范堡罗航展正在如火如荼进行中,全世界的注意力都集中在范堡罗航展现行的安全规定上。几位评论员试图保护范堡罗航展不受媒体采访,并照顾公众利益和出席人数,他们声称这种事故不可能在范堡罗甚至英国发生。

他们的说法是现行严格的飞行安全法规将确保不会发生这种情况——这真是一个目光短浅的说辞!事实是,即使是适中的空速,任何飞行器都可以非常轻松地越过安全线和观众围栏之间的安全缓冲区。不管出于什么原因,如果飞机发生失控分离或灾难性结构故障,飞机的惯性方向就可能会改变,并在很短的时间内(肯定少于 5 s)穿越 450 m 的安全缓冲区,这么短的时间对于飞行员而言,绝对无法重新获得飞机控制权,并控制飞机转向安全方向,或者让观众撤离表演区。乌克兰空军 Su-27 战斗机航展坠毁事故充分证实了这一点。

事故视频资料可以看出,当时这架 Su-27 战斗机表演了大约 2 min,飞机在做陡峭水平左转弯,不知什么原因,飞机突然急剧滚转超过 110°,进入陡峭机头下俯倒飞姿态。飞行员本能地希望退出俯冲,但高度不足,未能改出。飞行员故意做这样机动动作的可能性很小,因为在飞行员的正确思维中,没有人会尝试在如此低的高度进行这种"半滚倒转拉起"动作。飞机随后进入非指令滚转状态,冲入观众区,在飞机坠地前瞬间,飞行员弹射。

从视频资料分析来看,似乎左侧发动机发生了故障,飞机偏航并向左滚动。直至坠地前,飞机副翼全右偏,方向舵也是满右偏,看起来好像根本没有进行滚转改出操作。对于机组人员而言,幸运的是,飞机撞击地面时的坡度角很小,飞机姿态有利于弹射。

根据以前参与 Su-27 战斗机研制计划的俄罗斯飞行试验工程师的说法,当 Su-27 战斗机在高功率设置下失去一台发动机动力时,可能发生不可控偏航和滚转——标准的改出技术是把两个油门推至慢车,并在俯冲过程中退出滚转,然后返航,当然,必须有足够的改出高度。剩余发动机的动力足够保证在低功率状态下顺利返航,偏航、滚转机构是可控的。考虑到所涉及的推力线很窄,这很令人惊讶。但是,考虑到左侧发动机故障、右侧发动机正常工作时产生的左偏航、左滚转力矩,再加上飞行员输入的左滚转,尤其在这么低的高度,只能导致灾难性的后果。在发生撞击之前,飞机一直保持控制右偏转,考虑到较高的迎角和对动量的无效控制响应,飞行员实际一直在进行一场失败的战斗。飞机左机翼似乎在最初坠地时受到了阻力,延缓了驾驶舱的坠地时机,飞行员才得以用高级 Zvezda 座椅进行了弹射。Su-27 战斗机事故最后阶段连续图片如图 4-2 所示。

(a)   (b)

(c)   (d)

图 4-2　Su-27 战斗机事故最后阶段连续图片

两名飞行员在飞机已经刮擦地面,发生爆炸后的直立姿态下弹出。其中一人的降落伞坠入了爆炸火球。飞行员弗拉基米尔·托普纳和副驾驶尤里·叶戈罗夫均在超低空弹射中幸存下来,但椎骨骨折。这次弹射也再次证明了俄罗斯 Zvezda 弹射座椅的超强功能。两位飞行员是在飞机完全坠毁前的一瞬间才选择弹射的,视频显示,他们一直在努力争取控制飞机,防止飞机坠地和冲入观众群。机组人员是正确的,他们在一切都已经无可挽回的情况下,很晚才做出弹射的决定。由于视频覆盖范围略有中断,因此很难说清,但看起来像是在第一次撞击地面不到 2 s 后弹射的。

那些对此发表评论的飞行员的深思熟虑的意见是绝对没有办法使这架飞机远离人群,因为已经使用了满右舵和副翼输入来对抗左发故障、右发大功率所导致的偏航。第一次撞地时,飞机左坡度约 40°,然后飞机转弯撞向观众。人们惊恐地看着飞机在着火之前在飞机场上空翻腾。悲剧发生后,众多流血的幸存者目瞪口呆,惊恐地看着散落在地上的受害者的尸体。

飞行员试图避免撞入人群密集区域的意图是值得尊重的,但必须理解,在某些情况下,像 Su-27 战斗机这样的高性能飞机就像一块扔出去的石头,毫无空气动力学性能而言,这次事故中就是这种情况。飞机一旦开始向左滚,飞行员就再也没有机会避开人群。在操纵过程中,在最坏的时刻左侧发动机停车,他在同一方向上用侧向操纵杆向左滚转,由于一台发动机故障,产生了很高的偏航力矩,导致具有极高的攻角改出的扭曲滚转,从而无法获得进一步有效的控制输入。他避开人群的唯一机会是当他最初将飞机定位准备滚转时,据他自己承认,要是按照指挥官的指示,从人群上方飞过,就能避免冲向人群。

对于这一可怕的悲剧的最终分析涉及确定飞机在空间占据的确切点,以及当飞机遇到问题开始下落时,相对于人群的前进方向。至于弹射,绝对没有任何问题,所有观看了当时现场情况的其他有经验的飞行员都这么认为。飞机已经完全失控,迎角太大,处于加速分离过程中。

事故照片被迅速发往全世界,电视工作者对这起事故的报道明显震惊了全世界:一架重达 25 t 的飞机坠入观众群的残骸,一张张残缺不全的死难者尸体照片。这些照片足以对最顽固的航展支持者产生强烈影响。真是太糟了!

专家们一致认为这次灾难的罪魁祸首是航展的组织者。乌克兰前空军将军瓦迪姆·格列恰尼诺夫(Vadim Grechaninov)告诉国际文传电讯社(Interfax),苏霍伊(Sukhoi)的飞行员无法避免飞机冲入人群,是由于地面上的安全措施不当,以及飞机的飞行速度过低。另一位乌克兰专家,前战斗机飞行员阿列克谢·梅尔尼克上校对此表示同意,并说空军违反了不得在低于 400 m 的高度进行表演飞行的安全规定。除了表演飞行高度太低,大批观众拥挤在表演线附近也是造成大量人员伤亡的一个原因。

毫无疑问,指责立即指向了乌克兰。有些人说飞行员修改了表演程序,希望表演一个未经批准,也未经实践演练的动作。其他人则指责空军在表演显然违反规定的表演,没有立即取消表演,或命令飞机在观众上方表演飞行,这可能是为了最大程度地刺激观众。还有一些人说,飞行员应该朝不同的方向改出,甚至还有人指责飞机。

随着灾难消息传遍世界,愤怒的乌克兰总统列昂尼德·库奇马立即撤销了空军司令弗洛迪米尔·斯特列尼科夫上将和飞行指挥官谢里·奥尼申科(Serhiy Onyshenko)的职务,并责成调查他们的刑事责任。国防部长也提出了辞职,但库奇马拒绝接受。同时,利沃军事法庭判决地面飞行指挥尤里·亚祖克(Yuriy Yatsuk)因刑事疏忽入狱。国际文传电讯社援引法官的话说:"他没有足够的经验指挥 Su - 27 战斗机在低空飞行,这种机动需要最高水平的飞行员指挥。"

震惊的库奇马在悲剧现场讲话,他缩短了在克里米亚的假期,直接飞往坠机现场,他说空军应该专心于军事职责,而不是为群众表演。"在我看来,我们需要停止此类表演。军人应该专注开展军事业务和训练,而不是参加航展",库奇马告诉当地电视台。"除了知道飞行员是最有经验、最优秀的飞行员以外,我们绝对不知道任何事情。"库奇马在国家电视台的评论中这样说。

这位资深领导人竭力发表讲话,说这次坠机最糟糕的事情是"无辜者死亡"。库奇马还命令国防和安全委员会秘书耶芬·马尔库克(Yevhen Marchuk)领导一个政府委员会调查此案,并宣布禁止在乌克兰进行军事表演飞行,同时誓言追究肇事者。他说:"毫无疑问,罪犯应该受到惩罚。"

灾难发生后,乌克兰西部城市的居民周日举行了为期两天的官方哀悼活动。居民参加教堂礼拜为受害者祈祷,各种音乐和娱乐节目被取消。数百名焦虑的亲属在利沃市各个医院太平间外面等着官员确定遇难者,他们的尸体停放在冷藏卡车里,等待身份确认。马尔库克说:"这些都是令人悲伤的统计数字。"他说,已经确定了 25 名受害者的遗体,但是许多其他遇难者残缺不全,鉴定过程很困难。他说:"最重要的是确定这些人的身份。"

利沃夫市警察局副局长米哈伊洛·库洛奇卡(Mykhailo Kurochka)说,官方已经开始打电话给受害人的亲属进行身份查验程序。他说:"将一对一地识别尸体,然后为葬礼做准备。"斯维特拉娜·阿塔玛努克(Svetlana Atamaniuk)的女儿和孙女在这次事故中死亡,她与其他人一起等待正式确认。她说听到飞机坠落时自己就在飞机场对面的家中。她说:"真是令人瞠目结舌。""我唯一的女儿,她的丈夫和他们的两个女儿躺在那里",她在周六晚上在太平间外面等待信息时说。她说:"我不能进去,我要等到早上。"许多尸体状况可怕,使鉴定过程更加复杂。

18 岁的博丹·胡帕洛(Bohdan Hupalo)说,飞机降落时他正在摆姿势拍照。强大的气流将他冲倒在地面,他眼看着喷气式飞机从他头顶飞过,只差了几码就撞到他。他说:"倒下的人中没有幸存者,他们像草一样被砍倒。"当胡帕洛睁开眼睛时,他说自己被人类遗骸所包围。"我永远不会忘记这场悲剧,"他在医院的病床上说。飞机坠毁后,父母们疯狂地寻找失踪的孩子,并使用公共广播系统呼唤他们的名字。一群脸和胳膊上被割伤的孩子惊呆了。到处都是残缺不全的身体部位。看到一名妇女在喷气机前抱着一个无生命的孩子的尸体,另一个男人身上沾满了鲜血。动用超过 190 万美元联邦预算资金,作为丧葬和对受害者的急救的初始资金,库奇马说。

官方事故调查报告得出结论,原因是"飞行员错误"。首席事故调查员耶芬·马尔库克(Yevhen Marchuk)说,他将坠机事件归咎于飞行员,因为他们没有按照飞行计划执行,反而执行了以前从未做过的高难度机动动作。他补充说,运营问题、组织问题和缺乏安全措施使这次事故成为世界上最严重的航展灾难。他还暗示飞行员的飞行指挥官和航展的组织者没有进行活动的演练。"没有对飞行员进行正确的任务指导,两名飞行员仅在表演前 3 天进行了练习飞行,但是直到表演当天他们到达西部的利沃市时,他们才知道表演的目的。"他还说,当飞行员第一次偏离表演计划,距离观众太近时,地面指挥官没有及时取消表演飞行。在这种情况下,问题当然为:"如果指挥官指示飞行员首先飞越观众上方以提高效果,为什么指挥官还要取消表演飞行?"

据目击者称,这架喷气飞机直接飞过大约 10 000 人的人群。在许多国家或地区,飞行表演中会强制实行人群禁区,并且禁止飞行员在一定高度以下做机动动作。马尔库克说,参加表演的机构之间没有适当的协调。两名飞行员分属不同联队,飞行指挥则来自另一个基地,而表演飞机则由另一个单位提供。马尔库克还指责地面服务部门未采取充分措施确保观众的安全。如同其他几起引人注目的飞机飞行事故一样,各种阴谋理论家们也都跃跃欲试。事故发生后不久,就有阴谋论在媒体上说,飞机被一个神秘的圆柱物体击落,但遭到了航展委员会的否认。

尽管技术故障被事故调查团队否认,但从视频录像可以肯定,开始向左急转弯时,这架飞机似乎经历了压气机失速或左侧发动机完全失效之类的故障,因为飞机机头急剧下俯。随后,在恢复过程中产生强烈的正俯仰输入,使飞机右旋过度达到临界迎角,然后进入阻力上升区,使飞机进入分离。一路走来真是不易,飞行员能最终脱困简直是奇迹。如果不是飞机机翼先触地,而是旋转,在他们拉动弹射手柄的瞬间倒扣,那么两位飞行员绝无生存机会。这架 Su-27 战斗机的飞行员弗拉基米尔·托普纳和副驾驶尤里·叶戈罗夫在接受乌克兰新闻社的采访,以及英国出版物《卫报》的采访时表示,不同意对这次事故负责。飞行员说:"在决定性时刻,飞机变得无法控制,这完全是出乎意料的。我们与飞机搏斗到了最后 1 s,以尽可能避开更多的人,多亏了叶戈罗夫,我们才得以幸存。"与事故调查委员会发布的声明相反,飞行员对所发生事件的描述和理解似乎与录像相吻合。弗拉基米尔·托普纳在乌克兰电视上对联合国新闻社重复了同样的声明,证实了《卫报》的报道,指责飞机技术问题和飞机表演飞行计划不充分导致了坠机。这是飞行员在医生宣布其能够回答调查人员的问题之后的首次公开评论。首席调查员指责飞行员无视飞行计划,并试图进行难度更高且未经训练的表演,导致飞机坠毁,并冲入人群,随后托普纳才发表了上述评论。事故首席调查员耶芬·马尔库克说："飞行员未能遵守飞行计划,进行了 4 次以前从未做过的高难度机动。"检察官办公室发言人说,是否起诉飞行员只有在他们完全康复之后才能做出决定。一个月后,托普纳出院,而叶戈罗夫需要两个月的时间来恢复健康。托普纳说,他是按照命令飞越人群的。"这样的飞行本来不应该在人群上空进行,但命令是在那里飞行。",托普纳告诉 STB 电视台。总而言之,这次事故不仅对乌克兰的航展安全法规的实施和监督提出了指责,而且充分说明了无视观众安全产生的悲惨结果,真是太可惜了!

马尔库克在调查委员会公布初步调查结果后说,飞行员失误以及组织方未能安全地准备、计划和执行表演是造成坠机的主要原因。马尔库克拒绝了飞行员托普纳的说法,即技术故障导致他的 Su-27 战斗机在坠机前几秒失去了控制。他说:"飞机直到坠地前,所有系统都运行正常。"事故调查委员会还建议重组乌克兰军队,并加快军事改革。库奇马总统采纳了马尔库克增加武装部队经费、弥补资金短缺的提议,并指示内阁向议会提交法律草案,加强飞行安全法规建设。

据报道,到 2002 年 8 月 14 日,发起了针对政府等相关部门的一系列诉讼,其中第一起是在事故中丧生的一名 24 岁男子的父亲起诉国防部和卫生部以及地区部门,索赔 66 000美元。

将飞行员仅进行 3 次练习飞行的明显原因归咎于"经费预算不足",事故正是从这里开始的——第一个多米诺骨牌撞倒了,其余的接连倒下。总统罢免中层管理人员很及时,但实际上,最终的责任应该直指乌克兰政府。如果没有足够的预算确保设备操作人员接受足够的培训,任何军队都无法正常行动,这是任何专业组织中健康与安全的首要原则。

事故发生后政府迅速向军方提供了更多资金。在 86 人不必要的死亡之后,这才是整个社会"典型"的悲愤控诉——必须有人死亡,才能意识到局势的紧迫性。这次事故的另一个非常重要的教训是,事故发生后,飞行员才发现自己的朋友真的很少。飞行员本可以在没有进行足够的实践练习和准备的情况下拒绝表演飞行,但是本着"把事情做好"的精神,飞行员承担了表演飞行任务,但却事与愿违。但是,当出现问题时,所有外围环境都发生了变化,飞行员则被当成罪魁祸首。现实生活中一个不幸的事实是总是需要有人受到指责,在本次事故中,飞行员及其直属上司首当其冲。不幸的是,事故调查往往是自下而上而不是自上而下的过程。飞行安全监督必须自上而下,如果自下而上运行那将是无效的。

事故调查组除非能够确定确切原因,一般不会猜测。这一点我们必须了解,因为如果事故发生时你不在驾驶舱内,你就很难确定结论。当然,在某些情况下,驾驶舱语音记录器(CVR)可以提供确定的证据,说明飞机上发生了什么情况,并可以推断出机组人员所面对的实际情况、他们的情感、采取的动作和当时的恐怖氛围。一位乌克兰人将座舱语音记录翻译成了英语,这些英语翻译可能不一定完全准确。

2002 年 7 月 27 日,弗拉基米尔·托普纳担任 Su-27 战斗机驾驶员,副驾驶员是尤里·

叶戈罗夫。阿纳托利·特列季亚科夫是第 14 航空分部的副司令官,尤里·亚祖克(Yury Yatsuk)是本次表演飞行助理指挥。以下是录音记录:

12:40:30　　亚祖克(地面指挥员):"2 000 m,有少量分散薄云,天气良好,能见度大于 10 km;

12:40:47　　叶戈罗夫(副驾驶):"看,Volodya,天气很好";

　　　　　　托普纳(飞行员):"你来控制";

　　　　　　叶戈罗夫:"接管控制";

12:41:09　　托普纳:"右转";

　　　　　　叶戈罗夫:"Roger";

12:41:17　　亚祖克:"31152 右转,着陆航线 312,bearing 136,距离 24,高度 738,下降 600";

12:41:25　　托普纳:"退出,退出坡度,退出";

12:41:33　　托普纳(向地面指挥报告):"下降 600 31152";

12:41:36　　亚祖克:"Roger,高度设置 7380?";

12:41:44　　托普纳:"已设置";

12:41:52　　特列季亚科夫(地面指挥):"31152,这是薰衣草(呼号)——开始";

　　　　　　托普纳:"31152 应答:离开 1500";

12:41:59　　特列季亚科夫:"好的,使用高度表 7380,下降 600 m 进入标记";

12:42:06　　托普纳:"下降 600 m 进入标记";

12:42:11　　亚祖克:"152,无线电检查薰衣草基地?";

　　　　　　托普纳:"声音洪亮清晰";

12:42:16　　托普纳:"左转 10";

12:42:23　　托普纳:"现在退出";

12:42:38　　托普纳:"好的,观察";

　　　　　　叶戈罗夫:"是,慢下来了";

12:42:41　　特列季亚科夫:"31152,再次确认高度设置 7380";

12:42:50　　托普纳:"7380 设置,跑道目视 600 m 水平";

12:42:56　　特列季亚科夫:"好的,目视距离多少?;"

12:43:00　　托普纳:"能见度 10 km,请求下降更低";

12:43:05　　特列季亚科夫:"好的,152,能看见你,准许进一步下降,按计划执行";

12:43:13　　叶戈罗夫:"Vova(向托普纳,短了),配平飞机从 300 m 开始。Vova,不行,为什么到了那里……"

　　　　　　托普纳:"OK";

12:43:26　亚祖克："152,我是薰衣草基地:观察,准许开始";

12:43:31　GPWS(近地告警系统)告警(持续5,5 s);

12:43:33　叶戈罗夫："我们还有多少油,明白……";

12:43:37　叶戈罗夫："6 t,明白?";

12:43:43　托普纳："怎么是观众群?";

12:43:48　叶戈罗夫："我不知道那里怎么会有那么多观众";

12:43:49　托普纳："奥,是那里,我看见了";

　　　　　叶戈罗夫："f……我的妈呀……右边啥也没有!";

12:43:54　托普纳(向地面报告):"向左引航";

　　　　　叶戈罗夫："那么,滚转么?";

12:43:58　亚祖克："左转,左转";

12:44:14　叶戈罗夫："T左转";

12:44:34　叶戈罗夫："继续";

12:44:36　GPWS告警;

12:44:39　叶戈罗夫："桶形滚转";

12:44:44　叶戈罗夫："角度够了";

12:44:51　语音告警："飞行42,速度达到限制";

12:44:58　叶戈罗夫："转弯"。语音告警："飞行 42,临界迎角,临界过载";

12:45:01　亚祖克："转弯";

12:45:02　叶戈罗夫："妈的……快转弯";

12:45:05　亚祖克："退出";

12:45:07　特列季亚科夫："退出,增加推力";

12:45:10　亚祖克："打开加力";

　　　　　语音告警："临界迎角,临界过载";

12:45:11　特列季亚科夫："增加推力";

12:45:18　录音停止。

仅听驾驶舱录音并研究坠毁视频片段,就可以深入了解驾驶舱最后几分钟的情况下,而且似乎与事故调查委员会的某些结论相矛盾。首先,当时的天气部分多云和晴朗,不是造成事故的原因。其次,事故报告排除了技术故障,并得出结论认为,没有计划、没有提前演练,地面控制小组也没有采取任何措施来警告即将发生的灾难或取消表演。

那么,看起来这次表演是有计划的。12:43:05的语音通话表明,空军第14师副司令特列季亚科夫批准 Su-27 战斗机按照任务计划进行表演。如果出现了技术问题,那么飞行员是不知道的,或者没有时间讨论飞机行为。从 12:44:44 开始,飞机的无指令运动似乎是本次事故的起步,当时飞机接近了最大迎角和临界过载极限。剩余燃油过多,已经增加了飞机离场(不继续表演)的可能性,副驾驶员在 12:43:33 曾提醒飞行员注意飞机燃油量。因为飞机太重会使飞机更加难以控制,尤其是考虑到飞机已基本成为"飞行炸弹",风险太大。

驾驶飞机的飞行员试图解决飞机"到底是怎么回事",他本来很聚精会神的——在这种情况下,根本没有时间进行评估,这纯粹是生存问题,是回归基本原理以防止飞机撞击地面的问题。对于飞行员、副驾驶员和地面管制员来说,这真是恐怖的时刻!

谨慎地问一句:"在当时的情况下,飞行员是否意识到左侧发动机发生了故障,特别是考虑到两台发动机之间很小的距离? 请注意,在最后的 77 s 内,飞行员没有进行任何语音输入,他根本没有讲话,没有回应或确认副驾驶员或地面指挥员提供的任何信息。这表明他在努力尝试控制驾驶飞机而不得不中断通话。不足为奇的是,可以听到副驾驶不断地打扰飞机驾驶员,还有地面指挥官亚祖克,以及第十四航空师副司令特列季亚科夫的声音。然后背景音出现了连续语音告警——可以说,在飞行的关键阶段,飞行员音频通信量过大,并且飞行员受到大量输入信息的轰炸,迅速达到饱和水平。

对于事故调查组得出的结论,即地面管制员疏忽大意,因为他们没有对表演飞行进行严格的控制,这可能有点苛刻。在第一组表演中,飞机脱离受控飞行——在坠机事故发生之前,地面管制员一直在恳求飞行员"转向"、"退出",甚至"增加发动机转速"。不在驾驶舱中意味着地面管制员对最终结果没有直接影响——特别是在飞机失控的最后 30 s。

根据语音记录仪录音,在 12:44:39,副驾驶叶戈罗夫呼叫进行桶形滚转,但在做这个动作期间,也就是在他要求进行桶形滚转 12 s 之后,已经达到空速限制,19 s 之后,也就是仅过了 7 s,语音告警"临界迎角和临界过载"响起,22 s 后,副驾驶和地面指挥员都要求飞行员转弯。在 1 s 后,副驾驶员对飞行员"妈的,快转弯……"的指示,就很明显地表明他被激怒了。地面管制员在第 26 s 恳求飞行员退出表演,然后 2 s 后,空军 14 师副司令也命令飞行员"退出!",地面管制员加上司令官绝望地要求飞行员选择加力燃烧室并增加发动机转速,但是不确定飞行员当时是否能够理解他们的指令精神和声音力量(由于信息过载而饱和)。从滚转开始,经过了 39 s,最后才撞上观众,导致 86 人死亡。

飞行员在 12.43.43 时通话说他没有拥挤的视觉效果,这意味着之前没有完成现场研究,也没有进行表演前的练习。这里存在一些最不道德的证据,表明存在不专业的行为,并且表明完全无视安全,尤其是观众的安全。在观众头顶飞来飞去,没有任何缓冲可以应付各种机械故障,这对实际发生的大量观众死亡是非常不负责任的做法。

事故记录仪的数据已经恢复,并且用计算机模拟了飞行路径的 3 D 模型。调查了表演准备的所有方面和负责任人员的行动,以及与地面的无线电通信。得出的结论是,造成这种情况的原因包括:飞行机组人员没有飞行任务单,没有向飞行机组人员介绍飞机场的功能特点,没有在表演区前进行练习飞行,航展官方人员没有协调参与者的行动。当机组人员违规进入表演区,地面管制人员没有提出警告,而且表演本身也未得到当地政府的批准,并且取消了练习飞行。飞行数据显示,表演是在低于 200 m 的高度进行的,该高度远低于航展的限制高度。

人们必须明白,没有什么机械系统是完美的,在现实世界中任何机械系统都会发生故障——这些机械故障,不仅从飞行员的角度要考虑,而且要从观众安全的角度予以考虑。如果不这样做的话,在极端情况下完全可以视为不专业和疏忽大意。如果仅仅是针对这次可怕的事故,那么飞行员可能感到委屈,但是如果针对的是这次航展事故中飞行员、空军,以及航展组织者的整体表现,那么事故调查委员会和总统的决定也就无可厚非了。

在世界范围内,除了同情和对受伤的观众表示关注外,人们还担心这次事故对航展世界会产生什么影响,特别是有关表演飞行的法规方面。在事故调查委员会审议调查结果之前,整个航展界都将受到某种程度的影响。更特别的是,飞机在表演机动动作时相对于人群的方向至关重要。如果是飞行员违反了当前现行安全法规的限制朝向观众,那么这次事故的影响可能最小。但是,如果最终分析表明,飞机的表演遵循了当前安全法规的规定,是由于在做机动动作时失去左发动机,导致飞机滚转,并扭转方向朝向了观众,那么最终的结论就很难预测。

美国联邦航空局(FAA)确实非常仔细地研究了这种情况,并且将在美国修改某些法规。但是,不管发生了什么,对航展界特别是军事界都是不利的。这次事故确实是一场悲剧,让人们不禁回想起 1988 年拉姆斯泰因航展上意大利"三色箭"飞行表演队发生的那起事故。根据事故发生后 CNN 的在线调查,"应该完全禁止表演飞行吗",30%的受访者表示同意。

贝尔 P-63A "眼镜王蛇" 战斗机事故(2001 年 6 月 3 日)

2001 年 6 月 3 日,一架贝尔 P-63A"眼镜王蛇"(Bell P-63 Kingcobra)战斗机参加了比金山(Biggin Hill)航展飞行表演。在航展第一天,飞行员驾驶这架飞机成功完成了表演飞行,但在第二天的表演中,在做一个垂直机动动作的顶部,飞机失控,以陡峭的机头下俯姿态坠毁。

在本届比金山航展的第二天,3 架美国的二战老式飞机计划进行联合表演飞行。这架贝尔 P-63A"眼镜王蛇"是第三个出场的。计划 3 架飞机同时飞行,执行一系列机动动作。然后贝尔 P-63A"眼镜王蛇"战斗机离开编队,其余两架执行预先计划好的表演飞行程序,包括一些基本的低空水平机动。这架贝尔 P-63A"眼镜王蛇"战斗机随后入场,表演垂直机动。这种安排意味着贝尔P-63A"眼镜王蛇"战斗机的动作并不是预先计划好的。

3架飞机在03跑道起飞端等待了15 min,随后起飞。起飞后,飞机飞向机场西方,3 min后飞回机场上空开始表演。3架飞机同时飞回来,做了一个斤斗,然后又做了"半古巴八"特技动作,随后贝尔P-63A"眼镜王蛇"战斗机按计划离开编队。1 min后,贝尔P-63A"眼镜王蛇"战斗机飞回机场,沿着表演线进行通场飞行,过程中,飞机部分倒转,飞机明显失控,进入尾旋。飞行员改出了尾旋,但是失去了一些高度。飞行员随后继续表演飞行。

接着通场是从左向右,做了一个向左侧的"wingover"动作,然后返回表演线,从右向左飞,速度大约为190～195 kn。飞机随后飞出人们视线,大约20 s后,转向右,直接朝向观众,拉起进入第一个斤斗前半圈。在这个机动动作的顶部,飞机倒飞位置,施加升降舵输入,维持机头完全向下,并施加部分向右的方向舵输入。飞机偏向右侧,然后分离,进入右上初期尾旋。机头随即迅速陡峭下坠,施加了机头全上仰升降舵输入,方向舵也回到中位。飞机未能改出尾旋,继续俯冲,以160 kn速度,机头向下姿态坠地。飞机坠地后起火,尽管消防人员迅速扑灭了大火,但飞行员在坠地撞击中遭受了致命伤害,不幸丧生。

失事飞行员最初是在皇家空军(RAF)接受飞行训练,并在皇家空军服役。在皇家空军服役期间,他作为"红箭"飞行表演队的成员,完成了为期3年的巡回表演飞行,驾驶的是"鹰"式飞机。离开皇家空军后,继续自己的职业飞行生涯,初期是驾驶"披茨"特技飞机参与各种表演飞行,后来又入职航空公司,成为民航飞行员。在过去的三个航展季,他还偶尔驾驶过各种历史悠久的老式飞机参加表演飞行。他首次飞行贝尔P-63A"眼镜王蛇"战斗机是在1998年,随后至少在10次表演中驾驶这种型号飞机飞行过,他非常热爱飞行。

作为一名民航飞行员执照持有人,这位43岁的飞行员总共有13个型号、7 730 h飞行经验。他最近90 d的飞行时间是143 h,最近28 d的飞行时间是56 h。该飞行员还拥有C类飞机的资质延续表演飞行授权(DA)。他的试验证书已更新,有效期至2001年9月。为了保持DA的有效性,还要求飞行员在表演之前的90 d内至少执行3次表演练习,其中一次属于同一类型飞机。在规定的这段时间内,该飞行员两次驾驶"德州佬"战斗机飞行了30 min,在2001年6月1日驾驶贝尔P-63A"眼镜王蛇"战斗机进行了25 min的表演练习,而事发在6月2日的航展表演飞行中。相关的表演练习未记录在飞行员的日志中,而是由航空器运营人负责记录。

没有证据表明可能导致事故的任何先前存在的疾病或医疗状况。验尸后的病(毒)理学检查也未发现任何可能会影响飞行员表现的因素。特别关注了一氧化碳中毒的可能性,但是医学样品中的羧基血红蛋白水平不足以产生任何丧失工作能力的影响。事故发生前,几名目击者观察到飞行员精神振奋,非常期待进行他的表演飞行。飞行许可证上规定的飞机发动机的最大连续运行极限为2 500 r/min和40 in歧管压力(MP)。这些也是进行特技飞行的极限。起飞极限为3 000 r/min和46 in MP,进入斤斗和其他垂直机动动作建议进入速度为 250 kn。包括飞行员在内的重心(CG)处于飞机的前重心限制内。燃油负载不会对重心位置产生实质性影响,因此飞机通常会在前重心限制内正常运行。

除地面风和上表面风都朝向人群外,天气条件对表演飞行是有利的。地面风为 10～12 kn 西北风,能见度为大于 10 km,1 500 ft 高度有碎云,气温为 13℃。

有大量的录像和静态照片可供调查,因此,可以复现飞行员的大部分表演飞行过程。无法与前一天的表演进行直接比较,因为只能提供有限的摄影镜头,而且天气条件也有所不同。从起飞到发生事故的时间为 7 min。在事故发生前 2 min,一个不成功的机动动作导致飞机失控,被清晰地观察到并记录在摄影胶片上。飞机迅速恢复过来,所有其他机动直到最后的机动似乎都正常进行,但飞机速度比预期慢。

视频的某些部分可以推导出飞机的速度估计值,并计算飞机机动的进入速度,可以将它们与目标进入速度进行比较。这些计算表明,在第一个斤斗的入口处,当三架飞机同时飞行时,贝尔 P-63A"眼镜王蛇"战斗机的速度约为 250～270 kn。就在拉起进行第一次机动(开始失控)之前,速度为 210～230 kn。这次机动之后,飞机空速再也没有超过 200 kn。在随后的表演中,在最后一次机动之前,从观众人群前通场时,通过两种独立的方法测量的速度为 192 kn。还根据记录的声音计算出此时发动机转速为 2 750 r/min。

可以确定在最后一次机动期间操纵面的位置,操纵面始终处于方向舵全上偏位置。当飞机在机动动作顶部处于机头下俯 30°倒飞姿态时,有一个大的方向舵右偏输入,飞机响应并向右偏航。飞机分离进入初始尾旋,方向舵回归中立位置。飞机俯冲时副翼有一些运动,飞机在撞击地面前向右滚转。

贝尔 P-63A"眼镜王蛇"战斗机是一款二战时期的单座战斗机,采用三点起落架和层流机翼。该飞机由一台 1 325 Ps 的液冷活塞发动机提供动力,驱动液压控制的四叶片恒速螺旋桨。螺旋桨通过变速箱以发动机曲轴转速的固定比率驱动。螺旋桨调节器组件中的调速器(安装在螺旋桨毂的后部)控制叶片角度以维持选定的螺旋桨转速。螺旋桨直径为 11 ft,桨距范围在 20°～55°之间。发动机位于飞行员的后方,驱动轴向前运行,并与螺旋桨变速箱相连。起落架和襟翼是电动操作的。飞行控制是常规的并且是手动操作的。升降舵和副翼由控制杆操纵,方向舵通过控制钢缆操纵。每个外侧机翼段都装有一个容量为 66 美制加仑的"袋式"燃油箱。失事飞机油箱在前一天已加满。

失事的这架飞机建造于 1944 年,1991 年由失事飞行员购买,总计飞行了 1 085 h,这架飞机进行了完全拆解和重新装配。飞机机身和所有系统都进行了大修,并安装了零定时发动机、变速箱和新螺旋桨。大修之后,这架飞机于 1994 年 8 月 12 日进行了首次飞行,1994 年 8 月到 2001 年 1 月,这架飞机总计飞行了 73 h。最近一次"飞行许可证"续签年度检查于 2001 年 5 月 24 日进行,此后飞机于 2001 年 6 月 1 日开始飞行。在那次飞行和这次事故中,总计飞行了 2 h。

飞机以陡峭机头下俯姿态坠毁在机场边界内的跑道以西的狭窄区域,机头航向76°。左机翼上的皮托管以70°角插入地面。撞击地面的痕迹表明,右侧机翼首先撞地,沿地面有些许滑动。飞机的前部埋入地下约1m深。左侧机翼外段,包括左侧油箱都已脱离机身,位于主机身残骸13m远处。坠机后,油箱周围发生了大火,被机场消防人员扑灭。两个油箱仍剩余了有一些燃油,并且有燃油泄漏到附近植被上。飞机主机身除发动机后部有一点小火外,主机身残骸未燃尽。可以确定的是,在飞机撞击地面时,起落架和襟翼处于收回状态,螺旋桨叶片显示出一些高功率旋转刻痕,但叶尖没有损坏。桨叶桨距机构已损坏,因此无法从该位置评估螺旋桨桨距角。

飞机残骸被送往位于范堡罗的AAIB厂房进行详细检查。发动机内部没有机械故障证据。检查了螺旋桨调节器和桨距变化机构,最初的拆卸是在飞行员自己的维护人员协助下进行的,没有发现任何故障迹象。调节器控制杆的位置表明大约在精细和粗略位置之间的中间位置。每个叶片的角度通过扭矩装置液压控制。每个单元内的活塞位置与调节器控制杆的位置一致,并且每个叶片的角度相同。因此,螺旋桨看来是在规定的桨距范围内运行。

螺旋桨转速表上的指针撞击了仪器的表面,指示读数2 800 r/min,这与视频证据的音频分析是一致的。歧管压力表指针的尾巴也碰到了仪器的表面,表明撞击时的读数约为48 in;这表示发动机功率高于最大连续功率设置。节气门象限在撞击中被压碎了。油门杆位于中间位置,螺旋桨控制杆靠近最大转速位置,混合物控制杆处于慢车截止位置。但是,这些控制杆可能会在撞击后随着机身塌陷而移动,因此它们的位置不能可靠地表明碰撞前的设置。化油器上的混合物控制为自动浓油,属于正常设置。由于机体大范围破裂,无法评估是否由于松散物品导致了飞行控制受限的可能性,例如,没有进行固定的松动物件,但是没有证据表明有任何提前撞击的迹象。

关于"飞行表演的管理和组织指南"包含在民航出版物(CAP)403页中。该文件包含一项建议,即在大型飞行表演中,应当成立飞行表演委员会。文件还指出,至少应有一名飞行表演委员会成员处于表演线观众人群中,并直接与负责控制和修订飞行表演节目的飞行表演总监进行联络。

航展成立了飞行表演委员会,是为了监控飞行表演标准,确保不违反安全规定。建立了一个系统,委员会成员可以在认为安全受到威胁的情况下,联系空中交通管制员(ATC)停止表演。由于空中交通管制指挥塔台位于跑道上与观众线对面的一侧,因此应通过电话或无线电进行通信。这次事故中,在失事飞机的表演飞行期间,1名委员会成员对飞机在第一次滚转爬升动作的顶点失去控制感到担忧。该委员会成员5次试图通过无线电联系空管员,两次试图通过电话联系飞行表演总监,但没有成功。高速表演线建立在03/21跑道西侧,距观众线230 m。飞机坠地点位于表演线以西100 m处。

很难理解，为什么这么一位在表演环境中有丰富经验和实践经验的飞行员，在第一次机动已经经历了受控飞行偏离后，还继续进行表演。如果飞机的性能或操作存在问题，那么他似乎不可能不进行检查就继续表演。但是，这是一个大型的公开表演，因此有必要考虑可能会对飞行员造成额外的心理压力。然而，飞行员具有丰富的航展表演飞行经验，他的同事们没有理由质疑他的能力或判断力。

由于需要不断观察其他两架飞机的位置以及他自己相对于表演线的位置，并进行相应的调整，因此这次表演飞行任务比单独表演更加困难。由于飞行员的目的是要进行一系列灵活的个人机动表演，所以需要外界主动干预，例如未能达到目标空速或最小高度，就应尽早命令他停止继续表演。缺少预先计划，再加上对机动动作进行了提前实践演练，这可能导致飞行员错误评估了飞机完成下一个动作的潜力，但是，这与他在第一次初始尾旋后继续表演的决定没有关系。

从录像分析的飞机速度表明，最后的机动可能是由于速度不足而无法成功完成。速度不足很可能是表演飞行期间能量持续损失的证据，部分原因可能是先前的动作失败。飞机发动机在某一阶段以高于建议的转速运行，这可能是为了重新获得能量和空速。

在最后的动作中，可以看到方向舵和副翼一直在运动，但升降舵一直保持在全上偏位置。这需要保持在控制杆上施加正背压，或者是控制系统发生了卡滞。没有证据表明在飞行初期飞行员的飞行控制出现问题，因此很可能是飞行员将操纵杆保持在该位置。在最后机动动作的顶部，飞行控制输入（尤其是方向舵输入）与表演动作或改出动作不一致。实际上，控制输入处于故意进入尾旋的控制位置，所以飞机进入了初始尾旋。考虑到证据和飞行员的经验，似乎有什么未知因素影响了飞行员在表演过程中的身体或心理表现。

整个机场的通讯困难是由于航展组织者建立的系统故障导致的，该系统在需要时会用于联络中断表演。事故发生后，航展活动组织者在跑道人群一侧的飞行表演委员会与空管塔台的表演总监之间安装了一条直通电话线（AAIB公告编号：4/2002，参考：EW/C2001/6/4）。

F-86E"佩刀"战斗机事故（1993年5月2日）

1993年5月2日，太平洋夏令时大约13：43，一架F-86E"佩刀"战斗机（Mark 6，N3842J）（见图4-3），在加利福尼亚圣安娜的埃尔托罗海军陆战队航空站开放日活动表演飞行中坠毁。失事飞机在参加这项年度航展表演时发生了事故。这架飞机由失事飞行员与国家航展公司（National Airshows Inc.）合作运营，事故中，飞机被撞击后的大火完全摧毁。持有商业飞行执照的飞行员在事故中遭受致命伤害。

联邦航空局的长滩飞行标准区办公室的运营监察员出席了此次航展。他报告说,失事飞行员原计划与另一架飞机进行模拟空中格斗表演。但另一架飞机的飞行员感觉不好,取消了表演。失事飞行员随后决定进行单机表演,但这个表演程序没有提前演练过。

　　当日 13:18,空中交通管制人员准许事故飞机滑行到跑道上准备起飞。地勤人员报告说,当飞机从停机位滑出时,观察到飞行员的肩带没有固定。13:24,飞行员在等待起飞时,通过无线电请求地勤人员帮助关好舱盖。目击者报告说,飞行员在飞机右侧的驾驶座位上向前倾斜得很远。13:25,飞行员取消了地勤人员的协助;13:41,飞行员获准在 34L 跑道起飞。

　　起飞后,飞行员执行了一个向右 90°爬升转弯,随后又向左 270°下降转弯。此时飞机定位于 16R 跑道上空 75 ft 高度。飞行员开始作副翼滚转斤斗。在斤斗的底部,飞机姿态近乎水平,坠毁于 16R 跑道中段,并爆炸起火。飞机残骸沿着跑道散落约 0.25 mi,没有观众受伤。

图 4-3　F-86E"佩刀"战斗机[被该机飞行员吉姆·格雷戈里(Jim Gregory)标记为"佩剑之舞"]。

　　监察员报告说,失事飞机所做的斤斗机动,要求飞机在进入点的速度最小应达到 275 kn,离地高度至少 4 000 ft,在动作的顶部速度 125 kn。监察员向 FAA 表示,他观看了事故飞机的机动动作,很明显失事飞机进入机动的速度没有达到最小速度要求。观察员估计飞机在机动动作的顶部离地高度为 2 500 ft,在撞地前,离地 100～200 ft,飞机显然经历了加速失速。另外,观察员还表示,一般在做这些机动动作时,飞行员是要穿抗荷服的。

失事飞行员持有单发飞机陆地和海上飞行执照,多发飞机陆地(仅限于目视飞行条件)飞行执照,以及仪表飞行等级商业飞行员证书。飞行员最近的二级医学证书于 1993 年 4 月 9 日颁发,没有任何限制。安全委员会调查人员对飞行员的飞行档案进行了审查,该记录保存在位于俄克拉荷马城的 FAA 飞行员和记录中心。审查结果表明,该飞行员于 1976 年 5 月 18 日首先获得了学员飞行员证书,然后又于 1976 年 5 月 25 日获得了私人飞行执照。然后,飞行员在 1976 年 7 月 21 日获得了商业飞行员执照。飞行员持有担任北美 F-86E "佩刀"喷气战斗机所有型号机长的授权书(LOA)。

监察员报告说,该飞行员尚未进行过正式的特技飞行训练,但他过去曾驾驶特技飞机进行过特技飞行。他于 1992 年 1 月 10 日在事故飞机上接受了检查,并且在 1992 年 1 月 15 日之前完成了批准动作的所有表演练习,在 1992 年,他没有进行任何空中表演训练,但他多次练习 F-86 "佩刀"战斗机的常规表演程序,并安全着陆。1993 年,他在 "披茨(Pitts)"S-2 特技飞机和这架失事飞机上进行了表演练习,为这次单独表演和双人表演做准备。监察员指出练习飞行超过 25 次。

监察员报告说,飞行员自称以前是海军航空兵,并且是 A-4 战斗机飞行员。美国海军调查局(NIS)人员协助安全委员会调查人员对该飞行员的军事经历进行了调查。根据美国海军调查局的说法,该飞行员于 1976 年 5 月 19 日在佛罗里达州彭萨科拉被终止了美国海军高级喷气机培训。

运营人提交的该飞行员飞行日志显示,飞行员的总飞行经历为 5 596.4 h,其中有 47 h 是在事故飞机上累积的。在事故发生前的 90 d 和 30 d 中,飞行日志分别记录了飞行员在事故飞机上飞行的总计时间分别为 26.8 h 和 24.5 h。在 1993 年 4 月 9 日的最后一份医学证书申请中,飞行员上报了总计 6 200 h 的飞行时间,在之前的 6 个月中累计了 150 h。但申请书没有任何军事飞行经验记录。

要求参加空中表演飞行的飞行员必须向美国联邦航空局(FAA)演示其表演能力。FAA 聘用了航展专业人士作为航展认证评估员(ACE)来评估其他航展表演者,推荐特技表演飞行飞行员。ACE 项目由国际航展公司理事会管理,评估结论和建议上报给 FAA 进行审查。FAA 是签发特技飞行能力证书(FAA 表格 8710-7)的最终决策机构。FAA 的特技飞行能力证明有效期为 1 年,ACE 通过国际航展公司理事会具有评估权,有效期为 2 年。

安全委员会的调查人员检查了该飞行员的评估记录及其最后一名评估员的评估记录,这些评估记录由国际航展公司理事会保存。1991 年 9 月 19 日,失事飞行员通过了国际航展公司理事会的特技飞行能力初步评估。FAA 颁发了适用于"披茨"S-2 飞机的单人和编队特技机动 FAA 表格 8710-7 表格,飞行员的飞行高度限制为 2 级(250 ft),有效期限为 1992 年 9 月 30 日。评估人员指出,飞行员的 2 级初始资格是根据飞行员先前的军事低空飞行和空对地飞行经验确定的。

1992 年 10 月 19 日,该飞行员申请了 1 级高度(无高度限制)特技飞行能力证书。1993 年 1 月 4 日,18 日和 19 日,同一名评估员在"披茨"S-2 飞机上对该飞行员进行了再次评估。此外,评估人员还于 1993 年 2 月 9 日观察了失事飞行员驾驶 F-86E 战斗机与 MIG-15 战斗机的编队飞行。对失事飞行员的飞行记录审查表明,该飞行员在 1993 年 1 月 12 日和 18 日曾驾驶"披茨"飞机进行飞行。

1993 年 2 月 24 日,该飞行员获得了 ACE 向 FAA 提出的特技飞行能力推荐,但有以下限制:机动限制—单机、编队;高度限制—1 级、地表面;授权飞机—"披茨(Pitts)"S-2,F-86"佩刀"战斗机。1 级飞行高度授权表示表演者可以进行特技飞行至地面,而没有任何其他高度限制可以终止表演。1993 年 2 月 26 日,FAA 向该飞行员颁发特技飞行能力证明(FAA 表格 8710-7)。

该飞行员的评估员于 1991 年 3 月 1 日提交了指定为评估员的申请,并列出了其 8 年的航展表演经验。1992 年 10 月 17 日,事故飞机的运营人再次对他进行了评估,要求进行 ACE 更新认证。评估人员持有的 FAA 表格 8710-7 于 1994 年 3 月 31 日到期。

FAA 人员还审查了推荐该飞行员进行特技飞行的评估员。该评估员是一位特技飞行队成员,也是国际航展公司的员工。他指出在事故发生的前两天,失事飞行员在表演飞行中终止机动动作的高度异常低,表现出较差的控制或判断力。评估员表示,他向飞行员询问了相关情况,并认为问题已解决。

失事飞机的总飞行时间为 1 666.8 飞行小时。维修记录的表明,最近的机身和发动机检查是在 1993 年 2 月 3 日,即事故发生前 24.8 h 完成的。发动机自 1977 年 8 月 1 日进行大修以来,总运行时间为 132.9 h。维护记录检查表明,飞机起飞前没有未解决的维护问题。

最近的官方气象观测站位于埃尔托罗海军陆战队航空站。13:45 的部分地表观测报告为:天空 20 000 ft 有云;能见度,不受限制;温度:77℉;露点:55℉;风力:3 kn/150°;大气压力:29.88 in 汞柱。对埃尔托罗海军陆战队航空站的空地无线电通信磁带检查表明,飞机与地面和当地空管站的通信正常。

FAA 人员对飞机进行检查后发现,安全带固定装置都牢固地固定在座椅上。但是,安全带的两部分都被大火烧毁了。发现安全带带扣处于固定位置,但是,安全带的材料被大火烧毁。肩带也被大火吞噬,惯性卷盘中剩余的约 4 in 的束缚材料除外。肩带惯性卷轴机构处于解锁位置,经过测试,卷轴功能正常。检查发现飞机舱盖处于关闭位置。

1993 年 5 月 3 日,奥兰治县验尸官办公室对飞行员尸体进行了检查。根据尸检报告,死亡归因于失血过多(由于内部或外部出血造成的过多血液流失)。验尸未发现任何对飞行员驾驶能力产生不利影响的先决条件。FAA 人员在事故现场对飞行员进行的外部检查显示,飞行员没有穿着抗荷服。

FAA 民用航空医学研究所(CAMI)于 1993 年 5 月进行了毒理学检查,显示尿液中的水杨酸盐为 14.4 μg / mL,这是阿司匹林在尿液中的主要成分。

失事飞机的高度表由美国国家运输安全委员会的材料实验室部门进行了检查。外部检查发现,外壳被黑烟熏覆盖,高度表玻璃表面破裂并丢失。对 100 ft 和 1 000 ft 指针底部下方的表盘面进行详细的目视检查,发现指针正下方有压痕(见证标记)。当指针对准见证标记上方时,高度计指示-30~20 ft 之间的高度读数。可以通过调节旋钮旋转 Kollsman 窗口气压标尺。对内部组件的检查表明,枢轴螺丝从摇杆轴的宝石轴承的中心移开了,并且摇杆轴的表面附近有一个冲击标记,靠近枢轴螺丝的位置。

事故的录像带已提交给国家运输安全委员会的工程服务部。安全局调查人员报告说,在最后一个机动动作开始时,飞机以 75 ft 离地高度和 350 kn 的地面速度通过了观礼台。在斤斗机动的顶部,飞机达到了约 3 650 ft 的高度。

当飞机接近地面时,速度增加到 380 kn,然后在地面撞击时减速到大约 360 kn。飞机下降到大约 75 ft 高度时,机头下俯。飞机在 75 ft 高度的迎角约为 16°,然后在撞击地面时降至 8°。75 ft 高度处的俯仰角约为-3°,在坠地时降至约-5°。

在斤斗的最后 1/4,对加速度载荷的计算表明,俯仰速度约为 20°/s,相当于 6.4 g 过载。在撞击地面前的最后 1 s 内,俯仰角从 350 kn 的-25°变为 370 kn 的-6°。最后 1 s 的总飞行过载约为 7.3 g。飞机残骸最初于 1993 年 5 月 5 日交给了飞机所有者的代表。高度计也于 1993 年 10 月 5 日交还,安全委员会没有保留残骸或零件。

P-38J "闪电" 战斗机事故 (1996 年 7 月 13 日)

这次特殊事故可以看作是英国航展巡回表演的分水岭事件,也是英国航展飞行安全最糟糕年份的一部分,当年总共发生了 4 起致命事故。这次事故简直就是"压死骆驼的最后一根稻草",迫使民航局在英国建立了民用航空飞行表演审查小组。

传说中的 P-38J "闪电" 战斗机在达克斯福德的 "飞行传奇" 航展上进行表演飞行,这项航展活动在 1996 年 7 月 13 日至 14 日周末的两天内举办。7 月 13 日的表演飞行活动顺利完成,没有发生任何事故。7 月 14 日,这架飞机在 14:35 起飞,作为长机,和一架 Curtiss P-40B "战斧" 战斗机,以及一架 Bell P-63 "眼镜王蛇" 战斗机编队表演。正式表演始于 14:39 开始,编队经过几次从观众席前通场飞越,然后 3 架飞机分开,开始单机表演。

P-38J 飞机是单机表演的最后一架飞机,因为要在 14:55 之前清空表演区域。飞机从飞机场的东部开始进场亮相,做了一个浅俯冲以提高速度,然后进行斤斗。这个动作之后是"古巴八"机动,有两阶段飞行是负过载。

在"古巴八"机动的后半段,飞机从东向西(人群方向是从左向右)飞过,拉起并向左开始,改平机翼,然后向左滚转270°。飞机随后返回,从西向东从观众人群的前方飞过。当飞机越过06号跑道的西方入口时,看起来处于正常的进入高度和速度,开始了一个副翼左滚转。第一个360°滚转正常完成,但飞机继续进入第二个全滚转。当飞机在第二次滚转至倒飞姿态时,机头朝地面下坠,飞机开始掉高度,而滚转还在继续。当飞机再次达到正飞姿态,已经下降到跑道上方非常低的高度。飞机继续向左滚转,左机翼和跑道碰撞,左坡度角达到30°,并在06跑道的大约2/3处坠地。左外机翼破裂并塌陷,随后受到左发动机的冲击。这时,飞机开始在整个机场上飞驰,爆发成了一个大火球,分裂成多个部分,从主要观众区看,它朝着机场南侧的一排停放的轻型飞机飞去。这些飞机中有几架被飞机的残骸严重损坏。其中一台发动机弹跳超过飞机残骸,越过飞机场边界,然后越过 M11 高速公路(这条高速公路几乎垂直于跑道末端)。高速公路上一辆过往的货运卡车遭受了飞机残骸的碰撞而产生一些轻微的损坏,但能够继续沿高速公路向北行驶。这台发动机最后停在了飞机场东侧,靠近几个公众站着的地方,当时这几个人正在飞机场边界外观看飞行活动。

机场的消防和救援部门迅速到达现场,并在短时间内控制了众多火灾区域。飞行员被发现在主机身残骸中的座位上,他的四点式安全带仍然系紧。检查发现该飞行员已因头部严重受伤而丧生。事后验尸没有发现可能引起身体疾病的任何身体状况和飞行员无行为能力的证据,没有发现任何药物或酒精的痕迹。据现场评估,驾驶舱遭到严重破坏,以致飞行员无法生存。有机场运营方要求来访的轻型飞机的飞行员和乘客移至跑道的观众侧观看空中表演,所幸,没有任何人受伤。

P‑38J"闪电"战斗机编队的表演程序与事故发生前一天的表演程序基本相同。明显的区别是在周六的表演中,只执行了一个360°副翼滚转,但是在事故发生时,已经进行了两个连续的360°副翼滚转,而且第二次滚转完成已经达到机翼水平姿态。事故发生时的天气条件为:表面风为270°,6 kn,方向在240°~300°之间变化,能见度超过10 km,云底3 000 ft,QNH 1 026 mbs。

通过飞机动作的照片和视频分析了飞机撞击前的飞行路径特征,而且评估了撞击前的飞机完整性和飞机系统的运行情况。使用从不同角度拍摄的几个视频进行了完整的飞行路径分析。对表演前一天单圈副翼滚转进行的分析表明,在这种情况下完成一圈滚转所需的时间为3.4 s,并且注意到飞机在整个动作过程中都有一个保持向上的轨迹。

而对事故当时的动作分析表明,飞机执行了两圈连续的副翼滚转,完成时间分别是4.4 s和3.6 s。0.8 s的时差对于滚转速度而言非常重要,在100°/s的滚转速度下大约可滚转80°。滚转是从跑道上方250 ft的高度开始的,开始滚转时的速度约250 kn,并在此时开始机头下沉。左滚转是由快速的滚转控制输入引起的,这种输入产生了相当大的副翼偏转。这种副翼偏转位置一直保持到飞机完成约 675° 滚转,这时,副翼返回到中立位置,直到飞机撞上地面。

在第一次滚转时,飞机爬升到了约 360 ft 的最高点进入倒飞姿态,再次滚转时下降到了约 260 ft 高度,损失了 100 ft 高度。这时飞机的俯仰姿态处于非常轻微地机头向下。在执行第二圈滚转时,中间没有暂停。在此过程中,机头逐渐下降,飞机下降速度加快。在倒飞位置,观察到副翼位置保持在几乎完全(左滚转)左偏转的位置,并且做了一个相当大的"后拉杆"升降舵偏转。这时还增加了相当多的左舵控制输入,进一步增加了滚转速度。在飞机达到直立姿态之前,滚转角大约为 45°,方向舵和副翼输入均移至中立位置,但未施加反向控制输入。随着飞机滚转通过机翼水平位置,滚转速度略有增加(从约 110°/s 增至 125°/s),下降速度约为 7 200 ft/min,直到坠地。撞击地面时的速度估计为 230 kn,最终下降角度为 14.5°,沿飞行轨迹的速度为 238 kn。

撞击地面时,左侧翼尖首先撞地,机身姿态处于左滚 30°,机身俯仰水平。副翼和方向舵基本处于中间位置,升降舵上偏。从视频资料对螺旋桨速度进行分析后发现,在整个滚转机动中,螺旋桨速度一直保持恒定。两台螺旋桨的转速均约为 1 300 r/min,右侧螺旋桨转速略高于左侧。在发动机螺旋桨减速比为 2:1 的情况下,这符合飞机的运行限制,这种限制下特技飞行中使用的发动机极限为 2 600 r/min / 40 in 歧管压力。

飞机撞上了 06 号跑道,越过了跑道中间线,距跑道东端约 450 m。最初的撞击是左翼尖碰在跑道上,随后发生撞击的标记为飞机在大约 079°M 航向(跑道的航向为 062°M),飞机机翼水平,有明显左坡度。对两个螺旋桨在跑道表面上切割痕迹的检查表明,两个发动机当时功率都比较大,飞机的下降速度很高。对螺旋桨痕迹的初步评估(未考虑下降速度)表明,飞机撞地时发动机转速约 2500 r/min,飞机地速约 200 kn。

最初的撞击后,左外侧机翼、尾翼和两个尾梁均与飞机机身的剩余部分脱离,机身剩余部分则在急剧偏向左侧,然后越过跑道南部边缘在草丛中翻滚。失事飞机的主要残骸散落在麦田中,距初始撞击点约 420 m,在飞机场南部边界外。撞击后,两台发动机都从安装架上掉落;右侧发动机落在飞机残骸停止点之后 60 m 处,左侧发动机则被甩出 180 m 之外,穿过了 M11 高速公路。尽管飞机在坠地后马上起火燃烧,但在最初撞击点和飞机机身残骸停止点之间没有泄漏大量燃油,只是草地上有一片孤立的黑色燃烧区。

没有证据表明机身在撞击前出现任何结构问题,所有控制面在撞击前也都正常连接。也没有证据表明撞击前控制系统的完整性受到损害,所有损坏都是撞击后结构损坏导致的。控制系统的破坏程度表明系统未曾出现任何暂时性阻塞。对飞机左外机翼和副翼在跑道上初次碰撞时的刮痕进行了评估,结果表明副翼当时处于基本自然中位。升降舵左肋端板和靠近此处的尾翼左端封闭肋损坏,表明在左侧腹鳍底板撞击跑道时,升降舵向上偏转。

检查了副翼助动器。左侧助力器旁通控制活塞的位置表明,在撞击时,是有液压的。控制阀输入杆的损坏表明当时副翼没有运动,致动缸输出杆处于中立位置。左侧和右侧助力器组件的所有损坏均与它们所连接的结构的损坏一致,没有任何迹象表明撞击前出现了故障。

飞行员持有航空公司民航客机飞行员执照,可以执飞波音 737 系列、波音 757/767 和派珀 PA‐23 / 34/44 系列民航飞机。他曾担任英国特许航空公司的波音 757 和 767 飞机的机长,并担任 P‐38J“闪电”战斗机的首席飞行员,负责约 15 种老式“战鸟”飞机机队的机组管理和运营。

这名飞行员还是这届达克斯福德“飞行传奇”航展的表演飞行协调员,负责表演项目的规划和表演节目编排,并带领约 40 架历史飞机进行了大规模通场表演飞行。他向参加表演的飞行员进行表演讲解,并在周日下午对表演进行了重新安排,由于有重要任务,要求周日下午的表演飞行提前结束。这无疑增加了飞行员的工作负荷。之后,他作为 DH89A“迅龙”(Dragon Rapides)运输机两机编队的长机进行了表演。这场表演结束后 12 min,他又驾驶 P‐38J“闪电”战斗机开始了表演飞行。

飞行员根据其 FAA 商业飞行员执照的特许授权驾驶 P‐38J“闪电”战斗机进行表演飞行,这是一架在美国注册的飞机。正常情况下,由于飞机的最大起飞重量超过 5 700 kg(12 500 磅),因此需要特定飞机型号等级资质。在本案例中,失事飞行员于 1988 年收到美国联邦航空局(FAA)飞行标准地区办公室在加利福尼亚州奥克兰发给他的信函,该信函授权他担任“所有型号和品牌的高性能活塞式”试验类飞机机长。这封信函还指出,并未授权他在航展表演特技飞行。航展表演飞行需要单独授权,而且仅限于参加美国境内的航展。

美国联邦航空局指出,飞行员持有的文件确实符合美国联邦航空法规的规定,并且符合在这次飞行中对飞机的特殊操作限制。但是,FAA 也指出,自颁发授权书以来,程序已进行了更改,要求反映当前资质延续性要求,但该授权书仍然有效。飞行员获得了涵盖许多飞机类型(包括 P‐38J“闪电”战斗机)的 CAA 表演飞行授权(DA)。他还代表 CAA 获任飞行表演评估员。飞行员的 DA 在当前是有效的,并允许执行低至 30 ft 的通场飞行和低至 100 ft 的特技飞行(某些飞机型号)表演。对于 P‐38J“闪电”战斗机,最小特技飞行高度规定为 200 ft 离地高度。编队飞行也是允许的。从视频证据中很明显看出,飞行员以与他的 DA 一致的高度开始了最后的滚转动作。

在事故发生前一天的星期六,飞行员表演了相同的飞行剖面,但在观众人群前只进行了一圈副翼滚转。负责航展监察的 CAA 航展飞行表演监察员指出了飞行员超出 DA 限制的一些小问题,特别是副翼滚转特技时的最小飞行高度方面,以及特技飞行的最小横向间隔问题。这两个问题都是周六表演后监察员向飞行员提出的,飞行员也保证星期天的表演飞行严格按照 DA 的限制进行。

飞行员曾于 7 月 11 日驾驶 P-38J"闪电"战斗机进行了表演练习,并于 7 月 13 日公开表演。在事故发生前的 28 d 里,飞行员曾飞行过以下型号飞机:波音 757 民航客机、"喷火"(Spitfire) V 活塞战斗机、"地狱猫"(Hellcat)活塞舰载战斗机、"空中掠夺者"(Skyraider)活塞战斗机、"熊猫"(Bearcat)活塞战斗机、"迅龙"(Dragon Rapide)双翼运输机、"阿兹台克人"(Aztec)轻型双发活塞飞机、"比奇男爵"(Beechcraft Baron)轻型双发活塞单翼机和"小熊"(Cub)轻型运动飞机。

失事飞机于 1943 年在加利福尼亚州伯班克的洛克希德飞机工厂制造,序列号为 42-67543。该机曾在美国陆军航空兵部队服役,直到 1945 年 2 月退役。它的当前所有者于 1988 年在德克萨斯州的一个废弃场发现了它。购买后将其带到加利福尼亚并恢复飞行状态。1992 年初进行了试飞,并于当年夏天将飞机带到英国。从那以后,这架飞机一直按照民航局空中航行豁免令运营,该豁免令允许这架飞机在没有有效适航证书情况下只能进行演示和表演飞行,前提是 1992 年 1 月 9 日 FAA 发布的特别适航证书和运行限制在当前是有效的。

为了表演飞行的目的,FAA 于 1992 年 1 月颁发了实验类飞机特别适航证书,该证书在事故发生时一直有效。该飞机也是按照《运行限制》文件的规定在飞行。该飞机的维修文件显示,它按照 FAA 要求进行了正确维护,并由 FAA 批准的认证工程师进行了认证。FAA 注册证书于 1992 年 2 月 21 日颁发给内华达州拉斯维加斯的飞机所有人。

该飞机还获得 CAA 的豁免,能够以大于 250 kn 的速度在 10 000 ft 高度以下飞行。运输部还为这架飞机签发了现行空中飞行许可证。失事飞行员还为该飞机编写了一套操作说明:对于特技飞行,发动机限制为 2 600 r/min 和 40 in 歧管压力(最大持续功率设置),进入滚转机动的速度为 200 kn,并且由于可能出现液压问题,不允许进行负过载机动。可以确定的是,先前机动中出现的负"过载"引起了液压系统问题,妨碍了起落架放出功能,需要手动操作才能恢复。分析还表明,优选的滚转方向是向左滚,可以防止前起落架舱门解锁,因为以前向右滚转时出现过此类问题。尚不知道这些液压问题会对副翼助力器系统造成什么不利影响。

飞机维修说明手册中指出,在副翼液压助力器工作的情况下,飞行员的控制输入会对副翼施加其总负荷的 1/6。这意味着在液压助力系统发生故障的情况下,对于给定的副翼偏转,在相同的飞行条件下,飞行员感受到的副翼控制力将比正常情况大 6 倍。通过检查副翼助力系统,可以确定,如果在滚转时,副翼偏转过程中发生液压故障,则由于空气动力的作用,副翼的偏转会减小。

该飞行员还获得了这种飞机 1944 年的原始飞行操作说明的副本。其中包含以下相关内容:"副翼控制液压助力器……,在这些飞机上,大部分副翼控制力由液压助力提供,其余部分由飞行员提供。控制助力装置的控制钢缆机械连接到控制面,以便在紧急情况下可以手动进行飞行控制。副翼增压关断阀位于驾驶舱右侧,靠近驾驶杆。除了该阀外,该机构还装有一个自动旁通阀,以使副翼在液压失效时可以自由运动。"

在"飞行限制"部分指出,禁止"快速滚转"(Snap Roll)机动和连续倒飞。本节还包含警告提示:"在特技动作飞行时必须格外小心,因为需要向下垂直改出。在海拔 10 000 ft 以下高度,请勿尝试特技动作。"

获得的证据表明,该飞机过去曾成功完成过双圈滚转机动,但在整个过程中出现了明显的上仰轨迹。但是,飞行过同一运营商其他飞机的大多数飞行员表示,单圈滚转机动非常普遍。这种观点也得到了 CAA 飞行表演监察员的支持。

对飞机飞行剖面的分析表明,最后的机动是从硬面跑道的西端开始的。在第一圈滚转结束时,飞机仍位于观众人群中心右侧(西侧)的位置。据推测,飞行员不太可能打算在这个位置停止机动表演,因为从人群的角度看,表演将显得"不对称"。

众所周知,当事飞行员是一位非常有经验的表演飞行员,曾进行过多次高品质、令人赏心悦目的表演飞行。没有证据可以解释为什么飞机以低于最佳俯仰角的姿态进入最后机动动作的第二圈滚转,最终发展为明显的向下飞行轨迹。无法排除飞行控制(尤其是滚转控制)暂时受阻,或飞行员分心等其他可能性。

针对这一情况,以及在 1996 年航展季期间英国发生的其他几次表演飞行事故,民航局成立了民用航空飞行表演审查小组。该小组确定了 18 个领域进行详细调查,涵盖了飞行表演组织和参与的多个方面。该小组的工作一直在进行,通过修订 CAP 403 或其他方式,对下一个航展季飞行表演活动提出了相关改进建议。CAA 还打算以类似于英国皇家空军《飞行表演笔记》的方式,为表演飞行员提供额外的指导材料。针对审查小组开展的活动,AAIB 认为在本事故案例中,并不需要进一步的安全建议。

当然,在发生任何事故之后,飞行员的心态都是坠机事故调查的重要考虑因素。有一位航空心理学家并没有出现在事故现场,在阅读了事故调查委员会报告后,提出了"消极转换"(negative transfer)问题,因为那一时段该飞行员驾驶几种不同型号飞机进行了飞行——在航展上,他在 12 min 之内从驾驶一种机型转换为驾驶另一种机型。当一位有经验的飞行员飞行一种型号飞机,但由于他的驾驶行为舒适区是在另外一个具体型号飞机上,或者是之前和最近的状态下,这时需要把他的行为从一架飞机转移到另一架飞机上,那么就会发生这种问题。这种现象在高压力或需要精神高度集中的高负荷任务中很常见,在这些任务中,"自动行为"占了上风。

信息处理过程中我们使用语义记忆,即"根据短期记忆按计划进行",而不是情节记忆,即"我们通常期望接下来发生什么"。在这个事故案例中,飞行员在进行一圈滚转时使用了语义记忆,但他的情节记忆占据了上风,所以进行了两圈滚转。这是因为正常情况下依赖于运动记忆,这种记忆使我们能够执行许多技能动作,这类技能动作通过训练不再需要中枢处理能力,从而释放了记忆力和中枢处理能力,可以集中精力处理其他紧迫任务。

如果飞行员一直在思考某些仍然需要在地面上执行一次的任务,那么这种思维过程可能已经占据了他的中枢处理能力,将滚转机动传递到他的运动记忆中,随后出现情景记忆,而他的行动思维就是处理眼前的问题。可能在之前的飞机上他进行了两圈滚转,也可能他看到其他飞行员进行了两圈滚转,所以他就做了两圈滚转动作。永远不能确定一个人想干什么。

南非空军博物馆"喷火"战斗机(5518)航展飞行事故(2000年4月15日)

2000年3月,南非空军博物馆的"喷火"战斗机(5518)表演飞行员辞职,只剩下另一位曾经驾驶过这架飞机的飞行员尼尔·托马斯(Neill Thomas)中校。不幸的是,由于他是P51-D"野马"飞机的表演飞行员,只能维持"喷火"战斗机的飞行熟练性,而不具备这种飞机飞行表演的延续性资质。由于这两种飞机飞行特性不同,飞行员不能在表演飞行高度混飞这两种飞机。他过去一直驾驶P51-D"野马"飞机,这次只能把"野马"的表演飞行任务移交给另一名预备役飞行员科尔·杰夫·厄尔(Col Jeff Earle),他自己承担"喷火"战斗机(5518)的表演飞行任务。该战斗机现阶段仅作过很少维护,在2002年4月15日航展前两天才可供飞行练习使用。

尼尔·托马斯中校介绍了该博物馆唯一适航的"喷火"战斗机(♯5518)非致命事故情况:"另一架安德鲁·托尔(Andrew Torr)私人拥有的'喷火'ZU-SPT战斗机和这架飞机在当天进行双机飞行练习,因此我们作了飞行任务简报,我在第二位置起飞,飞行期间保持第二的位置。'喷火'ZS-SPT战斗机是标准的MK IX型,没有配备两门20mm机炮,但由于机翼问题,该机空速性能提高了10 mi/h。而失事的'喷火'战斗机(5518)由于螺旋桨的寿命对其升压做了限制,最大升压限制为8 psi(可用12 psi的75%),但'喷火'ZU-SPT战斗机没有这样的限制。在练习中,我一直努力保持与另一架'喷火'飞机的位置,但我已经6个月没有与这架飞机编队飞行了,而且'野马'飞机的操纵要重很多,但对节气门运动的反应比'喷火'战斗机更敏感。飞机正常着陆,飞行中所有功率检查以及温度和压力都正常。"

"喷火"战斗机的燃油系统有个特点,很多人不清楚。燃油混合是在开或关位置自动进行的,而且没有燃油压力表。油门杆机械连接到喷油器化油器上,化油器有自动混合装置。当油门打开达到一定机械位置,燃油混合物自动达到完全富油状态,如果再推油门杆,就会导致应急富油状态。在慢车状态,增压是－4 psi,油门移动50％行程,增压就达到4 psi(正常飞行增压),剩余油门行程再移动40％,增压就达到8 psi,油门再移动一点点,增压就达到12 psi。在近距离编队飞行中,发动机很容易超压。应急富油并不是系统的实际增压压力,而只是油门机械移动的一个功能。

"我原本计划在周五进行单机飞行练习,但接到厄尔上校打来的电话,通知我说SAAF协会会议马上要召开了,他无法继续为航展进行飞行练习。前一天,我对驾驶'喷火'进行的飞行练习很满意,所以就取消了'喷火'飞行练习,改为'野马'战斗机飞行练习。"

"在这个阶段,一切都无关紧要,但是南非国防军(SANDF)卫生局局长突然去世了,他的葬礼预定在星期六早上在Zwartkops机场附近举行。星期五,我接到一个电话,说空军参谋长担心噪声会打扰葬礼程序,要求取消10:00～13:00之间的所有飞行。我与他的PSO取得联系,并商定在此期间不会有飞机飞行。在星期六的清晨,我接到一个电话说,空军参谋长希望在8:30进行一次现场噪声检查,以确定在殡仪馆是否可以听到飞机噪声。这项检查在最后一次机组人员通报会期间完成,任何航展的最后一刻通常都可能发生一些紧急情况。"

"作为南非空军博物馆的指挥官,我还为参加此次航展的所有嘉宾担任航展主持人,9:30,我在嘉宾区主持。随后,我进入了飞行线,由于某种原因,我驾驶'野马'(而不是'喷火')战斗机行了双机表演飞行——如果我一直继续这个'错误'就好了。然后,我会见了另一位'喷火'战斗机飞行员托尔(Torr),我们详细通报了飞行剖面,实际上在排练期间,我一直在努力跟上他。10:12时,我们进入'喷火'战斗机,扎紧安全带时,我意识到我的头盔没有在我原来放置它的地方。我向左看,原来头盔挂在我刚飞过的'野马'飞机上,我请地勤人员帮我拿过来,戴好,然后对'喷火'飞机进行了预热启动,并在长机后面开始滑行。起飞,加入编队一切正常,编队维持也没有任何问题,我们就在等待通知准备进场表演。"

"空中交通管制员在10:19召集我们编队,随后我们以近距离编队进行了第一次高速通场,位置很容易保持,随后长机向远离人群的方向急转弯。当时有些颠簸,我只能回到表演中心的位置,托尔开始向左转弯。转弯到一半的时候,我努力跟上,加大油门,维持8 psi压力。我一直在观察增压压力和冷却温度,增压一直维持在8 psi,没有任何异常。"

"我一直专注于与长机保持一致,发动机排气口喷出了越来越长的黑烟(发动机富油迹象),当我们第二次经过人群时,托尔拉起做了一个向右的'wingover'机动。我又落后了,当编队经过600～700 ft离地高度时,发动机出现故障迹象,我与长机的距离突然拉大,我的'喷火'飞机的机头迅速跌落到水平线以下。"

"随着机头下坠,我意识到发动机出现故障,把空速下降到150 mi/h(这是'喷火'战斗机的最佳滑翔速度)。我关闭油门,一直持续呼叫'MAYDAY'但一直未得到塔台的回复。"

"我知道跑道就在我的右下方,我稍微右转,6 250 ft长的跑道就在右侧,这两年我多次驾驶飞机练习过在这条跑道上迫降。我曾按照不列颠战役纪念飞行指导推荐的构型进行过迫降,大多数情况下都超过了预定的着陆点。"

"我最初的想法是,我可以轻松地落在跑道上。当时世界上大约有49架'喷火'战斗机在飞行,其中有48架安装有气瓶,可在紧急情况下在1~2 s将起落架冲击放出,还有 ·架装有改良的Impala应急系统,需要操作应急手柄90次才能将起落架放出并锁定,您猜对了,'喷火'战斗机(5518)就是配备这种系统的唯一一架。我最初的想法是在保持高度的同时放下起落架,我选择放出起落架,指示灯变成红色,我又选择发动机故障模式,尝试发现哪里出了问题。我仍然不知道产生烟雾的原因,从驾驶舱看不到排气管,我检查了仪表,燃油压力正常,温度正常,燃油量几乎满格,发动机转速为600 r/min。"

"我前推油门杆,发动机响应了1~2 s,随后不再响应,表明发动机燃油系统出现故障。我降低发动机转速,然后再次尝试推油门杆,发动机依然没有响应。进一步确认发动机供油系统出现问题,这一阶段到飞机转弯进入进场花费了6 s,此时,我注意到机场入口高于风挡窗口,速度为150 mi/h。我意识到无法到达跑道。我使飞机转向离开机场,飞往一片我看到的净空区,但是下降速度太快了(4 000 ft/min),不知不觉飞到了一座大型联排别墅前面。我别无选择,只能转向唯一的空旷草丛地,宽300 m,长度不超过100 m,以15°~20°的倾斜角度迫降(我知道那块草地上岩石的大小,我也知道在那里迫降的危险)。"

"我选择襟翼全放出,释放掉飞机载荷。但很快我无法控制飞机,最后看了一眼速度,70 mi/h。然后硬拉杆,我想这是我生命的最后一搏。我最后的想法是我一定要活着,我的孩子在下面观看我飞行。从事发到飞机坠地一共经历了17 s。飞机以机头上仰18°姿态坠地,机尾首先坠地,碰到了大大小小石块后从机身脱离。飞机随后稍微向右旋转,右机翼降到地面。此时,机头撞到了机场8 ft高的混凝土围墙,紧接着是左侧机翼、飞机着陆系统和右侧机翼,安全墙倒塌,飞机冲破安全墙,滑过45 ft后,停在一块卡车一样大小的岩石前。"

"1998年7月,在同一个飞机场上,当时一架活塞'教务长'飞机在一次失速转弯中由于高度不足无法改出而坠毁,飞机座舱起火,致使一位经验丰富的飞行员死亡。这次坠机的冲击非常强烈,我根本无所适从,当我开始注意周围环境时,我的第一印象是绝对的沉默,然后才意识到我还活着。在经历了发动机故障和坠机事故的痛苦之后,我听到的唯一奇怪的声音是'自来水'滴答声……,对于那些不熟悉'喷火'战斗机的人来说是这种声音,我知道那是飞机唯一一个76加仑燃油箱漏油的声音,燃油箱就安装在发动机后面,仅通过仪表板与驾驶员分开。剧烈的撞击导致油管破裂,'自来水'声就是燃油从油箱中流出的声音,泄露的燃油进入驾驶舱流到了我的双腿上。"

"当时我的大脑超速运转,我拉动舱盖释放杆,将舱盖顶开。后来的事故调查表明,由于大脑处于'超速运转'状态,激发了身体尽快逃离险境的潜能,得以侥幸打开舱盖逃生。我跳出驾驶舱,摔倒在地,然后迅速脱掉头盔,逃离现场。另外一架'喷火'战斗机从我头顶飞过,我向他挥手表示一切 OK,然后用手机联系空军博物馆运营官,告诉他我很好。我知道还有一架 yak 飞机正在等待进场表演,我又立即给塔台打电话,但没有接通,那时可能太忙乱了。随后我又给我妻子打电话,我的家人都在机场观看我的飞行。我在电话中对我妻子说:'亲爱的,我没事,好着呢!',电话里片刻沉寂!'你在哪里?',我妻子问我。'我在回家的路上',我说。随后我告诉他,飞机坠毁了,我只受了点轻伤。我以为我的脸划破了,因为流了很多血,我觉得我的右肘骨折了,我告诉她去第一军事医院见我。"

"到此时仍然看不到救援队,我的手臂开始疼,所以我放弃等待,走到跑道入口,大概走了 75 m 远。在跑道入口处,空军博物馆的'云雀'II(Alouette II)直升机出现了,搭载我到了第一军事医院。在医院的经历也是一个漫长的传奇故事,医院没有接到飞机事故通知,因此没有救护车来接机,我不得不从直升机停机坪步行到急诊室。但是,值班医生表现都特别出色,所以今天我的伤口疤痕基本都看不到。这次事故的一个重要经验教训是切勿在没有头盔、面罩、手套、飞行靴或阻燃剂的情况下飞行。经过全面检查后,我就离开了医院,回到飞机场,最终确定了当晚的安排,因为博物馆当晚举办了盛大的宴会,我是主持人。直到第二天,我返回坠机现场查看损坏的程度,我才第一次看到飞机残骸。我感到很后怕,飞机机尾在撞击时折断了,机身竖起,右翼已经脱落,左翼勉强连在机身上。"

"所有好的安全调查人员都会告诉您,没有任何事故会单独发生,通常都是由一连串发生的许多相关事件最终导致事故发生的,一般都会有可能发生事故的一些预警。当人们再来看这次'喷火'战斗机的事故时,还是有一些事故迹象的,首先,发动机的工作就不是100%良好,再加上我在这架飞机的飞行时间很少(12 h),其实过去 6 个月我一直在飞这架飞机,这意味着我并没有 100% 做好心理准备去驾驶这架飞机完成表演。"

"这次事故归因于发动机机械故障。正常的维护和检查是不可能发现任何问题的,外部环境可能对这次事故有重要影响。"

"甚至对于一个完全局外的人来说也很明显,作为空军博物馆的负责官员,航展总监(配备了一名新的安全官员),表演飞行员和航展各个方面的协调员,在航展之前的日子里,我的工作重心并没有在这架飞机上。丧礼安排带来的外部压力,工作人员分配的突然变化以及取消我的单机表演等都给我带来了太多不必要的压力。其实其他人和我自己在许多关键决策点都是有可能会阻止本次事故发生的。"

"当厄尔上校退出表演时,'野马'战斗机也应该退出,我应该驾驶这架'喷火'战斗机进行一次单机飞行练习,那样在练习期间发动机故障就可能表现出来,由于不是进行编队飞行,所以故障不会很严重,也不会造成那么大的灾难。如果只是我这一架'喷火'战斗机在飞行(没有另一架的噪声干扰),那么发动机故障也就能更早地识别出来。"

"事故发生后我也做了很多反思。如果事故飞行中我选择了其他方案,那么可能对飞机、我本人,以及其他人员或财物会造成更大的损失。"

"与航展有关的混乱管理决定也使我分心,这从我试飞错误的飞机时就可以明显看出。英国 CAA 航展法规禁止航展指挥员参加涉及 7 架以上飞机的活动;这么明确的规定为什么我们就不执行? 为什么不能从别人的错误中吸取教训,非要自己再尝试一次呢?"

"发动机故障的明显原因归因于增压器离合器片打滑和化油器膜片硬化,我打开节气门的次数越多,情况就越糟——向发动机气缸喷射的燃油更多,空气更少,富油情况更严重,动力更小……,加油更多……,17 s……,也就是阅读最后一段所花的时间吧!"

尾旋事故

遗憾的是,我们没有完整的航展尾旋事故,甚至是通用航空尾旋事故统计数据。为了量化尾旋事故的危害,帕特·维莱特(Pat Veillette)对 1994 年以来发生的尾旋事故进行了调查,并于 2002 年 5 月在《航空安全》杂志上发表了《尾旋轶事》(A Spinning Yarn)调查报告。之所以选择 1994 年作为研究起始年份,是因为 FAA 在 1993 年修订了失速训练和尾旋训练要求,帕特·维莱特想看看这些变化对事故记录有没有影响。另外,1994 年以后的事故报告相对容易获得,而前些年的事故报告则比较难于获取。虽然调查结论相当笼统,但与表演飞行和有志于表演飞行的飞行员有很大关联,主要是因为发生尾旋事故的环境——低空环境与表演飞行的环境相同,当然,还有一些经验教训。

在研究的 6 年周期中,共发生 11 302 起通用航空飞机事故,造成 2 288 人死亡。在此期间,发生了 394 起尾旋事故(3.5%),导致 324 人(14%)死亡,说明了低空尾旋的危险性。在这方面,尾旋训练问题引起了人们的关注——关于这类训练是否有效的问题仍然存在。这个数据库中有 100 多名飞行员进行过广泛的尾旋培训,许多人都有出色的背景,但最终仍未能逃脱事故。从尾旋中改出的能力通常是一个学术争论,因为 90% 的尾旋事故都在太低高度发生而无法改出的。这就引出了一个问题,那尾旋训练又训练什么呢?

也许可以预见,所有尾旋事故中有近 36% 是在飞机进行机动飞行时发生的。实际上,有 84 起尾旋事故(占 21%)发生在事故调查员称之为"低空炫耀性表演"的情况下。专业表演飞行员非常清楚,低空尾旋的安全裕度为零。

起飞阶段是尾旋事故第二常见的飞行阶段,占 32.7%,这并不奇怪,但是出乎意料的是,近一半的起飞尾旋事故是由于飞行员在起飞时"炫耀",采取的俯仰和倾斜姿态远远超过了安全裕度造成的。本质上,所有尾旋事故中有 1/3 是由于离地面太近,飞行员的糟糕判断造成的。几乎所有这些事故都发生在离地不到 300 ft 的高度,因此任何尾旋改出技术都毫无用处。实际上,记录表明,发生尾旋事故的很多飞行员都已经进行过尾旋训练,甚至达到了能够进行特技飞行的水平。唯一可以得出的结论是,发生尾旋事故不是飞行员的飞行技术出了问题,而是飞行员的判断出了问题。尾旋事故统计明细如图 4-4 所示。

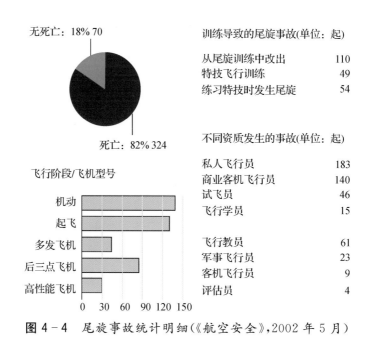

图 4-4　尾旋事故统计明细(《航空安全》,2002 年 5 月)

大约 1/3 的起飞失速及尾旋事故是发动机故障造成的,大部分发生在距地面几百英尺的高度。起飞期间发生的 24 次尾旋事故,部分是高密度高度、大起飞重量和不利风条件造成的,所有这些不利因素导致飞行员无法维持足够的飞行空速——这真是致命的不利条件组合情况,但飞行员仍然年复一年重复犯着同样错误。

大约有 18％的尾旋事故发生在着陆期间,其中一半以上发生在紧急着陆期间,但是令人惊讶的是,数据库中只有一次或两次发生在经典的"第四边转弯至最终进场边"(turning base to final)阶段。官方将大多数着陆尾旋事故归因于飞行员分心或专心于处理机械故障,其次是飞行员未能保持足够的飞行速度。需要重点说明的是,在表演领域之外,表演飞行员恢复为普通飞行员,也很容易受到飞行变化的影响。2001 年鲁昂山谷的"喷火"战斗机坠毁事件凸显了这一事实。那次事故中,飞行员马丁·萨金特的飞机发动机故障,在第四边(base leg)失去对飞机控制,只能驶向一条没有观众的跑道迫降。

复飞阶段也是尾旋事故的最常见飞行阶段,约占事故的 7.1％,还是因为飞行员没有意识到空速已下降到了不可接受的水平。巡航阶段则是涉及尾旋事故(6.3％)的最后一个飞行阶段,主要发生在 IMC 中。

在先前的研究中,维莱特曾对初始尾旋和改出过程中损失的高度进行过研究。他发现,使用最佳改出技术从一个初始旋转中改出需要数百英尺的高度。很显然,如果改出技术不是最佳,那高度损失会更大。超过 90％的尾旋是在无法改出的高度开始的,即使是世界上最好的尾旋飞行员,也不可能在高度不足的情况下在飞机坠地前从尾旋中改出这些飞机。从飞行和训练的角度来看,这对于失速或尾旋问题具有非常重要的意义。显然,飞行员,尤其是表演飞行员,需要避免失速或尾旋边界太靠近地面。另外,训练的重点应放在避免进入可能诱发尾旋的大迎角状态,而且在飞机接近失速时要正确使用方向舵和副翼。

有一个案例,一位无限制级 YAK-54 飞机的飞行员,正在向同机的评估飞行员展示特技飞行技巧。目击者观察到,飞机在低于建议的高度进入了倒飞右尾旋,飞机无法从该高度改出,最终坠地。这位驾机飞行员是一位空军将军,是阿拉斯加空军司令部司令。这位将军飞行员飞行过数十个型号战斗机、轰炸机、加油机和试验机,包括 F-117"夜鹰"战斗机、B-1B"枪骑兵"轰炸机和 X-29 试验机等。他的军事飞行经验达到 4 100 h,另外还有数百小时民机飞行经验。他持有 FAA 的特技飞行豁免证书,曾参加过多次民间特技飞行竞赛。

另外一个案例中,一架北美 T-6G 飞机在高速通场飞越后开始高过载拉升。在爬升的顶点,飞机突然转过头,开始向左轻微转弯,随后变成了急剧左转,进入急速滚转和左尾旋。旋转了三四圈之后,飞机坠地。飞机的驾驶员表示,每旋转一圈,飞机损失 500 ft 的高度。这位飞行员是国际航展理事会的 ACE,也是零高度特技飞行技能考官。事实证明,在如此低的高度,即使完全掌握尾旋改出知识和技术也是无用的,在这样高动态的机动飞行中没有哪位飞行员能够避免因疏忽而发生的分离。

尾旋事故并不是无经验飞行员的特权。尾旋事故中,私人飞行员占了 46.4%,学员飞行员则占了 3.8%,剩余的大约一半尾旋事故则是发生在商业飞行员、试飞员、飞行教员身上,并不是人们认为的新手飞行员。由于这些事故中有很多涉及低空"过冲",因此造成这些事故的主要因素显然是飞行员的判断而不是经验问题。

多年来,维莱特一直坚定地进行"反尾旋训练"。他曾在民用和军事领域接受过尾旋训练,并相信这些训练能使他成为一名更好的飞行员。多年来,他对许多飞行员进行了动力飞行和滑翔机的尾旋训练。资深尾旋训练拥护者们一致认为,尾旋训练可以使飞行员更加了解进入尾旋的原因,从而更有能力熟练地在大迎角下操纵飞机,减少意外进入尾旋的可能,并且更有可能改出尾旋。但是,我们必须清楚,统计数据永远无法记录那些由尾旋认知计划和培训项目所预防的尾旋事故,因此很难就尾旋培训对尾旋预防的确切贡献做出可靠的结论。但毫无疑问的是,无论是在通用航空飞行还是在表演飞行中,尾旋事故统计数据都表明,进行过尾旋培训和未进行培训的情况有所不同。

话虽如此,维莱特还是对许多尾旋事故飞行员的出色表现感到震惊。7 年的统计数据趋势无疑使人们对尾旋训练的作用产生了怀疑。所发生的尾旋事故中,商业飞行员占 35.5%,而航空运输飞行员占 11.7%。这些飞行员中许多人的资历令人印象深刻,一些尾旋事故飞行员是非常有成就的军事飞行员,一些是战斗机学校的飞行教员,一些是特技飞行协会认证的特技飞行员,一些是表演飞行飞行员,一些是低空特技飞行豁免飞行员,有些甚至是特技飞行技能考官。他们中的许多人已经完成了飞行训练课程,擅长异常飞行姿态改出、尾旋改出和特技飞行。实际上,许多人甚至是特技飞行或尾旋教员,甚至有几位是试飞员。即使是经验丰富的里诺(Reno)航空竞速赛飞行员,也有人不幸发生了尾旋事故。

超过 1/4(占 29%)的尾旋事故涉及受过尾旋培训的飞行员。尽管某些尾旋事故涉及飞行员故意进入尾旋,但有 83 名受过尾旋培训的飞行员,未能及时识别和应对意外进入的尾旋而发生事故。因此可以很遗憾地得出结论,接受尾旋培训训练并不一定意味着飞行员可以免受尾旋事故的伤害。

尾旋事故中有 49 起(12.4%)涉及接受过特技飞行训练和认证的飞行员。其中一些尾旋是在练习特技飞行时发生的,但令人担忧的是有 27 名接受过特技飞行训练的飞行员未能及时识别出意外的尾旋并从中改出。这些受害者中有许多人曾参加过名牌特技飞行学校或应急机动动作培训。从理论上讲,他们具有很高的预防和改出初始尾旋能力。但不幸的是数据表明,即使是一名尾旋飞行教员,也不能保证防止致命的尾旋事故,不论是故意进入或无意发生的尾旋。

另一项具有统计意义的统计数据表明,尽管军事部门拥有非常全面的尾旋培训计划,但仍有 23 起尾旋事故(占 6.1%)涉及军用或前军用固定翼飞机飞行员。军事飞机尾旋培训一般辅以数小时的课堂教学,并花费大量时间研究飞机手册中的尾旋部分。军用飞机尾旋培训计划通常针对课程设计,因为在训练课程中最明显的尾旋风险发生在特技飞行过程中,通常在 8 000 ft 或更高的离地高度上。低空无意识进入尾旋是完全不同的事情。

不幸的是这种深入和严格的培训并不一定能直接体现表演飞行飞机和通航飞机及其尾旋场景。几乎 1/5 的尾旋事故(17.5%)涉及飞行教员,因此很明显,任何飞行员,无论经验或接受的尾旋培训如何,都可能成为致命的尾旋事故受害者。底线是一个物理学问题:从受控飞行分离的飞机正在以低于维持飞行所需的最低能量水平飞行。为了恢复能量水平以维持飞行,需要转换势能高度,但不幸的是在低空表演飞行时,高度太低,没有足够的高度用于改出。

涉及尾旋事故的飞机类型与飞行员类别趋势一样具有启发性。一个有名望的独立科学学会发表的一些严格科学研究发现,飞机设计实际对失速或尾旋事故率有直接影响,而尾旋培训对改变尾旋事故率总体影响不大。

在许多行业中,系统安全工程流程一直被认为是预防事故和伤害的最有效方法。将系统安全概念应用到尾旋事故预防中,首先必须降低尾旋风险,第二步改善飞机的设计的抗尾旋安全功能,最后一步是加装尾旋告警设备。统计证据肯定在强调人类的弱点,因为历史已经证明培训和程序并不是预防尾旋事故的最有效方法。

然而,更令人不安的是,特技飞机的 46 次尾旋事故占尾旋总事故的 11.7%,而另一方面,尾旋事故发生率可能与使用的飞机不成比例。这些飞机中的大多数经认证都可从全面发展的六圈尾旋中改出。轻松进入尾旋是大多数特技飞机相当普遍的一个特征,尾旋改出训练通常是特技飞行训练的第一步。几乎所有的特技飞机尾旋事故都涉及接受过一定程度尾旋培训的飞行员。尾旋培训显然教会了飞行员如何从尾旋中改出,但是更重要的是它首先帮助教会飞行员避免意外进入尾旋。尾旋是在过大的迎角下偏航和滚转的结果,那么通过适当的方向舵或副翼协调避免进入尾旋的偏航力矩,无疑是解决非故意尾旋的有效尝试。在特技飞行培训过程中发生的尾旋更现实,能够代表实际表演飞行中发生的无意尾旋。不幸的是,传统的训练场景中的尾旋是有计划的、孤立的事件,并没有真正意外尾旋的训练价值。

结　论

我经常想知道年长的或胆大的飞行员谁更适合表演飞行。这个问题听起来很吸引人。我想其中有些道理,都存在于此类情绪中,但我不会说这是一个不变的领域。我今天知道的一些最好的飞行员已经老了……,但他们非常勇敢! 诀窍是在合适的时间大胆……,并且始终保持聪明[达德利·亨里克斯(Dudley Henriques)]。

第五章　表演飞行员

要求飞机提供其所具备全部能力的是飞行员。要求飞机提供超出其设计能力更多一点的是傻瓜[安农(Anon)]。私人 L-29"海豚"教练机进行低空滚转飞行练习如图 5-1 所示。

图 5-1　私人 L-29"海豚"(Delphin)教练机为 2003 年南非航展进行低空滚转飞行练习[弗兰斯·德利 (Frans Dely)的最后影像]

表演飞行

表演飞行本质上是在一群观众眼前进行飞机机动,可以有特技动作,也可以没有。《韦伯 20 世纪新英语词典》对特技飞行的定义是:①以斤斗、滚转等飞行形式完成的飞行壮举;

②在飞行中作此类壮举的行为。《联邦航空条例》第91部303条(Part 91. 303)给出的法律定义为:"对正常飞行而言不必要的,飞机姿态突然改变的一种有意机动,一种不正常姿态,或不正常加速。"

但是,无论定义如何,每每在航展坠机事故中看到飞行员死亡时,普遍提出的问题是:"飞机制造得非常好,飞行员也训练有素,为什么会发生事故? 事故是如何发生的?",仔细阅读事故调查报告,很难发现有经验不足的飞行员发生表演飞行事故的案例。平均而言,失事飞行员似乎都超过3 000 h的飞行时间,最多的达24 000 h,所有人都是飞行界的"老手",多数情况下,也都是表演飞行界的"老手"。航展领域受到相对良好的监管,在大多数情况下,关于表演飞行员的资格,一般要求飞行员在参加航展表演之前必须具有一定的最小飞行小时数。

这确实告诉我们,就像所有飞行一样,表演飞行并不以经验为重,只注重实践技能和纪律,即使如此,成功与失败之间的界限也非常细微。那么,是飞行员的思想和心理发生了问题? 哪些因素会影响反应时间和决策? 飞行员在距离地面如此近的高度操作飞机机动时,身体和心理上会经历什么? 飞行员的工作负荷和压力水平怎样? 注意力集中有多么重要?

为了回答其中的一些问题,国际战斗机飞行员协会会员达德利·A. 亨里克斯(Dudley A. Henriques)对这些问题进行了总结。"我以内斤斗动作为例。重点是这个机动动作涉及在非常低的高度进行垂直改出,许多执行这些机动的人惨遭致命伤害。我在这里介绍的情况针对我使用过的P - 51'野马'战斗机,但涉及的基本面与这种环境下的任何飞行员和飞机都有关系。各种飞机仅发动机设置和控制力会有所不同。"我介绍一些基本情况。

"退出其他机动动作后,你准备进入航展观展区,你以METO功率设置(46″增压,转速2 700 r/min)排队俯冲。您已经有了表演中心点,现在将注意力集中在观展人群限制线,这条线在前方1 500 ft处,与你左侧的人群平行。在这种情况下,您正在使用跑道中心线作为间隔。这种内斤斗机动的进入速度是350 mi/h。这一点很关键,因为你将要使用'过载'飞行剖面,逐渐拉至4g过载,必须保证空速(IAS)与进入高度完全匹配,才能在斤斗的顶部,做出'通过或不通过'的决策。这个决策点或'能量门'通常也称为决策'提交点',在这一点你必须决定是继续完成斤斗动作的下半圈,还是退出斤斗。"

"你到达拉起点,所有参数都很匹配,你平稳拉升进入机动,过载稳步增加。此时,要'感觉'和'听'飞机。这是你从心理上评估飞机状态的方法,而不是空气动力学、升力、阻力及其他数学计算方法。哦,一切都很好,但是你没有时间去考虑。"

"你对飞机的'感觉'将决定在这个动作的顶部和底部的结局。改出的机会只有一次。出错就意味着死亡! 随着'过载'的建立,你将视线转移到左翼尖,随着飞机进入垂直阶段感受'过载',并随时对其进行'调整'。现在扭矩变化比较大,你可以在方向舵上感受到。随着能量从'过载'飞行剖面中流失,前部巨大的汉密尔顿螺旋桨开始希望将飞机转离垂直线。此时需要施加越来越多的右舵，以将翼尖保持水平。此时你进入机动已经经过了90°。你瞥了一眼高度表和空速表，确认飞行剖面，稍作调整卸掉飞机过载，因为如果你不减小杆拉力，你的视线就会在斤斗顶部目标高度以下，这取决于在斤斗顶部翼尖相对于水平线的角度和高度表指针的变化速度。快速扫一眼侧滑球，确认扭矩已经校正到位。当飞机到达顶部处于倒飞姿态时，你还要做一个重要决策。没有哪本书对其进行过解释。"

"请记住，你必须瞬间进行评估和决策。没错，这个机动将在底部继续完成优美的动作。在恢复过程中，如果经过270°时犯错也无法生存。你瞥一眼高度表，稍微对准倒飞水平，以拉直机翼。你透过风挡看到的地面构想水平线几何构图。你迅速检查了一下空速表（ASI），然后决定！"

"你根据视觉提示和经验拉杆进入垂直下降线。你到达270°垂直位置，你改变主意并开始改出。一旦到达270°，就剩下最短的垂直拉起高度。真正的决策提交点就在这里。你稍微收一点油门，开始改出。在倒飞点和270°这一点，你都必须瞬间决策。在270°位置，视觉画面告诉你必须决策，而且你这样做了。你的死活，取决于这个决策。你对抗剩余高度的唯一资本是径向'过载'（径向加速度）。如果径向'过载'（径向加速度）不够，那么完了，只剩下了眼泪和悲伤！"

"许多飞行员不知道这一点，但是如果要正确飞行斤斗机动，实际上在俯冲改出的最后20°期间要释放一些背压来完成这样的垂直改出，而不是保持背压。如果一切正常的话，在340°，你会'看到'并'感受到'高度与过载的完美匹配，飞机已经有了改出空间，你不会坠地了。在这一点，一位'好飞行员'会完全释放背压，将俯冲恢复为平飞，用螺旋桨叶尖修剪高高的草丛！"

"真正开始担心的时候其实正是你意识到需要持续施加背压才能完成机动动作的那一刻。背压决定着你能否改出、获得最大升力，还是坠地。只有'改出'才能拯救你。告诉你所有这些信息只是为了让你对飞行员在航展上表演可能会发生的事情有所了解。你可以想象，也可能发生机械故障。即使你的身体很好，在这种环境下只要1 s的分心就可能导致死亡。你会说，我要更加努力地刻苦练习，使自己变得更好。但即使这样，仍然会出意外。因为'危险'是表演飞行的一部分，我喜欢！我这样说是公平的，很多次我在这些关键决策点做出了正确决策，所以我幸存下来。但我也看到过很多人没有作出正确决策而丧生。"

"有趣的是，出于对航展安全的考虑，表演飞行通常都选用经验丰富的飞行员。恐惧使大多数飞行员意识到危险，因此只有在拥有经验和信心后，他们才会选择进入表演飞行这个风险领域。航空事故档案库中记满了缺乏经验的军人和民航飞行员的事故记录，这些飞行员都是在做'未经授权'的低空特技飞行时丧生的。那么，是什么吸引了经验丰富的表演飞行员的思想呢？想一下，是糟糕的"提交决策"或行动方针导致飞行员自身死亡吗？"

飞行员心理的诱惑

弗兰克·C.桑德斯(Frank C. Sanders),是一位试飞员,也是具有24年经验的资深航展表演飞行员,他一直对1988年4月24日在美国海军陆战队埃尔托罗航展上发生的F/A-18战斗机事故抱有浓厚兴趣,因为那天他恰巧在电视上观看了事故经过。他等着飞行员从伤病中恢复过来,协助研究了这次事故的生理方面问题,并撰写了一篇研究论文,以扩展对调查事故委员会的"飞行员错误"结论的认知。对于飞行事故调查委员会而言,"飞行员错误"是一个非常熟悉的"轻松解决"说法,没有具体细节,只是"飞行员错误"这样的"陈词滥调"。必须强调的是,没有哪位飞行员愿意在表演飞行中造成事故或者使自己丧生。相反,人体产生的肾上腺素是飞行员奋力保护自己生命的结果。

但是,所有飞行员都有不同的生理构造弱点,因此他们无法一直保持完美的判断力和飞行技巧。考虑到这一点,桑德斯非常明确地坚持以下观点:"如果我们能够理解'情境意识丧失'一词的因果关系和机理,那么我们就应该尽早采取行动,教育表演飞行员来避免这种危险。",我们都知道,最终导致事故的原因通常不止一个,这类似于"多米诺效应"。这篇研究论文的目的是阐明一个复杂的主题,并希望借此提高所有表演飞行员的安全性。

作为背景资料,可以参考一下1989年5月8日《航空周刊》上发表的一篇有关"外围视觉显示(PVD)"人工视界的文章。这篇文章引用了加拿大国防和民用环境医学研究所理查德·马尔科姆(Richard Malcolm)的论点:"在感官中,视觉对人类定向和平衡的贡献约为90%,而内耳仅占10%。视觉定向的大部分(90%)是由周边视觉贡献的。"

这些信息,加上桑德斯所做的有关肾上腺素和周边视觉认知意识丧失的研究,提供了一种新方法,对F/A-18战斗机事故发生时的平视显示器(HUD)录像带和事故发生前,杰里·卡迪克(Jerry Cadick)上校两次练习飞行的录像带进行了对比分析。

当桑德斯得知电视上出现的"方形斛斗"(square loop)动作[见图5-2(a)]并不是计划的或练习过的动作时,当时具体发生了什么问题就变得更加扑朔迷离。实际上,当时需要做的动作是"俯仰速度演示"。在飞行表演中,一个方形伊梅尔曼(Immelman)机动[见图5-2(b)]是从90°下降到270°达到水平位置,准备下一次机动。那么,为什么,或者是怎样使一个这样的机动变成了发生事故的方形斛斗机动?

研究了从空中交通管制塔台高处拍摄的视频,桑德斯认为第一圈机动动作没有出现问题。有些事故是逐渐恶化最终产生的,事故发生前都有明显的恶化过渡迹象。但是,卡迪克上校在发生意外事故之前的两次类似练习飞行中进行的未收起落架伊梅尔曼机动,都很精确且完美地改出。

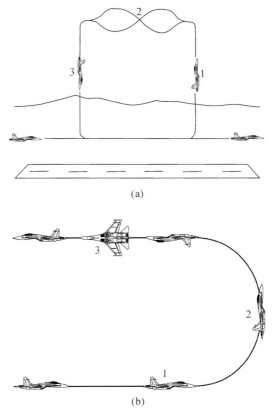

(a)

(b)

图 5-2 带滚转的方形斤斗机动与伊梅尔曼机动

在桑德斯进行这项研究之前,他首先必须确认飞行员在 F/A-18 飞机上进行这种类型的机动飞行是处于平均水平,前后不一致,还是不合格。他在研究论文中提出的结论是自己认为这名军官是一名出色的飞行员,为表演飞行做好了充分准备。还有一个信息,桑德斯曾两次亲自与卡迪克上校一起飞行,也就是卡迪克发生此次事故后的前两次飞行。在桑德斯看来,卡迪克是一位才华横溢的飞行员。因此,在这一点上,可以接受的是,飞机可正常飞行,飞行员是合格的,训练充分而且行为能力良好。失事飞行员在"大黄蜂"上飞行了大约 1 000 h,并在 F/A-18 战斗机上任教了 3 年零 7 个月,自 1982 年 9 月以来每月都有飞行。在这起事故之前,他遭遇了两次飞机失事,一次是驾驶一架 T-33 教练机在俄亥俄州一块玉米地滑翔迫降(deadstick landing),另一次是驾驶一架 TA-4F 飞机在南卡罗莱纳州博福特海军陆战队航空站的滑翔迫降,这两次事故都是机械故障引起的。

像大多数航展表演飞行员一样,这名飞行员也很担心重新定位所花费的时间,并试图减少离开观众视线的时间。三天机动飞行的每次进入速度和高度相对一致,目标速度为 275 kn,三天的飞行情况分别是 290 kn/490 ft,268 kn/520 ft,275 kn/490 ft。但是,与前两天不同的是,在事故发生当天,选择加力燃烧室时,发动机的功率约为 80%。对 F/A-18

战斗机而言,发动机功率大于92%才能启动加力燃烧室。这就可以解释为什么加力燃烧室在飞机拉到垂直位置后才点燃,从而导致在斤斗顶部的指示空速和高度明显降低(三天的情况分别是:111 kn/2800 ft,92 kn/2380 ft,57 kn/2180 ft)。在每次飞行中,加力燃烧室的选择都是在同一点进行的,但是这次在方形伊梅尔曼机动的顶部,空速和高度都明显比前两次低。在弗兰克·桑德斯看来,问题是:"飞行员失误"(或更准确地说是"人为因素")是如何导致卡迪克的机头那么低,几乎机头向下80°。当他意识到这种情况时,剩下的唯一选择是从垂直方向拉起,完成一个类似于斤斗的动作,但这不是计划内的动作,他从来也没有练习过。事故过程思维控制时间历程如图5-3所示。

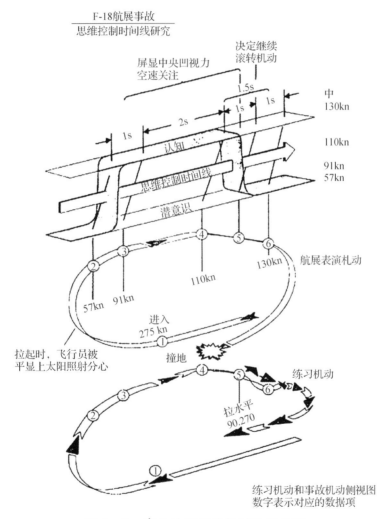

图5-3 事故过程思维控制时间历程

在这一点上,更好地理解问题的第一步是知道大脑如何工作以及表演飞行员如何做出决定。大脑非常复杂，但是读者的注意力集中在大脑的"意识"和"潜意识"就行了。科学家认为思想、感受和感觉都是意识的组成部分，意识的"主要监护人"位于被称为网状结构的神经细胞簇中。网状结构本质上是大脑的"主要看门人"。

每1 s有1亿条消息轰炸大脑，传递来自身体感官的输入。但只有几百个被允许进入脑干上方的大脑区域。在这些感觉中，意识思维很少注意静止的，注意力一次只能集中在一种感觉上。现在，我们执行任何复杂任务（打字、骑自行车、飞行等）的原因是，重复可以使大脑潜意识地承担该任务的控制；第一次执行的任务必须全部在意识（认知）水平上完成。只要保持熟练，潜意识的大脑就可以轻松地完成多项任务。肾上腺素对大脑的这种功能几乎没有影响。限制因素是大脑的认知部分。在我们的意识中，我们一次只能专注于一个问题，如果一次要解决多个问题，则必须共享时间。记住共享时间！认知大脑只能在两个或三个事件上共享时间，取决于事件的复杂性和肾上腺素。是的，肾上腺素会影响大脑的认知功能。减少时间分享的一种非常戏剧性方法是阻挡我们的周界视力，只以中央凹视力来感知。

中央凹视力是我们阅读时聚焦视力的3°视锥范围。指出这一点是因为外围视觉和中央凹视觉在卡迪克上校的不幸事故中有特别紧密关系。可能存在一种独特的情况，即意识神经依靠网状激活系统感知到潜意识心理一直在观察的至少一些感觉输入。在突发的紧急事件或令人震惊的事件中，有意识的大脑甚至可能感知到事件以慢动作发生，从而在事后以惊人的清晰度记住事件过程。这可能是有意识的头脑向潜意识寻求信息，或在不抑制潜意识的情况下监视其功能。

发生了什么？熟练的表演飞行员会专注于哪些认知项目？在计划的表演程序起飞前进行一次心理排练，已知的调整就会减少对飞行程序的认知时间。大量分享时间的事情是对云、风、人群和能量管理（空速和高度）的调整。按照练习过的潜意识就可以完成飞机（操纵杆和方向舵）的飞行。能量管理是对预计空速和高度状况的交叉检查，飞机的总能量是势能（高度）和动能（空速）的总和。如果总能量开始下降，飞行员必须增加功率或减小阻力，来完成表演飞行。

引起认知注意的原因是，尽管保持总能量恒定，但能量比例可能会发生变化，并且存在危险。在机动动作顶部速度太快或高度太低，改出半径太大，那么飞机必然坠地。这个能量比随着密度高度而变化，需要始终认知注意。桑德斯说："戴夫·巴恩斯（诺斯罗普 F-20 战斗机事故飞行员）曾描述对死亡的恐惧，据他说，在他面前的玻璃平显（HUD）有 18 in 那么大，但却看不到自己驾驶的喷气飞机以 500 kn 速度飞往哪个方向。"戴夫认为，存在一个缺陷，即无法环顾四周或通过平显获取更多信息。巧合的是，1985 年 5 月 14 日在加拿大古斯贝，戴夫·巴恩斯驾驶诺斯罗普 F-20"虎鲨"战斗机进行表演练习时失事丧生。桑德斯的推理认为，F-20 战斗机的滚转速度极高，可用过载也很大，二者的组合可能会使飞行员特别容易迷失方向或发生 GLOC(过载昏迷:过载引起的意识丧失,不要与普通的过载引起的黑视混淆)。三次飞行对应点的各项参数见表 5-1。

表 5-1　三日飞行对应点的各项参数

点	事件	4 月 21 日练习	4 月 22 日练习	4 月 24 日事故
1	拉起时的空速/高度	290 kn/490 ft	268 kn/520 ft	275 kn/490 ft
2	最低指示空速/最大迎角	111 kn/42°	92 kn/44°	57 kn/48°
3	水平倒飞空速	122 kn	97 kn	91 kn
	空速误差	11 kn	5 kn	34 kn
	顶部时的高度	2 800 ft	2 380 ft	2 180 ft
	水平显示	−3°	−7°	−7°
	高度损失	20 ft	30 ft	30 ft
	加速度(负过载)	10 kn/s²	10 kn/s²	10 kn/s²
4	空速	130 kn	120 kn	100 kn
	俯仰速度	5°/s	7°/s	7°/sc
	加速度(零过载)	20 kn/s²	20 kn/s²	20 kn/s²
	至滚转的时间	1.0 s	1.0 s	无滚转
	至拉起的时间	0	0	1.5 s
5	滚转时的速度	150 kn	150 kn	155 kn
6	俯仰角	—	—	−17°
	俯仰角(+1 s)	—	—	−35°
	转弯角	−35°	−40°	—

对于从未使用过平显的人而言,平显本质上就是透明的玻璃显示屏,飞行员可以通过它聚焦在无穷远处,屏幕上可以显示空速、高度、导航和武器状态等各种基本飞行信息。平显显示这些基本飞行参数,为飞行员驾驶飞机提供参考。但是,在太阳接近垂直位置的正午、清晨或傍晚时间段,太阳光反射可能会导致平显显示的图案信息"被冲洗掉",从而使飞行员无法看到平显上显示的符号。

但是这次事故的平显视频却为分析事故提供了一个令人惊奇的视角,让调查人员可以了解在事故发生的那一天,飞行员卡迪克能从平显上看到的信息,却没有看到太阳何时"洗掉"了这些信息。太阳眩光尤其使人分心,特别是早期的平显技术不成熟时期,飞行员唯一的选择就是继续进行,因为知道这种现象是短暂的,通常只持续几秒,等到相对与太阳的角度发生变化就可恢复正常。通过对平显视频逐帧分析，获取了两个练习日和表演飞行日的关键性能参数的比较，如图 5-3 所示。为了清楚起见，在表 5-1 中列出了这些参数。事故发生当天，在伊梅尔曼机动顶部的高度较低（比前两天练习低了 200 ft），如果你不准备在垂直位置拉起的话，这都不是主要问题，但是如果你滚转，则空速会大大降低，这才是问题所在。毕竟，飞机需要足够的空速才能完成滚转，而不损失过多的高度，也不会失去对俯仰姿态的控制。表 5-1 中的数据显示出卡迪克是一位非常优秀的飞行员。在三次飞行中，第 3 点倒飞的高度和第 4 点滚转的高度，变化都非常小，不超过 30 ft。在三次飞行中，倒飞姿态的持续时间都在 0.5 s 以内，而倒飞结束时的空速差均在 30 kn 以内。"作为一名航展表演飞行员，我相信这些数据表明卡迪克进行了充分的练习，而且能很舒服地完成机动动作。那么为什么在事故发生的那一天，倒飞结束时没有滚转呢？"，桑德斯有些疑惑。在解答这个疑惑之前，我们应谨慎注意计算机飞行控制系统会使飞行员更加关注指示空速，因为没有触觉和驾驶杆反馈来感受空速的增加，也没有途径感受飞机能量状态的变化。在事故发生当天，由于飞机指向太阳，平显上的显示符号被"冲洗掉"，当最终能在平显上看到空速时，初始读数 65 kn 已经降低为 57 kn，而且处于水平线之上 10°，在倒飞的顶部，迎角已经达到了 48°。

经过仔细比较看出，此时飞机的实际空速比前两天练习飞行时低了 10 kn，而且机头倒转向下。出于事故分析的目的，这 57 kn 指示空速提供了一个很好的线索，可以了解飞行员当时的注意力集中在哪里。桑德斯花了几天的时间才意识到 57 kn 是个错误，因为飞机随后在 1 s 内加速至 91 kn，飞机仍以 48°迎角爬升。这当然不可能！因为接下来两秒的加速度仅为 10 kn/s²。出了什么问题？为什么显示的空速是错误的？因为迎角大于 33.1°时皮托管的压力不准确，惯性导航系统会校正空速。也就是说，空速显示有时是不准确的，尤其在高动态飞行条件下。所以说，当时显示的空速是 57 kn，实际空速可能接近 110 kn——误差超过了 50 多节！当显示空速为 91 kn 时，飞行员忙着（时间共享意识）使机头尽快恢复水平，所以决定继续增加空速。但后来检查空速时发现，当时的实际空速只比前两天练习过程中的空速慢了 10 kn。这种混乱导致注意力更加分散，飞行员花费更多的时间关注平显空速指示器。

参数恢复正常以后，认知大脑潜意识地继续执行练习过的机动动作。这就是当时发生错误的地方！错误的根源在于人脑的功能。由于信息会更多地过滤到认知思维中（请记住前面说的网状结构看门人），并且由于时间共享造成延迟，因此，与经过练习的潜意识相比，有意识的思维运行时间略有滞后。练习过的潜意识可以处理更多的输入信息，运行更快。自然，这是一个非常复杂的问题，但是，桑德斯只做了一条简单的时间线，并将其应用于平显视频数据以说明两者之间的关系。请注意，"思维控制时间轴"代表了桑德斯对潜意识和有意识思维之间的大脑焦点转移的分析。

桑德斯认为,卡迪克对平显显示的 57 kn 空速感到震惊,直到他对自己恢复了飞行速度感到满意之前,他一直在认知上打断这一动作。考虑到飞行员当时的可用信息,这是一种合理而正确的技术。但是,由于有意识和潜意识之间的时间差很小,当控制权再次传递到下线时,练习过的潜意识在时间上领先了一步——刚好滚转之后,然后向水平方向拉 90°。所以,出现了约 80° 的机头下俯,而不是练习时的水平姿态。感觉到的空速错误是对练习的潜意识技能程序的无意中断。请注意,这是三天飞行中唯一一次,指示空速差异如此之大。这个时间关联错误与平显有关。

用于定向或保持大脑两个级次相互配合的周围视觉不再起作用。此时发挥作用的是中央凹视力。我们大脑中支持潜意识飞行的周围视觉被中央凹视觉起作用的认知思维所取代。请记住,我们 90% 的方向感来自外围视觉。是什么让这位经验丰富的 F/A-18 飞行员锁定这一视觉感知?戴夫·巴恩斯的平显,具有精美的数字空速和高度显示,需要中央凹视觉才能读取。我们称其为隧道视力,中央凹视力的目标固定及认知心理锁定信息,结果是相同的——飞行员未获得所需要的周围视觉信息。这有助于了解遗漏的错误。当有了适当的信息时,行为的关键步骤被忽略了,就发生了"飞行员错误"。最能证明这是一个遗漏错误的关键点是图 5-3 中的第 4 点,这个滚转不是表演程序的计划动作。

在这三天中,倒飞时控制杆上向前的压力释放,变为正"过载",机头会降到水平线以下 10° 并暂停,以准备滚转。就像某些人想象的那样,如果在事故发生当天的预期动作是'方形斤斗',那么倒转飞行将直接朝方形的一个角下降。桑德斯花了几天的时间对平显视频进行逐帧分析,才能看明白这一点,他坚信,这次的分析结果证明了他的推理(如前所述)是正确的,解释了为什么这位飞行员拉垂直而不是拉水平。

事实就是这样。桑德斯在电视上看到的是"方形斤斗"动作,大多数其他飞行员也是这么看的。一位目击事故的经验丰富的表演飞行员给出了以下意见:"飞行员的动作比编排的动作顺序落后了,看起来像是一个'方形斤斗'机动。从录像上看,他几乎成功拉起来了,因为坠地的速度非常低,但是机尾拖累了他,最后机头才坠地。"

但是,请记住现在在垂直方向的 90°~270° 转弯是错误的。在水平方向进行练习时,下拉操作并不紧迫,并且下拉速度应适当地放松,向左滚转反转到 270° 转弯。在这一点上,认知大脑再次用外围视觉看向平显外部,并惊恐地发现飞机正在接近垂直向下。在此刻,飞行员开始硬拉杆以最大程度地减少坠地可能,因此在改出过程中犹豫不决,使观众看到了"方形斤斗"动作。

这次事故的独特之处在于可以获得三天的平显视频信息,分析和比较人类的行为表现。如果没有这些信息,就不可能这么深入地了解这次事故。为表演飞行员提供的信息是:在压力很大的情况下,不要丢失外围视觉。失去外围视觉不仅会深度失去空间定向、距离和运动速度感觉,外围视觉还能保持大脑及时检索要执行的复杂任务。好消息是,认知意识有权命令观察外围视觉。坏消息是,它需要中央视野才能感知数字信息。因此,表演飞行员必须确保自己的外围视觉,包括对空速、高度和姿态的扫描。

因此,总而言之,在机动动作开始时发动机转速较低是问题的开始。"多米诺效应"导致在机动动作顶部的空速读数比练习时低。事故发生后,飞行员出现逆行性健忘症,但后来可以回忆起事故的片段。卡迪克上校记得由于加力燃烧室点火晚了,在动作顶部空速低于预期,但是 57 kn 的速度比预期慢得太多,随后发生了整个事故链问题:

(1)对空速的认知决策导致意外中断练习过的动作程序。

(2)由于无法达到的加速速度(1 s 内达到 57~91 kn)而造成混乱,需要认知时间来解决空速问题。

(3)专注于数字空速指示的中央凹视觉需要认知注意力,直到对空速感到满意为止,准备滚转时,释放驾驶杆形成负"过载"。

(4)由于中央凹视力,当认知思维将控制权转交给练习的潜意识时准备滚转时,时间不同步。

(5)练习过的潜意识在顺序上比认知思维领先一步。因此,在刚好超出滚转时,将 90°~270°转弯的拉杆错误地定向为垂直方向。

(6)随着周围视觉恢复,认知思维领会了这种情况,指令开始硬拉杆,力图将影响降到最低。

因为中断了潜意识程序,所以在机动动作关键部分出现了错误,实际并不是不知情的观察者所看到的"方形斤斗"机动动作。

这次航展事故是一个典型的案例,说明大脑过滤掉周围视觉的某些原因,以及周围事物对于维持态势感知的致命性。如果这种事情再次发生在有经验、有能力和有实践经验的飞行员身上,下一步该怎么做? 没有人能改变上帝设计好的人的行为方式。因此,桑德斯的建议是:"我们应该行动起来,就平显界面的局限性对我们的飞行员进行培训。平显确实很好,但是并不能始终保证对态势的正确感知。此外,他认为,鉴于这次事故,应当对安装在遮阳板上的瞄准器和其他空间科学系统的未来设计的人机工程学问题进行重新审视。更好地了解飞行员需要,才能做出好的设计。"

可以说桑德斯关于本次航展事故的调查工作,尤其是与平显有关的分析,推动了平显技术的巨大进步,全息广角平视显示器已经应用在第四代战斗机上。

这个事故案例只是典型地说明飞行员为什么被诱使做出不良决策的众多案例之一。一旦做出决定,这些决定都是不可逆的——如果这个决定是错误的,飞行员当然是事故的受害者,除非有弹射座椅,但是即使有,也不能保证 100%生存。根本在于,在表演飞行这样的高度动态环境,以及与飞机机动相关的高能量水平下,误差容限为零。

表演飞行员面临的挑战

人不是机器,人是有情感和自我表现欲望的,这其中包括相当大的侵略性——这就是人们喜欢聚集在一起的方式——这一点不能被搁置或忽视。但是没有恐惧的侵略性和自我表现是危险的组合,不了解个人能力和飞机极限的侵略性则是彻头彻尾危险的。

是什么让经验丰富的表演飞行员在机头已经开始下坠的状态下决定继续进行一系列低空副翼滚转呢?是什么使飞行员持续斗斗机动,在最高点"超出参数范围",进入低空速或低高度状态的呢?是什么让飞行员突然决定将机动动作的空速增加到比平时练习的多20 kn?又是什么使飞行员在通场飞行过程中将高度和速度"压低"到极限?好吧,大多数飞行员都知道选择全油门,体验加速,然后再尝试尽可能降低速度的感觉——给观众留下深刻的自由和力量的感觉——但是,要明白,这种情绪表达也是进入灾难的大门。知道上述问题的答案,有助于可以更好地理解低空表演飞行的危害,并大大减少航展事故。

具有讽刺意味而且不幸的是,经验常常会使飞行员忽视了对许多未知因素的理解,在某些情况下滋生了信心,甚至过分自信。更不幸的是,表演飞行员的操纵技巧、响应和反应时间,永远无法完美地保证"零差错"。这样一来,竞争通常也会给人类带来最糟糕的情况,即不惜一切代价取胜,加上航展观众希望从航展上获得更大娱乐价值,这些都成为航展事故的诱发因素,所以必须进行合理引导。

1952 年,约翰·德里在范堡罗航展上发生的致命事故视频中,埃里克·温克尔·布朗(Eric Winkle Brown)上尉(世界著名的英国试飞员)表达了一种怀疑观点:"约翰·德里绝不是不负责任的飞行员,但我知道那种感觉……当您参加航展时,您面临与其他飞行员竞争的压力。表演飞行员都是飞行领域的顶尖高手,他们都想以自己的最好能力展示自己公司的产品,而约翰可能只是推杆多了一点点……,这一点点就是成功与灾难之间的差别。"在 50 多年前就问过一个问题:"我们是否学到了任何经验教训?在某些情况下或许学到了一些,但更多情况下并没有!"

那么,问题到底有多么严重呢?确定问题很简单,但是解决问题的方法却复杂得多。实际上,由于人类在动态机动压力下的判断和预期失误,能否完全解决这一问题是令人怀疑的——最好的解决方法是只有绝对的知识、纪律和实践演练才能减少事故的发生。自人类首次飞行以来,人们就已经认识到,对于机动飞机而言,低空飞行表演舞台是最苛刻和令人生畏的工作环境之一。

多年来,飞机空气动力学设计的改进,极大增加了飞机重量,提高了飞机性能、功率和敏捷性,人们对事故原因的关注有所改变。随着飞机性能和敏捷性的提高,飞行员设计了各种表演动作,更加注重演示飞机的这种动力学性能。但是,高惯性矩、高动量以及超过

1 200 ft/s 的接近速度,都严重影响着飞行员的反应和响应时间。飞行中的容错能力已经非常小,容许人为错误的范围也变得很小,因此,在大多数情况下,出现判断失误的可能性增加了。现代高性能战斗机具有很高的推重比和非常好的滚转性能,在某些情况下滚转速度甚至超过 360°/s。因此,飞行员在现代战斗机上展示滚转动作所需的操作技能比老式早期"战鸟"要少,那些老式飞机的最大滚转速度最大只能达到 120°/s。简单地说,与现代高性能战斗机相比,对于较早的飞机而言,低空滚转机动在操纵和协调方面需要更高的技能。除此之外,现代飞机的滚转轨迹更接近飞机的惯性轴,这使得表演多副翼滚转更为容易。而对于早期老式飞机,空气动力学轴线和惯性轴线并不一定完全对准,并且直线滚转始终很近似于绕紧的桶形滚转或盘绕滚转轨迹。

在讨论老式飞机滚转时,不可忘记的一个因素是老式飞机设计中固有的问题,即不利的副翼偏航和发动机扭矩,二者会显著降低滚转性能。霍克"海怒"战斗机发动机 2 400 Ps 的功率是屈指可数的,即使对于经验丰富的飞行员而言,也是目前同类机型发动机功率最大的——低速时发动机功率大可能使您难受,因为低速时方向舵的权限不足以防止发动机扭矩造成的滚转。这种高性能活塞式飞机的飞行员所需要的驾驶技能只能通过很多小时的练习飞行获得,而且必须在具体型号上练习,而不能在类似型号上练习,除非功率、重量比和扭矩值完全相同。

当然,老式飞机飞行所面临的一个问题是所有者有足够的资金来购买这种飞机,但他们更多的是业余爱好,而不是专业的职业飞行员。这些飞机所有者不一定具有足够的经验,或受过充分训练,在动态低空表演飞行(通常是低速飞行)中,他们处理相关的滚转和偏航力矩的能力相对不足。任何判断错误都会被放大,从而进一步降低了在这种环境出错的裕度。

2001 年 7 月 9 日,航展表演飞行员凯里·摩尔(Carey Moore)身亡,当时他的"海怒"战斗机在加拿大的萨尼亚国际航展上表演时坠毁。这次事故表明一名飞行员无论具备什么样的经验,都可能发生事故。目击者报告说,就在飞机急转弯时,突然俯冲并撞到地面。据报道,飞机在低速通场后爬升阶段进入了初始尾旋。这种危害有很多例子,由于飞行员技术不佳或判断错误而导致机头下垂过多。航展上老式飞机发生事故的例子有很多。例如,1980 年在英国比金山航展上的 A-20"浩劫"(Havoc)攻击机事故,1995 年在柏林航展发生的 Bf-108"台风"(Taifun)飞机事故;1996 年在英国达克斯福德发生的 P-38 飞机事故和 1996 年美国发生的 AT-6 飞机事故。在所有这些事故的目击者报告中,都将最后的 180°滚转作为"独家新闻"来描述。

上述几个例子简单说明了低空表演飞行的危险性。显然,要提高不容错环境中的安全裕度,飞行员生存的唯一方法是通过不断的实践来克服判断和期望方面的缺陷,因为这些缺陷使人成为表演飞行安全链中最薄弱的环节。

即使是最先进的战斗机,要想安全地进行表演飞行也面临巨大挑战,例如瑞典的Gripen战斗机,欧洲"台风"战斗机和F-22等最新的第四代战斗机,飞行员在驾驶这些飞机进行表演飞行时面临的最大问题,是如何管理超高的"推重比",在大多数情况下,这些飞机的推重比都达到甚至超过了1:1。相对较慢的人类响应和反应时间,再加上相对较低的人类生理耐受性,根本无法充分发挥这些飞机的潜在性能。现在,飞行员的工作负荷非常大,他们不仅要关注表演程序,还要关注飞机"惊人的"能量水平和所有三个轴上的加速度。

例如,在2000年范堡罗航展上,欧洲"台风"战斗机滑跑仅750 m就腾空起飞,以30 kn/s的速度加速,如此高的推重比,使飞机从起飞阶段直接进入斤斗动作,战斗机仍在加速过程中就已经进入斤斗的垂直阶段。飞机从起飞后的斤斗以115 kn空速进入缓慢但收紧的360°转弯,然后以180 kn空速退出直接进入下一个加速斤斗机动。根据BAE系统公司试验和演示试飞员基思·哈特利(Keith Hartley)的说法:"主要挑战是在控制飞行速度的同时要保持在表演'框'中。"飞机以60%的燃油载重(而不是最小的表演燃油载重)飞行。航空史上,尤其是表演飞行史上,飞行员从未有过如此过多的"过剩功率"供飞行员奢侈享受。

"欧洲'台风'战斗机的例行表演程序很容易飞行,其飞行控制系统提供了无忧虑操纵功能,不会让飞行员在不同的迎角下使飞机失速或拉出太大'过载'。但这使得速度管理相较于保持在表演区域内更为重要。例如,即使在360°陡峭拉7 g过载,飞机仍能以全后拉杆加速。"哈特利说。欧洲战斗机的航展表演程序将演示的重点放在其加速能力上,特别是垂直加速能力和在有限空间内机动时的加速能力。飞机性能的巨大提升是必要的,这改变了能量管理概念。

但是,高性能和高敏捷性不仅是现代战斗机的特征,而且也是现代运动飞机的设计特征。Edge-540飞机利用计算机优化的钢管机身,并具有许多独特的功能,从而使机身更坚固,更轻,可承受超过15 g过载。由327 Ps发动机驱动的Edge-540飞机的特技飞行最大总重为1 550 lb,在目前所有竞争的特技飞机中推重比最高,它的最大滚转速度接近420°/s。

但是,对于高机动性高性能喷气飞机,最关键的危害不在滚转机动,而是在垂直机动。在垂直机动的顶部总能量太低,或在接近垂直机动的底部总能量太高,如果继续进行机动动作而不将能量转换为逃生机动动作,则可能坠地。

表演飞行员面临的最新挑战,也是对表演飞行危害最大的现象称为"G-LOC"(过载昏迷),即过载引起的意识丧失,这是通过现代设计增加空气动力学敏捷性导致的直接后果。早期战斗机飞行员和表演飞行员可能都经历过"灰视""红视"、甚至"黑视"现象。而这种G-LOC现象在飞行生理学中相对较新,与高过载引起的"黑视"机理相反,其起因是"过载g的形成与发展速度",而不是最大过载,严重威胁了高敏捷飞机的表演飞行。

现代战斗机的设计都是静不稳定的，飞机本质上不稳定，其稳定性和控制力通过飞行员的电传操纵信号借助计算机来实现。稳定性系统是"人工智能的"，而电传操纵系统则意味着控制杆和控制面之间没有直接的机械连接。机载计算机与来自操纵杆的电子信号进行交互，从而实现自动配平、更平顺的机动、更高的敏捷性等。由于飞机本质上是不稳定的，因此飞机要能在空中飞行，必须依赖于计算机。现代战斗机的敏捷性仍然是关键的生存标准，飞机设计工程师一直在努力使这种能力最大化。因此，与常规控制的飞机相比，最新一代飞机的敏捷性大大提高了，但问题是人体生理状况未能同步改善，所以很难适应现代飞行控制系统的设计进步并与之保持同步。

丧失意识的原因是正的"过载"力妨碍了心脏将含氧的血液向上泵入大脑的能力，血液开始积聚在下肢，而头部的血液循环减少，当头部的血液循环减少到一定程度时，向大脑的供氧不足，会出现意识丧失。

早期的老式飞机无法产生很大的过载，通过飞行控制系统限制飞行员对飞机施加过大压力，将其进入机动的速度限制在相对较低的水平。飞行员失去知觉之前会有视觉警告，周围视野变暗或丧失，也称为"隧道视野"或"灰视"。如果飞行员忽略了即将出现"黑视"视觉症状，并继续拉高"过载"，就会丧失意识。因此，飞行员掌握了飞到他们视线开始变暗的状态，在失去意识之前卸掉飞机过载。

然而，如今飞机达到大过载的过程太快，飞行员不经过"灰视"阶段就直接失去了意识。首先，因为突然停止向飞行员的大脑供氧，飞行员在没有任何警告的情况下就从有意识状态转移到无意识状态。其次，由于过载增加速度很快，心血管系统适应迅速增加的过载力的时间太短。最后，目前飞机的机动过载高达 9 g 以上，远远超过了飞行员的承受力。

过载卸掉之后，大脑的供血和供氧得到恢复，意识也逐渐恢复。但是，这不是立即恢复的。在过载卸掉 2 s 后，飞行员才能恢复意识。但人体的控制力也不会立即恢复。在一段时间内飞行员丧失能力，虽然有意识，但无法采取有效的行动。只有在这段时间过去之后，飞行员才能开始意识到情况并恢复对飞机的控制。在表演飞行期间，高度低，高速飞行的几何形状有限，几乎没有可用的恢复时间来防止灾难发生。

G-LOC 被怀疑是几起航展事故的主要原因，特别是 1999 年在比利时布拉迪斯拉发发生的 BAE Hawk 200 坠机事故，1984 年在韩国和 1985 年在加拿大纽芬兰发生的两次诺斯罗普 F-20"虎鲨"战斗机事故。1985 年 5 月 14 日，诺斯罗普公司的 F-20A 战斗机原型机在纽芬兰拉布拉多的古斯贝机场进行了表演飞行演练，为即将到来的巴黎航展做表演飞行准备。在做最后一个机动动作时，飞机偏离了计划的飞行剖面，进入了较浅的机翼水平（shallow wings-level）下降，直至坠地。飞行员大卫·巴恩斯丧生。加拿大航空安全委员会确定，诺斯罗普飞行员在最终的大过载上拉动作期间或之后丧失了行为能力，导致飞机撞击地面。

另一起可能的 G–LOC 事故案例，是 2000 年 2 月 11 日媒体报道的 1999 年 10 月"蓝天使"飞行表演队坠机事故。据《彭萨科拉新闻》特约撰稿人斯科特·肖瑙尔（Scott Schonauer）的报道，关于事故起因有很多猜测。"先前的肋骨损伤可能暂时损害了海军'蓝天使'飞行表演队飞行员的身体机能，导致坠机事故，导致他和另一名飞行员死亡。海军航空培训负责人在一份报告中写道，调查确定了造成事故的三种可能原因，但肋骨受伤是'最可能的情况'。基隆·奥康纳（Kieron O'Connor）上尉受伤可能使他很难绷紧腹部肌肉，无法避免在高'过载'转弯时出现'黑视'，未能保持大脑的供血"。为了支持"受伤"理论，迈克·布基（Mike Bucchi）少校拒绝了调查人员关于飞行员奥康纳在左转弯时飞机受到鸟的撞击，而导致注意力分散的说法。布基也不同意第三种说法，即：奥康纳暂时分散了注意力，在无意中使飞机失去了高度。飞机也没有发生机械故障的迹象。

事故调查报告称，奥康纳在事故发生 6 天前的一次中队室内游戏中肋骨受伤，当时整个人从椅子上跌落到地面，期间不小心撞到了科林的膝盖。海军拒绝解释为什么飞行员要玩游戏，调查报告也没有提供任何细节。"蓝天使"飞行表演队公共事务官员约翰·奥特利（John Ottery）说："该报告不言自明"，并将所有问题转交给了海军航空训练局局长。没有因为此次事故对任何人进行行政或其他处罚。

受伤后不久，奥康纳告知飞行外科医生他痛苦不堪。尽管 X 射线未发现肋骨骨折，但在医生压迫受伤部位时，奥康纳受伤的地方明显收缩，有压疼感。几位航展飞行员不同意报告中的观点。他们很难接受，奥康纳这样能力的飞行员会发生拉过载那么大，导致自己昏迷的情况。他知道自己的感受，也很清楚在径向大过载时会发生什么？对于他来说，仅是将飞机俯仰到一个大过载的转弯，就已经完全不合常理了，他完全知道可能会有什么后果。

事故调查报告指出，由于奥康纳当时的飞行高度只有 400 ft，即使失去感觉几秒钟也可能导致坠毁。飞行前，奥康纳曾告诉指挥官和同事，他已经从一周前的肋骨受伤中完全康复。坠机当天，奥康纳显然违反了海军规定，因为他没有咨询医务人员，服用了非处方止痛药布洛芬。"很多药物被认为是无害的，我会将阿司匹林和莫特林归为此类药物。"彭萨科拉海军作战医学研究所的学者主任范纳西·安扎洛上尉说。"我关心的是他们服用药物的原因。飞行员偶尔会不遵守规定，擅自用药物治疗，例如用布洛芬治疗头痛或轻微的肌肉疼痛，但前提是他们确定这些药物不会影响身体机能。"安扎洛上尉说。

"更大的问题是，如果他在那方面有问题，他应该挺身而出，承认自己不应该那么做，"退休的海军上尉兼尾钩协会（尾钩协会是隶属于海军的一个海军飞行员团体）主席朗尼·麦格伦（Lonny McClung）说。失事当天奥康纳为在瓦尔多斯塔附近的穆迪空军基地举办的航展做准备训练，带病飞行的第二次飞行中发生了事故，他在第一次飞行中做大过载特技没有问题。但是，如果止疼药在第二次飞行中效果减弱，则身体疼痛可能会影响到飞机操作。因为当时使用的操作技术需要深呼吸，并收紧下半身的所有肌肉。

同事们告诉事故调查人员，奥康纳是一名保守的飞行员，并表示，对于一名 35 岁的飞行员而言，受伤后再继续飞行确实有风险，不尽合理。

布赖恩·图恩（Brian Toon）在他的报告中提出了"黑视"理论，但他更认为奥康纳有可能是在避免撞鸟。"虽然没有证据表明有鸟儿撞上舱盖，但大鸟有可能近距离通过。"，图恩认为。"这是最有可能发生的情况。"包括其他飞行员和地勤人员在内的大多数目击者都报告看到该地区有大型鸟类，但没有人看见有鸟撞到了奥康纳的飞机。所以鸟撞说法没有足够的证据支持。托尼·布基指出："虽然可用的信息并不能最终确定事故的单一原因，但'黑视'是最有可能发生的情况。"

军事飞行经验得出结论，抗荷服可以提供约 1 g 的额外保护，正确穿戴可以提供约 2 g 的保护。有经验的飞行员在开始失去视力之前可以忍受约 7.5 g "过载"。可能影响飞行员"过载"承受能力的因素包括生理反应、身体适应性、脱水（对"过载"的耐受性降低）、营养（进餐不足会降低"过载"耐受性），进入"过载"的速度（如果很少进入"过载"，则"过载"耐受性迅速降低）的个体差异，而且大多数疾病会降低"过载"耐受性。

因此，对表演飞行员的身体机能的要求极大增加，因为飞机性能和飞机敏捷性的提高对飞行员身体机能的要求更高，以应对大"过载"、高速进入"过载"，极易使人昏迷的大滚转速度和三个轴上的高加速度。面对如此高性能的飞机，飞行员的预期、反应和响应时间更加重要，这无疑增加了表演飞行员所面临的危险。

表演飞行员的型号飞行经验和持续性培训

除了必须高度关注低空飞行对飞行员的危害外，还要重点关注飞行员的技能水平、经验和持续培训等问题。对航展事故报告的分析表明，航展事故很大一部分是具有很多飞行时间的飞行员发生的，这里所说的是总飞行小时数和飞行年限，并不是在具体型号上的飞行时间。可悲的是，在许多情况下，这些飞行员都是航展界的资深飞行表演人士，他们具有多年的飞行练习和表演飞行经历。2001 年 7 月，航展表演飞行员凯里·摩尔（Carey Moore）在加拿大萨尼亚举行的萨尼亚国际航空展上表演时，驾驶的"霍克海怒"飞机坠机，自己丧生。据报道，他在缓慢的低空通场后爬升转弯时进入初期尾旋。根据运输安全委员会的说法，飞机从大约 500 ft 高度低空俯冲下来，姿态角度非常陡，飞机几乎是垂直坠地的。资深飞行员比尔·兰德尔（Bill Randall）说，上个月在汉密尔顿航展上，摩尔的表现非常出色。

飞机坠地造成一个深超过 1 m，宽 2 m 的大坑，调查人员得出的结论是飞机撞击地面时的速度至少为 240 km / h。目击者称，飞机在农场上空倾斜，像折叠的手风琴一样坠落在地面上。萨尼亚的劳埃德·布朗丁(Lloyd Blondin)说,转弯时飞机的左机翼很高,看起来就像要翻过来。"我最后一眼看到的是飞机坠入树林之前的蓝色机腹。"除残骸外,坠机事故的唯一其他证据是一条通向农舍的高压输水管道。很明显,飞机坠地时撞击力非常大,飞机的大多数部位已经无法辨认,只有尾舵仍然完好无损,还有一片螺旋桨叶片比较完整。

失事飞行员具有 T-28 飞机长时间飞行经验,以及其他型号飞机的大量飞行小时积累,但只有 20 h"海怒"飞机飞行经验。提出的问题是:"20 h 型号飞行经历是否足以具备在低空公共场合进行表演飞行的资格?"根据 AAIB 事故调查报告,2001 年在比金山发生的"眼镜王蛇"飞机坠机事故的飞行员自 1998 年以来至少有 10 次驾驶飞机进行过表演飞行,并且众所周知他喜欢驾驶飞机。作为一位航线客机飞行执照持有人,这位 43 岁的飞行员总共飞行了 7 730 h,但只有 13 h 是在失事型号飞机飞行的。在过去 90 d 内,他飞行了143 h,过去 28 d 内,飞行了 56 h,并且持有当前的 C 类飞机表演飞行授权(DA)。据报道,1993 年 5 月在埃尔托罗海军陆战队航空站坠毁的 F-86"佩刀"战斗机飞行员具有该型号的飞行时间为 47 h。只是我们不清楚这 47 h 占这位飞行员特技飞行小时数的百分比。

2001 年比金山航展上,德哈维兰"毒液"飞机进行机腹迫降发生的事故,69 岁的飞行员拥有总计 5 574 h 飞行经验,在失事型号上的总飞行时间达到 242 h,但是在失事型号上的飞行时间在最近 90 d 只有 10 h,最近 28 d 只有 6 h。尽管飞行员拥有该型号飞机 200 多个小时的飞行经验,但他 8 年来只在该型号进行过两次飞行,这次飞行也是他在这架失事飞机上的第二次飞行。即使是世界上最有经验的飞行员也完全有可能在机腹迫降时发生意外,但是在航展上用一位过去 8 年仅飞行过该型号两次的飞行员进行表演飞行,只做简单的通场飞行,都不合理,这就提出了有关表演飞行资格和监管方面的相关问题。

美国海军关于 2002 年穆谷角航展上发生的 QF-4S 飞机事故的官方报告将"飞行员错误"确定为主要原因,并排除了机械故障、鸟撞或维修不当等原因。事故调查报告指出飞行员违规操纵喷气式飞机进行机动,并且相对缺乏 QF-4S 飞机的飞行经验。尽管在 16 年的职业飞行生涯中,飞行员诺曼累积了超过 3 300 h 军用飞机飞行经验,但他驾驶 QF-4S 飞机仅飞行了 79 h,事故调查委员会认为这一经验水平低于平均水平。

调查人员得出的结论是,除了操纵方式激进,飞行员也没有考虑飞机重量的增加,因为这次飞行飞机重量比三天前的飞行练习中的重量增加了约 4 000 lb。经验丰富的飞行员通常会考虑到不同的燃油状况,并根据需要进行调整。对于缺乏重着陆经验的飞行员,应当给予警示和指导,例如应当提醒飞行员:"QF-4S,飞机很重,拉升时注意。"

事故调查结果促使海军官方提高了穆谷角 QF-4S 飞机飞行员的最低经验标准。将来,只有在 F-4 所有型号上具有至少 200 h 飞行时间,以及 600~800 h 战术喷气飞机飞行经验(例如编队飞行)的飞行员才被允许驾驶 QF-4S 战斗机。根据新标准,将不会允许诺曼驾驶 QF-4S 战斗机参加航展表演飞行。

因此,在回答前面的问题时,肯定有两种截然不同的意见,一种是"合格",另一种肯定是"不合格"。但是,实际上,真正的答案更复杂。如果飞行员在空军中驾驶具体型号飞机,那么军事当局当然不会允许飞行员驾驶只有 20 h 飞行经历的型号飞机进行公开表演飞行。军方内部本身就有规定,明确了允许飞行员在低空公开表演飞行之前必须具备的最低标准。对空军飞机的管制控制绝对会更加严格地执行,而对私人飞机拥有者和非正规航展团体只能提供指导作用,这些人或团体不受"守护天使"的监管。

通常的做法是,军事飞行员首先要完成型号改装,然后将操作改装作为最低绝对要求,最后才考虑是否允许进行低空特技表演飞行。此后,中队长有权提名一名经验丰富的候选人供考虑:该候选人至少要有大约 100 h 的相应型号飞行时间,而且具备该型号的飞行资质延续性和低空特技飞行表演资格。实际上,飞行员只能在中队的各个层级中逐步前进。最终成为一名相当资深的飞行员,在具体型号可能要花费数百个小时的飞行时间。

从理论上讲,具有相同型号飞机航展表演飞行经验的飞行员是可以在公开场合低空表演这种型号飞机的。但是,必须了解具体飞行员在相关型号方面的经验和缺点,并设计一个合理的航展表演飞行动作程序,在不危害飞行员或观众安全的情况下向公众展示飞机。当然,这不是为了在"飞行包线边缘"表演飞行,只是为了给观众提供获得"怀旧味道"的机会,或者使飞机更好地表现自身性能。

显而易见的是老式"战鸟"的分离事故已经付出了惨痛代价。一些老式高性能飞机过去是,现在仍然是迄今为止设计的"最强大的螺旋桨驱动野兽",它们的发动机功率输出在许多情况下超过 2 000 hp。这些飞机能够产生巨大的扭矩(功率)值,当这个扭矩与一些老式飞机的边缘静稳定特性、高机翼载荷和早期空气动力学特性耦合时,就更容易使飞机产生分离,欺骗性进入尾旋。最重要的是,即使是经验最丰富的飞行员,也可能会对这些早期老式飞机的空气动力学设计和性能认识不足,特别是如果他们在相关型号的经验不足的话,会对他们的生命造成威胁。

事实是,那个时代的飞机设计与现代飞机设计完全不同,失速和分离告警具有欺骗性,而且不容易区分。识别飞机是否发生分离是那批飞行员最重要的生存技能之一。尽管低空表演飞行是"按部就班"类型的飞行,但仍必须在飞机完全受控的情况下安全通过"能量门"。拥有在战斗中驾驶飞机达到极限经验的飞行员应学会"感觉"飞机。

在对第三章中涉及的 118 起事故的分析中,共有 24 起失控事故,占了航展事故的约 20%。此类事故的百分比较高,也凸显了表演飞行员操纵飞机的水平和飞行能力要求超过平均水平的重要性,这一点在表演飞行领域尤为重要。失控事故包括:1973 年巴黎航展上俄罗斯 Tu - 144 超声速客机陡峭爬升,失去控制发生灾难性结构故障而坠毁的事故;1996年在英国巴顿举办的航展上,德哈维兰"蚊式"轰炸机因侧翼机动而进入尾旋的事故;2001年在比金山航空展上 P - 63 "眼镜王蛇"飞机的分离和尾旋事故。失控事故还包括两次"霍克海怒"坠机事故:第一次是在1996年实验飞机协会"Sun'n Fun"航展上,一架飞机滑跑翻倒在跑道上,造成飞行员丧生;第二次是2001年在加拿大萨尼亚(Sarnia)的航展上,凯西·摩尔在爬升转弯期间失去了飞机控制而坠毁。

凯西·摩尔当年1月购买了"海怒"战斗机,但他驾驶这种单引擎战斗机的经验相对较少。他拼凑的是"一匹华丽的野兽飞机",这架老式飞机的飞行速度比历史上任何其他单引擎战斗机都快。摩尔曾驾驶过较轻的教练机,那些飞机较容易操纵,截至失事前一个月,他只驾驶"海怒"飞机进行过15次飞行。调查此次坠机事故的运输安全委员会的吉姆·哈里斯(Jim Harris)说:"这架飞机并不容易驾驶。"

那些曾经驾驶过类似战斗机的人,根据目击者对萨尼亚坠机事故的描述,认为可能是飞行中摩尔犯错误,使飞机失速了。对于轻型教练机,这种错误可以纠正,但对于重型战斗机,这种错误在低空通常是致命的。

回到最初的论点,关于表演飞行员的经验和持续性训练问题,不幸的是,现代飞行员不可能像战时那些老飞行员一样对老式"战鸟"有真正的了解,却又不得不在飞行包线边缘操作这些飞机,这可能是问题所在。飞行员们不是很熟悉这些飞机,没有必要的经验,却还要驾驶它们飞行,并进行特技表演。危险自然存在。

2002年,英国航空事故调查委员会(AAIB)与航空事故检查员进行的讨论中,检查员承认,他对近年来英国对表演飞行的监管方式持相当强烈的不同看法。"在我看来,我们已经忘记了航空领域的一些基本知识,差错裕度在减小。资格延续性是一个主要问题,但是我们看到,有些表演飞行员在具体型号上的飞行经验只有少得可怜的几个小时,单机表演所允许的最低高度甚至比专业飞行表演队的还要低。"

"当然,一旦老型号飞机增加这些限制,立即出现了平衡难题,就是要在保持飞机疲劳寿命与保持飞行员资格延续性之间取得平衡。我还知道,过去某些表演飞行中存在一些即兴创作的动作,这也是一个难题。我认为,对于所有表演飞行员,都应有严格的资质延续性要求。CAA监管机构声称他们当前的系统正是这样做的,但我对此表示怀疑。"

但是,飞行员的脆弱性其实远远超乎人们所见。为此,有必要考虑表演飞行训练的理念,并尝试将其与表演飞行员的决策联系起来。经验丰富的波音-麦克唐纳道格拉斯公司F-18演示飞行员里卡多·特拉文(Ricardo Traven)对表演飞行训练有一些深刻甚至可能引起争议的观点。"我的强烈印象是,飞行员的创新性思维路径已经被程式化,那就是只要安全和专业地完成飞行,飞行员职业生涯中的创新思维不复存在。例如,在我的战斗机飞行员和试飞员整个职业生涯中,我需要不断学习新的机动动作,然后证明自己有能力完成这些动作,然后再继续提升学习高度。航展飞行的不同之处在于,飞行员在安全的高度练习例行飞行程序,然后在更低的高度继续重复相同的飞行程序,直到达到最终的表演高度。然而,即使在达到最终高度之后,也还要一遍又一遍地执行相同的飞行程序,以求达到完美。这种不断的练习和相同的常规飞行程序的不断重复,导致飞行员创新性思维方式发生改变。"

"让我解释一下。以与训练狗坐下或取回物体相同的方式,对宠物的训练并不会在第一时间就得出预期的反应,只有一遍又一遍地持续下去,直到它成为第二个本能为止,这就是重复的结果。因此,在我看来,航展的训练与训练动物的方式有很多相似之处。我用一个类比来说明这个概念。家庭宠物通常不会在繁忙的十字路口跑过,但是,如果在同一条街上扔了一个球,并且告诉狗'取回来',那么可以想象,这只狗会跑过去,而不顾自身安全或真正了解危险。我认为,飞行员的'航展判断'可能会因训练而以同样的方式失真。经过数周和数月的特定任务训练后,在空中表演当天的期望与在繁忙的街道上给狗狗扔球相似。航展飞行员像狗狗一样渴望表演的欲望是基于观众对愉悦的期望。结果,同一位飞行员固执地看重这次表演,并不像他在其他地方飞行或执行另一项没有练习过'无限次'的任务时那样。一位航展上丧生的表演飞行员曾说过,他们如此专业,如此成熟,以至于根本无法想象他们会在航展当天做出如此愚蠢的错误判断。"

"根据我自己的经验,我试图理解为什么表演飞行员会做不同情况下根本不会去做的事情。起飞前,我已经知道天气不好,我要做的动作高度低于限制高度。在那次经历之后,我得出结论,我没有因为过分自信或自大而参加表演,这一点我现在很容易接受。相反,表演飞行的动机是基于强烈的愉悦欲望——当塔台空管员在当天说:'允许起飞'时,他们也可能会说'去表演吧'。这样的鼓动言辞使我自己的判断受到了损害。回顾过去,我已经敏锐地意识到,我的飞行动机和取悦欲望在准备航展表演时表现得非常强烈,这与我在不利条件下停止或中止飞行计划的判断直接冲突。如果像狗一样训练,您很快就会像狗一样思考!"

特拉文的理论似乎确实在几起事故中得到了印证,在这些事故中,表演飞行员的行为是不合理的,根本无法解释。所有这些事故,事故调查人员无法为飞行员的决定找到合理的解释——"去表演吧"综合症可能适用吧!最后要说的是,任何飞机的实际飞行通常都没有那么困难,但展示飞机最佳性能却需要特殊技能,不仅需要经验,还需要针对具体型号进行深入的飞行培训,对具体飞行程序进行深入的培训,如果认识不到这一点,全世界范围内仍将持续发生大量航展表演飞行事故。

尾旋训练

由于在低空发生尾旋,幸存的可能性很小,必须解决尾旋训练问题。然而,要使尾旋训练有效,必须面对现实,训练必须远远超出简单的一圈尾旋,必须考虑可能导致尾旋的机动动作排列顺序和操纵场景的变化,并赋予飞行员在这些情况下能够正常飞行的技能和信心。尾旋训练是浪费时间吗？不，如果训练正确的话，绝不是浪费时间——但是，即使经过训练，仍然无法保护表演飞行员不出现极端判断。再一次重申，错误链（事故链）中的主要因素是飞行员的错误判断而不是操纵驾驶杆和方向舵的技能。

最重要的是，在接近地面的机动飞行中，避免大迎角至关重要。因为90%的尾旋事故都是因为在低空发生分离，高度太低无法安全改出尾旋，因此，知道如何改出尾旋必然有助于减少事故发生（尽管这是一个有争议的问题）。因此，在典型的尾旋事故错误链中，防止失速更为重要。对于有抱负的表演飞行员，尾旋问题经常让人感到恐惧不安，最常见的问题是："对于飞行员来说，尾旋训练的价值和优点是什么？"好吧，第一点建议是要了解尾旋改出并不是什么"妖术"。不应惧怕地认为这是什么神秘的技能。只要对尾旋理论透彻理解并且进行了充分的实践训练，尾旋风险是可以控制的。毕竟已经写到了这一点，在开始特技飞行之前，有抱负的特技飞行表演飞行员必须进行全面的尾旋和失速飞行程序训练，这是合乎逻辑的。但为什么？

如果特技飞行的动作严重偏离，或者很多新手无法确定是否能完成一个"非常成熟的"的动作，那么这些特技飞行员应该立即从这些特技飞行中摆脱出来。例如，在一个机动动作（例如斤斗）中，由于处理错误进入直立或倒飞尾旋。如果飞行员在斤斗的顶部协调飞行并且飞机失速了，那么，仅需稍微减小升降舵拉力来减小迎角，就可以防止飞机穿过升力边界。继续使飞机坠落而不施加来自方向舵、副翼、发动机扭矩或任何其他形式的侧滑等不利偏航输入，飞机将在重力作用下坠落加速并脱离失速状态——当然，这种改出的高度必须足够。

那么，飞机很容易分离和尾旋吗？不管发动机扭矩如何，飞机要进入直立尾旋或倒飞尾旋，必须首先失速，发生分离然后再进入尾旋。成功改出尾旋的关键是飞行员对这种特性的早期识别，但是由于这种情况的不一致性或某些飞机缺乏足够的分离告警，可能会使问题变得复杂。进入尾旋通常需要某种形式的激进输入，或者是飞行员操作不当，或者是发动机扭矩引起的。

在最坏的尾旋情况下，飞机可能会从直立尾旋变为倒飞尾旋，或者如果在尾旋过程中施加了副翼和动力输入，飞机甚至可能会进入平尾旋。因此，分离和尾旋通常是飞机被"戳破耳朵"（poked in the ear）或飞行员严重误操作引起的。发动机扭矩的确也是引气尾旋的一个未知变量，可以确定的是，发动机扭矩越高，不稳定的尾旋偏航力矩和滑流效应就越大。

如果在斤斗的背面飞行员过分用力拉杆进入垂直姿态，则可能会无意中失速甚至尾旋，但这种失速和随后的尾旋都是直立尾旋。进入倒飞尾旋的唯一途径是向前推杆或使用发动机扭矩或通过陀螺仪进动反向副翼偏航输入产生负迎角，从负迎角下分离和失速。如果飞机首先没有经过倒飞失速，就不可能进入倒飞尾旋，因此，倒飞尾旋的先决条件是迎角必须是负的。

在杜安·科尔(Duane Cole)的著作《绕点滚转》(Roll Around a Point)和《征服直线与对称》(Conquest of Lines and Symmetry)中,他认为飞行员很少进入倒飞尾旋,尽管飞行员可能认为自己进入了倒飞尾旋。倒飞尾旋意味着机翼下方的失速,即"倒飞失速",而不仅仅是倒飞姿态(即"倒飞"表示负过载,而不是倒飞姿态)。为了证明这一点,我们来看,即使在斤斗的顶部倒飞时一个快速滚转(snap roll)被"弄乱了"并且飞机分离了,只要不向前推杆产生负迎角,它仍然会收敛为直立尾旋,而不是倒飞尾旋。某些用于"软"特技飞行的飞机,例如塞斯纳152"Aerobat"飞机,根本不会轻易进入倒飞尾旋,因为飞机机头太重(俯仰权限不足,无法将迎角变为负迎角),并且方向舵权限不足(方向舵的力无法产生所需的尾旋偏航力矩)。如果找到发动机扭矩、方向舵和副翼输入的正确组合,就可以很容易产生倒飞尾旋,当然还需要良好的驾驶技能。

将此原则更推进一步,例如,考虑在飞机处于倒飞姿势时用力拉杆,使飞机"雪崩"失速,然后再施加满方向舵输入使其进入尾旋。这种情况下,飞机会抖动一点,但是即使飞机从倒飞姿态进入尾旋,飞机也是进入直立尾旋,并以通常的方式改出。基本上,就尾旋而言,飞机可以通过向后拉杆而从倒飞姿态进入正常的直立尾旋,或者相反,可以通过向前推杆而从直立状态进入倒飞尾旋。

尽管对于新手来说,倒飞尾旋很令人担心,但是从特技飞行进入倒飞尾旋的真正威胁很可能来自很难驾驭的"榔头"(失速转弯)机动,"尾滑"或伊梅尔曼机动,而不是斤斗机动。对于新手表演飞行员来说,这些机动的风险可能更大,因为他们可能低估发生尾旋的可能性。那么,在进行这些机动动作训练时,为什么不同时进行一些直立尾旋和倒飞尾旋的改出培训呢?

并不是说倒飞尾旋很难改出,但是即使经验丰富的飞行员也很难确定倒飞尾旋的方向,特别是无意进入倒飞尾旋时更是如此。对于直立尾旋,滚转和偏航方向相同,但对于倒飞尾旋,滚转和偏航方向相反,而且飞行员突然意识到自己进入倒飞尾旋,经验不足的飞行员可能误判尾旋方向。如果飞行员不知道尾旋方向,就不可能正确地施加方向舵输入来改出尾旋——就是这么简单。

除了安全带从座椅悬掉下来、负"过载"导致飞行员的脚离开了方向舵,或飞行员感到地平线晃动这些生理方面的直接感受,尾旋方向的这种混乱才是飞行员面临的主要挑战。直立尾旋时,飞机通常会俯仰大约45°,但是在倒飞尾旋时,机头刚好在地平线以下,地球出现在飞行员上方,下面是天空——因此,表演飞行员必须了解空间方向。

顺便举一个例子,可以参考一下AAIB关于1997年"披茨"(Pitts)S-1C尾旋事故的报告(AAIB公告编号:8/97参考编号:EW/G97/04/03),该报告提供了一个尾旋现实危害的真实例子。经验丰富(飞行时间为10 036 h)的飞行员已经完成了两个特技飞行程序,为即将进行的比赛做准备。飞行员的飞行高度为海拔 2 500~4 000 ft,天气非常好。

当时的特技飞行按计划进行,达到失速转弯的顶部。空速略低,因为飞行员在尝试完成特定方向的机动时应用了全左舵,并且他还记得略微前推了油门,并推杆到底。飞机即刻进入倒飞尾旋。飞行员对下降速度如此之高感到惊讶,以至于记不清自己的准确改出动作了。但是他记得完全收回了油门,并将驾驶杆完全拉回,将副翼置于中间位置。

由于仍然左满舵,飞机没有改出,飞行员认为他应该松开方向舵,或者施加右舵,他没有根据“转弯与侧滑”指示器检查旋转的方向。但是,他注意到高度表指示是海拔 2 000 ft,由于这是他自己设定的放弃高度,因此他立即松开安全带,并从飞机上跳了出来。他松开安全带,意识到自己被强行抛出了驾驶舱,降落伞平稳降落,飞行员降落在距离坠毁飞机几百码的地方。

飞行员在飞行前和事故发生后进行了重量和平衡计算,他重新检查了数字并确认飞机的重量和重心都处于正常范围内。他说,飞机在飞行过程中完全可控,并承认这是失速转弯导致失控。从失去控制开始到他决定脱困之间的时间太短,飞行员不确定自己是否进行了改出操作。他认为自己可能使用了一些错误的动作。他在特技飞行方面具有丰富的经验,并且完成了立式和倒飞尾旋方面的训练,但他仍然对飞机进入尾旋的速度之快,以及他迷失方向的程度感到惊讶。但是,他的确承认在特技飞行中有穿戴降落伞的习惯,以及预先设定放弃高度所具有的价值。

那么,是什么导致垂直机动容易受到倒飞尾旋的影响呢? 在此有必要考虑动力学问题,记住要发生倒飞尾旋,飞机必须先达到负的失速迎角,然后才能进入倒飞尾旋,当然,在直立尾旋的情况下,也必须先发生侧滑才会进入倒飞尾旋。向上拉飞机进入“榔头”失速机动的垂直位置,姿态非常接近垂直状态,正如进行失速转弯时非常接近垂直方向一样,需要飞行员保持前推杆压力,以防止飞机翻倒过来——如果推杆过大,则很容易引起负迎角。

施加满舵使机头在失速转弯的方向上偏航也会导致“外侧机翼升起”,这反过来又要求飞行员用副翼来保持外侧机翼位置,否则,飞机将不会在失速转弯的顶点绕法线轴旋转。取而代之的是,飞机倒了过来——对于观赏人员来说,这并不是一个漂亮的风景。因此,在这个姿态下的控制动力应该是轻微前推杆,从而导致负迎角,施加方向舵输入使飞机偏向假想点,反方向施加副翼保持飞机不向后翻。这些控制位置可以提供必要的空气动力学力矩,可以产生负迎角和侧滑,从而驱动运动分离并随后进入倒飞尾旋。

对于“机尾侧滑”,其本质和定义是:“飞机失速进入垂直上升,而后机背朝上坠落,进入垂直下降线。”这是增加对倒飞尾旋影响的另一种机动手段。如果运用不正确,当飞机通过“榔头”机动的底部向下甩时,这样的飞行轨迹可能会产生较大的负迎角。正是在飞机“翻转”期间,当机头被甩时,会产生较大的负迎角。施加任何方向舵、副翼或发动机扭矩输入,都可以提供反尾旋偏航所需的驱动倒飞尾旋的力矩。

伊梅尔曼机动的控制面空气动力学原理也是一样的。在半斤斗的顶部，要求飞行员前推杆，在进行副翼半滚转至垂直姿态之前，检查机头是否处于水平线之上。因为在斤斗的顶部，方向舵和副翼的空气动力相对较小。因此，为了协调，需要在滚转方向上施加较大的方向舵和副翼输入。这个特殊机动，与"榔头"机动失速和"机尾侧滑"相反，不能收油门，而是会产生高扭矩值，因此失稳扭矩以及滑流作用将很大，如果控制响应不正确或不协调，可能形成倒飞尾旋。

根据上述讨论，非常重要的一点是，有时候飞行员偶尔会未经批准故意进入尾旋，并且他们能够改出，所以他们得出结论说，飞机确实可以安全地执行尾旋机动。甚至有一些飞行员错误地认为限制尾旋是害怕承担责任，这些限制都是制造商的律师提出的。切勿让未经批准尾旋的飞机进行尾旋！

"可以进入尾旋，并从尾旋中改出"，这样的观点事实上是一个陷阱。一圈"尾旋"实际上根本不是尾旋，而只是初始尾旋，这实际上只是加剧的失速。真正的尾旋随着初始尾旋阶段的进展而发展，其动力学与初始尾旋有很大的不同。许多未经批准的飞机在第一圈或第二圈转动后便可以快速进入平尾旋模式，而且这种尾旋可能是无法改出的！

尾旋涉及空气动力学，其特征在于飞行迎角有时会超过45°，即使是最佳的计算流体动力学分析也很难准确地模拟这种非同寻常的迎角。对于实验类飞机，无法保证从初始尾旋中恢复出来。尾旋改出涉及的变量很复杂，包括机尾尺寸、在大迎角下尾翼控制面的坡度角、螺旋桨滑流效应和飞机的重量分布等。无法保证所谓的标准尾旋改出技术可以在任何实验中使用。J-3"幼兽（Cub）"，Taylorcraft，PA-18等老一代后三点起落架飞机都很容易进入尾旋，而且这些飞机大多数都没有失速告警装置。

贴有反尾旋功能标签的普通单发飞机和通用类飞机通常也只是表示能从一圈初始尾旋中改出，并且进行的相关飞行试验也只是为了检查飞机在严重失速期间的可控性，仅此而已。除此之外，所有赌注都没有了，因为不能保证飞机在飞行包线哪个区域会出现什么状况。在某些情况下，这种标签用于指示飞机不会自发地从尾旋中改出，但对于其他飞机，则可能表示这种尾旋完全无法改出，或者在某些情况下，一定时间后无法改出。

当一种飞机被认证为"禁止尾旋"时，仅表示制造商未向美国联邦航空局或任何其他认证机构展示这种飞机与尾旋认证所需的条款的符合性。飞行员可以自己猜测为何制造商未寻求批准尾旋。很多时候可能是因为它太危险，也可能是审批过程太复杂，还有可能是责任问题，甚至是试飞成本问题，尤其是小型通用航空机型。如果一架飞机"未获准进行尾旋"，并不是说这种飞机就不能进行特技飞行。最重要的是，如果有抱负的表演飞行员要参加特技飞行训练，那么失速和直立尾旋训练是必不可少的，倒飞尾旋训练也是非常可取的，即使不进行实际飞行训练，至少理论培训也能获得必要的效果。

那么，有抱负的表演飞行员在尾旋训练方面需要作些什么呢？首先，最好在进行单独尾旋或特技飞行之前进行尾旋知识和技能培训,而倒飞尾旋则应单列培训。地面培训应涵盖尾旋基本理论、仪表指示,飞机的限制,以及用于训练的飞机型号的尾旋特性。地面培训教学大纲应包括加载和控制动作的效果,对不同类型的尾旋和不同型号飞机的尾旋改出特性进行解释说明。

尾旋基础飞行课程包括失速的修正和初始尾旋的改出,螺旋式俯冲改出,根据用于训练的飞机飞行手册的改出技术进行尾旋改出和从无意尾旋中改出。当然,除了基础课程之外,还有更多关于尾旋的知识和技能——每个飞行员的培训计划将取决于个人的具体目标和飞机型号。FAA 咨询通告 AC No:61—67B 解释了《联邦航空条例》(FAR)第 61 部要求的失速和尾旋认知培训要求,并向提供这种培训的飞行教员提供了指南。

自人类飞行开始以来,失速和尾旋都是表演飞行事故的重要原因,并且迄今尚未找到解决尾旋问题的经济的设计方案。一直以来,人们都对尾旋训练大肆宣传,但是很难使飞行员对尾旋训练充满热情,因为他们要阅读大量尾旋事故,其中很多都涉及精通特技飞行的飞行员掉入了尾旋的陷阱。但是,还是有很多表演飞行员积极行动起来,毕竟这类培训可以大大降低他们发生尾旋事故的概率——对特定飞机的分离特性有深刻的了解,培养良好的判断力、常识和纪律性——这是飞行员无法买到或被教授的。改善飞行员的判断力和基本的飞行技术将对补充尾旋训练计划大有帮助,从而减少无意中发生尾旋事故的可能性。

表演飞行员的价值

表演飞行员生存结构的三大支柱是技能、判断力和决策能力。对于在表演飞行舞台这样的环境中毫无戒心的表演飞行员来说,潜伏着许多威胁,大部分伪装得很好。此类威胁需要训练有素的表演飞行员来识别并应对。典型的威胁是注意力分散,无论是在座舱中的工作负荷还是人体工程学方面,亦或是由于"表演组织中的各类指挥过多"而导致的管理性负担,甚至弹射决策都受到影响,这些威胁总是以各种伪装存在。表演飞行员必须知道它们的存在并能够及时识别它们。

对于表演飞行员,尤其重要的是要了解个人的缺点。一位飞行员无论有多出色,无论进行了多少飞行训练,在飞行中,"人为差错"通常是最高风险因素,对于表演飞行尤其如此。另外,人在威胁生命的条件下做决策时,存在怀疑能力,这一点的最好体现就是做弹射决策时。但是,人的其他生存工具又是什么情况呢?——判断力,我们应有的明智、理性、英明决策能力又如何呢?根据对第三章中 118 起航展事故的随机抽样分析,很明显,"人为因素"对航展事故的贡献惊人地达到了 79%,人成为飞行安全链中最薄弱的环节。考虑到低空表演飞行领域的不利环境和人类的生理缺陷,这不足为奇。人类如何获得表演飞行生存的各种威胁警告？

在各类事故中，"人为差错"导致的事故占总事故的 79％，其中：32％是坠地，25％是空中相撞，19％是失控，3％是机腹迫降。可以得出结论，表演飞行员出事故的主要问题是缺乏专注度、过度自信和缺乏实践训练。当然，还有其他因素可能会使表演飞行过早地遭受灾难性破坏，例如在表演过程中分心、飞行员的身心健康出现问题、空间意识丧失、压力高度表的使用，以及现代飞机使用的平视显示器（HUD）技术等。表演飞行员必须在心理和身体上做好准备，以防在表演过程中出现各种干扰，尤其是在关键飞行阶段，这些干扰包括表演时间的意外减少或增加，或任何其他干扰因素，驾驶舱内出现了昆虫，飞机某个系统突然脱机，其他飞机侵入表演区域，或者是无线电信息含糊不清，等等。

关于表演飞行员在压力下无法连续做出合理决定的一种解释是，可能与人脑处理信息的方式有关。人类大脑的右半球处理逻辑和分析性思维，左半球则处理情感思维。大脑的右半球要求在例行程序中严格集中注意力，对于训练有素的表演飞行员而言，在平静而无压力的条件下相对容易，在这种条件下，收集的信息和结构化思维模式占主导。但是，当出现情绪时，判断力就变得模糊了。这种情绪唤醒通常源于恐惧、恐慌、分心、身体机能衰竭甚至身体疼痛。

回看 1973 年 3 月在巴黎航展上发生的俄航图波列夫 Tu－144 超声速客机坠毁事故，官方公布的事故原因是，在非常陡峭的爬升之后，飞机非常平稳地改平，然后开始俯冲。有趣的是，阴谋论推测，可能是由于与拍摄 TU－144 飞机的"幻影"III（Mirage）战斗机的近距离接触而震惊，飞行员可能反应过度，导致压气机失速。飞机随后进入俯冲状态，超出飞机的设计载荷限制后解体。

问题归结为，如果表演飞行员一次只使用一个大脑半球进行思维和操作时，就没有问题。但是，同时在两个半球上思维和操作可能会产生"发动机转速下降"（mag drop）的神经学效果，并且信息处理会受到不利影响，从而导致判断错误。这种类比适用于要求人类具有较高级别行为能力的所有级别，并且在运动员中尤为明显，实际上只有世界冠军才能克服这种压力，但也并非总是如此。泰格·伍兹（高尔夫球手），约翰·麦肯罗（网球选手）几乎不会让情绪影响他们的表现。降低航展表演飞行风险的一种可能有争议的方法，是将表演飞行员的年龄组限制在最低风险类别中，筛选出飞行时间最长，在所有此类活动中资格最老的飞行员。但是，这种方法仅在理想世界中才是可行的，而事实并非如此——实践证明，经验并不能保证避免发生低空机动飞行事故，导致事故发生的变量很复杂。

2002 年 6 月 1 日至 4 日可能是英国航展表演飞行史上的一个特别的"黑色周末"。由于航展上发生的致命事故而造成很多不利宣传，当天的表演中，几乎没有媒体关注德哈维兰飞机系列的第三起事故，即"毒液"飞机的意外机腹着陆事故。三机编队的"泼妇"、"吸血鬼"和"毒液"三架飞机在清晨到达比金山，经过进场亮相后，加入顺风边准备着陆。"泼妇"

飞机和"吸血鬼"飞机着陆时没有出现任何问题,但"毒液"飞机着陆时意外地未放出起落架,在接下来的 3 h 内封锁了正在使用的跑道,救援人员努力清除跑道上的障碍物(见图 5 - 4)。

　　机腹着陆始终对飞机的运行和飞行员自身构成威胁,尤其是对于在无数观众的众目睽睽之下进行机腹着陆的飞行员而言,这种威胁更为严重。在斯洛伐克布拉迪斯拉发举行的"SIAD'97"航展上,俄罗斯"骑士"特技飞行队的一架 Su - 27 飞机在数千名观众眼前实施了机腹着陆;1983 年,在南非沃特克鲁夫空军基地,南非空军一架 C - 160"Transall"运输机进行短距着陆演示飞行训练时发生的机腹着陆,多少都提醒了飞行员在安全链中的脆弱性。

图 5 - 4　"毒液"飞机到达比金山航展机腹着陆,救援人员在清理跑道,以使表演能够继续进行。

　　在 1981 年的巴黎航展上,两架 C - 160D 飞机空投了跳伞者之后,然后进行了两机编队表演。在表演的最后,两架飞机依次降落。随后一架带有德国颜色的 MBB 飞机,试图执行更短距离的着陆。在紧急情况下,虽然放出了起落架,但没有锁定。着陆时,起落架明显缩回,飞机进行了机腹着陆。飞机只受到了很小的损害,机组人员也安然无恙,但他们却在跑道边缘争论不休。在表演飞行中,表演飞行员的压力高于正常飞行,就像表演老手所说的那样,飞行员不敢有任何松懈。

　　在大多数情况下,机腹着陆不会导致死亡事故,前提是飞机沿着跑道着陆,并且跑道长度足够。但是,还有其他阴险的"杀手"追随着表演飞行员。飞行员可能会忽略标准操作程序和制造商的飞机限制而掉入危险陷阱。1988 年 5 月 30 日,在考文垂机场举办的航空庆典大会上就发生过一起这类事故。一架老式喷气式战斗机"流星"(Meteor)T7 进行了飞行表演,表演约 3 min 后,机翼向右侧倾,准备以起落架和襟翼放出构型沿着表演线返回。尽管到此时为止,飞机的机动动作似乎都是正常的,但与训练的做法不一致的是,在整个过程中放出了气动减速板。

当飞行员开始侧翼飞行时,襟翼大约放出 1/4,减速板处于放出位置。当"流星"飞机爬到机翼右倾的顶点位置时,起落架也正常放出。飞机开始下降转弯返回机场,滚转速度明显比以前快,坡度角增加到 45°,机头也开始下坠。飞机迅速向右转 90°,并进入机翼水平45°俯冲姿态。飞机随后向右滚转,继续坠落,坠毁在靠近飞机场不远的空地上。这架飞机没有安装弹射座椅,飞行员也没有足够的高度或时间跳伞,当场丧生。

失事飞机的视频记录和照片显示,表演飞行的大部分时间,减速板都是放出的。对飞机残骸的检查证实了减速板在撞击地面时是放出的。"流星"T7 飞机的飞行员注意事项包括以下内容:"如果在低于 170 kn 空速的情况下放出减速板会导致飞机偏航,机头可能会突然下沉,并且升降舵失效,直到偏航被抵消或收回减速板为止。如果携带了机腹油箱,这种趋势会加剧。在盘旋高度,不得在低于 170 kn 空速时使用减速板,只能在放出降落起落架之前放出减速板。"

这种现象俗称"幻影俯冲"(Phantom Dive),是由于减速板湍流引起了大迎角气流扰动导致的,这种影响在有侧滑的情况下会被放大。由于机头和驾驶舱尺寸增加,双座"流星"飞机的方向稳定性下降,尤其是在前起落架放出并且携带机腹副油箱的情况下更是如此。在方向稳定性临界条件下的任何侧滑都会增加这种效果,并导致升降舵和方向舵失效,而且产生机头下俯力矩。当 Meteor T7 飞机开始向右滚转进入最后的俯冲时,飞机处于表演飞行的最低速度,大约只有 150 kn,并且在减速板放出情况下,放下了起落架。调查认为,当时的情况符合"幻影俯冲"的所有必要条件,并且由于在低速时放出了减速板,飞机进入了无指令俯冲状态。

还有一些记录在案的事故案例,是由于表演飞行员"管理超负荷"造成了表演飞行事故。2000 年,南非空军博物馆在南非茨瓦特科普斯(Zwartkops)空军基地发生的"喷火"战斗机事故中,博物馆负责人既是航展飞行总监(和一名新手安全员搭档),又是表演飞行员,还是负责航展各个方面的协调员和 VIP 主持人。引用飞行员自己的话:"在航展开始的那几天,我不应该去哪儿。在航展的那几天,我都不知道我的脑子在想什么。丧礼安排带来的外部压力,工作人员分配的突然变化,以及我个人单机表演活动的取消,都给我带来了太多不必要的压力。其他人和我自己在几个关键点的决策如果正确的话,是有可能阻止事故发生的。"

在新西兰发生的另一起事故中,空军调查法院发现,导致皇家新西兰空军第二中队指挥官,37 岁的中队长穆雷·尼尔森死亡的"天鹰"飞机没有技术问题或机械故障。进一步的调查结论认为,中队长尼尔森患有慢性疲劳综合症,在表演飞行中分心,导致他进行桶形滚转的高度太低。另外还发现,他试图在中队级资源太少的情况下做太多事情——这是不是听起来很熟悉？

　　1996 年在达克斯福德"飞行传奇"航展上 P-38 飞机坠机事故中丧生的飞行员，也是航展飞行表演协调员，负责策划表演项目和表演结局的平面设计，这牵涉到进行大规模的飞行表演的 40 架历史悠久的飞机。他每天都要向参加表演飞行的飞行员进行任务简报，并在周日下午对一些表演内容进行重新计划，当时原计划的表演顺序由于一个重要表演项目比预定计划提前了 1 h 到达，而不得不中断。这无疑增加了飞行员当天下午的工作负荷。处理完这些事务不久，飞行员又驾驶长机与另一架 DH89A"迅龙"（Dragon Rapides）飞机进行双机编队表演飞行。完成这次表演着陆后，大约有 20 min，他又驾驶 P-38 飞机滑行准备开始另一项表演飞行。那么，什么时候"管理超负荷"会对表演飞行员构成威胁？表演飞行员如何认识到焦点已经从表演飞行任务转移到了"危及生命的琐事"？表演飞行员什么时候能够"制止这些威胁"？有多少表演飞行员认识到"琐事超负荷"的存在，甚至有"胆量"将"超负荷"威胁通报给航展组织者？并不多！

　　弹射决策也很能证明表演飞行员的脆弱性。实际上，在如此低的高度，表演飞行员就像子弹上膛的枪，肾上腺素能敏锐地保持所有感觉，他们知道，在如此低的高度如果出了差错，尤其是空中碰撞，自然而然的反应就是弹射。没有时间进行周全的考虑，飞行员必须作的决策是：弹射还是不弹射。实际上，起飞之前已经做出了决定，因为任何犹豫，即使是最短的几毫秒，都可能意味着生与死之间的差异。

　　飞行员最强烈的情绪之一就是对失败的恐惧，对"同行评议"的恐惧。飞行员同行之间的压力也是独一无二的，特别是针对飞行员的"成熟"情况——无论是在特技飞行、着陆还是在飞行的任何方面，飞行员之间会出现持续的、潜意识的比较，这是飞行员之间兄弟情谊的现实表现。没有哪位飞行员愿意失败，也没有哪位飞行员愿意在发生事故后承担"人为差错"这样的结论，但是飞行员的自尊心仍然威胁着自己的生存——这是飞行员圈内的事情，其他人根本无法理解。

　　但这也是飞行员最大的敌人，飞行员可能将弹射与失败联系起来，结果往往在灾难性情况下"呆得太久"，试图解决自己遇到的问题。除了担心死亡之外，飞行员中还有一种很强的倾向导致自己陷入灾难性的局面：那就是在某些情况下，飞机已经无法改出，飞行员仍然坚持认为可以挽救这种局面。这是飞行员决定不弹射或延迟弹射的重要因素之一。

　　实际上，大多数航展观众所能理解的人性善变从未像现在这样暴露无遗，就像在世界上最严重的航展灾难中那样，乌克兰空军的 Su-27 飞机沿表演路线向人群飞去。飞机飞向观众的过程中，两名飞行员一直在飞机上，直到最初的撞击之前才弹出，两名飞行员都幸存了，但椎骨骨折。几位评论员对事故造成的伤亡感到愤怒，对飞行员的弹射决定提出了质疑——这暗示着机组人员不应该活着离开飞机，但是这种疯狂的情绪是不能接受的，因为这是一种极为消极的反应。在悲剧中多增加两人死亡有什么意义呢？除非有人当时亲自在飞机上,否则根本无法完全理解,在这种情况下,飞行员会一直在努力保存飞机并尽量避免伤及观众。但是,无论导致坠机事故的原因是什么,都有一个"无可挽回的地步",生存的秘诀仍然是要知道关键点在哪里——弄错你就死定了。在大多数情况下,人类做出此类决定的能力非常不理想,因此,有很大比例的飞行员在试图挽救飞机,或据称试图防止飞机坠入建筑区时而丧生。

飞行员在做出弹射决定之前面临的最困难、最有争议的,就是情感上的两难选择。飞行员在试图使飞机远离观众或公共财产的同时延迟弹射的决定,实际上是一把双刃剑。一方面,飞行员延迟弹射,有可能挽救观众生命或公共财产,但另一方面,却将自己的生命置于危险之中,浪费了宝贵的毫秒级生存时间——这个决定是有问题的。但是,对物理学动量的正确理解可能会使飞行员选择完全不同的动作过程。

与飞机搏斗,使飞机远离人群或财产的瞬间,甚至可能达不到将飞机引离人群的目的,并且在此过程中还可能危害了各方的生存——那将是一个更悲惨的局面。尽管有情感上的问题,每个飞行员最终还是会根据当时的实际情况做出决定,在大多数情况下,飞行员首先为自己的生存而战——就是这样,这就是人类的设计和编码方式。在大多数情况下,飞行员只有达到了满足自己生存要求的阶段,他才会尝试将飞机转向安全区域。

在接受媒体采访时,乌克兰 Su-27 飞机飞行员弗拉基米尔·托普纳公开承认他一直在努力重新获得对飞机的控制权。如果他没有控制飞机,那么他将无法操纵飞机离开。只有在飞机受到控制之后,他才能够将焦点转移到避开观众人群上来。但是,在这种情况下,飞机处于高速失速的边缘,没有足够的空气动力学潜力来克服飞机的动量,并远离观众。在灾难即将来临的情况下,作出弹射的决定是正确的。

人类的生存本能是一种强烈的情绪,它控制着人的行为和反应,这实际上不是人类所能控制的,这就是所谓的"生存本能"。一个人在亲身经历这种情感之前,是很难理解这一点的——有许多航展事故的案例,媒体报道都称飞行员试图使飞机远离人群,但多数情况下这仅仅是媒体的猜测。

一个有争议的案例是 1989 年巴黎航展上的 MIG-29 战斗机坠毁事故,当时发动机在表演程序中的一个非常脆弱的点发生了故障。尽管事后有人猜测飞行员在失事后曾熟练地将飞机对准"内场",但这还是值得商榷的。该飞机在执行"大迎角"慢速通场时,遭遇了以前从未遇到过的发动机失速类型。在这样的低速下,一个加力燃烧室又在该高度被启动,意外发生了,由于推力不对称(向故障发动机一侧滚转和偏航)导致的不受控偏航、滚转力矩,使飞机远离观众。

查克·耶格尔(Chuck Yeager,美国空军二战王牌飞行员,NASA 试飞员,第一位突破音障的试飞员,2020 年 12 月 7 日逝世,享年 97 岁)在自传中明确指出,99.9% 的时间里,飞行员脑子中只在意一个问题,那就是挽救自己。"在紧急情况下,飞行员只考虑一件事,即生存。您为生存而战,只为安全落地。您什么都别想。您的注意力集中在下一步尝试上。您在无线电通话中什么也不说,甚至都不知道下面有一个校园。就是这样!"(《耶格尔自传》,第119页)。对于驾驶配备弹射座椅的飞机的飞行员,是可以弹射的,弹射座椅为飞行员生存提供了机会,只要他的决策能力不受影响。但是,如果飞机没有配备弹出座椅,而且姿态和高度不利时,则飞行员无法逃离飞机。飞行员的可用控制和转向选择显然与飞机剩余总能量有关。

可以理解的是,作战服役的弹射生存率与表演飞行中的弹射生存率之间存在差异。不管您是否相信,大多数情况下,航展领域对弹射座椅的包线限制比作战服役要严格。全世界军事在役飞行成功弹射的比率平均为82%,而我们的事故样本分析中的弹射率为69%就证明了这一点。那么问题是:"为什么航展上的弹射率低于作战条件下的弹射率?"由于没有航展事故弹射的官方统计数据,因此出于比较目的,我们仅考虑作战空军的统计数据,这个数据表明1/5(占20%)的弹射是滞后弹射。

事故分析得出的结论是,大多数弹射失败事故并不是由弹射座椅的机械故障引起的,而是由于弹射决策的延误所致。如果假设每个决定弹射的飞行员都试图挽救自己的生命,那么就提出了另一个问题:为什么每5名机组人员中就有一名等待时间太长?因为从包线外弹射的死亡概率很高,事故调查委员会只能推测死者在生命的最后几秒钟内所思考的东西。

进一步考虑第三章中的问题,即为什么有机会弹射的表演飞行员只有36%弹射,确实是这样,为什么其余64%的表演飞行员没有弹射?为什么弹射与不弹射之间存在36:64的巨大差异?如前所述,答案无疑是接近速度太高,而不是由于人类决策迟疑和反应时间缓慢,这是造成这种现象的重要因素,但是还有更多原因吗?

唯一的解释是"情境意识的丧失",这是一个解释总称。那么,为什么这么多经过专业培训的飞行员在紧急情况下会失去态势意识?为了至少了解飞行员的部分行为,有必要了解表演飞行员在高压力下的反应,特别是在即将发生的灾难或死亡所带来的压力下。这一点不应与高血压、溃疡和心脏病等长期工作压力或家庭有关的压力相混淆,这是对即刻应激状态的非自愿警报或惊恐反应。压力通常与以下事实有关:飞机失控且改出高度不足,或者在低空副翼滚转期间无法控制机头过度下坠。

当大脑察觉到威胁时,它会通过激发下丘脑做出反应,进而刺激垂体腺,向血液中注入肾上腺皮质营养激素(ACTH)。ACTH立即发出信号指示肾上腺素分泌两种物质——可的松和肾上腺素。可的松的作用时间通常比较长,而肾上腺素则立即发挥作用。刺激性肾上腺素的紧急释放增加了脉搏、血压和汗液,同时血糖水平升高以提供额外的能量。耳中的一小块肌肉(鼓膜张量)收紧鼓膜以增强听觉能力,肌肉收紧以备立即使用,身体强度增加,疼痛忍受阈值提高,身体现在准备为生存而战。

荷尔蒙的释放还触发了整个神经系统,使整个系统变得警觉起来,为生存做准备。这种非凡的防御机制的一个有趣的效果是,很少有人讨论时间畸变现象,这种现象是一种暂时的错误感知,可以改变时间的流逝。换句话说,时间失真是时间流逝速度明显减慢,是在应急压力条件下发生的。当飞行员经历暂时的时间畸变时,时间有时似乎在延长,事件似乎以慢动作发生。好像大脑立即变得非常警觉起来,提高了效率,开始加快速度处理信息,对飞行员而言,时间似乎在变慢。

根据生理学家的说法,肾上腺素、血糖的突然增加和爆发,血液中的胆固醇和可的松可使大脑以 14～17 b /s 的信息处理速率运转,而"正常"的思考仅以 7～9 b /s 的速率进行。由于意识增强,大脑以更快的速度运转。表演飞行员当时可能还不知道这一点,但是回顾事件发生过程时,他(她)会指出当时的情景似乎有所放慢。本质上,这与电影中的慢动作场景是一样的。以每秒较高的帧数拍摄实际过程,然后以正常速率进行播放,效果就是慢动作场景。

在身体为生存做好准备的创伤事件中,也会发生相同的过程。在回顾事件过程时,大多数当事人都会说,在事件发生期间,事情似乎放慢了速度。只有在个人当时没有承受过大压力的情况下,意识因素的提高和事件的放慢才会发生。如果个人承受压力,并且已经在不断增加的压力水平上进行操作,那么就不会进一步增加信息处理能力,因为思想已经开始关闭,以防御信息过载——在这种状态下,飞行员似乎没有反应,因为他的处理能力停止了。这仅仅是人体帮助个人应对紧急飞行情况的防御机制。这个过程不是虚假的或感知的,而是在现实中真实发生的。不幸的是,这种生存特征在我们的自然环境中被证明是非常成功的,它可能是决策延迟的主要原因,不论是在操纵飞机脱离危险的位置和姿态时,还是在做出弹射决策时。飞行员会陷入一种错误的安全感,因为这种现象减少了焦虑,并且由于一切似乎都以慢动作发生,因此失去了紧迫感。飞行员的恐惧感似乎有所减轻,导致飞行员认为问题可以纠正,他具备处理灾难的技能。

美国空军对时间畸变的调查发现,在事故过程中,有 86％的弹射飞行员经历了这种现象。80％的受访者表示时间放慢,其余 20％的受访者表示时间在加快。有趣的是,那些报告速度变慢的人估计感知到的变化范围是 2∶1～5∶1,但最常见的变化是 2∶1。

为了克服时间畸变的影响,飞行员显然必须了解这种现象的存在并能够及时识别。这种现象特别隐蔽且阴险,因为失去了紧迫感,尽管了解有这种现象,但实际上可能并没有做出弹射决定。至关重要的是,在航展表演计划中,除了"能量门"外,在地面就必须做出弹射决定并进行预先计划。必须为每个机动动作建立"弹射、不弹射,还是继续进行然后弹射"的标准。

在低空表演期间,没有更多时间决策是否弹射,飞行员只有几毫秒时间观察情况是否有所改善。在这个决策过程中,飞机处于与地球碰撞的宝贵空间中。飞行员不能也不必等到面临"最后一击"时才做决定。在培训过程中,必须事先计划好行动方案。在低空表演环境中一定不能有任何意外。简单地执行经过深思熟虑的决定,而不是先制定计划然后在压力很大的情况下执行,这会变得更容易,也更快。

事故调查

事故调查应由专家独立完成,得出的结论不应有感情色彩。事故调查不能按照直接上级设定的不符合航空安全最佳利益的议程进行更改,不论这个议程是考虑"全局"的,还是有任何其他战略性目的。高层管理人员显然应该处于事故调查信息环中,但是干预调查或拒绝事故调查组专家的结论,对航空安全是有害的,可能导致以后的死亡伤害。实际上,如果高级管理层强迫更改调查结论和建议,阻止采取适当的纠正措施,那就破坏了事故调查的主要目标。"雷鸟"飞行表演队 4 架飞机在直线同步斤斗中坠毁的事故调查,是否有高层管理人员的介入?

1982 年 1 月 18 日,美国空军"雷鸟"飞行表演队的 4 名成员在一次训练事故中丧生,当时 4 架 T-38 教练机在内华达州印第安斯普林斯空军基地坠毁。据称,这 4 架 T-38 飞机沿直线进行同步斤斗机动时坠入沙漠。"雷鸟"飞行表演队损失了整个编队的 4 架飞机,原因是长机的驾驶杆明显地被卡住了,因为他从斤斗中跌落而无法上拉。斤斗的计划进入和退出高度为 100 ft。

编队队长是时年 37 岁的诺曼·洛瑞少校,他在上一任队长约翰·史密斯中校在俄亥俄州克利夫兰机场事故中去世后,于 1981 年 10 月接任队长职务。在克里夫兰机场起飞时发生鸟击事故中,约翰·史密斯中校在非常低的高度弹射,但降落伞发生故障,导致他丧生。四机编队的 2 号机飞行员是 32 岁的威利·梅斯上尉,3 号机飞行员是 32 岁的约瑟夫·彼得森上尉,他们已经参加飞行队两年。4 号机飞行员是 31 岁的马克·梅兰康上尉,他于当年 10 月份才以"补缺人"(slot man)的身份加入"雷鸟"飞行表演队。在上一个航展表演季发生两次致命的坠机事故后(其中一起是 1981 年 5 月 9 日在希尔空军基地发生的,团队一名成员在飞机场外倒飞坠毁),"雷鸟"飞行表演队一直承受着巨大的压力。

当时,这 4 架飞机并排并列,在 0.4 s 内以略微朝上的姿态相互撞击——任何飞机都没有出错。第一份事故报告暗示"飞行员错误",但美国空军司令部要求事故小组重新调查,随后,事故调查组认为作动器故障,这个结论于 1982 年 1 月 30 日在《Flight International》杂志上发表。坠机调查报告认为,当飞行员用力地拉杆从斤斗中拉出时,其中一个控制装置上的作动器杆弯曲。飞行员觉得他正在施加更多输入,但是实际上只是作动器杆更加弯曲。

在 1982 年 5 月 17 日的《AvLeak》上发布的事故报告摘要中报道,诺曼·洛瑞少校在战斗机操作方面经验丰富,带领"雷鸟"飞行表演队飞行了500次以上斗斗机动,没有发生过任何事故。长机的油门远低于通常斗斗中设置,对录像带的工程分析表明,平尾的角度在背面时基本上没有改变,直到很晚才变化,而且变化很小,远小于平尾设计限制。据报道,1号飞机(长机)的卸荷油缸在张力过载下显示出一些故障迹象,发生撞击时,洛瑞少校在用双手拉杆。

在斗斗机动的其余阶段将平尾角度固定在180°点,精确复现了事故斗斗背面时情况。毫无疑问,没有绝对的证据可以确定造成事故的控制困难的确切性质和原因。但是,根据残骸重量、事故斗斗背面时的飞行参数,以及长机在严重威胁生命状况下的异常和不充分反应来看,坠机的原因是技术原因,而不是飞行员失误。关于长机驾驶员为什么没有把即将发生的危险通知编队其他成员的问题,从理论上讲,在改出过程中,他的双手都握在操纵杆上。我们必须知道,通话按钮位于油门上,所以在T-38飞机上要进行无线电通话,需要把手从驾驶杆上移开去按压通话按钮。

而那些没有经验的编队特技飞行爱好者会问:"为什么编队的其他飞机跟随长机撞向地面?"好吧,很简单,其他飞行员都将注意力集中在领先飞机上,他们可能甚至还没有看到地面在迎接他们,等反应过来时为时已晚。这并不奇怪,因为如果领队飞机不论出于任何原因决定撞向地面,其他人当然都会跟随他。所有编队特技飞行员都赞同这一事实,对领导者的信任毋庸置疑。优秀的编队飞行员在开始接近地面时不能决定脱离编队。编队飞行的总原则是始终注视领队飞机并信任他,知道他能带领编队远离地面威胁。

这份事故调查报告还汇总了"雷鸟"发生的事故与人员伤亡:1953—1982年之间有18名"雷鸟"飞行员丧生(其中:F-100战斗机8人,F-105战斗机1人,F-4战斗机2人,T-38教练机7人)。相比之下,"红箭"飞行表演队在1965—1982年间损失了6名飞行员和8架飞机(其中:7架"Gnat"飞机和1架"鹰"式飞机)。这次事故致后,"雷鸟"飞行表演队休整了一年,在次年度重组,并开始采用F-16战斗机飞行。

最初的事故调查报告被空军总部打回到事故调查委员会,从政治家到专家委员会,对航空和航展的安全性并不满意。在任何组织中,管理层对专家调查结果的压倒性超控总是会提醒人们对问题进行更深入的挖掘,而不一定是理解这种有力的政治决策的战略眼光。实际上,此刻,蠕虫的罐头被打开了(谚语),并提出了一系列新的问题。

经验丰富的特技飞行队飞行员提出的第一个问题是:"当编队长机在不通知编队其他成员的情况下降低发动机功率时会发生什么?"突然间,就有了三个新领先者!他们并没有处于指尖、梯队或尾列队形,都在长机侧方并排。现在,如果他们领先于长机并由于发动机功率优势而进一步领先,那么返回原来编队形状的唯一方法看来就是打开减速板。但是他们没有那样做。因此,团队成员要看着长机,直到他说:"离开,我失控了!"此时应该迅速开加力,驾驶飞机脱离。

有趣的是,录影资料显示编队其他飞机并没有向前飞,而是在进行正常斤斗。那么,当时长机飞行员到底通过无线电通知过编队其他成员没有?事故调查委员会认为没有。调查似乎并未充分了解事故的这一特定阶段,留下很多疑问。

必须考虑所有参数和所有可见图片。如果飞行控制装置确实出了故障,那还发生了什么?如果队长因飞行控制故障而将油门收回,那他为什么不通过无线电通报?如果他收油门太快来不及通报,那编队其他飞机又怎么能保持原状呢?如果他在功率过低的情况下进入斤斗的背面,是飞机出故障了吗?您如何以"比正常速度低得多"的速度摆脱斤斗(速度约为 100 kn),而且没有任何一名编队成员要求长机拉高呢?

只有一件事可能是有意义的——长机有意带它们撞向地面,这并非不可能。这么说为什么难以接受?许多单飞飞行员在进行垂直机动时丧生,理论上,这比在编队时要难得多。编队领队(长机)始终知道编队其他成员的状态,并且编队的机动性降低,他不会仅仅为了"挽救"其他人而放弃自己的垂直改出。

一些曾驾驶 T-38 教练机进行过长期编队特技表演飞行的飞行员提出了另一种理论:长机在斤斗顶部无意中进入平失速,倒飞时的高度低于目标高度,飞行员并没有意识到自己没有获得正的机头抬头速度,意识到时已经为时太晚。"我从来不喜欢选择 T-38 教练机进行低空特技飞行,尤其是作垂直机动。这种飞机机身太重,无法避免这种质量分布带来的猛烈冲击。在斤斗顶部倒飞,迎角很容易增大,尾部阻力增加很快,并且机头运动速度很容易变为负值。"

在第三章中对 118 场航展事故的分析中,"人为差错"导致的事故占到了惊人的 79%,但考虑到表演飞行环境的开放性和特有性质,这并不令人惊讶。在 38 起 FIT(飞行撞地)事故中,其中:有 27 起(占 71%)发生在垂直方向,6 起(占 16%)与低空滚转有关,而其余 5 起(占 13%)通常是由于倒飞、飞行控制系统故障和转弯机动动作所致。想一想,不是吗?

一位前"雷鸟"飞行员的评论解决了事故调查委员会未充分考虑的一些问题。"通常情况下,事实与情绪、掩饰、点缀和彻头彻尾的愚蠢混杂在一起。我驾驶 F-100 飞机担任左翼僚机两年,而驾驶 T-38 飞机担任指挥官、长机两年。以我的经验谈谈我自己的看法。当我第一次听说这起事故并最终确信 4 架飞机失事时,我做了两个推测。首先,一定是并排斤斗,其次,长机最后一个坠地。这两件事我都说对了。直线并排飞行时其他飞行员向后仰视是保持正确视线图像、位置的唯一方式。因此,即使仅用眼睛向前扫,他们也无法看到飞行路线前方的任何东西。由于练习时位于'碗'的中部,周围地形不规则,即使在地平线上看到长机也看不出斤斗底部的任何线索。"

"在编队所有其他位置,飞行员应该扫描整个仪表板(检查燃油状态、空速、功率设置等)并向前窥视以查看地面是否升起。这并不是说您不信任领导者,而是您要精通自己的工作,并且可以选择偶尔偷看仪表板。我已经能够只通过发动机声音就可以判断相应飞机位置了"。

"为什么长机最后一个坠地？因为他是唯一知道他们做不到这一点的人，所以他做出了最后一次尝试，努力避免撞地，但没能成功。就这么简单。请记住，当您以 400～425 kn 空速处于斤斗动作的背面时，斤斗底部目标高度是 50～100 ft，一定要保持顺畅，同时尝试使您的编队成员保持平稳，这是完美斤斗底部与灾难之间的唯一区别。而灾难就在你的手指间响动"。

"据说，洛瑞是一位经验丰富的战斗机飞行员，在他的带领下完成了多次斤斗机动训练，他具备完整而全面的状态感知意识，并且具有伟大领导者所有的属性和特质。确实是这样，官方报告还说，在斤斗的顶部，在约 0.5 g 过载的漂浮中，一个异物进入了人感系统（卡滞了驾驶杆），当他拉杆时，手感虽然与原来一致，但结果不同，平尾的行程与拉杆的感觉不一致。这太阴险了，以至于洛瑞少校意识到这一危险时已为时过晚。另外，他最后一个撞地，是因为随着即将发生的坠机事故，肾上腺素的急促释放使他能够松开平尾控制，并在撞地前再飞几英尺。"

"如果我们仅生活和飞行在一个提示性的世界中，那么我可以信赖这种理论。但是现实世界并非如此。当您向后拉杆时，有许多线索告诉您一切是好的，还是不好的。驾驶杆上的压力感觉，臀部在座椅上的压缩感觉，机头在地平面上的轨迹增加，过载表显示的过载增加，空速没有快速增加等都是提示。"

"可以同时拥有两种力量吗？一方面，洛瑞少校据称经验丰富，具有完备的态势感知能力和良好的领导才能。另一方面，他又允许一个不良提示发展为悲剧性事故。为什么其他人会跟随？因为即使其中一名新飞行员可能有位置问题，可能引起一些担忧，但其他飞行员基本上都认为此前这个动作中的所有操作都是正常的。我还发现那天 VCR 的音频不起作用，这很奇怪。可能会发生这种事情，但仍然很奇怪。我很怀疑。"

"我能想到的最糟糕的情况是洛瑞少校会要求编队'散开'（go exploded），这是发生紧急情况时飞行员使用的术语，让每个人驾驶自己的飞机，远离其他飞机。然后他可以弹射。最好的情况是他用无线电呼叫，他将改出飞机，任务中止，所有飞机都将安全降落。如果长机飞行员的无线电台（UHF 和 VHF）故障，或者在预期的时间他没有发送信号，则 2 号机飞行员将通过无线电要求大家'散开'，表演将终止。"

"T-38 教练机原本并非设计用来表演飞行。我开玩笑地告诉大家，但这不是什么大事情，只是偶尔会给我们带来一个问题，但从未发生过什么。如果我是有钱人，有一天我会买一架，并驾驶它表演。这只是我的看法，我也真的这么做了。"

在航展巡回表演中幸存下来并不是真的那么困难。表演飞行员必须了解飞机的性能和他自己的能力。表演飞行员必须熟悉地形、风、温度和压力高度。必须充分了解每个机动动作要求的所有参数指标：空速、高度、功率设置，过载、尤其是在斤斗顶部。如果参数不正确,则必须中止该动作——"其他一切都是垃圾",插入其他动作可能危害您的生存。

可以理解的是,全世界各国空军都对他们自己大使级的飞行表演队感到非常自豪。从理论上讲,各国空军飞行表演队体现了各国空军的最高飞行技能。但是,不管您相信与否,所有飞行员都是人类,并且会犯与其他飞行员相同的错误或判断失误。只是他们花费大量训练时间来尽量消除自己的弱点——他们逐渐积累经验——他们要找出具体飞行剖面的最佳飞行方法和技术,以达到给定的效果,然后再花几个小时进行练习飞行。就是这么简单。拒绝事故调查结果需要非常大的勇气,特别是如果这个人自己从来没有特技飞行队经验时。事故调查小组存在的根本原因在于发现事故根源,采取有效整改措施防止同类事故再次发生。

观众见证

讨论一下观众作为事故"目击者"的问题。这个主题也很重要,因为航展事故通常是航空领域的一件大事,一般都有很多目击者,而在现代,当然还有很多观看视频报道的观众。如果认为事故原因不可靠,那么目击者可以提供一些视觉线索。事故调查对证人证言和视频录像资料很重视,但证人的证言对于航展事故而言,可信度不高,这主要是因为事故发生得太快,而且目击者往往是不知所措地看着飞机发生灾难。

一年前,飞行标准区办公室(FSDO)在达拉斯举行的一次会议上,讨论当地的一起 V mc 失速、尾旋事故,FAA 和 NTSB 就事故调查和目击者作为证人的角色进行了讨论。据称,会议认为,飞行员作为目击者的证言效果较差,因为他们往往对导致事故的原因有先入为主的观念,而且对所看到的东西并不完全客观。与会者认为最可信的目击者是孩子,通常在 8～10 岁之间,因为他们的年龄还不足以形成影响感知的偏见。

对约翰·德里 1952 年 9 月 6 日驾驶德哈维兰 DH-110 飞机在范堡罗发生的致命事故的调查,似乎支持了这一理论。在他第一次高速通场时,观众人群听到了两声异响,在他下一次通场时,当德里到达机场上空时,飞机在进场过程中解体了,更准确地说是在爬升过程中解体了。翼尖故障,造成飞机猛烈地俯仰,机身承受载荷过大;梁和机尾断裂脱落,飞机坠入观众人群。这次事故造成试飞员约翰·德里,观察员托尼·理查兹和 28 名观众丧生,63 人受伤。

"他飞越科夫无线电台再次到达机场,直接飞向科夫山那里的群众。超过 100 000 双眼睛目睹了飞机的解体,因此得出结论是灾难事故的发生很突然。在经历了飞机失事一天之后,每天晚上,我都逐页阅读证人的证词,以期希望找到一些对我有价值的线索。这些研究每天都持续到凌晨一两点。我查看了至少 1 200 个人的陈述证言和数百张照片,所有这些证言都有信件支持,证人确信他们的证明信件能提供至关重要的证据。结果,当我最终完成排序,发现只有不到 10 个目击者讲述的事故经过与目前已知的解体事故相吻合。这几个人正确地描述了所见所闻。做到这一点的人寥寥无几。比较奇怪的是,成千上万的人都在'事故发生后'才看到事故,而他们当时就在靠近科夫无线电电台的地方,并且在飞机接近机场时,他们几乎就在飞机的右下方或下方。"

"当时有 10 万多人观看这架飞机刚从跑道上低空驶过,转弯准备下一次通场。大多数人都知道飞机将从哪边过来,并一直在等待着——有可能他们没有把飞机一直保持在视线中。飞机在他们面前突然解体,1 200 多个证人中的只有不到 12 人准确地描述了事件过程。这些人数不到提交证言人数的 1%,是见证事故的总人数的 0.012%"。

另一场事故(不一定与航展有关)确实可以检验观众作为航展事故可靠见证人的一些弱点。NTSB 就 2001 年 11 月 12 日美国航空公司 587 航班(空客 A300 - 600)在纽约贝尔港的坠机事件的调查发布了以下信息。这次飞机坠毁导致机上所有 260 人死亡,地面上共有 5 人死亡。事故调查组目击证人小组通过直接采访或书面陈述方式从目击者那里收到了 349 份证言。

这些证言中:"有 52% 的人报告说飞机在空中起火,22% 的人说起火位置在机身。还有说起火位置是左发动机、右发动机或不明确哪个发动机的,也有说是左翼、右翼或不明确哪个机翼的。有 8% 的人明确报告发生了爆炸,20% 的人明确报告根本没有起火,22% 的人看到了到烟雾,20% 的人报告没有烟。有 18% 的人报告说飞机右转弯,另有 18% 的人报告说看到飞机左转弯。13% 的人认为飞机'摇晃'、'上下浮动'或'左右摇摆'。74% 的人报告说飞机下降。57% 的人说看到有'东西'从飞机上分离,13% 的人报告说看到右翼、左翼或不明确哪个机翼脱离,有 9% 的人特别指出没有看到有部件从飞机分离。"很明显,对于目击人员还原航展事故细节的能力,应谨慎斟酌。

医学状态

在事故调查过程中,体检偶尔发现有飞行员因病导致事故的,虽然没有得到最终证实,但有事故调查据报告认为可能是由于飞行员在机上失能而造成的事故。例如,1993 年 6 月 26 日在康科德"协和国际航空节"上发生的一次致命的坠机事故。第三天下午的表演是来自弗吉尼亚州米德兰的罗恩·舍里和他的女儿凯伦·舍里表演机翼漫步特技飞行。当时他们驾驶的是一架 PT - 17 "斯提尔曼"双翼飞机,飞行员罗恩坐在后座。最初的表演按照计划进行,包括起飞,快滚(snap roll)垂直"榔头"机动和 100 ft 高度的低空通场。罗恩和凯伦都坐在各自的位置上,随后凯伦计划爬上机翼进行"漫步"。飞机完成一个向左桶形滚转后,未能改出,继续滚转坠地。

联邦航空局航空安全检查员(运营)韦恩·T. 史密斯(Wayne T. Smith)是负责此次航

展的安全检查员,他亲眼目睹了这次事故。史密斯在他的报告中描述:"我从位于展览中心的航展指挥平台观看了特技表演和事故过程。飞机完成左慢滚后,进入向左快滚。我看到飞机在完成 3/4 的横滚后损失了大约 50~75 ft 高度。通过特技烟雾,我可以看到飞机在向右滑行。当机翼在地面之上约 25 ft 时,飞机继续向左滚转。然后机头急剧上仰,同时飞机继续向左滚转。我仍然可以听到飞机发动机的声音,我听起来很正常。飞机机头继续平稳地转弯,机翼继续向左滚转。飞机以机头下俯约 60°的姿态坠落到地面上。左机翼首先撞击地面,同时飞机瞬间爆炸起火。"

飞机撞地后没有弹跳,两个机翼都被撕开,机尾部分仍保持撞击时的姿态。发动机在撞击时被扯开,并从整个驾驶舱区开始向后扭转,完全倒置。大火迅速烧毁了飞机的前 2/3。消防车在 1 min 内到达失事飞机跟前,但花了几分钟才扑灭了大火,才能靠近驾驶员。最初,观众认为在事故处理完后,航展将继续进行,但是表演一场又一场被取消,当天的航展最终被终止。周日航展继续进行,以纪念罗恩和卡伦。据报道,飞行员曾告诉航展经理,他感觉不舒服,并打算缩短表演时间。据《华盛顿邮报》报道,这是出于当地利益的考虑,因为表演者是华盛顿地区的居民。

史密斯先生的报告还指出:"那天早上,N58212 的飞行员舍利先生已告知航展主管,他感觉喘不过气来,并且不想做他的个人特技表演。事故发生后,航展主管告诉我,罗恩·舍里一直在抱怨事故发生前四五天曾出现过类似流感的症状。事故发生的早晨,我在例行检查中与舍利先生和他的女儿进行过交谈,并与罗恩一起度过了约 15 min。在那段时间里,他没有生病的迹象,也没有与我讨论他那周早些时候经历过的类似流感的症状。"

舍利先生持有商业飞行员执照,具有单发和多发飞机,以及陆上飞机和仪表飞行等级资质。他还持有 1993 年 2 月 2 日颁发的二等飞行员医疗证书。他拥有最新的 FAA 表格 8710-7《特技飞行能力证明》,日期为 1993 年 2 月 23 日。这个表格是国际航展理事会的航展认证评估员于 1993 年 2 月 12 日对舍利先生进行特技能力评估后发布的。舍利先生被批准升入 1 级,对表演"不加限制",包括单人特技,以及和女儿的双翼机"机翼漫步"。舍利先生在申请这些等级时报告说,他在 1992 年参加过 8 次航展表演。他在前两年的申请中也表示进行了 8 次航展表演。评估员撰写的最新"地面评估报告"中指出:"过去一年,我在几次航展上都观察了罗恩的表现,并且在过去 7 年中,我一直观察到罗恩的操作是安全的。"国家运输安全委员会确定此事故的可能原因是"由于失能导致飞机失控"。

武装部队病理研究所首席医学检查官查尔斯·斯普林纳特(Charles S. Springate)博士提交了一份咨询报告,报告指出:"我们从国家海军医疗中心收到了尸检报告,NTSB 的初步调查信息,事故录像带和他的门诊记录副本"。评论:"这个人的心脏病已经很严重,可能随时导致突然失能。但是,无法通过心脏检查来确定这种失能是否确实发生了"。联邦航空管理局飞机事故研究科医学官查尔斯·德约翰(Charles A. DeJohn)博士对这次事故进行了航空医学咨询。他的报告指出："心脏病发作可能是这场事故的最可能原因。飞行员有既往心肌梗塞(MI)以及严重冠状动脉疾病(CAD)的病史。"

"在表演飞行的前一周,他患有疲劳和'流感'症状,这两种症状都可能是心脏病的表现。表演期间突然滚转上拉,进入不平衡且最终失控的飞行状态,这与经历突发性、严重的心脏病发作性疼痛的人的早期反应一致。此外,似乎在飞行的最后阶段中,飞机机翼水平的时间很长,经验丰富的特技飞行员足以能够挽救意外飞行状态并恢复正常飞行,或者至少在飞机坠地前,将损害降至最低程度。但是,似乎没有看到飞行员试图恢复的任何尝试,飞机继续滚转直至坠地。这表明该飞行员当时可能已经丧失能力,无法改出飞机。"

他在报告中继续指出："心脏病的主要症状包括呼吸困难、胸痛或不适,咳嗽和过度疲劳。这类胸痛常常与胃肠道原因引起的疼痛混淆,患者常常否认这一点,容易误认为是消化不良、肌肉骨骼疼痛或'流感'引起的疼痛。证据表明,飞行员在飞机上失能可能是这次事故的原因。尽管无法确定失能的原因,但历史情况和录像带资料可能能解释这次事故:心肌梗塞,肾结石,'流感'症状和疲劳。飞行员在事故发生前一个星期抱怨自己有'流感'症状和疲劳。虽然已经知道轻度疾病和疲劳曾造成过其他航展事故,但通常与其他因素有关,例如紧张的日程安排导致睡眠不足(尤其是前一天晚上)、饮酒等。而这次事故似乎缺乏这些要素。"

他在报告中总结如下："鉴于可用的数据多种多样,心肌梗塞似乎是这次事故最可能的解释,但不幸的是,对心脏病发作的明确验尸诊断仅是实验性的。进行尸检时通常无法获得用于确定结果的'标记',而且这些方法目前尚不清楚。在本事故案例中,没有此类明确信息,因此,必须通过审查医学、病理学、毒理学、视频和事故调查信息来得出结论。"

国际航展理事会安全标准指导委员会主席吉恩·利特菲尔德(Gene Littlefield)查看了事故录像带并咨询了其他航展表演者。他在报告中说:"视频资料显示,向左的快速滚转下降不当,持续左滚转而坠地。这发生在几乎完美的左缓慢滚转之后。查看视频'静止动作'时,在整个机动过程中方向舵都清晰可见,但在机动开始时,方向舵并没有向左偏转,在此时方向舵必须向左偏,才能快速左滚转。实际上,方向舵在机动开始时没有向任何方向偏转,而是保持在绝对中立位置。"

利特菲尔德先生的报告继续指出:"方向舵可向左操作,但是,如视频所示,飞机向左旋转,很可能是由于'P因子'和扭矩,然后继续向左旋转,并到达右边缘,方向舵完全左偏。视频显示了许多有趣的内容供您讨论。快滚的俯仰角非常大,这很可能是因为方向舵零输入,表明飞机的底部进入了飞行线路,实际上阻止了向前的动量。当以这种方式加速获得升力时,飞机最终将由于'P因子'和扭矩而向左旋转。此时,飞机做了一个高升的向左'半snap'滚转,此时几乎没有前进速度。我的飞机几乎与这次事故中的飞机相同,包括四个副翼等,我找了一个合理的高度来复现以下这个动作。我重复进行了6次,每次,如果您做了舵输入，飞机都会上仰 70°～80° 的角度，然后向左滚转。我尝试的速度从 90～110 mi/h 不等，结果基本相同。在我下降获得飞行速度之前，我无法控制飞机。高度损失大概在 200～300 ft。

利特菲尔德先生对是否可能发生了机械故障作了如下说明。"我不认为这个机动的意图是朝任一方向的快速滚转，我相信飞机是其中一名飞行员不经意间向上俯仰的。不要将上偏方向舵与将油门保持在巡航功率降落时的感觉相提并论。不会发生这种事情。对于这种经验水平的飞行员，这是本能。可能在慢速滚转后飞行员出现短暂的身体问题，导致失控。"

年龄问题

一般航展发生事故后，媒体通常都特别关注表演飞行员的年龄。例如，打开报纸和航空杂志就可以看到以下内容："2002 年 6 月 22 日，星期六，现年 66 岁的前英国国防部副参谋长肯尼斯·海尔爵士在比金山航展上驾驶'吸血鬼'战斗机表演飞行时不幸坠毁而丧生。"或者是"来自肯特郡的 62 岁的前'红箭'飞行表演队飞行员特德·吉德勒，于 2000 年 8 月 18 日在一年一度的'Airbourne'航展上因其 L-29'海豚'喷气教练机坠入伊斯特本海而丧生。"更令人不安的是："由丈夫丹尼尔·海利戈因（68 岁）和妻子蒙田·马莱特（52 岁）组成的民间'法国链'航展'表演对'因他们驾驶的两架 Mudry CAP 10 飞机发生空中碰撞而丧生。"

关于年龄与特技飞行表演的问题，必须基于一个前提来讨论，即表演飞行必须具备一定水平的心理和身体表现能力，并且这种能力绝对需要极高的生存基准指数。此外，必须考虑到，不仅必须保持这一基准，而且随着飞机性能或个人行为参数限制随时间的变化，甚至必须提高这个基准。随着特技飞机的进步，诸如陀螺仪耦合等以前不可能的机动成为可能，生存方程式中的这个因素占比越来越大。

最重要的是，特技飞行员必须保持极高的个人基准能力，这个能力不是具体年龄的函数，而是飞行员保持高水平身体和精神状态的个人能力。换句话说，为了在这种环境中安全地执行飞机操作，表演飞行员必须维持一个程序，专门用于保持在任务周期内，身心状态符合表演飞行要求。飞行员实现这个目标的方式本身就必须从整体考虑，涉及身心调节和维持。但由于问题与年龄有关，因此应采用将年龄排除在外的方法，而采用当前能力评估来代替年龄，确认其执行相关表演飞行任务的能力。实际上，这是所有航空飞行标准的基本前提。

应从两个角度来看待这个问题，飞行员的个人观点和外界施加的限制。从外部视角看，或许可以通过法规或其他"官方"手段来限制年龄，这超出了本书的讨论范围，但从飞行员的角度来看,航展表演飞行环境中的生存并不是与年龄直接相关,而是与个体飞行员持续执行相关要求的能力直接相关。这就需要一个持续不断的身体和心理健康计划,这是飞行和生存的绝对必要条件。每个飞行员都必须能够基于自我设定的当前身体和心理条件参数,对自己继续进行表演飞行这项工作的能力进行完全客观的自我评估。安全成为问题的时候就是"限制"点,而不是达到某个具体年龄成为"限制"点。无论出于何种原因,如果自我评估告诉飞行员,无法再持续维持安全参数,那么……

将行为能力而不是年龄确定为安全限制,才可以获得更好的安全性。因为个人的行为能力。而不是年龄,才决定着表演飞行员在这个行业的前途。话虽如此,这个原则也只适用于愿意接受这些约束的飞行员。无论如何,大多数从事此行业或在这个行业有经验的人都已经参加了这样的能力评估计划。对于那些没有参加此类计划的人,就带来了年龄限制的法律问题,这超出了本书的范围,并且我们仅针对那些希望在表演飞行环境中飞行和生存的人。

在 2002 年的纽约 Geneseo 航展上,时年 80 岁的奥斯卡·博什(Oscar Boesch)持有国际航展理事会无受限制级(一级一表面)授权书。不论是在第二次世界大战中,还是在航展表演飞行界,他显然都是一位王牌飞行员。他的出色表演为航展增光添彩,为观众带来了愉悦享受,如果不告诉你他的年龄,你永远不会猜到在空中驾驶飞机的飞行员年龄有 80 岁。所以说,归根结底,航展飞行事故的罪魁祸首是经验不足和飞行员判断能力差。

不幸的是,表演飞行员的经验是不可转移的。典型的例子是驾轻就熟的航空公司或军事运输机飞行员,飞行时间高达 10 000 h,跳进一架炙手可热的小型单发飞机上。他的 10 000 h 飞行时间在这架小型飞机上根本算不上什么,因为观看自动驾驶仪驾驶 400 000 lb 重的飞机,与低空特技飞行中高性能飞机快速变化的视觉效果、高过载和利用操纵杆——方向舵操控飞机的感觉和技能毫无关联。同样,可能有一个飞行员具备驾驶 J-3 "幼兽"(Cub)进行"表面级"(surface-level)特技飞行数十年的经验。但如果让他驾驶 L-39 教练机,那么速度和机动半径会更大,并非所有这些小时数经验都可以转移。在 L-39 飞机上,飞行员完成关键的初始阶段学习后仍是初学者,而且风险较高——正是基于这个原因,国际航展理事会制定了表演飞行员分类"分级"系统,这个系统从没有经验的高空飞行表演飞行员开始,并且随着他们获得的经验越多,其最低表演飞行高度逐步降低。尽管这个系统并不是尽善尽美,但是由于缺乏其他科学机制或过滤程序,因此这个系统仍是目前最好的管理系统。

假设如果在低空特技飞行中,不考虑身体和心理状态训练程序,只把年龄因素视为一个线性限制参数,这个限制值就定义了一个安全截止点,则在某个时间将到达这个限制点。当然,可以尝试根据各种源数据确定这个时间点,并且也许只使用年龄因素就可以得出一个限制参数,这将总体上有利于安全。但是,这会给失误留出很大的间隙,将失误转化为个人失误,而不是覆盖通用层面,这将使许多飞行员成为事故的受害者,通过使用严格的持续绩效自我评估以及旨在维持这项工作所需的极高和苛刻前提条件的身心调节程序,原本可以避免这些事故。

使用行为能力而不是年龄作为限制,可以延长这项工作的年龄。这将为低空特技飞行表演飞行员的整个职业生涯营造一个总体安全的环境,最重要的是,创建一个可以真正挽救生命的安全限制点。

没有统计学或科学证据表明年龄应成为限制因素。只要表演飞行员可以证明自己在心理、身体和运动技能方面的安全性和熟练程度,应当允许飞行员根据自己的意愿做自己想做的表演。美国空军一名从事老式飞机飞行的飞行员说:"我知道很多年长的飞行员在飞行,包括我在内,我很快就要 68 岁了,我不久前与弗兰克·博尔曼(Frank Borman)和比尔·安德斯(Bill Anders)一起驾驶他们的 P-51 飞机飞行了 3 天,他们都比我大一点。那些飞行过程中,有喷气式飞机领队,侧方有螺旋桨飞机,还有一架 A-10 飞机。这是由美国空军赞助的'遗产飞行'。12 名民间飞行员和他们的'战鸟'——P-51 战斗机、F-86、P-47、P-38 等飞机与空军一起训练,参加他们的飞行表演项目。观看或飞行都给人留下了深刻的印象。他们在航展上进行了大约 15 min 的例行表演(没有特技飞行),得到了观众的好评。我对此感到非常满意。"

您想成为专业的特技表演飞行飞行员吗

在大多数年轻人的"愿望清单"中,飞行员职业无疑是一个重要选择,每年世界有数十万年轻人观看各地的航展表演,但是只有极少数人能实现自己的抱负和梦想,成为专业表演飞行员的人数更少。在航展界,表演飞行员是一项职业,这些职业表演飞行员的工作是在航展上驾驶飞机进行表演飞行,获取收入,有足够资金的试飞员、军事飞行员、航空公司飞行员、前军方飞行员和航空爱好者,也会自己购买特技飞机或老式战鸟飞机进行表演飞行。

航展观众观看表演飞行员在天空飞翔,每个机动动作对于飞行员而言似乎都是"酷刑",因为他们在这些机动动作中会拉很高的正、负"过载"。他们似乎很高兴地驾驶自己的飞机进行各种扭转滚爬动作,使非航空人员和熟练飞行员都感到惊奇。尽管大多数人可能不会承认,但是当他们看到飞机和飞行员似乎无视物理定律时,或者当他们感觉到加力燃烧室的轰鸣声和原始力量将空气分开时,他们经常会感到莫名的刺激。

那么,成为一名专业表演飞行员会怎样?他们的生活方式是什么类型?这样的职业能谋生吗?需要什么培训?为了回答这个问题,我们来看这样一个以特技飞行为生的飞行员的故事。迈克尔·曼库索(Michael Mancusso)是美国表现最出色的航展飞行表演者之一,他将飞行表演作为一项职业。迈克尔曾是北极光特技飞行队的成员,参加过很多航展飞行表演,后来他驾驶克莱因工具公司(Klein Tools)赞助的 Extra 300L 特技飞机进行单独表演飞行。该飞机是一款高性能的串列双座中单翼无限制特技飞机,发动机功率为 300 Ps。这种飞机的滚转速度可达 $340°/s$,爬升速度最大 3 200 ft/min,过载可达$+/-10$ g。该飞机具备表演各种特技动作的潜力。这种飞机的视野极佳,就像坐在飞机的顶部一样。高性能和出色操作品质的完美结合,可以向观众提供最大的美学吸引力。

在我们的故事中,表演飞行员迈克尔的典型表演,是在一个军事基地,从周三抵达基地开始。他在星期四通知了赞助商和媒体,并开展了练习飞行,然后进行一些其他特技练习。星期五,他为学校团体、军人家庭、贵宾等进行了"关门表演"(closed show),周六和周日,为公众进行公开飞行表演。每天早上 8:00 点从强制性飞行任务简报开始——如果不进行飞行前的任务简报,是不允许飞行的。只要他能获得低空许用空间,他每天都会进行至少 1 次飞行练习。在周末之前,他通常至少要在航展表演区域练习 3~5 次。由于与所有其他飞机的飞行混合进行,需要始终使飞机保持在最佳状态,还要接受各种采访、签名会和航展社交活动,每天工作时间其实很长。

在不同的航展之间,他还必须负责将自己的飞机和设备运送到下一个航展地,在那里重新开始例行程序。有些表演飞行员会让他们的机组负责将飞机运送到下一个航展地,而他们自己则乘坐商业航班前往。飞机、设备和机组人员从一场航展到另外一场航展的方式主要取决于下一场航展的距离以及两次航展之间的间隔时间。以迈克尔为例,他的乘务长兼私人助理是个聪明又漂亮的女士,名叫霍莉·罗普(Holly Ropp)。他们削减开支的一种方法是将所有设备放在飞机的前座,然后将其运送到下一场航展地,而霍莉则乘坐商业航班前往。这对他们而言是可以节约费用的,因为霍莉恰好是一名商业航班的乘务员,可以免费乘机。霍莉的工作时间非常灵活,她每月的商业航班飞行是十天,其余时间可以为迈克尔工作。有些飞行员会自带机械师,但迈克尔更愿意使用当地的航空机械师。

在这个故事中,您一定想知道,飞行表演是不是完全没有压力。如果您是做这份工作的,那么您将需要忍受每周进行几次 6 g 以上过载的飞行表演的压力,并为赞助商和媒体进行几次活动,进行公开演讲(对于某些人来说,这比特技飞行更有压力),签名,参加航展社交活动直到深夜,然后在第二天还要提早起床并开始新的一天的全部工作。您还必须谨慎地生活,以免做出任何让赞助商感到尴尬的事情。

在这一切之间,您还必须管理好账单,与下一次活动的协调员进行沟通,安排飞机维护时间以及其他众多后勤事务,例如将飞机运送到下一个目的地。请记住,您的大部分时间都"在路上"——除非您有预订或离下一个表演地点很近,否则很难有一个完整的休息日。您还需要注意锻炼以保持体形,保持节食以减轻体重,每年提着行李箱度过大约 9 个月的时间(3—11 月,这是北半球的航展季节)。但是表演飞行员们说他们喜欢这样的生活!如果您正在做自己喜欢的事情,那就不是负担或琐事,而是永远的快乐!此外,如果您不会唱歌,还能去哪里工作,接受成千上万的人称赞,在杂志上写文章,上电视,到各地旅行,签署亲笔签名,拥有自己的粉丝俱乐部,一直做自己喜欢的事情?在航展淡季(12 月至次年 2 月),迈克尔管理着家族企业中岛飞行学校,并在他的特技飞行学校(Gyroscopic Obsessions)中任教,这两所学校都位于纽约长岛。

那么怎样才能成为航展表演飞行员呢?好吧,如果尚未通过军事飞行训练计划,则在获得私人飞行员执照并积累了一些飞行时间(实现表演飞行梦想的必要步骤)之后,可以通过逐步训练来开始特技飞行。开始训练的一个好方法是加入特技飞行俱乐部,例如国际特技飞行俱乐部(IAC:http://www.iac.org)。在他们的指导下(当然,是要交学费的),您可以了解从娱乐特技飞行到竞赛特技飞行的全部知识。当您开始训练时,将进行的训练级别分为基础级、运动员级、中级、高级和无限制级。前三个级别的学习费用相对较低,但较高级别的课程则比较昂贵,因为需要一架特殊飞机和一位经验丰富的飞行教员来指导您。

如果您只对休闲娱乐特技飞行感兴趣,则只需要在前三个级别学习即可。但是,如果您已经是有经验的特技飞行飞行员,并且对竞赛特技飞行感兴趣,建议您也与一些一流的航展飞行表演者进行交流,因为他们中的许多人都以提供个人专业指导为副业。要想成为最优秀表演飞行员,为什么不向已经非常优秀的表演飞行员学习呢?只需要找一个距离您比较近的人,在飞行表演淡季时与其联系即可。

一旦您精通特技飞行并拥有了一定的经验,高级飞行教员就可以帮助您成为无限制航展表演飞行员,并教您如何组织航展表演动作。您至少需要组合两个表演程序:一组表演持续约 6 min(预热,增加吸引力),另一组表演持续约 12 min(重点吸引观众)。飞行教员还将帮助您发展在最低高度安全飞行的能力。这可不像看起来那么容易,当您距地面 10 ft 倒飞时,您不能犯任何错误。

在您开始高级特技飞行训练的同时,您还希望加入国际航展理事会(ICAS:http://www.airshows.org)。这些人知道您成为专业航展表演飞行员所想知道的一切(也许还有一些您不想知道的事情)。您如何负担飞机的费用?不要从 Extra 之类的无限制级别飞机入手,而要从经特技飞行认证的"塞斯纳"(Cessna)150 等切合实际的飞机入手。然后随着您的熟练程度的提高而逐步提高飞机的能力。这样一来,如果最终确定您不是航展表演飞行员那块料,那么您也不会因为一架市场有限的飞机所困扰。拥有自己的具备"过载"能力的飞机是提升特技飞行技能的最经济途径。如果您没有购买价格在 30 000~200 000 美元之间的二手飞机的主要资金,那么建议您与另外两个或三个人结成合作伙伴关系。咨询律师和税务顾问,研究以等额股票形成有限责任业务合伙企业的可能性。拥有特技飞行表演能力并偶尔担负机组人员责任,这对某些人可能非常有吸引力。

您如何进入航展竞技场?首先,从本地航展着手,并在力所能及的范围内进行飞行。

在您完成足够多的飞行表演节目来丰富自己的简历之前,不要害怕"免费"飞行。继续进行飞行培训,提升您在越来越低的海拔高度和更丰富的专业知识下飞行的能力。当您远离家乡时,请寻找地区赞助商(见图5-5)。这样,将有人支付您的部分或全部航展费用。如果您居住在美国加利福尼亚州,德克萨斯州或佛罗里达州,则可以通过在自己所在地区进行多次表演飞行来过上体面的生活。您的目标必须是在特技比赛和小型航展中获得足够的经验,以进入全日制专业航展表演行业。当您开始寻找国家级赞助商时,您拥有的"赞助历史"这一事实将非常有用。一旦获得了无限制级别一些经验并取得证书,您就可以准备在全国范围内进行表演了。

您能过上体面的生活吗? 成为专业航展表演飞行员就像成为专业高尔夫球手一样。您必须在9个月的航展季中赚到足够的钱,才能维持12个月的生活。但是,在这三个月的闲暇时间里,没有人会阻止您做些其他事情来赚取额外的收入。费用方面,一旦您开始在航展上表演,事情就会变得容易一些。传统上,航展主办方负责为机组人员提供住宿,为团队个人提供交通服务,提供飞机场的机库和服务设施服务,为飞机维修和保养提供协助,为表演飞机提供燃油、机油、润滑油和烟雾油料等。扣除各种费用后,您每年应该至少可以赚30 000美元。

图5-5 寻求本地公司成为您的主要赞助商,并增加几个小赞助商

有些表演飞行员的实际年收入超过10万美元。显然,收入取决于表演对观众的吸引

力,以及您在表演中的作用。这也取决于您是否有主要赞助商。除此之外,您还有其他的小赞助商吗?您有待售商品(图片、书籍、帽子、T恤、杯子等)吗?您的表演是否令人印象深刻?人们愿意横穿城镇数十英里站在烈日下观看您的节目吗?钱就在你表演的"剧院里"。

对表演飞行员和航展的赞助

成功获得赞助的关键是专注于赞助商的利益,而不是简单告诉赞助商您需要什么,而是告诉赞助商与您合作将为他们带来什么好处。在联系赞助商之前,请先做作业。学习了解自己的产品,无论是航展还是飞机,都要知道它代表什么。没有一家公司会对虚无的承诺或错误的数字感兴趣。用下列问题检查您的合作项目:

(1)您的观众群体有多大?他们的职业分类是什么?他们的年龄构成,收入状况,男性,女性和儿童的比例是什么?您的媒体回报是什么?

(2)您可以向赞助商保证什么回报。包括活动或飞机的宣传册,海报,广告,书面新闻,杂志,电视和广播,网站,媒体合作伙伴等;宣传您的活动、地点或飞机的所有报告;新闻报道、电视报道中的相关文章等。

(3)您原来的情况?与您的表演相关的价值观是什么?您是独特的吗?您的表演是附近唯一的航展表演吗?

您的表演项目中是否有与大公司,董事会成员,董事密切相关的人员?他们可以帮助介绍吗?最好始终根据推荐开展工作!如果您没有任何东西,请尽量展示自己!让自己与潜在的客户一起广为人知。如果您很了解自己的表演项目,列出您必须提供的所有东西。要有创意。记住,与传统的"投资回报"相比,您可以提供更多服务。与活动相关的赞助商名称:VIP帐篷＋VIP通行证和VIP停车位、海报、手册上的徽标、等等都有不可估量的价值。

还有许多其他方法,包括从门票到垃圾箱,厕所和活动标志。尝试使用具有竞争性元素的互动优惠,让您的受众可以参与其中。尝试从"商业激励"角度出发,即企业的"日常活动"。许多公司在激励日上花的钱仍然很少。将其与美食相结合,在表演结束时乘坐运动飞机,与表演飞行员进行非正式会谈等。很长时间以来,其他大型活动都在这样做,看一下足球场中的商务座位……

一旦您对自己的"产品"了如指掌,就可以确定您的市场价格和定价策略。但请记住,表演飞行不是一级方程式赛车,因此我们不可能获得一级方程式赛车的预算经费投入——胃口别太大!就像在其他行业中一样,您必须具有竞争力、创新性和诱人性。不要忘记寻找赞助商的目标是增加他们的销售前景,从而帮助他们发展业务。

在没有做足自己的功课之前，切勿接触潜在的赞助商。不要因为缺乏专业素养而牺牲好机会。寻找赞助商非常类似于打猎游戏：您需要智慧才能制定成功的策略！既然您知道自己的产品，那么您就必须学习有关潜在赞助商产品的相关知识。谁是他们的典型客户？他们与您的受众群体一致吗？赞助商打算推出新产品吗？公司的收入是多少？但请一定保持您的建议是正确的。

谁掌握权力？请记住，公司中的大多数人有权说"不"，但只有极少数人有权说"是"。做完这些作业后，您就可以与潜在的赞助商联系。怎么联系？任何事情都可以起作用，如邮寄信件，打电话和发送文字稿件。但请确保准备好的演示文稿充满活力、易于阅读、直观，直奔主题！

最好的方法是通过公司内部人员推荐，从而使公司对自己有所了解。最糟糕的事情是，与您协商的人从未听说过您或您的表演项目。永远保持积极和热情，如果您对自己的项目都没有激情，那么同样您将无法给赞助商带来火花！

汤姆•波贝雷兹尼（Tom Poberezny）对下一代航展表演飞行员以及他们将进入的竞争日益激烈的环境表示了担忧。"好的表演飞行员是那些能够以最高的精确度专业地执行飞行表演任务，并且依然很有趣的人。"他说。"他们无需总是追求飞得最低或在包线边缘飞行，因为他们更具创造力……然而今天，我们生活在一个营销社会中，似乎，只有哗众取宠才能产生影响，否则将一无所成。我觉得航展业务的发展也有这种不良趋势。许多人都试图进入这个行业，并尽快产生巨大影响，但他们却不愿意按部就班地等待 15 年或 20 年，而只是去购买一架特技飞机就希望成为顶级专业飞行表演人士！"

第六章　表演飞行安全的动力学问题

　　表演飞行员必须了解飞机的总体设计能力,并认识到自己的飞行限制,任何一个都不能超出(见图 6-1)。

　　图 6-1 "表演飞行员必须了解飞机的总体设计能力,并认识到自己的飞行限制,任何一个都不能超出。"(鲍勃·胡佛:试飞员和资深国际航展飞行表演人士)

引　言

　　所有表演飞行都涉及两个方面,即飞行员和飞机。二者都有其自身的功能和局限性。要保证表演安全成功,必须在二者的限制极限内完成表演飞行。专业的表演飞行员不仅必须了解和理解自己的局限性,还必须了解飞机的局限性以及环境因素对飞机性能的影响。

最重要的是,表演飞行员必须了解在非常接近地面的高度操纵飞机所涉及的动力学问题,以及与其他飞机涉及的动力学的差异。

根据第三章的分析,我们知道,大约79％的航展事故归因于"人为因素",其余21％事故的原因分别是机械故障占17％,中间媒介占4％。在大多数情况下,飞行员无法直接控制机械故障或中间媒介环境(例如密度高度、云底、能见度、侧风等)的影响。因此,从理论上讲,"飞行员错误"导致的事故不能归因于机械故障事故类别。但是,飞行员无法直接控制这些环境因素,如果天气条件不利于设计的表演动作顺序,应谨慎地将表演转换为恶劣天气条件表演顺序,甚至可以取消表演飞行。

我们用中间媒介因素描述部分事故原因,尽管没有归类于"飞行员错误",但如果飞行员在恶劣天气条件下选择进行表演并继续机动,那么,人仍然要承担间接责任,因为是人为增加了发生事故或判断错误的可能性。

从好天气表演程序更改为坏天气表演程序的决定是飞行员做出的,而不是航展组织者或表演安全委员会的决定。必须在航展表演之前确定将表演从好天气条件表演顺序改为坏天气条件表演顺序,从垂直飞行改为到水平飞行,从斤斗改为滚转,甚至可以取消表演。但是,如果表演安全委员会要求从好天气表演顺序转变为坏天气表演顺序,专业的表演飞行员应该无条件服从。大多数航展组织者会在恶劣天气下继续进行航展表演,这当然主要是出于经济上的考虑。

人的固有生理缺陷直接导致了全部航展事故的79％,其中飞行撞地占31％,空中碰撞占25％,失控占20％,机腹着陆占3％。人也无法逃避失控事故的责任,这些事故通常是由于飞机操纵技术差、预判差、态势意识差、判断力差以及飞行员响应或反应时间慢所致。在分析中识别出的38起飞行撞地事故中,有27起(占71％)发生在垂直方向,6起(占16％)与低空滚转机动有关,其余5起(占13％)则是倒飞通场、飞行控制系统故障和转弯机动引起的。

要了解和理解飞机的总体功能和局限性,首先应该对飞机的性能和操纵品质进行全面分析。飞机的起飞和着陆性能、低速和高速机动限制、在当前的密度高度条件下的能量管理、各种构型下的滚转性能、各种空速的转弯半径和转弯时间、各种俯冲角度的接近速度和改出拉起高度,这些通常都是制定表演程序之前需要掌握的基本信息。哪些因素控制着这些动力学影响?它们如何影响动作?陷阱在哪里?飞行员应该了解这些因素的哪些方面?

在低空表演飞行领域内,存在某些特定的动力学特性,这些特定的动力学特性对于飞行安全性是特定的,并且与人体生理学以及涉及表演飞行的物理特性有关。这些因素包括接近速度、能量管理、表演空间、惯性和动量、皮托管或静压、密度高度、质量和重心、转弯性能、滚转耦合、结构载荷、分离和尾旋问题,以及紧急放弃等诸多因素——这些都是明确有形的。另外,还有两个极为重要的无形未知变量,即飞行员的思维(每分钟都在变化)以及相关的心智决策过程。

接近速度

就像电视剧一样,全世界的墓地大都设有纪念因进行低空特技飞行而丧生的飞行员的坟墓或纪念馆。当然,有些飞行员幸免于难,也不一定受伤。最经典和最著名的例子肯定是不列颠之战王牌飞行员道格拉斯·巴德(Douglas Bader),他曾于 1931 年在布里斯托尔斗牛犬飞机场上空作低空"慢速滚转"时发生坠机事故,失去了双腿——但后来,又发生了很多传奇故事。

这个故事的情节肯定是"不可重复"的,尽管有许多其他飞行员有着类似的事故经历,但是在大多数情况下,他们设法完成了低空滚转或从低空的垂直机动中改出——在距离地面仅仅几英尺的空间内,如果再少几英尺,结果可能就是灾难性的。实际上,他们没有撞地,更多的是依靠"神"的干预而不是任何"精湛的驾驶技能"。

表演飞行员为了能够在 100～200 ft 之间的高度上从特定的垂直机动中改平飞机,在每次机动过程中,他们都会认真观察俯冲角度、下降速度和接近地面的速度。他们会很惊讶地发现,在某些情况下,例如在高速军用喷气飞机上,在斤斗的 270° 位置或垂直俯冲时,飞机的瞬时下降速度可能超过 500 ft/s。从理论上讲,如果拉起延迟了 0.02 s 或更长时间,那么⋯⋯让数学做剩下的事情吧。

毫无疑问,飞行员都希望完美地完成机动动作,不希望自己被书写成失败者,更不愿意造成观众或表演安全委员会成员大量歇斯底里的指责。如果飞行员意识到两个特殊因素的重要性,那么意外失误将减少。每个表演飞行员都必须了解、理解并最终尊重这两个因素。第一个因素是在所有垂直下降机动中,接近速度非常惊人,根本不是真实的接近速度;第二个因素是人的反应存在固有的局限性,在高速、迎面、反向位置或接近机动等可能遇到的快速事件中,人的反应缓慢。

高接近速度对人体生理学来说是相当新的东西。对于前几代人来说,付出的代价绝不只是两辆车之间偶尔发生碰撞、保险杠撞坏那么简单,烦躁的性格是要付出代价的。对于现代汽车的驾驶员来说,已经开始了解更多关于接近速度的知识,并培养对它的敬畏。人们相对容易地学会补偿这一新挑战,这在一定程度上是对人的独创性以及对人在动态环境中学会补偿的能力的敬仰。在短短的几年内,我们学会了驾车过程中要谨慎观察其他车辆,准确做出判断,安全地超车。在潜意识里,我们已经对这个相对较新的现象制定了三维仪表,尽管还是发生了一些失败案例。

然而,尽管我们在高速公路上已经有了一些经验,但是当我们驾驶飞机时,其接近速度是在地面无法比较的。飞行中缺乏评估空速的外围线索,这使飞行员的大脑极难评估速度。在驾驶汽车时,道路、环境噪声水平、后掠的树木、丘陵和其他周围环境特征使驾驶员可以感知相对速度并进行合理处置。但在飞行中,到目前为止,我们还无法一目了然地完全理解和估计高接近速度现象(见图6-2)。因此,有必要了解接近速度涉及的几何形状和动力学问题,这是低空表演飞行生存的主要基础之一。

图6-2 在同步的反向机动中,超过1 000 ft/s的高接近速度并不罕见,飞行员的反应时间、预判和态势感知能力更加重要。多机编队尤其难以同时到达交叉点

　　举个例子,将斤斗的背面视为其他垂直机动动作的特征,例如"榔头"失速和"尾滑"——我们需要了解下行垂直动作的时空几何形状。其中有三个关键因素,即俯冲角、空速和改出高度。第一个因素是俯冲角,这是斤斗之类的垂直机动中的一个简单概念,因为一旦飞机通过了垂直机动倒飞的顶点位置,并指向地平线以下45°,这个角度就是俯冲角。

　　第二个因素是空速,这个概念比较简单。但是,空速越大,对安全拉起改出的影响就越大。现在把俯冲角和空速这两个因素组合一下,如果不正确,就会导致灾难。正确的平衡至关重要,因为从根本上说,如果俯冲角增大并且飞机具有一定空速,若不尽快减小俯冲角,则不可避免地会与地面发生碰撞。因此,在任何以一定空速冲向地面的飞行剖面中,一定存在一个伴随的且同样重要的考虑因素,即时间。如果我们不知道在改变空速和俯冲角之前的最短可用时间,就相当于我们"不知道子弹已经上膛"。有几张图表说明了在各种俯冲角与空速条件下高度损失与时间的关系。

图6-3中列举了一个简单的例子(图中有飞机的那条线)。这个飞行剖面从10 000 ft高度开始,到1 000 ft高度开始退出俯冲拉起,这个过程中飞机高度下降了9 000 ft。如图6-3所示,开始时的速度是450 kn,以45°俯冲角下降9 000 ft高度需要大约17 s,这时发生了另一个不可原谅的错误——那就是根本没有时间进行改出拉起。在俯冲这样相对简单的几何形状中,改出是最后一个主要因素。但是,在垂直机动的改出过程中,最危险的是接近速度。科学家针对加速度、重力与其他时间、运动和空间物理定律开展过大量研究,这些定律涉及飞行中空速和飞行方向的变化。但是,从俯冲中改出时,我们直接面对的因素是动量。自然界的一个运动特征是,当物体移动时,它会一直保持直线运动,直到遇到某种形式的阻力为止。物体越重、速度越快,那么使其减速、改变方向或停止所需的阻力就越大。

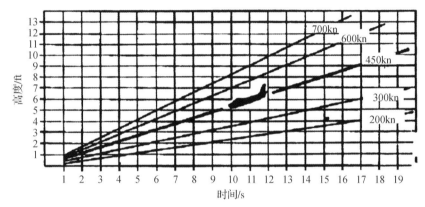

图6-3　俯冲时间与高度的关系

　　物体这种继续前进的趋势归因于物体的动量,这个动量与物体的质量和速度有关。棒球在被投出后,由于动量而继续朝着投掷的方向运动,受到接球手的阻力、坚实的地面或空气摩擦才会停止运动。如果用力掷出篮球大小的石头,蝙蝠或捕球手都无法有效地阻止它,要克服它的动量需要很大的摩擦力。

　　这种阻止运动状态发生变化的趋势被描述为"惯性",本质上是物体阻止运动状态发生变化。"惯性矩"是用来描述旋转惯性的一个专用术语,特别适用于涉及滚转、俯仰或偏航运动的机动动作,角加速度是指绕飞机轴线的加速度。幸运的是,动量是质量和速度的直接线性函数。如果速度是平方或立方函数,则只能开始想象用动量描述对表演飞行的影响。数学上,动量p为

$$p = mv$$

式中,m——物体质量;

　　　　v——物体速度。

对于飞机而言,这种数吨甚至数十吨重的流线型物体,高速运动所产生的动量是巨大的,要阻止或改变这些动量同样需要巨大的力。以45°俯冲的飞机为例,可获得的唯一阻力是空气摩擦力,尽管这个摩擦力微不足道。有了这个阻力,飞机肯定减速,飞行员必须将飞机的方向至少改变45°。450 kn的速度是相当可观的,而且是喷气飞机,即使放出了减速板,也不能提供足够的表面来获得足够有效的空气阻力(见图6-4)。因此,需要时间和距离来克服飞机速度。实际上,减慢俯冲速度需要花费大量的时间和距离,因此降低速度对改出飞机意义不大。最重要的是改变方向,这是所有挑战中最艰巨的任务。每个表演飞行员都经常面对这一问题,并且它与自然界的基本规律紧密相关,如果要确保表演飞行的安全和成功,必须尊重自然规律。

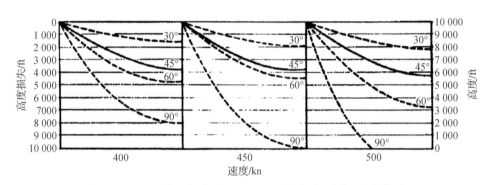

图6-4　450 kn空速时,以4 g过载拉起时损失的高度

因为动量使物体保持速度和方向不变,直到遇到阻力,所以当飞机的机头被拉起以改变俯仰角度时,就会产生过载力。方向变化越快,施加在飞行员和飞机上的物理过载力就越大。如果飞行员用力过大,可能会导致飞行员意识不清或飞机出现灾难性的结构故障。

我们用两幅图(见图6-4和6-5)说明从10 000 ft开始,不同俯冲角下,分别以4 g和6 g过载拉起时的高度损失。可以看出,当空速450 kn时,从45°俯冲角中拉起,过载为4 g和6 g的拉起,高度损失分别是3 800 ft和2 200 ft。

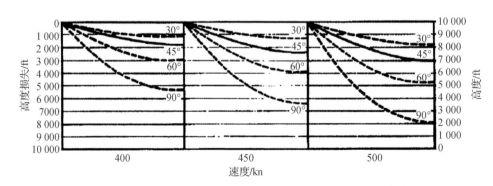

图6-5　450 kn空速时,以6 g过载拉起时损失的高度

举一个极端的例子,在以 400 kn 的速度进行 90°俯冲时,在 4 g 过载拉起改出时的高度损失为 8 000 ft,过载为 6 g 时高度损失下降为 5 300 ft。但是,表演飞行员必须事先知道飞机的可用过载,以及每种特定动作以特定速度改出所需的时间。如果在开始改出之前高度太低,则没有足够的时间。按照能量守恒定律,无论飞行员怎样努力,飞机的动量和惯性将使飞机在空中解体或与地球碰撞。航展飞行事故中 71% 发生在垂直机动飞行中,因此在垂直机动中动量对高度的关键作用更大。

必须仔细计算各种机动改出俯冲所需的高度,并在飞行训练期间进行实际检验,因为这个高度影响着改出决策。然后,必须将这个高度值叠加到水平飞行所需高度或改出高度上。除了在安全高度改出外,表演飞行员还必须继续进行整体机动和更精细的校正以保持相对于表演线的位置。

不幸的是,表演飞行员控制改出俯冲的输入提示很少,压力高度表和飞行员的周围视野是确定飞机绝对高度和速度的主要信息来源。仅使用高度表是不可靠的,因为飞行员不能同时监视地面和高度表,而且在下降速度和陡峭改出拉起速度较高时,高度表还会出现"滞后误差",飞机离地面数仅百英尺时,仪表上指示的值可能还很大,显示值有很大滞后。因此,了解了高度动态机动条件下压力高度表的这种缺点,飞行员就会使用高度表和视觉的折中。尽管无线电高度表更精确,但战鸟或特技飞机通常不安装这种高度表,那是专门为军用飞机配备的。而且,由于无线电信号的"断锁"问题,在超过 30°的俯仰或滚转姿态下,无线电高度表也不可靠,无法可靠使用。人们会疑惑凭视力为什么不能控制俯冲并改出,主要是因为人的生理限制及其反应时间。

视觉系统还有其他限制,这些限制对表演飞行员来说很重要。例如,当飞行员向驾驶舱内看,再向外看,然后将视线重新聚焦在仪表板上时,大约需要 1 s 时间。用眼睛扫描仪表板也要花费时间——眼球横向移动 20°大约需要 0.02 s——在速度下降 200～500 ft/s 的速度情况下,甚至几分之一秒的时间都至关重要。

再来看 1982 年在内华达沙漠发生的美国空军"雷鸟"飞行表演队 T-38 教练机四舰编队坠机的案例。当编队队长意识到他无法从斤斗机动中改出时,编队已经进入倒飞姿态,此时已经无法安全改出。也就是说,机头一旦进入下俯姿态,则必须有足够的高度才能安全改出。理论上,对于一架高机动性飞机而言,开始改出的俯冲角度应该为 45°,但是对于四机编队,机动性差很多,这个角度估计接近 40°。

当编队做斤斗进入倒飞姿态后,俯冲角超过 49°之后再呼叫"散开",已经来不及了。话虽如此,必须意识到,编队队长极有可能直到他到达或超过 90°时才意识到自己已经错失了改出时机。如果根据官方事故调查报告的结论,编队队长在退出斤斗时遇到困难,那么他为何不要求其余飞机脱离编队并自救?

好吧,编队队长面临着一个阴险的局面。显然他确实呼唤了他的僚机,在 270°位置时,他意识到自己高度太低速度又太快,所以呼叫"拉起来一点,然后收油门"。据报道,他仍然处于包线内,可以将编队撤出,但由于飞行控制问题,他没有做出响应。在这一点上,距离撞击地面还有不到 6 s,他开始双手拉杆,并且在 310°左右,飞机显然有了一些反应,但不够。随后再也没有无线电呼叫,实际上,此时即使达到最大响应,编队仍将坠毁。

在威胁生命的情况下,生存是飞行员唯一的关注点,这是很自然的,他们精力集中,可以持续估算飞行高度、空速和俯仰姿态。飞行员的思想不断将几何分析传递到控制杆,他们处于恐慌的边缘。这就是来龙去脉。

高接近速度导致的航展事故案例很多。回顾一下 1988 年在拉姆斯泰因发生的"三色箭"飞行表演队空中碰撞事故,1971 年"红箭"同步对在表演"轮盘转"时发生的迎头相撞事故,以及 1985 年两名"蓝天使"飞行员在做反向滚转时发生的迎头碰撞事故,都是一些文献记载得很好的例证。当飞行员准备交叉穿越时,他们是否确切地意识到成功率有多大? 有哪些因素会产生影响?

就意大利空军的单机飞行员而言,他当然知道时间的紧迫性和所涉及的风险——实际上,据报道他在练习飞行期间曾遇到问题,无法准确按时到达。考虑一下两个编队飞行的情况,五机编队和四机编队以至少 1 000 ft/s 的接近速度迎面飞来,一架间隔一架交叉飞越,要保持时间同步,还要保证在表演线位置对齐——这是很难协调一致的艰巨任务。"红箭"同步对的飞行员肯定知道,迎面飞行会产生惊人的接近速度。例如,如果两架飞机均以 350 kn 的平均空速飞行,接近速度将达到 700 kn(1 182 ft/s,360 m/s)。剩下的就是人类的反应时间问题。

在考虑人类面对如此高的接近速度时的反应时,首先要解决的问题是能见度或视觉,或者更好的表达,就是人类的视觉尽可能早地捕获低空接近的飞机的能力。即使在非常晴朗的天气条件,也很难看到接近的飞机,直到它非常接近才能看见。人类眼睛可以直接看到正面接近的大型飞机的最大距离约为 7 n mile,但是对于战斗机,这这个距离只有 5 n mile 多一点。人眼看到更远距离飞机的可能性不大,因此,许多编队在迎面飞行的早期阶段都使用"拉烟"方式以便互相能看见。

例如,假设两名飞行员在非常好的环境能见度条件下正面迎头接近时,在 5 n mile 处彼此看见,并且完全了解彼此的位置,则实际上他们距离交叉点的距离为 2.5 n mile(15 190 ft)。"现实世界"更有可能出现的雾霾和烟雾场景,很可能会将相互能看见彼此的"总"距离缩短到 3~4 mi 之间。

但是,关于这一点可能会有争论:以约 1 182 ft/s 的速度接近时,每个飞行员将有 12.9 s 的时间在交叉之前对正飞机。这听起来似乎是一个相对较长的时间,但是如果由于将要通过的跑道一侧出现了不确定因素,或者由于前面的表演残留的烟雾导致了视觉识别延迟,则必须做出决定——那么,这时的每一秒时间都是"短秒"。此时,"时间滞后"因素无疑成为了"杀手"。

那么,"时间滞后"意味着什么?我们知道,对于训练有素的表演飞行员,神经将眼睛所看到的东西带到大脑大约需要 0.1 s,大脑识别并处理它所看到的东西大约需要 1 s。在进行多选项决策时,大脑需要大约 3 s 来决定是向左还是向右转弯或向上还是向下推飞机。神经系统将决策转移到肌肉并命令它们运动大约需要 0.4 s(见图 6-6)。

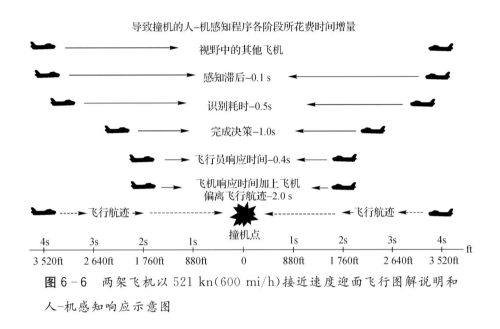

导致撞机的人-机感知程序各阶段所花费时间增量

视野中的其他飞机

感知滞后-0.1 s

识别耗时-0.5 s

完成决策-1.0 s

飞行员响应时间-0.4 s

飞机响应时间加上飞机偏离飞行航迹-2.0 s

飞行航迹　　　撞机点　　　飞行航迹

| 4s | 3s | 2s | 1s | 0 | 1s | 2s | 3s | 4s | ft |
| 3 520ft | 2 640ft | 1 760ft | 880ft | 0 | 880ft | 1 760ft | 2 640ft | 3 520ft | |

图 6-6　两架飞机以 521 kn(600 mi/h)接近速度迎面飞行图解说明和人-机感知响应示意图

采用传统飞行控制系统(不是电传飞行控制系统)的静不稳定飞机,改变飞行轨迹需要大约 1.0 s 的时间,因为操纵控制系统需要时间,气流偏转需要时间,最关键的是,要使数吨重的飞机改变动量方向需要很多时间。以动量的影响为例,如果飞机以每 0.1 s,1 g 的速度加速 0.5 s,则飞机会产生 5 g 的过载。在此期间,飞机偏离其轨迹的距离应小于 10 ft。因此,在所讨论的事故案例中,通常需要大约 5.5 s 的时间才能使机动动作发生变化。

这个"时间滞后"对两个表演飞行员的实际含义是什么?这意味着视力看到的信息到达大脑的 0.1 s 内,飞机已经飞过了 118 ft 距离。还意味着识别信息的 1 s 内将飞行 1 182 ft 距离,再加上做决策的 3 s 飞机还会飞行 3 546 ft。另外还意味着飞行员做出反应的 0.4 s 内飞行了 473 ft,飞机的航迹开始改变的过程中飞机又飞行了 1 182 ft。从视觉获取信息到飞机初步调整好位置,总共需要 6 437 ft 飞行距离,在理想条件下,仅剩 7.4 s(大约 0.72 n mile)进行更精细的轨迹校正。不幸的是,远距离的视觉误差即使训练有素的飞行员也无法保证在第一次就位置调整到位,在现实世界中,总是需要精细修正校正。

对于前述事故中,意大利"三色箭"单机飞行员,"红箭"和"蓝天使"同步对飞行员做出决策花费了时间,而且初始设置条件远不理想,位置对准不完美,或视觉获取信息延迟了几秒钟,从而增加了迎头碰撞的可能性。

这些事故案例有助于强调问题的动态性,接近速度越高,危险程度越大。人类的生理机能并不擅长估算接近速度或接近速率,无论是计算两架迎面飞行的飞机之间的相对接近速度,还是计算一架俯冲飞机接近地面的速度。

"蓝天使"飞行表演队的领导者肯定关注人类的易错性和高速迎头接近的关键性。1995年,41岁的指挥官唐尼·科克伦(Donnie Cochran)在弗吉尼亚州弗吉尼亚海滩的奥森纳海军航空站率领他的团队进行高速低空机动时,排队位置选在了错误的跑道上方,他随即决定带领团队放弃继续机动,重新开始密集训练。海军"蓝天使"表演队暂停了表演,因为该团队领导人担心自己的飞行表现,并且不想威胁其他飞行员的安全。

"蓝天使"发言人说:"他在演出中精神上出了一些差错,这些错误使他自己很震惊,所以他决定终止继续表演。","蓝天使"表演队的每个机动动作都涉及一系列程序,这些程序必须以精确的顺序执行,并且必须瞬间同步。在每场表演中,飞行员都会选择当地的地标作为"标记",围绕地标进行飞行练习。这一次,用飞行员的术语来说,科克伦在对准"标记"时遇到了麻烦。

在奥森纳,在15万人群面前的壮观机动动作之一是四架飞机同时使用两条跑道作为"标记",从不同方向同时穿越一个点。科克伦在错误的跑道上接近了那个点,其他飞行员也发现了他犯的这个错误并做出了调整。问题为:"在那个具体动作中,安全受到了损害吗?"应当受到了威胁,但也不一定。但是,考虑到自第二次世界大战后"蓝天使"成立以来,共有22名"蓝天使"飞行员在训练或表演飞行中丧生,科克伦对风险和风险管理的关注使他作出了唯一正确的决策,即暂停表演。

如今,在崇尚"不惜一切代价"表现自己特殊勇气的环境压力下,能够做出这样一项保护公共安全的决策,这种自我评估能力的确非常罕见。当然,这似乎是一个成熟的领导者做出的一项勇敢的决定。表演飞行员了解高接近速度固有的危害,作为最好的领导者,并按照最优良的军事管理原则处理当时的情况是最理想的。这是当年他们的公共表演节目第二次暂停,航空界的反应令人惊讶。甚至有人疑惑"蓝天使"在这一年中已经暂停过一次了:"对飞行员是好事!"这是对当时情况做出的合理反应。典型的反应是:"错过一次表演不算什么,只要没有飞行员受伤或死亡就好。"毫无疑问,肯定有些人会将此视为个人软弱的标志,但是科克伦的决定是正确的,公开声明公布的原因也是正确的。

接近速度判断不佳的另一个经典事故案例是最壮观的航展坠机事故之一,即在1996年巴黎航展上 Su-30 MKI 战斗机的坠毁事故。当时,这架双座 Su-30MKI 战斗机尝试使用推力矢量从连续3个"大迎角"下旋滚转动作中改出。飞行员忘记了众所周知的"额外增加 50 ft"高度,试图通过使用全功率和推力矢量进行改出,但是飞机的喷气管碰到了地面。

在路透社 1999 年 6 月 13 日的报告中,Su-30 MKI 战斗机的飞行员表示道歉,称他接受指责。"很抱歉,我旋转了太多圈,我无法拉出来。我没有足够的高度把飞机从机动中改出"。他说。

在 1989 年的印度空军节上,印度空军"幻影"2000 的表演飞行事故又是什么情况呢?在完成"向上查理"动作并随后进行了短暂的倒飞之后,飞机突然滑落到接近垂直的下行滚转中。飞行员完成了三圈滚转,但在滚转俯冲的某个地方,幻影进入第四圈滚转之前的姿态有些犹豫——结果是灾难性的。

为什么一些经验丰富的表演飞行员往往会忽略垂直下行线中的重力影响?"时间延迟"在垂直下行线飞行中非常关键,重力持续在起作用,除了空速迅速增大,重力仅在第一秒就增加了 32 ft 高度损失,此后每秒增加的高度损失分别为 64 ft,128 ft 和 256 ft,等等。因此,很容易看出,当拉杆时,由于"时间延迟"的影响,每多出 1 s 就会损失多少安全高度。

除了重力加速度对垂直方向的额外作用,适用于接近速度的能量原理和物理原理在垂直面上与在水平面上是一样的。在垂直情况下,飞机会撞击地面,在水平情况下,飞机会撞击另一架飞机。但是,高接近速度和人类较慢的反应时间的真正意义并不是不允许进行正面迎头交叉飞越,尽管速度高且人的反应缓慢,但这种飞行还是可以取得成功的。尽管自然规律在空中征服的道路上似乎是僵化的和不可动摇的,但它们在一定程度上也是可以克服的。人们可以找到恰当方法和手段来弥补我们生理上的不足,但是,安全裕度随着空速的增加是降低的,因此,人类已经建立管理表演飞行的各项规章制度来保证飞行安全。

飞行表演区的空间

多年来,随着航展事故和意外事件数量的增加以及城市的日益扩展,最初建在城镇郊区的飞机场有很多已经融入了城区,因此航展飞行监管的法规也越来越多。除了限制最大和最小离地高度,对最大空速也进行了限制,同时还引入了表演空域限制和噪声限制规定。实际上,表演空域的形状和大小等都受到限制,给表演飞行员带来越来越大的压力,也限制了飞机飞行到其极限的能力。

尽管没有标准的表演区限制规定,但把范堡罗航展作为限制表演区域的一个例子,可以看出空域限制变得多么严格。范堡罗航展并不是典型的,但由于该飞机场周围的交通问题,以及周边还有布莱克布什(Blackbush)机场、奥迪汉(Odiham)机场和拉沙姆(Lasham)机场,所以它的管理很关键。发布的临时限制空域(TRA)距飞机场中心半径为 5 n mile,当编队特技飞行队飞行时,飞行半径增加到 6 n mile。当然,只允许在主跑道以北飞行表演,这意味着限制空域的体积减少了一半,对于试图保持在表演"箱内"的高速飞机飞行员来说,这尤其具有物理意义——在这个世界上,没有什么比这更简单了。在距范堡罗 3 n mile

半径内,最大高度限制为 FL80(8 000 ft),实际上是非常有限的空域。

这样的空域限制当然会对高速飞机产生重大影响,低空表演的最大空速限制为 600 kn ($Ma = 0.92$)。以这种速度,飞机 1 min 飞行大约 10 n mile。因此,很明显,在距表演中心 5 n mile 半径处,即经过表演中心后,飞行员必须立即使用阻力装置(例如减速板)将多余的动能转换为垂直或急转弯,以使其减速,否则将会超越临时限制空域,引起飞行控制委员会的愤怒。

只需考虑早期的第三代战斗机的困难,特别是为拦截任务开发的飞机,例如"闪电", "幻影"III / F1,F-4 和 MIG-21,按照这些限制,它们很难靠近人群并在表演区内完成飞行表演。要保持靠近表演中心区,在急转弯时会消耗大量能量,因为这些飞机的推重比相对较低,机翼载荷较高,表演飞行员不得不将他们的表演飞行线路扩展到整个表演中心以外,进场之前为下一次机动积累能量。在炎热和高温的条件下,这对于飞行员试图展示他们最新的"飞船"特别令人尴尬,每次通过表演中心之间需要 30～45 s 的时间,当然会有明显的风险,也使很多善变的观众失去了兴趣。这些老式喷气战斗机额定过剩功率["幻影" F1 的表演推重比(T / W)≈0.5～0.6]相对较低,机翼空气动力学特性也相对老旧,迫使飞行员根据密度高度的不同,在表演中心的每一侧延伸多达 2 mi,以获得空速。由于机身阻力较大,要维持高性能飞行,尤其是在垂直方向上进行机动时,必须使用加力推力。

因此,这也是航展飞行一般采取净构型的原因,即使在最不利的情况下,必须采取空对空构型时,也使用比较轻,阻力小的构型。随着 Gripen 战斗机和欧洲战斗机(Eurofighter)等第四代战斗机的出现,以及俄罗斯 Su-27 和美国 F-18 等第三代战斗机的后继改进型号,这些飞机一般还要全面演示空对地构型。航空专家很快就意识到这是一种炫耀的"吹牛"手段,主要为了显示战斗机或地面攻击机的性能如何——毕竟,战斗机飞行员的飞行行为取决于飞机的推力输出。自那时候起,大多数现代表演飞机的推重比几乎翻了一番,携带各种武器负载和更多燃料的表演飞行成为标准做法。具有讽刺意味的是,这么做的结果却降低了推重比,从而使表演飞行推重比更适合人类的生理承受能力,表演飞行员更容易控制飞机在表演区域内的能量和飞行间距。

对于第三代或更早的战斗机而言,密度高度对于额定剩余功率比较低的飞机而言尤其不稳定,因为"高温和高空"条件会破坏其有效推比,这就需要有较好的能源管理技能。除了要应付地球表面加热引起的地形湍流或地球表面风的影响,飞行员在转弯进行下一个机动前,还必须延伸一段飞行距离尝试获取能量,他的工作负荷无疑会非常高。如果机场还设有禁飞区,例如居民区、武器储存区、高发射天线、老年房屋、医院、邻近机场、特殊地形(例如山,丘陵或山谷),那么为了遵守这些限制规定,飞行员的工作量成倍增加。如果还有强烈阵风,飞行员就应该削减表演动作,始终把表演维持在限制区域内。

显然,低空速飞机,例如直升机、VSTOL(垂直与短距起降)飞机、老式战鸟,尤其是第四代战斗机,以及具有出色的低机翼载荷、高推重比和惊人滚转速度的顶级特技飞机,都能够很容易保持在表演限制区域内。随着推重比大于1,敏捷、负稳定裕度机身和智能空气动力学的应用,问题就不再是能量获取问题,而是在高空速或急转弯过程中,表演飞行员承受飞机能量转换成空气动力学力所带来的痛苦身体体验。最重要的是,要在有限的时间内在低空向观众展示飞机的性能和操纵品质,这是首要任务,他有自己独特的挑战,而且需要专家技能。

能量管理

能量管理对于表演飞行中的飞行员而言尤其重要。实际上,表演飞行与空战机动有一个共同点,那就是能量对于表演飞行员和飞机的生存以及表演的安全执行至关重要。表演飞行中的能量管理原理对于固定翼飞机、旋翼机甚至超轻型飞机都是一样的,即"能量就是生命"。优化能量管理是表演飞行员的基础技能,就像它是战斗机飞行员的生存工具一样。与空战机动一样,很大一部分表演飞行是在发动机最大连续功率设置下进行的,对早期的喷气式飞机,甚至要使用最大加力(当然,不包括第四代战斗机),这意味着飞行员在表演飞行中的工作负荷实质上是一项持续的能量管理工作,要不断地将势能转换为动能以产生空速或转弯速度。

表演飞行期间的能量管理可能是表演飞行动力学的最关键因素。表演飞行员必须了解势能和动能之间的转换,并且必须管理好飞机的总能量,才能成功完成机动飞行。单位剩余功率(飞行员专业术语称为 SEP 或 Ps)描述了飞机加速、爬升或转弯的能力,从方程式中可以明显看出,影响飞机性能的主要因素是推重比,机翼载荷,构型阻力和正常加速。单位剩余功率是指某一时刻飞机的多余推力(推力减去阻力)除以飞机重量,这样解释更容易理解,即

$$P_s = V\left(\frac{T}{W} \times \frac{qC_{d_o}}{W/S} \times n^2 \frac{K}{q}\frac{W}{S}\right)$$

式中,V——速度(ft/s);

T/W——推重比;

q——动压(lbs/ft²);

W/S——机翼载荷(lbs/ft²);

n——正常加速度(g);

K——常数系数;

C_{d_o}=零升力阻力系数。

很明显,飞机性能的主要来源是推重比,因为它是唯一对性能提供正作用的参数,并且

当发动机推力或功率输出一定时，重量越小性能越好，或者功率越大时性能也越好。出于这个原因，表演飞行员力争获得最大的推重比，并尽量减少燃油重量来减轻飞机的总重量。老式"战鸟"，通常还会取消诸如瞄准镜、弹药箱、机炮和副油箱等设备来减轻飞机重量。后来，第三代和第四代战斗机的推重比足够高，可以满足大多数表演飞行要求，有时还会增加燃油或携带一些武器装备，以使飞行员更易于管理飞机的能量。

对飞机性能产生不利影响的因素包括过载系数 n 的平方。过载系数越高，阻力作用越大——明显增加了飞机在拉过载时的表观重量，显著增加了与升力有关的阻力。当然，较高的过载会导致飞机表观重量较高，这反过来会增加机翼载荷，并明显降低飞机的机动潜力，因为机翼的升力可以克服由于过载引起的表观重量增加。C_{d_o} 代表飞机的零升力阻力，飞机的构型越干净，总阻力就越小。当 $P_s = 0$ 时，飞机的阻力恰好等于推力，因此没有多余的动力。这并不一定意味着飞机没有在爬升、加速或转弯，而是表示没有能量做任何其他事情——在那个特定时刻，所有可用能量都用于那个特定机动。和空战机动一样，飞行员必须了解飞机的性能包线，知道哪里可达到最大性能，优化设计表演飞行动作程序，使之满足具体飞机的优化 P_s 剖面，提供完美表演。

压力高度

尽管表演飞行本质上是低空活动，但压力高度，尤其是密度高度问题对于安全的表演飞行是必须了解的。显然，大气中的空气对飞机的性能极为重要，对于在低空表演飞行过程中在飞行包线边缘操作飞机表演的飞行员而言，这种知识更为重要。在现实世界中，飞行员都知道海拔高度升高，发动机性能下降。其实，远不止这些，特别是对于表演飞行员而言。从根本上说，高度增加的影响主要是氧气含量、空气压力、空气密度和温度全部降低——所有这些都是重要的飞机性能参数。

海拔高度升高，气压降低，与在海平面一样，氧气还是占空气的 21%，但是氧气含量减少了，因为空气中的所有气体含量都减少了。例如，在 12 000 ft 高度，空气压力比海平面低约 40%，这也意味着，空气样本中的每种气体含量都减少了 40%，发动机所吸收的氧气也比在海平面少了 40%。氧气含量（氧气分压）降低的不利影响是燃烧能力下降，影响发动机性能。对于表演飞行员来说，这是个坏消息，因为发动机性能降低，必然降低飞机性能，会增加表演飞机工作负荷，对技能水平要求就更高。

来看一下气体基本定律，空气密度是一定体积（在这种情况下为摩尔体积）中理想气体的分子数，用数学公式表示为

$$P = \rho R T$$

式中，P——压力（Ps）；

ρ——密度（kg/ m^3）；

R——气体常数，干空气时为 287.05；

T——温度（℃）。

高度增加，气压降低，导致空气密度降低；而温度降低，空气密度增加，但这种增加远小于压力导致的降低。最终结果是，高度的增加会导致空气密度的降低，对航空器性能产生不利影响。在讨论空气密度、温度和压力变化时，不能孤立地看待它们，它们是通过气体定律紧密联系在一起的，存在联动效应。

空气的压力取决于空气的温度、密度和空气中的水蒸气含量。根据基本物理定律，空气加热，密度会降低；而压力对空气的作用却相反：压力增加，空气密度增加。海平面的空气压力约 1 000 mb，到 18 000 ft 高度，空气压力约为 500 mb，而在 100 000 ft 高度，空气压力只有约 10 mb。除了海拔高度和温度之外，天气系统也会改变给定位置的气压，而且天气系统也会影响空气的密度，但影响没有海拔高度的影响大。

因此，表演飞行员特别关注的两个重要的大气参数是压力高度和密度高度。压力高度显然很重要，主要是因为它有助于向飞行员提供压力高度参考，以监控给定压力水平基准之上的高度，在 QNH（设置机场标高）的情况下，该高度是高于海平面的高度。当今的高度计都是按照"国家方程式"和 1956 年美国的标准假设制造的。气压与海拔高度的相关方程式为

$$P_a = P_o(1 - 6.875\ 35 \times 10^{-6} H_c)^{5.256\ 1}$$

式中，P_a——海拔高度 H_c 处的气压；

P_0——海平面压力。

皮托或静压误差

当然，压力高度计的设计存在一个重大缺陷，如果大气的垂直递减率符合标准大气，则压力高度计提供的高度准确，否则，则指示的高度有误差。误差的大小是温度偏离标准的差值的直接函数。

除了精度误差外，还存在"迟滞"现象，这种误差实际上是由于高度计内的液体材料的弹性特性引起的高度指示滞后。当飞机高度变化大或变化快速，或者从快速爬升或下降突然变平时，就会发生这种情况。需要一段时间，高度计中的液体才能适应新压力环境，所以指示滞后。现代高度计的这种误差已大大降低，在正常下降率时可以忽略不计。然而，在表演飞行这样的动态机动环境中，还存在反转误差，即在突然或快速的姿态变化过程中可能发生读数反转现象，但这通常持续时间短暂。对于表演飞行员来说，这意味着在低空特技飞行期间，压力高度计基本上无法作为精确的高度参考使用，并且只能作为独立视觉

"Eye – Ball Mk One"的交叉参考。

影响压力高度计精度的另一个因素是位置误差,这是静态源受飞机流场内压力变化影响的间接影响之一。位置误差可能会导致机动飞行中压力高度表的较大差异,需要交叉控制飞行技术,例如稳定方向侧滑等。根据侧滑的量以及相应地被迫进入静压系统的空气的量,会发生一定的指示错误。如果施加方向舵对抗副翼产生"平面转弯",则高度表和空速指示也会减小几百英尺和几节。这是由于静压口的冲压效应导致高度计的静态压力输入明显较高,因此指示的高度较低。同样,对于空速指示器,压差明显较小,产生的空速指示也就较小。必须强调的是,压力高度表和空速表的这种缺陷,以及位置误差和显示"滞后"对于表演飞行员来说很重要,在设计每个表演动作时必须加以理解和考虑。这就是目视飞行条件下,近地操纵飞机时使用压力高度表作为主要飞行仪表的明显原因。

表演飞行员必须同时监视外部地平线、空速指示器和压力高度计,尽管这增加了飞行员的工作负荷,但表演飞行员还需要做最后一件事,就是必须在机动中根据具体参考进行皮托管或静压校正。这取决于具体飞机上使用的高度计的生产年份,三指针、两指针指示有时也会导致模棱两可的解释。

无论选择哪种高度计的分刻度设置,都必须格外小心,以适应各种指示,尤其是在快速垂直下降时,因为在低空表演飞行中,如果将高度乘以 1 000 ft 可能会造成毁灭性的后果。应该识别出可能发生高度计误读的潜在飞行动作和时刻,并在这些特定飞行阶段特别注意"安全门"。

表演飞行员除了要面对高度计指示误差外,在飞行前还要选择压力高度计设置。通常在低空进行特技飞行的表演飞行员一般在起飞前将飞机的高度表设置为零,他们更喜欢"零高度参考"。这样一来,飞行员在确定飞机离地高度时就无需考虑当地海拔高度。这实际上是将高度计设置为显示位置的 QFE 基准面,无论它是飞机场还是其他位置。

曾有案例报道,检查人员错误地告知航展表演者,他们在执行特技飞行程序时必须遵守 FAR 第 91.121 节(高度设定)。该节规定要将高度计设置为 QNE,QNE 规定了用于维持飞行高度或巡航高度的标准高度参考,但绝对不适合低空表演飞行。由于特技飞行程序通常不涉及维持飞行高度或巡航高度,因此,即使不按照该节指定的高度计参考,使用其他高度参考在目视飞行规则下进行本地特技飞行,也不会损害飞行安全性。大多数表演飞行员都喜欢 QFE 设置,但也有些飞行员更愿意设置 QNH。设置 QFE 可以使高度计在飞机场标高读数为零,从而可以连续读取离地高度,这是最简单的参考值,而无需在做机动动作的高负荷工作条件下还要连续进行数学运算。

一些高性能飞机的飞行员更喜欢设置机场标高,即 QNH,它为飞行员提供高于平均海平面的高度。如果表演是在具有明显垂直空域限制和其他限制的机场进行,则使用此方法。如果表演机场靠近活跃的民用航空枢纽、军用机场或国际机场——飞行员可以更容易地识别潜在的侵犯高度或"破坏高度"飞行行为,并加以避免。但是,在这种情况下,表演飞行员必须从指示的压力高度减去机场标高来连续计算离地高度,增加了飞行员的工作负荷。

举世闻名的霍克公司试飞员比尔·贝德福德(Bill Bedford)可以说是高度计分刻度设置和表演飞行方面权威——他在瑞士进行的一次计划外演示飞行中,差一点"牺牲了自己"。为了竞标皇家空军的高级喷气教练机项目(取代德哈维兰"吸血鬼")招标,事故当天他驾驶霍克"猎手"战斗机进行演示飞行。整个演示飞行任务设计为 7 min,飞机起飞后直接开始直线滚转,然后从 18 000 ft 开始 10~13 圈的"拉烟尾旋",并从 6 000 ft 高度开始改出,为俯冲改出留出的安全高度裕度为 1 000 ft。这次演示飞行任务在瑞士进行,在靠近卢塞恩附近的艾门机场表演,当时与空管局达成的协议是在抵达时直接进行演示。当天天气条件完美,表演飞机完成了特技飞行基本程序后,抽烟爬升至 18 000 ft,但偏离了飞机场中心。"随后的控制输入是——后拉杆、左满舵,进入副翼尾旋,像以前数百次做过的一样,一直在尾旋。然后继续前推杆增加旋转速度,飞行员随后看了一下两个单指针高度计,显示以大约 24 000 ft/min 的下降速度从高空坠落。在 6 000 ft 高度,施加了右满舵,并且驾驶杆横向移动至左侧,抵消了副翼尾旋。尾旋立即停止,飞机处于与艾门(Emmen)机场中心对齐的位置。"

"由于压力下飞行员的效率降低,肾上腺素充斥了驾驶舱,他意识到自己已经到了'棺材边缘'。他使劲拉杆'拉得还不够''你能拉起来''使劲拉'。"他做这些的时候还有几百英尺高度,飞机在树顶高度开始转弯,随后进入爬升滚转,也许愚弄了观众,观众以为这全都是表演内容。18 年后,他承认了这次致命错误,是因为高度计设置错误导致的。

当然,压力高度计也会发生纯机械故障。20 世纪 50 年代初,在范堡罗航展上,一架"教务长"飞机进行了一个星期的表演飞行,但最后由于高度计指针黏滞,差点没能从例行尾旋中改出。这位表演飞行员随后召集好友聚会,庆祝自己死里逃生,但乐极生悲,黑暗中,他跳入了一个空游泳池,所幸只是弄伤了背部!

因此可以得出结论,由于高度计会出现仪器误差,快速姿态变化期间出现显示滞后现象,有时含义模棱两可,以及可能发生机械故障,所以低空表演飞行时,不能也不应该用压力高度计作为主要压力高度参考。实际上,审慎的表演飞行员必须全面了解压力高度计的缺陷,必须在机动和常规计划阶段对其误差和不一致之处予以关注。而且,压力高度计最多只能作为独立视觉"Eye - Ball Mk one"的偶尔参考。

密度高度

可能对表演飞行而言,最隐蔽的影响是密度高度的影响——这种影响是看不见的、无形的,对于不了解其不利影响的表演飞行员仍然是主要的威胁。密度高度定义为在标准大气中给定密度的高度,最好将密度高度视为飞机的"性能高度",这样更好理解。尽管密度高度是飞行员比较各种高度下飞机性能的便利标准,但实际上空气密度是最重要的一个基础量,而密度高度是表达空气密度的一个术语。

密度高度从标准大气层开始,每个高度都有一个对应的空气温度、压力和密度值。标准大气仅仅是一个人为概念,通过这种机制可以绘制大气层,使工程师和科学家能够将大气条件与标准大气联系起来。实际上,它更像是一个标准化工具,可以进行比较,而不论天气或季节情况如何。"标准大气"数据用于计算给定空气动力学形状的标准化升力和阻力,也可用于计算各种高度的发动机的推力和功率输出。密度高度不得与压力高度、指示的高度、真实高度或绝对高度混淆,并且不得用作高度参考,而只能用作描述飞机性能的标准。更进一步说,飞机性能是密度高度的函数,而不是压力高度、几何高度或任何其他基准高度的函数。《飞行员操作手册》中发布的性能标准都是基于标准大气条件。

简而言之,密度高度是针对非标准温度校正的压力高度。例如,如果怀俄明州夏安市的压力(海拔 6 140 ft)等于 6 140 ft 高度的标准大气压,但该站点的温度为 101℉(38.3℃),则其等效密度与标准大气中 10 000 ft 高度的相同。在 6 000 ft 和 10 000 ft 高度进行飞行表演的区别非常明显。

尽管座舱中没有专门的仪器可以直接测量空气密度,但可以想象某种设备可以直接测量空气密度。想象一下,该设备指示空气密度为每立方英尺 0.001 812。参照标准大气数据表或计算机,并对照图表查询表中的数字,具体密度等于标准大气中的 9 000 ft 高度的密度。因此,无论飞机实际飞行的压力或真实高度如何,飞机都将在 9 000 ft 的密度高度上有效地运行。这样,飞机的所有性能将是在标准日 9 000 ft 压力高度下可实现的性能,因此高度更高时飞机性能和操作将产生不利影响。

关于空气密度的大多数讨论主要针对"干燥空气",但是在现实世界中,许多没有物理或化学知识的人很难相信潮湿空气比干燥空气更轻或密度更小。艾萨克·牛顿(Isaac Newton)早在 1717 年就在他的《光学》一书中指出,潮湿空气的密度比干燥空气的密度低。谈到自然法则,意大利物理学家阿沃加德罗(Avogadro)早在 19 世纪初就发现,在相同的温度和压力下,固定体积的气体(例如 1 m³),无论什么气体,总分子数都是相同的。

液态水比空气重,即密度大,但根本问题是使空气潮湿的水不是液体水,而是水蒸气,而水蒸气却是一种比氮气或氧气轻的气体。与温度和气压引起的差异相比,湿度对空气密度的影响很小,但是在相同温度和压力下,潮湿空气要比干燥空气轻。因此,湿度通常不是密度高度计算中的主要因素,因为湿度的影响与发动机功率有关,而与空气动力效率无关。在较高的环境温度下,大气的水蒸气含量较高,例如,在 96℉(35.5℃)时,空气中的水蒸气含量可以是 42℉/(5.5℃)时的 8 倍。幸运的是,高密度海拔和高湿度并不经常并存。但是,如果确实湿度比较高,明智的做法是在所需的能量水平增加10％能量,因为性能会下降。

那么,表演飞行员在什么情况下会遇到最坏的密度高度情况呢?在大气压比较低的炎热天气中,高海拔地区的空气密度最低。例如在约翰内斯堡国际机场(海拔5 511 ft),暴风雨来袭时,空气密度最高。气压高且温度低时,低海拔地区的空气密度最高,例如在阿拉斯加极端寒冷的冬天的晴天。

密度高度影响不仅限于山区,当温度高于标准59℉(15℃)时,海平面附近的海拔高度上也有影响。如果海平面的环境温度增加到90℉(32.2℃),则等效密度高度将增加到1 900 ft,在更高的海拔高度,影响会急剧增加。对于海拔4 000 ft/45℉(7℃)的机场,如果环境温度升高到90℉(32.2℃),则等效密度高度将增加到6 900。

高密度高度效应在表演飞行中如何体现出来?好吧,对于一组给定的条件,空气密度较低(高密度高度)会对飞机的表演潜力产生负面影响,主要表现在两种方面,即性能和操纵品质。更具体地说,飞机机翼的升力、空气动力阻力和螺旋桨桨叶的推力都与空气密度成正比。这样一来,飞机机翼或直升机旋翼上的气动升力将减小,而就发动机性能而言,发动机产生的实际功率将减小,包括由螺旋桨、旋翼或喷气发动机产生的推力或内燃机的马力输出。

对于给定的飞机重量和功率设置,空气密度低于正常水平,所有性能参数将降低,例如飞机的加速度和转弯性能,从而会影响表演飞行程序的尺寸和形状,以及动作选择。在密度较小的空气中,这些性能损失远远抵消了飞机阻力减小的收益。就飞机的操纵品质而言,由于真空速(TAS)增加,空气密度降低会增加飞机的表观动量,同时,气动阻尼也会降低。气动阻尼与相对密度系数成正比,这个比例与真空速和等效空速的比例相同。因此,密度高度越高,气动阻尼越低。尽管由于表演飞行通常在相对较低的高度进行,对于表演飞行员来说可能不那么重要,但是这种效果仍然存在。

高密度效应不良影响的一个示例是,高密度高度增大对起飞距离和爬升率的影响可以定量感受,科赫海拔高度和温度效应图提供了一条经验法则。例如:就起飞距离而言,拟合线表明,在6 000 ft的压力高度下,100℉温度下滑跑距离必须增加230％。也就是说,在标准条件下爬升至50 ft高度的标准温度海平面起飞距离通常为1 000 ft,则在图6-7所示条件下它将增加至3 300 ft——这个增加很显著。

就爬升速度而言,将下降76％。如果正常海平面条件的爬升速度是500 ft/min,那么它将下降到120 ft/min——性能再次显著降低,这是不容忽视的。图6-7显示了通用飞机类型的典型代表值,但对于确切值,必须参考具体飞机的飞行手册。值得注意的是,图6-7对于带有增压发动机的飞机是保守的。

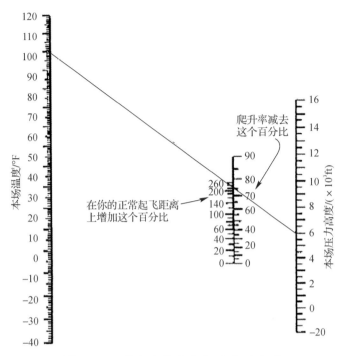

图 6-7　科赫海拔高度和温度效应图

在海拔较高的飞机场(例如美国西部和南非北部的飞机场),高温有时会对密度高度产生影响,低功率和小型飞机的表演飞行安全会受到威胁。在这种情况下,在上午和下午之间的中间时段飞行可能比较危险,尤其是在高温伴随强烈的地形湍流的情况下。但是,即使在较低的海拔高度,飞机的性能裕度也会降低。为了表演飞行安全,有必要减少飞机的总重。因此,建议在密度高度过高可能导致性能出现问题时,应当安排在白天、清晨或傍晚的凉爽时段进行表演飞行。清晨和傍晚有时更理想,这也是沙特尔沃思(Shuttleworth)收藏馆在英国老守望者(Old Warden)区以外表演一战(WWI)老式飞机时,通常在下午晚些时候开始的原因之一,那时的空气升力更大。

通常情况下,第一次驾驶正常吸气式发动机的飞机在高密度高度条件下表演的飞行员都会痛苦地意识到飞机性能所受的影响。在功率设置低于75%或密度高度超过5 000 ft的情况下,除非配备了自动高度混合控制装置,否则吸气式发动机很难获取机动所需的最大功率,此外,过度油气混合会进一步降低发动机的功率输出和飞机的整体性能。

涡轮增压器或增压器能有效增加进入发动机的空气的密度,从而增大发动机的功率输出,使飞机可以在密度高度更低的高度飞行。因此,增压使发动机能够将海平面值保持到增压器的临界高度。相对而言,直到发动机的临界高度,增压器在更高密度的飞行表演中都能提供更高的性能,有助于抵消密度高度的不利影响。因此,在涡轮增压器的工作高度范围内,发动机能保证机动所需动力。

直观描述密度高度的不利影响:正常吸气发动机每增加 1 000 ft 密度高度,就会损失大约 3% 的动力。在高度为 5 000 ft,温度为 100 ℉(32.2℃)的机场,通用航空飞机的性能与标准日 9 000 ft 高度的性能相同。假设空气温度随高度的下降是标准的,如果飞机升限是15 000 ft,那么在炎热的天气条件,飞机在最大总重情况下最高只能爬升到 11 000 ft。

高密度高度非常隐蔽,无法看到,但它确实存在。如果忽略了密度高度,表演飞行员可能会在垂直机动的顶部遭遇密度高度的影响,会在到达机动的顶部时,感到"力不从心"。作为一名表演飞行员,保证幸存下来的秘密之一是,如果认识到飞机的能量水平不在"能量门"之内,那么就不要强迫改出,而应该进行预先计划的退出动作。

回顾 1977 年在南非兰塞利亚发生的"Trislander"飞机坠机事故。布里顿·诺曼航空公司试飞员彼得·菲利普斯驾驶"Trislander"飞机进行演示飞行,约翰内斯堡附近的兰塞利亚机场海拔 5 000 ft,事故当天的温度是 30℃,密度高度约为 8 500 ft。表演动作包括一个斤斗机动。在练习过程中,飞行员已经了解了密度高度对于飞机性能以及实现"能量门"条件对于安全完成表演至关重要。事实证明,在实际表演中,飞机逐渐失去能量,结果是在斤斗的顶点,飞机高度过低,不足以安全地改出。据可靠人士估计,如果再有众所周知的"额外 50 ft"高度就可能完全避免飞机坠地。同样,如果温度降低 5℃,也是可以安全改出的,因为理论上飞机高度只差了 50 ft。

表演飞行员需要了解由于密度高度变化而导致的性能变化和操纵品质偏离。表演飞行员必须学会根据升力、功率和推力值的变化来调整自己的要求,同时要考虑表演所在地的实际大气与标准大气之间的差异。换句话说,就是要注意密度高度。"鹞式"飞机和大多数直升机对密度高度的影响特别敏感,尤其是在悬停时。随着外部空气温度的升高,飞机的悬停性能变得更加关键,在悬停演示过程中,"鹞式"飞机发动机通常只有 1.5 min 水冷时间,表演飞行必须根据外部空气温度进行及时修正。

密度高度对飞机和发动机性能产生直接影响,因此每个飞行员都必须了解其影响。炎热、高空和潮湿的天气情况更容易导致事故,而且事故发生花费的时间更短。飞行员必须了解对表演飞行过程的确切影响,并且必须改进操纵技术以补偿能量水平的降低。

从飞行员的角度来看,密度高度的增加表现为起飞和降落距离增加,爬升速度降低,同一指示空速(IAS)的真实空速增加,给定指示空速的转弯半径增加,同时可达到的最大空速也降低。随着高度的增加,最佳爬升空速降低,而最佳爬升空速角度会略有增加。归根结底,密度高度增加,其影响是有效降低了飞机的潜在功率和动态机动能力。因此,表演飞行员必须参考具体飞机的飞行手册或飞行试验结果,以确保以正确的空速飞行,从而获得飞机的最佳或最大性能。

指示空速与真空速之间的关系

温度和密度的另一个隐性但重要影响是刘指示空速（IAS）与真空速（TAS）关系的影响，这肯定是表演飞行员最容易忽略的飞机操纵和性能参数。指示空速与真空速之间的关系是一个基本关系，会影响表演的每一秒和每个方面。为什么重要？因为真空速是线性动量、惯性矩和动能的主要动力学因素，从飞行的角度来看，它们构成了能量管理中必须考虑的基本要素。此外，真空速也是影响飞机稳定性和飞机操纵品质的空气动力和阻尼力矩的主要因素。事实是，影响指示空速与真空速关系的主要因素当然是密度、温度和高度。

为了更好地了解空气密度对真空速的影响，我们来看"真实空速"的方程

$$V = V_e \sqrt{\rho / \rho_{\circ}}$$

式中，V——真空速（ft/s）；

V_e——等效空速（ft/s）；

$\sqrt{\rho / \rho_{\circ}}$——相对密度系数，是温度 T 和压力 P 的函数。

就密度高度而言，值得一提的是，仅当密度高度为零时，真空速和指示空速才相等。随着密度高度的增加，真空速总是大于指示空速。经验法则是：对于给定的压力高度，温度越高，空气的密度越低；相对密度越低，对于给定的等效空速意味着真空速更高。因此，对于给定的等效空速 V_e，真空速与相对密度成反比，而相对密度又与温度成反比。

转弯性能

飞行转弯显然是任何航展表演飞行必不可少的要素，而优美的转弯和环绕机动动作意味着在美学上引人入胜。从吸引观众的角度出发，转弯速度和转弯半径是保持表演紧凑的基础。在转弯性能范围内，表演飞行员应着眼于优化表演过程中的瞬时和持续转弯速率性能，以证明其敏捷性、机动性和可控性。更具体地说，突然的上拉或下拉动作，"双倾角"（突然的拉、推、拉、轮盘转），及轮盘转机动都是在瞬时转弯速度最大的空速下才能完成得最好。

每个希望在高度动态表演中实现最大转弯性能的表演飞行员，都必须了解并知道针对具体飞机重量、高度和空速的最佳转弯条件。因此，对于飞行员来说，了解"角落速度"（corner speed）概念至关重要，就像对战斗机飞行员一样。以"角落速度"运行的一个优势是，飞行员的工作负荷有所减少，并且飞行员理论上应不超过最大过载限制，在可用能量相对较高的情况下，可以减少发生分离的可能性。

从理论上讲,这完全可以很好地解决表演飞行和能量管理问题,但是在实践中,由于机动动作的动态性,实施起来更加困难;不断变化的能量使其很难在整个表演的每一秒内精确优化性能。也就是说,在飞行包线的边缘进行操作(操纵品质)不仅具有挑战性,而且在飞机性能方面也具有挑战性。当今的产品演示和竞赛飞行竞争激烈,能否最大限度地发挥飞机的性能潜力可能意味着竞争的胜负,也就是能否成功实现销售的问题。因此,有必要对每种具体机动动作的最佳空速和迎角有一个很好的了解。

所有飞行员都知道,在水平转弯飞行中,升力是倾斜的,因此升力的水平分量会产生转弯所需的向心力。因此,机翼上的总升力是飞机重量 W 的 n 倍,升力的水平分量为 W 乘以 (n^2-1) 的平方根。在水平转弯几何形状中,瞬时转弯速率 V' 等于径向加速度除以速度,数学方程式为

$$V' = \frac{g\sqrt{n^2-1}}{V}(°/s)$$

式中,n——过载系数;

$\quad g$——重力加速度,32.2ft/s^2;

$\quad V$——真空速（ft/s）。

还需要注意的是,瞬时转弯速度与飞机的重量无关,仅受最大可用升力限制,最大升力等于机翼的承载能力。最大升力等于可用过载系数时的速度称为"角落速度",此时的转弯速度最大。它可以更恰当地描述为失速限制(升力边界)空速和结构限制空速相交的空速。然而,对于表演飞行员来说,唯一实际的限制是"角落速度"下的升力,由于抖振的幅度和频率最终可能会影响飞机的可控性,因此不一定获得最大可用过载。在这种情况下,飞行员使用增升装置(例如板条和作战襟翼),有利于保持表演紧凑,而且降低了抖振强度,当然,前提是在这些空速下增升装置是可用的。

大多数具有常规飞行控制系统的高性能战斗机的"角落速度"通常在 $300\sim350$ kn 之间。以"角落速度"运行可优化能量利用率,从而使表演飞行员可以将所有可用能量转换为转弯或敏捷度演示,而不会超出正常的加速度限制。因此,为了优化表演程序内的转弯动作,在可能的情况下,表演飞行员应尝试以接近"角落速度"的速度进行机动,保持表演过程紧凑。这就要求表演飞行员在正常加速度和真实空速之间找到最佳平衡。

下一个需要考虑的问题是持续转弯。持续转弯的物理定律认为,飞机保持恒定的空速和高度,推力等于阻力,升力等于过载系数乘以重量。因此,推重比和升阻比之积最大可以获得持续转弯的最大过载系数,即

$$n' = f[(T/W)(L/D)]$$

这对表演飞行员而言意味着,可以在最大升/阻(L/D)比,最大推力和最小重量(T/W)下的升力系数进行飞行,来优化持续过载系数,有

$$n' = \sqrt{\frac{q}{K(W/S)}\left(\frac{T}{W} \times \frac{qC_{D_0}}{W/S}\right)}(°/s)$$

式中，n'——最大过载系数；

      q——密度高度（lbs/ft²）；

      K——常数；

      T/W——推重比；

      C_{D_0}——零升力阻力系数；

      W/S——翼载（lbs/ft²）。

从持续转弯方程可以看出，最大化的性能主要是剩余推力（即推力减去阻力）的函数。因此，推重比越大，飞机构型的零升阻力越小（飞机构型越干净，C_{d_0}越小），持续转弯性能越好。

当然，矢量推力为表演飞行员提供了表演常规动作的额外技术手段。VSTOL飞机（例如"鹞式"战斗机和 F - 35 战斗机）的转弯性能显著提高，可以完成创新的机动动作。VSTOL飞机转弯机动的动力学特性是角度的函数，在飞行员必须对推力进行转向的方向上，所施加的转向推力的大小取决于是否要使瞬时转弯速度或持续转弯速度最大。那么，这种情况下，在具有矢量推力的水平转弯中，力可以简单表示为

$$nW = L + VTh$$

从本质上讲，这意味着利用推力来补充升力，以支撑飞机的重量。显然，对于最大瞬时转弯速度，推力矢量应垂直于飞行方向，由于没有推力推动飞机向前飞行，因此飞机会急剧减速。这是 VSTOL 喷气式战斗机飞行员使用的一种战术，在前向飞行中使用推力矢量快速减速，从而在战斗中占据位置优势。对于了解飞机三维机动的航展观众来说，这总是让人印象深刻，甚至外行观众都会注意到这种动态减速，尤其是从高速飞行过渡到悬停再完成 180°转向。

知识渊博的批评家，例如试飞员和专业表演飞行员，可能会在表演过程中注意飞机的敏捷性、转弯速度和俯仰速度，而狂热的观众将更倾向于欣赏小半径转弯的优越转弯性能。转弯速度主要指转过一定度数所用时间，而水平面中另一个重要的表演考虑因素是转弯半径，这个转弯半径与真空速的平方成正比，方程为

$$R = \frac{V^2}{g\tan\theta}(\text{ft})$$

式中，V——真空速（ft/s）；

      g——重力加速度 32.2 ft/s²；

      θ——坡度角（°）。

由于水平转弯时坡度角和法向加速度之间的物理关系固定，因此只有两个变量会影响

转弯半径:真空速和坡度角。但是,由于空速对转弯半径的平方关系,真空速对转弯半径的作用很大。由于飞行员的速度控制不佳或温度对指示空速与真空速关系的影响而导致的空速增加都会明显影响转弯半径。如果真空速仅增加10%,则转弯半径通常将增加20%。

在表演飞行领域,这可能导致转弯到比预期的定位更宽的宽度,从而导致超出航迹、超出地面或航展表演区。如果高密度高度高,表演飞行员应以较大转弯半径飞行。表演驾驶员必须认识到,在某些高密度高度条件下,"飞机可能会掉出来",并且无法产生所需的能量。这里的危险是通过降低高密度高度,增加转弯半径和降低加速度来测试表演飞行员的耐心,即使在发动机推力最大的情况下,表演区域也比预期宽。在这种情况下,最糟糕的事情是表演飞行员试图按常规表演程序飞行,试图"压榨"飞机的过度性能。审慎的表演飞行员会理解这种现象,并耐心等待飞机能量增加。否则,可能会导致总能量快速减小,几乎无法机动,甚至可能会陷入灾难。

尽管不是直接影响表演飞行的重要因素,但考虑一下转弯1°所用的时间 t

$$t = \frac{\rho V}{180 g \tan\theta}(s)$$

该方程式说明了转弯1°所用时间量,与速度成正比,与坡度角成反比。这对于表演飞行员来说意味着高速转弯需要的时间更长,而大坡度角转弯需要的时间更少。有趣的一点是,转弯速度与飞行速度 V 成正比,而转弯半径与速度的平方(V^2)成正比。简单地说,如果飞机飞行速度快两倍,转弯半径将是原来的四倍,但转弯时间只会增加一倍。

爬升性能

对于观众来说,表演开始最令人印象深刻的动作之一就是起飞抬前轮,无论是高性能喷气飞机、大型运输机,还是通用航空特技类飞机都是如此。看到飞机快速从起飞滑跑转换进入最大爬升速度或最大爬升角度的垂直爬升总是令人兴奋。"最佳爬升速度"显然指最大垂直速度,而"最佳爬升角"的垂直速度则稍低一点,水平速度也稍微降低,但却可最大程度地提高有

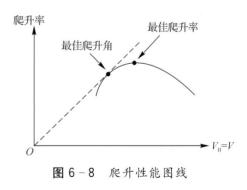

图 6-8　爬升性能图线

效爬升角度——飞机在给定的水平距离内可获得更高的高度(见图6-8)。无论是作为表演飞行员飞行还是作为旁观者观看,这两种爬升机动都同样令人印象深刻。

这两个机动的空速都是在飞行试验期间确定的,可以从具体飞机的性能手册中轻松获得。大多数螺旋桨飞机最佳爬升速度角约在最佳爬升速度的85%~90%。爬升性能,无论

是用最佳角度还是最佳速度来表示,显然都是剩余功率的函数,或更准确地说,是可用功率与需用功率之比除以飞机重量。因此,最佳爬升速度是指在推力、高度、温度和重量等主要条件下垂直速度最大的空速,可以用以下公式表示。

喷气飞机最佳爬升速度:$V_v = V\left(\dfrac{T-D}{W}\right)$

螺旋桨飞机最佳爬升速度:$V_v = \dfrac{550B_{hp}}{W} \times \dfrac{DV}{W}$

式中,V_v——垂直速度(ft/s);

V——真空速(ft/s);

T——推力(lbs);

D——阻力(lbs);

W——重量(lbs);

B_{hp}——制动功率。

尽管严格说来不是很准确,但是如果爬升角 γ 小到足以使升力近似等于重量,则适用。对于表演飞行员来说,特别重要的是,已公布的最佳爬升速度或最大爬升空速会随高度发生变化。

考虑到操纵方面的因素以及陡峭起飞抬前轮的动力学特性,爬升机动需要一些良好的驾驶技能。这个机动看起来很简单,但是为了安全飞行,必须以最大的空气动力学效率飞行,以保留能量。不仅仅是在某一速度拉杆、在下一个目标速度再推杆那么简单。

在这种机动的计划阶段,要保证操纵技术能确保飞行安全,必须考虑爬升性能演示的抬前轮阶段和平飞。要确保有足够的能量抬前轮,这是非常谨慎的做法,否则过早抬前轮会导致将飞机进入阻力曲线的背侧,从而阻止飞机以恒定的空速爬升。同样,必须有足够的空速,以使空气动力能够在推杆退出爬升时,转向侧翼帮助降低机头时满足需要。这里的危险在于飞机在飞行包线的低速端运行,也就是在阻力曲线的背面运行,这对于升力诱导阻力比较大的后掠翼飞机和三角翼飞机而言尤其重要。

同样重要的是襟翼位置和飞机重心位置。某些飞机在襟翼放出,处于极端迎角时会产生下洗流,会大大降低升降舵的效能。如果表演飞行员以极高的迎角抬前轮,可能会发现极端的爬升角度,对观众来说看起来很壮观,但是如果俯仰效能不足,无法命令机头下俯改平飞机,则最终导致的坠机则会更壮观。令人印象深刻的美国空军 C-17 运输机短距起飞表演的抬前轮速度是 Vrot+10 kn 速度,以增强俯仰控制能力,而爬升以最小爬升空速 Vmco+10 kn 进行,这比这种重量条件下飞机的失速速度高约 20%,为表演飞行员提供了安全的"能量缓冲器"。归根结底,谨慎管理能量非常重要,因为如果表演飞行员在这个动作中出错,通常没有足够的高度将高度转换为空速。

飞机总重和重心

询问表演飞行员飞机重量增加对表演有什么影响,他们都会告诉您性能随飞机重量的增加而降低。因此,每个表演飞行员都知道重量增加对飞机性能产生不利影响,但是飞行员知道这个影响有多大吗?为什么会经常遗忘重心的影响?

南非空军试飞员、表演飞行员德斯·巴克上校(《零差错》一书作者)于1992年在伊丽莎白港航展上驾驶"幻影"(Mirage)F1飞机进行表演飞行,充分证明了重量增加对表演飞行的不利影响。表演飞行员必须知道,低空机动不会有第二次机会,第一次就必须正确。

当天的表演从飞机起飞开始,机头抬头20°抬前轮,直接以起飞构型进入270°副翼滚转,退出滚转后直接进入加速360°转弯,同时飞机构型变为净构型。表演是在起落架放出和战斗襟翼的起飞构型下进行的,携带2 000 L内部燃油重量,约为总油量的一半。在此飞行阶段,当时的密度高度是常见的海平面密度高度,高诱导阻力需要飞机发挥最大性能才能在一半内部燃料的重量下安全飞行——提供安全缓冲。

由于表演当天轮胎保障出现问题,只能再进行一次着陆,必须更换一个主转向轮胎。随后决定以4 300 L的全部内部燃油重量飞行,然后飞机在完成表演后直接飞回250 n mile外的飞机本场,无需在伊丽莎白港降落。飞行员意识到,表演飞行的前半段需要消耗一些燃油,减少燃油重量。但是并没有在最大重量净构型条件下演练过这些机动动作,不用说,在这种情况下,为了不使人们"感到意外",表演必须尽可能紧凑——结果是,由于重量增加,大迎角副翼滚转的能量损失远远超过了以前的水平。

产生的连锁效应是没有足够的能量进行急转弯,实际上,飞机必须从200 ft离地高度到100 ft离地高度进行卸载,在如此低的高度,飞机没有足够的高度可用于卸载并加速。在重量增加、剩余功率很低的条件下,在阻力曲线背侧飞行这么长时间,产生了非常大的诱导阻力,总重达12 t的飞机在加力状态下艰难地在屋顶上环绕飞行。飞机处于低能量状态,没有多余功率可用来加速改善低能量状态,也没有高度来卸载并增加能量。此时出现迎角警告,众所周知,后掠翼"幻影"F1飞机的制造商限制迎角为17°,超过5°以上会出现灾难后果——这个时候只有靠上帝恩典了。在面对飞机可能失控的情况下,没有弹射的想法吗?不,在清晨的阳光下,周围区域视野里充满住宅区房屋的屋顶,绝不会弹射。在这种状态下,任何飞行员都不会弹射,因为后果太可怕。这可能与2002年7月坠入观众群的乌克兰空军Su-27飞机飞行员的情感经历一样。

重量一方面影响飞机的性能,另一方面也影响飞机操纵和飞行品质。重量增加肯定会增加升力诱导阻力,而飞机的操纵也会因动量增加(当然是因为重心位置的变化)而受到不利影响。燃油的消耗使飞机重心明显改变,这在燃油消耗极快的高速喷气飞机上尤为明显。除了燃油燃烧之外，机翼下的外挂、副油箱或任何形式的军械或压载物的投放，都会迅速改变飞机的重心位置，并由此改变飞机的操纵特性。装有翼下、机身下副油箱的飞机，存在一种特别危险的情况必须考虑，就是油箱中燃油的"晃动"效应。大多数可投放副油箱都装有"调压板"，或者进行了分装，防止燃油在动态机动过程中前后窜动。如果飞行员的响应与飞机运动的相位不一致，那么在操纵过程中重心快速变化很容易引起飞行员诱发振荡（PIO），并带来灾难性的后果。前重心降低了飞机的敏捷性，表现为驾驶舱中的杆力、过载增大，而后重心提高了飞机的敏捷性，但却降低了尾翼的稳定作用。表演飞行员必须确切地知道飞机的重量、重心位置，不仅要知道表演飞行期间重心的变化，而且还必须了解重心变化对操纵品质的影响。

对于飞机性能而言，所有方面都会受到重量和重心的影响，因此，表演飞行员必须知道重量增加对飞机性能的确切影响，在那种情况下，不是简单地"增加推力"，或"动动手指"就可以调整的。因此，建议在飞行表演前，根据已知重量条件和重心位置，对表演机动进行全面规划。

飞行员诱发振荡

自航空飞行开始以来，飞行员诱发振荡（PIO）一直是困扰着飞机设计和飞机操纵特性的一个问题。飞行员可以通过飞机控制装置驾驶飞机进行各种有目的的运动。但是，由于飞行员对控制装置的无意操纵，或者由大气干扰，飞机可能会发生某些不希望的运动。特别是，表演飞行环境是一个特别易受伤害的环境——在各种机动过程中，空速、姿态和角度的变化都非常快。大气湍流和重心位置的突然变化会增加发生 PIO 的可能性。PIO 的本质是飞机的短期纵向不稳定俯仰振荡，是由于飞行员的控制响应滞后导致的。毫无疑问，飞行员控制与飞机系统的耦合，破坏了飞行载荷，并导致飞机失控。

PIO 本质上是人类的响应时间与飞机的运动和响应速度不一致。飞行员的响应、反应时间，与飞机的响应频率相位不一致时，会导致振荡。当正常的人类响应滞后和控制系统滞后与飞机运动耦合时，飞行员的控制反应将导致对振荡运动的负阻尼，并出现动态不稳定。由于短周期运动的频率较高，俯仰振荡的幅度可以在非常短的时间内达到危险程度，几秒钟就可能发生灾难性结构故障。任何强行抑制振荡的行为都会继续激发并放大振荡。发生 PIO 后，最好的办法是松开驾驶杆消除不稳定的飞行员输入，让飞机的固有稳定性来抑制 PIO 运动。

如果飞机出现了飞行员不熟悉的"感觉"，则可能是 PIO。飞行员"过度控制"或响应过度滞后也可能诱发 PIO。从本质上讲，高速时的响应更敏感，振荡周期更长，这与飞行员控制系统的响应滞后吻合。当然，高速时发生 PIO 特别危险，因为在这种状态下，振荡幅度

（能量）足以导致飞行中发生结构故障。如果遭遇 PIO，飞行员必须依靠飞机设计固有的静态和动态稳定性，并立即松开控制杆，因为不稳定激励如果持续会导致结构故障。显然，当务之急是必须在许可的飞行包线范围内操作飞机。

过载系数

表演飞行和特技飞行与普通的通用航空的区别之一是飞机的动态机动环境，这种环境下，表演飞机的过载系数在最大正过载和最大负过载之间波动。由于过载系数表示在特定时间点的升力与飞机重量之比（$nz=L/W$），因此对于表演飞行员而言至关重要。大过载不仅对人体造成生理疲劳和物理影响，还会对飞机的结构负荷和长期疲劳寿命产生不利影响。对机身的疲劳影响不只是短期弯曲和拉伸，而且是长期的结构破坏。从生理上讲，大过载对飞行员的影响通常表现为"黑视"，"红视"或过载昏迷（G-LOC），持续过载对飞机空气动力学的关键影响是失速和分离。表演飞行员应审慎考虑，表演飞行员的脑海中必须铭刻：过载对失速空速有重要影响。失速空速曲线的斜率随坡度角的增加而增加，当坡度角超过 30°时迅速增加，当坡度角接近 90°时，过载系数接近无穷大（见图 6-9）。

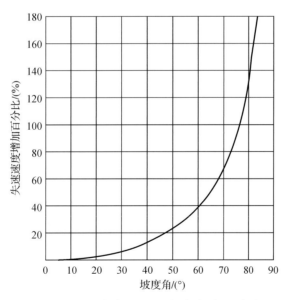

图 6-9　坡度角变化与失速空速的关系

从数学上讲不可能实现 90°坡度角的恒定转弯（尽管有表演飞行员会选择表演这种理论上无法实现的飞行壮举）。在 90°坡度角情况下，机翼升力矢量与飞行航迹成直角，飞行员被迫使用方向舵作为升降舵,以保持机头在地平线上的位置。飞机可以倾斜到90°坡度角,甚至可以在短时间内保持前飞,但是在这种坡度角下,不可能在不损失高度的情况下连续协调转弯,因为此时机翼升力为零。尽管可以计算每个坡度角的过载系数,但这对表演飞行机动而言,没有什么直接重要影响,但是理解坡度角增加产生的影响,对于表演飞行安全而言是基础。

飞行员必须了解的基本原则是,重量增加对失速速度有重要影响,而重量增加可以是实际重量增加,也可以是过载导致的飞机表观重量增加。当迎角增加到翼型上气流分离时,就会发生失速,从而导致升力突然损失,不再能够支撑飞机的重量。在不加速飞行中,在一定的迎角会发生失速,对于大多数常规翼型而言,这个迎角约为16°,并且失速在大多数情况下与空速无关。该原理适用于所有迎角,包括失速。因此其结果是,如果机翼载荷增加,则达到临界迎角的空速会更大。也就是说,飞机越重,飞机失速速度越快,或者相反,过载系数越大,失速速度就越大——即使迎角保持不变。大多数飞机都有最大重量条件下直线水平飞行的"失速"速度标识牌。

在某些情况下,飞机机翼的载荷在飞行中会发生有效变化。其中最明显的是拉升或转弯时。例如,在45°转弯时,飞机的有效重量增加了1.414倍,这就是为什么转弯时需要额外增加空速的原因——平飞转弯时的失速速度大于直线飞行时的失速速度。飞机也可以通过非常快速的上拉来进入"加速失速",即在相对较高的空速下,俯冲后快速抬起机头。在这种情况下,即使飞机的空速过高,飞行员也能非常快速地旋转机翼,使其达到或超过临界迎角,进入高速失速状态。

在没有迎角指示器的情况下,可以从飞机的空速推算出是否接近失速。变换升力公式可以推导出空速和迎角之间的关系为

$$L = 1/2\rho V_S^2 S C_{L\max} = W$$

$$或 \qquad V_s = \sqrt{\frac{2W}{\rho S C_{L\max}}}$$

$$V_s \approx f\left(\frac{W}{C_L}\right)$$

式中,L——升力(lbs);

    ρ——空气密度(slugs/ft³);

    V——速度(ft/s);

    S——机翼面积(ft²);

    C_L——升力系数。

应该注意的是,给定高度下的机翼面积 S 和空气密度 ρ 都是恒定的,而 C_L 和速度 V 都是变量。速度是升力和阻力的主要影响因素,升力和阻力两者均与速度的平方成正比。从升

力和阻力公式可以得出,速度和迎角(用 C_L 表示)成反比。因此,速度 V 是迎角 C_L 的函数。它还表明空速 V、飞机重量 W 和升力系数 C_L 之间的直接关系。如果过载系数增加到一定值,升力不能支撑飞机重量时,将导致失速。过载系数与失速速度之间的关系为

$$V_{S_2} = V_{S_1} \sqrt{n}$$

式中,V_{S_2}—— 加速失速速度;

    V_{S_1}—— 非加速失速速度;

    n—— 过载系数。

飞机的所有机动都导致过载系数增加,当坡度角增加到超过 30°时,对飞行性能和飞机结构都产生重大影响。高空速下急剧拉升很容易在结构上产生临界载荷,并且可能会使载荷系数增加到超过失速迎角点的载荷系数,而产生周期性或二次失速。所有飞行员从第一天开始起,都应学习这些基础理论——航展和飞行表演事故统计数据充斥着那些忽略物理原理的飞行员失事的悲惨案例。飞行的第一规则是克服飞机的重量,那么为什么会忽略这个基本原理,使飞机进入升力小于飞机重量的飞行区域呢?

结构载荷

表演飞行员必须考虑的最重要的要素之一当然是表演飞行期间飞机及其系统的固有结构载荷。在第三章中对航展事故进行的分析中确定了 6 起结构故障(5%),占机械故障的 30%。尽管飞行员灵活柔韧的身体能够承受表演飞行的严酷条件所施加的大部分应力和应变,但发动机和机身材料可能无法承受这种持续的大载荷。当想到飞机载荷时,会立即想到由于高过载机动产生的气动载荷,尽管机动载荷很重要,但机动载荷仅是飞机结构必须承受的总载荷的一部分。显然,在高过载机动条件下,升力面至关重要,无论飞机的类型如何,疲劳载荷都是通过气动载荷、惯性载荷和发动机载荷在飞机结构上引起的,对这些载荷可以进一步细分,见表 6-1。

根据定义,静强度要求只是简单考虑了静态载荷的影响,而没有考虑周期性载荷重复变化的影响。静强度要求中的一个重要参考点是"极限载荷"条件。对于每架飞机,无论是特技飞机、轻型通用飞机、对地攻击机还是运输机,在设计任务中都会预期有一些最大载荷。实际上,预计飞机使用中承受的最大应力是"极限"过载系数,对于现代第四代战斗机和通用航空特技飞机,其极限过载系数通常为 $+9g/-3g$ 和 $+6g/-3g$。为了提供必要的安全裕度,飞机结构设计载荷一般比极限载荷高,这就是"设计载荷"或"最终载荷"。

表 6-1 飞机载荷分项

气动载荷	惯性载荷	动力装置
机动	加速度	推力
阵风	拉前轮	扭矩
控制偏转	振动	陀螺
抖振	颤振	振动
		涵道压力

一般是在极限载荷上使用一个"安全系数"来确定最终载荷,当出现罕见飞行条件,飞机载荷大于极限载荷时可以防止灾难发生。自 20 世纪 30 年代初以来,飞机结构工程师一直使用 1.5 系数作为"最终安全系数"的公认技术规范。因此,飞机必须设计成能够承受 1.5 倍极限载荷而不会发生故障。当然,在这种程度的过度应力下,飞机可能会出现永久变形,但是主要承载部件不会发生实际故障。因此,对于极限载荷系数为 7.5 g 的战斗机,最终的载荷系数为 11.25 g,如果超过该极限载荷,则会发生结构故障。飞机的最大气动载荷通常是在高空速高过载机动时的升力产生的。在较低空速下,最大载荷系数受失速限制,或更严格地说,受"升力边界"限制。随着空速的增加,对于表演飞行员来说,很可能超过最大过载限制。

由于"极限载荷"是最大正常预期载荷,因此飞机结构必须能承受这个载荷而不会产生有害的永久变形。飞机应该能够成功承受极限载荷,然后在去除载荷后恢复到原始的未受力形状。

在低应力值下,这个曲线是一条直线,表示材料处于弹性范围内,尽管可能发生弯曲,但由于材料能恢复到其原始状态,因此不会发生永久变形。在较高的应力值下,随着材料产生不成比例的应变而导致永久变形,在应变方向上显示出明显的曲线变化。可承受永久应变极限的应力定义为屈服应力,在此点以上再施加任何应力都会产生永久变形。在表演过程中对高性能飞机施加过大的应力并不困难。德国空军 F-4 战斗机的飞行员在 2002年 5 月 12 日的柏林 ILA 航展期间就出现了这种问题。在表演机动期间,飞机超过了载荷极限,并且在接近极限载荷极限时,发生了永久性应力损坏,损伤过分严重,导致飞机退出服役。如果飞机承受的载荷大于极限载荷,则可能会超过屈服应力,如果载荷大于最终载荷,则可能会发生令人讨厌的永久变形,并可能导致灾难性故障。

表演飞行环境对飞机机身而言特别恶劣,各种特技飞行过载反复出现会导致结构疲劳,从而产生蠕变损伤。这种蠕变损伤是飞行员引起的,因此,表演飞行员必须特别关注要防止过度变形或蠕变破坏。考虑到反复或循环载荷的累积影响,需要考虑疲劳强度。如果施加了周期性的拉伸应力,则一段时间后,周期性的应力将在某些关键位置产生细微的裂纹。随着不断施加变化的应力,裂纹将蔓延,直至剩余的横截面无法承受所施加的应力,突然发生最终破坏。在这种方式下,金属可能在比静态极限载荷低得多的应力下失效。

1993年在兰塞利亚举行的非洲航空航天博览会上,南非空军"银隼"特技飞行队一架飞机机翼发生的灾难性故障就是这种情况。右侧机翼在退出4 g过载斗斗时发生灾难性故障,这个载荷远低于7.2 g极限过载限制。初始裂纹在主梁中的传播一直没有受到抑制,直到由于过载导致最终失效,其实,任何飞行员都希望结构完整性能够承受这种载荷。当发生飞行员无法控制的结构故障时,生命损失尤其令人痛苦。许多飞行员不记录飞机的超负荷飞行情况,但最终的代价将会有人付出。因此,当务之急是表演飞行员要报告过大的应力状况,因为如果不这样做,最终会导致结构组件在过载值大大低于额定极限载荷时发生灾难性故障。经验丰富的特技飞行员克拉伦斯·斯佩勒(Clarence Speal)在1996年的匹兹堡三河赛船会上因左翼弯折进入下行"快滚"后死亡,事故原因可能与此有关。实际上,适用于机身的原理同样适用于发动机,因为在许多情况下,表演飞行飞机的发动机通常会经受一系列超出发动机设计标准的工作条件。表演飞行员的主要关注点是管理飞机的能量水平,并且由于飞行员要维持表演线、最低高度和表演中心位置,工作负荷很大,因此,表演飞行员自然会更无暇顾及发动机。节气门的位置可以在几秒钟时间内从慢车到最大加力状态,从慢车到满功率状态。发动机的温度范围能在3~8 s内从慢车温度达到最高温度——由于工作温度变化导致的周期性疲劳会大大增加蠕变损伤。

燃气涡轮机部件的高工作温度为蠕变提供了关键环境条件,而蠕变条件在高应力和高温下最为关键,而且这两个因素都会增加蠕变破坏的速度。燃气轮机部件的正常工作温度和应力对设计带来了很大的问题,其工作限制应受到表演飞行员的高度重视,因为过高的发动机转速、过高的涡轮温度或过高的发动机增压,都会引起蠕变破坏速度大幅提高,最终导致组件过早失效。由于飞机在飞行过程中会进行动态机动,因此结构载荷必须是每次飞行表演的基本考虑因素。

扭 矩

扭矩现象是从初次飞行开始就必须向学员飞行员传授的基本知识要素之一。这个原理所有飞行员都应熟知,但对表演飞行员而言尤为重要,因为它为表演动作带来了独特的原理,可以生成新的机动动作和极富动态的飞行轨迹。《特技飞行字典》于1961年首次出版,列出了当时定义的可能特技飞行动作和位置,总计3 000个。如今,随着飞行员试验飞机能力的增强,这个特技动作清单已经增加了很多,这表明特技飞行动作符合飞行演变自然发展历史——随着飞机能力的不断改进,熟练的飞行员学会了利用这些技术进步。

扭矩现象起源于牛顿的基本运动定律,该定律指出:"每一个作用,都有一个相等的反作用。"扭矩是螺旋桨旋转产生的反作用力,目的是使飞机沿与螺旋桨旋转方向相反的方向旋转。从驾驶舱观看时,大多数螺旋桨都顺时针旋转,因此飞机的其余部分必须都有逆时针旋转或左翼下沉的趋势。由于螺旋桨存在扭矩的影响,这意味着与喷气飞机相比,螺旋桨飞机飞行员的工作负荷增加。实际上,螺旋桨飞机一侧的操纵特性与另一侧的操纵特性明显不同,这取决于螺旋桨的旋转方向。

直升机显然同样适用这个原理。当直升飞机的发动机使主旋翼向一个方向旋转时,直升飞机的机体希望向相反的方向旋转。但是,利用尾桨产生一个力,或更准确地说,是产生一个抵消机身旋转,使直升机保持平衡的力矩。因此,主旋翼的作用是提供机身升力,以及向前运动的推力,而尾桨用于抵消所谓的扭矩效应。

直升机使用第二个小旋翼来解决扭矩问题,在固定翼飞机上,则必须通过飞行员控制输入来抵消这种趋势。由于飞机趋于向左滚转,因此需要右副翼增加左机翼的升力以产生右滚转力矩。这个力矩抵消了螺旋桨扭矩引起的滚转运动,并使飞机恢复到机翼水平状态。但是,这种副翼偏转引起飞机不对称,因为飞机一侧的升力比另一侧大。然而,不仅是升力更大,阻力也更大,其结果是增加了飞机左侧的阻力,由于不利的偏航,飞机向左偏航。为了纠正这种偏航效果,飞行员还必须应用右舵来抵消不利的偏航并保持机头笔直向前。总而言之,在每次表演动作中,要使飞机保持平衡飞行,还需要更多灵活性(见图6-10~图6-12)。

在进行功率检查时,您是否曾经检查过一架大功率的二战战斗机?左油管被大大压低,右油管被拉长。因为还存在陀螺力或进动力与扭矩结合产生的滚转/偏航力矩问题。对于右转螺旋桨,施加在旋转螺旋桨上的力相对于旋转方向呈90°。顺便提一句,这种怪异力量,如果恰当应用,可以使飞机执行"Lomcevak"极端怪异机动,这个力起飞时与拖曳尾翼产生的力基本相同,会导致飞机在提起尾翼时向左转向。

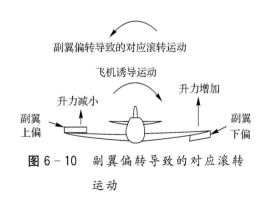

图6-10 副翼偏转导致的对应滚转运动

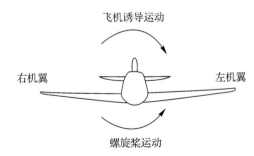

图6-11 螺旋桨运动在飞机上产生的诱导扭矩

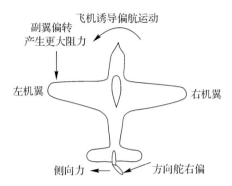

图 6 - 12　方向舵偏转导致的相应运动

多引擎螺旋桨飞机通过使用反向旋转的螺旋桨,可以完全消除扭矩影响。例如,使右发动机顺时针旋转,左发动机逆时针旋转,这样扭矩彼此抵消。任何旋转部件都会在飞机上产生不对称的力和力矩,即使现代喷气发动机中的旋转的风扇和涡轮也是一样,但是这些影响通常很小,在大多数情况下无需飞行员处理。现代飞行控制系统可通过自动微调系统自动纠正这些影响。

有三种力可以引起单引擎活塞飞机的左转趋势,即扭矩、滑流和陀螺进动。当飞机从俯冲中被拉起或发动机功率增加时,就会产生左倾和偏航趋势(从驾驶舱看,螺旋桨顺时针旋转)。推杆俯冲或降低发动机功率会使作用在飞机上的力反向,这个力变为右转趋势。如果螺旋桨逆时针旋转,这些力显然都在相反方向上。

最初的特技飞行飞机直接从早期的空中竞赛和军事训练飞机演变而来,通常尺寸过大,而且功率不足,按照当今的标准,其特技飞行性能表现不佳,因为飞机的机动性很差并且垂直爬升能力有限。尽管设备得到改进(例如改进了机翼、燃油和机油系统),从而可以实现反向飞行,但即使是最好的特技飞机也无法长时间以不自然的飞行姿态飞行。空气动力学的局限性在于,即使特技飞机,也无法长时间有效地侧飞或倒飞。

来自螺旋桨发动机的扭矩和滑流使飞机在向右操纵时的响应与向左操纵时的响应不同,特技飞行员必须学习在两个方向上操纵飞机。机动中如果俯仰姿态增加或功率增加,都会引起旋进,进而导致飞机随后向左侧滚转和偏航。功率设置越高,效果越不稳定。如果机动继续发展,在飞行特殊机动动作(例如失速转弯,副翼滚转,尾旋等)时,表演飞行员必须灵活,扭矩、滑流和 P 因子都可能产生严重的不利影响。

这种现象的严重程度取决于螺旋桨的功率,这个功率是发动机尺寸的函数。如果滚转与扭矩的方向相同,飞机的滚转性能则大大提高了。但是,应用最大副翼偏转并不是一件简单的事情,不利的偏航可能会与正在做的机动动作耦合,由于侧向载荷或侧滑载荷太高,可能导致分离甚至结构故障。因此,机动时需要保持平衡。老式 F4U 飞机滚转性能良好,如果与动力装置的扭矩一起滚转(换句话说,就是向左滚转)时,它是第二次世界大战中滚转速度最快的战斗机之一。美国列装的战斗机当中,只有 P-47N 飞机的滚转速度比它更快,并且只快了 $6°/s$。

20 世纪 70 年代中期,发动机功率更强大,飞机更重,惯性和进动力也更大,翻滚动作突然激增,直到今天。这些动作变化显然是无穷无尽的,以至于航展飞行员要么放弃了对它们全部命名,要么就是因为过载太高,以至于他们的大脑忘记了他们刚刚做了什么。

1972 年,美国和世界特技飞行冠军、著名航展表演飞行员查理·希拉德发明了扭力滚转,这是一种利用扭矩反应产生滚转速度的特技动作。进入这个动作时就像是机尾侧滑,然后将飞机悬挂在螺旋桨上,向左侧发起连续滚转。由于螺旋桨是向右旋转的,发动机扭矩可保持滚转持续,直到飞机开始向后滑动为止,随后立即反转副翼(因为现在飞行方向已反转)保持继续左滚转。

尽管在尾部侧滑扭矩滚中,使用了反向副翼输入,但尾部侧滑的速度非常慢,即使副翼不反转也将产生扭矩,扭矩保持飞机进一步滚转。发生这种情况时,防止飞机滚转的唯一方法是降低功率。关闭油门并像改出机尾侧滑那样完成改出。1974 年,瑞士和欧洲冠军埃里克·穆勒(Eric Muller)发明了非常聪明的" Zwilbelturm"或" Spiral Tower"机动动作。从垂直上升线上的右滚转开始,出现类似于倒飞的上升尾旋。当飞机到达最高点并开始下降时,将控制装置反转,以完成向直立平尾旋的过渡。

随着世界范围内正式特技飞行比赛增加,重点转移到战前欧洲对飞行动作几何精度的标准化方面。这种竞争性标准的改变排除了 Lomcevak 等陀螺仪特技动作的身影,因为飞机和飞行员的反应差异很大,很难为滚转动作建立精确的判断标准。但是,陀螺转鼓和扭矩滚转在比赛中深受飞行员和观众欢迎,也不能被简单地丢弃或降级为非竞争性机动动作。这些动作成为现代"四分钟自选动作"(Four Minute Freestyle)比赛的核心机动动作。这些比赛的评判标准与洛克希德杯赛所采用的标准一样,这些动作仍然是特技飞行的最前沿技术动作,今天的特技飞行先锋或许仍然可以发现新的特技飞行形式。

但是,如果飞行员无意间进入了这种陌生的飞行状态,扭矩滚转已经造成了很多事故。功率的突然增加不仅会导致突然增加滚转、偏航耦合,而且飞行员的反应时间和响应时间可能无法补偿随后的运动。使问题更加复杂的是,许多表演飞行阶段都是在相对较低的速度进行的。当通过副翼和方向舵的气流速度很慢时,这些控制面的效能很低,可能无法抵消扭矩。当飞行员试图控制扭矩时,飞行员的响应不能滞后于扭矩引起的滚转、偏航力矩,否则会导致飞行员诱发振荡。在低空低速时,可能没有足够的高度和时间来改出,最终结果可能是灾难性的。但是,在专业、训练良好的特技飞行员手中,扭矩滚转可以在任何飞行表演中得到很好的利用和表现。

2001 年 7 月在安大略省萨尼亚国际航空展的表演中,飞行员凯里·摩尔(Carey Moore)的"霍克海怒"飞机坠毁,导致其身亡的航展事故中,扭矩起了什么作用? 失事飞机发动机可产生约 2 400 hp 功率据矩,如果在低空速下选择扭矩滚转,最有可能使飞机滚转失控。实际上,目击者报告说,飞机低空慢速通场后,作爬升转弯时进入了初始尾旋。

有趣的是,利用扭矩进行特技飞行,可以追溯到 1945 年,当时柯蒂斯·披茨(Curtis Pitts)建造了第一架特技飞机——"披茨"S-1,彻底改变了特技飞行面貌。披茨设想了一种可以不服从重力并且对操纵有灵敏响应的飞机。它比战时的双翼飞机小,但可以敏捷地滚转和爬升。披茨放弃了大型径向发动机,而是设计了一种由较小、较轻、水平对置发动机提供动力的飞机,这种飞机重心靠后,可以实现快速的急速滚转。由此而来的披茨系列特技飞机机翼较小,翼展只有 17 ft,重量轻,并且具有很高的功率重量比,非常敏捷,很快就成为了特技飞行比赛的主导。

一架单翼特技飞机,Stephens Akro 采用了类似的设计,但克服了披茨飞机的主要设计缺陷——无法垂直爬升。单翼构型飞机的阻力较小,可转化为较高的空速,尽管对于特技飞机而言,空速不是必需的,但由于可迅速将空速转化为高度,因此这是非常可取的。Akro 的特技飞机设计很快就被专业飞机所掩盖,例如"Extra 300"特技飞机,通过细化设计改进,与其他常规轻型飞机区分开,得到继续发展。增强的结构强度,包括使用复合材料、更强大的发动机、更大的螺旋桨,改进的空气动力学控制面和控制装置,使这些飞机非常适合于特技飞行的需求。Stephens Akro 开发了新一代无限制单翼飞机,例如 Laser 200,Extra 300 和 Superstar 等。

扭矩是螺旋桨转动的动力,如果要在机动表演中使用它,则表演飞行员必须知道可用扭矩有多大,以及在哪个转速最大,这些至关重要。例如,如果 3 000 r/min 的转速能产生最大扭矩,则非常长的螺旋桨的叶尖速度将会超声速,并可能产生比推力更大的阻力,同时会对以声速转动的叶片部分产生不良影响。如果以非常低的发动机转速产生最大扭矩,则可能需要更长的叶片,但是,必须考虑离地间隙,而叶片越长,外部噪声也越大,当然驾驶舱中的噪声不一定更大。扭矩的另一个特殊特性是它产生的交叉耦合效应,例如失速转弯("榔头"失速)。为什么在向左转弯时,表演飞行员需要施加反向副翼输入? 因为除了外机翼提供的较大升力,还有陀螺效应使飞机滚转和偏航。在没有发动机扭矩、滑流和进动的情况下,这种现象在喷气飞机上如何体现? 由于任何旋转的质量本质上都是陀螺仪,因此在高速喷气涡轮中也会产生陀螺仪力,但显然不是 P 因子。但是由于喷气式飞机的方向舵上没有螺旋桨滑流,因此飞行员必须踩舵使飞机偏航一点,同时仍具有合理的前进速度。在零空速时,由于方向舵舵面上没有气流,所以此时喷气飞机的方向舵根本无用。因此,当喷气飞机失速转弯时,它不像螺旋桨飞机那样能进行零空速机动。如果方向舵对喷气机有效,那么副翼也是有效的,在这种情况下,外机翼具有相当大的升力,必须使用副翼来抵消。在失速、急速滚转和尾旋机动期间改进控制无法完全抵消发动机扭矩的影响。特技飞机具有足够的推力,可以短暂地"悬挂"在其螺旋桨上一会儿,很快就会被发动机扭矩克服,从而使飞机旋转。熟练的特技飞行飞行员了解这些设计局限性,要学会在特技飞行过程中顺从飞机的控制。

阵风响应

对于观众人群来说,任何环境因素的影响都不明显,但是这些看不见的因素却持续影响着飞机的飞行轨迹。只有当人们仔细观察特技飞行表演队或特技飞机的烟迹时,有时才会感受到风、温度或地形引起的大气干扰。湍流特别使表演飞行员在低空感到不适,其主要表现为气流颠簸,但从技术上讲,则表现为阵风响应。湍流不仅增加了飞行员的工作负荷,而且还增加了飞行员的体力支出和飞行员的疲劳。

飞机的升力取决于飞机飞行的速度。相对而言,在低速、大迎角下,机翼的最大可用升力已经接近饱和,刚好等于支撑飞机重量所需的力,几乎没有多余的能力来产生额外升力。因此,如果在最大迎角或接近最大迎角时急剧拉回升降舵,则额外的过载系数不会太大。同样,如果飞机遇到严重的垂直阵风,则产生的过载系数也不会过大,并且飞机很可能在过载变得过大之前失速。

但是,在高速情况下,情况发生了巨大变化。高速时,机翼产生升力的潜力非常大,升降舵的任何突然运动或强烈阵风都可能使过载系数超过结构限制安全过载系数。尽管飞机响应与阵风响应不直接相关,但还是有些细微差别,对于早期采用非计算机控制的飞行控制系统的飞机,这一点尤为明显。长期以来,它一直是表演飞行员的陷阱之一。

表演飞行员在表演中选择以更富有吸引力的低空高速通场,然后紧接着是"向上查理"机动或垂直滚转机动的情况并不少见。想象一下,达索"幻影"F1之类的飞机,最终进场的速度一般为600KTAS / Ma0.92,如此高的速度下的转弯半径非常大,要想在拉起时产生"方角转角"(square corner)效果,飞行员必须具备高水平技能才能在大约1 s内从过载1 g拉升到6 g。在如此高的空速下,上拉必须非常陡峭,才能向观众呈现"方形上拉"效果。但是,如果飞行员注意力不集中或错误估计了拉杆力,在如此高的空速下快速拉杆很容易使飞机"抬头过度",超过俯仰速度限制,并可能导致"快速超量过载",最终导致飞机不可用,事后必须进行"超量过载检查(over-g checks)"。

"超量过载检查"是一项冗长而全面的装配检查,以评估飞机结构遭受的任何程度的弯曲或屈曲应力。由于过度应力的累积作用,持续的"超量过载"危害极大,可能会导致永久性弯曲并最终导致灾难性结构破坏。这种现象对于后重心飞机还有另外一个问题,就是可能导致非周期性的俯仰发散。第三代飞机后期型号和第四代飞机的计算机飞行控制系统减轻了这种操纵问题。

在某些条件下,垂直气流形式的湍流会在飞机结构上,尤其是在升力面上造成严重的载荷应力。水平阵风只会导致动压变化,而垂直阵风会引起飞机迎角变化。当飞机以高空速低迎角飞行时,突然遇到向上的垂直气流,相对风会增加机翼的迎角。在某些情况下,飞机遇到强阵风时承受的载荷可能会超过机动极限载荷。结构工程标准的可承受垂直阵风在最大水平飞行速度下定义为 30 ft/s,理论上在飞机上会产生 3 g 的过载,但这不是结构认证标准,在最大俯冲速度下,垂直阵风认证标准降低到 15 ft/s。强烈的垂直阵风将对机翼产生作用,与对升降舵控制装置施加突然的强烈反向压力效果一样(见图 6 - 13)。

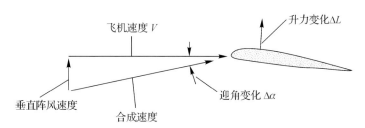

图 6 - 13　阵风速度与飞机速度的矢量相加会引起迎角和升力的变化

动态机动的飞机在遇到湍流的情况下,其过载系数可能会从 $-1.5\ g$ 增加到 $+3.5\ g$。所有经过认证的飞机都能够承受相当大的湍流所施加的载荷,但是,在高湍流条件下,未经认证的飞机进行低空特技飞行会变得尤其危险。在航展事故中记录的众多结构疲劳案例均在第二章和第三章中有详细记录,事故飞机类别从原型战斗机到一线战斗机都有。

由于阵风响应,过载系数的增量变化可以表示为

$$n = \frac{L}{W} = \frac{UVC_L}{2W/S}$$

超量过载的影响不仅与上拉和下俯运动有关,而且与垂直阵风的影响有关,并且由于空速与结构完整性之间的关系,工程上已经为动态机动确定了某些最大速度。通常,当遇到剧烈湍流时,应按照飞机飞行手册或飞机标牌中规定的设计机动速度 V_a 飞行。即使施加了最大控制偏转,这个速度也是最不可能对飞机造成结构损坏的速度,并且还在湍流空气中的失速速度以上留有足够的安全裕度。

由于阵风载荷因数随空速的增加而增加,因此在实际飞行表演程序中,在强湍流条件,应谨慎行事,将空速降低至设计机动速度——这些都是实践经验。但在表演期间这通常是不可能的。所以,最有可能的办法是放松表演程序,以防止由于湍流而增加过载。

飞机的设计,特别是升力面,对阵风增量有很大的影响。升力曲线的斜率将飞机的灵敏度与迎角的变化相关联——飞机的展弦比越高,飞机对湍流的敏感性就越强。另外,机翼载荷的影响可能会产生误导。具有讽刺意味的是,如果飞机更轻,则阵风引起的诱导过载系数会增加,这与自然假设相反:飞机在重载条件下更容易遭受结构故障。如果飞机更轻,则相同的升力增量将导致更大的垂直加速度(过载系数),因此飞机将承受更大的应力载荷。为了获得最佳性能,大多数表演飞行员选择将表演飞机重量减小到绝对最小,以提高推重比或轴马力/重量比。因此,在湍流条件下,尽管表演飞行员可能会发现较低的总重会改善性能,但湍流中飞机的操纵品质会下降。

为什么这对表演飞行员很重要?很明显,对由于阵风引起的增量过载有直接影响的因素是真空速、空气密度以及机翼的升力曲线斜率。能够降低阵风诱导增量过载的影响因素是机翼载荷,机翼载荷越高,可以实际产生的增量过载越低。飞机铭牌上标注的"不得超过速度"仅适用于平稳气流条件。表演飞行员应谨慎考虑高俯冲速度的影响,或者在大于限制机动速度的空速进行急剧机动的影响,因为这些条件下,这种载荷会对飞机的整个结构产生破坏性应力。

尾　涡

英国 AAIB 公布了 2001 年 6 月 2 日在比金山航展上尾随"海雌狐"飞机的"吸血鬼"飞机事故调查的结果。调查认为,事故的最可能原因是"吸血鬼"无意中进入了"海雌狐"飞机的尾流涡流(尾涡),发生分离和尾旋,最终失事。双机编队表演程序是"吸血鬼"飞机在"海雌狐"飞机右侧沿着人群线飞越,然后尾随"海雌狐"飞机纵列排队飞行。在第二轮表演结束时,这两架飞机飞离观众人群,"海雌狐"飞机做了一个向右的侧翼机动,以返回到表演轴线。"吸血鬼"飞机原本应该进行相同的操作,但转弯滞后,与"海雌狐"拉开了约 3 000 ft 的距离。

"海雌狐"继续以约 220 kn 速度右转弯,拉过载约 2.5 g。"吸血鬼"从尾随位置移动至左侧,并以较大半径转弯以拉大距离进行向右的侧翼机动。当"吸血鬼"滚转至 80°坡度位置倾斜准备开始侧翼机动时,在大约 1 500 ft 离地高度,飞机继续向右滚转,进入倒飞姿态,随后进入加速陡峭下降,机头冲向地面。飞机随后瞬间滚转成机翼水平姿态,但迎角迅速增加。"吸血鬼"滚转至右侧后继续向下,以约 200 kn 空速,机头向下 45°,右翼 90°坡度姿态坠地。

飞行员发现自己处于倒飞姿态,俯仰角度比地平线低了约 56°,他看来已经停止继续输入俯仰力矩,使飞机稳定下来,并立即施加最大副翼偏转以恢复水平姿态。尽管仍然处于低头姿态,但还是改平了机翼。当飞机迅速向机翼水平姿态滚转时,飞行员不得不施加较大的机头上仰力矩以从俯冲中改出,并同时施加一定程度的反向副翼偏转来获得滚转动量。

令人惊讶的是,通过对事故视频的逐帧分析,计算出从侧翼开始到坠地仅 5 s。飞行员在 3.2 s 后设法重新获得了部分控制权,命令机翼短暂恢复到水平姿态,但是,"吸血鬼"飞机继续以大约 112°/s 的滚转速度向右滚转。

任何飞机的尾涡都由三个要素组成,即发动机或螺旋桨滑流、飞机尾流和翼尖涡流。发动机或螺旋桨滑流是一个相当狭窄的核心流,其强度是发动机推力的函数,并且在飞机后部快速消散。飞机尾流由机身自身引起,具体而言,是由飞机组件产生的气流扰动引起的,通常表现为飞机机身后的湍流。最后,是机翼产生的涡流——从机翼上散落的"上卷"机翼涡流,这些涡流始终聚集在翼尖上,从而形成了翼尖涡流。

翼尖涡流偶尔可见,通过涡流的低压核心中的湿空气凝结显示出来。这个涡流强度是机翼升力的函数,也就是飞机重量或被拉"过载"的函数。由于空气在翼上沿翼展方向流动,涡旋在右翼上顺时针旋转(从后面看时),在左翼上逆时针旋转。尾涡会对进入尾涡流的所有编队飞机产生明显的滚转力矩——如果飞机是不同类型的,例如"吸血鬼"和"海雌狐",则较轻的"吸血鬼"飞机可能会遭受来自更沉重的"海雌狐"飞机的剧烈滚转力矩。

根据视频分析测算,在发生分离的时刻,"吸血鬼"和"海雌狐"距离约 550 ft(170 m)。除了"海雌狐"飞机重量较大外,由于在转弯处拉过载,使"海雌狐"的有效质量增加了至少 2.5 倍,从而形成了更强烈的尾流涡流。因此,"海雌狐"飞机所产生的涡旋是"吸血鬼"所产生的涡旋的 3~4 倍,理论上能够在"吸血鬼"上产生 70°/s 的滚转速度。在当时的空速和过载条件下,"海雌狐"涡旋产生的滚转速度超过了"吸血鬼"的固有滚转能力,这反过来又解释了飞机为什么在进入"海雌狐"飞机的滑流后几乎立即滚转进入倒飞姿态。

AAIB 计算得出结论:在 500 ft 距离处,涡流消散不明显。尽管飞行员已经几乎从倒飞姿态改平机翼,但是陡峭的机头下俯姿态需要飞行员很大的拉力才能从俯冲中改出。但是,由于迎角太大,再加上"吸血鬼"的机翼载荷本来就高,以及为改出飞机施加的副翼和方向舵偏航输入,致使"吸血鬼"飞机进入了加速失速状态,继续沿着向下的轨迹右转。毫无疑问,许多"吸血鬼"飞机的飞行员在空中战斗机动训练中进行硬转弯时都经历了"吸血鬼"的"甩动"。只要有足够的高度裕度,通常都可以改出,但是在比金山航展上,这次的高度太低,要想从这种非指令分离中安全改出的可能性极低。

1969 年末,德莱顿飞行研究中心开始了一项试验研究,在 B-52 轰炸机和 C-5 运输机后面驾驶经过测试改装的 F-104 战斗机来研究尾涡的影响。C-5 运输机的涡流非常强,以至于在一次试验飞行中,F-104 战斗机滚转成倒飞姿态,并损失了 3 000~4 000 ft 的高度,而当时 F-104 战斗机是在这架大型飞机后面 10 mi 远尾随飞行。在 2001 年 4 月,"雪鸟"飞行表演队 9 架飞机编队飞行时,尾涡也是导致飞机硬着陆的部分原因。这次硬着陆导致一架飞机右起落架和前起落架坍塌。

尽管同类型飞机编队表演飞行时，翼尖涡流的影响不是什么大问题，但在这次比金山事故中，有许多特殊因素表明，"海雌狐"产生的尾涡在事故中发挥了作用。这些因素包括"海雌狐"和"吸血鬼"之间的重量存在巨大差异，并且两架飞机都是在进行坡度转弯，从而在"吸血鬼"偏离其预期飞行路径时产生了额外的机翼升力和涡流强度。两架飞机是分开的，尾涡的强度在翼尖后逐渐发展（"上滚"），在生成尾涡的飞机后约2～4个翼展处尾涡强度最大，这个尾涡强度维持到80～100个翼展距离。

由于可能遭遇到尾涡，AAIB委托进行了一项空气动力学研究，以确定"海雌狐"机翼翼尖产生的尾涡对"吸血鬼"飞行路径的影响程度。为了判断涡流场的强度，使用了马蹄涡近似，尽管没有包括涡流消散模型，但研究认为在150 m的间距内尾涡不会明显消散。研究中，"海雌狐"飞机的建模质量为14 784 kg（最大总重为18 858 kg），以270 kn的速度2.5 g过载进行转弯；"吸血鬼"的建模质量为4 400 kg（最大AUW 6 124 kg），以220 kn的速度2.0 g过载进行转弯；两架飞机之间的纵向距离为150 m，"吸血鬼"飞机置于"海雌狐"飞机中心线左侧6.7 m处。

在这些假设的基础上，建模结果表明，"海雌狐"飞机的涡环强度是"吸血鬼"飞机的3～4倍。研究还得出结论，涡流可导致"吸血鬼"飞机产生超过$70°/s^2$的滚转加速度，大于"吸血鬼"飞机在该速度下的可用反滚转能力。这个建模还表明，如果"吸血鬼"飞机靠近涡流核心，其滚转速度可能会高达$200°/s$。但是，这是非常不可能发生的，因为"吸血鬼"与"海雌狐"的飞行路径是散开的，涡流之间的相互作用只会瞬间发生。空气动力学研究进一步表明，在这次特殊事故中，实际发生的吸血鬼向右急转$90°$，可能是这种涡流相互作用的结果。

空气动力学研究进一步表明，在这次事故中，实际发生的吸血鬼向右急转$90°$，可能是这种涡流相互作用的结果。1954年，皇家飞机研究院装备部开展的一项试验研究提出了进一步的证据。这项试验是为了确定目标飞机的尾流位置及其对尾随飞机的一般影响。试验报告（技术说明编号Aero.2283）摘要指出，喷气式飞机后面的尾流具有不同的组成部分。喷气流由一些小直径涡流区域组成，这些小直径涡流区域具有纵向速度，由于旋涡作用会产生相对较小的旋转。预计会出现大量的小扰动，而尾流的其他部分主体则呈现湍流特征，并降低了产生阻力的部件后面的总压。大多数情况下，最大的涡流区域在机身后面。从机翼脱落的涡流和尾部涡流迅速卷成一对尾部涡流，这些涡流的核心存在小范围的扰动。

试验计划分别研究上述涡流的每个分量，并测量这些分量的大小以及涡流在飞机后方距离上的衰减速度。研究使用一架"流星"Mk 4飞机（约重6 900 kg）作为"目标"飞机，一架"吸血鬼"Mk 4飞机用作"尾随飞机"。试验表明，"喷气速度"（喷气外流）在喷气出口后约 200～300 ft 处就下降到可以忽略不计的值。试验结果还表明,涡旋持续了相当长的时间,在目标飞机之后 8 000 ft 处仅衰减至其初始强度的一半。对于在 30 000～35 000 ft 高度的两种速度(188 kn 和 235 kn)的飞机而言,对后面飞机的扰动非常强烈,尽管使用了最大驾驶杆行程,仍无法保持机翼水平。

尾涡和飞机滑流效应已成为许多通用飞机和军用飞机事故的原因。但是,尾涡是一种与升力相关的自然现象,在当前的空气动力学设计约束范围内,将继续对表演飞行员造成危害——当飞机飞行高度越低,危害变得尤为严重。

滚转耦合

对飞行速度的追求促使飞机设计者将注意力集中在机身的流线型形状上。这种机身形状,质量分布于细长的机身,后掠翼和腹鳍的空气动力学效能降低。反过来,这又进一步降低了空气动力学稳定性和尾翼的阻尼作用,飞机质量在机翼上的重新分布进一步使飞机重心外移。出现滚转耦合问题是惯性特性逐渐变化的自然结果,惯性特性是高速飞机设计空气动力学要求引起的。

这种耦合机制是绕飞机一个轴的扰动,会引起绕飞机其他两个轴之一的惯性扰动。如果惯性轴相对于空气动力轴倾斜,则绕空气动力轴旋转将产生偏心离心力,从而产生俯仰、交叉耦合力矩。所有飞行员每天都会遇到的最常见的交叉耦合形式是与方向舵偏转相关的滚转,准确地说是偏航诱导滚转,尽管这不是惯性耦合而是气动耦合,但原理是相同的。然后还有不利的副翼偏航,其产生某种形式的气动耦合,下降的副翼的拖曳(绕纵轴作用)引起绕法线轴的偏航运动。

每架飞机都有两个轴系:惯性轴和空气动力学轴(或气动轴)。惯性分布一定时,惯性轴是一个固定轴系统,而且在纵向平面内通常紧密靠近飞机的纵向轴转动。气动轴不是一个固定轴,随着迎角变化。

对于绕惯性轴旋转的飞机,惯性轴从空气动力轴偏移,在 90° 之后,迎角 α 变为侧滑角 β。而且,原来的零侧滑变成了零迎角。90° 位移引起的侧滑将影响滚转速度,具体取决于飞机上反角的大小。需要注意的重要一点是,惯性轴在空气动力学轴上方的初始倾斜会导致惯性耦合,产生带滚转的不利偏航。如果惯性轴最初在空气动力轴下方倾斜(如在负过载系数下指示空速非常高时),则滚转诱导惯性耦合能提供正偏航(proverse yaw)。由于空气动力学和惯性交叉耦合,滚转运动会引起各种各样的纵向、航向和横向力和力矩。

总之,惯性交叉耦合是由俯仰、滚转和偏航的惯性分布引起的。具有短薄机翼的高速、细长机身的飞机产生的滚转惯性与俯仰和偏航惯性相比非常小。另外,速度较低的老式飞机的翼展可能会比机身长度更长,产生的滚转惯性较大。

惯性交叉耦合对表演飞行的影响主要在于限制了飞机的表演潜力，主要是在滚转平面上。例如，大多数细长的第三代战斗机在不同马赫数的滚转速度和连续滚转数量方面都有限制。通常，飞机制造商禁止或不推荐连续滚转，仅推荐单圈滚转。对于地面观众来说，在低空滚转表演中可以明显看到大马赫数滚转时稳定性较弱，在这种表演中，第一圈滚转基本上围绕着空气动力轴，但是随着滚转运动继续进展，飞机尾部看起来似乎松动了，会出现某种形式的"蛇行"或徘徊情况。这给观众带来了不寻常的印象，即飞机不再围绕纵轴滚转，而是"螺旋形"滚转。实际上，所有飞机都表现出不同程度的空气动力和惯性交叉耦合，但通常不会出现问题，因为惯性矩可以由飞机固有稳定性产生的空气动力恢复力矩抵消。然而，不论飞机运动是在航向上还是纵向发散，对表演飞行员而言仅有有学术研究意义。更重要的是，如果存在惯性耦合并且发散，导致飞机在飞行中解体，则会带来灾难性的影响。

　　容易发生惯性交叉耦合的飞机都配备了俯仰和偏航自动阻尼系统，以抑制俯仰和偏航加速度，从而有助于防止非周期性发散。通过限制最大滚转速度、滚转持续时间和滚转次数、迎角和过载系数对飞机执行滚转机动动作加以限制。审慎的表演飞行员要注意潜在的滚转耦合带来的限制，并抵制超出制造商限制的诱惑，以实现出色的表演效果。

弹　射

　　致命的航展失事事故，特别是那些配备有弹射座椅的前线喷气战斗机和老式"战鸟"的坠机事故，常常引发一个问题，即飞行员为何在面对即将来临的灾难时仍不弹射逃生。"当飞行员知道自己有麻烦时，为什么他没有弹出来呢？"。2000 年的两个典型例子是在美国威洛·格罗夫发生的 F-14 飞机"复飞机动"失事和在英国伊斯特本发生的 Aero L-39 单机表演事故——这两次事故的飞行员都是经验丰富的表演飞行员，但他们都没能弹出。

　　在美国还发生过两次 F-86 战斗机坠毁事件，一次是 1993 年在加利福尼亚州发生，另一次是在 1997 年在科罗拉多州发生，问题一样，但原因不同。尽管现代军用喷气机都配备了弹射座椅，但民间拥有的老式喷气机并不一定都配备了弹射座椅。由于两架撞地的 F-86 飞机是前军机，因此普遍认为这 2 架飞机具有弹射能力。但是，严格来讲，这并不一定正确。因为，对于老式喷气式飞机和前线战斗机存在两种不同的情况，有些老式喷气式飞机装有弹射座椅，有的则没有。

　　考虑到低空特技飞行的几何形状和动力学问题，通常处于弹射座椅的弹射包线之外，主要是：高度太低，垂直向下的速度矢量太大，与表演飞行相关的极端姿态。实际上，飞行表演的大部分时间内飞机的姿态都不正常，在表演过程中，飞机仅在少量时间内处于弹射座椅弹射包线内。在表演飞行的某些关键阶段，特别是飞行员在做"烂熟于心"的机动动作时，非常高的接近地面的速度以及"危及生命"的外围线索过多，可能会使飞行员的决策过程趋于饱和。继续机动或退出机动的决策通常以毫秒为单位，决策过程中的任何延迟都可能是致命的。考虑到在这种极其苛刻的环境中前一代弹射座椅的功能和性能缺陷，飞行员可能来不及拉动弹射座椅安全销进行弹射。

回顾历史，美国空军第一次紧急弹射发生在 1949 年，当时一名中尉从遇到飞行控制问题的一架 F-86 飞机弹出。飞行员弹射时，飞机处于垂直滚转俯冲状态，离地高度 1 000 ft。尽管他与降落伞纠缠在一起，但最终幸免于难，成为第一个使用弹射座椅成功弹射的飞行员。那一年晚些时候，另一名飞行员也成功弹射，这使 1949 年的总弹射次数达到了 2 次，也使美国空军当年的弹射存活率达到 100%！当然，这种弹射成功率很难维持。尽管自动逃生系统自诞生以来一直在不断改进，但存活率仍未达到理想水平。

在第三章中分析的 118 起航展事故样本中，有 93 次有弹射机会，但只有 36 人（占 39%）弹射，而另外 57 人（占 61%）没有弹射。问题是："为什么弹射和未弹射之间有 39∶61 这么大的差异？"最肯定的答案是，高接近速度的动态环境与人类在危险下的迟疑决策能力和相对缓慢的反应时间有关，这两者都是造成这种现象的重要原因。

在 36 次弹射中，有 24 次（占 67%）成功，而 12 次（占 33%）未成功。值得注意的是，机组人员幸存下来的大多数弹射都是在机翼相对水平姿态开始的，飞机的爬升矢量为正值，最坏的情况是下降速度较低。在弹射过程中死亡的 12 人中，有 8 人是在弹射座椅弹射包线外弹射，还有两例是飞行员弹射时的高度太低，而降落在失事飞机的火球中。

从统计学上讲，很难准确地量化表演飞行弹射的生存率，但是基于第三章的分析，低空表演飞机如果下降速度不是太快，或者坡度角不是太大，如果飞行员及时做出弹射决定，平均有 67% 的弹射生存机会。必须记住的是，弹射并不是一个好办法，弹射座椅不是所有飞行问题的灵丹妙药，它也有自身的局限性。

例如马丁·贝克 Mk 10 座椅和更高版本的弹射座椅等更现代的弹射座椅能够成功地在 250 ft 高度和 200 kn 空速的倒飞飞机上将飞行员弹射出去。虽然这种性能已经令人折服，但是即使具有这样的性能，如果飞机的下降速度太大，或者极端的滚转姿态远远超出了座椅所能承受的范围，在低空机动时弹射后飞行员的生存概率也不会太高。俄罗斯 Zvezda 弹射座椅是世界上最优秀的弹射座椅，在"RIAT 1993"航展上，MIG-29 飞机的两次弹射，1996 年在巴黎航展上的 Su-27 飞机的弹射，以 2002 年利沃夫航展上迄今为止最壮观的乌克兰空军 Su-27 飞机的弹射都证明了这一点。

表演飞行员显然都担心高度对弹射座椅性能的影响，以及弹射时飞机滚转和俯仰姿态引起的某些影响。分析弹射轨迹的几何形状，能很明显发现，只有当俯仰角或坡度角超过 30°时，才会产生显著影响，小于这个角度，至少在理论上，不会有太明显影响。图 6-14 示意了飞机在垂直方向坡度角变化 30°的影响，在 30°坡度角处，峰高降低了 14%。也就是说，弹射座椅如果能将直线平飞的飞行员弹射 150 ft 高，当飞机处于 30°坡度角时，弹射座椅仅能将飞行员弹射到 129 ft 的高度，至少 21 ft。就是说，低空弹射存活的可能性通常仅是几英尺，但相对而言，在现实世界中这 21 ft 确实很重要，因为这意味着生与死或伤害之间的差异。

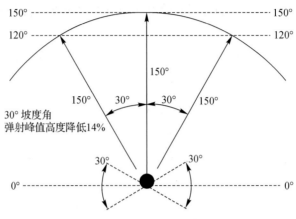

图 6 - 14　坡度角对弹射座椅性能的影响

考虑在垂直方向，当以 30°俯仰姿态从飞机上弹出时，飞行路径的影响（尤其是垂直空速对总弹出速度的影响）肯定比飞机俯仰姿态对弹射座椅的影响更为明显。这是因为，弹射座椅的弹出速度是弹射瞬间弹射座椅垂直速度与飞机的垂直速度之和（见图 6 - 15）。一架飞机以 20°俯冲角、300 kn 速度俯冲下降，其下沉速度（垂直向下）为 170 ft/s(10 200 ft/min)，如果弹射座椅的弹射速度（垂直向上）为 80 ft/s(4 800 ft/min)，那么弹射座椅的净下沉速度（垂直向下）为 90 ft/s。这个数学结果告诉我们，除非飞机有足够的高度，否则最终弹射结果可能对飞行员造成灾难性后果。为了说明姿势在这里没有太大意义，请考虑以下情况：如果 20°俯冲中的飞行员迅速向后拉杆，将俯仰姿势角变为零；如果下降速度没有改变，那么效果很微不足道。

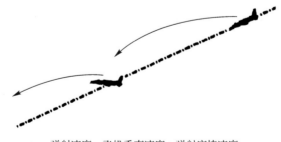

弹射速度 = 飞机垂直速度 + 弹射座椅速度

图 6 - 15　俯仰姿态和垂直下降速度对弹射座椅性能的影响

即使在配备弹射座椅的飞机上,在低空飞行表演环境中放弃飞机求生存仍然是飞行员面临的一个极为严峻的考验。低空、高下降速度、异常姿态和飞行员的生理要求都需要进行适当的预先计划,并且明确确定表演中的关键区域,这会危及飞行员的生存指数——表演飞行员必须充分了解这些区域。就像现代生活中的所有事物一样,通过对每种可能的情况进行分析,使一切都变得更加科学,在高度动态的情况下,这样的预先规划能使生存机会更大或减小人类做出错误决策的可能性。由于某些表演机动过程中向下的速度矢量极高,因此必须在起飞前在地面上就做好最终放弃飞机还是不放弃飞机的决定——如出现任何错误,就弹射,这是预先计划的,而不是"即时"决定的。

回到 F-86 飞机的失事情况,弹射根本就不是一种选项,因为美国联邦法规要求民间拥有的前军用飞机必须取消或永久禁用飞行员弹射系统。FAA 不仅严格禁止民间运营的前军用喷气飞机配备弹射座椅,而且要求必须拆除所有装甲,还必须拆除或永久性地焊死可投弃副油箱,然后才能把这些前军用喷气飞机交由民间运营。无论如何,F-86 飞机的弹射座椅都是早期第一代弹射座椅的一个很好的例子,这种弹射座椅的功能只不过是将飞行员保持在座椅上并将其弹出,在离地 1 000 ft 以下高度价值不大。

美国联邦航空局做出这种决定的原因之一是为了解决弹射座椅的火箭或投弃副油箱的火药弹问题。这些火箭弹药筒和座椅本身在"未经训练"的人的手中是致命"武器"。过去,包括技术人员和飞行员在内的很多人因无意中触发弹射座椅而丧生。即使在军事环境中,弹射设备的维护和使用也受到严格控制,只能由受过训练的人员操作使用,弹射座椅的操作必须由经过培训的合格人员(无论是技术人员还是飞行员)来进行。实际上,军方将弹射座椅视为危险设备,飞行员在成为某型飞机的机长驾驶员之前,必须完成该型飞机配备的各种弹射座椅的操作使用合格认证。弹射座椅的操作使用与飞机操控一样,也是一把双刃剑,可以挽救生命,但如果使用不当,也可以夺走生命。

在 1993 年西雅图举行的经典喷气式飞机大会上,美国联邦航空局宣布将取消对老式喷气式飞机的"热弹射座椅"施加的限制。现在,FAA 允许前军用喷气机上的"热弹射座椅"处于活动状态,前提是飞行员接受了有关如何处理弹射座椅的"适当"培训课程,并且要求弹射座椅的火箭筒必须保持当前可用状态。当然,在立法过程中,总是会发生变化的。危险在于,如果下一次一架民间运营的老式喷气飞机坠毁在校舍,而飞行员却弹射逃生,那么所有前军用喷气飞机的弹射座椅可能会再次受到限制。目前地球上没有任何一款弹射座椅可以挽救 F-86 飞机的那位飞行员,也许俄罗斯的 Zvezda 弹射座椅(通常被讽刺为"草坪飞镖")有机会,但可能性也不大。当时机头向下,速度很快,而且高度很低,飞行员必须很好地把握弹射时机,或许才有机会。

目前世界上大多数军用飞机都配备的是"零零"弹射逃生系统,理论上能在零速度和零高度条件弹射。然而,必须牢记的是,低空小空速和高下降速度的组合可能产生比零速度和零高度条件更为严峻的状况。

举例来说，假设以 200 kn 空速 15°俯冲角俯冲的情况下，飞机的下降速度约为 5 200 ft/min——对于弹射座椅来说要对抗的能量很大。F-14 飞机飞行手册随附的图表表明，在这种情况下，要想安全弹射，在弹射开始时需要 240 ft 高度，这还不包括飞行员的反应时间。加上飞行员的 2 s 反应时间（这是决策过程的典型时间），飞机又将损失 173 ft 高度。因此，理论上，在 15°俯冲角 200 kn 空速俯冲条件下，如果使用现代弹射座椅弹射，飞行员必须在高于地面约 413 ft 开始弹射才能幸免于难。

对当时情况的残酷讽刺是，F-86 飞机和许多老式喷气式飞机一样没有现代化的"零零"弹射座椅。在这种情况下，飞行员需要更高的高度才能跳伞，但如果有更高的高度，他可能又心存希望——改出飞机的希望。这就是问题的症结所在，飞行员必须确定飞机是否具备改出的能力。飞行员很难决定从一架可正常使用的飞机上弹出，结果不可避免地是灾难性的。

在决定"留在飞机上"或"弹射"之前有多长时间，这是飞行员无法演练的一个方面，这就是为什么在表演飞行中使用"能量门"的本质所在。"能量门"可以在决策过程中帮助飞行员。之所以需要"能量门"，是因为人体无法准确地进行深度感知，并且看不见空气介质，没有切实的方法或固定的参考点来准确确定距离和接近速度，能够帮助飞行员进行预测和决策。

不能过分强调"能量门"的重要性；如果飞机的空速和高度的势能值在很小的"散射带"内不正确，那么就必须做出决定。弹射、不弹射决策，这不是一个可折中的问题，这是一个非白即黑的问题——必须做出一个决定。如果飞行员在具体表演中的任何时候都处于"门"之外，则不得强行打开这个"门"，但飞行员应有"出门"动作以保证安全退出机动。打开"门"的关键是正确的空速、高度和飞机姿态。

从失控、起火、发生发动机故障或结构故障，或发生任何类似的灾难性故障的飞机上弹出，需要执行"弹射、不弹射"决策，在这种情况下，对于飞行员而言，决策相对容易做出。这种决策已在培训和飞行前任务简报中进行了细化。比较困难的决定是从一架可正常使用的飞机上弹出，这种情况下，飞行员认为自己也许能够"挽救局势"。这就是多年来很多飞行员丧生的原因，他们没有认识到挽救局势的概率很低，没有及时做出决定，这是导致低空弹射死亡的最大因果关系。事实上，低空特技飞行具有固有的危险性，容许出现机械故障或结构故障或人为失误的裕度很小。任何精美的小玩意、程序或高科技部件都无法保证其完全安全。

1980 年 5 月 17 日，当"红箭"飞行表演队在布莱顿海滨进行表演失去第一架"鹰"式飞机时，就已经证明了弹射座椅能够增强生存能力。在第四次反向迎头通场时，"同步对"的 2 号飞机撞到了游艇的桅杆（飞行员没有注意到这个桅杆，因为没有带帆），然后缓慢地驶向先前清晰的表演线。当时的游艇并没有航行,发生碰撞后飞机失控,在海拔不超过 300 ft 的地方,飞行员约翰逊中队长在碰撞后仅 3 s 就弹射了。

在"RIAT '93"航展上,皇家空军费尔福德机场的现场观众和通过电视观看表演的公众,敬畏地目睹了两名俄罗斯民航试飞员谢尔盖·特雷斯维塔斯基和亚历山大·别舒斯塔诺夫,在极低高度从 MIG - 29 战斗机弹射后出人意料地幸免于难。失事的两架 MIG - 29 战斗机隶属于格罗莫夫飞行研究院,当天这两架飞机在特技表演飞行过程中,特雷斯维塔斯基的飞机正从斤斗中拉出,别舒斯塔诺夫的飞机从下方向上拉起,侵入特雷斯维塔斯基的航线,左侧机翼几乎是切割了特雷斯维塔斯基的飞机,特雷斯维塔斯基的飞机从驾驶舱后面一点折断为两截,并起火,在坠地前,特雷斯维塔斯基弹射逃生。别舒斯塔诺夫的飞机也随即失控,别舒斯塔诺夫迅速弹射逃生,飞机坠落在离观众不远处。

碰撞后,当别舒斯塔诺夫的飞机左翼一部分被截断,飞机失控,他立即弹射。飞机坠落到基地东北约 1 mi 处的一块田地,机翼的剩余部分一直在燃烧。旁观者评论说:"每个人的眼球都跟随着火球,大多数人都不知道另一架 MIG - 29 飞机发生了什么,然后大家看到了另一个降落伞。"

然而,更令人惊奇的是飞行员弹出的速度。即使在视频慢动作重播时,看起来也非常快,几乎在飞机碰撞同时发生。是本能——所有飞行员本能地知道何时弹射,还是飞行员意识到事故迫在眉睫?如果飞行员专注于飞行,并执行所有设定动作,那一定是快速反应的表现,因为一旦出现问题,他就会第一时间拉动弹射杆。如此快速的响应只能归因于训练和长期低空表演飞行所积累的经验和超强态势感知能力。另一起最壮观的航展坠机事故是双座 Su - 30 MK 原型机在 1996 年巴黎航展上的坠毁,当时飞机在使用推力矢量进行大迎角下行三圈滚转拉起时失事。飞机坠地前,导航员首先在大约 100 ft(30m) 的高度弹射,然后飞行员在 200 ft(60m) 的高度弹射,两者均安全着陆,他们使用的是 Zvezda K - 36 弹射座椅。如果说这次不幸的事故给苏霍伊公司带来了不利影响,但却给 Zvezda 公司迎来了商机,Zvezda 公司的 K - 36D 弹射座椅功能完美。十年前,当一架 MIG - 29 飞机在巴黎航展上坠毁时,也是这款弹射座椅挽救了飞行员阿纳托利·科沃楚尔(Anatoly Kvotchur)的生命。该弹射座椅首席设计师盖伊·塞弗林(Gay Severin)提请注意以下事实:本次事故中两个弹射座椅几乎同时弹出,但弹射轨迹不同。两位飞行员都没有受到重大伤害,这真是奇迹。后来大家会偶尔提及"俄罗斯低空弹射队",这种说法起源于这次事故。

在这次特殊的巴黎航展上,Zvezda 展示了最新版弹射座椅,即 K - 36D Model 3.5,重量为 25 kg(55 lb),重量和尺寸比当前任何其他型号弹射座椅都要小,并且具备能够容纳重量更轻的女飞行员的人体工程学设计特点。新型弹射座椅配备了计算机处理器,可以记录弹射时的动态参数,并自动选择适合飞行员体重的最佳弹射条件。塞弗林说,这款弹射座椅能够使飞行员以 97％ 的生存率重返现役，比任何其他弹射座椅都高。

但是，马丁·贝克弹射座椅公司的官员迅速反驳了这一说法，指出这个生存率与他们当前一代弹射座椅一样。这家英国公司为欧洲"台风"战斗机和法国"阵风"战斗机提供弹射座椅，并被选为波音 F-35 战斗机的弹射救生装备。鉴于俄罗斯弹射座椅的出色表现，美国空军对这款弹射座椅进行了比较测试（包括地面试验和飞行试验），对 Zvezda K-36D 弹射座椅的能力进行了全面评估。

如果不考虑 Jet Provost 喷气教练机事件中发生的一切，关于飞机出口的讨论将是不完整的。一位狂热的航空爱好者和飞行员从英国皇家空军购买了一架这种喷气教练机，并带他的兄弟飞行。在演示飞机的特技飞行能力时，飞机进入倒飞姿态，他看到他兄弟的最后一眼是看到兄弟的靴子从机舱盖的一个洞里出去了。他紧急降落，以为他的兄弟已经丧生，但是幸运的是，他的兄弟在飞行前特别关注了安全事项简报，在掉出机舱后设法与座位分开并打开了降落伞。显然，英国皇家空军禁用弹射座椅，将其更换到飞机上时，没有正确固定，因此当飞行员滚转飞机时，它直接掉落出机舱。

对于驾驶配备有弹射座椅的飞机的表演飞行员来说，允许弹射，并且只要不影响决策能力，弹射可以为飞行员提供生存选择。但是，在没有弹射座椅且低于最小逃生高度的飞机中，飞行员则被迫留在飞机上。这种情况下，飞行员可用的控制和转向选项的数量显然是飞机剩余总能量的函数，也是飞行员生存概率的一种度量。

手动逃生

在法国鲁昂山谷发生的"喷火"战斗机事故案例描绘了飞行员在低空飞行时最糟糕的情况，他们没有放弃飞机的选择，甚至机动能量也更少。这种情况下的结果是飞机失控，然后分离并进入尾旋。飞机坠毁时，英国的报道一般认为，发动机发生故障，马丁·萨金特最初试图降落在指定用于紧急使用的草地跑道上，但由于这个区域有观众。随后尝试将飞机重新对准正在使用的跑道，但飞机失控坠毁，萨基特丧生。

参加航展表演飞行的许多飞机（既有老式"战鸟"飞机，也有特技飞行飞机）通常都没有弹射座椅，那么飞行员有哪些应急逃生出口和放弃飞机的选择呢？显然，在大多数情况下，在低空特技飞行过程中，除非飞机姿态、高度和时间条件完全允许，否则手动逃生几乎是不可能的。大多数情况下表演飞行员安全逃生的高度太低，从飞机上手动逃生的问题仍然存在争议。

瑞克·斯托威尔（Rick Stowell，美国特技飞行总教练）对手动逃生进行了一项研究，认为 FAA / IAC 要求在特技飞行期间必须佩戴降落伞的规定是无意义的。经验丰富的航展特技飞行比赛和表演飞行员也表达了同样的观点："如果情况很糟糕，我们根本没有时间或高度来使用那个价格昂贵的降落伞!",这种观点所代表的心态一直存在争议,原因有两个:首先,有许多飞行员在紧急情况下成功地获得了救助,但是,他们只是幸运吗?其次,很多飞行员在整个职业表演生涯中都穿戴降落伞,但从未跳出过飞机。那么接下来的问题是:"如果需要的话,大多数飞行员是否真的能够采取主动行动"?

为了回答这个问题,斯托威尔在 NTSB 在线数据库中搜索了可用年份范围内(1983 年以后)的关键字"降落伞"(parachute),"伞具"(chute)和"保护装备"(bail)。他排除了涉及跳伞,配备了滑竿恢复系统的飞机和高性能军用飞机(两架 T-6 飞机和两架 T-28 飞机除外)的事故,以及不确定飞机上的人员是否穿戴降落伞的事故。

仍有 79 架飞机事故,这些飞机涉及超轻型飞机、自制的两栖飞行器、滑翔机、实验飞机、特技和非特技飞机,总共涉及 96 人。其中有 62 起事故中只有飞行员在机上,其余 17 起事故中有一名飞行员和一名乘客在机上(见表 6-2)。

表 6-2　手动逃生事故原因　　　　　　　　　　　　　　　单位:架

机械问题(32)			失控(26)		其他原因(21)			
控制故障	结构故障	颤振	尾旋	其他	失火,燃油,发动机	低空特技	空中碰撞	其他
18	11	3	15	11	6	5	4	6

有 21 次致命事故没有进行紧急逃生,也就是根本没有尝试进行紧急手动逃生。这些飞机上没有人幸存下来,总共造成 33 人死亡;有 5 起事故(其中 4 起事故机上有 2 个人),涉及进行不明智的低空特技飞行;另外 2 起事故可能涉及飞行员丧失能力:1 起是飞行员身体受到伤害,另外 1 起事故,机翼从飞机上脱离时,飞行员可能已经丧失了行为能力。

研究还指出有两次非致命事故,没有尝试紧急逃生。其中一起事故中,降落伞本身似乎是造成事故的原因,飞行员正在他的飞机上测试"新"降落伞。但是,降落伞控制装置出了问题,导致飞行员在着陆期间失去方向控制,并受轻伤。第二起事故涉及不可恢复的深失速(这个令人难以置信的故事在《Sport Aviation》杂志中有叙述)。试飞员实际上已经开始松开座椅约束带,但发现飞机进入缓慢的机翼水平下降,向前的速度不大,随后重新将自己束缚在座椅上,随飞机坠入水中,随后逃脱,而且未受伤!

对于那些逃生的人,总计有 50 次事故,涉及 52 人,这些人都在飞机上设法进行了手动逃生努力。其中有两起事故飞机上有 2 人,而且两人都幸存活下来。这 50 起事故的人员受伤害情况见表 6-3。

表 6-3 手动逃生伤害情况

伤亡情况	数量/人	百分比/(%)
死亡	9	17
重伤	9	17
轻伤	18	35
未受伤	16	31

手动逃生的人中有 83% 幸存(其中 66% 受轻伤或没有受伤,17% 受重伤)。剩余的 17% 为什么没有幸存呢? 9 名死亡人员中,有 4 人似乎是紧急跳伞,高度太低降落伞没有打开。其中一起事故是在平均海平面(AMSL)上方 7 000～8 000 ft 之间,飞机进入平尾旋。飞行员一直待在飞机中,估计飞机高度降到 500～600 ft 时,才开始跳伞。与弹射逃生一样,手动逃生也应尽早做出决定,任何延误都会降低生存可能性。

有一起事故,尽管与航展飞行并不直接相关,但这个悲剧案却导致一名飞行员未能安全回家。由于这是一次横跨国家的飞行,飞行员显然没有固定好降落伞。在跳伞时,人与降落伞分离。另外一起事故中,飞行员的降落伞开伞太早,被飞机缠住,导致飞行员死亡。还有一起事故,降落伞本身出现故障,导致人员伤亡。

那些逃生的人在逃生高度范围内(估计高度在 300～6 500 ft)做到了这一点。他们从各种飞机上跳伞逃生,包括"叛逆者"(Rebel)300 特技飞机、"比奇"(Beech)A36 通用航空飞机,"塞斯纳"150 和"塞斯纳"P210 通用航空飞机,"贝兰卡"(Bellanca)7 和"贝兰卡"8KCAB 全能特技飞机,"披茨"S-1 和"披茨"S-2B 特技飞机,Su-29 特技飞机,"Aeronca 7BCM"竞赛飞机,"Cap 10B"特技训练飞机,"DG-400"和"Concept 70"电动滑翔机,"T-28"教练机,"Slingsby Dart"和"Slingsby Vega"竞赛滑翔机,"Goshawk 350"客机,"Cassutt"和"Velox Revolution II"竞赛飞机等。

这些手动逃生幸存者当中,有 56% 的人是由于飞机出现某种机械问题(升降舵,副翼或方向舵控制问题,结构故障和颤振),而选择使用降落伞逃生;有 25% 的人是在飞机失控(尾旋,严重湍流等)后,成功使用了降落伞;有 13% 的人是由于失火、燃油或发动机问题,采取了手动逃生;有 6% 的人是在发生了空中碰撞后手动逃生。

因此,根据斯托威尔的统计证据,第一个问题的答案很明确,即在紧急情况下,手动逃生是可行的,是可获得生存机会的选择——但是如果情况允许,并且有足够的高度,真的可以跳下去吗? 表演飞行员是否有跳伞的坚定决心? 当然,飞行前所有机组人员都会得到逃生出口等安全信息简报。他们会阅读手动逃生操作方法,参加有关紧急逃生论坛,并学习降落伞制造商提供的技术资料。当然,飞行前他们也会检查伞具,并穿戴好降落伞。

在低空特技飞行表演过程中，尽管高度可能较低，但在某些情况下，飞机的势能足够高，可以将飞机带到足够高的高度以进行手动逃生。但是，经验表明，只要飞机仍处于控制之下，飞行员通常会选择留在飞机上，驾驶飞机进行迫降，除非发生了灾难性故障或起火才会选择手动逃生。2002年2月25日，巴西特技飞行表演者保罗·亨里克(Paulo Henrique)成功地从他的Extra 230飞机中手动脱身，当时他在飞行练习中注意到驾驶杆振动，最终导致左副翼完全丢失。由于无法控制正在俯冲的飞机，他快速做出了一个明智的决定，在1 000 ft的离地高度紧急手动跳伞逃生，并安全着陆而且没有受伤。

尽管上述统计数据并不专门针对航展事故，而是针对通用航空手动逃生，但它们确实表明，只有高度足够，而且飞行员没有丧失能力，才有可能手动跳伞逃生。考虑到普通飞行员缺乏手动逃生的技能、经验和实践，迫降动能相对较低飞机的幸存概率，似乎也被一些飞行员认为是可以接受的，但是这显然需要相当多的运气。

再回顾一下2001年鲁昂山谷航展上的"喷火"飞机坠毁事件。一方面，为了避开观众，飞行员马丁·萨金特试图重新调整飞机的位置进行紧急着陆，但是飞机在非常低的高度发生分离，萨金特在坠机火球中丧生。另一方面，2000年南非空军博物馆的另外一架"喷火"飞机坠毁事故中，飞行员却得以幸存。当时飞机发生故障后，尼尔·托马斯上校选择留在飞机上，进行迫降，而没有选择手动逃生，即使飞机坠毁在"草原"上并且撞毁了混凝土围墙，飞行员还是从失事飞机中走了出来，只遭受了轻微擦伤。真是幸运吧！

在比较这两次事故时，必须强调的非常重要的一点是，在鲁昂山谷"喷火"飞机事故的情况下，飞机失控了；而第二架"喷火"飞机事故的情况下，一定程度上飞行员能够控制飞机。飞行员似乎不过分热衷于手动逃生，除非发生了灾难性故障、飞行失控，或者飞机起火，使他们别无选择，才会做"最后一击"，来手动逃生。

从理论上讲，弹射决定更容易做出，只需拉动手柄即可激活飞机的自动弹射程序，包括自动分离座椅、稳定和开伞，这种情况下工作量相对较低。但是，在紧急情况下成功手动逃生的概率出奇地好，对飞行员选择留在飞机上或尝试进行手动逃生的统计数据分析比较，结果一目了然。如果飞行员在事故发生之前或随着事故的发展能够做出更好的判断，有许多致命的死亡事故本来也是可以手动逃生来避免的。

分离与尾旋

尽管尾旋也被认为是一种特技飞行动作，但尾旋与其他传统的特技飞行动作并不真正属于同一类，因此应区别对待。尾旋是在所有三个轴上同时发生的少数动态机动之一，如果与相对较高的下降速度耦合，就必须特别注意，因为飞机在低空和相对较低的能量下偏离受控飞行，这意味着改出的风险较高。原则上，如果飞机获准在航展上进行此类动作表演，并且进入尾旋的高度为改出尾旋提供了足够的高度，则在表演飞行中进行计划的尾旋表演也不会有任何异议。听起来好像很简单，但飞行员仍然偶尔会出错。

即使在今天，公众仍然对尾旋感到敬畏，一些航空爱好者和飞行员也是如此。由于飞机飞行轨迹的动态特性和世界航空历史上与尾旋相关的事故很多，表演飞行中的有意尾旋肯定会吸引观众的注意。在表演飞行中进行尾旋，不仅展示了飞机的可控性和改出特性，而且还展示了飞行员先使飞机偏离受控飞行，进入非受控飞行并再次返回受控飞行的技能。飞行员进行尾旋表演也会得到同行的尊敬，同行们会赞许他们低空尾旋的"勇气"——有"胆量"来操纵飞机，在高下降速度和低海拔高度进行不受控飞行。

为了表演飞行安全，必须再次强调，表演飞机的第一个能量边界是失速边界，在出现第一个失速指示时，表演飞行员就必须立即卸掉飞机过载，放弃任何机动，实现稳定的飞行，加速飞出"大迎角"区域——这是第一要务。必须立即完成这些操作，现在必须放弃骄傲心理，在重新获得足够能量后，立即重新配置飞机构型，并建立稳定飞行条件。在 2001 年比金山航展上发生的"眼镜王蛇"飞机坠机事故说明，进入初始尾旋并改出后，在随后能量水平不断降低的情况下继续表演是一种越过第一边界的愚蠢行为，坠机是必然的结果！

与所有其他低空机动动作一样，当尾旋出现错误时，安全改出的可能性非常低。南非特技飞行冠军尼克·特维（Nick Turvey），1981 年非洲航空航天博览会上的数千名观众面前，尝试创纪录的 13 圈倒飞尾旋。解说员在倒飞尾旋的每一圈完成后都在公共广播系统中播报计数，尽管飞机已经退出尾旋，但高度不足，影响安全改出，飞机最终坠地。虽然飞机奇迹般地没有在撞地时爆炸，但是尼克·特维还是受伤住院治疗了几个月。

在我们的航展事故样本中，共有 24 起（占 20%）事故是失控事故。此类事故的百分比较高，这也凸显了表演飞行员必须达到平均水平以上的飞机操纵技能要求，在低空特技飞行领域是至关重要的。尽管技能水平是一个重要的考虑因素，但飞行员的判断能力同样重要。表演飞行员必须要能够克服个人自我表现欲望，打消要比以往的表演更壮观的想法，及时识别飞机逐渐减弱的能量水平，并"分解"出口动作，遵守表演纪律按照计划的表演程序进行表演，这是做出良好判断的基础。无法在低空表演领域做出良好的判断只会增加已经无法接受的失控事故统计数据。

比较典型的失控事故涵盖了从超轻型飞机到现代一线战斗机的所有飞机类别。这些事故飞机的最底端是"Sun'n Fun"航展上的"Starlight Warp"超轻型飞机（美国，1998 年），老式飞机包括"Wirraway"攻击机教练机（澳大利亚，1999 年），德哈维兰的"蚊式"（Mosquito）轰炸机（英国，1996 年），2001 年在英国比金山航展上的失事的"眼镜王蛇"战斗机，"霍克海怒"战斗机（加拿大，2001 年）和新墨西哥州的老式"德州佬"战斗机（美国 2001）。甚至还有一架 Airtractor 农作物喷雾机（澳大利亚，1998 年）和最顶级的特技飞机，例如皇家约旦空军的 Extra 300 特技飞机（比利时，1997 年），都是飞行员操作不当的牺牲品。航展失事飞机的最顶端是前线战斗机,例如 Su-27 战斗机(乌克兰,2002 年)和 F-14 战斗机(美国,2000 年),也为航展事故统计做出了贡献。

由于飞行员判断错误而使飞机坠地之后,表演飞行员最容易犯的灾难性错误是失去对飞机的控制。当然,这也是表演飞行员可能犯的基本错误,就像所有情况下一样,这种错误的最终结果只会是灾难性的。

失速是固定翼飞机的最低能量状态,它可能导致飞机偏离可控飞行,沿着直达地面最短的距离撞向地面。在我们搜集的表演飞行事故样本中,失控事故中至少有 11 起可归类为失速、分离、尾旋事故,在这种事故中,飞行员在非常低的高度使能量泄漏到大迎角区域。这不包括乌克兰的 Su-27 战斗机(2002 年)坠毁事故,因为这起坠毁事故本质上是加速的,因此是一起高速失速事故案例。最令人不安的是,这些飞行员都经验丰富,应该认识到违反了受控飞行与非受控飞行关键分隔边界的规定,但是,他们允许在能量降低的状态下继续机动表演,而不是中止表演并退出机动,然后积累能量,再进一步确定是继续表演还是退出表演。

可以将尾旋描述为一种三阶段失控故障,即:失速、分离,然后进入尾旋。必须再次强调,进入三个阶段中的任何一个阶段,对于表演飞行员而言都是不可接受的,尤其是在低空,没有第二次机会。这是 1996 年英国的"蚊式"轰炸机事故中飞行员的发现:从第一次尾旋中改出后,飞机立即进入反方向尾旋,从这个尾旋中改出的高度不够。事故调查委员会的调查认为,这架飞机在大约 1 000 ft 离地高度从机翼侧翼进入了左尾旋,看起来好像已经改出,但随即进入右尾旋。坠地前,飞机已经改出尾旋,但由于处于机头陡峭向下姿态,高度不足,无法拉起飞机。

对于低空不经意进入尾旋的任何飞行员而言,改出的主要问题是向前充分推杆,使飞机脱离失速状态——在机头已经向下俯的直立尾旋中向前推驾驶杆,这与飞行员的本能相违背,因为飞机正在快速冲向地面。飞行员向反方向蹬舵毫无问题,但在心理上充分向前推驾驶杆是一项艰巨的任务。英国的"蚊式"轰炸机坠毁事故中,飞机的改出轨迹很好地说明了这一点。看起来好像已经从尾旋中初步改出,实际上是从一侧尾旋到另一侧尾旋的交叉,其实并没有从尾旋中改出。

为了理解这起"蚊式"轰炸机尾旋事故的几何形状,鉴于没有关于"蚊式"轰炸机尾旋改出特性的定量数据,以类似老式飞机的尾旋特性进行分析可能比较直观。以"喷火"战斗机的尾旋改出特性为参考,可以了解老式"战鸟"的尾旋特性。第二次世界大战期间,随机进行了一些"喷火"战斗机的尾旋试验,以检查这些飞机的飞行特性。这个时期的飞行试验报告中通常将尾旋改出特性描述为"自由尾旋两圈后,向左旋转比向右旋转更平顺,然后从右尾旋中稍快改出"。这是所有"喷火"战斗机的共同点。

"施加完全相反的方向舵输入并向前推驾驶杆来改出尾旋,但是如果施加了完全相反的方向舵输入,但后拉驾驶杆,则飞机会在转两圈后停止尾旋,但却立即进入反方向尾旋。可以猛烈使用方向舵来防止这种情况,但是必须继续向前推驾驶杆,以获得足够的速度来使飞机脱离失速状态。"飞机通常会在1.5圈内改出尾旋,但经过两圈自由尾旋后再改出,所需的高度通常为3 800 ft,如果后拉驾驶杆使飞机反方向再转一圈,则改出尾旋所需的高度约为8 000 ft。最重要的是,当"蚊式"轰炸机在大约1 000 ft离地高度意外进入尾旋时,实际上没有其他可能的结果——不管飞行员的技能如何,改出的物理过程怎样,要想使飞机恢复受控飞行状态,需要的高度远大于1 000 ft。

那么一个显而易见的问题是:表演飞行员需要进行多少次失速、分离、尾旋训练?当然,紧随其后的反问是:如果低空尾旋的结果必然是灾难性的,为什么还要进行尾旋训练?低空表演飞行员的培训必须专注于识别和避免违反升力边界,而不是从失速、偏离和尾旋中改出。一旦突破边界,飞行员必须卸载飞机过载,并确保产生正加速度,而且不能产生不对称偏航力矩。这种不对称偏航力矩通常是由方向舵或副翼的不正确使用引起的,方向舵或副翼的这种不正确使用可能会产生绕法线轴的旋转,并产生诱导自旋转所需的侧滑。在低空一旦开始自旋转,改出的可能性很小。

不幸的是,由于飞机在尾旋过程中的能量状态很复杂,再加上飞行员对低空分离的反应不可预测,很难准确预测改出所需的确切高度。但是,可以为训练有素的表演飞行员对抗分离或尾旋确定一个预期损失高度。不幸的是,在表演飞行的现实世界中,分离或尾旋通常是意外发生的,因此使飞行员措手不及,而飞行员的这种反应是不可预测的。飞行员改出的可用时间取决于发生分离时飞机的高度、构型、功率设置、空速和俯仰姿态。然后是飞机的响应不一致,这取决于飞行员的改出控制输入。正确施加控制输入后,轻微的副翼输入对于进入尾旋或脱离尾旋有什么作用?如果方向舵不是反向满舵输入,只是很小的输入,效果又会怎样?左尾旋和右尾旋的改出有什么不同?在等待尾旋改出时,地面似乎以惊人的速度迎面扑来,飞行员的耐心程度怎样?

在低空无意尾旋中,没有哪位飞行员有耐心"等待和观察"反尾旋控制输入是否正常发挥作用,在极端胁迫条件下,最终结果是飞行员做出一系列反尾旋快速控制输入。由于一切发生得太快,飞行员根本没有足够的时间使空气动力学力矩累积到足以抵消惯性力矩的水平,也不可能奇迹般地成功改出。

失速后机翼的自转特性是尾旋的主要原因,但这不一定会必然导致尾旋。机身和腹鳍提供的阻尼力矩与机翼的推力力矩相反,因此,对于一组给定的控制面位置组合,在每个迎角存在一个唯一的平衡旋转速度。只有在空气动力力矩和惯性俯仰力矩维持平衡的情况下,才会发生尾旋。所有飞机都是这样,与惯性分布无关。如果不能同时获得俯仰力矩和旋转力矩的平衡,则会发生振荡尾旋或自我改出。

不用太讲究技术,如果内侧机翼向下倾斜,由于二面角效应,朝向内侧机翼的侧滑会产生反尾旋阻尼力矩。还有一个机头上仰速度分量与滚转结合,产生一个惯性偏航力矩。这种力矩是推力力矩还是阻尼力矩,取决于滚转 A 惯性矩是否大于俯仰 B 惯性矩,反之亦然。这一点只能通过分别分析滚转和俯仰运动才能理解。表6-4列出了机翼倾斜角对尾旋运动的影响。

表6-4 机翼倾斜角对尾旋运动的影响

机翼偏转	质量主要分布于机身 $A<B$	质量主要分布于机翼 $A>B$
内翼下偏	阻尼	推进
外翼下偏	推进	阻尼

如果飞机的质量主要沿机翼分布,则往往更容易尾旋,只需很小的内旋和机翼倾斜即可诱发尾旋。这种尾旋通常很难改出,因为向外旋转的方向舵会增加向内旋转的机翼的倾斜度(机头上仰速度),并且会产生抵消方向舵直接作用的惯性偏航力矩。因此,这类飞机更重要的是放下升降舵来抵抗机头的上俯速度,帮助改出。

如果飞机的质量主要沿机身分布,则比较容易改出尾旋。但是,现代战斗机的结构密度很高,即使在很慢的速度下也具有很高的旋转能量,因此改出控制生效的时间更长。此外,由于机翼载荷很高,产生的下降速度也就更高,因此,即使从温顺的尾旋中改出,高度损失也可能更大。如果旋转阻尼过大或机头下俯力矩足够大,则飞机可能无法尾旋,但是很难找到一种飞机不会以某种控制面位置组合发生尾旋,即使它可能不会响应传统的尾旋进入技术,但在某种条件组合下,它也会发生尾旋。表演飞行员必须知道正在飞行的特定飞机的尾旋敏感性,因为这种尾旋敏感程度将决定每个表演动作的最大迎角(最小空速)。

尾旋是一个复杂而漫长的话题,三言两语很难说清楚。一架飞机的空气动力学特性(例如尺寸、质量分布和空气动力学控制面的相对比例等)之间的相互作用从根本上决定着其尾旋特性。当飞机接近失速时,流过机翼和尾翼的气流异常产生的气动力变化会导致稳定性和控制效能下降。这种下降的程度决定着飞机是易于分离还是抗分离的。使用飞行控制防止分离不一定有效,因为在大迎角状态下,副翼和方向舵的效能都大大降低,此外,在失速恢复期间,偏航特性可能会妨碍副翼的使用。在许多飞机上,制造商发布的失速恢复规定要求,失速时,使用方向舵同时抬升机翼——这种飞机,施加副翼输入可能产生不利的偏航力矩,从而导致分离。

如果飞机是方向不稳定的,但仍保持足够大小的稳定二面角效应,则这种分离不会发散。当方向稳定性和二面角效果都变得不稳定时,任何阵风、滑流或控制输入等干扰都可能导致分离。这种分离可能自行终止,也可能导致随后进入尾旋。重要的问题是,一旦发生分离,是否存在能阻止进一步的不受控制飞行的恢复趋势,如果是这样,它将如何体现?

英国白沃尔瑟姆(White Waltham)飞行俱乐部在 CAVOK 气象条件下组织了一次飞行表演,表面风速为 $320°/(10\sim15)$ kn。这次表演飞行的前半段是由三架"虎蛾"(Tiger Moths)双翼教练机和一架"DH Rapide"短途双翼运输机组成的编队表演,计划是两架"虎蛾"飞机以直角朝向表演线飞行,然后分别向左和向右散开,以平行于表演线的相反方向飞走。

两架飞机以大约 70 kn 的速度飞向表演线,开始"散开"。左转弯飞机没有任何困难。但是,视频证据表明,向右散开的飞机以很高的滚转速度进入转弯,好像施加了横向满控制输入,尽管在视频中无法看到副翼的偏转位置。然而,可以看到的是,在转弯开始的同时施加了较大的右舵输入。结果,飞机的机头在转过大约 80° 后开始下垂,通过升降舵使机头上仰来抵消。持续使用较大的右舵输入和使机头上仰的升降舵输入,导致飞机进入了向右尾旋。然后方向舵回中,飞机又转了一圈撞地。

撞地后,坐在后座的飞行员松开了安全带,但双腿被扭曲的结构部件卡住。事故发生后 2 min 内,一架空中救护直升机到达现场,飞行员随后被送往当地医院。飞机的前座舱在撞击中被完全摧毁,前座飞行员背部受伤严重。

进入编队表演前,这架飞机已经做了"Zlin"机动,并做了几个特技动作。"Zlin"特技动作需要强大的控制输入,而"虎蛾"飞机的横向和航向稳定性较差,因此需要的控制力相对较轻。很有可能飞行员在随后的机动飞行中使用了飞行"Zlin"动作时使用的技术。

如果飞机在失速时机头下俯,或者纵向控制装置保持完全有效,则可以通过减小迎角来终止分离。如果垂尾能脱离翼身干扰流场,充分恢复方向稳定性和二面角效应,从而减弱分离趋势——某些飞机能够在大迎角下产生的一种现象,尤其是后重心飞机,那么飞机甚至可以在大迎角下恢复。

由于某些尾旋具有交叉耦合动力学特性,在某些飞机上可能存在交叉耦合效应。应对自行减小的迎角,可能是失速时机头的强烈上仰力矩,实际上是由于侧滑所致——诺斯罗普 F-5 战斗机在极端后重心位置条件时就会表现出这种情况,通常称为侧滑或攻角耦合。这种情况很隐蔽,因为飞行员通常不会感觉到迎角的增加,因此在达到过度俯仰角之前不会放松驾驶杆杆力。当攻角和侧滑增加都进一步降低方向稳定性和二面角效应,并且纵向控制无效或没有施加纵向控制时,极有可能发生分离,并随后进入尾旋。飞机的尾旋特性是娱乐飞机、通用航空飞机、军用战斗机和教练机设计必须重点考虑的一个领域。显然,有效的特技飞机设计必须避免不良的飞行品质,以便飞行员将注意力集中在飞行动作上。在大迎角区域这一点尤其重要,因为在大迎角区域,飞行员的精力主要集中在将飞机定位在竞赛场地或表演场地的表演线内。但是，对于非竞赛性特技飞机、自制实验飞机甚至某些军用飞机设计中，可能会存在一些令人讨厌的尾旋特性。谨慎的做法是让表演飞行员清楚地意识到这些特性，以确保表演中不会进入这样的区域。

对这个有趣的话题可以进行一些技术性讨论，而无需进行深入的理论探讨。再次我们有必要简要考虑一下尾旋的一些基本动力学问题。如前所述，飞机的尾旋特性本质上是气动力矩与惯性力矩之间的较量。简而言之，从逻辑上讲，几个空气动力学系数决定了分离的可能性。正是这些系数决定着滚转和偏航力矩，侧滑对这些系数的影响才是尾旋的基本要素。更具体地说，是侧滑引起的偏航力矩 C_n，副翼偏转引起的偏航力矩 Cn_a，侧滑引起的滚转力矩 C_l 以及副翼偏转引起的滚转力矩 C_l。重要的是，这些系数本质上是侧滑和副翼偏转引起的滚转力矩和偏航力矩，侧滑和副翼偏转驱动空气动力学力矩产生尾旋惯性力矩。

失速或尾旋动作仍会导致飞机事故的事实表明，尽管多年来进行了广泛的研究，即使世界领先的航空实验室，也尚未找到解决尾旋问题的经济设计方案。尽管对于所有类型的飞机来说，尾旋机动的基本原理相同，但是飞机形状和质量分布的巨大差异，导致空气动力和惯性力显著不同，从而导致尾旋机动特性明显不同。公认的是，我们积累了大量飞机尾旋机动的飞行员经验，特别是在进入尾旋和改出尾旋技术方面。

传统上将尾旋分为四个阶段，即尾旋进入、初始尾旋、稳定尾旋和尾旋改出。从不稳定飞行进入尾旋可以是有意的，一般是在训练中，如果是无意的，通常发生在低速机动期间。

故意尾旋通常是通过将飞机减慢至失速迎角，随后施加满舵输入，或者舵和副翼偏转的组合输入，以产生进入尾旋偏航和不对称升力。无意尾旋也会经历相同的动力学阶段，通常是非指令的，而是空气动力驱动的。由于内机翼升力损失增大，外机翼升力损失减小。内外机翼的升力差产生一个朝向内机翼的滚转力矩，开始尾旋。如果飞机的尾旋阻力比较大，通常需要剧烈而精确的控制运动才能启动尾旋。相反，如果飞机的尾旋阻力比较小，在特技飞行的低速部分（例如"榔头"失速，伊梅尔曼机动或尾滑机动）更容易无意地进入尾旋。

初始尾旋是尾旋进入和稳定尾旋之间的过渡阶段，在这个阶段，从无意尾旋的改出是最有效的。在初始尾旋期间，迎角增加直至超过失速迎角，并且飞机的飞行航迹从水平飞行过渡到垂直飞行，而偏航旋转增加，达到或超过滚转幅度。实际上，如果表演飞行员在此阶段不干预，最终结果将是灾难性的。因此，对于表演飞行员来说，重要的是不仅要能够识别这种发展的物理现象的属性，而且要能够"感觉"出飞机的能量状态，然后采取适当的改出措施。

尽管在尾旋的初始阶段区分滚转和偏航是有意义的，但是一旦发展成尾旋，这种区别就只有学术意义了。对于没有经过尾旋训练的飞行员来说，整个世界似乎都在旋转，旋转轴很不容易识别。即使对于经过尾旋训练的表演飞行员,低空意外进入尾旋时,也同样面临确定旋转轴的问题,甚至谈论俯仰运动而不是滚转和偏航都可能会产生误导,因为表演飞行员往往会从姿态变化中得出运动线索,而且在尾旋时,飞机可以通过偏航或俯仰将姿态从"机头在上"改变为"机头在下"。在为飞行员讲解时,如果把物体轴运动解释成尾旋轴运动是危险的。

当空速变得稳定并且已经建立了向下的垂直轨迹时,可以认为初始尾旋阶段结束。但是,出于实际目的,根据飞机的形状和惯性分布,在经过两到三圈旋转后,建立"稳定尾旋"被认为是相当合理的。在"稳态"或"平衡"尾旋中,飞机进行围绕垂直轴的陡峭螺旋运动,此时尾旋速度、迎角、侧滑角和垂直速度基本恒定。在许多情况下,这种运动无法达到稳定状态,而是可能在名义平衡点附近出现振荡。稳定尾旋阶段尤为重要,因为它代表了一种稳定的平衡飞行状态,对于某些飞机而言,从此状态开始无法改出。尾旋时,飞机上的基本作用力如图 6-16 所示。

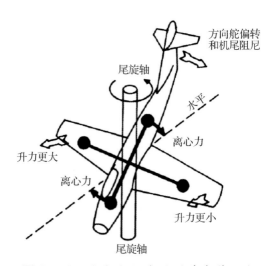

图 6-16 尾旋时,飞机上的基本作用力

有些飞机会表现出不止一种稳定尾旋状态或模式,在这种情况下,进入尾旋和初始尾旋阶段所施加的控制运动的顺序将决定稳定尾旋的状态。但是,尾旋模式的特征仅取决于飞机的空气动力学和惯性特性以及飞行控制面的位置。在平衡情况下,所有轴上的力和力矩保持平衡。稳定尾旋是最复杂的,因为在绕滚转和偏航轴的大角度旋转情况下实现了平衡。从理论上讲,稳定尾旋中的力平衡表明阻力等于重量,升力等于离心力。尾旋半径约为几米,合力几乎垂直于机翼,大约作用于机翼的半弦位置,而法向加速度相对较低时,其精确值是尾旋类型和尾旋模式的函数。在实践中,实际平衡更复杂一些,因为存在空气动力学侧向力,使得横向轴不一定是水平的,而可能是倾斜的。倾斜量与尾旋螺旋角和尾旋中的侧滑角直接相关,而侧滑主要由滚转力矩特性决定。从理论上讨论尾旋的力和力矩非常有意义,但是,如果表演飞行员"忘记了理论",在低空分离进入尾旋,这些讨论也只是具有学术意义,因为在撞击地面之前改出的可能性很小。

对于常规设计的通用航空飞机或特技飞机,当机头朝下的空气动力学力矩等于机头朝上的惯性矩时,将达到俯仰力矩的平衡。空气动力来自机翼和尾翼的法向力。惯性与尾旋速度的平方成正比,在 45°迎角时达到最大值。升降舵运动可以增加空气动力增量,但是增加幅度通常不足以打破俯仰力矩的平衡。

对于滚转平衡而言,最重要的是由于滚转速度和侧滑引起的空气动力学平衡。惯性力矩可以为正值,也可以为负值,甚至是零(当倾斜角为零时),具体取决于机翼的倾斜角。注意,如果尾旋速度变化明显,可以通过适度变化侧滑角来平衡滚转力矩,因此,与俯仰力矩平衡一样,副翼的运动为滚转力矩增加了一个增量,但这个增量幅度通常不足以打破滚转力矩的平衡。

看一下副翼、升降舵和方向舵对表演飞行员的贡献,传统布局中两个最大的空气动力偏航力矩是由尾旋速度和方向舵偏转引起的。相比之下,侧滑造成的影响很小,与滚转力矩一样,机翼倾角为零时惯性贡献为零。由于方向舵可以明显改变偏航力矩,因此,打破尾旋中的力矩平衡的关键在于用方向舵产生较大的抗偏航力矩。

为了强调主要贡献,机翼倾斜以及因此产生的滚转和偏航惯性贡献是密切相关的,并且基本上由俯仰力矩确定。侧滑是由滚转力矩的平衡决定的,尽管所有三个控制面都可以有效地改变力矩的平衡,从而改变尾旋状态,但方向舵仍然是打破这种平衡的最有效手段。但是,对于惯性载荷和布局完全不同的飞机,这个重点可能会改变。例如,在大多数情况下,第二代后掠翼战斗机的尾旋需要其他方法来诱发。例如,进入左尾旋是通过满后拉杆,满左舵和满外旋副翼来实现的。要改出这种尾旋,需要完全相反的方向舵输入,并且横移操纵杆以产生部分副翼自旋。

对于尾旋进入和尾旋改出,并没有一种理论方法或实验技术来确定正确的控制偏转和控制顺序,实现最佳的尾旋进入和尾旋改出。尾旋改出技术都是通过飞行试验确定的,可以在实际使用中加以完善。还有一个更好的办法,那就是对于制造商尚未准许进行尾旋的飞机,最好不要使其进入尾旋。

对于大多数常规设计构型,尾旋改出主要是施加完全相反的方向舵输入,阻止偏航速度来实现的。如果正确应用升降舵和副翼,可以提高改出速度。对于某些飞机,必须使用它们才能改出;而另一些飞机,即使维持尾旋前的方向舵偏转状态,它们自身也有足够的能力停止尾旋。在常规飞机的尾旋过程中,一个特别敏感的因素是,要按顺序前推升降舵和输入反尾旋方向舵控制来重新控制飞行状态。

如果升降舵控制装置向前移动过快，可能会发生不利影响。首先，当飞机机头下俯时，回转半径会暂时减小，由于动量守恒，尾旋速度会增加。与新手的看法相反，这始终是即将改出的好兆头。其次，随着升降舵控制装置的向下移动，有效舵面积可能减小，从而导致可用的反偏航力矩减小。同样，如果升降舵控制装置向前移动太晚，飞机可能进入反方向尾旋。对于尾旋改出特性不好的飞机，飞行员的正确驾驶技术至关重要，具体飞机的改出技术细微差别引起了很多飞行员的讨论。

有趣的是，机翼位置对尾旋特性的影响很大。与较低机翼相比较，较高的机翼具有较高的二面角效应，并且较高机翼的尾流不会与尾翼产生任何不利的相互作用，因此可以对尾旋改出特性带来一些改进。这两个因素都增加了尾旋时的阻尼，从而使飞机尾旋更陡峭，因此更容易改出。

尾旋特性可能随质量沿机身的分布，或外挂构型的变化而发生改变。在高空，输入反尾旋控制后可以"等待和观察一下"，以验证飞机对控制输入的响应。不幸的是，在低空无意进入尾旋之后，不要奢望有时间"观察一下"，在大多数情况下，飞行员只有时间使控制装置回中，希望飞机尽快停止尾旋，尽快把飞机拉平，如果高度允许，再进行改出。另外，通过一系列快速控制输入来对抗运动不会为飞机的空气动力学稳定性留出足够的时间来实现改出。不幸的是，在低空飞行时，实际上只有一种方法可以克服表演飞行过程中因意外尾旋而带来的危险——避免越过升力边界，就这么简单。

结　论

特技飞行员必须接受并了解其职业的内在危险。为了最大限度地降低风险，特技飞行员必须通过不断的实践练习和多年的不间断训练，以及对飞行物理学和所驾驶特技飞机性能特性的深入了解，提高自己的技能。

表演飞行是有规则，有物理规律的。这些规则是由比您更擅长驾驶飞机的人制定的，物理定律是由伟大的人物发现的。您有时也可以违反规则，但永远不可能违反定律。早在20世纪60年代，举世闻名的试验和表演飞行员内维尔·杜克(Neville Duke)就总结出这一点："进行低空特技飞行的失误裕度为零。必须进行数小时的演练来完善机动动作，例如，找到翻斤斗的正确速度和在垂直平面上进行表演所需的最小高度，尤其是在云层低的情况下。可以肯定的是，表演飞行可以成为一种使飞行员和观众都享有同等愉悦和满足感的艺术。"

如果许多已经丧生的表演飞行员都能运用这些智慧的话，那么其中一些人或许能生存更久。任何表演飞行员都知道安全性是不容商量的，无论您是否处于安全状态，无论条件是否可接受，安全都是"非黑即白"的问题。

第七章　表演飞行细节

"表演飞行的三个基本原则是:纪律、知识和熟练性。纪律是表演过程中的主要约束表现。纪律是约束您从众所周知的和实践的初始条件进入每个动作的力量。对飞机性能和个人成熟度的了解,可以补充纪律因素,并确保在过度保守主义和包线边缘的表演技巧之间做出合理的妥协。"[帕特·亨利(Pat Henry),麦道公司前首席试飞员和 F-15 战斗机演示飞行员]。

前特技飞行世界冠军立陶宛人尤吉斯·凯里斯(Jurgis Kairys)坚持认为,每位飞行员都有自己的个人极限。对于尤吉斯来说,垂尾离水面 6 in 高度的倒飞是他个人的低空限制(见图 7-1)。

图 7-1 前特技飞行世界冠军立陶宛人尤吉斯·凯里斯(Jurgis Kairys)坚持认为,每位飞行员都有自己的个人极限。对于尤吉斯来说,垂尾离水面 6 in 高度的倒飞是他个人的低空限制

引　言

　　表演飞行可能有多种不同的形式,观看和评论表演飞行的观众范围非常广泛,他们都是航空爱好者,可能是将航展视为"有趣的家庭郊游",不具备任何航空知识的一般公众,也可能是经过严格审查的试飞员和专业特技飞行员。在狭窄的空域内操纵飞机至其极限对任何飞行员来说无疑都是一项极为艰巨和具有挑战性的任务。任何飞行员都可以在极低的高度沿跑道飞行,并执行急转弯、"wingover"或斤斗机动,但是技巧在于将安全、富有想象力、明智和令人印象深刻的飞行表演动作很好地组合在一起。

　　选择和设计表演飞行程序实际上是一种舞蹈艺术。任何人都可以将几种不同的动作组合在一起,并以表演的形式呈现,但并非所有人都可以编排出一个好的空中芭蕾舞剧,吸引到场所有观众的注意力。那么,表演和演示飞行员在准备工作时必须特别考虑哪些基本原则? 表演飞行员的特质是什么? 进行某些机动和选择飞行线路的安全考虑是什么? 低空表演和演示飞行应关注哪些基本安全要素?

表演飞行员的选择

　　具有讽刺意味的是经验丰富的表演飞行员大都认为:成为表演飞行员很容易实现。除了飞机操纵技能要高于平均水平外,最重要的要素当然必须是心态,也就是是否成熟。对于成熟,按顺序来讲,就是纪律、完美主义和进取心,这是描述表演飞行员必需具备的性格和心理特征的最合适方法。积极进取(进取心)意味着以积极的态度飞行,而不是过分自信。成熟意味着表演飞行员必须能够处理越来越多需要关注的事情,而不必不断地证明其效果如何;成熟就是能够意识到,在追逐飞机的更高性能时,要始终保持飞机仍处于性能或操纵品质相对不足的限制之内;成熟就是接受并遵守有效的表演飞行规定,合理地接受批评,如果这些批评来自同事或同行,这一点尤为重要。在大多数情况下,对表演飞行员的批评不应被视为仅仅是对个人批评,而应被视为表演同行或专业人士为了追求表演飞行安全和美观而做出的诚恳建议。因此,除了实际表演飞行的主要任务外,表演飞行员的职责远远超出了表演飞行的直接范围,可能会令人生畏。

　　由于成功进行表演飞行的过程中,最重要的角色扮演者是"操纵驾驶杆的人",因此,对飞行员的素质要求必须放在首位。具备特定飞行技能的大多数飞行员都能成为出色的表演飞行员,但具备想要在航空领域脱颖而出的兴趣或性格特征的飞行员很少。无论你在飞行学校、飞机操作改装课程甚至试飞员学校的学历方面多么出色、多么辉煌,都将无济于事,正如已故的约翰·德里(John Derry)所说:"飞行员在全力以赴的表演飞行中必须具备必要的气质和敏锐度。他必须热爱飞行并享受飞行表演的乐趣——对于一个在下午17:00突然关闭机库门,偏爱玫瑰花园、高尔夫球杆、老式汽车或渴望获得幸福家庭生活的人来说,表演飞行不是他的工作。为了物有所值,表演飞行员必须与飞机完全融合在一起,实现完美的人机统一。"。

军队的表演飞行员,通常从飞行中队的高层成员中选拔,一般由中队指挥官亲自挑选,并推荐给基地指挥官审批,条件是符合具体型号飞机的飞行小时数要求和飞行经验要求。只有经过直接上级总部或司令部的审核并确认后,飞行员才能获准进入所在军种表演飞行员选拔和培养程序。在许多情况下,"飞越"(fly-off)机动①被视为评估潜在候选人的最后一项测试。幸运的是,最终决定不仅取决于对飞行技能的评估,还必须考虑飞行员的个性以及是否反对公关或赞助活动,因为表演飞行员还将担任一些特定的形象大使角色。

表演飞行员必须有能力应对所面临的各种压力,不仅要体验表演飞行的现实肾上腺素冲动,还必须承担表演成功与失败的责任,维护公众和表演组织者的利益。"快乐"并保持良好的"公共关系",这有时会消耗大量的身心精力。其中的有些方面与表演飞行员实际操作飞机的技能无关,而是涉及一些与航展和表演飞行相关的外围问题,但这同等重要。

对于一些重大航展,经常可能会由于一些原因导致主表演飞行员无法表演,所以应有一名后备或替代飞行员。一般都是准备两名飞行员,并能胜任表演飞行任务。这两名飞行员都必须满足完全相同的要求,如果达不到要求,则不能进行表演。切勿使用没有按照表演飞行员正规培养和训练途径进入表演行业的"替身"飞行员。在表演当天,应指定不飞行的飞行员负责飞行任务简报、公关角色,并在表演期间操控地面联络电台,不仅可以协助处理紧急情况,还可以监视表演的进度,并就表演期间的相关安全因素提供建议。但是,在指派两名飞行员执行相同的表演项目时,应给予每位飞行员自由的权利,可以根据每位飞行员的个人喜好(例如,向右滚与向左滚等)进行各自的机动表演。普遍的看法是,试飞员总是会提供"令人敬畏的表演",试飞员的知识和飞行技巧应该达到航空专家级别中的最高水平,那为什么不呢? 实际上,并不是所有的试飞员都是优秀的表演或演示飞行员,就像不是所有的试飞员都是优秀飞行教员一样。表演飞行必须有激情。

那些有幸体验表演飞行挑战的人都知道,成功不仅来自奉献精神、自律性和详尽的计划,而且来自于才能、技巧和实践。表演飞行员必须是飞行行家里手,自然也应是表演飞行的专家,一个乐于完成任务并且不为困难辩解的人,飞行表演必须是他热爱的生活方式的一部分。

---

① "飞越"机动是指飞机制造商为竞争政府合同,演示飞机性能特性的一种展示飞行。

表演飞行项目规划

在制定表演计划之前，必须建立表演计划和实践演练的正确观点，制定表演动作和表演线路，应当与最危险的试飞科目（例如，颤振、飞行载荷测量、尾旋试飞）试验前准备一样，进行同样精心的准备和全面的分析。这项准备工作应包括全面的分析评估和安全审查。F-16演示飞行员尼尔·安德森（Niel Anderson）认为："应当按照最困难的飞行试验阶段的准备方法，来准备表演飞行。包括最高管理层对飞行表演项目的批准、飞行员的指定、应急或天气条件、安全方面，最重要的是必须在表演飞机上进行训练，这是先决条件。"在计划阶段，必须确定表演的确切目标，因为整个计划程序必须由表演的特定目标来驱动。无论是商业、军事甚至是飞行试验产品演示、特技飞行表演、军机飞行通场，还是在当地的"Fly-In"中亮相，目的都必须明确。美国著名试飞员鲍勃·胡佛（Bob Hoover）以在世界各地的航展上出色地表演"罗克韦尔指挥官"飞机（美国的一种单引擎四座通用航空飞机）而闻名。他说："所有表演飞行剖面都应事先经过深思熟虑，并准备好备用飞行剖面，以备在出现恶劣天气的不同情况下飞行。而且，表演飞行员必须了解飞机的总体设计能力，认识到自己的局限性，并避免超出这两方面限制。"

表演飞行项目规划期间必须重点关注的最关键领域之一是假设各种应急情况。必须审查每个动作，确定设备的故障模式和完成机动动作所需的关键系统；必须计划好在关键系统发生意外故障情况下的备用系统或逃生动作，并提前演练。不幸的是，所有表演飞行项目中的一个变数就是无法预测故障情况或紧急情况何时发生？如何发生？只能"为意外情况做好准备，并开展演练"，除此以外，没有其他经验法则可以使用。对于编队特技飞行队，每个队员必须针对常规表演的每个程序制定"退出机动"或"脱离"编队的预先计划。

前法国达索航空公司试飞员让·科劳先生说过："在制定表演飞行计划时，首先要考虑的是飞机构型，然后是表演项目，然后在检查员面前进行预演测试。必须接受评论和批评，并对表演项目进行相应调整，以提高表演飞行的吸引力并提高飞行安全性，直到每个人都满意为止。然后将所有内容打印在您的大脑上，在真正的表演中再也不要进行任何更改。"在表演项目规划阶段，必须对地形进行全面研究，并绘制"地形布局图"，识别潜在的障碍物、对飞行路线的危害，以及维持表演线时可能发生的任何相互影响。这其中要考虑由相邻的山地地形产生的地形湍流的影响以及密度高度的影响，这对于特技飞行队至关重要。有许多空中表演团队的母港基地位于海平面或接近海平面的位置，经常到达航展地点而又没有太多的时间进行彩排，却发现新的表演地点的5 000 ft标高产生的密度高度超过8 000 ft。团队的声誉可能因无法适应更高的密度需要增加动力而受到严重损害，至少会令人尴尬。

当然，不要忘记禁区、限制区、减噪区和居民区。高度建议表演飞行员实地访问一下表演地现场，查看一下观众围栏和观礼台，以及任何可能干扰观众欣赏表演的限制。同样重要的是要考虑表演时间段太阳最可能的位置，以及太阳光对表演飞行员产生的不利影响，对观众的视线造成的不利影响，并尽量避免。

有很多表演飞行是在水面上进行的，观众位于临近的海滩或陆地上。水上飞行表演存在其自身的特殊地形问题。除了要使表演沿着实际上并不存在于水面上的表演线进行，深度感知问题本身也带来了很大的危害。没有外围线索，只是一个平坦的表面，人眼无法始终如一地准确辨别。人眼使用外围线索（例如已知物体的大小）来估计高度和距离，但是如果没有这种线索，则很难判断水面上方的高度，从而导致飞行员的预期不佳和高度估计不佳，这对于低空机动飞行显然是持续的危险。

风吹过水面而引起的水雾，再加上缺乏深度感知，只有增加最低表演高度增加安全裕度才能弥补。为了帮助创建外围线索以促进深度感知，可以使用本地渔民、划船爱好者或搜救船提供的一条船线来标记表演线，这可能特别有帮助。然而，对当地水深的感知仍然存在局限性，这是危险的。1981 年，"红箭"表演队同步对飞行员史蒂夫·约翰逊（Steve Johnson），在年度布赖顿（Brighton）航展表演期间撞掉锚定在水面的游艇的 44 ft 桅杆后，在正面迎头对冲中从所驾驶飞机上弹射，就是高度预判不佳导致的。

当时选择的海上表演线平行于海岸线，在观礼台和西码头之间。在第四次迎头穿越时，2 号飞机撞到了游艇的桅杆上，飞行员没有注意到，飞机缓慢地驶向先前清晰的表演线。当时的游艇没有扬帆。由于飞机失控，几乎倒扣，而飞机的海拔高度不超过 300 ft，飞行员在碰撞后仅 3 s 就弹射。当天的表演，同步对的最低允许飞行高度为 35 ft，该高度被认为可以提供安全的距离并能为观众提供比较好的观赏机会。但是，在表演期间没有禁止船只运动，因此游艇的船长没有理由怀疑他的船会妨碍同步对的表演飞行。飞行员也没有注意到相对于垂直码头和大海缓慢移动的障碍物的影响，他的飞机撞到了桅杆顶端下方 4 ft 处。事故发生后，"红箭"表演队所有表演的最小高度立即提高到 100 ft。

2000 年 8 月，在英国伊斯特本附近坠入海中的 L-29 飞机，最可能的事故原因是暂时缺乏参考、迷失方向、身体失能，或驾驶舱内的物品松动。无论当时发生了什么情况，经验丰富的飞行员仍然能够从俯冲状态恢复到机翼水平姿态，但是高度不足，无法安全恢复，飞机最终坠入了离海岸 800 m 的海中。"表演线"建立在离伊斯特本海岸线平行的 230 m 海上，有许多橙色浮标构成。表演基准点是"愿望塔"，这是一座位于海滨中心的老式"马丁洛"（Martello）塔，该塔是一个空中交通信标台。当时海面上安排了许多安全船，其中一艘通过无线电与海岸保持联系。发送给飞行员的书面表演飞行规定包括以下注意事项："提醒飞行员，当在平静的水面和水平边界不清晰的地方进行低空飞行时，需要格外注意高度判断。"

在这个事故案例中，飞行员曾在类似于伊斯特本的条件下进行了多次海上训练和练习飞行。据悉，他在海上练习时都是确保将裸露的沙滩边际作为地面参考。在视线不佳的情况下，在机动过程中他通常使用姿态指示器协助检查俯仰和滚转姿态。

1995年9月，英国皇家空军一架"Nimrod"飞机坠入安大略湖的视频显示，这架飞机以机翼水平，机头下俯25°的向下姿态，在大约700 ft高度迅速下降。俯仰姿态非常短暂且非常轻微地有所增加，随后在约500 ft或更短的距离内几乎立即失速，并且在下降角度几乎不变的情况下继续下降坠入水中。可以看出，飞行员似乎已经意识到事情的发展方向，即将撞到水面，满后拉杆，试图阻止事情的发生。是在水面上进行操作时由于某种原因导致了空间感知能力下降，还是由于不良的外围提示，抑或者纯粹对高度的判断错误？

机动动作选择

表演飞行一定不能以使所有观众惊讶或震惊为目的，而应通过专业地展示飞机的能力来吸引观众，这就需要进行尽可能广泛的机动。有了每个动作的技术数据，以及公司或赞助商的要求和营销策略（如果适用），就可以确定基本表演飞行路线和机动动作，以全面展示飞机的功能。必须避免任何可能突然进入危险或本身就很危险的动作。应该选择能够引起观众注意的动作，但最重要的是，表演飞行的重点应该是展示飞机的能力，而不是飞行员的技能。

机动动作选择，一般来说，如果不是在最低高度飞行，而是要求转弯半径最小，也不要求最大过载，那么最好选择水平转弯表演，也更安全。以略微降低的空速和过载飞行会产生同样令人印象深刻的"最小"半径转弯，但飞行员的疲劳度会降低。垂直机动必须解决进入机动动作的空速、高度和过载问题，要在整个动作序列中检查动作的进入条件或"门限"。因为垂直机动给人留下的印象更深刻，所以表演往往会从某种垂直动作开始，有些从起飞直接开始，有些则是从其他位置开始。喧闹而戏剧性的进入动作通常令人愉悦，似乎更能吸引观众的想像力和注意力，从而铺设了整个表演节奏。但是，统计数据表明，垂直机动对高性能战斗机来说是最危险的，产生破坏性机动的次数最多，这使表演飞行员确保垂直下降机动有足够的逃生选择显得尤为重要。在第三章中的38起撞地事故中，有71%的事故是在垂直方向上发生的，而只有16%的事故与滚转机动有关，这一点非常明显。整个表演过程中良好的能量管理和"门限条件"也很重要，尽可能避免进入飞行包线中高度太低和速度太慢的"棺材角落"。

任何下降动作都必须从有一定高度裕度的海拔高度开始，因为故意的低空拉起或在超低空飞行可能看起来非常壮观，可能会让所有人在酒吧聊天时称颂，但是这只会增加观众的焦虑感，并有损于表演飞行的专业性。"过度炫耀"和专业表演之间的技能也存在显著差异。不受约束的低空飞行相对很容易实现,但这不仅是飞行的问题,更重要的是会造成事故。真正的专业表演飞行员是利用他的技能来展示飞机的能力,从而给发烧友和专家留下深刻的印象。

表演飞行线路与表演顺序选择

第一个系列动作设计必须能引起观众的注意,因为如果您一开始就失去了观众的关注,那么以后您再想赢得他们心灵的机会就很小。一旦引起了观众的注意,就必须使他们集中注意力,尤其是动作之间的衔接。如果表演区域太宽,飞机会从观众视野中消失,这段时间观众便会很无聊,观众可能只会在飞机噪声响起时才会抬起头来,您所有的表演飞行技巧和长时间演练的付出将白白浪费。因此,重新定位和转身动作对于维持观众的兴趣非常重要。

表演飞行线路设计应考虑优化整个表演顺序中的能量。在具体机动期间,能量很难管理,因为每个机动动作都具有特定的能量预算,这个能量预算在实际表演期间不能改变,因此,能量管理的主要工作在飞机转弯期间。尽管不一定与第四代战斗机和无限制特技飞机相关,但对于所有较小型的飞机而言,转弯本质上是一种空中定位机动,而且特别重要,因为在表演飞行的这个阶段,表演飞行员实际上是在管理进入下一个机动的能量。正是在这个阶段,能量可能积聚,也可能损失。如果与实际机动动作匹配,那么重新定位动作看起来就会是表演整体的一部分。

众所周知,"事后诸葛亮是一门精确的科学",事故发生后的选择都是明智和正确的,但事实是,现代的航展表演线路和程序设计已成为其自身的一种艺术形式。这种设计已经不再纯粹是为了在给定时间内完成一定数量的机动动作,而是要认真考虑表演和演示飞行目标的科学研究,是为了娱乐、竞标,还是为了商业销售——核心目标才是表演飞行动作与顺序设计的根本依据。对机动动作要进行认真编排,以匹配表演过程中飞机的各种能量水平。确定了机动动作和表演顺序后,还必须考虑对表演有重要影响的天气、地形等外围因素。

表演动作与表演线路选择是为了保持观众的兴趣,而观众的兴趣可以通过在垂直机动和水平机动之间交替转换,中间穿插一些转弯动作来进一步激发。表演过程中,过渡动作和重新定位动作必须以表演中心为主要参考,以表演线为次要参考。机动动作的顺序和选择安排应保证表演飞行员在表演的任何阶段都能顺利"退出",同时避免低空"Split-S"类的"棺材转角"式的动作。对于带加力燃烧室的喷气战斗机,燃油消耗速度比较快,在表演的后半段,飞机推重比增加,垂直机动性能得到改善。为了改善表演飞行的美学吸引力,可以在表演飞行中展示在正常飞行或战斗条件下使用的一些运动部件,例如作战边条翼、襟翼、起落架、加油探管和鸭翼等。对于可变后掠翼飞机，可以在不同速度转弯时使机翼运动，尤其是在高过载转弯时。可以在大迎角进行快速发动机加速来演示发动机的灵活性和快速响应能力，充分展现发动机的可靠性和响应特性。

为了提高推重比，可以拆除一些非必要组件来减轻飞机的重量，但是在原型飞机上，这样做会耗费大量时间和精力，可能会严重干扰计划进度。在整个表演过程中，对表演飞机重量和重心位置的了解与计划的操作同样重要，甚至更重要，因为后重心可以提高常规飞机的敏捷性，因此，必须管理好飞机的表演构型，为表演飞行提供最佳的操纵品质。

法国达索公司著名试飞员让·科劳在这方面有一些建议。"显然，起飞和降落应当绝对最小，就是说，起飞和降落滑跑应当长度最小。起飞后，陡峭爬升通常比加速进入'伊梅尔曼'(Immelman)机动更令人印象深刻，因为'伊梅尔曼'机动需要高推重比才能成功完成。如果选择作'伊梅尔曼'机动动作，则加速时间应保持最短；连续'伊梅尔曼'机动总是给人留下深刻的印象，但是此后，观众很难把视线保持在表演飞机上。"

"在垂直平面的动作最能体现出剩余推力、低空速时的操纵品质和升力性能(斤斗的半径与飞机可以安全地展现出的升力系数成反比)。在低空速下拉大过载最能体现出飞机的最佳俯仰敏捷性；而在水平飞行中，以'角落速度'、最佳的最大过载和最大升力能力，可以获得最小转弯半径。低速、大迎角通场可以很好地表现飞机的稳定性和控制力，而最小半径绕紧转弯则可以表现飞机的持续转弯能力和升力大小，以及控制边界"。

霍克飞机公司前首席试飞员比尔·汉布尔(Bill Humble)的智慧之言，他的"海怒"飞机表演曾激发了人们的无限想象力："表演的主要目的是要在'情人'眼中留下持久的印象。复杂的特技飞行不一定能满足要求。特技表演应该进行认真训练和演练，在表演当天，切勿尝试即兴表演，因为这可能会导致灾难。"

演　练

毋庸置疑，表演飞行最重要的方面是演练(飞行练习)。必须利用每一个可用的机会精确演练每一个特技飞行动作，这样，表演飞行员可以始终保持为表演飞行做好了准备。英国传奇试飞员比尔·贝德福德(Bill Bedford)曾成功参加了200多次航展表演飞行，他对表演飞行员的建议是："演练是表演飞行员的人寿保险。一定要定期续保。"

表演飞行动作与程序的实际演练和经验积累必须尽早开始，以应对可能出现的天气问题、飞机无法使用问题或表演区域内的各种其他问题。表演飞行的练习显然必须从更高的高度开始，随着能力的提高和自信心的提高逐渐降低飞行高度。在航展安全委员会进行的一项调查中，试飞员协会对表演飞行员进行了质询，得出的结论是，熟练掌握一套新的航展表演动作与顺序至少需要进行10～30次练习。高速军用喷气机飞行员的经验法则是使用现代高保真模拟器大概需要进行 20 架次模拟飞行,才能在实际首飞前完全熟悉机动动作。

在表演飞行员对模拟器飞行感到满意后,就可以到空中飞行,并从 5 000 ft(1 500 m)高度逐步降低飞行高度。在 5 000 ft 处飞行 4 架次,在 1 500 ft 处飞行 4 架次,在 1 000 ft(300 m)飞行 4 架次,最后下降到 500 ft(150 m)高度飞行。这里没有硬性规定,所需的练习数量取决于在表演练习开始之前进行了多少连续的培训和准备工作。一个训练有素的,目前飞行资质延续的飞行员需要的练习时间可能大大减少。重要的是,不要指望第一次练习就能立即取得成功,肯定会有批评,必须不断改进,努力使表演飞行流畅美观。这个阶段肯定是最令人沮丧的阶段,因为这个阶段对你辛勤努力开发的表演动作和表演顺序的各种各样的评头论足都会表现出来——但请记住,表演飞行它不是你个人的事情。

然而,按照现代标准,这些实践练习飞行都是由飞机设计制造承包商、飞行表演赞助商或飞机所有者在时间和金钱上的巨大投资,并且可能不在航展时间进度表内,也没有计算私人成本。在需要宝贵练习时间的情况下,应考虑使用"低成本"的辅助飞机来达到这种低空的飞行熟悉度,从而以更具成本效益的方式过渡到昂贵的表演飞机。但是,请谨慎行事——在这类练习飞行中,使用的飞机类别,尤其是推重比和敏捷性特征应接近表演飞机,否则不仅失去了训练价值,而且由于性能的不可比性或代表性不足,表演飞行安全裕度可能会受到损害。

有趣的是,许多曾执行过空空作战任务的飞行员都认为表演飞行与空战机动飞行一样容易疲劳,"过载"谱和"近距离接近地面"操作所诱发的肾上腺素与被敌人射击的风险非常相似。疲劳和压力与表演飞行齐头并进,这意味着应该控制和监控练习过程,以防止此类不利影响。为了最大程度地减少长期疲劳的影响,建议总练习时间和实际飞行表演限制为每天两次,每周最多进行十次飞行表演。最重要的是,管理层的责任应集中在表演飞行阶段减少飞行员的所有外围活动和日常工作上,以使飞行员完全专注于手头的表演飞行任务,而不会由于外围问题引起分心。考虑到现代社会的需求和步伐,这种理想主义做法可能不切实际,但是,2000 年发生的南非空军博物馆"喷火"飞机事故,以及 1996 年达克斯福德发生的 P-38"闪电"飞机事故,都是由于表演飞行员的行政和航展管理负担过重,至少间接地造成了事故。

定期的练习课程还应包括过载训练,飞行员对每种特殊动作引发的飞机特性的熟悉和识别。更具体地,是对飞机失速、分离和改出特性的识别,特别是对加速失速的即时识别最为最重要。应该理解和练习从各种角度的俯冲中拉起所需的恢复高度、每克杆力和特定飞机型号的俯仰响应特性。必须在表演程序的不同阶段练习飞机的滚转响应,由滚转动作、方向舵输入和惯性交叉耦合引起的角加速度、不利偏航和对俯仰姿态的影响,也都需要全面考虑。应该针对所有计划的表演动作,练习从可能发生的异常姿态退出整个表演,以应对意外进入云层或其他紧急情况而导致的机动终止。还必须进行逃生演练,只在"纸面上"进行逃生演练是没有意义的——表演飞行员需要做的最后一件事是必须在实际的飞行表演或演示飞行中进行第一次紧急逃生机动演练。

彩排期间,必须在观众区域的中央设置一位知识渊博的地面观察员,以监控飞行并对每个动作进行有建设性的分析和批评。表演飞行员必须接受批评(尽管有些意见可能难以接受)。如果在所需技能方面存在无法解决的问题,那么飞行员应该表现得足够成熟,可以把表演飞行任务移交给其他具有执行相关表演飞行剖面能力的人,或考虑从表演程序中删除这些动作。

应该在实际表演地点进行彩排,而不是像乌克兰 Su-27 失事战斗机那样,不幸的飞行员在实际表演日才第一次来到表演场地。开始表演时,两位飞行员应首先花很短的时间找到观众围栏,并确定表演路线和表演中心,这在表演计划中有些晚了,可能会对他们维持表演线造成影响。通常的预想是,彩排应尽可能与实际表演时间接近,以获得对环境的真实感,尤其是太阳的位置及其对能见度的影响。对于表演飞行员来说,在一个陌生的表演环境中很容易迷失方向,尤其是在飞机场具有数条不同的跑道和表演线偏移的情况下。

迷失方向曾是导致美国空军 F-16 战斗机在美国金斯维尔坠毁的原因之一,这架飞机的驾驶员是一位经验丰富的战斗和表演飞行员,他都会迷失方向,可见问题之严重。这次事故的调查人员得出结论,飞行员将注意力过多集中在地面参考上,导致他从无法安全完成的高度开始"Split-S"机动动作。强风和多条交叉跑道可能导致难以将飞机保持在表演区域内。"蓝天使"飞行表演队队长唐尼·科克伦(Donnie Cochrane)的案例就是例证:1995年在弗吉尼亚海滩奥森纳海军航空站机场,当他带领编队在低空机动过程中飞机对准错误跑道,他选择立即终止飞行任务——这件事情的结果是非常好的——人类固有的生理学缺陷,是无法处理低空高速机动中的大量高信息量,这对任何人都没有区别,所有飞行员都容易受到这类伤害。

与大多数现代培训技术一致的是,视频技术在表演飞行员培训中成为有效的的教学辅助手段,尤其是在汇报会上更为便利。外部视频与某些飞机上可用的平视显示器视频相结合,是一种理想的教学工具,也可以协助进行事故调查。理想情况下,应针对特定的地面参考特征制作视频,以改善飞行后分析和讲评的重点。当然,必须对平显录像带进行适当的构型管理,以便建立技能发展的历史资料库。

高保真模拟器的奢华仅适用于少数几个领域的飞行员培训,即那些驾驶最现代化军用飞机或客机的飞行员。随着更复杂,功能更强大的模拟器的发展,可以在此类模拟器中对表演动作和过程进行技术和质量评估。可以定量确定动作出入口的参数、每个动作的时间、侧风的影响,并可以对紧急情况和系统故障情况进行演练,也能够定量确定所使用的燃料,等等。此外还可以将计划的飞行剖面上传到飞机的导航和武器系统中,以便在平视显示器中显示给飞行员,提供一种能量管理工具,可以在 HUD 中生成飞行员的转向操纵提示。

缺乏真实逼真度和加速度的动态影响是模拟器的主要缺点,模拟器无法提供有效的外围运动和感觉提示。尽管模拟器是一种有价值的教学工具,但绝不能用模拟替代表演飞行程序的实际演练。

前英国电气公司试飞员罗兰·比蒙特(Roland Beamont),表演早期以表演"堪培拉"轰炸机和"闪电"战斗机而闻名,他的建议是:"每个人要保持全年练习——然后他们组合到一起的时候会更好,更安全地进行空中表演。要了解你的飞机,失速是'硬性限制',还要了解飞机的安全裕度和关键操纵特性,例如失速、惯性交叉耦合等。不要在飞机性能具有明显优势的某些方面尝试炫耀过度表演,也不要忽略简单的基础知识。低速通行证应与法规和飞机允许的速度一样低,并且要尽可能快。低空快速通场要在规则限制和飞机允许的条件下尽可能低地快速通过。360°绕紧转弯的半径应当尽量小,这时,可以设置推力等于阻力,并使用'过载'和最大功率来控制转弯半径。在改变坡度角时,要使用最大滚转速度,定位转弯和拉起都要以最快速度完成。平顺、精准的飞行感觉不错,但通常看起来不如'信马由缰地四处翻飞'那么令人兴奋。但首先,一定要确保安全。保持您练习的飞行程序,永远不要尝试激进操纵,也不要尝试超出性能边界。"

用战斗机飞行员的话来说:"切勿以敌人的规则与敌人交战。",同样,表演飞行员应该按照自己的准备进行表演,而不是为追求刺激效果进行表演。最后,是什么导致人类恐惧?我们不知道,这种恐惧只能通过从失败案例中获得知识,增强信心来克服。从实践演练中获得的知识,准确了解计划的内容以及如何执行计划并处理所有可能的突发事件的知识,将为经验丰富的表演飞行员提供信心,使其能够做出最佳表现。

法规制度

尽管听起来很难以置信,但在整个航展世界中,确实没有一套完整统一的法规制度来监管表演飞行。每个国家,每个飞机场,甚至每个空军都有各自的规章制度。因此,至关重要的是,表演飞行员必须研究每个具体表演地点的规定——在许多情况下,这些规定有可能是多年以前制定的,在某些情况下已经不再适用,甚至可能是危险的或不再适用于特定类别的飞机。

重要的是要识别那些本身可能很危险的规定,并加以反对。在当今的诉讼和监管社会中,生活变得越来越复杂。有很多法规制度能涵盖大多数突发事件——了解这些法规的豁免条款至关重要,以免航空航天公司、空军或特定政府部门承担任何诉讼费用。在整个航展的历史上,都存在飞行员违反规定的情况,而这些规定都是出于飞行和观众安全的原因而制定的。为什么飞行员知道表演飞行的固有危险还要那样做呢？在 1988 年拉姆斯泰因航展悲剧发生之前，美国的规则已经禁止直接在人群上空穿越飞行，而意大利"三色箭"特技飞行队可以说是世界上最令人兴奋的表演队。然而，据报道，1985 年，意大利"三色箭"特技飞行队在美国的巡回表演中，在加利福尼亚州莫菲特联邦机场飞行表演时，规则就出了问题。他们连续表演飞行了 3 天，并且都进行了颇有名气的"穿越心脏的箭头"表演。因此看来，至少在美国的某些地区，他们放弃了规则并摆脱了规则约束，底线是而且一直是地方政府遵守和执行这些规则的意愿。毫无疑问，这些规则在世界各地的各种场所都会出现"屈服"现象。

从飞行监管的角度来看，在英国费尔福德举办的"RIAT 2003"航展已经做得相当不错。由于在练习飞行中，一个轻型飞机编队公然无视高度和横向间距要求，展会于是中止了这个编队的表演练习。经过完整的汇报和讲评后，表演队同意遵守规定——然而他们却在表演的第一天再次违规做了同样的事情。飞行控制委员会随即向这个国际飞行表演团队所属国大使馆发出了"不满信"，说明了该团队再次违反了商定的要求——他们还是再次飞越了人群。

但是，今天，特技飞行队和表演飞行员都很愿意从过去的教训中吸取经验，尝试尽可能安全地表演飞行。但是，即使是顶级特技飞行编队，也时不时地会出现一条安全细线（线从细处断）。每个航展的表演飞行中都会出错，所以展会机构会为每场表演拍摄并在飞行讲评中放映录像带。特技编队飞行队的成员可以在这些讲评会议上直截了当表述意见，因为每个飞行员都可以完全自由地批评其他飞行员——每个人都会认真对待，因为不注意警告可能会导致灾难性的后果。

在大多数情况下，都是些很小的问题，例如轻微的位置误差，但有时候，也会出现一架飞机偏离自己路线，并努力"修正"以保持与主编队位置的情况。通常，这些孤立事件航展观众都有相关经历，他们会说表演队"飞越了"人群。这些事情的发生不一定是故意的，但它确实发生了！

安全规定不仅规定了飞机与人群之间的最小水平距离，而且还规定了最小飞行高度，具体规定取决于飞机类别、飞行剖面和表演顺序。在接近地面的三维空间对飞机进行动态机动不仅需要高水平的经验，更重要的是技能。尽管不同国家、地区的规定之间存在细微的差异，单座飞机的平飞通场最低高度一般限制为 100 ft(30 m，非机动)，如果飞行剖面有机动动作，则限制为最低 200ft。为了了解时空问题的动态性，来看一个非常简单的例子：飞机处于垂直下降状态，瞬态下降速度为 6 000 ft/min(100 ft/s)，这种情况对于高性能飞机来说并不少见。从理论上讲，如果没有从俯冲中尽早恢复，则只需 2 s 就可以越过 200 ft 的安全缓冲区，正是这一点使人们对飞机的能量水平，尤其是其动量的预期尤其重要。因此，必须重申，这些物理限制是真实的，至关重要，误差容限为零。

单架飞机表演的高度限制至少离地面100 ft,这绝对不能作为航展上所有类别飞机的最低高度规定。举一个极端的例子,一架B-52飞机即使在400 ft高度也无法完成F-14飞机的表演动作——它根本无法工作。最低表演高度必须根据飞机型号、类别和机动能力来具体确定。一旦飞机下降到大约100 ft以下,很多观众通常就失去了目标,飞行员也看不见观众。有固定阶梯座位的观众只占一小部分,他们没有问题,但是后面的观众几乎看不到表演飞机。

普遍都是根据表演飞行员个人的表演权限确定其最低高度限制,但南非空军安全局却是从观众的视点确定最低表演高度,以较矮的人和儿童尽可能多地观看到航展表演为标准,确定最低表演高度——毕竟,举办军事飞行表演的一个目的是征募。根据在沃特克鲁夫空军基地举办的两次国际航展上对观众围栏内的航展人群进行的测量,计算得出,观众之间的平均距离约为2.3 ft。

进一步推论,越过观众头顶向前看的视线角度大约为10.3°,而观众线位于218 m处,最低的通场飞行高度为402 ft,消除了要求飞行员降到最低表演限制的要求。当然,观众总是有一种涌向观众线的趋势,往往人与人之间的最小间隔距离小于2.3 ft。从观众线向后扇形散开,在距观众线后方50 ft观看表演的水平观看距离的增加并不重要,事实上,在视线范围内对于400 ft高的飞机,超过230 m的视线距离仅增加28 m(见图7-2、图7-3)。

身高对水平观看距离有很大影响吗?

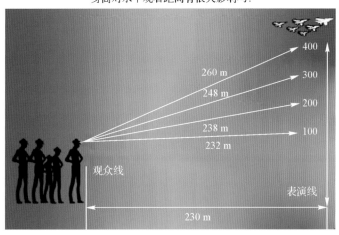

图7-2 在国际公认的230 m横向最小间隔距离范围内,视线距离没有显着差异

小孩怎么办? 他们可能是未来的空军考生"

图 7 - 3 为了照顾距离表演线后方 50 m 的儿童,计算出的最低高度为 402 ft

　　就特技编队飞行队的规定而言,尽管规定允许在人群前方和与人群平行的地方,可以在 200 ft 高度进行机动。"红箭"飞行表演队一般不会直接从 1 000 ft 下方的人群头顶飞越。"同步对"可以在观众线前方和平行于观众线的地方进行水平和直线飞行,高度可以低至 100 ft,但倒飞高度不得低于 150 ft。这些规定和其他类似的限制措施都是为了消除发生与 1988 年拉姆斯泰因类似事故的可能性。

　　如今,航展监管机构面临的挑战比以往任何时候都更加严峻,涉及表演飞行机场周围地区,要制定适当的法规保护地面的公共和私人财产。如果表演飞机发生分离,或者空中相撞,可能会对地面财产和人员造成伤害。这些年来,航展事故除了造成机场现场数百名观众伤亡外,还有几个例子表明,当出现问题时,航展环境多么危险。不仅仅波及飞行员,还可能伤及飞机场附近的无辜公众。

　　理想情况下,应清空表演飞行区域周围的区域。但这难度太大,官员们必须权衡演出的重要性和对附近房屋与人员的潜在威胁危险。大多数人认为军事基地和军用飞机场是一项真正的资产,因此必须仔细考虑对未来航展的限制。这些活动通常可以促进居民与基地之间的和谐关系,并努力使部队的航空站或飞机场成为社区的一部分,这是一个重要的目标,但最终这基本上还是一种公共关系。

　　按照最佳实践,对于较现代的发达地区和飞机场,对周围地区制定安全法规尤为复杂。范堡罗就是一个典型的例子,在这里,飞行员的飞行剖面在朝向建筑区时必须保持向上的飞行轨迹。这项规定不仅是为了降低噪声,而且还在于保持飞机出现紧急情况或发生故障时增加飞机的势能。只有在建筑区上空完成了转弯并且飞行航迹矢量指向飞机场时,才允许进行向下机动。

附带伤亡最严重的事故案例是 1973 年，俄罗斯 Tu-144 超声速客机在巴黎航展上的坠毁事故，造成附近村庄 8 人丧生，60 多人受伤。在 1989 年印度空军的空军日庆典表演中，印度空军"幻影"2000 战斗机单机表演在新德里坠毁，造成地面 2 人丧生和 20 人受伤。在 1997 年美国巴尔的摩航展期间，美国空军的 F-117 飞机结构故障的事故情况可能尤其具有破坏性。飞机坠落在一个人口稠密的居民区，但仅造成 4 人受伤，幸运的是，事故发生时，大多数居民都不在家。斯洛伐克"SIAD'99"航展的"鹰"200 飞机坠毁事故不仅使机场的一名观众丧生，而且坠毁的碎片穿越机场围栏，使机场外的 4 名公众受伤。

两架印度海军 IL-38 海上巡逻机在 2002 年第 315 中队成立 25 周年的编队表演演习中发生空中碰撞，其中一架飞机坠落在居民点上致 3 人死亡，还造成一个建筑工地上的 7 名工人受伤。航展表演飞行事故造成的间接死亡和公共财产损失对航展构成了重大威胁，比对航空业的影响更为严重。之所以提出这样的论点，是因为表演飞行的风险明显高于通用航空的风险，并且可以根据所造成的危险程度的增加而对表演组织者提起诉讼。毕竟，航展是"娱乐"，而通用航空则是现实社会必不可少的运输能力。

Su-30MK 战斗机于 1999 年 6 月 12 日在巴黎航展上坠毁时，飞行控制委员会严格执行法规，无疑在减少附带损害和可能的观众死亡方面发挥了重要作用。在《AW&ST》杂志 06-28-99 这一期的第 45~46 页上发表的一篇文章报道，尽管试飞员维亚切斯拉夫·阿维里亚诺夫和导航员弗拉基米尔·申德里克遵守了他们在 6 月 10 日至 11 日进行彩排的飞行线路和程序，但飞机在表演当天偏离了计划的表演飞行轴线。飞行员说，由于飞机无法预测地进入东北航向，他感到迷惑不解，尽管如此，他仍处于安全范围之内。经过两圈下行滚转后，飞机开始驶向附近杜尼城市的建筑区。在第三圈滚转时，飞行员为了保持在规定的安全范围之内终止了滚转，并朝相反的方向飞行。根据调查人员的说法，在阿维里亚诺夫中断第三圈滚转后，他试图拉起飞机并从下降中恢复过来，但高度不足。在机动过程中，飞机损失了 800 ft 的高度，速度降至 250 kn，飞行员几乎已经恢复了近乎水平的飞行航迹。但飞机后机身撞到地面，飞机在草地上滑行了 30 m，导致左侧发动机喷气管破裂，然后飞机反弹回空中。总设计师米哈伊尔·西蒙诺夫最初将事故归因于飞行员的失误，后来将事故原因归咎于航展组织者要求缩短飞行表演时间（AW&ST 6 月 21 日，第 28 页）。"如果飞行员没有中止机动，飞机将在最低管制高度以下飞往附近的杜尼城市市区，并且飞行员可能会被禁止再进行其他表演飞行。"为了满足居民减少噪声和提高安全性的要求，当年表演飞行期间，飞机在杜尼上空的最低飞行高度已从 300 ft 增加到 1 000 ft。

尽管展会组织者主要关注观众的安全，但事件有时发生在组织者无法控制的范围。在"RIAT 2001"航展前一天的预演活动中，一些狂热的业余摄影师愚蠢地决定直接站在皇家空军科特斯莫尔基地外围栅栏外的 B-1B 轰炸机后面，以拍摄更好的照片。加力燃烧室点火释放的 123 000 lb 推力足以造成多人受伤——航展组织者没有采取任何预防措施来解决非付费观众在机场外围的愚蠢行为。根据国际航展理事会的说法,如果按照美国和加拿大严格执行的航展规定,可以防止 Su‐27 战斗机在乌克兰西部航展上坠毁事故的发生。在美国和加拿大,严格禁止将特技飞机的能量引向观众的特技飞行,特技飞机与观众之间至少保持 1 500 ft 距离,而且要求严格执行特技飞行评估项目,这是航展安全计划的核心。自这个特技飞行能力评估项目于 50 多年前实施以来,已保护了大量观众的生命安全。1952 年北美最后一次观众死亡事故推动了现行安全规定的制定和完善。

北美航展专业人士和联邦监管机构承诺提供必要的帮助,以帮助其欧洲航展同行建立北美风格的航展安全计划,该计划已经确立了全球航展安全的基准。西欧和美国的表演飞行受一系列法规、手册、许可证和监控系统的约束。禁止人群进入,禁止飞行员在一定高度以下进行机动,甚至禁止飞向观众。这种理念是一种假设性保护,实际上可能发生事故的机会只有百万分之一,即使如此也必须保护观众人群。但是在世界上其他一些地方,则以"不会出错"理论来组织航展。人们总是不仔细考虑可能发生的问题,所以说,在某些国家或地区以后可能还会发生航展事故。

大多数受到严格管制的国家都是在经历了惨痛经历之后收紧了安全管理规定。例如,在英国,正是 1952 年范堡罗(Farnborough)航展上的一次致命事故,引发了对表演飞行规则的大量修订。在德国,1988 年的拉姆斯泰因空军基地灾难致死 69 名观众,导致制定了更为严格的新规定,但考虑到人类过去的行为,好像必须首先需要发生事故才能统一思想。

乌克兰悲剧发生后的第二天,一位参加日本航展的新闻记者告诉 BBC 新闻在线,日本航空自卫队"蓝焰(Blue Impulse)"飞行表演队正在直接朝向人群中进行表演。与航展组织者合作的欧洲飞行表演协会说,苏联国家对安全法规的放松尤其严重。协会主席约翰·戴维斯(John Davis)说:"我们相信苏联国家没有按照与我们相同的安全标准进行表演飞行。"他补充说:"我们一直关注使英国和欧洲的安全法规尽可能向远东发展,我希望,由于这次坠机事故,乌克兰人会向西方看齐。"

"大多数西欧国家都遵守 1995 年出版的一套统一安全标准,或者正在努力执行这些标准。对安全的每一方面都做了具体规定。规定明确了距观众线的最小距离要求:距离观众人群的最小直线飞行距离为 230 m,距人群的机动距离最小为 450 m,且最低特技飞行高度限于地面以上 500 ft。此外,表演安全委员会要评估每位表演飞行员的计划和表演飞行情况,并有权对飞行员出示'红牌'。即使是监管最严格的航展也不可能完全没有风险,总会出现差错,但是在西欧,已经采取了所有合理预防措施,这是其他航展所没有的。"

乌克兰前战斗机飞行员阿列克谢·梅尔尼克上校说,乌克兰法规规定,不得在低于 400m(1 300 ft)的高度上进行表演飞行。他说:"但是飞行员可能承受着压力,希望用自己的特技飞行技巧打动指挥官。",许多人会质疑如果飞行员在表演的关键阶段失去动力怎么办,但是实际上观众人群的位置和机动的高度才是关键。在乌克兰,目前尚不清楚究竟制定了哪些法规,这些法规是否得到了遵守。但是乌克兰专家很快强调说,利沃市可能没有遵守现行飞行表演安全管理规定。悲剧发生后,援引俄罗斯前空军军官阿纳托利·科务科夫(Anatoly Kornukov)的话说:"让飞机直接飞越人群具有'不可回避的风险'。这违反了所有组织规则。",他告诉俄罗斯国际文传电讯社。

对于直升飞机,机动边界的大小和形状会缩小,最小间隔距离(MSD)的规定也会缩小。通常规定,直线平飞通场最大坡度角为 20°,距离人群的最低高度必须大于 50 ft,而直升机的特技飞行只能在经认证的满足飞行控制委员会要求的直升机上进行。特技飞行和滚转动作必须在超过 500 ft 的高度执行,任何一次通场的滚转不得超过一圈。毫无疑问,这些具体规定起源于 1974 年的范堡罗航展的直升机坠毁事故,那次事故中,S-67 原型直升机开始连续滚转的高度太低,在两圈滚转的最后一圈退出时撞地。

除悬停和过渡机动(可以在 100 ft 以下执行)外,所有其他机动都必须在 100 ft 以上完成。就最小的横向间距而言,飞机或直升机的表演飞行距离观众表演线围栏不得小于 230 m。最后,为防止惯性导致的损坏,当飞行速度高于 300 kn 时,飞机不得转向观众区,必须在距离观众区 450 m 之外完成离开观众区的转弯。

航展组织者和飞行控制委员在应用最小间距规定时应具有一定的常识,例如,在 6 000 ft 高空飞过人群不太可能直接撞向人群。实际上,也没有必要低空飞越人群。在德国拉姆斯泰因发生意大利"三色箭"航展事故(此前是世界上最严重的航展事故)之后,"禁止飞越人群"规则成为强制规定。更改规则后,英国"红箭"飞行表演队改变了他们的表演方式,如果世界一流的特技飞行表演队都能够做到这一点,那么其余的也应该都可以。

几年前我们已经注意到,"雷鸟"飞行表演队取消了"大迎角通场、低空'炸开'"(能量在人群上空)、"三角三叶草斤斗(Delta Cloverloop)"(能量在人群上空)以及从表演线后面的交叉穿越散开等"能量"朝向观众的机动动作。由于担心尾流湍流,也不再有 6 机的"bon-ton"表演了……,仅举几例,但这仍然是很棒的表演。据报道,在较早的一次代顿航空展上,"雷鸟"飞行表演队的单机表演飞机直接从人群后面飞过,在观众的头顶上方,然后向左转重新加入编队。所不同的是,飞机在飞越时,一直保持直线和水平状态,速度非常快,但没有特技飞行动作。

在 2001 年的一次欧洲航展上,表演飞行员在飞行任务简报会上被告知飞行控制委员会将严格执行所有安全规定。第一个表演项目是该国的快速喷气式飞机单机表演——飞机要从"拥挤的人群"后方入场,而且还要飞越航展所在的军事基地的一些非常敏感的区域。简报会上特别要求,禁止飞越禁区。然而,他们的国家飞行表演团队赶来后,当组织者提到这一点时,他们只是耸了耸肩。一位表演飞行员说:"在欧洲以外,最近我也经历过类似的态度。只有少数航展组织者,在执行安全规则方面比较认真,很多航展组织者对于本国的'国家队'，在宣传和执行安全规定方面也是无可奈何。"最好对飞行表演程序制定严格的规则，以免在表演过程中飞越人群。安全制度应确保任何发动机熄火、机械或结构故障导致的飞机坠毁发生在飞机场外，不会对现场观众或公众造成影响。

在与一位资深的美国表演飞行员进行讨论时，他说："回想起我在航展巡回表演前的日子，我总是很开心，FAA总是在表演季开始时紧跟在我们屁股后面，几乎问遍了关于我们飞行机动的各种问题，完全是'斧头男人'（hatchet man：受雇执行有争议或令人讨厌的任务的人，例如解雇一些人）。当然，我总是会保持友善和礼貌。他们总体上都是好人，但是，当他们自大并且越界时，他们真是一无所知，试图在一些安全问题上想把我绕进去，那我会很'直率'，这有点混蛋。""亲爱的，请不要质疑我们表演的安全性，机械故障……当然，它确实会发生……。对此我无能为力。但是，我们的维护人员是世界上最好的。"

"但是，如果出现隐匿的'裂纹'导致材料故障，您对简单的机身疲劳也没有任何办法。真正令我困扰的是他们四处寻找我们表演的瑕疵……我很愤懑，在那之后的整个周末，FAA通常都远离我。通常，我会在表演之后直接去找他们……面对他们的脸质问：表演有什么问题吗？他们只是看着我，然后点头，没问题……，当只有这些'小丑'们质疑编队特技飞行安全记录、我们的表演程序和我们的中止程序时，我才会变成一个令人生畏的混蛋。"

2003年3月22日（周六），在廷德尔空军基地发生的另一起航展坠毁事故中，一位才华横溢的民航飞行员丧生，当时他驾驶的是俄罗斯"Technoavia SP-95"特技飞机。克里斯·史密森（Chris Smisson）是无限制飞行表演队的一个非常出色的成员，他在廷德尔空军基地参加了2003年墨西哥湾沿岸敬礼表演飞行，并因"近乎垂直"的撞击而丧生，据报道他在和一辆喷气卡车进行的"假竞赛"中失事。地面上没有观众受伤。一名目击者描述飞机机头先坠地，飞机在发生事故时正从斤斗机动中退出，准备低空高速通场，然后开始上述比赛。

航展监管机构通过飞行控制委员会施加限制，允许熟练且令人信服的表演。但是，飞行安全和公众安全才始终是最重要的。在前面章节分析的118起航展事故中，有39起是飞行撞地，其中27起（占69%）发生在垂直方向，6起（占15%）与低空滚转动作有关。更加令人不安的因素之一是以悲剧而告终的下行多圈滚转机动事故相对较高，在分析中，27起致命垂直事故中有6起（占22%）归因于下行滚转。

从安全规定的目的来看航展事故，低速、大迎角通场飞行也应该是"特技动作"。低速通场飞行的风险主要在于可控性问题，当然也包括发动机在大迎角下的性能。此类事故的典型例子是1999年6月在美国新泽西州"Bonanza"航展上，F-86E"佩刀"Mk 6战斗机进行低速通场飞行时发生的事故。据报道，一架后掠翼飞机在低速低空通场后失控。距事故现场约2 000 ft的一位目击者目睹了飞机的起飞，并执行了几个机动，然后在大约200 ft的离地高度向西进行低速大迎角通场。当飞机在目击者面前经过时，它开始减速并开始下沉。飞机的俯仰姿态增加，目击者听到了推力增加，接着是一声巨响，很像"压缩机失速"。

当然,还有 2000 年 6 月 18 日的美国海军 F-14 战斗机事故,飞行员和雷达操作员在 F-14"雄猫"战斗机坠毁事故中丧生,场景令现场观众惊恐。失事飞机是在"威洛格罗夫 2000"年度"自由之声"航展上倒数第二进行表演的。当时,"雄猫"飞机正在演示着陆"复飞"机动,以低速进场、模拟着陆,然后盘旋进行下一次尝试,与第一次"复飞"一样的动作。飞机以最大推力,滚转至倒飞姿态,好像稳定飞行了几秒钟,然后向右滚转,达到 90°坡度水平转弯。在如此大的坡度角下突然机头陡峭下俯,然后飞机滚转至接近机翼水平姿态,但是已经不可恢复。并非没有理由强制限制最低高度。可以肯定的是,航展监管机构已经从过去的惨痛经历中吸取了经验教训,为了飞行员和观众的安全利益强制对飞行员进行约束监管。还有一些安全规定禁止飞行中关闭发动机和进行有意的不对称飞行,最大空速禁止超过 $Ma=0.92 / 600 \, kn/h$,禁止在观众区上方飞行,禁止在建筑区域内使用再热、加力燃烧室,或者投放曳光弹。

奇怪的是,许多飞行员对表演飞行总体上有喜忧参半的感觉。他们喜欢表演飞行,绝不愿意违反安全限制。话虽如此,但依然有很多人卷入了很容易造成人员伤亡的航展事故。飞行员竭尽所能进行最安全的表演飞行,尽可能保证各方安全,至今美国航展的观众死亡为零,全世界的航展观众死亡人数也保持在相对较少的水平。

纪 律

大家都知道纪律在竞争性表演中的重要性,但也必须不惜一切代价,避免被"愚弄",尝试即兴表演一些超范围机动来超越竞争对手,否则,将可能发生 1973 年在巴黎航展上发生的 Tu-144 超声速客机那样的悲剧。管理压力甚至是个人自我表现欲望,通常被称为"睾丸激素",在许多情况下已经驱使很多经验丰富的飞行员做出不合理行为,并带来灾难性后果。鲍勃·胡佛在观看苏联飞行员在 1973 年的巴黎航展上表演 Tu-144 飞机时说:"如果那个家伙继续这样飞行,他将杀死自己。"这正是这位飞行员在航展的最后一天所做的,但他的行为还导致了附近村庄的 8 名无辜人员丧生。

在竞争性表演中遵守纪律的重要性再怎么强调都不过分。永远不要进行高度边缘化的表演,永远不要在表演期间更改任何基本动作,除非绝对必须。也就是说,如果出现意外情况,可能对飞行安全造成不利影响时,飞行员必须准备好进行调整。

引用皇家空军的霍克公司表演飞行员德里克·菲茨西蒙斯(Derek Fitzsimmons)的话:"低空特技飞行需要良好的身体和心理素质,低空飞行注意力集中绝对是最重要的。我有两条黄金法则:首先,永远不要在不合适的天气下进行表演,所以,对低云或能见度差的条件要有准备,如果有任何疑问,应该始终使用最安全的表演程序。其次,切勿以不足的速度进入垂直或斤斗动作。通过从安全高度到表演高度的稳步推进,飞行员就能知道自己的极限。不能仅仅因为您在大量观众面前,就超出这些限制,那没有意义。"

飞行包线

很显然,飞机的飞行表演必须在经过飞行试验澄清的飞行包线内进行。尽管这对于使用飞行员来说通常不是问题,但对于试飞员而言,对处于飞行试验早期阶段的原型飞机,对潜在机动有严格限制。表演飞行员必须确保表演限制在舒适的空速、"过载"和迎角范围内。如果在表演前还没有将飞行包线扩展到合适的空速水平,则必须建立一个程序,可以使飞行员避免进入任何可能会导致性能降级,需要更大过载或迎角才能改出的机动动作或飞行剖面,从而轻松地在限制范围内管理飞机。

SAAB 公司的 JAS 39 Gripen 战斗机于 1999 年 8 月 8 日(星期日),在斯德哥尔摩市中心的一次空中表演中坠毁,是飞行员诱发振荡(PIO)的直接结果。据报道,PIO 是由于飞行员达到飞行包线限制引起的,工程技术人员是知道这个问题的,但认为发生的可能性很小。实际上,飞行员进入了飞行包线中尚未经过试验的部分。幸运的是,这次事故没有人员伤亡,也没有造成重大附带损害。公众可能对制造商提出的要求,即有意向公众展示有问题飞机的索赔可能对制造商造成灾难性影响。在实际表演期间,表演飞行员要找出超出包线限制的每一个地方。

另一个重要问题,无论问题是机体问题,发动机问题还是飞机系统问题,切勿驾驶一架有问题的未经维护飞机进行表演飞行。无论是驾驶原型机还是驾驶已经取证的飞机进行表演,维护构型管理文档都必须是最新的。无论飞行的优先级如何,如果怀疑飞机未经维护,或者维护文档不完整,或者维护文档不是最新的,都不要进行表演飞行(不管对公司销售多么重要,或对航展组织者娱乐观众多重要)。

如果在表演飞行中发生事故,而且事故调查委员发现该飞机技术不健全,或未实施最新的构型标准,那后果实在难以想象。全世界的事故调查委员会都有一种习惯,即挖出许多与事故无关的"细节污垢",这些污垢甚至可能与事故本身无关,但可以用来描绘公司、飞行员或航展组织者的不专业行为,从中脱身几乎是不可能的。

1988 年 6 月 26 日,新交付的法航空中客车 A - 320 - 100 在米卢斯—哈布斯海姆(Mulhouse - Habsheim)演示飞行发生事故后,许多问题都没有答案。官方调查得出的结论是:飞行员使飞机下降到 100 ft 以下时空速太低,且迎角最大,并迟迟没有使用复飞动力。法航前飞行员阿塞琳先生因误杀罪被法院判处入狱 10 个月,但他始终坚称调查人员使用并在审判中出示的飞行数据是捏造的。机组其他人员和法航维修人员也因误杀罪被判缓刑。

有趣的是,空客公司曾在 1988 年 4 月至 1989 年 4 月之间发布了不少于 52 条临时飞行通知。随后发布的两个《操作工程公告》(OEB)特别有趣,即 OEB 19/1(1988 年 5 月)——

低空发动机加速缺陷和 OEB 06/2(1988 年 5 月)——压力高度设置(Baro-Setting)交叉检查。哈布斯海姆事故发生后,发动机随后进行了改进[OEB 19 / 2(1988 年 8 月)]。

很显然,这些 OEB 送达了法航,但法航没有下发给飞行员。实际上,发动机和高度表系统都在坠机后进行了改进,这意味着事发当时它们可能无法正常工作,但是法国法院判定空中客车公司不负责任,责任由飞行员和航展组织者承担。在当今的诉讼社会中,必须确保飞机经过了维护维修,是可以使用的,并且在表演飞行之前,要确保所有改进和制造商的建议都得到了贯彻。否则,表演飞行员为了生存,不得不做出孤独、不友好的行为(拒绝飞行)。

"训练一个安全的表演项目,并认真遵守执行。航展的最大危险是模仿。表演期间您有很多机会更改表演内容。即使在知名飞机上,飞行员经验丰富,也要避免在表演中出现任何危险情况。一场精彩的表演要想令人印象深刻,不仅是依靠悬念。观众更欣赏机动动作的良好执行,虽然不一定很困难,但操作起来明显看着轻松而优雅。在观看我们表演的人群中,技术人员、飞行员或鉴赏家很少,但却有很多热情的人,尽管热爱航空,却并不熟悉飞行。不要试图让所有人惊讶,那太难成功了。"达索航空公司让·科劳如是说。

计　时

计时在所有航展中都非常重要,在动态、各种表演飞行按照编排好的时间表连续进行的国际航展中,这一点尤为重要。具体表演的持续时间将根据场合和观众的不同而有所不同。国际航展上的表演通常面对的是全谱系观众:从航空专家到周末航空爱好者都有。此时的单机表演通常限制在 6~8 min 之间,编队表演则限制在 10~15 min 之间。但是,根据经验,不要让表演时间太长,以免让观众感到厌烦,最好让他们"渴望更多"。

另外向潜在客户展示商业产品通常不受时间限制,但应将重点放在公司确定的战略上,证明飞机的所有潜在"卖点"。商业产品演示飞行通常需要 15~20 min,从而使试飞员能够充分展示飞机的更多功能。由于销售演示飞行通常会与另一架飞机竞争,因此在尝试展示飞机功能时,试图尝试榨取最后一点性能可能会很危险。这使我们立刻想到的一个例子是 1974 年在范堡罗航展上,S-67 原型"黑鹰"直升机进行了多圈滚转,但开始进入滚转的高度太低,直升飞机在最后两圈滚转后退出时坠地。据报道,这架涂有沙漠迷彩的"黑鹰"正在作为以色列空军的一项采购意向进行演示飞行——难道是"竞争"的诱惑使表演飞行员将滚转圈数从 1 圈增加到 2 圈?

航展组织者和表演安全委员会对不遵守预定时间的表演飞行员看法很暗淡。飞行员在等候区或跑道等候点焦急地等待空管员的呼叫准备进入表演区,而计划外的延误或超时表演可能会被取消资格或被驱逐出场。经验法则通常允许 ±1 min 的不准时。当然,在动力学方面,必须考虑密度高度的影响,因为它可能会明显影响表演的持续时间,因为有时飞行员必须通过过渡机动来理顺表演程序,并扩展飞行时间以管理每个动作必要的能量需求。

搭载乘客的问题

表演飞行员准备带乘客进行低空特技表演飞行的想法实在是令人无语。然而,在第三章中对随机航展事故的分析表明,却有 49 名乘客死亡,52 人受伤。旅客伤亡的主要数据是 1988 年米卢斯-哈布斯海姆空客 A-320 客机进近构型坠毁事故,导致机上总共 136 人中 3 人死亡,50 人受伤。导致乘客死亡的其他航展事故中还有 2 名来自英国的热心航空摄影师,他们在 1995 年德克萨斯州敖德萨的一次表演练习中,在唯一适航的 B-26"掠夺者"飞机坠毁事故中丧生,还有 1 名乘客在澳大利亚诺拉(1999)的"Wirraway"飞机失控事故中丧生,1 名新婚新娘于 2001 年 6 月在威斯康星州乘坐"富加教师"教练机因飞机结构故障遇难,1 名前宇航员于 1995 年在德国柏林约翰内斯特尔的"Bf-108"战斗机航展事故中丧生。对于 1977 年在南非兰塞里亚发生的"诺曼·特里斯兰德"运输机坠机事故和 1984 年在范堡罗发生的德哈维兰"水牛"运输机坠机事故中的乘客来说,比较幸运,他们仅仅受伤。

不得在表演飞行中搭载任何乘客,按照目前的惯例,根据飞机型号,只能携带担任飞机机组人员角色的最少数量的人员。在商业演示飞行中,潜在客户被视为 VIP,管理层竭尽全力使客户感到舒适,为了销售目标,可能向买方团队成员提供飞行体验。大多数飞行控制委员会、空军和许多公司出于非常充分的理由,禁止在飞行试验演示或航展表演飞行中搭载乘客。但是,私人拥有的飞机和在不受管制的航展上运行的私人飞机通常不受此类规定的束缚,众所周知,他们有时会搭载技术支持人员或朋友一起飞行,但很多是灾难性的结果。

乘客可能会妨碍飞行控制,他们会晕机或分散飞行员的注意力,从而妨碍表演飞行,并可能损害表演飞行员甚至飞机的声誉。如果发生坠机事故,乘客的伤亡会使总的伤亡人数增加一倍,当然,由于乘客受伤或死亡,还会产生法律后果和保险责任。在全球范围内,航展表演飞行委员会早已认识到航展舞台对于飞行员和乘客都是一个危险领域——允许乘客搭乘飞机参加航展表演飞行实在是愚蠢的行为。

就诉讼而言,在军事圈内通常不是问题,因为军事人员通常具有必要的豁免权限,而且有必要的保险覆盖。但是,在现代监管社会中,任何过失证据都绝对可以成为对公司、服务机构甚至是表演飞行员提出索赔的依据。谨慎的经验法则仍然是:表演飞行不得搭载任何乘客。

油量问题

对于某些表演飞行,尤其是一些较早的飞机,通场都是通过增加推力重量比来获得飞机的最大性能,一般燃油装载都是最小油量,不会为诸如起落架无法放出、电气或通信故障等之类的紧急事件提供应急燃油。油量比较少这种做法会削弱表演飞行员在紧急情况下的可用选项,这对于表演飞行员、空军或制造商来说可能非常尴尬,因为他们为了打动观众或潜在客户而少加油的做法,降低了安全性。飞行员在得知没有足够的燃油来应对紧急情况时所产生的压力可能导致"尽快"完成表演,飞行员将注意力集中在燃油状态而不是实际的表演飞行上。绝不要犯以最低的燃油量作为表演燃油量这样的错误——这可能是一个极为尴尬且代价高昂的错误!

可用燃油量不仅要满足表演期间的需要,还应考虑到突发事件和紧急情况的余量。例如,在国际航展上,最小燃油量的经验法则是在慢车功率下飞行 20 min,在军用功率下飞行 5 min 的表演油量,然后还要留有足够燃油,以备在需要的情况下转移到备用机场满足以 VFR(目视飞行规则)或 IFR(仪表飞行规则)进场的需要。在只有一条跑道的飞机场上,通常会由于发生跑道事故而阻塞其他飞机使用跑道,因此需要进行改航,但是,大多数单跑道机场通常具有可用于降落的平行滑行道,可以在紧急情况下使用。表演和演示飞行的可用燃油量遵守普通或军用航空飞行相同的标准,也是每次表演飞行的关键计划考虑因素。在航展表演飞行或客户演示飞行中,由于燃油耗尽而导致发动机停车的铃声肯定会在大多数表演飞行员的职业生涯结束时响起。

天气问题

对于一般的航空事故,尤其是航展事故,天气在一定程度是造成事故的原因之一,通常以密度高度、云量、能见度、侧风和尾流的形式表现,仅举几例。在第三章中分析的航展事故案例中,中间媒介导致的事故仅占航展表演飞行事故的 4%,主要是由于飞行员愚蠢地没有认识到在不利天气条件下进行低空特技飞行的风险性。那些不相信恶劣天气会影响自己表演,自认为可以适应天气的人所发生的事故只占 4%。

考虑到表演飞行本质上是一种目视飞行,很难理解表演飞行员在不利天气条件在航展上进行动态机动飞行的合理性和持久性。也许这还是"肾上腺素"问题,也可能是他们想以"可以做"的态度打动同龄人的需要。因此,为了减少与天气有关的事故,在表演训练中一定要进行"坏天气"条件飞行表演演练,这一点至关重要。除了"计划 B"(恶劣天气表演计划)之外,再也没有任何其他表演计划,否则就只能取消表演,无论航展组织者是否喜欢。

取消航展表演,与航展事故对未来航展下游造成的不利影响,和诉讼与保险费用的增加相比,无足轻重。

应该计划和演练一个"低"或"平"的表演"计划B",可以在低云层条件下表演,因为低云层条件一般能见度都较差,备用表演程序的飞行空速也应该更低。显然,必须在云层下进行表演,保持飞机在观众的视线范围之内,而且在许多情况下,从美学角度看,这种表演飞行会更加令人印象深刻。尽管乍一看似乎这种表演不太有趣,但通常这类表演的飞行速度较慢,机动动作都是比较简单而且不激进的动作组成的"平面表演",反而对航展观众更具吸引力,因为他们开始相对亲密地欣赏飞机表演。低云层条件的表演飞行应更注重演示飞机的水平性能,尽量避免垂直方向的动作。将所有垂直斗斗或"伊梅尔曼"机动动作转换为水平转弯(完整的,或倒飞的都可以),连接"derry"转弯,效果一定不错。对反向飞行、镜像(mirror image)机动,或建立表演程序的起飞动作,在做计划和演练时,也要充分考虑风条件的影响。"雷鸟"飞行表演队 F - 16 作"照镜子(mirror image)"机动表演如图 7 - 4 所示。

图 7 - 4 "雷鸟"飞行表演队 F - 16 作"照镜子(mirror image)"机动表演

密度高度仍然是天气条件中经常被忽略的最关键的考虑因素之一。表演飞行员通常的注意力都集中在表演时段的天气条件好坏,很容易忘记航展季节美丽的无云高温天气对密度高度带来的看不见的威胁。了解环境温度对发动机推力的影响,以及其与指示空速或真空速的关系至关重要——环境温度越高,密度高度越高;指示空速一定时,环境温度越高,真空速越高。至关重要的是,表演过程中各个"门"的总能量以及垂直高度裕度,必须能够满足预期的高温和高海拔条件要求。

编队由于整体机动能力较差,通常比单机或"同步对"的表演飞行更简单,并且受天气的不利影响更严重。"红箭"飞行表演队在英国特别恶劣的天气和混乱的空域中的表演实际上有三种,每个季节都可以进行三种不同的表演。为了适应表演当地的天气条件,可以对许多表演动作进行修改,但有些动作可能必须完全更改或取消。

这三种表演分别是完整表演、滚转表演和平面表演。完整表演尽管时间不长,但表演内容比其他两种多,是表演队热衷的,也是观众最喜欢看的。完整表演能最大程度地展示飞机的性能和飞行员的技术水平。当云层低于 5 500 ft 时,进行滚转表演,因为在这种情况下安全裕度降低,他们将飞行滚转动作,编队不会进入完全垂直方向的斤斗,团队将进行编队滚转。最后,如果云层高度低于 2 500 ft,则通常会执行"平面表演";所有动作均在水平方向执行,完全不在垂直方向机动。

一旦被选为表演飞行员,除非出乎意料的幸运,否则飞行员应当在天气条件超出飞机限制和飞行员自身条件限制时结束表演。在安全规定和表演总监应防止飞行员超出限制的同时,同伴的压力和组织者的期望看起来也能确保飞行员按照规定的限制进行表演。表演飞行员和培训主管应确保个人能力能够应对预期天气状况。此外,由于运气不好,判断力差或天气预报不准,飞行员也应结束在不适合的条件下的飞行。

皇家空军"闪电"飞机表演飞行员,后来成为"鹰"式飞机飞行表演工作团队主管的约翰·费恩斯(John Fynes)上尉认为,在他的表演飞行职业生涯中,由于对表演飞行的准备不足或对天气的考虑不足,遭遇到的一些陷阱和经验教训值得讨论。"我的第一次公开表演是在 60 000 多名观众面前,当时风速 38 kn,云底 200 ft 高,下着倾盆大雨。尽管我非常担心同行的团队会与公众一样,对我的表演作品评头论足,但我对天气没有真正的担忧,因为我已经针对恶劣天气进行了飞行培训。"

"我的上司是一个非常严格的指挥官,他一直坚持要求我在各种可能的天气条件下进行训练。有一次,他甚至在夜间把我从家里叫来,让我在 40 kn 的风中练习!我记得在后来的几年中,我作为一个中队长曾与一位联队指挥官发生争吵,因为在训练过程中,这位指挥官从不让飞行员在任何真正困难的天气条件下进行练习。我知道,有些表演飞行员在他的表演季会有一些发毛的感觉,他觉得自己没有做好充分的准备。"

"但是依然会有意外,在我的表演中,曾有几次让我感到害怕,最近一次表演就差点发生事故,而且与天气有关。我的选择不明智,让自己陷入一种只能靠运气的状况。这次事件恰好发生在年度最大的航展——皇家空军 Tattoo 国际航展上。'闪电'飞机表演最令人印象深刻的一个动作是它的'旋转'起飞,这个动作无论是飞行还是观看都令人难以置信。

这个动作本质上就是您要敢于将飞机保持在很低的高度，从人群中急剧转向45°，然后加速至260 kn。此时，您将驾驶杆回位到中间，然后逐渐向前推。飞机绕着机尾抬升，如果推杆量正确，就会实现弹道式60°～70°机头上仰爬升。"

"如果您推杆太迟，则可能会翻倒，或更糟的是机尾会滑向地面。在执行这个动作时已经损失了几架'闪电'飞机，这个动作只允许表演飞行员执行。好玩，还是什么？但是，一旦指向上方，您就无法通过增加飞机坡度来阻止爬升，直到大约1 200 ft高度，速度缓慢下来，您轻轻地进入下一个动作，或者继续陡峭爬升，机头开始下坠，如果是在云层中，这并不是一个好主意。因此，要做这个起飞动作，我需要至少1 200 ft的云底高度。那天在费尔福德，云层的高度在800 ft（平面表演的限制高度）和2 500 ft之间变化，而且下着雨，无法判断离地高度。"

"尽管打算进行安全平淡的起飞，但是在我前面起飞的'幻影'飞机升空后离开了等待区，该机飞行员告诉我云底高度可以保证我完成'旋转起飞'，因此我决定更改为'旋转起飞'。我在待命区等待，接到空管'可以进行'的指令后，我执行了这种起飞动作。我在600 ft高度以机头上仰79°姿态进入云层！我以错误的方式退出来，速度低了50 kn，并在错误的地方进入我的表演。"

"唯一的好消息是我来到的地方云底高度有800 ft。我的肾上腺素在喷涌，我对即将再次进行表演的'幻影'飞机中的'同伴'感到愤怒，但是观众需要我。不用说，接下来的两分钟观众人群看到的是没有排练过的动作，因为我一直在增加发动机推力，我让发动机咆哮着发出很大的声音，直到我找到表演的一个已知点，并获得足够的速度。尽管后来我在酒吧收到了安全委员会前'闪电'飞行员的几条'看上去动力十足'的评论，并引起了极大的关注，但似乎没有人意识到，那天的费尔福德距离灾难有多近！"

"教训？太多了！我甚至从未考虑过如果我的'旋转起飞'进入云端，我该怎么办。如果因为天气原因做出合理的决定后，请勿更改。永远不要相信'幻影'飞行员！这位飞行员后来告诉我，他知道天气条件低于我的限制，但担心如果他说天气太差，那么展览组织者就不会让他在我之后再进行表演！只有'闪电'飞机才有足够的能力和表现让我摆脱当时的困境。这个故事想说明什么？当一切进展足够顺利时，请考虑一下天气因素，要在最恶劣的天气里练习。除非天气条件足够好，否则不要执行与天气条件紧密相关的机动动作。"

在确定的天气条件范围内，风也会给飞行员维持表演中心和表演线带来重大问题。飞机空速越低，风引起的不利漂移影响就越大——飞行员的工作负荷越高，风本身也就成为导致飞行员迷失方向的一个主要因素。以英国陆军航空兵"海狸"机队的一位飞行员为例，1983年7月27日，他在皇家海军航空站（RNAS）库尔德罗斯航空日中执行部分表演飞行任务，进行单机表演来展示"海狸"飞机（一种轻型单引擎六座联络飞机）的能力。飞机爬升至100 ft，然后才开始进行表演，首先要在人群线前进行8个回旋。在第二次向左转360°的过程中,左舷机翼撞到地面,飞机坠毁在人群前。1 min 之内,所有紧急救援力量全部到达现场,但是飞行员被拉下残骸后不久确认死亡。

事故调查委员会发现,当时的气象条件是造成事故的主要原因。飞机坠毁时,阵风风向与表演中心轴线成直角,表演轴线本身平行于人群线,最高风速达 27 kn,这导致飞机被吹向人群。当飞行员进入他的第二个转弯时,他的飞行进入一种逐渐倾斜的坡度,这个坡度对他来说并不明显。风和坡度的结合可能会给飞行员造成接近地面的速度相当大的印象。然后,他本能地想把空速降低到稍微高于失速速度的安全状态。这位飞行员经验非常丰富,总飞行时间超过 6 000 h,这次的动作也是他以前表演过的,都在他的能力范围内。

飞行前的任务简报

无论是军事部门,还是民用飞机公司,组织者都必须在表演当天和表演之日前向所有参与者介绍有关基本安全的重要注意事项。很多时候在一些较小规模的航展上,参与者养成很晚才到达的习惯,到达之后才赶紧从地面联络、安全人员那里收集信息。在较小的航展上,经常听到飞行员恳求情况通报的电话。这样做可能更方便,但它会使飞行控制委员会的协调员面临极端批评,甚至在发生事故时可能面临诉讼。在所有情况下,经验法则都是:"没有参加正式的任务简报会就不能表演。"没有例外——所有参与者必须参加任务简报会。

尤其要注意的是,任务简报应包括表演地点以及备降机场的天气预报。

必须明确表演中关键动作的中止标准,例如云层、能见度和风况,一旦达到预设标准,必须明确决策,"如有疑问,毫不迟疑"——立刻转换为恶劣天气表演程序或"平面"表演程序。另外,必须考虑可能增加迷失方向可能性的任何方面,包括风切变和湍流。显然,无线电频率(主设备和备用设备)、弹射区域、迫降区域以及整个项目的时间表也都必须说明。最后,如果有任何意外情况影响了计划进展,例如飞机在机场内外失事坠毁,因飞机故障和使用中的跑道受阻而引起的紧急情况等,就执行"计划 B",所有这些问题也都必须在任务简报会上通报。

表演飞行

表演当天也是"肾上腺素喷涌的日子",是表演计划和许多小时练习成果的展现日子。在与顶级国际体育赛事相类似的表演中,精神准备和专注于在国际赛事甚至本地航展上表演,可能会释放出大量的肾上腺素,神经极度紧张。精神紧张本身是正常现象,是可以预见的。1951 年,已故的约翰·德里在皇家航空学会的一次演讲中指出:"与民意相反,表演飞行员必须具有良好的恐惧感。恐惧是表演飞行员的统治力量。"

问问任何表演飞行员,无论是新手还是"老手",每个人都会感到紧张。正如俗话所说——"肚子里蝴蝶在飞"。表演飞行员新手甚至可能会质疑自己是否是进行表演的合适人选。表演飞行员最关心天气问题,例如能见度、云层等大气条件,甚至观众情绪,这一点与剧院表演者都非常想知道观众的反响非常相似。尽早将重点放在手头的任务上很重要,因此,请确保技术保障人员与一架可正常使用的飞机及时"就位"——设法准时升空,留出一点时间进行"放松"练习。

所有著名表演飞行员都会提供的一个最健康的建议是:一旦表演开始,就必须按计划执行,"按照你的训练进行表演",而不要进行即兴表演,或即兴更改任何动作或改变表演程序。表演程序被设计在已知边界内飞行,除非飞行安全性发生变化,否则任何更改都不会有好处。如果在表演过程中的任何阶段有任何疑问,那么就"毫不迟疑",即如果出现任何问题,立即中止表演,这都是预先计划好的决定。表演飞行员必须知道中止表演的标准,在地面就已经做出决定,达到此类标准就中止表演,这些程序也应当提前演练。

如果出于某种原因必须压缩表演过程,建议您取消一个机动动作,而不是为了完整完成表演而"挤压"表演程序。无论如何,如果出现这种情况,应该立即向飞行员发出警告信号,要求提高警惕,因为飞行员现在处于最脆弱的区域,各种提示符和"能量门"可能与计划不一致。演练的潜意识被未经演练地中断,可能无法与认知心理控制在时间上同步,从而带来灾难性的后果。俄罗斯航空航天业部门试图将 1973 年巴黎发生的 Tu-144 坠毁事故和 1996 年在巴黎航展上发生的 Su-30MK 事故的责任,归咎于航展组织者。在这个事故案例中,表演程序都被缩短了几分钟。

在霍华德·穆恩的书中,他总结认为,事故的根本原因实际上是"协和"飞机与 Tu-144 飞机之间的竞争,而造成这种情况的原因是法国人在最后一刻削减了经过精心训练的苏联飞机的表演飞行时间,延长了"协和"飞机的表演飞行时间。在表演的一个阶段,Tu-144 飞机的机组人员被迫临时着陆,差一点在错误的跑道上着陆。航展专员埃德蒙·马尔凯盖将军称赞俄罗斯飞行员迅速恢复了飞机并避免了灾难。但是,他也指出,飞行表演程序通常都会在最后一刻更改,俄罗斯机组人员也同意要求的更改。"如果他们同意更改,那意味着他们认为没有任何特殊问题。"修改过的表演程序在事故发生前已经飞行了 3 次,并得到了飞行控制委员会的批准。

Su-30 MK 战斗机坠毁后的新闻发布会上,苏霍伊公司总经理米哈伊尔·西蒙诺夫说,初步分析没有发现技术故障。他也没有提及"飞行员错误",尽管他以前曾使用这个术语来描述事故的可能原因。西蒙诺夫将这次事故归咎于表演组织者的一项较晚的决定,即将表演时间从 8 min 缩短到 6 min,迫使飞行员不得不减少几个动作,并重新设计表演顺序。苏霍伊官员声称,这些变化导致必须修改多个机动动作的初始飞行参数,从而导致恢复时间延长,而且高度损失和出口方向变化"难以预测"。失事 Su-30 飞机试飞员随后在1999 年 6 月 13 日的路透社报告中道歉说,他接受指责,他说他当时在尝试进行野心勃勃的空中机动,这种机动很难提前与航展组织方达成共识。"很抱歉,我平转了太多圈,我无法改出。我的高度无法把飞机从机动中改出,"这是当事试飞员阿韦里亚诺夫的原话。任何形式的即兴表演都是完全不能接受的。

在技术方面,在垂直上升期间应施加侧风补偿,因为当飞机速度缓慢时,风对飞机的影响很大,会长时间影响飞机。如果需要返回表演线,飞行员应采取下降线路,那样更容易看见表演线。此外,为使地面观众看到斤斗动作的圆形形状,如果可能,斤斗的入口应当迎风。在斤斗顶部,随着飞机地速的增加,斤斗的顶部会稍微平坦一些,有效地减小了"鸡蛋形状"。逆风有效地伸展了向下的加速边,因此呈现出更圆的形状。

注重细节的精确性和定时性是成功进行表演飞行的关键成功因素。从理论上讲,在理想条件下,如果没有侧风,表演飞行员应该能够根据飞行仪表单独完成精确的表演。表演飞行员不仅应该能够演示飞机,还应该能够处理更广泛的突发事件。只有当您亲自参加过国际航展的表演飞行或飞行比赛时,您才能真正了解表演飞行员的压力——类似于"美国公开高尔夫锦标赛的百万美元致胜推杆"所面临的压力。尤其是在国际商业航展上,飞行员之间的竞争,尤其是希望打动潜在买家的飞行员之间的竞争更为明显。表演飞行员的压力很大,因为不仅要打动潜在的购买者,而且还要在表演的每一刻"批评"竞争对手的试验和演示飞行员,这很重要。"精彩"的表演可能带来数百万美元的成功销售额,因此,与大多数表演飞行员相比,航展商人更能理解"精彩"表演的作用。

2002 年范堡罗国际航展上,洛克希德·马丁公司 F-16 战斗机的演示飞行由高级试飞员特洛伊·彭宁顿(Troy Pennington)执行。这次表演的目的是向潜在客户展示 F-16 增强的性能,重点展示"紧密与洞察(tight-and-insight)"这个最佳卖点。重点集中在三个主要性能参数上:推重比、敏捷性和维持能量的能力——这三个能力是战斗机在现代威胁环境中的作战能力和生存能力的最重要表现。表演时飞机装载了 2/3 内部燃油,24 000 lb 代表性作战总重,GE 119 发动机提供推力为 29 000 lb,T/W 比约为 1.2:1,在转弯和转弯加速时飞机可承受 $9g$ 过载,从而能真正展示维持能量的潜力。特洛伊·彭宁顿的 F-16 在2002 年范堡罗航展上的表演飞行动作与顺序如图 7-5 所示。

表演从 1 000 ft 的短距离起飞开始,随后立即垂直爬升到 3 000 ft 高度,在最高处进行Split-S 机动。利用计算机电传飞控系统,将飞行控制限制器上的最大迎角调整到最右侧,飞行员不必担心迎角问题。的确,他在表演过程中非常依赖限制器,展示了战斗飞行员如何可以"几乎不顾一切地"操纵 F-16,而且不会遇到麻烦。从 Split-S 机动开始,F-16 充分展示了其敏捷的滚转能力,然后通过快速连续滚转,首先反转,然后再向右,再向左,再向右,然后实现直立飞行,从而证明了飞控系统的平顺和精确性。

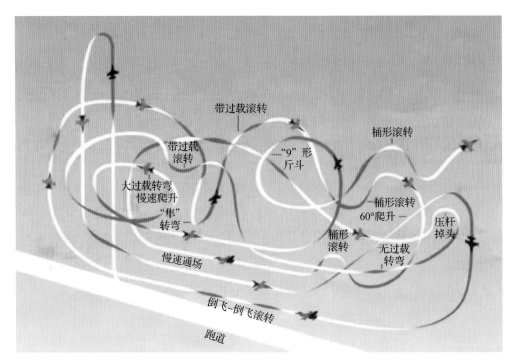

图 7-5　特洛伊·彭宁顿的 F-16 在 2002 年范堡罗航展上的表演飞行动作与顺序

　　一个值得注意的动作是"战隼转弯"，这是 F-16 的标志性动作，这是一个急转弯后快速上拉的动作。之后，在拉升到顶部以非常快的滚转速度进行"带过载滚转"。但是，飞行控制限制器也有其局限性，不能保护机身免受不对称滚转动作（例如"带过载滚转"）中的过度应力的影响。做这个动作要求大"过载"和大迎角，而且空速必须足够低，以保证飞行载荷不超过结构极限。F-16 另一个令人印象深刻的表演是从缓慢的桶形滚转戏剧性进入慢速飞行通场。这次在范堡罗航展的这个滚转动作最低高度只有 600 ft，结合相当激进的垂直机动，当然引起了观众足够的关注。

　　慢速通场之后，垂直爬升至 2 000 ft，并滑入"限制螺旋线"，这再次证明了飞控系统保护飞机免受极端控制限制的能力。然后满后拉杆，机头水平时，移动驾驶杆维持迎角并开始滚转。最初看起来从可控飞行中分离，但实际上，是在展示其最大滚转和转弯能力，形成了一个非常紧的螺旋下降。然后改出，进行带过载和不带过载滚转，然后进行 9 g 过载的 360°转弯。

　　展示最新一代战斗机对飞行员的身体更具挑战性。对于较早的第三代战斗机，飞行员只需将油门调整到加力燃烧位置，在整个表演程序的大部分时间都维持这个状态，主要是因为大过载机动的能量预算有限。但是,对于大推力发动机和推重比大于1的飞机,飞行员不仅要磨练他们的能量管理技能,而且还要磨练他们的体能和适应能力。寒冷的海平面条件尤其艰苦,因为密度高度较低,发动机明显更强劲。

通常,由于人们总是期望表演飞行员展示个人技能,而不是展示飞机的优良性能或操纵品质,这种认知给表演飞行员施加了无形的压力。飞行员没有必要证明自己的水平。仅凭飞行到包线边界来证明您作为表演飞行员的水平是无济于事的,这毫无意义。尽管有时难以置信,但完全不必为了满足观众所谓的期望而违反规定。

直升机、VSTOL飞机的表演飞行

直升机的表演飞行不一定能给观众带来与高性能战斗机一样的深刻印象或魅力。实际上,比较固定翼飞机和旋转翼飞机的表演飞行是不公平的,因为它们是完全不同类别的航空器。但是,直升机的确吸引了很大一部分航空观众,而且直升机的性能和敏捷性已经提高到一定程度,现代直升机的表演飞行可能与大多数现代战斗机一样,也非常具有吸引力。

而VSTOL战斗机则介于固定翼战斗机和直升机之间,为观众提供了一个折中方案,即直升机的低速机动能力与战斗机的高速敏捷性和性能的结合,从而可以创建出出众的观赏性表演飞行。P.1127 Kestrel("鹞式"飞机原型机)首飞是在1960年,从一开始,不仅吸引了飞行员,也吸引了观众。从早期开始,VSTOL飞机,尤其是"鹞式"飞机,就毫无疑问地证明了这类飞机的光明前景,F-35战斗机则更加吸引观众。VSTOL飞机为表演飞行带来了全新维度——推力矢量技术的成功应用,不仅可以使飞机悬停,而且还证明了VSTOL飞机在有效载荷和机动性方面也完全可以与现代战斗机进行竞争。

VSTOL飞机、直升机的表演环境可能会发生很大的变化,从国际航展到小型的本地开放日活动,从无限制的大型场地与观众众多的开放空间,到较小的有限的操作表演区,这些环境各不相同,困难也多种多样。在这里表演,需要的是才能和技巧,来不得半点虚假。

巴黎与范堡罗不同,范堡罗又与其他地方完全不同,但对于观众而言,VSTOL飞机却是一样的。"将重型高速喷气机转变为敏捷盘旋的'鸟'的能力永远会使观众惊叹不已——当然,噪声特别大。"

VSTOL飞机表演在很多方面,包括高速特技飞行技术,基本上与传统起降战斗机一样。可以说,"鹞式"飞机的机动能力更令人印象深刻,其推重比超过1。因此,表演飞机的构型,表演内容的计划和定位都遵循众所周知的当代技术水平。但是,"鹞式"飞机的每一次表演,起飞和降落过程往往是最苛刻的,因为总是飞行在非常接近性能和操纵品质极限的边缘。

对于 VSTOL 飞机和直升机而言,设计表演程序时要考虑两架飞机的协调能力,因为一架或两架飞机的低速活动范围很广。短距离起飞、垂直起飞、过渡(浅而陡峭)、高速转弯、特技飞行、常规飞行中的推力转向、护垫着陆、悬停机动,所有这些动作可以在 6 min 之内完成! 噪声和奇观,是的,敢于让有经验的观察者更好地了解重点,性能、负载和作战潜力。在许多情况下,观众对 VSTOL 飞机的性能表现持怀疑态度,或者对这类飞机所展示的机动能力有误解。1974 年,在范堡罗航展上,"鹞式"飞机携带 5×280 kg 炸弹降落在一块 50 ft 大的垫子上,并再次起飞——真是令人难以置信的壮举——但实际上有多少观众对这项成就有所了解。美国海军陆战队的最新型号"鹞式"飞机 AV-8B"海鹞",以及 F-35B 战斗机都将大大提高推力裕度,但即便如此,仍然需要高水平的驾驶技能,特别是在高密度海拔条件下,可用推力严重降低(见图 7-6)。

图 7-6 "鹞式"飞机的敏捷性和机动能力主要表现是悬停,侧向飞行和向后飞行,令观众叹为观止。这个著名的"鞠躬"动作是观众的最爱

VSTOL 为飞行表演带来了新的维度,这类飞机具有高速战斗机的敏捷性和直升机的低速机动能力,因此,在表演 VSTOL 飞机时,要考虑"地面-人-飞机"(groundsmanship)的关系,而不仅仅是"空中-人-飞机"(airmanship)的问题。在训练和制定表演计划时,要考虑的因素更多,表演飞行员要花费更多时间进行调查和分析。必须考虑的方面包括进场和出场,出现困难时的逃生路线以及着陆区及其周围环境等。所有这些方面都强调了飞机正确定位的重要性,其主要目的是确保观众的安全。

由于悬停飞行的固有局限性,基于准确的温度和压力信息进行仔细的性能计划是绝对必要的,因为性能裕度取决于携带的负载和表演环境。例如,在树林里的一块垫子上着陆比在空旷场地的标准进场和着陆需要更多的能量裕度。必须仔细计算和监控发动机的短期限值和喷水量。

2002年8月在英国洛斯特夫特(Lowestoft)年度航展上,皇家空军威特灵基地一架"鹞式"GR7飞机坠入海中。在表演临近结束时进行悬停,准备在40 000多名观众面前表演"鞠躬"机动,飞机失去动力,迅速下坠。在海面上50 ft高度,飞行员弹射逃生。这架"鹞式"飞机重重地坠落在海面上,漂浮了几秒钟,然后下沉,飞行员的降落伞及时打开,完成了一个钟摆飘移,落在下沉的飞机机身上,脚踝受伤。如果事故是发生在陆地上并且飞机爆炸,飞行员肯定会降落在飞机爆炸的火球中。

同样,在1963年巴黎航展上发生的"鹞式"原型机坠毁事故中,悬停时非指令喷管运动导致飞机从悬停中掉落,但幸运的是,飞机的悬停高度只有几米。在表演环境中,悬停飞行阶段的发动机故障对飞行员构成了最大的威胁,不仅因为发动机工作在非常高的功率,而且飞行员从悬停状态弹射后的生存能力受到极大威胁,极有可能导致致命的事故。

VSTOL飞机的商业销售演示飞行显然会将焦点从传统的表演飞行转移到了任务演练和演示上。"鹞式"飞机典型的表演动作顺序如图7-7所示。

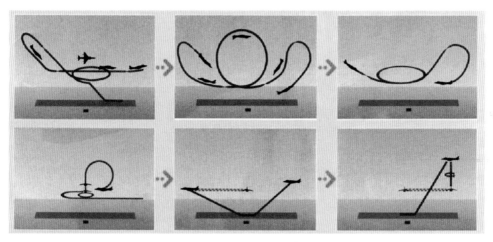

图7-7 "鹞式"飞机典型的表演动作顺序

在狭窄空间的操作难度更大,例如树木丛生的林地、草地和狭窄的小道等自然环境——森林灌木丛中的50 ft大小地块(可能是最典型的着陆区)。在50 ft大小的地块上进行垂直进场、加油、重新装载和起飞非常令人印象深刻,并且不能出错,这是一项艰巨的任务。穿过狭窄的树木间隙,短距离起飞,再穿过相同的空隙,以600 KTAS的速度返回,进行最大速度转弯和特技飞行,紧迫的减速过渡和垂直降落在护垫上——所有这些动作都需要大量的技巧和练习,但确实可以证明 VSTOL 概念的巨大军事潜力。

VSTOL 飞机和直升机表演飞行的规划中的另一个关键考虑因素是,要表现飞机可以在各种可能的位置使用的能力,例如战斗区域、飞机跑道、轮船、高尔夫球场,甚至在建筑区域的博物馆外等。应当理解,表演飞行员和表演组织者对这类表演责任巨人,因为在某些情况下,表演者必须非常靠近观众和公共设施。这样的表演环境会带来多种危害,因此需要与当地市镇议会或市政当局合作进行全面策划。这类表演飞行的安全和医疗护送计划尤其具有挑战性。

这类飞机的高机动性优点意味着,VSTOL 飞机和直升机飞机受天气的影响比常规战斗机要小。无论是以全喷气方式还是半喷气方式。即使在低云或能见度差的情况下,仍然有可能表演飞机的某些能力,如果能见度大于 2 000 m,且云层高度不低于 200 ft,则可以避免使观众失望,可以进行有限的"平面"表演。实际上,"鹞式"飞机一共设计了 4 个表演程序,可以根据云底条件选择一种进行表演。如果云底高度高于 5 000 ft,则可以执行"完整"表演;如果云底高度在 1 500～5 000 ft 之间,则执行"滚转"表演;如果云底低于 1 000 ft,则执行"平面"表演;而如果云层低于 300 ft(90 m),则进行 VSTOL 表演。这样的多样性选择可以在天气不允许使用传统固定翼飞机进行表演的情况下为航展组织者提供"王牌"表演。很明显,VSTOL 飞机和最新一代的直升机为表演飞行带来了令人兴奋的新维度,提供了各种有趣的机动能力组合。

皇家空军第 20 中队在 2001 年航展季期间使用的典型 VSTOL 表演程序是起飞,然后以低于 100 kn 的速度进行 410°慢速环绕飞行,然后立即加速以 40°爬升角爬升远离人群。然后侧翼机动,以 400 kn 速度从观众面前倒飞通场。完整表演程序如图 7-6 所示。

关于表演飞行的最后一句话:危害是真实的。表演飞行员在追求低空展示飞机最大性能而且要尽可能接近数千名观众的矛盾中,大大刺激了肾上腺素的分泌。没有违反安全规定的余地! 最终的支付价格是许多鲜活的生命——您负担不起!

商业产品演示飞行

"产品演示飞行"尽管从定义上讲与"表演飞行"不同,实际上在表演目标方面有很大不同,这反过来又可能影响表演程序。演示飞行和表演飞行之间实际上只有一个主要区别。在以商业为导向的飞行试验产品演示中,重点是向潜在客户展示飞机的性能和操作品质,而在表演飞行中,重点是展示飞行员驾驶飞机"与观众交流"的技巧。

飞行演示的主要目的是促销特定飞机,以支持公司的营销策略。这类演示的补充目的是通过展示安全、富于想象力、明智、有竞争力和专业上令人印象深刻的产品来提高公司或服务的声誉。同时必须将飞机的积极和增强功能展示给观众或潜在客户,同时最大程度地减少暴露飞机的缺点。

国内外航展上的新产品演示飞行是飞机生命周期商业营销活动的重要组成部分。这些演示飞行要求飞行员集中精力在表演飞行"箱"的密闭空间内低空飞行,以令人信服的方式展示飞机的性能。航展通常包含各种不同的专门程序,从编队特技飞行到定向塔竞赛。所有这些都是为了满足观众的要求,无论他们是付费的公众会员还是潜在的顾客。关键是精确编队表演和"barnstormer"(一种娱乐表演形式)演示设计是基于完全不同的技术和演示目标。

精确编队展示了飞行员的训练和编队空中技巧,这些展示的重点是严格的纪律和飞行员技能要求。而"barnstormers"娱乐表演则是以并不具有产品特色的飞行来刺激人群。例如,超低空倒飞切断地面上两个挂架之间的织带,或打破连续快速滚转纪录,所有这些表演都会给寻求刺激的人留下深刻的印象。

尽管这类表演能刺激观众并展示飞行的大胆,但许多飞行动作取决于飞行员的技能水平以及飞行员是否愿意承担风险,而并不取决于飞机的性能。相比之下,产品演示的唯一目的是向有眼光的观察者展示飞机的性能属性,而不仅仅是飞行员的技能水平。最重要的是,在低空有区别地向关键潜在客户有效地演示产品飞机独特的性能特征。

结果,产品飞机演示把飞行包线扩展到了边缘,这是特技编队和"barnstormers"表演者从未触及,也不敢触及的飞行区域。飞行员的技能显然是这些表演中的一个重要因素。然而,只是把飞机的能力表现到了极限,而飞行员本身却未必达到极限,正是这一点使产品演示成为危险而无情的表演飞行舞台。可悲的是,多年来,在演示产品性能的开发和执行过程中,损失了许多飞机和飞行员。

商业演示飞行是一把双刃剑。在大型航展上公开表演可能增加销量,这是积极的方面,但不利的方面是通常会延误飞行试验计划进展。由于项目经理的管理职责是按计划进度生产产品,因此项目经理可能难以接受甚至无法加入飞行演示项目。不幸的是,在大多数飞机开发计划中,演示飞行和航展表演通常不一定是预定的,任何计划外活动都意味着后续飞行试验计划承受更大的压力,并可能导致成本超支。那么,商业演示飞行员要想最好地向潜在客户展示飞机时应考虑哪些准则?选择演示飞行员有什么要求,目标受众的准则是什么?演示飞行员对公司的责任是什么?管理职责是什么?演示方的飞行员对潜在买方团队以及飞行员,任务简报和报告的职责是什么?

飞行试验演示并不能销售飞机,但确实可以作为向潜在客户推销的宝贵技术手段,使他们初步了解飞机的潜在能力。就像所有表演飞行一样,飞行试验演示也是一种危险的航空活动,不仅从销售的商业角度来看很重要,而且也存在潜在的危险,多年来已经导致了数名演示飞行员丧生,包括经验丰富的试飞员。

飞行演示的地点,可以是国际航展,例如范堡罗国际航展,ILA(柏林)或巴黎航展,制造商的所在地;如果飞机已经投入使用,也可以在军事基地进行。在客户所在地演示飞机与在本地演示飞机有所不同,在大多数情况下,与在公开航展上更相似,主要区别通常是时间更充裕,并且没有大量观众,安全法规的限制可能较少。而且,由于在演示期间所有其他飞行都会停止,因此也无需携带备降的多余燃料。

大量航展飞行员的经验都达到试飞员协会(SETP)的标准。1987年成立了航展安全委员会,以研究航展经验并采访资深SETP演示飞行员,目的是向这些幸存者学习。罗伊·马丁(Roy Martin),弗兰克·桑德斯(Frank Sanders),乔·乔丹(Joe Jordan)和布鲁斯·彼得森(Bruce Peterson)把很多可用信息整理成一篇论文,名为《航展执行》(Airshow Execution)",发表在SETP第33届研讨会上。1989年,航展安全委员会根据SETP章程第二条第2款的规定开展工作,着手收集飞行员的意见、想法、经验和其他信息,以帮助推进涉及航展和空中演示的飞行安全。

演示飞行程序设计原则

产品演示飞行剖面的具体机动动作需要精心策划,并且要对飞机及其系统进行全面的评估。机动动作的选择必须以工程分析、飞行仿真和飞行试验评估为依据。可能需要开发飞机独特的机动动作和特定的紧急恢复程序。如果设计正确,最终形成的航展飞行剖面一定是安全的、可重复的,能够充分展示飞机的独特能力。BAE系统公司的"欧洲"战斗机和波音公司的F/A-18E/F"超级大黄蜂"战斗机航展演示飞行剖面的开发使用了严格的"飞行试验"方法,以确保关键问题得到解决——这些关键问题对于有条理和安全地制定航展飞行剖面至关重要。

不论是作为航展表演飞行者,还是观看者,充分理解举办航展的基本动机至关重要。要想成功设计并完成航展表演飞行,则必须真正理解观看者的思想和情感。过去失败的一些航展,在很多情况下是由于不了解这些飞行员试图完成什么的行为哲学问题造成的。许多航展事故不是由任何数字或技术上的共同点所联系的,而是由于对飞行员实际任务目标的误解,导向一个错误点而导致的。

在所有大型航展上,表演飞行主要涉及四个专业学科方面:军事团队演示、高性能特技表演、产品演示和历史飞机的表演飞行。这些专业学科每一个都有其存在的非常纯净的基础。因此,可以进一步细分每个表演项目的设计原则。

军事团队演示应该只有一个目标,向公众展示他们通过军事训练所具备的严格纪律和团队合作精神。进行这些表演的飞行员是国家培训的资产。世界各国空军主要以招募的名义赞助这些团队。因此,国内的军事团队表演有助于激发年轻人考虑在军队中生活的可能性,并不一定是飞行员,也可能是地勤人员或技术人员。这就解释了为什么这些表演通常在第一架飞机起飞之前，就以非常清晰的军事纪律和团队合作在地面上开始了。表演的基本原则是极端严格的纪律和团队合作精神——他们服从领导。

将这种思想与个人特技表演的目的和心理进行对比：这些飞行员的表演主要是为观赏嘉宾提供娱乐活动；而那些能非常熟练地完成特技表演飞行的飞行员，他们已经学会了如何利用他们在特技比赛中学到的技巧来进行特技表演。但是，与这门学科发生经常联系的不只是特技飞行。这些表演者们的一些表演，诸如机翼漫步或超低空切割柱子之间的丝带之类的特技机动动作，尽管与表演艺术或特技飞行根本无关，但它们通常能为观众提供令人心跳停止的猎奇效果——毕竟，表演飞行是一种娱乐形式。

因此，需要判定动作准确性的高空竞技特技飞行与航展上以表演为目的的飞行之间几乎没有联系。特技飞行员的表演展示的是飞行员个人的飞行技巧，以及其接受风险并娱乐观众的能力。这些通过经验获得的技能，完全取决于他驾驶飞机的能力。那么，这一切在心理上如何适应？我们大多数人都已经在观看航展的过程中长大了，可以轻松回忆起精彩的编队表演和令人心碎的"barnstormer"表演。作为航展表演飞行员的愿望，是基于对完美表演的理解来进行表演，而这种完美表演会融合我们生活中看到的所有奇妙事物。

可悲的是，许多成年表演者尚未完全意识到了解这些学科之间的根本独特差异。1988年意大利空军"三色箭"飞行表演队在德国发生的悲剧性事故，并不一定是没有对准，或任何其他技术错误的结果，而是目标不正确的结果。表演队应该展示的是编队飞行的严格纪律所达到的理想效果，而无需展示十机编队的三个不同部分完成令人心碎的交叉机动。这次事故显然对编队表演的真正目标是什么以及飞行员的收获是什么理解有误。

相反，公司的产品演示飞行员的工作目的不是要展示自己的飞行技能，也不是展示自己为激发潜在客户而愿意接受风险的意愿。他唯一的目的是向潜在客户展示飞机。所以，演示飞行员设计飞行演示程序时，要确保演示飞行的任何部分都不会被视为飞行员技能的展示或特技飞行，而只能采用完全展示飞机能力的那些机动。

有些心理动机非常强大，可能是从小就根深蒂固的，这促使一些表演飞行员在演示飞行过程中加入了一些令人心跳的特技飞行动作。演示飞行员不仅应断绝所有这些念头，而且应当考虑反对的同事提出的建议。演示飞行员应该始终明白，特技飞行不是根本目的，而演示飞机的能力才是根本目的。

Su-30MK 战斗机在 1996 年巴黎航展上发生的事故，是在完成一次"半古巴八"机动后，进行了多圈 360°滚转，同时又试图保持 45°下行线，这一点很严重。飞行员的目标本来应该是向潜在客户展示产品飞机的能力。当然，世界上没有任何一个 Su-30 战斗机的客户会怀疑这架飞机能否进行半古巴八机动和多圈 360°滚转的能力——那么为什么还要在如此低的高度做这些动作呢？在 1999 年 6 月 13 日的路透社报道中，试飞员维亚切斯拉夫·阿维里亚诺夫道歉并接受了指责，说他在进行一次雄心勃勃的空中机动。

但是，真正的问题是在这次航展上表演动作的选择基本心理问题。飞行员试图将特技飞行员驾驶竞争特技飞机（例如 Extra‐300 特技飞机）的特技动作结合进来。动作的选择基于他个人想表现其能精确地飞行特技的愿望，而不是基于证明飞机能够做什么这样的根本目标。因此，这些事故的共同点还是从一个学科到另一个学科的越界。对飞行员在表演中应该达到的目的有根本性的误解，其结果必然导致灾难性的后果。

管理层的作用

无论管理层是制造商、公司、赞助商还是军方，演示飞行的目标，飞行员的准备和保障都是管理层必须认真考虑的主题。对于私人飞机所有者，不一定要进行管理监督。演示飞行员的选择应格外小心，管理层应将重点放在能专注于演示飞行而不是展现个人学术才华的候选人身上。最重要的是，管理层与演示飞行员之间必须保持良好的联系。

管理层必须要求定期进行飞行剖面和机动动作的演练，因为坠机事故不仅会对产品的商业生存能力，而且会对其管理职业产生严重影响。管理层对飞行员和飞机的安全负有重大责任，要确保为飞行员提供定期、现实的演示飞行演练机会。理想情况下，在任何新飞机的演示飞行合同中，始终有一定的飞行小时数要求，以及适当的权限要求。大多数情况下，负责任的经理会赞赏这些要求，并提供全力支持，因为他们不能提供必要的切实支持，可能会招致对公司的安全规定违规诉讼。

在许多情况下，在严格的飞行试验计划阶段，市场可能会要求进行具体产品的演示飞行，而且进行演练的机会很有限。这是向潜在客户展示原型飞机的实际问题之一，而且也是任何飞机研制计划中的一个自然步骤，是无法避免的。

管理层必须确保为试飞员安排了适当的训练飞行，使其表现能够达到令人满意的安全水平。如果练习的时间严格受到限制，则可以选择一定比例的飞行试验架次进行这种训练，当然要在飞行包线、试验构型和研制状态允许的条件下进行。当演示在本场进行时，可以扩展试验设施为演示飞行提供支持，从而使访问者可以欣赏飞机的技术能力以及飞行试验部门的技术能力。可以使用通常在公共表演中不携带或使用的各种设备、喷气辅助起飞装置、拦阻系统、地面处理设备和武器。

毫无疑问，产品演示飞行是潜在的高风险任务，这种风险伴随着试飞员的整个职业生涯，与其他具体的高风险试验机动不同，后者是试飞员职权范围的一部分，并且仅在试飞计划的某些阶段发生。并非每个飞行员都有特殊能力，能在不熟悉的情况下以及在巨大的心理压力下将飞机飞行到其性能极限。

目标观众

制造商始终使用试飞员进行产品演示飞行,并由管理层评估试飞员对公司的附加价值,并以此来考虑营销业务的成功程度。如果表现太低调,肯定会使潜在客户直接与竞争公司的表现进行比较。潜在客户知道买方的权利,他们会提出真正令人尴尬的问题,例如:"如果您的飞机如您说的那样好,为什么它不能作 X 飞机在 Y 地方所做的机动?"同样,令人印象深刻的演示飞行将大大影响潜在客户。买方肯定会记住飞机的名称和生产商的名称。

商业演示飞行必须迎合最广泛的观众需求,从专业军种或潜在的民间客户到"街上的普通人",甚至包括一小部分真正的专业人士,他们希望看到真正专业的完美表现。在竞争激烈的航空业中,呆板的表演可能会危害飞机的潜在销售,甚至更糟的是,一次事故甚至可能使公司损失数百万美元的出口订单。

商业销售点

产品演示销售工作不仅限于实际的演示飞行,还有其他一些商业考虑因素可用于使演示更加生动。现代社会似乎在"奇观"效应中蓬勃发展,人们似乎不再对标准的常规表演感到满意——观众似乎一直在寻找这种特别的"奇观"。

飞机构型,公共关注点和新闻发布会都是外围设备,可以增强飞机和展示飞行员的促销性。在潮湿的环境下,所有类型的涡流都是可见的,为观众提供了理想的轨迹表现,如果巧妙地利用它们,可以显著提高表演项目的美学吸引力。高速飞机还可以利用所谓的"普朗特-格劳特奇点(Prandtl - Glauert singularity:高速飞机突破音障时,机身出现的锥状凝结云,如图 7 - 8 所示)"来增加吸引力,这种奇特的现象是在机身上迅速而强烈地形成了凝结,但是这种现象不可预测。

利用飞机的固有潜力,当然可以产生非常美观的效果,例如使用喷漆方案或在飞机上大胆绘制飞机名称。但是,应考虑涂料对飞机重量的影响,还应考虑在关键区域(例如机翼前缘),涂料皱折(例如,两种涂料交汇区)对气流的干扰所造成的不利影响,可能影响失速速度或飞行特性。

图 7 - 8 　 普朗特-格劳特奇点

商业演示飞行指导准则

从航展上的型号表演飞行转向以商业为导向的产品演示飞行,我们必须认识到,这类演示飞行与航展上的表演飞行,其限制约束和危害是一样的。然而,商业演示飞行要向潜在客户负责,因此,可能是飞行试验的负担之一,但也可能是最令人愉悦的表演飞行形式之一。

当然,这完全取决于飞机及其相关系统的研制进展状况,以及营销部门和飞行试验部门之间的关系,如果管理不当,甚至可能导致两个部门之间的消耗战。营销部门渴望销售,通常只专注于展示产品的"好",而将产品缺陷视为以后在下游解决的问题,然而在许多情况下,这些产品缺陷都需要潜在客户的资金来解决。因此,演示飞行员的角色不仅是试验和演示飞行员,而且是技术层面的外交官和谈判者。

飞行演示的主要目的显然是以这种方式展示飞机,提升潜在买家购买、租赁或使用这种飞机的强烈愿望。因此,演示飞行员的任务是通过冷静和足够的信心激发买方评估小组,特别是他们的评估飞行员,以实现计划中的试验目标,充分展现产品好与坏的所有方面。

尽管飞行试验管理和工程团队可能会提出异议,因为他们始终无法承担飞行试验计划的时间损失,但基本的表演模式和飞行剖面必须提前计划,而且必须进行演练。有必要了解的是,从买方的角度来看,新飞机如果无法满足服役时间要求,可能会引起媒体和纳税人对潜在买方的愤怒,从而导致制造商与买方之间的关系恶化。必须考虑潜在客户对飞机的预期使用,确定最佳表演形式,表演所展示的与具体任务相关的要素必须强调飞机的卖点。在研究了表演场所,现行安全规定,周围的大气条件以及表演时段的天气条件之后,演示飞行员必须与管理层就演示飞行内容与方式达成共识。

后备方案或"平面表演"也应与管理层达成一致。必须有明确的标准,在什么情况下改为"平面表演"。不会在管理层甚至潜在客户的胁迫下,为了打动客户要求进行垂直表演,而改变已经确定的标准。不幸的是,骄傲、自我主义、自私和"热情待客"是演示飞行员普遍的特征,但是,尽管据说冒险和"欢乐人生"是试飞员的价值观,但绝不应违反常识和理智突然引入计划外的动作。

达索公司 J. 科劳(J. Coreau)建议遵循以下准则,在法规施加的限制和要求的最短时间内,展示高性能飞机的敏捷性和功率。"基本原则是要证明您的飞机的飞行特性比竞争对手的要好多少。"对于训练有素的飞行员来说,对飞机的操纵特性和性能特征有充分的了解是必不可少的,对"陷阱"的了解也是必不可少的,然后当然是充分的实践练习。在大型公共表演之前,必须进行练习、练习,还是练习。在某些情况下,实践练习的时间可能有限,因为还需要满足飞行试验计划的里程碑要求。

买方团队的需求

演示飞行的范围和重点会有所不同,具体取决于评估者。航空公司股东或懂事总经理可能会对性能方面非常感兴趣,例如起飞和降落距离、巡航速度、油耗、有效载荷、成本效益、乘客舒适度、振动水平和声学噪声等。如果飞行员是民航飞行员,则可能更加关注与任务有关的方面,例如货物装载、运输能力、浮动起落架,滑撬等。

但是,对于军事评估,重点有所不同。军事的角度将包括整个范围或角色和任务能力。由于军事领域的需求广泛而多样,试飞员和飞行试验工程师无法解决所有问题,通常需要一支联合试验小组来协助进行评估。军事团队联合试验小组的专家成员,应包括试飞员、飞行试验工程师和作战中队飞行员,后勤和技术支持团队成员。

关于潜在客户与营销机构之间的关系,意大利空军司令卢西亚诺·福扎尼(Cdr Luciano Forzani)进行了最好的总结:"对于直升机飞行员来说,飞机有颤动,这是一种不同的振动,一个非常轻的不寻常噪声对于直升机中的飞行员都很有价值,这是飞行过程中飞行员与飞机之间的一部分对话。出于这些原因,从心理学的角度来看,直升机演示飞行也相当复杂,因为它应该在潜在客户和飞机之间营造出一种和谐和相互尊重的感觉,使他们互相了解。毫无疑问,公司飞行员的角色对于成功演示至关重要。"

客户飞行员

在产品演示飞行期间,通常会搭乘客户的评估飞行员和技术人员来评估飞机满足任务要求的能力,这种演示飞行通常会演示飞机的极限能力。当必须将演示飞行任务计划在飞机的能力极限上,而且必须由潜在的买方试飞员飞行,公司演示飞行员担任安全飞行员时,可能会出现问题。问题的重点是:"来宾飞行员"或客户没有时间建立和积累必需的知识和经验,完全熟悉飞机和系统。这种情况通常在某种程度上可以通过对试飞员的常规培训来解决。

未经正式飞行试验培训的潜在客户飞行员通常是有意购买飞机的商业飞行员,公司或航空公司的常务董事,中队飞行员甚至是空军参谋长等。在这种情况下,对演示飞行员的压力更大,因为可能需要一定外交手段,以使客户飞行员有"在家"的感觉,然后当然需要额外的警惕性,以应付买方飞行员缺乏在这个型号飞机上的经验。尽管如此,在卖方的安全限制前提下,尽最大可能满足客户的需求是至关重要的。

还应该考虑到,对于评估过程中遇到的任何具体飞行问题,客户飞行员可能会倾向于否认是由于演示飞行员能力不足或缺乏训练所致。如果是这种情况,那么在进行演示时,对飞机的敌意可能会对潜在的商业销售造成灾难性破坏。因此,对于演示飞行员来说,避免这种情况的发展很重要,必须获得与客户飞行员有关的尽可能多的信息,以弥补经验上的不足。通过了解来宾飞行员飞行过的飞机型号,飞行总时数,培训背景和操作经验方面的信息,可以做出相当不错的评估。

对于演示飞行员,另一个问题是"动手"要求。何时进行干预并从买方飞行员手中接管飞机控制?从飞行安全的角度出发,在干预之前让情况发展多远?空军和航空公司飞行员都具有良好的飞行常识,并保持良好的飞行技能水平。但是,作为一名演示飞行员,要想了解所有人的技能水平,从经验丰富的专业飞行员到新获得许可的业余爱好者,甚至更糟的是自认为是专业人士的业余爱好者,这不太现实。正是这些问题要求演示飞行员必须具备必要的技能,以便能尽快评估客户飞行员的技术水平。演示飞行员的技能必须包括以下能力:在一定范围内,当然要保持真正的外交官身份,同时在买方飞行员和飞机之间营造出一种十分自信的感觉。

试验计划

要想成功计划和实施产品的演示飞行,必须了解潜在买方试验团队的要求,最重要的是要获得潜在买方试验团队的信心,这本身就是一项最艰巨的任务。传统上,全球范围内的营销工作都倾向于将重点放在"宣传册"和卖点上。产品缺陷、缺点和仍在研制中的技术区域往往会淡化,并承诺在交付之前"修复"所有问题。买方并不总是能意识到某些问题是能"解决",是的,但是把买方的钱,让其他人通过程序进行管理,可能导致花费巨大。准买家通常会非常注意营销策略以及营销会给客户带来的好消息。从市场营销的角度来看,最好是让一支使用具体型号飞机的空军或航空公司的飞行员加入卖方的简报团队,以平衡营销工作的热情。

应当把准买家的具体要求编入试验计划中,并向买家介绍,演示必须有针对性,以迎合准客户的需求。为了实现这一点,必须了解试验团队的人员个性。是否应包括或避免某些文化方面的问题?评估小组人员是文职人员还是军事人员、工程师、经理或营销人员,拟或是财务主管?语言不仅可能成为谈判过程的主要障碍,而且也可能成为飞行中沟通的主要障碍。在单座甚至双座飞机上,不可能在飞行中带口语译员,演示飞行员应该至少具有与潜在买方的评估员交谈的语言能力;一个现实的问题,就是在飞行安全和空中紧急情况的处理方面。在与军方买家打交道时,这一点尤其重要,因为不一定要求军事试验和演示飞行员掌握买方的语言。但是,在航空制造业务中,特定公司雇用具有所需语言技能的人员来协助谈判和评估并不少见。

演示飞行员必须制定试验计划并细分飞行过程,以满足飞行试验人员对于性能、操作品质、飞机系统的试验需求,还要满足特定用户要求的任务关联演示,例如空战、对地攻击、海上巡逻、反潜等。在可能的情况下,演示飞行员还应演示具体的应急机动,为评估飞行员增加操纵飞机的信心。例如,单发操作、模拟无动力迫降、自旋转(auto-rotation landings:直升机的一种飞行状态,旋翼在无发动机动力情况下旋转,类似于固定翼飞机的滑翔)着陆,液压和电气故障(可能的话),将增加演示的价值。

飞行剖面

飞行剖面必须迎合客户的经验和个性,从熟悉飞行的财务主管到负责全面评估的试飞员,把他们的喜好都要考虑在内。飞行次数取决于客户的要求。但是,在所有情况下,要说服的人是客户的飞行员,因为向上级进行正式报告的是飞行员,他将直接影响决策者关于飞机潜在销售的决策。从理论上讲这是没有问题的,但是,在过去的案例中,政治因素曾经是并且是最终选择飞机的首要因素。

今天的情况更是如此。政府基于经济理由做出决策所施加的政治压力正在成为规则,这不是例外情况——要考虑购置飞机的附加值,而不仅仅是单纯的军事利益,对特定国家或地区带来的经济利益同样重要。奥地利是否决定购买24架欧洲战斗机的决定完全是基于经济、技术和军事利益的全面考虑,并不是说欧洲战斗机不好,而是要通过"国家和工业参与计划"为经济带来的成本收益使这种购买提议不可抗拒。由英国 BAE 系统公司和瑞典 SAAB 公司为南非空军编制的战略防御计划,包括购买24架"鹰"式飞机和28架"鹰狮"战斗机,据报道反向交易金额高达购买价值的200%。这样的经济论据使一个国家的反采购团体很难对支持购买的论据提出质疑。

飞行简报

与任何形式的表演飞行一样,没有全面的飞行简报不能进行任何演示飞行。飞行简报应由公司的演示团队成员(最好是演示飞行员)进行,因为这将有助于在飞行前建立某种形式的联系和信任。飞行简报涉及飞行的所有方面,技术、限制、程序和可能的紧急情况。最重要的是,应该公开讨论增强功能以及存在问题的领域。掩盖正在展示的飞机或系统的缺陷毫无意义,这种行为当然是市场部不屑的。准买家迟早会发现这些缺陷,然后可能会认为这是违反信任的行为,而这种行为很难修复。理想情况下,尽管并不实际,在准备进行评估之前,应向潜在买方的评估小组提供飞行手册,以研究飞机及其相关系统。

讲　评

管理层通常会要求在营销人员密切参与的情况下,演示飞行员就评估小组对飞机的看法做出口头和书面陈述报告。演示飞行员必须实事求是,谨慎对待对管理层和营销部门的期望。评估飞行员或评估团队的热情一定不要错误地理解为是肯定的。在新飞机上进行首次飞行时的兴奋感可能会产生肢体语言和口头评论,这反映出的是个人的热情,而不一定是航空公司董事会或具体空军负责人的热情。

当然,最坏的情况是,演示飞行员向管理层报告说完成了销售,导致董事总经理喜出望外地发表公开媒体声明,但最终却没有实现——这会使所有参与方感到尴尬,最终可能导致演示飞行员被解雇。耐心安静地等待,应该是演示飞行员表现出的最高热情,直到签订合同并交付第一架飞机为止。

反过来,评估团队需要向其直属上级(包括航空公司管理层、董事会或武装部队首长)进行口头陈述和书面报告。为此,演示飞行员应在保密限制范围内提供所有必要的文件来汇编报告,为评估小组提供帮助。正式报告一般要求在四个星期内提交,演示飞行员可以协助评估小组正式回答任何具体问题。

如果演示飞机装有飞行试验测试仪器,那就更好,可以向评估小组提供原始数据,甚至可以在评估过程中出示演示试验的处理结果。有时,获得飞机开发过程中的制造商试验结果也是有益的。

结　论

那么,实验试飞员如何更好地担负商业销售演示飞行员的角色?不幸的是,许多实验试飞员不一定能成为出色的演示飞行员,因为试飞员已经参与了该飞机计划多年,他们对飞机非常了解。试飞员甚至可能从概念阶段就开始参与项目计划,并且经历了所有原型机设计和开发阶段,与飞机共享了许多关键而激动人心的时刻。飞机的各种特性对于试飞员而言,几乎没有什么秘密,以至试飞员可能失去对问题的重视。

由于演示飞行员对飞机完全了解,因此他能够回答所有问题,而且能够使飞机正常飞行。存在一个潜在的问题,因为这类演示飞行员可能不愿接受潜在客户的任何批评,因为他很早就已经解决了这些批评意见所提出的问题,并根据他的经验进行了调整。

但是,飞行演示要求演示飞行员不仅要充分注意表演飞行,而且还要充分注意评估小组的要求。诚恳交流、积极主动、鼓舞人心、乐于助人,并表现出为潜在客户"加倍努力"的意愿,这将大大促进商业销售,而且是演示飞行员在商业环境中开展工作的基本特征。

第八章 表 演 飞 行

"将飞机飞行到其能力极限并完美定位，这种要求是不相容的。如果您不知道如何解决问题，请不要进行低空表演飞行。"(约翰·法利(John Farley)，"鹞式"飞机试飞员)。

皇家荷兰空军312中队的F-16AM MLU飞机起飞升空如图8-1所示。

图8-1 皇家荷兰空军312中队的F-16AM MLU飞机起飞升空

引　言

向热情的观众表演飞行不仅使观众兴奋,也使飞行员兴奋。飞行员在成功完成一次出色的飞行表演后获得的"兴奋"感,是人类其他活动无法相提并论的,这种感觉可能仅次于在空战击落敌机的感觉。飞行员既要在有限的空域内管理飞机的能量,同时又要使表演保持在观众区的中央,这是一个挑战,这本身就是一项壮举。此外,靠近地面带来的挑战,以及在"出错"情况下的灾难性威胁,无疑会给成功完成表演带来满足感。正是由于肾上腺素的激增,使飞行员们年复一年地参加各种航展巡演,退出巡回表演的想法最终都被以各种可能的借口推开了,这就是您为什么能在航展巡回表演上看到那么多"老朋友"的原因!

飞机低空飞行是危险的事,这已经不是什么秘密了——表演飞行员都知道这一点并接受这种风险,他们认为他们个人具备相应的飞行技能和信心,可以在如此低的高度安全地操纵飞机。那么,为什么有些人选择其成为一种职业,另一些人选择其成为一种爱好,而还有一些人则选择其成为一种激情?无论飞机的型号或类别如何,成功完成表演飞行所获得的成就感都会使飞行员非常兴奋。应对低空机动的挑战提供了真正的成就感和满足感。大多数航空爱好者永远不会有机会知道在成千上万的观众面前低空表演的感觉。那么,表演飞行的准备和飞行涉及哪些方面呢?表演飞行员在表演前、表演中和表演后会有什么感受?无论飞机的型号或类别如何,人类对"表演框"的反应和响应都是一样的。

被表演飞行娱乐的观众根本不知道在航展上(无论是一个"Fly-In"航展还是一项国际航展)飞行员所承受的压力。无论是观看身形巨大、机动性令人惊叹的美国 C-17 大型运输飞机的表演,还是观看南非"石茶隼"攻击直升机以其敏捷性执行固定翼飞机的基本机动动作,所面临的挑战本质上都是相同的。表演经过认证的在役飞机是一回事,而表演原型机则是另一回事。唯一一架能飞行的英国"闪电"战斗机(在南非的"雷电城"),凭借其巨大的剩余功率,仍然能为观众带来壮观的表演。

在航展上驾驶原型飞机飞行通常比驾驶已列装部队的标准机队飞机飞行复杂得多。研制中的飞机的飞行包线受到限制,这很自然,在表演飞行中的动态机动范围也受到已澄清飞行包线的限制。这些限制可能会对飞行员产生特别的抑制作用,如果飞机在原型机的早期阶段过早展示,可能会导致不利的宣传,而此类宣传可能很难挽回。皇家空军计划于 2006 年投入服役的第一种第四代战斗机——欧洲战斗机(Eurofighter)就是这种情况。前 BAE 系统公司试验和演示飞行员基思·哈特利(Keith Hartley)必须面对。

C-17A 环球霸王 Ⅲ 运输机：美国查尔斯顿空军基地^①

原则上，C-17A 环球霸王Ⅲ的表演飞行与其他任何飞机没有什么不同。我们努力向航展观众展示一个安全、令人兴奋和愉快的表演，同时最大限度地展示美国空军最新、能力最强的重型空运飞机令人印象深刻的能力。因此，表演飞行剖面旨在强调 C-17A 的短距离起降能力、低空机动性、低速操纵品质和令人印象深刻的加速特性。

在任何飞行表演中，最重要的是安全性，C-17A 的表演飞行也是一样的。整个过程从选择表演飞行员开始。每个机组人员都是经验丰富且合格的 C-17A 飞机飞行员，具有数千小时的 C-17A 飞行经验，并且一般具有几种不同型号飞机的飞行和表演经验。作为最低要求，所有指挥官均应具备合格的教练资格，并且大多数人还是 C-17A 的认证飞行检查员。表演机组的理货员（装载主管）也符合这些标准。

一旦选定，每个飞行员都必须完成航展表演机组人员的认证程序，可以由航展主管在每个 C-17A 运营地点（南卡罗莱纳州的查尔斯顿空军基地和华盛顿州的麦考德空军基地）进行认证。获得认证后，在参加活动进行表演之前，拟定的表演必须提交美国空军空中机动司令部总部审批。另外，根据规定，全体机组人员必须在表演活动预定开始的 5 天之内练习表演飞行剖面。

如果事前练习飞行无法在母港基地进行，才需要在航展现场进行练习飞行。由于到达时间表和空中交通管制的限制，并不一定总是可以在演出之前进行表演练习，但是空勤人员显然希望采用这种做法，以便熟悉机场的布局和表演区域（称为"盒子"）。如果任何一项练习飞行没有完成，则 C-17A 的表演将被禁止进行。由于美国空军的飞行任务繁重，所以在每个基地都选择了数名表演机组人员，根据他们的任务情况进行表演安排。尽管所有机组人员都经过了相同标准的认证，但是活动之前的飞行练习要求确保了机组人员彼此熟悉，并熟悉表演飞行剖面，从而提高态势感知能力，进一步提高表演的安全性。C-17A 飞机表演飞行的正常机组人员配置是 4 人：两名飞行员（机长和副驾驶员），一名理货员（装载主管）和一名安全飞行员。由于座舱的工作负荷非常大，所以要求增加一名安全飞行员，以提高驾驶舱的安全性，帮助监视飞机系统和性能，但身份是"非飞行机组人员"。简单地说，就是提供第三双眼睛和耳朵来支持飞行员的飞行，这是一项增强功能。

---

① 本节内容由 W. 格雷格·霍尔登（W. Gregg Holden）少校提供。霍尔登少校是美国空军飞行员，曾驾驶过 T-37、T-38、AT-38、F-16C/D、C-141B、C-17A 和波音 737/757/767 型飞机。他担任过 C-17A 和 T-37 的表演飞行员，他还获得了飞行教员和飞行检查员的资格。霍尔登少校的飞行时间超过 4 500 h，他是美国空军 317 空运中队、南卡罗来纳州查尔斯顿空军基地的 C-17A 教官，也是美国航空公司波音 757/767 的副驾驶，曾在美国的几个主要航展上表演 C-17 飞机。

在讨论表演飞行剖面之前,让我们看一下 C-17A 环球霸王Ⅲ的一些技术数据。该飞机的长度为 174 ft,翼展为 169 ft10 in。机翼后掠 25°,机翼翼尖有 9 ft 的翼梢小翼。机翼后掠提高了高速性能,而翼梢小翼则减少了所需的翼展,增强了地面机动性并减少了空气阻力,从而改善了巡航性能。该飞机的最大载重为 170 900 lb,最大起降重量为 585 000 lb。配装四台普惠 F117-PW-100 发动机,单台发动机推力 40 440 lb。表演飞行期间,仅装载 30 000 lb 燃油,而且不装载任何货物,尽可能减小飞机的总重量,起飞总重量约为 306 000 lb,推重比约为 0.53,这个推重比是许多第三代战斗机的推重比。将总重量保持在尽可能低的水平,可以展示出令人印象深刻的起飞后最大爬升率、惊人的高加速率、急转弯,以及惊人的短距离起飞和着陆停止距离,所有这些都可以提高表演质量。

C-17A 飞机开始表演时,首先对准跑道,然后保持刹车,把发动机加速到最大起飞推力。随后打开自动油门,在整个飞行过程中自动油门都处于打开状态,以保证发动机电子控制(EEC)能够维持正确的功率和空速设置,而不会出现超过发动机限制的风险。飞机的抬前轮速度(Vrot)增加到 Vrot+10 kn,以实现更大的俯仰权限,并降低升空时飞机尾部擦地的可能性。即使延迟抬前轮,C-17A 飞机仍能在 1 500~2 000 ft 的滑跑后升空!物理尺寸如此巨大的 C-17A 飞机在如此短的距离内升空为表演飞行提供了一个引人注目的起点。

飞机升空后,将进一步抬头以保持最小爬升速度(Vmco)加 10 kn 的速度。这个速度等于 1.2 倍失速速度(Vs),可在爬升过程中在 45°坡度角时提供安全的失速裕度和安全的机动能力。Vmco+10 kn 的空速还为可能的强风条件或意外的阵风提供了安全裕度,从而使初始俯仰角可能高达 30°~35°。初始爬升至 1 500 ft 离地高度完成起飞,此时距离跑道起飞端 6 000 ft。所有这些因素都为观众提供了 C-17A 的短距起飞、爬升和加速能力的绝佳展示。

在剩余的表演中,高度保持在离地 500~1 500 ft 之间,所有转弯都以最小 45°坡度角进行,再加上飞机固有的稳定性和很小的转弯半径,整个飞行剖面可以在距表演中心 1 mi 的半径内。高速通场的速度为 300 KIAS,低速通场的速度约为 130 KIAS。C-17A 表演还展示了突击着陆中飞机的短距离着陆停止距离和地面机动能力。

突击着陆是通过全襟翼(襟翼展出 40°)和接近 5°的进场俯仰角完成的。飞机的"动力升力"构型将襟翼置于发动机尾流中,对于飞机的短距离着陆能力至关重要,提供了一种形式的"吹气升力"。这种构型用于突击(全襟翼)着陆和正常(3/4 襟翼)着陆。非常独特的是着陆拉平采用了动力升力原理。实际上,是使用"动力升力"实现普通飞机无法完成的拉平。由于俯仰姿态控制着空速,发动机推力控制着下滑航迹;"着陆拉平"是在 50 ft 离地高度上施加动力来实现的,保持机头俯仰姿态不变,直至前起落架接地。

这么巨大重量和尺寸的 C-17A 非常精确出色地完成表演飞行,确实令人称道!看来现代空气动力学和先进航空电子系统并不是第四代战斗机的唯一优势领域。除了使用"动力升力",两位飞行员还使用平显,在平显的提示下,飞行航迹矢量(FPV)和进近航迹指示器(API)符号,被用来精确控制进近航迹和着陆点,使飞行员可以连续监控和评估突击降落过程,并且无需把他们的视线从飞机驾驶上移开。C-17A飞机集成了两个核心集成处理器(CIP),其中的一个功能,就是可以提供高度精确的着陆和地面滑跑计算,从而使机组人员可以准确调整着陆点,直接停靠在航展人群面前。动力升力,5°进场航迹,碳纤维盘式制动器,防滑和发动机最大反推力能力,使C-17A飞机能够在800~1 000 ft的着陆距离内完全停止!

飞机的地速安全减速至80~90 KIAS,襟翼和前缘板条就会缩回,维持最大的反向推力,飞机会立即转换为有动力后退。后退过程中,地速保持在10~12 kn,这对观众而言令人印象深刻,空勤人员很容易管理地面机动。理货员位于飞机后部的舱门,与人群相对的一侧,监视飞机的速度,在减速接近停止点时直接报告飞行员。接近指定的停靠点时,理货员向飞行员提供口头倒计时,飞机停止。然后,C-17A飞机立即从向后滑行转为向前滑行,表演结束。

尽管C-17A的表演飞行是在低空、大坡度角、低速和高速下进行的,但安全仍然是飞行剖面中的最高优先的事项。使用安全飞行员,飞机的高度自动化水平(例如,EEC,HUD,多功能显示器,电传飞行控制系统和许多其他飞机系统),以及将所有机动保持在安全和"正常"的飞行包线内,都提高了整个飞行剖面的整体安全级别。低速机动设计在1.2 Vs空速上执行,安全裕度为20%。最重要的是,展示的所有机动动作都是C-17A空勤人员经历的常见机动,只是以较高的精确度和准确时间快速执行而已。

不仅是表演飞行,其他任何飞行都一样,空勤人员自身的经验、熟练程度和专业水平是无可替代的。即使当今现代飞机的自动化水平很高,飞行员仍必须抵制"过分依赖"自动化的诱惑,在飞行中的关键操作中仍要继续认识并使用基本的飞行员技能。所有表演飞行剖面的内置设置都是"输出",飞行员可以更改飞行剖面设置,以避免自己陷入无法恢复的情况。C-17A的表演飞行也是一样。我们的目标很简单:在展示世界上最好的战略和战术重型运输飞机令人印象深刻的功能的同时,提供最安全,最具活力的表演!

英国"闪电"战斗机:皇家空军卢赫斯航空站[①]

"'闪电'11,2 min飞越头顶"……,地面控制员的声音在耳机中急促作响。我们距机场10 mi,以5 mi/min的速度悠闲巡航,在英国第一战斗机机场卢赫斯机场进行特技飞行表

---

① 本节内容由皇家英国空军"闪电"战斗机表演飞行员凯文·梅斯(Keven Mace)提供。

演。让我们回想一下我们是如何来到这里的。"您今年对特技飞行的感觉如何?",事情通常是这样开始的,老板偶然突发奇想,想参加表演飞行,立即行动让人很兴奋、很快乐!但接下来就是怀疑如何才能达到表演飞行的要求。但是,乐趣远大于疑问,因此,您决定——参加表演。从那一刻起,您就开始行动。从哪里开始呢?在对问题进行了一番研究之后,您发现有很多事情要考虑。

"闪电"是一种重型高速战斗机,重量大约与两辆双层巴士相同,海平面最大飞行速度可达 700 mi/h,在 6 mi(约 9 656 m)高空最高速度可达 1 500 mi/h。由于它的机翼外形和它作为拦截机的主要用途,它不能飞得很慢。着陆时的最低速度约为 200 mi/h,因此在表演期间必须以相对较快的速度飞行。速度越快,我们可能占用的表演空间就越大……但是我们希望在表演期间尽量靠近人群,那么我们该如何应对呢?约 100 gal/min 的燃油消耗率是一个问题,因此我们需要密切关注并制定相应的时间计划。

在解决燃油、速度等问题时,我们必须制定一系列适合我们地区的机动动作,并使表演尽可能地靠近观众。我们能够表演哪类机动?我们把这些动作组合在一起表演,每个动作结束时的速度是否适合于下一个动作?我们知道,我们来不及等到正确的速度,因为每等待 10 s,会使我们与观众的距离增加 1 mi。这些以及许多其他问题需要加以解决,最终,我们制定了一个可行的表演方案。

接下来,我们必须把我们的方案告诉中队指挥官,在得到适当的改进建议后,我们可以开始尝试演练。开始练习时,我们把高度保持在 7 000 ft 以上,随后逐渐地,我们被允许降低高度,最后,表演高度降低到离地面 500 ft。一次又一次地练习,逐渐完善表演程序,达到流畅,直到我们的表演被行家和我们自己的飞行员们接受为止。

经过几个月的实践演练,关键时刻到了:不列颠之战表演。我们来到了遥远的苏格兰北部的威尔士,甚至在北极圈内表演这架出色的飞机,但是最重要的表演肯定是在"不列颠保卫战"纪念活动上,我们需要把所有的东西都展示出来。

起飞前大约 0.5 h,我们走上飞机。肚子里就像有蝴蝶翻飞一样!像往常一样,不知道表演能否成功?快速浏览一下天空,检查云量及其高度、风向和能见度。看起来还不错……,我们准备进行完整表演。检查飞机周围,爬上梯子,系紧安全带,这样我们在倒飞时就不会将头撞到机舱盖上。启动劳斯莱斯 Avon 发动机,检查所有 22 个警告灯是否熄灭,致电空中交通管制员……,"'闪电'One—One,滑行"。

我们获得许可,并在跑道上对准。打开双油门并开始起飞滑跑,仔细监控发动机温度和转速。好的。向前推油门杆穿过门限并打开加力。额外的推力使我们突然向前加速。在 20 s 内,我们达到了 170 kn 的速度,飞机平稳升空。到跑道尽头时,我们的速度为 280 kn(约 320 mi/h),并从机场急转弯,驶向东北 20 mi 处的待命点(holding point)。我们试着快速滚转一下,然后将飞机倒飞几秒钟,以检查她的飞行状态是否正常——一切似乎正常,该我们进场亮相了。我们越过邓迪(Dundee),前往机场西侧,向左倾斜以与跑道对齐,直线进场,浅俯冲下降高度。我们以400kn的速度和250 ft的高度低空飞越机场边界。第11中队机库从前面闪过,我们推油门杆达到完全干推力,然后点燃加力。双警示灯闪烁,然后熄灭,向我们表示两个加力燃烧室工作正常。

2 s后,我们的速度达到450 kn,然后拉杆将飞机拉至垂直爬升姿态,此时承受最大过载。停止拉杆,向侧面看一下确认是否垂直,然后向侧面压杆进行180°滚转。我们的背上明显有推背感觉——此时仍然保持最大过载。高度表显示6 000 ft,约1 mi高,看起来不错。继续拉杆,地面重新出现在驾驶舱顶部。我们已经对准跑道,所以保持继续后拉。地面迎面扑来,但是逐渐地,我们的俯冲停止了,我们回到了跑道上方500 ft高度。放松拉力。没有时间反思最后的动作!

开始慢慢向左滚转。蹬舵到底,以防止机头下降到地平线以下,保持滚转,然后我们进入倒飞,人就悬挂在弹射座椅的安全带中。继续滚转,地平线以正确的方向返回,向左蹬舵,10 min后,完成滚转,我们已经飞行了1 mi距离来到飞机场的另一端。

我们迅速向左侧滚转,再次点燃加力燃烧室,进入6g过载转弯。转过90°,将机翼滚转到水平位置,然后将机头陡然向上拉,进行向右的侧翼机动。机头在地平线上滑动,我们抬头向后寻找飞机场。现在速度相对较低,为250 kn,我们向跑道尽头陡峭俯冲转弯。检查空速是否在增加,人群落在左后方0.5 mi处。随着空速达到350 kn并不断增加,再次拉成垂直方向,进行"半水平八"机动,然后滚转并穿过。此时高度4 500 ft,看来正常,所有"能量门"条件都满足。反身向下,过载使我们的重量增加了4倍。比第一次更接近临界,保持过载直至水平,我们又回到了500 ft高度。观众人群模糊不清,速度升至380 kn,我们将操纵杆向左推,点燃加力燃烧室。

现在,当护桥和烟囱在左侧机翼下方闪过时,我们将飞机拉至向左侧的最大6g过载转弯。现在过载开始有影响,我们感觉到呼吸沉重。我还感觉到头盔内有汗水。由于肾上腺素水平很高,进入表演程序几分钟后,就开始流汗。圣安德鲁斯的公路就在下面,向我们表明我们正在急转弯。由于我们穿着了抗荷服,阻止过载状态下血液从头部流走——现在还不能放松,必须保持过载状态。跑道重新回到视野中,我们从树冠的顶部往外看,感觉很奇怪,但是我们正在我们这边飞行,所以这确实是有道理的。机库重新出现,然后观众围栏也出现了。继续远离人群,然后以"Derry"转弯向后转,向下滚转,然后再次将飞机拉向我们后面的跑道。保持低速以展示飞机的速度,当我们保持380 kn的速度,保持坡度,周围视野中的牲畜和树木会模糊不清,否则我们会飞得太宽。

跑道再次出现在我们下方,快速滚转,拉出6 g过载进入斤斗机动。发动机的噪声可能会让观众觉得震耳欲聋,但是在座舱中,唯一的噪声是我们在氧气面罩内的喘气呼吸声。现在,当我们越过垂直方向并向后拉,经过4 500 ft的高度时,速度下降至250 kn,观察地平线滑向机头下方,继续向地面拉。飞机在升力边界处进入抖动和摇晃,气流从机翼脱离。我们的俯冲看上去笔直冲向地面,当我们在斤斗底部硬拉起时,发动机要保持在最大加力状态。

人群区域在我们身后,所以向右滚转。当圣安德鲁斯(Andrews)消失在机头下方时,滚转成水平并向上拉机头,向左侧翼机动。向左滚转,坦茨缪尔(Tentsmuir)森林出现。俯冲,收油门降低速度,在 500 ft 高度向跑道侧翼;画面看起来不错,能量很好,因此可以滚转进行倒飞通场。向前推杆,以保持在跑道上方的高度,奇怪的念头在我的脑海中闪过,这条跑道从驾驶舱的顶部看起来多么奇怪。接近跑道尽头时,空速为 370 kn。

随着跑道末端的消失,将两台发动机的功率均提升至 100%,我们以正确的方式向上滚转。启动加力,进入垂直爬升;再次滚转,乡村变得模糊。再次后拉杆,飞回飞机场,但在最后一刻要保持全功率,即使现在,随着表演临近结束,也不能放松。20 s 过去了,将飞机往下推,降低高度,以炫耀飞机高速飞行的能力。空速指示器上的标记不断向上滑动……,500 kn、550 kn、600 kn。最后我们以 700 kn 速度飞行,我们可以飞得更快,但是由于马赫数效应和可能会产生冲击波的原因,我们不能这样做。整个飞机场变得模糊起来,我们进入了最后一个表演点,即垂直爬升。高度连续不断地向上拉高,高度计显示我们的高度正以惊人的速度增加……在 40 s 内达到 10 000 ft、20 000 ft、30 000 ft,我们在观众看不见的情况下改平飞机。

最后放松一下,但是只有几秒钟的时间,然后我们开始进场和着陆。我们注意到自己气喘吁吁。检查燃油,剩下的油足够让我们着陆了,所以没问题。滚转,穿过路,开始向飞机场俯冲,懒洋洋地进入跑道,放出襟翼和起落架。现在越过跑道入口,让飞机轻轻下沉到跑道上。在 150 kn 速度时放出减速伞,滑跑速度降低,然后缓慢滑行回到停机坪。我们关闭引擎,向妻子挥手,急需点燃一只香烟。虽然感觉很有趣,但仅在 6 min 前,我们才开始滑行和亮相,整个过程感觉就像过了一辈子。

"石茶隼"攻击直升机:范堡罗国际航展①

在 20 世纪 90 年代初做出决定准备将"石茶隼"攻击直升机引入全球攻击直升机市场时,很明显,一部分营销活动就是参加国际航展。"石茶隼"攻击直升机在 90 年代初期是攻

---

① 本节内容由南非丹尼尔航空公司(Denel Aviation)试飞员特雷弗·拉尔斯顿(Trevor Ralston)提供。拉尔斯顿于 1967 年加入南非空军,以优异成绩从飞行学校毕业。选择驾驶直升机,然后在南非空军度过了令人兴奋的成长阶段,他获得了 Alouettes 顶级飞行员的资格,随后他又毕业于英国帝国试飞员学校;1977 年麦肯纳和韦斯特兰奖杯上记录着这个南非人的名字。南非迅速发展的航空业见证了他驾驶 Alpha XH-1 原型机、Oryx 中型直升机和 Rooivalk 攻击直升机完成首次飞行。

击直升机领域的领跑者,因此应被买家视为一种选择。实现这一营销目标对"石茶隼"攻击直升机项目提出了巨大挑战。

在此之前,表演飞行仅限于南非空军飞行员、决策者以及来自南非空军和政府部门的利益相关方。这些飞行的目的是说服客户所花的钱用得其所,并且还需要投入更多钱。这些表演飞行经过量身定制,以显示在达到作战使用需求方面的技术进展,因此是典型作战任务能力展示。从地面上观察时,它们看起来很普通,完全不适合在范堡罗这样的国际航展上公开表演。

之所以要特别强调面向公众的表演飞行,是因为在范堡罗这样的商业航展上,实际上有两种表演飞行活动,即令人兴奋而又壮观的面向公众的表演飞行,以及面向潜在客户的飞机作战使用能力展示,后者尽管不一定令人兴奋,但同样重要。

不要误会,在航展上用直升机做出令人印象深刻的表演是困难的。与高速喷气式飞机相比,直升机的表演飞行相对而言不那么令人印象深刻,主要是速度、爬升率,垂直机动能力以及噪声等方面存在不足。1992 年对攻击直升机的表演飞行进行的评估表明,在"石茶隼"准备参加国际表演飞行的 1993 年,任何直升机表演都不太可能进行特技飞行。评估结论认为,如果在表演飞行中加入特技飞行动作可能会成功地建立一个普遍的看法,即"石茶隼"确实是攻击直升机领域的领跑者。

需要重点关注的是,公众对飞机的评论通常会对具体国家的营销活动的最终结果产生非常重要的影响。由于战术上要求飞得很低,所以作战使用中攻击直升机可能永远不会进行特技飞行,但它能够执行这种机动动作确实使它成为许多人眼中的优秀直升机。因此,在大力游说下,"石茶隼"管理团队同意开发一个包括特技飞行动作的表演飞行程序。因此开始了一项计划,为 1993 年底的迪拜和兰卡威航展准备一个合适的,令人印象深刻的表演飞行项目,随后又为范堡罗'94 航展增加了一些机动动作。

设计"石茶隼"表演顺序的过程是确定可实现的、视觉上令人兴奋,并且与攻击直升机作战角色相关的机动动作。最终形成了一个"典型的直升机"表演动作序列,包括急转弯、悬停转弯、垂直爬升以及横向和向后飞行。前述内容对于休闲的观察者而言并不是特别令人兴奋,但是对于直升机专家而言,即使仔细观察这些沉闷的动作,也可能会得到很多信息。例如,直升飞机在急转弯时保持速度的能力可以很好地了解可用动力,垂直爬升率也一样。悬停转弯期间的转弯速度表示可利用的偏航控制程度,而在横向和向后飞行期间的航向稳定性,使人们对直升机作为武器投放平台的潜力有了一定的了解。飞机在侧向飞行过程中的侧倾姿态和所达到的速度,表明了其在战场上应对侧风(敌人并不总是处于风中!)并仍能发射武器的能力。有趣的是,侧向飞行时的侧倾姿态是"老式"铰接式主旋翼相对于现代设计减少的铰接具有的一方面优势。这是因为某些倾斜角度超过 15°时投放武器是有问题的,而现代旋翼会在相对较低的侧风(约 20 kn)下产生这种侧倾角。然而,还是回到在"石茶隼"航展项目单中加入一些不同特技飞行形式的问题上来。

直升飞机可用的特技飞行不包括尾旋和长时间低过载飞行,因此,具有整体铰接主旋翼的"石茶隼",具备执行经典特技飞行机动的潜力,例如斤斗、滚转及其组合动作。面临的挑战是要确定这种潜力可以达到什么程度。研究提供的证据表明,旋翼设计类似于"石茶隼"的直升飞机都能完成斤斗和滚转动作,但其他相关信息却很少,例如在这种机动过程中,主旋翼系统所承受的机械载荷。这些都必须通过分析、仿真和飞行实验来确定(见图8-2)。

图 8-2 "石茶隼"攻击直升机特技表演展现的敏捷性和机动性是 1994 年范堡罗国际航展的一大特色

在"石茶隼"原型机研制试飞期间,已经获取了大量工程数据,而且计算表明,对于典型的斤斗和滚转机动,结构载荷是可以接受的。但对于机动动作的动力学问题缺乏信心——在斤斗的顶部是否有足够的速度,是否有足够的控制能力来启动和维持足够的滚转速度?是否存在无法控制的耦合?回答这些未知问题的第一步是应用仿真技术,但是这些技术的作用有限,只能提供粗略的答案。因此,到目前为止,在"石茶隼"上进行特技飞行的大量准备工作,是通过值得信赖的渐进式飞行试验来完成的。这很有趣!

完成初步评估后,考虑到在迪拜举行的第一次航展之前时间有限,因此决定首先开发桶形滚转和垂直滚转动作,以后在1994年的范堡罗航展上再加入一个半滚拉通和斤斗动作。特技动作开发工作是使用装备了试飞测试仪器的"石荼隼"第一架原型机完成的,但是首先应用于南非的ACE(涡桨综合评估教练机)教练机(见图8-3)进行了这些特技动作的飞行训练。

图8-3 南非 ACE 教练机

计划以140 kn的速度进入桶形滚转。事实证明,最先估计的这个速度很好,桶形滚转的积累必然会逐渐增加上拉速度、滚转速度和机头上仰姿态,关键参数通过遥测监测。机敏的观众可能会在航展期间注意到一个现象,那就是"石荼隼"总是向左滚转。这是由主旋翼动力学引起的,并且与主旋翼的旋转方向有关。旋翼旋转方向与"石荼隼"直升机相反的直升机可能始终会执行向右的快速滚转机动,因为主旋翼组件所承受的载荷明显小于向左滚动时的载荷。桶形滚转动作的发展很快,经过两次试验飞行后,上拉速度、侧滚速度、机头上仰姿态和减速速度都达到令人满意的程度。

现在可以更进一步继续在垂直方向上进行滚转和俯仰,这意味着还将完成桶形滚转的下半段。"石荼隼"的表现无懈可击,只是飞机经过垂直方向时自动驾驶仪诱发了飞机陀螺仪的抖动,而在倒飞姿态从未打算使用陀螺仪。

由于我们已经确信轻重量"石荼隼"直升机能够顺利完成桶形滚转,下一步就是逐步增加外部挂载,以便最终能够以完全有代表性的武器挂载构型进行表演飞行——不是每个人都能被没有典型武器构型的特技飞行深深打动的。这个目标最终得以实现,实际的表演飞行构型是每侧短翼下挂载 4 枚 Mokopa 反坦克导弹和两枚 V3B 空对空导弹。从那时起,人们的信心高涨,因为计划中的所有表演都是在海平面上进行的,而我们所有的试验准备工作都是在空气稀薄的密度高度 8 000 ft 以上进行的,因为南非的"石茶隼"工厂位于海拔很高的高地草原! 参加第一次国际航展剩下的工作就是建立垂直滚转机动,然后以适当的顺序把各种动作组合在一起。

"石茶隼"攻击直升机在'93 迪拜航展上的表演引起了轰动,其他国家的攻击直升机在表演动作方面与"石茶隼"有不小差距。确实非常惊喜! 迪拜'93 航展上的表演程序一直被成功使用,直到范堡罗'94 航展为止。很明显,要想保持竞争力,还需要做更多的事情。因此我们又开始了新一轮表演飞行动作和程序的开发和准备,并按照类似的过程,将滚转、斤斗和半滚拉通(half - roll - pull - through)动作添加到"石茶隼"的表演程序中。

斤斗的建立是从倾斜机动开始的,即不通过垂直方向,然后逐渐增加动作的垂直度,直到完成真正的斤斗为止。关键问题是上拉进入斤斗时的正常加速度,以及在斤斗顶部的最小速度。最终确定的动作是从 145 KIAS 进入浅俯冲,然后以不到 2 g 的过载拉升而完成的。过载一直保持到大约 35° 的机头上仰姿势,此后保持俯仰速度直到飞机到达倒飞位置。半滚拉通(half - roll - pull - through)动作是在 70 KIAS 速度时以机头上仰 35° 姿态进入,然后施加全左周期桨距输入,连带一点脚蹬偏航输入开始的。到达倒飞位置时,停止滚转,施加正向后周期桨距输入使飞机舒适地从俯冲中飞出。

基本的认证问题包括表演飞行的授权和航展当局对表演的审查。尽管研制中的"石茶隼"攻击直升机是南非空军的财产,但在国际航展上表演时,"石茶隼"的表演却被放到了南非民航局(CAA)的登记册上。这种安排要求民航局对航展表演的安全负责,因此,南非登内尔航空公司(Denel Aviation)花了很多时间向民航局提供必要的文件证明。尽管这是一个相对痛苦的过程,但这也是对登内尔航空公司自身故障管理模式和安全分析的一次很好的双重检查,因此所付出的很多精力和时间是值得的。

表演团队面临的最后障碍,是航展表演安全委员会对这个表演的审批,既要审核拟议的表演顺序的纸质文件,还要仔细审查表演的飞行演习过程。通常,大型国际航展的组织和控制良好,对表演飞行的注意事项进行了充分的说明。范堡罗航展在这方面非常出色,而范堡罗'94 航展期间的机组人员简报会之所以广为人知,主要是因为罗杰·比兹利(Roger Beazley)气势磅礴的表现。他主持了简报会,用一根巨大的"木棒"猛烈地敲打着地面强调,不遵守安全规定这就是你们的"安息之地"。毫无疑问,会场纪律很好,因为大多数机组人员都想知道,如果他们违反了安全委员会的任何安全规则和规定,会受到什么处罚?

在最终确定表演顺序并开始彩排前,表演飞行员还要与控制表演飞机出场顺序的主管部门沟通。理想情况下,第一个表演肯定是首选,但这个待遇通常分配给对当地航空业具有重要商业意义的飞机。我们对"石茶隼"的目标是在表演顺序上尽可能往前排,更重要的是,在两架性能不佳的飞机表演之间协商出一个位置。在顶级超敏捷战斗机表演后面紧接着进行直升机表演,肯定看起来很平淡无奇。最后,约定了起飞时间。我们准备与我们前面表演的飞机同时起飞,然后爬入等候区等待。这样,我们能够以高度的形式存储能量,我们可以通过连续不断地恢复在机动过程中不可避免的(对于直升机而言是这样)高度损失,来进行特技表演飞行,而不浪费宝贵的表演时间。

随着第一次排练时间的临近,整个团队的焦虑水平迅速增加。计划一次在遥远的地方的航展表演,至少要提前 6 个月开始准备,从那时起直到第一次成功彩排之前,团队的焦虑似乎都呈指数级增长。后勤保障要求很高,尤其是那些需要用运输机将直升机运送到航展场地的后勤保障。计划细节长达半天,运输飞机到达时间延迟,或在装卸、重新组装过程中损坏"石茶隼"直升机,都会明显增加悬念。

表演彩排使表演飞行员能够将自己精心准备的表演飞行与本地表演环境相融合。诸如空中交通管制程序、用于定位待命区域和进场亮相的地标、风和天气条件、计划表演时段太阳的位置、表演线标记、避让区、最低高度等因素、紧急程序和许多其他程序,都需要研究和实践,以使飞行员轻松地熟悉环境。通常需要对原始表演计划进行细微调整,以适应当地条件。例如,预期的太阳位置可以确定初始进场亮相的方向,最可能的风向将影响低速机动的顺序。当展示直升机的侧向或向后飞行能力时,后一点很重要,因为这种表演最好通过随风飞行以产生尽可能高的地面速度来实现。

第一次排练"轻松"通过,飞行员将注意力集中在与当地环境因素有关的方向上,而不是按照紧凑的"全面"表演顺序飞行。但是,即使是在轻松的排练中,有些事情也是神圣不可侵犯的,罗杰用木棒敲打的飞行员的"安息之地"不断提醒我们,绝不允许破坏最低高度规定或侵入表演线。如果在大型航展上发生违法行为,期望侥幸无济于事,因为多角度的各种摄像机会记录低于最小高度或越过表演线的任何偏差行为。

通常,进行两次或三次排练就可以使飞行员感觉很舒服,可以安排一次确认飞行,由飞行控制委员会进行详细检查。排练包括好天气和坏天气表演程序演练。必须严格按照飞行前提交给飞行控制委员会的书面说明以及所规定的表演程序来执行整个表演飞行程序。表演程序得到确认后,未经委员会批准不得进行任何更改,所有后续飞行都受到监控。

国际航展令人兴奋,参加表演飞行的机组人员当然很荣幸!特别是范堡罗的独特氛围,对于许多表演飞行员来说,是千载难逢的机会。对于机组人员和地面保障人员也是如此。"石茶隼"的表演设计为在 8 000 ft 密度高度上进行,它在范堡罗浓郁的空气中完美无缺地陶醉着,从不让我们失望,每天都在提示下进行表演。

对于所有表演飞行员,每个表演日的主要考虑因素是天气,正是这一点为一天的其余时间定下了基调。在破晓时分,凝视着阴暗的天空来评估乌云和风况。云底足够高,可以进行完整表演,还是我们需要改成恶劣天气表演程序？风势很大吗？如果风很大,风向是否是主流方向？还是我们必须缓和风向运动？当然,在伦敦,交通总是需要额外考虑的,不能错过罗杰的每日简报！

表演时间到了。确认第一个起飞的时间,手表同步,并致以最良好的祝愿。再次检查天气和风况,与地面机组人员会面,确认飞机的状态和开始时间——消除紧张感,与机组人员重新简报顺序和所有程序。在这些预期条件下,时间似乎慢慢地拖向开始时间。通过观看前面的表演,心理准备得到进一步的补偿,这些表演使我们有时间评估风的影响,并注意其他表演飞行员如何处理。

最终签字走出去,而同时又一直在潜意识里检查天气状况。飞行前的检查由地勤人员紧张完成。与机组人员进行交流,检查沟通,现在的重点是专注——专注于表现——这是所有顶尖运动员和演艺界人士的通用技术——完全专注于手头的工作。启动前检查已完成,致电表演指挥,以获取启动许可,并确认开始时间。焦虑地等待,启动很准时——现在我们所能做的就是希望系统正常启动。所有系统都OK,收到空管员许可滑行至等待区的指令,完成起飞前检查,我们已获准起飞至待命区域。

完成最终系统的可用性检查,进入悬停状态,发动机和系统正常,施加最大总矩加速至70 kn,爬升到待命区,评估风况和云度,这对表演的定位至关重要。

在待命高度保持平飞,并检查时间和前序表演的进度,同时在待命区开始定位,以便在收到许可后立即开始进场亮相。表演前最后的驾驶舱检查及时完成,收到塔台呼叫:"'石茶隼'可以开始表演"。我们来了！

以1 700 ft的高度入场亮相,在判断风速的同时,我们开始浅俯冲,以便刚好在表演中心点开始第一个动作(即半滚拉通穿越)。当然要记住,要保持在表演线的安全一侧。以140 kn的速度在1 500 ft的高度上拉,这是开始上拉的最低高度,数到五,然后以1.8 g过载开始上拉。俯仰角在35°向上时停止,我们检查机翼水平,然后等待空速降低至70 kn。施加全左旋输入和一点左蹬舵,我们向左滚转,检查倒飞时的机翼水平(或根据需要补偿一些侧风,将机翼水平减小几度),主动将机头拉至下俯30°。检查并保持,使空速增加。我们处于表演线的安全一侧,然后断开自动驾驶仪的滚转通道(原型自动驾驶仪在斤斗的顶部会提供不期望的输入),使所产生的滚转始终保持尽可能小,进行一些小的调整,以确保斤斗的最低部分位于距表演中心约100 m的位置,这将使斤斗动作之后的急停能够在表演中心的对面完成。

我们位于距表演中心约100 m的位置,并确认我们已达到150 kn(最低700 ft)的"门限"条件,然后开始以1.8 g过载上拉。接近垂直时,关注点从过载转移到保持俯仰速度稳定。越过顶部,在约60 kn稍微放松周期桨距杆压力(cyclic pressure),开始使用与常规开发阶段开发的半滚拉通技术相同的拉通技术。再次检查并调整表演线,重新接通自动驾驶仪的滚转通道,降低功率,下降。

现在,从"特技飞行"过渡到"直升机飞行"表演,剩下的表演重点是展示这架直升机的敏捷性和性能。现在,安全规定有所改变,允许在较低的高度飞行,并且可以离人群更近一些。在范堡罗,人群的视线很高,低于200 ft的飞行都是毫无意义的,因为在200 ft以下,围栏外的大部分观众都看不见。"急停"需要很多判断;在斤斗结束时,需要评估退出这个机动时的速度、高度和风向。必须快速调整发动机功率、飞行速度和飞行高度,同时要牢记罗杰的规则。达到"门限"条件,则放低风门,机头升至25°左右——在监视旋翼速度的同时,根据需要调整风门,如果处理不当,转速可能会过快。现在,飞行员的工作负荷非常大,保持飞机平稳,转向面对人群,以50°/s的速度快速左右悬停转弯360°,在两次转弯之间尽可能快地停一下。在这些转弯期间,偏航踏板输入实现停-动-停,尾桨有些嗡嗡声,前舱飞行员可以享受到令人惊叹的几秒钟。我们停止转弯,进行20°侧向飞行——在零风天气,我们的目标是地速45 kn。我们不能出错,在世界上一些最关键的观众观看这架最新攻击直升机的能力表现时,如果偏航控制不充分,结果肯定不好。

我们以稳定的航向加速到预期空速,在200 ft高度保持侧向飞行,同时施加20°的反向滚转。这个表演结束时,我们使飞机停止并向相反的横向方向加速,保持地速最大。我下意识地不断检查高度和表演线,并在距表演中心50 m处施加全功率踏板,以偏航90°,这次,进入45 kn的速度向后飞行。刚超过表演中心,就向右偏航180°,并施加全功率,使直升机沿着表演线加速。在80 kn时,我们拉起远离人群,控制转弯并下降,以80 kn的速度在200 ft高度与表演中心保持一致,迎面驶向人群。

现在我们需要判断开始第二次"急停"的时间,这次是要向人群展示飞机的腹部。急停在表演中心或表演线交叉点上方,施加最大功率,开始垂直爬升。这架直升机的爬升速度达到1 500 ft/min,令人印象深刻。完成转弯后,降低机头并将速度提高至65 kn,进行最大功率前爬,准备执行最后两个动作。短短几秒钟时间,检查系统并重新评估风的影响。与表演线相对45°,我们开始向表演线反向转弯,经过800 ft,在1 200 ft高度停止爬升,开始加速。我们评估一下位置,开始浅俯冲,达到140 kn速度,然后在距表演中心约400 m处以1.8 g过载上拉。将俯仰角停在上仰35°,然后等待100 kn速度,施加全左周期桨距控制输入和一点点偏航踏板输入,同时观察周围。

以机头稍微下垂的姿态恢复到机翼水平,我们检查与表演线的距离,根据需要进行调整,并再次上仰20°,同时将功率降低到60%,然后等待速度降低到悬停速度。向前推周期桨距控制杆,产生大约20°/s的俯仰速度,并一直保持到几乎垂直向下(实际上仅向下大约75°)为止,我停止了俯仰,并施加了全左周期桨距控制和健康的左蹬舵输入,完成下行180°滚转。表演结束,降低功率,从人群向着陆点转弯。呼叫表演指挥:"我们完成表演。"着陆,滑行并关车,表演总耗时为6 min35 s。有趣的是,表演结束后,签字确认时,很难稳住手。

希望罗杰不要打电话过来！

欧洲战斗机"台风"：范堡罗国际航展[①]

欧洲战斗机"台风"DA1试验机在 2000 年范堡罗国际航展上起飞如图 8-4 所示。

图 8-4　欧洲战斗机"台风"DA1试验机在 2000 年范堡罗国际航展上起飞

驾驶高性能敏捷战斗机原型机创建和飞行一个良好的表演,其要求与表演任何其他飞机一样,但是在表演只完成了部分研制工作的原型机时,还需要牢记一些其他因素。那么,表演飞行员将如何应对呢?

第一点,要考虑的是表演的目的是什么? 对于欧洲战斗机"台风",首先是向潜在客户展示飞机的敏捷性和性能;其次,是向纳税人展示他们的钱花在哪里。此外,必须在不影响

---

① 本节内容由"台风"战斗机首席试飞员基思·哈特利(Keith Hartley)提供。哈特利于 1967 年加入英国皇家空军,1976 年参加了帝国试飞员学校的学习,在他后来的飞行生涯中主要承担试飞任务。最初是在英国皇家空军巴斯坎道(Boscombe Down)军用飞机试飞机构承担军用飞机试飞,然后在英国航空航天公司,参与了"海盗""幻影""捷豹""鹰""龙卷风"和欧洲战斗机"台风"的多种飞机的试飞工作。他在公司和私人表演团队担任空中表演飞行员 20 年,驾驶"Lightning""Buccaneer""Hunter""Gnat""Vampire""Venom""Pilatus PC9"和"Tucano"等多种飞机进行过表演飞行。他现在作为航空航天顾问在澳大利亚生活和工作。

研制进展和试飞计划的情况下实现这些目标。航展在航空工业行业内通常被认为是对实际型号研制任务的主要干扰，尽管实际客户和潜在客户在航展上能感受到明显的商业和政治压力。

第二点，飞行员应仔细研究必须遵守的性能和操纵限制。与现役喷气机不同，原型机通常仅完成了部分研制工作，受到大量侵入式和复杂性的限制。例如，欧洲"台风"战斗机作战中队的飞行员不必担心迎角限制，只需按照自己的喜好操纵驾驶杆就行，飞行控制系统会为他控制一切。但是在第一架"台风"战斗机原型机的表演过程中，大约有四页的迎角限制内容，因为大部分飞行包线尚未经过试验和澄清。因此，这会对飞行员的飞行动作以及他的飞行方式产生重大影响。

第三点，找出在限制内最佳表演的特性。欧洲战斗机"台风"非常敏捷，能够快速更改飞行矢量而不会损失性能。这意味着寻找从水平到垂直，从俯仰到横滚，或俯仰和横滚的快速动作变化，在动作之间无需暂停以重新获得速度和能量。这需要良好的操纵品质、可用的限制以及很大的剩余推力。

最后一点，表演必须保持紧靠人群，这不仅是为了让观众能看到飞机，还可以在整个表演中保持他们的兴趣。所有这些表演的高潮，是在垂直方向展示飞机的巨大推力，并将斗斗和转弯动作与大迎角滚转和桶形滚转混合在一起表演，以充分展示飞机的敏捷性，并尽可能减少距人群中心的距离和离开观众视线的时间。

表演练习的飞行时间显然受到极大限制，因为除了原型机的高昂飞行成本外，通常很难获得原型机参加表演飞行的正确构型来开展表演练习，因为它的飞行试验任务非常繁重。因此，在表演飞行之前，仅进行了几个架次的表演飞行练习。主要是在模拟器中进行表演设计、练习、调整和优化表演程序。如今，现代飞行模拟器已成为表演飞行员的"天赐神物"，他们可以非常准确地模拟飞机的操作和性能，并具有高质量的视景系统，使飞行员能够准确完成飞行训练。三维视频使飞行员能从各个角度（包括人群中心）"观看"表演过程。更好的一点是，飞行员可以模拟关键时刻的发动机故障等紧急情况，确保表演飞行的安全性。与真实飞机相比，在模拟器上"飞行"非常便宜且容易实现，如果没有模拟器，就不可能在有限的时间和商业限制内创建和处理一套令人满意的表演程序。当然，这并不是说根据模拟器设计的表演程序就是完美的，很多时候，首次飞行练习常常会发现定位的弱点，或从地面看表演的动作弱点，但是这些通常是次要的，不需要全部推倒重来。

有一点，请记住，表演飞行是一件非常个人的事。同一架飞机，相同的条件下，一名飞行员可能感觉飞行很舒服，而另一名飞行员可能感觉根本不舒服。对于"台风"战斗机的表演而言，必须准备两名飞行员有资格参加这种大型表演，他们都必须为表演飞行做好准备，从而为一名飞行员无法表演时提供后备飞行员保障，满足航空航天业的政治要求，这在跨国合作计划中尤其敏感。两名飞行员的表演完全一样，这样二者之间就不存在比较，并取消了表演的个性化内容,从而使飞行员更专注于飞机操控。

在表演前的准备中,我个人的偏好是在上飞机前安静 10 min,然后反复思考要做的表演,仔细考虑当天的风、云层,是否和昨天一样。我发现这样做可以让我自己清醒,思想集中,并有助于消除其他干扰,例如新闻采访、销售展示、VIP 拜访等。

您现在可能会认为辛苦已经过去,乐趣将要开始了,不是这样的。作战中队的飞行员都期望自己的飞机能够可靠、快速地启动,如果无法启动,他有备用飞机可供使用。原型机可不是那样,"台风"战斗机的计算机网络系统与一间大型办公室相当,更糟糕的是,它们全部封装在机身中,而不是分布在多个楼层和多个办公桌上。它投入服役使用后,部队飞行员看不到复杂的东西,但是开发工作就是调试这些东西,使计算机以正确的顺序相互通信,并避免使用 CTRL - ALT - DEL(重启)功能! 因此,原型机可能就像一只笨拙、脾气暴躁、不听话的讨厌的狗,要想它正常启动并开始正常工作,意味着您必须花很多时间来驯服它才能确保飞机正常表演飞行。

早期的"台风"原型机通常能在不到 10 min 的时间内正常启动,但偶尔,对于一些不熟练的飞行员,也可能需要 45~60 min。在某些飞机上,这种情况可能会导致燃油消耗问题,因为普通战斗机在地面上空转 1 h 会燃烧大量燃油,这可能会导致飞机燃油不足,无法完成表演飞行。幸运的是,即使早期的"台风"原型机也具有非常大的剩余推力,消耗一部分燃油不值得担心,即使首次启动保持一个多小时,也有充足的燃油。

由于没有备用飞机。即使物理上可以使用另一架原型机,几乎可以肯定的是它的构型不会一样,会有不同的局限性,性能也不同,因此无法按照计划和练习的动作顺序飞行表演。此外,庞大的成本以及在航展期间从研制计划中撤出另一架试验飞机所产生的的影响,也不允许提供备用飞机。这给飞行员和机组人员带来了很大压力——不能按时表演或根本不进行表演的政治后果很严重。在这种情况下,不能将只有一架表演飞机作为失败的借口。

理想情况下,选择适当的时间开始滑行,并在前面飞机表演的空档时间之前到达等待区。利用这段时间再次关注表演程序、风向和定位。我一般进行两次起飞前检查,因为异常的环境和表演压力,很容易分散当前的注意力并错过一些东西。

对准跑道,猛烈加油再加热,松开刹车开始滑行——那一天的野蛮起飞并不令我惊讶,能令我惊讶的应该是我停飞的那一天! 不要对表演程序进行有意识的过多思考,您已经足够了解它,可以下意识行动。不要思考飞机的操纵方式,您的训练和飞行直觉会更好地完成潜意识的工作,但请务必注意所有限制。您对表演程序的适应程度越高,您自然会倾向于收紧表演程序,那样您就更加接近限制。要始终检查您的"门限"和"关键点",例如在斤斗顶部拉杆之前,需要检查基本速度和高度。如果不正确,请不要这样做!

表演"台风"战斗机的喜悦在于其出色的表现。飞机的推力太大了,无论您在做什么机动,最大的操纵挑战是如何保持速度,这么大的推力,以及优秀的转弯性能,意味着飞机可以始终很好地保持在机场边界之内,因此保持近距离不是问题。表演的主要工作负荷不在于监控限制,而在于维持位置。风仍然会对飞机在人群中心附近的定位产生重大影响,因此必须在每个机动中对其进行纠正。例如,从低速直线通场到水平低速最大速率转弯,再进入斤斗,所有这些动作都定位于人群中心。

低速通场速度大约为 110 kn。低速转弯,滚转进入转弯,最大加力,甚至在全后拉杆的情况下,飞机开始加速。在转弯的前半段放宽转弯以使其顺风,但请密切注意速度,因为如果速度过高,转弯半径将增加太多,并且在转弯结束时会破坏表演线。大约转过 150°后,检查与人群中心的位置对正情况时,请全后拉杆。在转弯的 3/4 时,保持全后拉杆,然后根据需要进行调整以保持在表演线内并控制速度。检查速度——查看速度是否正确,此时的速度应该是 180~190 kn。在转弯结束时穿过表演线,在上拉过程中进行漂移。

进入低速斤斗首先转弯卸载,将机翼滚转至水平,由于推重比大于 1,这样做不是必需的,但从人群中心看它确实很好看,并且使斤斗的进入看起来更有活力。开始时后拉满杆,然后稍微放松,同时在机头上仰 40°时检查速度,至少要达到 190 kn,这个速度能保证完成可以安全改出的绕紧斤斗。当飞机到达垂直位置时,轻轻向风中倾斜,以修正斤斗下半圈的漂移,人群是看不出来的,但这样做会防止你越过表演线。在倒飞位置,检查离地高度 3 000 ft、速度小于 250 kn 的"门限"条件(安全检查正常,从此开始满后拉杆,飞机将在 1 000 ft 的高度恢复成水平飞行状态——我喜欢这种大一些的安全裕度!)。进入向下垂直飞行阶段,再次向风中倾斜,对斤斗结束,机翼水平拉出时的漂移进行一个修正,使飞机在斤斗结束时保持在表演线内,在斤斗的最后 1/4 放松杆拉力,平稳地返回到基础高度。

这就是整个表演飞行程序,全面了解它,然后让你的大脑"成为飞机"飞起来。想想你希望飞机下一步在哪里,然后让你的潜意识把飞机飞到那里。检查"门限"条件——严格检查,如果你认为"门限"条件弄错了,或者认为你要侵入表演线,那么重新定位,再来。

着陆时,不要放松。肾上腺素现在正在四处"奔波",你知道这次表演的好坏,此刻很容易忘记一些东西。深呼吸,做着陆后检查,然后慢慢滑回去。最终,当你回到停机位并关闭发动机,花点时间与地勤人员一起,他们很快就会告诉你你哪里做得好!记住,他们值得你感谢。原型机的表演需要数百人保障支持才能完成——您只是站在幕前得到宣传的那个人,他们也是完成这次表演的人。

结　论

从上述 8 章内容可以看出,航展和表演飞行仍然是全世界广大公众和航空爱好者高度欢迎的娱乐形式。航展和表演飞行已经成为一项大生意,虽然观展观众人数只占世界人口的一小部分,但是,满足购票公众不断增长的娱乐需求,增加了航展组织者和飞行表演者的压力。然而,大量确凿的证据表明,如果表演飞行员不专注于安全规定和自己严格的职业信条,表演飞行对于飞行员来说可能是一种特别危险的活动。

人为因素导致的航展事故达到了惊人的 79%,这是因为人类在接近地面操作高动力飞行器的压力下,估计接近速度和做出良好判断的能力有限所致。航展事故、保险费用的增加、反航展游说团体的反对和成本的全方位提升,持续为航展和表演飞行作为一种娱乐形式的生存提出挑战。表演飞行员没有必要"重新发明轮子",表演飞行员已经在航展上表演飞行了近 100 年,相反,表演飞行员必须从过去的事故中吸取经验教训,不要重蹈覆辙。在当今高度专业的表演飞行环境中,没有"业余爱好者"的容身之地;在这个爱打官司的社会里,那些无视过去几年制定的安全规定的"胆大妄为"的人就更没有立足之地了。

表演飞行员必须了解近地机动所涉及的物理原理、飞机的局限性、飞行员的局限性以及环境施加的局限性。科学地编排表演程序、避免陷阱和保持良好的能量管理对于表演飞行员的生存至关重要。如果表演飞行是用于商业销售目的,表演飞行员必须知道成功销售的最低标准是什么。

阅读一些世界上最好的表演飞行员的文章,当然可以学到一些经验、教训,并传承成功标准以提高表演飞行员的生存指数。但显而易见的是,在所有情况下,表演飞行员首先要考虑的是确定和评估飞机的能力。下一步是确定与飞机能力和飞行员在预期环境中的能力相匹配的表演动作与顺序。通过小幅渐进方式逐渐建立表演程序的每个部分,让其他表演飞行员来评论表演的美学吸引力和飞行安全性,这是必要的先决条件。

过去的事故已经表明,表演飞行员必须在表演地点进行练习,以使其个人行为特点符合表演地的环境。必须在飞行前对环境因素,如密度高度、天气、侧风和观众线、安全计划和容量限制等进行详细研究。飞行前的时间段不能受到其他因素妨碍,例如航展老板、公关关系、国内问题等。只需看看世界顶级运动员,研究一下他们的赛前活动——一切都基于专注,不受外围问题的干扰。所有体育明星的失败会造成惨重损失,不仅仅是金钱,还有很多! 而表演飞行员还会失去生命——表演飞行员和表演组织者必须保证每个航展表演者不受任何其他干扰,以便让头脑进入表演。

然后是在整个表演序列中必须优化能量管理。如果要保证生存,就必须尊重"能量门"——在规划阶段,如果能量门的钥匙不可用,就应该为例行程序的每个部分计划一个退出机动——在规划过程中,如果能量门不可用,关键点就是为表演程序的每个部分计划一个退出机动——不能强行打开能量门,能量门之锁只能通过速度、高度和姿态这些能量钥匙打开——在飞行中要不断检查,必须了解环境和机动动作对能量的影响。保持表演内容的一定体量不仅对表演的美感至关重要,而且最重要的是对观众和公众的安全有很大影响。航展或表演飞行期间的附带损坏会对航展的生存能力产生深远的影响,因此必须保持对太阳位置、侧风、表演线、机场参数等信息的持续感知。然后是对态势的感知,要持续感知主要威胁,即地面的威胁。

　　航展和表演飞行是相对安全的航空活动,但与所有形式的航空活动一样,除非停止所有形式的表演飞行,绝对没有完全安全的表演飞行。人类在表演飞行中所面临的挑战是如何克服人类生理学缺陷,做出始终如一的准确判断,在表演飞行的严格物理边界内进行操作。